Anlagenbilanzierung in der Energietechnik

Lizenz zum Wissen.

Sichern Sie sich umfassendes Technikwissen mit Sofortzugriff auf tausende Fachbücher und Fachzeitschriften aus den Bereichen: Automobiltechnik, Maschinenbau, Energie + Umwelt, E-Technik, Informatik + IT und Bauwesen.

Exklusiv für Leser von Springer-Fachbüchern: Testen Sie Springer für Professionals 30 Tage unverbindlich. Nutzen Sie dazu im Bestellverlauf Ihren persönlichen Aktionscode C0005406 auf www.springerprofessional.de/buchaktion/

Jetzt 30 Tage testen!

Springer für Professionals.
Digitale Fachbibliothek. Themen-Scout. Knowledge-Manager.

- Zugriff auf tausende von Fachbüchern und Fachzeitschriften
- Selektion, Komprimierung und Verknüpfung relevanter Themen durch Fachredaktionen
- Tools zur persönlichen Wissensorganisation und Vernetzung

www.entschieden-intelligenter.de

Springer für Professionals

Stefan Rönsch

Anlagenbilanzierung in der Energietechnik

Grundlagen, Gleichungen und Modelle für die Ingenieurpraxis

Dr.-Ing. Stefan Rönsch
DBFZ Deutsches Biomasseforschungszentrum
gemeinnützige GmbH
Leipzig, Deutschland

ISBN 978-3-658-07823-2   ISBN 978-3-658-07824-9 (eBook)
DOI 10.1007/978-3-658-07824-9

Die Deutsche Nationalbibliothek verzeichnet diese Publikation in der Deutschen Nationalbibliografie; detaillierte bibliografische Daten sind im Internet über http://dnb.d-nb.de abrufbar.

Springer Vieweg
© Springer Fachmedien Wiesbaden 2015
Das Werk einschließlich aller seiner Teile ist urheberrechtlich geschützt. Jede Verwertung, die nicht ausdrücklich vom Urheberrechtsgesetz zugelassen ist, bedarf der vorherigen Zustimmung des Verlags. Das gilt insbesondere für Vervielfältigungen, Bearbeitungen, Übersetzungen, Mikroverfilmungen und die Einspeicherung und Verarbeitung in elektronischen Systemen.

Die Wiedergabe von Gebrauchsnamen, Handelsnamen, Warenbezeichnungen usw. in diesem Werk berechtigt auch ohne besondere Kennzeichnung nicht zu der Annahme, dass solche Namen im Sinne der Warenzeichen- und Markenschutz-Gesetzgebung als frei zu betrachten wären und daher von jedermann benutzt werden dürften.

Der Verlag, die Autoren und die Herausgeber gehen davon aus, dass die Angaben und Informationen in diesem Werk zum Zeitpunkt der Veröffentlichung vollständig und korrekt sind. Weder der Verlag noch die Autoren oder die Herausgeber übernehmen, ausdrücklich oder implizit, Gewähr für den Inhalt des Werkes, etwaige Fehler oder Äußerungen.

Lektorat: Dr. Daniel Fröhlich | Annette Prenzer

Gedruckt auf säurefreiem und chlorfrei gebleichtem Papier.

Springer Fachmedien Wiesbaden GmbH ist Teil der Fachverlagsgruppe Springer Science+Business Media
(www.springer.com)

Meiner Familie.

Vorwort

Dieses Lehrbuch entstand während meiner Zeit als Leiter der Arbeitsgruppe Prozesssimulation am Deutschen Biomasseforschungszentrum in Leipzig auf der Grundlage der Dokumentation unterschiedlichster Bilanzierungs- und Simulationsarbeiten. Angefangen bei der ersten handschriftlichen Notiz einer Reaktionsrechnung entwickelte sich die Dokumentation zunehmend weiter, wurde mit Literaturverweisen ergänzt sowie durch Beispielrechnungen und -programme untermauert. Um die Dokumentation auch für Leser ohne einschlägige Modellierungserfahrung aufzubereiten, folgte im Laufe der Zeit eine detaillierte Überarbeitung des Werkes. Der Weg zu einem Lehrbuch war anschließend nicht mehr weit.

Das Lehrbuch beschreibt ausführlich das Vorgehen und die Methodik von Anlagenbilanzierungen in der Energietechnik. Dem Leser wird damit das Verständnis bestehender Bilanzierungsmodelle erleichtert sowie ein umfangreiches Rüstzeug zur Planung und Optimierung von Energieanlagen an die Hand gegeben. Neben Grundgleichungen, Modellierungsansätzen und numerischen Methoden wird die stoffliche und energetische Bilanzierung anhand einer Vielzahl von Beispielrechnungen ausgeführt. Das Buch spannt dabei einen Bogen von der Funktionsweise energietechnischer Anlagenkomponenten über die Grundlagen der Thermodynamik, Reaktionsrechnung, Phasengleichgewichtsrechnung und Stoffwertberechnung bis hin zur computergestützten Umsetzung. Beachtung finden alle relevanten Anlagenkomponenten der Energietechnik wie Brennkammern, Turbinen, Kompressoren, Wärmetauscher, Gleichgewichtsstufen und Synthesereaktoren.

Entsprechend der methodischen Komplexität bei der Modellierung und Bilanzierung von Energieanlagen umfasst das Buch damit im Unterschied zu anderen Lehrbüchern die Grundlagen verschiedenster Disziplinen und adressiert insbesondere eine anwendungsorientierte Leserschaft. Es richtet sich an Studenten im fortgeschrittenen Studium, Wissenschaftler und Ingenieure, deren Weg sich mit der Planung und Optimierung von Energieanlagen kreuzt.

Leipzig, im September 2014　　　　　　　　　　　　　　　　　　　　　　Stefan Rönsch

Abkürzungsverzeichnis

Allgemeine Abkürzungen

atro	absolut trocken
CFD	Computational Fluid Dynamics
det	Determinante
DGL	Differentialgleichung
div	Divergenz
FDM	Finite-Differenzen-Methode
FEM	Finite-Elemente-Methode
FVM	Finite-Volumen-Methode
GDGL	Gewöhnliche Differentialgleichung
grad	Gradient
GuD	Gas und Dampf
IAPWS	International Association for the Properties of Water and Steam
IF97	Industrie-Formulation 1997
IGCC	Integrated Gasification Combined Cycle
i. N.	im Normzustand
k. A.	keine Angabe
KIT	Karlsruher Institut für Technologie
KWK	Kraft-Wärme-Kopplung
MEA	Monoethanolamin
MIT	Massachusetts Institut of Technology
ODE	Ordinary Differential Equation
ORC	Organic Rankine Cycle
PDE	Partial Differential Equation
PDGL	Partielle Differentialgleichung
SI	Système International d'Unités (Internationales Einheitensystem)
SNG	Synthetic Natural Gas
TDM	Tridiagonalmatrix

UNIFAC   Universal Functional-Group Activity Coefficient
UNIQUAC Universal Quasi-Chemical

Lateinische Buchstaben

a	Stöchiometrischer Koeffizient Molekül A
a	Kohäsionsdruck
a	Beschleunigung
a	Volumenbezogene Stoffübergangsfläche
a	Gewichtung/Koeffizient (Runge-Kutta-Verfahren)
a	Koeffizient
a	Konstante
a_0	Parameter a_0
a_1	Parameter a_1
a_2	Parameter a_2
a_3	Parameter a_3
a_4	Parameter a_4
a_5	Parameter a_5
a_6	Parameter a_6
a_7	Parameter a_7
a_c	Kritischer Faktor (in der Gleichung nach Peng-Robinson)
a_v	Katalysatoroberfläche pro Volumenelement
b	Kovolumen
b	Gewichtung/Koeffizient (Runge-Kutta-Verfahren)
b	Konstante
b	Lösung
b	Lösungsvektor
c	Wärmekapazität
c	Stoffkonzentration
c	Koeffizient (TDM-Algorithmus)
c	Gewichtung/Koeffizient (Runge-Kutta-Verfahren)
c	Konstante
c_1	Stoffspezifische Konstante 1
c_2	Stoffspezifische Konstante 2
c_3	Stoffspezifische Konstante 3
c_p	Isobare Wärmekapazität
c_v	Isochore Wärmekapazität
c	Stoffkonzentrationsvektor
ċ	Zeitableitung des Vektors **c**
d	Durchmesser
d	Wandstärke

Abkürzungsverzeichnis

dx	Kantenlänge eines Volumenelementes in x-Richtung
dy	Kantenlänge eines Volumenelementes in y-Richtung
dz	Kantenlänge eines Volumenelementes in z-Richtung
e	Stöchiometrischer Koeffizient Molekül E
e	Spezifische Exergie
e	Kante e (Diskretisierungsgitter)
f	Fugazität
f	Temperaturfunktion
f	Funktion
f'	Ableitung der Funktion f
f	Vektor mit Funktionen (Newton-Verfahren)
g	Erdbeschleunigung
g	Partielle, molare Gibbs-Energie
g	Spezifische/Molare Gibbs-Energie
g	Differentialgleichung
g	Gewichtsfunktion
h	Spezifische/Molare Enthalpie
h	Höhe
h	Schrittweite
h'	Spezifische/Molare Enthalpie siedende Flüssigkeit
h''	Spezifische/Molare Enthalpie gesättigter Dampf
h_0^f	Standardbildungsenthalpie
h_f	Wärmeaustauschkoeffizient
k	Wärmedurchgangskoeffizient
k	Binärer Wechselwirkungsparameter
k	Reaktionsgeschwindigkeitskonstante
k	Koeffizient (TDM-Algorithmus)
k	Hilfssteigung
k_0	Präexponentieller Faktor
k_G	Stoffaustauschkoeffizient
l	Charakteristische Länge
l	Hilfsgröße für den komb. Anteil des Aktivitätskoeffizienten
l	Luftstrom
$l_{\min}$	Stöchiometrischer Luftbedarf
m	Exponent zur Bestimmung der Nußelt-Zahl
m	Stöchiometrischer Index Kohlenstoff
m	Masse
m	Knotennummer in x-Richtung (Finite-Elemente-Methode)
m'	Masse siedende Flüssigkeit
m''	Masse gesättigter Dampf
$\dot{m}$	Massenstrom
n	Exponent zur Bestimmung der Nußelt-Zahl

n	Parameter der IAPWS-Formeln
n	Stöchiometrischer Index Wasserstoff
n	Reaktionsordnung
n	Stoffmenge
n	Anzahl diskreter Zeitpunkte
n	Anzahl Diskretisierungselemente
n	Kante n (Diskretisierungsgitter)
n	Knotennummer in y-Richtung (Finite-Elemente-Methode)
n_i^0	Parameter der IAPWS-Formeln
$\dot{n}$	Stoffmengenstrom
$\mathbf{n}$	Flächennormale
$\mathbf{n}_n$	Normalenvektor in nördliche Richtung
$\mathbf{n}_o$	Normalenvektor in östliche Richtung
$\mathbf{n}_s$	Normalenvektor in südliche Richtung
$\mathbf{n}_w$	Normalenvektor in westliche Richtung
$o_{\min}$	Stöchiometrischer Sauerstoffbedarf
p	Stöchiometrischer Index Schwefel
p	Druck
p_0	Referenzdruck, Standarddruck
p_c	Kritischer Druck
p_i	Partialdruck Komponente i
p_s	Sattdampfdruck
p_t	Druck im Tripelpunkt
p_x	Druck in x-Richtung
p_y	Druck in y-Richtung
p_z	Druck in z-Richtung
q	Stöchiometrischer Index Sauerstoff
q	Relative van der Waal'sche Oberfläche
r	Relatives van der Waal'sches Volumen
r	Reaktionsrate
s	Weg
s	Newtonkorrektur
s	Spezifische/Molare Entropie
s	Kante s (Diskretisierungsgitter)
s'	Spezifische/Molare Entropie siedende Flüssigkeit
s''	Spezifische/Molare Entropie gesättigter Dampf
s_0	Spezifische Standardentropie
t	Zeit
t	Variable der Differentialgleichung g
$\mathbf{t}$	Temperaturvektor
u	Wechselwirkungsparameter
u	Spezifische/Molare innere Energie

u	Stöchiometrischer Index Stickstoff
v	Spezifisches/Molares Volumen
v'	Spezifisches/Molares Volumen siedende Flüssigkeit
v''	Spezifisches/Molares Volumen gesättigter Dampf
v_0	Spezifisches/Molares Referenzvolumen
w	Spezifische Arbeit
w	Stöchiometrischer Index Chlor
w	Kante w (Diskretisierungsgitter)
w	Strömungsgeschwindigkeit
w_j	Strömungsgeschwindigkeit in j-Richtung; $j \in \{x, y, z\}$
w_x	Strömungsgeschwindigkeit in x-Richtung
w_y	Strömungsgeschwindigkeit in y-Richtung
w_z	Strömungsgeschwindigkeit in z-Richtung
x	Stöchiometrischer Koeffizient Molekül X
x	x-Koordinate
x	Massenanteil
x	Variable
$x+$	Integrationsgrenze in positiver x-Richtung zum Knoten P
$x-$	Integrationsgrenze in negativer x-Richtung zum Knoten P
x_D	Dampfgehalt
$\mathbf{x}$	Variablenvektor
y	y-Koordinate
y	Stoffmengenanteil
y	Variable der Differentialgleichung g
y	Lösungsfunktion
y'	Stoffmengenanteil in der Flüssigphase
y''	Stoffmengenanteil in der Dampfphase
$y+$	Integrationsgrenze in positiver y-Richtung zum Knoten P
$y-$	Integrationsgrenze in negativer y-Richtung zum Knoten P
y_0	Anfangswert der Lösungsfunktion y
$\mathbf{y}$	Lösungsvektor
z	Stöchiometrischer Koeffizient Molekül Z
z	Reaktionsumsatz
z	z-Koordinate
z	Höhe
z	Realgasfaktor
z	Anzahl Gleichungen
$z+$	Integrationsgrenze in positiver z-Richtung zum Knoten P
$z-$	Integrationsgrenze in negativer z-Richtung zum Knoten P
A	Molekül A
A	Adsorptionsterm
A	Fläche, Oberfläche, Strömungsquerschnittsfläche

A	Koeffizientenmatrix
A	Parameter A
B	Molekül B
B	Parameter B
C	Molekül C
C	Parameter C
C	Konstante
D	Molekül D
D	Parameter D
D	Diffusionskoeffizient
D	Dach- oder Hutfunktion
E	Molekül E
E	Parameter E
E	Aktivierungsenergie
E	Energie
E	Exergie
E	Punkt E (Diskretisierungsgitter)
EE	Punkt EE (Diskretisierungsgitter)
$\dot{E}$	Energiestrom
F	Kraft
F'	Jacobi-Matrix des Vektors **f**
F_P	Korrekturfaktor
G	Gibbs-Energie
H	Enthalpie
H	Henrykoeffizient
H	Heaviside-Funktion
H_o	Oberer Heizwert
H_u	Unterer Heizwert
$\dot{H}$	Enthalpiestrom
I	Stromstärke
I	Impuls
I	Parameter der IAPWS-Formeln
J	Parameter der IAPWS-Formeln
J_i^0	Parameter der IAPWS-Formeln
K_c	Gleichgewichtskonstante
K_p	Gleichgewichtskonstante (druckabhängig)
$K1$	Koeffizientenmatrix 1
$K2$	Koeffizientenmatrix 2
L	Linke untere Dreiecksmatrix
L	Charakteristische Länge Strömungsprozess
M	Molmasse
M	Koeffizientenmatrix

N	Punkt N (Diskretisierungsgitter)
Nu	Nußeltzahl
NE	Punkt NE (Diskretisierungsgitter)
NW	Punkt NW (Diskretisierungsgitter)
P	Leistung
P	Potenzansatz
P	Pivotelement
P	Punkt P (Diskretisierungsgitter)
Pe	Peclet-Zahl
Pe^*	Zellen-Peclet-Zahl
Poy	Poynting-Faktor
Pr	Prandtlzahl
Q	Wärmemenge
Q	Hilfsgröße zur Berechnung der relativen van der Waal'schen Größen
$\dot{Q}$	Wärmestrom
R	Ideale Gaskonstante
R	Hilfsgröße zur Berechnung der relativen van der Waal'schen Größen
R	Randwert
R	Rechte obere Dreiecksmatrix
R1	Randwertvektor 1
R2	Randwertvektor 2
Re	Reynoldszahl
S	Entropie
S	Sutherland-Konstante
S	Schlupf
S	Punkt S (Diskretisierungsgitter)
S	Strecke
S	Senken- beziehungsweise Quellterm
S_ϕ	Senken- beziehungsweise Quellterm der Bilanzgröße ϕ
SE	Punkt SE (Diskretisierungsgitter)
SW	Punkt SW (Diskretisierungsgitter)
T	Temperatur
T_0	Referenztemperatur
T_c	Kritische Temperatur
T_m	Thermodynamische Temperatur
T_r	Reduzierte Temperatur
T_s	Siedetemperatur
T_{NST}	Normalsiedetemperatur
$T_{\text{NST},r}$	Reduzierte Normalsiedetemperatur
U	Innere Energie
U	Spannung
V	Volumen

$\dot{V}$	Volumenstrom
W	Punkt W (Diskretisierungsgitter)
W	Arbeit
W_V	Volumenänderungsarbeit
WW	Punkt WW (Diskretisierungsgitter)
X	Molekül X
X	Beladung
Z	Molekül Z
Z_c	Kritischer Realgasfaktor

Griechische Buchstaben und Sonderzeichen

α	Temperaturabhängige Funktion (in Redlich-Kwong-Soave-Gleichung)
α	Wärmeübergangskoeffizient
α	Verteilungskoeffizient
β	Abscheiderate
γ	Dimensionslose Gibbs-Energie
γ	Aktivitätskoeffizient
γ^0	Hilfsgröße IAPWS-Formeln
γ^c	Kombinatorischer Anteil des Aktivitätskoeffizienten
γ^r	Hilfsgröße IAPWS-Formeln
γ^r	Restanteil des Aktivitätskoeffizienten
Γ	Hilfsgröße für den Restanteil des Aktivitätskoeffizienten
Γ	Austauschkoeffizient (Diffusion)
Δ	Laplace-Operator
Δ_A	Strukturgruppenbeitrag A
Δ_B	Strukturgruppenbeitrag B
Δ_v	Diffusionsvolumen
ΔA	Flächenelement
Δh_v	Spezifische Verdampfungsenthalpie
ΔH_R	Reaktionsenthalpie
ΔV	Volumenelement
Δx	Kantenlänge eines Volumenelementes in x-Richtung
Δy	Kantenlänge eines Volumenelementes in y-Richtung
Δz	Kantenlänge eines Volumenelementes in z-Richtung
Δ	Laplace-Operator
Δg^R	Molare Reaktions-Gibbs-Funktion
Δg_0^R	Molare Reaktions-Gibbs-Funktion bei Standardbedingungen
Δp_v	Druckverlust
ϵ	Volumenanteil
η	Wirkungsgrad

η	Stoffspezifischer Faktor
η	Dynamische Viskosität
η_0	Dynamische Referenzviskosität
ϑ	Molarer Volumenanteil
λ	Wärmeleitfähigkeit
λ	Luftverhältnis
μ	Chemisches Potenzial
μ_r	Reduziertes Dipolmoment
ν	Stöchiometrischer Koeffizient
ν	Hilfsgröße für die relativen van der Waal'schen Größen
ν	Kinematische Viskosität
ξ	Reduzierte dynamische Viskosität
ξ	Stöchiometrischer Faktor
π	Hilfsgröße der IAPWS-Formeln
ϖ	Bereich der Ortskoordinate
ρ	Dichte
τ	Zeit, Zeitkonstante
τ	Hilfsgröße für den Restanteil des Aktivitätskoeffizienten
τ	Hilfsgröße IAPWS-Formeln
ϕ	Bilanzgröße
$\overline{\phi}$	Mittelwert der Bilanzgröße ϕ
φ	Fugazitätskoeffizient
φ	Relative Feuchte
Φ	Dissipation
Ψ	Molarer Oberflächenanteil
ω	Azentrischer Faktor
Ω	Diskretisierungsgebiet
∇	Nabla-Operator

Tiefgestellte Indices

0	Anfangszustand (Reaktionsbeginn)
0	Standardbedingungen
0i	Reinstoff i
0j	Reinstoff j
A	Asche
AG	Abgas
AS	Abscheidung
B	Brennstoff
BG	Brenngas
BS	Brennstoff

BW	Bedarfswärme
BW	Brennstoffwasser
C	Kohlenstoff
D	Destillat
e	Kante e (Diskretisierungsgitter)
el	elektrisch
E	Punkt E (Diskretisierungsgitter)
EG	Eduktgas
EL	Elektrische Leistung
F	Flüchtige
F	Flüssigkeit
F	Feed
G	Gas
G	Gasphasenreaktion
G	Gemisch
GB	Gas-Brennstoff (Wärmeübergangskoeffizient)
GK	Gas-Katalysator (Wärmeübergangskoeffizient)
h	Hilfsfunktion
hd	Hauptdiagonale
H	Hinreaktion
i	Stoff/Komponente i
i	Volumenelement i
ig	ideales Gas
if	ideale Flüssigkeit
is	isentrop
IG	Inertgas
j	Stoff/Komponente j
j	Reaktion j
k	Stoff/Komponente k
k	Strukturgruppe k
K	Katalysator
K	Konvektion
K	Koks
K	Koksreaktion
K	Kompressor
K	Kondensation
L	Luft
L	Leitung
m	Mittelwert
m	Energiestrom m
m	Strukturgruppe m
mech	mechanisch
M	Medium

n	Volumenelement n
n	Energiestrom n
n	Strukturgruppe n
n	Kante n (Diskretisierungsgitter)
N	Punkt N (Diskretisierungsgitter)
NW	Nutzwärme
od	obere Diagonale
P	Pyrolyse
P	Punkt P (Diskretisierungsgitter)
PL	Pumpenleistung
q	Reaktion q
R	Reformat
R	Rückreaktion
RG	Rohgas
s	Kante s (Diskretisierungsgitter)
S	Strahlung
S	Sumpf
S	Punkt S (Diskretisierungsgitter)
S	Streckenmittelpunkt (Finite-Volumen-Methode)
S1	Stufe 1 (Destillationskolonne)
S2	Stufe 2 (Destillationskolonne)
S3	Stufe 3 (Destillationskolonne)
th	thermisch
T	Trocknung
T	Turbine
TL	Turbinenleistung
u	Massenstrom u
ud	untere Diagonale
U	Umgebung
UW	Übertragungswärme
v	Massenstrom v
V	Verdampfung
VL	Verdichtungsleistung
VM	Vergasungsmittel
VW	Verlustwärme
w	Kante w (Diskretisierungsgitter)
waf	wasser- und aschefrei
W	Wärme
W	Wasser
W	Wand
W	Punkt W (Diskretisierungsgitter)
x	in x-Richtung (Strömung)

Hochgestellte Indices

a	System a, Phase a
b	System b, Phase b
b	Blasenphase
c	chemisch
d	dampfförmig
d	Dichtephase
e	elektrisch
f	flüssig
h	Hauptgasströmung
if	ideale Flüssigkeit
ifs	idealer Feststoff
ig	ideales Gas
k	kinetisch
mf	minimale Fluidisierung (Fluidisierungspunkt)
p	potenziell
p	Katalysatorporen
rev	reversibel
s	stofflich
th	thermisch
tm	thermomechanisch
wf	wasserfrei

Inhaltsverzeichnis

1	**Einleitung**		1
	1.1 Anlagenplanung in der Energietechnik		1
	1.2 Anlagenbilanzierung in der Energietechnik		2
	1.3 Rechnereinsatz in der Energietechnik		3
2	**Energieanlagen**		5
	2.1 Anlagen zur Nutzung fester Brennstoffe		5
		2.1.1 Verbrennungskraftwerke	5
		2.1.2 Vergasungsanlagen	11
	2.2 Anlagen zur Nutzung gasförmiger Brennstoffe		15
		2.2.1 Verbrennungskraftwerke	15
		2.2.2 Reformierungsanlagen	18
	2.3 Anlagen zur Nutzung flüssiger Brennstoffe		23
		2.3.1 Verbrennungskraftwerke	23
		2.3.2 Vergasungsanlagen	24
3	**Programme zur Anlagenbilanzierung**		25
	3.1 Programmmerkmale		26
	3.2 Kommerzielle Programme		28
4	**Grundlagen der Thermodynamik**		31
	4.1 Systeme		31
	4.2 Zustandsgrößen		32
		4.2.1 Einteilung von Zustandsgrößen	32
		4.2.2 Druck	33
		4.2.3 Temperatur	36
		4.2.4 Volumen	37
		4.2.5 Innere Energie	38
		4.2.6 Enthalpie	39
		4.2.7 Entropie	41

		4.2.8	Chemisches Potenzial	44
		4.2.9	Gibbs-Energie	45
	4.3	Zustandsänderungen		46
	4.4	Zustandsgleichungen		48
		4.4.1	Einteilung von Zustandsgleichungen	48
		4.4.2	Thermische Zustandsgleichungen	48
		4.4.3	Kalorische Zustandsgleichungen	53
		4.4.4	Fundamentalgleichung	55
	4.5	Energie und ihre Erscheinungsformen		56
	4.6	Arbeit, Wärme und Leistung		57
	4.7	Wärmeübertragung		59
		4.7.1	Wärmedurchgang	59
		4.7.2	Wärmeübergang	62
5	**Grundlagen der Bilanzierungsrechnung**			**65**
	5.1	Bilanzgleichungen		66
		5.1.1	Allgemeine Form der Bilanzgleichungen	67
		5.1.2	Massenbilanz	71
		5.1.3	Energiebilanz	72
		5.1.4	Impulsbilanz	75
		5.1.5	Sonderfall: Komponentenbilanz	78
	5.2	Auswertung und Darstellung		81
		5.2.1	Auswertung von Bilanzierungsergebnissen	81
		5.2.2	Darstellung von Bilanzierungsergebnissen	85
6	**Grundlagen der Reaktionsrechnung**			**89**
	6.1	Reaktionsgleichgewichte		89
		6.1.1	Gleichgewichtsberechnungen nach Le Chatelier	90
		6.1.2	Gleichgewichtsberechnungen nach Gibbs	92
	6.2	Reaktionskinetik		96
		6.2.1	Reaktionsnetzwerke	97
		6.2.2	Reaktionsgeschwindigkeit	100
		6.2.3	Modellierungsansätze	106
7	**Grundlagen der Phasengleichgewichtsrechnung**			**109**
	7.1	Phasengleichgewichte		109
	7.2	Berechnung der Fugazitäten der Dampfphase		112
		7.2.1	Ideales Fluidverhalten	113
		7.2.2	Reales Fluidverhalten	113
	7.3	Berechnung der Fugazitäten der Flüssigphase		116
		7.3.1	Ideales Fluidverhalten	117
		7.3.2	Reales Fluidverhalten	118

- 7.4 Aktivitätsmodelle ... 119
  - 7.4.1 UNIQUAC-Modell ... 120
  - 7.4.2 UNIFAC-Modell ... 121
- 7.5 Ausgewählte Rechenbeispiele ... 123
  - 7.5.1 Rechenbeispiel: Aktivitätskoeffizienten UNIFAC ... 123
  - 7.5.2 Rechenbeispiel: Fugazitätskoeffizienten ... 130

8 Stoffwerte und Stoffklassen ... 137
- 8.1 Wärmekapazität ... 137
  - 8.1.1 Gase ... 138
  - 8.1.2 Flüssigkeiten ... 140
  - 8.1.3 Feststoffe ... 141
- 8.2 Dynamische Viskosität ... 142
  - 8.2.1 Gase ... 142
  - 8.2.2 Flüssigkeiten ... 144
  - 8.2.3 Feststoffe ... 146
- 8.3 Kinematische Viskosität ... 146
  - 8.3.1 Gase ... 146
  - 8.3.2 Flüssigkeiten ... 147
- 8.4 Wärmeleitfähigkeit ... 147
  - 8.4.1 Gase ... 147
  - 8.4.2 Flüssigkeiten ... 147
  - 8.4.3 Feststoffe ... 149
- 8.5 Diffusionskoeffizient ... 150
  - 8.5.1 Gase ... 150
  - 8.5.2 Flüssigkeiten ... 151
- 8.6 Verdampfungsenthalpie ... 151
- 8.7 Dampfdruck ... 153
- 8.8 Heizwert ... 155
  - 8.8.1 Gase ... 155
  - 8.8.2 Feststoffe ... 156
- 8.9 Zustandsgrößen ... 157
  - 8.9.1 Ideale Gase ... 157
  - 8.9.2 Ideale Flüssigkeiten ... 160
  - 8.9.3 Ideale Feststoffe ... 161
  - 8.9.4 Reale Fluide ... 162
  - 8.9.5 Wasser und Wasserdampf ... 164

9 Modellierung stationär betriebener Anlagenkomponenten ... 169
- 9.1 Modellierungsansätze ... 169
  - 9.1.1 Trockner ... 169
  - 9.1.2 Vergasungsreaktoren ... 172

        9.1.3 Brennkammern 176
        9.1.4 Reformer 179
        9.1.5 Pumpen 180
        9.1.6 Kompressoren und Gebläse 182
        9.1.7 Turbinen 184
        9.1.8 Wärmeübertrager 186
        9.1.9 Dampferzeuger 187
        9.1.10 Kondensatoren 190
        9.1.11 Splitter 192
        9.1.12 Mixer 194
        9.1.13 Abscheider 195
        9.1.14 Isotherme Chemiereaktoren 197
        9.1.15 Adiabate Chemiereaktoren 199
        9.1.16 Gasmotorenprozesse 201
        9.1.17 Gasturbinenprozesse 204
        9.1.18 Flashtrommeln 206
        9.1.19 Destillationskolonnen 208
  9.2 Ausgewählte Rechenbeispiele 212
        9.2.1 Rechenbeispiel: Trockner 212
        9.2.2 Rechenbeispiel: Kompressor 220
        9.2.3 Rechenbeispiel: Turbine 223
        9.2.4 Rechenbeispiel: Wärmeübertrager 225
        9.2.5 Rechenbeispiel: Isothermer Chemiereaktor 228
        9.2.6 Rechenbeispiel: Flashtrommel 235

10 Modellierung instationär betriebener Anlagenkomponenten 241
  10.1 Modellierungsansätze 241
        10.1.1 Speicher 241
        10.1.2 Wärmeübertrager 245
        10.1.3 Chemiereaktoren 254
  10.2 Ausgewählte Rechenbeispiele 281
        10.2.1 Rechenbeispiel: Wärmeübertrager 281
        10.2.2 Rechenbeispiel: Rührkesselreaktor im Batchbetrieb 287
        10.2.3 Rechenbeispiel: Rührkesselreaktor im kontinuierlichen Betrieb . 292
        10.2.4 Rechenbeispiel: Strömungsreaktor 298

11 Numerik stationärer Bilanzierungsrechnungen 307
  11.1 Formulierung der Bilanzgleichungen 308
  11.2 Aufstellen des Gleichungssystems 309
  11.3 Lösen des Gleichungssystems 310
        11.3.1 Lineare Gleichungssysteme 310
        11.3.2 Nichtlineare Gleichungssysteme 319

11.4 Ausgewählte Rechenbeispiele 322
    11.4.1 Rechenbeispiel: Newton-Verfahren 322

12 Numerik instationärer Bilanzierungsrechnungen 329
  12.1 Formulierung der Bilanzgleichungen 331
  12.2 Diskretisierung 332
  12.3 Transformation der partiellen DGL in ein System gewöhnlicher DGL .. 333
    12.3.1 Finite-Differenzen-Methode 333
    12.3.2 Finite-Elemente-Methode 337
    12.3.3 Finite-Volumen-Methode 343
  12.4 Aufstellen des Gleichungssystems 353
  12.5 Lösen des Gleichungssystems 353
    12.5.1 Explizites Euler-Verfahren 354
    12.5.2 Implizites Euler-Verfahren 355
    12.5.3 Runge-Kutta-Verfahren 355
    12.5.4 PREDIKTOR-Korrektur-Verfahren 358
  12.6 Numerische Herausforderungen 358
    12.6.1 Konvektions-Diffusions-Probleme 358
    12.6.2 Numerische Diffusion 359
    12.6.3 Druck-Geschwindigkeits-Kopplung 359
    12.6.4 Steife Differentialgleichungssysteme 360
  12.7 Ausgewählte Rechenbeispiele 360
    12.7.1 Rechenbeispiel: Wärmeleitung 1D 361
    12.7.2 Rechenbeispiel: Wärmeleitung 2D 377
    12.7.3 Rechenbeispiel: Konvektions-Diffusions-Problem 1D 411
    12.7.4 Rechenbeispiel: Konvektions-Diffusions-Problem 2D 415

Anhang – Stoffdaten 427

Literatur 443

Sachverzeichnis 449

Einleitung 1

Das Wissen im Bereich der Naturwissenschaften hat sich in den letzten 100 Jahren rasant entwickelt und findet im Rahmen der Globalisierung und dem Ausbau der Telekommunikationsnetze wie dem Internet in kürzester Zeit Verbreitung. Menschen werden auf diese Weise mit neuen Denkweisen, Kulturen aber auch Technologien konfrontiert und konventionelle Strukturen zwangsläufig in Frage gestellt. Ein herausragendes Beispiel ist das deutsche Energiesystem. Während die Stromerzeugung Ende des 20. Jahrhunderts überwiegend auf fossilen Energieträgern wie Kohle und Erdgas basierte, drängen das wachsende Umweltbewusstsein, Wohlstand und innovative Technologien in eine alternative Richtung. Die Neubildung des Energiesystems umfasst dabei nicht nur die Integration neuer Energieanlagen und Verteilnetze, sondern ebenfalls adaptierte Marktmechanismen, Förderinstrumente und Verbrauchergewohnheiten. Eine umfassende Planung des zukünftigen Energiesystems und dessen Anlagen ist daher ratsam.

1.1 Anlagenplanung in der Energietechnik

Während sich die Planung und Optimierung verfahrens- und energietechnischer Prozesse in der Vergangenheit im überwiegenden Maße der Anwendung von Heuristiken oder Versuchen bediente, sind in der heutigen Zeit detaillierte Anlagenplanungen unverzichtbar. Das Ziel dieser Planungen ist es, die Anlage optimal an die Rahmenbedingungen anzupassen und den Betrieb entsprechend wirtschaftlich, ökologisch und sozial effizient zu gestalten.

Die wirtschaftliche Effizienz einer Anlage bildet in der Regel die Basis für Investitionsentscheidungen und stellt die maßgebliche Orientierungsgröße der Anlagenplanung dar. In Zeiten, in denen konstruktive Kostensenkungspotenziale zunehmend ausgereizt sind, umfasst die Planung zudem nicht mehr nur den Nennbetrieb der Anlagen, sondern auch besondere Phasen des Lebenszyklus wie die Inbetriebnahme, Wartung und den Ausfall bei Störungen. Zur Koordinierung und Verkürzung dieser Phasen gewinnen insbesondere Betrachtungen des lastflexiblen Anlagenverhaltens an Bedeutung. Mit Blick auf die ökologische Effizienz rücken vermehrt Umweltauswirkungen in den Fokus der Planung. In diesem Zusammenhang werden nicht zuletzt aufgrund politischer Zielvorgaben die Treibhauswirksamkeit und entsprechende kohlenstoffdioxidäquivalente Emissionen des Anlagenbetriebs betrachtet. Soziale Aspekte hingegen finden insbesondere vor dem Hintergrund der Akzeptanz von Energieprojekten Beachtung. Diese kann sich direkt auf Genehmigungsverfahren auswirken und damit zu einem wesentlichen Kostenfaktor werden.

Um den genannten Anforderungen an die Planung von Energieanlagen gerecht zu werden, sind detaillierte Kenntnisse der Stoff- und Energieströme der Anlagen erforderlich. Diese werden durch Bilanzierungsrechnungen bestimmt.

1.2 Anlagenbilanzierung in der Energietechnik

Anlagenbilanzierungen – also Berechnungen von Stoff- und Energieströmen – sind ein integraler Bestandteil der Anlagenplanung. Häufig werden Anlagenbilanzierungen schon in frühen Phasen der Planung eingesetzt, bei denen unterschiedliche Konzepte und Technologien in Bezug auf ihre Effizienz und ökonomische Wettbewerbsfähigkeit miteinander verglichen werden. In späteren Phasen berühren die Bilanzierungen die konkrete Auslegung und Konstruktion der Anlagen. Sie reichen von der Dimensionierung der Brennstofflager bis zur Dimensionierung von Reaktorwänden mit dem Ziel eines möglichst geringen Werkstoffeinsatzes.

Das grundlegende Vorgehen bei der Bilanzierung von Energieanlagen ist in Abb. 1.1 dargestellt.

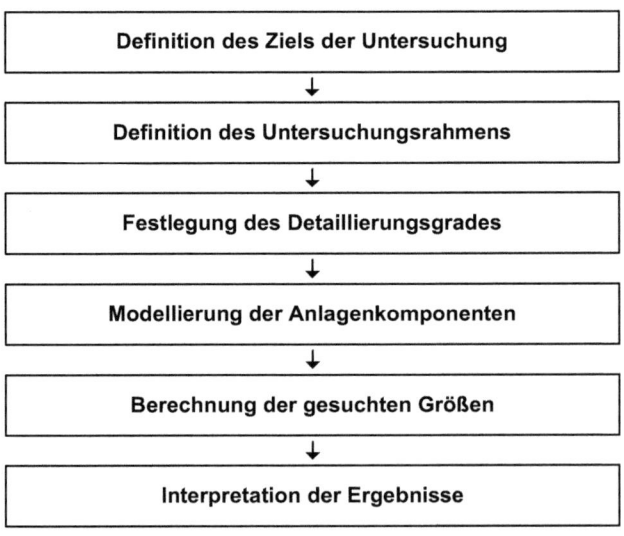

Abb. 1.1 Vorgehen bei der Bilanzierung von Energieanlagen

- Am Anfang einer Anlagenbilanzierung wird das Ziel der Bilanzierung definiert. Dieses ist vom Stadium des Projektes abhängig. Das heißt, in der Konzeptfindungsphase werden durch die Bilanzierung in der Regel Wirkungsgrade berechnet und Stoff- und Energieströme für ökonomische und ökologische Betrachtungen zur Verfügung gestellt. Im weiteren Projektverlauf sind hingegen umfangreichere Stoff- und Energiestromdaten für erste Dimensionierungen der Anlagenkomponenten erforderlich. Schließlich werden in der abschließenden Planungsphase Komponenten ausgelegt und eingehend überprüft. Dazu kommen Strömungssimulationen und dynamische Fließschemasimulationen zum Einsatz.
- Als nächster Schritt ist der Untersuchungsrahmen festzulegen. Dieser ist vom Ziel der Bilanzierung abhängig und umfasst entweder den gesamten Lebensweg eines Produktes, eine Anlage, eine Komponente oder auch nur einzelne Bereiche einer Komponente.
- Anschließend wird der Detaillierungsgrad der Rechenmodelle definiert. Auch dieser Arbeitsschritt erfolgt in Abstimmung der Ziele der Bilanzierung beziehungsweise dem Stand des Projektes. Grundsätzlich erhöht sich mit fortschreitendem Projektstand der Detaillierungsgrad der Modelle.
- Es folgt die Modellierung der Anlagenkomponenten. Dabei werden das Verhalten der Komponenten entsprechend dem erforderlichen Detaillierungsgrad mathematisch abgebildet sowie Vereinfachungen getroffen.
- An die Modellierung schließt sich die Berechnung der gesuchten Größen (Stoff- und Energieströme, Zustandsgrößen, Wirkungsgrade) an. Die Grundlage der Berechnung bilden die Modelle der Anlagenkomponenten. Diese werden in der Regel in Simulationsdurchläufen genutzt.
- Abschließend sind die Ergebnisse zu interpretieren und mit den definierten Zielen in Einklang zu bringen. Darauf aufbauend werden gegebenenfalls Korrekturen an den Modellen vorgenommen.

1.3 Rechnereinsatz in der Energietechnik

Zur Berechnung der Stoff- und Energieströme werden häufig Simulationsprogramme verwendet. Diese ermöglichen nicht nur Aussagen über den Stoff- und Energiefluss an verschiedenen Punkten des Anlagenschemas, sondern bei einer entsprechenden Modellgestaltung auch über das zeitliche Verhalten der Komponenten. Dimensionierungen, Analysen und Optimierungen der Komponenten an unterschiedlichen Prozessstellen und zu unterschiedlichen Betriebszeitpunkten können entsprechend abgeleitet werden.

Beim Einsatz der Programme kommt dem Anwender die Aufgabe zu, die Rechnungen zu überwachen. Der Anwender muss aus diesem Grund ein fundiertes Wissen über die untersuchten physikalischen Vorgänge besitzen. Er muss sich möglicher Fehler bewusst sein, selbige einzuschätzen wissen sowie die Möglichkeiten, Einsatzgebiete aber auch Grenzen rechnergestützter Ingenieurarbeiten kennen. Fehlinterpretationen von Rechenergebnissen und mangelnde Kenntnis in Bezug auf die Rechnungen selbst können nicht nur aus ökonomischer Sicht verheerende Folgen haben, sondern auch direkte Auswirkungen für das gesundheitliche Wohl von Menschen bewirken.

Das Ziel dieses Buches ist es daher, die physikalischen Hintergründe bei der Bilanzierung von Energieanlagen zu vermitteln und auf diese Weise eine effiziente und gleichzeitig bewusste Anwendung entsprechender Computerprogramme zur Anlagenbilanzierung zu ermöglichen. Die Ausführungen bilden die Grundlage, das Potenzial rechnergestützter Anlagenbilanzierungen zu erschließen, Rechenfehler zu erkennen und zu bewerten sowie Ergebnisse zu beurteilen.

2 Energieanlagen

Zur Energieversorgung von Industrieprozessen, Gewerbe und Haushalten kommen unterschiedliche Anlagen zum Einsatz. Kenntnisse des Aufbaus dieser Anlagen sind eine elementare Voraussetzung für deren Bilanzierung. Nachfolgend werden daher ausgewählte Vertreter derzeit eingesetzter Energieanlagen – gegliedert entsprechend der Art der eingesetzten Brennstoffe – beschrieben. Der Fokus der Ausführungen liegt auf Anlagen zur Produktion von Strom und chemischen Sekundärenergieträgern.

2.1 Anlagen zur Nutzung fester Brennstoffe

Energieanlagen zur Nutzung fester Brennstoffe wie Kohle und Holz werden für die Bereitstellung von Strom und Wärme aber auch von Sekundärenergieträgern wie Methanol oder Wasserstoff eingesetzt. Bei der Konversion der Brennstoffe kann grundsätzlich zwischen zwei Anlagentypen unterschieden werden: Verbrennungskraftwerke und Vergasungsanlagen. Beide Anlagentypen und entsprechende Untergruppen werden nachfolgend erläutert. Weiterführende Informationen zu der entsprechenden Anlagentechnik können der Fachliteratur entnommen werden (Verbrennungskraftwerke: z. B. [17], [34], [74], [67]; Vergasungsanlagen: z. B. [26], [37], [33], [64]).

2.1.1 Verbrennungskraftwerke

Verbrennungskraftwerke dienen vorrangig der Stromerzeugung. Bei entsprechenden standort- und anlagentechnischen Voraussetzungen kann zudem Nutzwärme bereitgestellt werden (Kraft-Wärme-Kopplung – KWK). Der Brennstoff wird dazu verbrannt und die thermische Energie der Rauchgase anschließend in Dampfkraftprozessen genutzt. Die Bandbreite der einsetzbaren Brennstoffe ist vielfältig und reicht von Kohlen bis hin zu Biomassen und Kunststoffen. Dies eröffnet die Möglichkeit, vorzugsweise

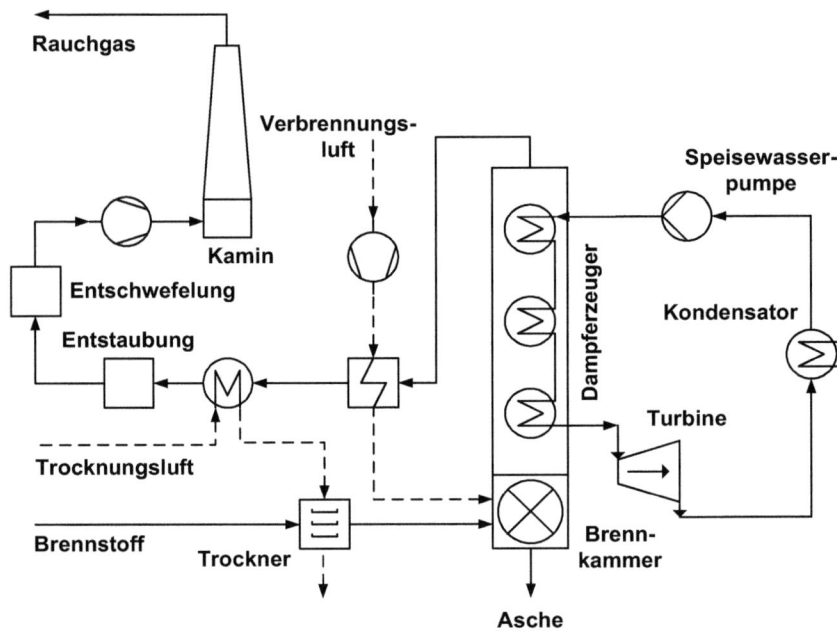

Abb. 2.1 Schematische Darstellung eines Verbrennungskraftwerkes zur Nutzung fester Brennstoffe

Brennstoffe mit niedrigen Marktpreisen wie beispielsweise Braunkohlen zu nutzen. Als Nachteil der Kraftwerke erweist sich die verhältnismäßig geringe Lastflexibilität. Verbrennungskraftwerke werden daher im Allgemeinen zur Grundlastversorgung mit einer hohen Jahresbetriebsstundenzahl eingesetzt.

Aus prozesstechnischer Sicht bestehen Verbrennungskraftwerke aus den drei Prozessschritten Brennstoffaufbereitung, Verbrennung, Abgasreinigung sowie einem Dampfkraftprozess (Abb. 2.1). Die Aufbereitung umfasst eine Mahlung und Trocknung des Brennstoffs zur Einstellung der für die Verbrennung geeigneten Korngrößen und Wassergehalte. Der Brennstoff wird anschließend einer Brennkammer zugeführt und mit vorgewärmter Luft bei Temperaturen über 1000 °C verbrannt. Die Brennkammer bildet den Kern des Kraftwerks und beinhaltet einen Dampferzeuger, in dem mit Hilfe des heißen Abgases (Rauchgases) der Verbrennung Dampf erzeugt wird. Nach dem Dampferzeuger wird das Rauchgas weiter abgekühlt. Die Kühlungswärme wird dabei meist zur Vorwärmung der Verbrennungsluft und zur Brennstofftrocknung verwendet. Um die gesetzlich vorgeschriebenen Emissionswerte einzuhalten und eine Beschädigung von Anlagenkomponenten zu verhindern, wird das Rauchgas abschließend gereinigt. Dazu werden im Wesentlichen Entstaubungs- und Entschwefelungstechnologien (z. B. Elektroabscheider und Kalkwäschen) eingesetzt. Der im Dampferzeuger produzierte Dampf wird einer Turbine zugeführt und dort entspannt. Die Turbine treibt einen Generator an, welcher die Turbinenarbeit in elektrische Energie umwandelt. Nach der Turbine wird der Dampf in einem Kondensator

2.1 Anlagen zur Nutzung fester Brennstoffe

vollständig kondensiert, das flüssige Kondensat in einer Speisewasserpumpe auf Druck gebracht und wieder in den Dampferzeuger zurückgeführt.

Für die Gestaltung des Dampfkraftprozesses bieten sich unterschiedliche Möglichkeiten. Beispielsweise kann die Effizienz des Dampfkraftprozesses durch eine gezielte Speisewasservorwärmung (siehe Abschn. 2.1.1.2) oder Zwischenüberhitzung (siehe Abschn. 2.1.1.3) gesteigert werden. Weiterhin kann Prozesswärme auf gehobenem Temperaturniveau bereitgestellt werden, indem Dampf aus einer Entnahmeturbine abgezweigt und nicht bis in den Nieder- oder Unterdruckbereich entspannt wird (siehe Abschn. 2.1.1.4). Bedeutende Optionen zur Effizienzsteigerung und Wärmeauskopplung von Verbrennungskraftwerken werden in den nachfolgenden Abschnitten vorgestellt.

2.1.1.1 Verbrennungskraftwerk mit Dampfkraftprozess und Gegendruckturbine

Der Prozessaufbau von Verbrennungskraftwerken mit Gegendruckturbine folgt dem bereits beschriebenem Schema (siehe Abschn. 2.1.1). Eine Darstellung des Prozessaufbaus ist in Abb. 2.2 gegeben: Der aufbereitete Brennstoff wird zunächst verbrannt und die Verbrennungswärme zur Erzeugung von überhitztem Dampf genutzt. Dieser wird anschließend in einer Turbine entspannt und Strom erzeugt. Kennzeichnend für Gegendruckturbinen ist, dass der Dampf nicht bis zu Umgebungs- oder Unterdruck entspannt wird, sondern die Turbine mit einem Restdruck verlässt. Da die Kondensationstemperatur vom

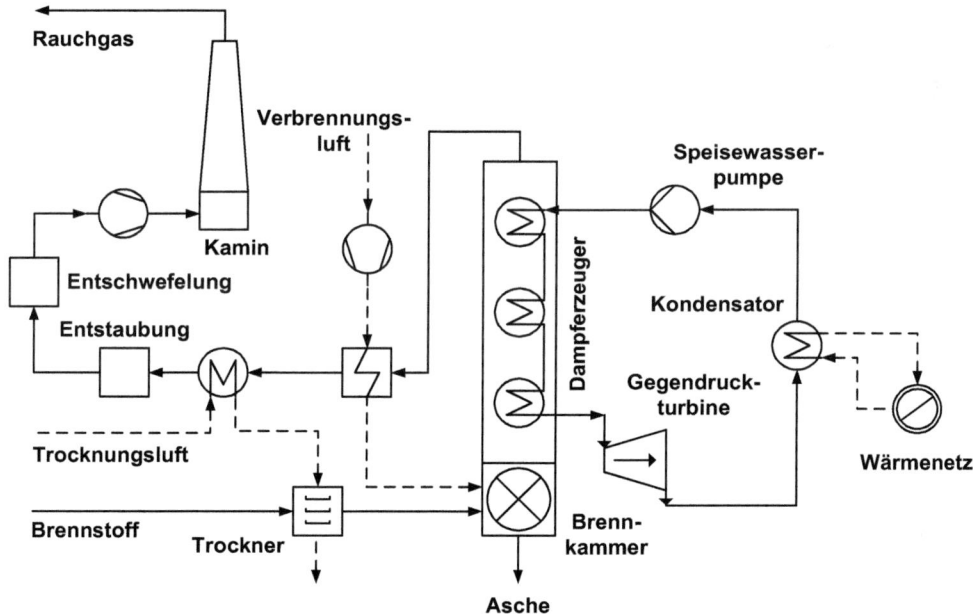

Abb. 2.2 Schematische Darstellung eines Verbrennungskraftwerkes mit Gegendruckturbine

Druck abhängig ist, kondensiert der Dampf anschließend bei erhöhter Temperatur. Im Vergleich zu Dampfkraftprozessen ohne Gegendruckturbine besitzt die Kondensationswärme entsprechend ein Temperaturniveau, das für unterschiedliche Wärmenutzungskonzepte (z. B. die Wärmeversorgung von Haushalten) geeignet ist.

2.1.1.2 Verbrennungskraftwerk mit Dampfkraftprozess und Gegendruckturbine sowie Speisewasservorwärmung

Auch Verbrennungskraftwerke mit Speisewasservorwärmung sind grundsätzlich wie die in Abschn. 2.1.1 beschriebenen Kraftwerke aufgebaut. Das Schema eines Kraftwerks mit Speisewasservorwärmung ist in Abb. 2.3 dargestellt: Nach der Aufbereitung und Verbrennung der Festbrennstoffe wird die thermische Energie des Rauchgases im Dampferzeuger auf einen Dampfkreislauf übertragen. Der Dampf treibt eine Turbine mit Generator an und kondensiert. Im Vergleich zu herkömmlichen Dampfkraftprozessen mit Gegendruckturbine wird bei Prozessen mit Speisewasservorwärmung heißer Zapfdampf von der Turbine in einen Kondensatsammler geleitet. In diesem wird das Speisewasser vorgewärmt, der Dampf weiter entspannt und gelöster Sauerstoff, welcher zur Schädigung von Anlagenkomponenten führen kann, ausgetrieben. Neben der Speisewasservorwärmung bietet die Dampfabzapfung den Vorteil, dass der Niederdruckteil der Turbine für geringere Durchsätze ausgelegt werden kann. Aufgrund der großen Schaufelabmessungen im Niederdruckteil können die Investitionen der Turbine auf diese Weise reduziert und Wirkungsgradverluste aus ökonomischer Sicht kompensiert werden.

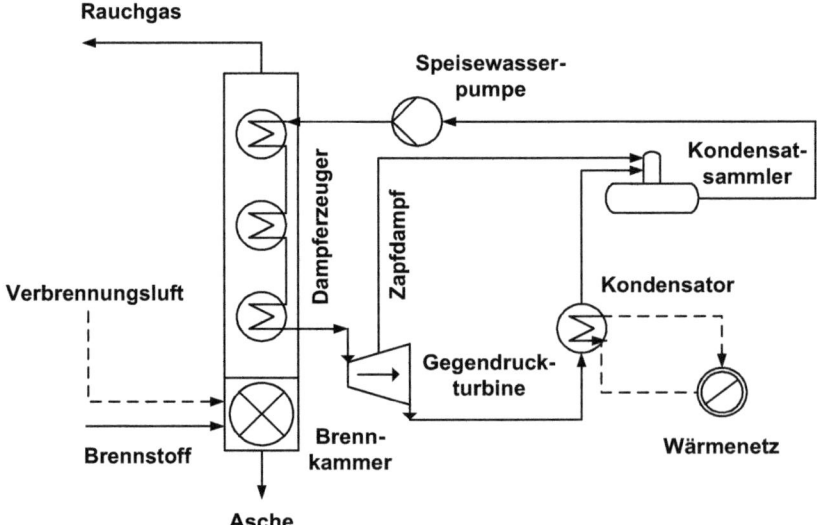

Abb. 2.3 Schematische Darstellung eines Dampfkraftprozesses mit Speisewasservorwärmung

2.1.1.3 Verbrennungskraftwerk mit Dampfkraftprozess und Gegendruckturbine sowie Zwischenüberhitzung

Der Aufbau von Verbrennungskraftwerken mit Dampfkraftprozess und Zwischenüberhitzung gestaltet sich ebenfalls gemäß den Ausführungen in Abschn. 2.1.1. Abbildung 2.4 zeigt schematisch den Aufbau eines derartigen Kraftwerks: Zunächst wird der Brennstoff aufbereitet und verbrannt. Das Rauchgas gibt anschließend Wärme an einen Dampfkraftprozess ab, in dem – durch die Entspannung des Dampfes in einer Turbine – Strom erzeugt wird. Dabei wird – wie auch bei einem Prozess mit Speisewasservorwärmung – ein Zapfdampfstrom von der Turbine abgezogen, anschließend jedoch nicht direkt in den Kondensatsammler geleitet, sondern zunächst zur Überhitzung des Kondensats genutzt. Erst nach der Überhitzung erfolgt eine Zusammenführung von Zapfdampf und Kondensat im Kondensatsammler. Analog zu Prozessen mit Speisewasservorwärmung bietet die Zwischenüberhitzung mit Zapfdampf im Vergleich zu herkömmlichen Dampfkraftprozessen (Abb. 2.2) den Vorteil, dass die Baugröße, und damit das Investment, der Niederdruckturbinen reduziert werden kann. Gleichzeitig wird Wirkungsgradverlusten aufgrund des geringeren Dampfdurchsatzes des Niederdruckteils durch die Zwischenüberhitzung zumindest teilweise entgegengewirkt.

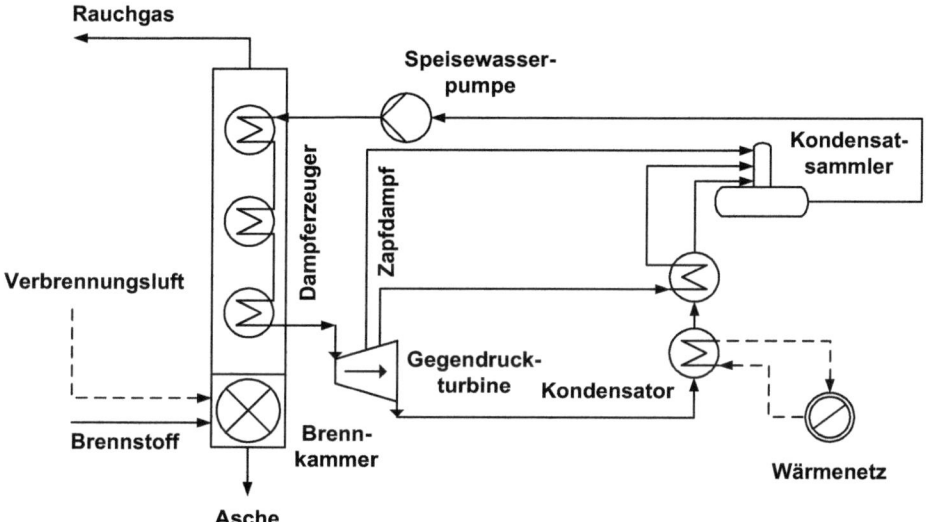

Abb. 2.4 Schematische Darstellung eines Dampfkraftprozesses mit Zwischenüberhitzung

2.1.1.4 Verbrennungskraftwerk mit Dampfkraftprozess und Entnahmeturbine

Verbrennungskraftwerke mit Dampfkraftprozess und integrierter Entnahmeturbine reihen sich aus prozesstechnischer Sicht in die bisher dargestellten Kraftwerkstypen ein (siehe Abschn. 2.1.1). Der Aufbau eines Kraftwerks mit Entnahmeturbine ist in Abb. 2.5 dargestellt: Die Verbrennung der Festbrennstoffe dient der Wärmeerzeugung. Die Wärme wird wiederum zur Dampferzeugung und -überhitzung genutzt. Im Unterschied zu den bisher beschriebenen Konzepten erfolgt die anschließende Entspannung des Dampfes in einer Entnahmeturbine, von der ein Zapfstrom mit vergleichsweise hoher Temperatur abgezogen wird. Der Zapfdampfstrom der Entnahmeturbine wird dabei direkt zu einem Wärmenetz geführt, dort abgekühlt und anschließend im Kondensatsammler mit dem restlichen Kondensat des Dampfkraftprozesses vermischt. Entsprechend den Charakteristika des Zapfdampfstromes kann so hochqualitative Prozesswärme an ein Wärmenetz abgegeben werden. Analog zu den bereits beschriebenen Prozessausführungen wird zudem die Baugröße des Niederdruckteils der Dampfturbine reduziert. Da allerdings nur ein geringer Teil der thermischen Energie des Dampfes wieder auf das Kondensat übertragen werden kann, kommt es zu einem Absinken des elektrischen Wirkungsgrades des Dampfkraftprozesses.

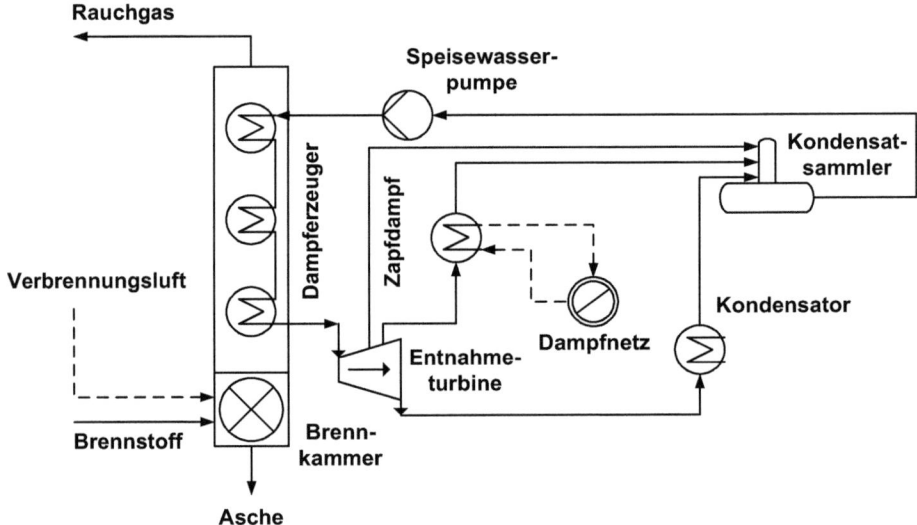

Abb. 2.5 Schematische Darstellung eines Dampfkraftprozesses mit Entnahmeturbine

2.1.2 Vergasungsanlagen

In Vergasungsanlagen wird die chemische Energie der Brennstoffe in elektrische Energie, Wärme oder Sekundärenergieträger (z. B. Methanol, Polyethylen, Methan) gewandelt. Dazu wird der Brennstoff zunächst in ein heizwertreiches Gas überführt und dieses anschließend in KWK-Aggregaten oder Synthesereaktoren genutzt. Bei Anlagen mit festen Brennstoffe werden vorrangig Kohlen – und bei Anlagen geringerer Kapazität ($\lesssim 50$ MW Brennstoffleistung) – auch holzartige Biomassen eingesetzt. Starke Lastwechsel sind nur bedingt realisierbar und alternierende Fahrweisen die Ausnahme. Die Erzeugung eines gasförmigen Zwischenproduktes bietet jedoch in Verbindung moderner Synthesetechnik vielfältige Nutzungsmöglichkeiten und die Kombination mit KWK-Aggregaten ist besonders bei Leistungsgrößen im zwei- und dreistelligen Megawattbereich durch höhere elektrische Wirkungsgrade gekennzeichnet als bei Verbrennungskraftwerken.

Der Aufbau von Vergasungsanlagen kann durch vier Prozessschritte beschrieben werden: Brennstoffaufbereitung, Vergasung, Gasreinigung und Gasnutzung. Bei der Brennstoffaufbereitung wird der Brennstoff hinsichtlich der Korngröße und des Wassergehaltes an die Bedingungen des Vergasungsprozesses angepasst. Dazu kommen Häcksler, Mühlen, Trockner aber auch thermo-chemische Vorbehandlungen wie Pyrolyse und Torrefizierung zum Einsatz. Im Vergasungsreaktor werden die Festbrennstoffe unter Anwesenheit eines Vergasungsmittels (z. B. Luft, Wasserdampf, Sauerstoff) in ein brennbares Gasgemisch überführt. Die Reaktortemperaturen liegen dabei typischerweise zwischen 800 und 1600 °C und der Druck zwischen 1 und 80 bar. Die Hauptbestandteile des Gasgemisches sind Kohlenstoffmonoxid, Wasserstoff, Kohlenstoffdioxid, Wasserdampf und – entsprechend den Vergasungsbedingungen – Methan und Stickstoff. Da das erzeugte Gas grundsätzlich Verunreinigungen wie Teere, Schwefel-, Halogen- und Stickstoffverbindungen sowie Partikel enthält, muss es je nach Anwendungsfall gereinigt werden. Nach der Gasreinigung schließt sich die eigentliche Nutzung des erzeugten Gases an. Dazu bieten sich unterschiedliche Möglichkeiten. In IGCC-Kraftwerken (Integrated Gasification Combined Cycle – IGCC) wird die chemische Energie des Gases in Gasturbinen mit angeschlossenem Dampfkraftprozess in elektrische Energie (und Wärme) umgewandelt. Gleiches erfolgt in Vergasungsanlagen mit Gasmotoren. In Syntheseanlagen kann das Gas hingegen zur Produktion von Sekundärenergieträgern genutzt werden. Eine Beschreibung der drei Anlagenarten ist den nachfolgenden Abschnitten zu entnehmen.

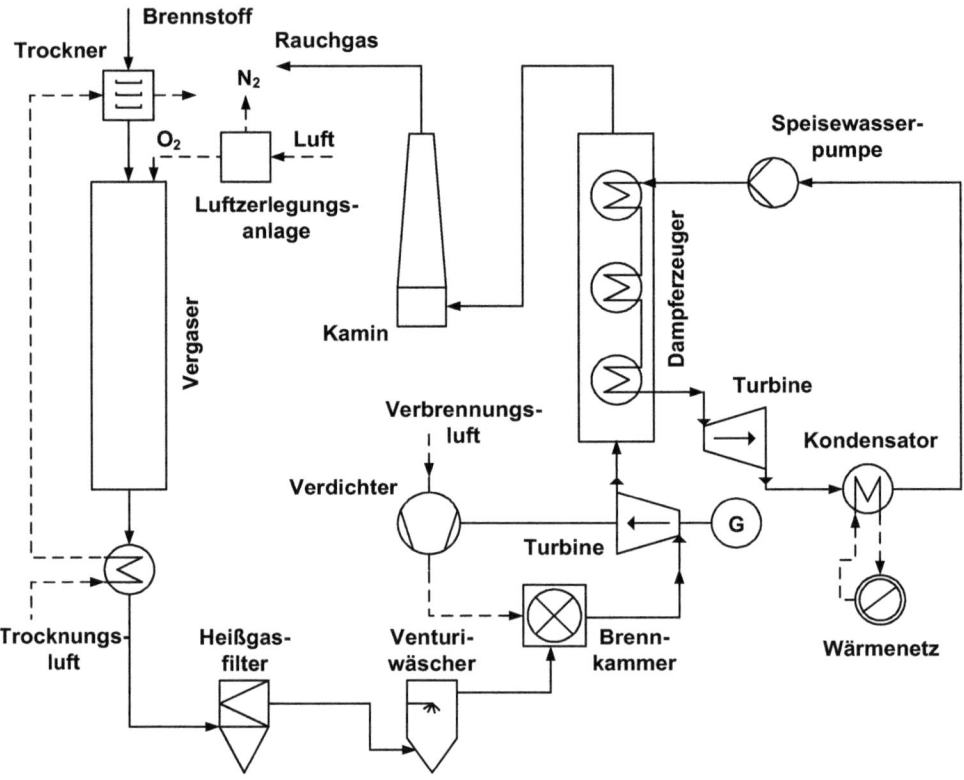

Abb. 2.6 Schematische Darstellung eines IGCC-Kraftwerkes

2.1.2.1 Vergasungsanlagen mit GuD-Prozess/IGCC-Kraftwerke

In IGCC-Kraftwerken wird der Brennstoff vorbehandelt und mit Hilfe eines Vergasers in brennbares Gas (Synthesegas/Rohgas) überführt. Dieses wird gereinigt und anschließend einer Gasturbine zur Stromerzeugung zugeführt. Da Gasturbinen hohe Reinheitsanforderungen in Bezug auf die im Gas enthaltenen Partikel stellen, liegt der Schwerpunkt der Gasreinigung in der Regel auf einer effizienten Abscheidung fester Gasbestandteile (z. B. Asche, Flugkoks). Die thermische Energie des Rauchgases der Gasturbine wird zudem in einem Dampfkraftprozess genutzt. Mit diesem wird zusätzlich Strom erzeugt und der elektrische Wirkungsgrad des Kraftwerks gesteigert. Je nach Prozessauslegung werden noch weitere Wärmeströme (z. B. aus der Rohgaskühlung) in den Dampfkraftprozess eingebunden. Der Aufbau eines IGCC-Kraftwerkes ist schematisch in Abb. 2.6 dargestellt.

2.1.2.2 Vergasungsanlagen mit Gasmotoren

Der Aufbau von Vergasungsanlagen mit Gasmotoren ähnelt dem von IGCC-Kraftwerken. Nach der Trocknung und Korngrößeneinstellung des Brennstoffs wird dieser im Vergaser in ein heizwertreiches Gas umgewandelt. Das Gas wird anschließend gereinigt und

2.1 Anlagen zur Nutzung fester Brennstoffe

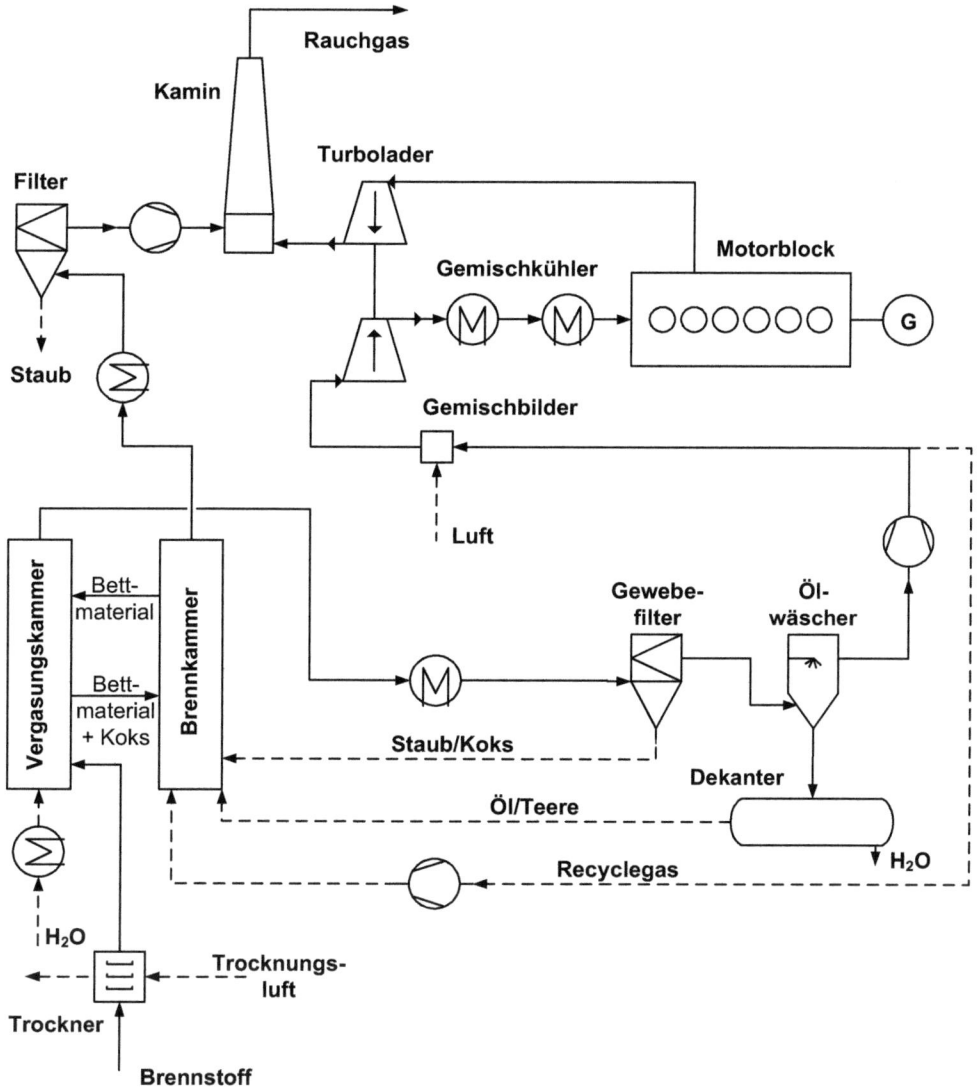

Abb. 2.7 Schematische Darstellung einer Vergasungsanlage mit Gasmotor

im Gasmotor zur Stromerzeugung genutzt. Da Gasmotoren im Vergleich zu Gasturbinen niedrige Eintrittstemperaturen voraussetzen, muss das Gas vor dem Motor gekühlt werden. Dies bietet (neben der Kühlung der Motorabgase) die Möglichkeit, zusätzlich Wärme als Nebenprodukt zur Verfügung zu stellen. Die Gaskühlung erfordert allerdings gleichzeitig eine Abtrennung von Schadkomponenten wie beispielsweise Teere, die bei der Kühlung kondensieren und Anlagenkomponenten schädigen könnten. Der Aufbau einer derartigen Anlage ist schematisch in Abb. 2.7 dargestellt.

2.1.2.3 Vergasungsanlagen mit Syntheseprozess

Wie auch bei IGCC-Kraftwerken werden bei Vergasungsanlagen mit Syntheseprozessen die Festbrennstoffe im Vergaser nach der Aufbereitung zunächst in ein brennbares Gas, das Synthesegas, überführt und anschließend gereinigt. Nachfolgend wird das Gas jedoch nicht zur Stromerzeugung, sondern in Synthesereaktoren zur Produktion von Sekundärenergieträgern genutzt. Da die Katalysatoren des Syntheseprozesses hohe Anforderungen an die Gasreinheit stellen, erfolgt die Reinigung des Gases meist mehrstufig als Kombination aus adsorptiven und absorptiven Verfahren. Entsprechend dem eingesetzten Syntheseprozesses ist zudem eine Gaskonditionierung erforderlich. Diese findet in Wassergas-Shift-Reaktoren statt und dient der Einstellung eines geeigneten Wasserstoff/Kohlenstoffmonoxid-Verhältnisses, um maximale Umsätze in der Synthese zu gewährleisten. Da das Rohprodukt nach der Synthese nicht in Reinform vorliegt,

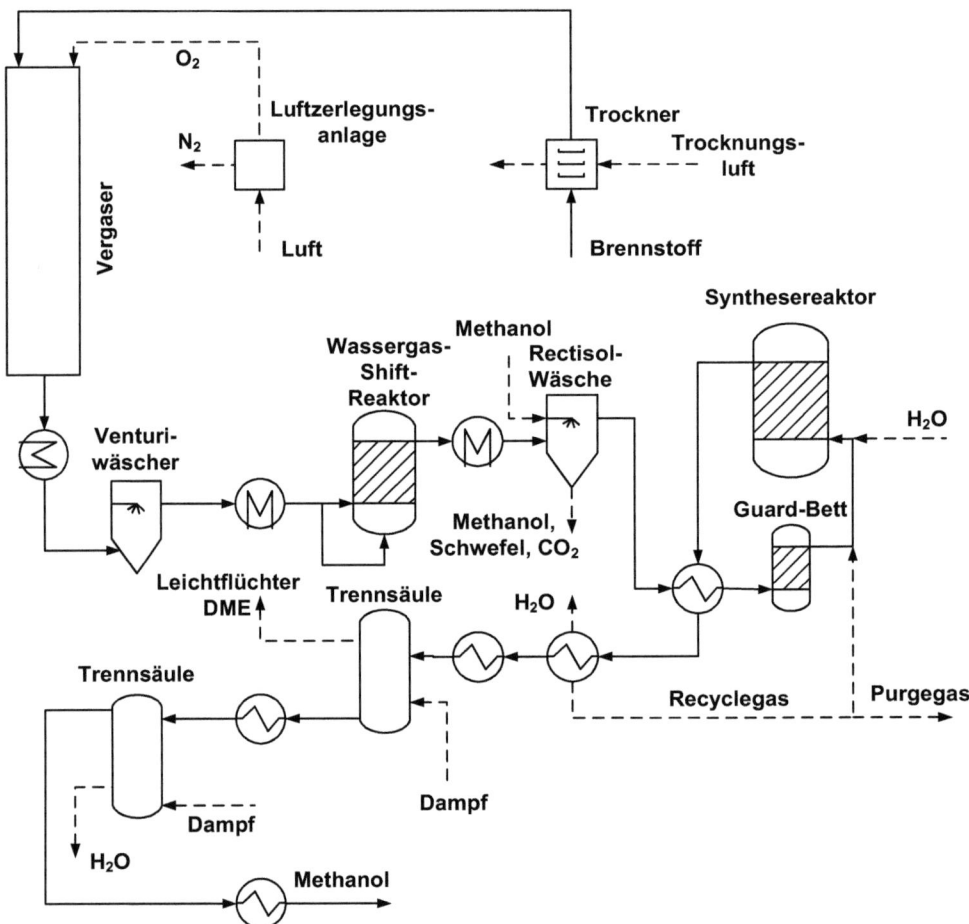

Abb. 2.8 Schematische Darstellung einer Vergasungsanlage mit Syntheseprozess

sondern diverse Nebenprodukte enthält, ist abschließend eine Aufbereitung des Rohproduktes notwendig. Dazu werden etablierte Gasaufbereitungsverfahren (z. B. Destillation, Absorption) verwendet. Der Aufbau einer Vergasungsanlage mit Syntheseprozess ist beispielhaft in Abb. 2.8 dargestellt.

2.2 Anlagen zur Nutzung gasförmiger Brennstoffe

Anlagen zur Nutzung gasförmiger Brennstoffe können für die Bereitstellung von Strom, Wärme oder Sekundärenergieträgern eingesetzt werden. Als Brennstoff wird heutzutage vorrangig Erdgas verwendet. Dieses kann in speziellen Verbrennungskraftwerken oder Reformierungsanlagen genutzt werden. Verbrennungskraftwerke dienen der Produktion von Strom und Wärme. In Reformierungsanlagen werden die gasförmigen Brennstoffe stattdessen zunächst in Synthesegase umgewandelt und anschließend in chemischen Prozessen (z. B. Hydrierung, Synthese) zu Sekundärenergieträgern (z. B. Wasserstoff, Methanol) weiterverarbeitet. Beide Anlagentypen werden im Folgenden vorgestellt. Ergänzende Erläuterungen sind in der entsprechenden Fachliteratur zu finden (Gasturbinen: z. B. [8], [43], [49]; Reformierungsanlagen: z. B. [27], [38], [5], [51]).

2.2.1 Verbrennungskraftwerke

Eine Möglichkeit zur Nutzung gasförmiger Brennstoffe bietet der Einsatz von Verbrennungskraftwerken. Diese Kraftwerke dienen primär der Stromerzeugung. Entsprechend der Anlagenausführung sowie den Standortgegebenheiten kann als Nebenprodukt ebenfalls Wärme bereitgestellt werden. Als Brennstoff wird aufgrund der hohen globalen Verfügbarkeit – neben alternativen Brennstoffen wie Raffineriegasen, Gichtgasen, Deponiegasen oder biogenen Gasen – vorwiegend Erdgas eingesetzt. Insbesondere für Großanlagen stellt daher eine entwickelte Erdgasinfrastruktur eine Grundvoraussetzung des Anlagenzubaus von Erdgaskraftwerken dar. Das An- und Abfahrverhalten ist dem von Kraftwerken fester Brennstoffe überlegen, und da Erdgas in Europa mit deutlich höheren Marktpreisen gehandelt wird als Festbrennstoffe wie Braunkohle, werden Erdgaskraftwerke im Allgemeinen nicht zur Grundlastversorgung eingesetzt, sondern als Reserve für Spitzenlastzeiten vorgehalten.

Bei Gasverbrennungkraftwerken können zwei wesentliche Prozessschritte unterschieden werden – die Verbrennung des Brennstoffs und die anschließende Nutzung des Verbrennungsgases zum Antrieb von Generatoren. Die Kraftwerke werden vorwiegend mit Gasturbinen oder – bei geringeren Kapazitäten – mit Gasmotoren ausgeführt. In den Turbinen(brennkammern) und Motoren wird das Gas zusammen mit Luft verbrannt und die chemisch gebundene Brennstoffenergie in mechanische Energie überführt. Mit Hilfe der mechanischen Energie wird ein Generator angetrieben und Strom erzeugt. Die Abgase der Verbrennung werden je nach Anlagenbauart in weiteren Teilprozessen genutzt.

Bei Gasturbinenanlagen wird häufig ein Dampfkraftprozess integriert, in dem die thermische Energie der Turbinenabgase in zusätzliche elektrische Energie gewandelt wird. Diese Kombination aus Gas- und Dampfturbinen (GuD-Kraftwerke) ermöglicht ausgezeichnete elektrische Wirkungsgrade von bis zu 60 %. Bei Gasmotoren besitzen die Verbrennungsabgase geringere Temperaturen als bei Gasturbinen. Daher wird die thermische Energie des Verbrennungsgases häufig nicht zur Stromproduktion verwendet, sondern an Wärmenetze abgegeben. Zur Verbesserung des elektrischen Anlagenwirkungsgrades von Gasmotorenanlagen kann alternativ zur Nutzwärmeauskopplung auch ein Organic-Rankine-Cycle integriert werden. Dieser eignet sich insbesondere zur Stromerzeugung aus Wärmequellen mit Temperaturen unter 500 °C.

Sowohl Gasturbinen- als auch Gasmotorenkraftwerke (Gasblockheizkraftwerke) werden im Folgenden detailliert beschrieben.

2.2.1.1 Gasturbinenkraftwerke

Gasturbinenkraftwerke dienen der Stromerzeugung aus gasförmigen Brennstoffen. Dazu wird Luft verdichtet und zusammen mit dem gasförmigen Brennstoff verbrannt. Anschließend wird das Rauchgas der Verbrennung entspannt und über einen Kamin an die Umgebung abgegeben. Die bei der Entspannung verrichtete Arbeit wird von einem Generator in elektrische Energie umgewandelt. Für Gasturbinen ist charakteristisch, dass neben der eigentlichen Entspannung des Rauchgases sowohl die Verdichtung der Verbrennungsluft als auch die Verbrennung selbst in ein und derselben Baugruppe ablaufen. Typischerweise sind die Verdichter- und Turbinenschaufeln auf der gleichen Welle gelagert, so dass der Verdichter direkt durch die Rotation der Turbinenschaufeln angetrieben wird. Der schematische Aufbau eines Gasturbinenkraftwerkes ist in Abb. 2.9 dargestellt.

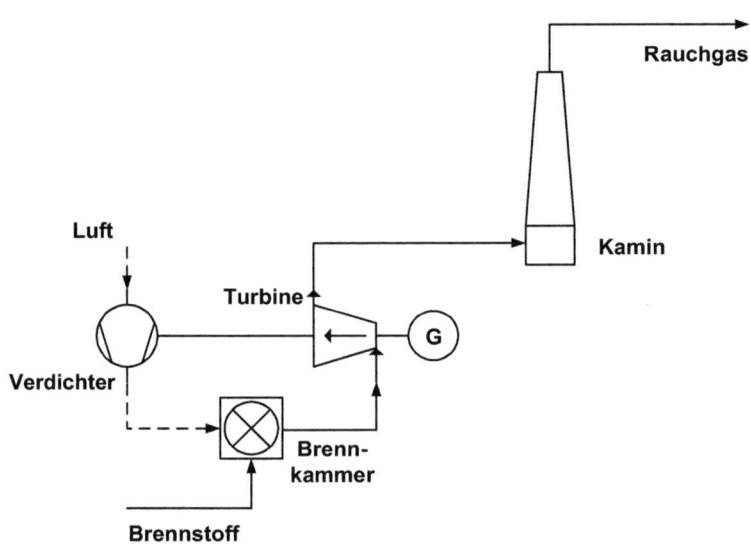

Abb. 2.9 Schematische Darstellung eines Gasturbinenkraftwerkes

2.2 Anlagen zur Nutzung gasförmiger Brennstoffe

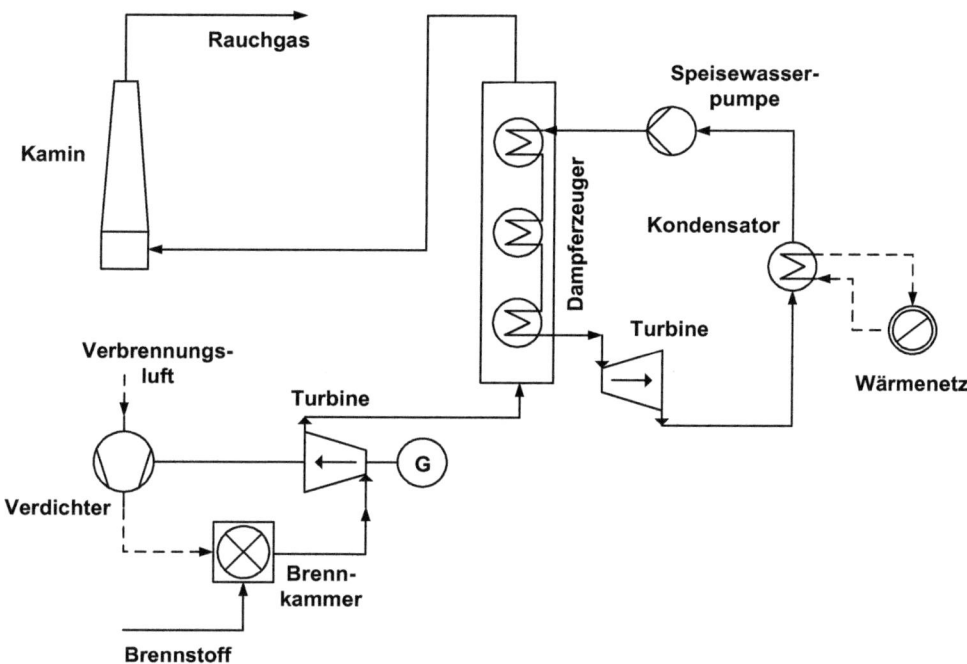

Abb. 2.10 Schematische Darstellung eines Gas- und Dampfkraftwerkes

2.2.1.2 Gas- und Dampfturbinenkraftwerke

Gas- und Dampfturbinenkraftwerke sind Erweiterungen herkömmlicher Gasturbinenkraftwerke, die vor allem im dreistelligen Megawattbereich zur Steigerung des elektrischen Wirkungsgrades eingesetzt werden. Dazu wird das heiße Rauchgas nach der Entspannung in der Turbine einem Dampfkraftprozess zugeführt und zusätzlich Strom erzeugt. Der grundsätzliche Aufbau eines GuD-Kraftwerkes wird in Abb. 2.10 gezeigt. Bei der Ausgestaltung des Dampfkraftprozesses ergeben sich – wie auch bei Verbrennungskraftwerken zur Nutzung fester Brennstoffe – diverse Möglichkeiten. Mit diesen kann entweder die ökonomische Effizienz gesteigert oder aber die Art der Wärmeauskopplung variiert werden. Nähere Erläuterungen sind im Abschn. 2.1.1 zu finden.

2.2.1.3 Gasblockheizkraftwerke

Auch in Blockheizkraftwerken werden gasförmige Brennstoffe zur Strom- und Wärmeerzeugung genutzt. Der Aufbau eines Gasblockheizkraftwerkes ist beispielhaft in Abb. 2.11 dargestellt.

Im Gemischbilder wird der Brennstoff zunächst mit Luft vermischt. Anschließend wird das Gemisch im Turbolader verdichtet, gekühlt und dem Motor zugeführt. Der Motor bildet den Kern des Kraftwerks. In diesem wird das Gas verbrannt, die chemische Brennstoffenergie in mechanische Arbeit überführt und ein Generator zur Stromerzeugung ange-

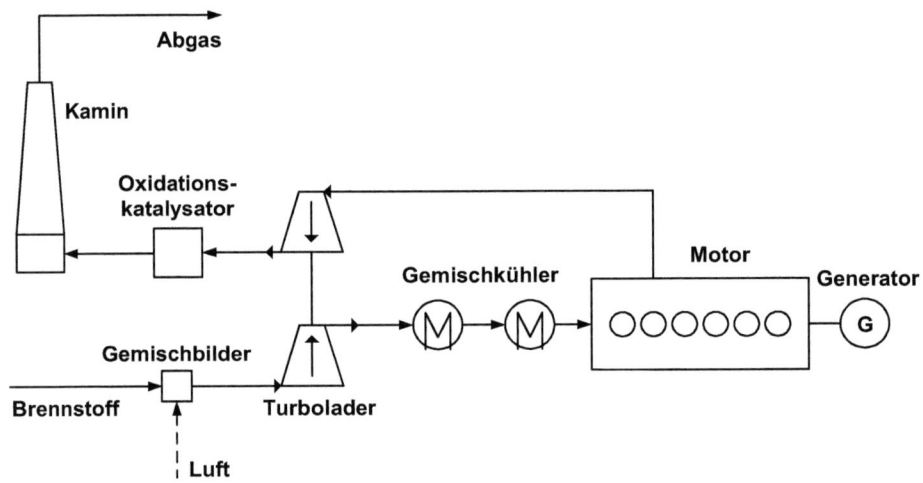

Abb. 2.11 Schematische Darstellung eines Gasblockheizkraftwerkes

trieben. Als Motoren kommen entweder Gas-Ottomotoren oder Zündstrahl-Dieselmotoren zum Einsatz. Bei Gas-Ottomotoren wird ausschließlich Gas als Brennstoff verbrannt. Bei Zündstrahl-Dieselmotoren erfolgt die Verbrennung hingegen – um die Selbstentzündung im Zylinder zu unterstützen und die Nutzung schwer brennbarer Gasgemische zu ermöglichen – zusammen mit einem Zündbrennstoff (Öl, Dieselkraftstoff). Nach der motorischen Verbrennung wird das entstandene Abgas gereinigt und an die Umgebung abgegeben. In der Regel kommen dazu Oxidationskatalysatoren zur Anwendung, welche eine Umsetzung unvollständig oxidierter Stoffe wie Stickstoffmonoxid oder Kohlenstoffmonoxid ermöglichen.

2.2.2 Reformierungsanlagen

Das Ziel von Reformierungsanlagen ist die Zersetzung größerer Kohlenwasserstoffe wie Methan in Synthesegase mit Gasbestandteilen geringerer Molekülgröße wie Kohlenstoffmonoxid und Wasserstoff. Die Anlagen nutzen in erster Linie Erdgas oder Raffineriegase als Brennstoffe. In jüngster Zeit laufen zudem vermehrt Entwicklungsarbeiten an Reformierungsanlagen zur Nutzung biogener Gase. Die Anwendung der erzeugten Synthesegase ist vielfältig. Einerseits können die Gase in Synthesereaktoren zur Erzeugung von Chemieprodukten (z. B. Kunststoffe) oder Kraftstoffen (z. B. Fischer-Tropsch-Diesel, Methanol) genutzt werden. Andererseits können die Gasbestandteile Wasserstoff und Kohlenstoffmonoxid durch entsprechende Gasaufbereitungsschritte voneinander getrennt und separaten Nutzungspfaden zugeführt werden. Aufgrund der vielseitigen Anwendungsmöglichkeiten von Wasserstoff (z. B. in Hydrieranlagen oder Brennstoffzellen) nimmt

2.2 Anlagen zur Nutzung gasförmiger Brennstoffe

dessen Erzeugung einen dominierenden Part beim Einsatz von Reformierungsanlagen ein und spielt eine bedeutende Rolle bei der Gasgrundversorgung von Chemieparks. In den folgenden Abschnitten werden daher unterschiedliche Reformierungsanlagen am Beispiel der Wasserstofferzeugung vorgestellt.

Reformierungsanlagen zur Wasserstoffproduktion können in drei Prozessschritte untergliedert werden – die Brennstoffaufbereitung, die Reformierung und die Gasaufbereitung. Bei der Brennstoffaufbereitung werden Wasserdampf zugemischt und – um eine Katalysatorvergiftung im Reformierungsreaktor zu vermeiden – Schwefelkomponenten aus dem Gas entfernt. Im Anschluss findet die eigentliche Reformierung des Gases statt. Dabei wird das Gas in Gasbestandteilen mit einer geringen Molekülgröße wie Kohlenstoffmonoxid und Wasserstoff konvertiert. Als Nebenprodukt entsteht – je nach Verfahren – zudem Kohlenstoffdioxid. Die Reformierungsreaktionen sind grundsätzlich endotherm. Für die Wärmeversorgung der Reaktionen bestehen zwei Möglichkeiten. Entweder wird die Wärme von außen in den Reformierungsreaktor eingetragen oder ein Teil des Eduktgases oxidiert. Nach der Reformierung schließt sich die Gasaufbereitung an. In dieser wird der Wasserstoffanteil in Wassergas-Shift-Reaktoren erhöht, Gaskomponenten wie Kohlenstoffdioxid ausgewaschen und eine Feinreinigung vorgenommen. Um ausreichende Wasserstoffreinheiten zu erreichen, werden dazu im Allgemeinen Druckwechseladsorptionsanlagen eingesetzt.

Grundsätzlich können drei unterschiedliche Reformierungsverfahren eingesetzt werden: Dampfreformierung, partielle Oxidation und autotherme Reformierung. Diese drei Verfahren werden im Folgenden vorgestellt.

2.2.2.1 Dampfreformierungsanlagen

Dampfreformierungsanlagen stellen eine weit verbreitete Anwendungsform von Anlagen zur Reformierung gasförmiger Brennstoffe dar. Bei diesen Anlagen wird das Gas vor der Reformierung mit Wasserdampf als Oxidationsmittel angereichert und anschließend in katalysatorbefüllten Reaktoren reformiert. Das Verfahren der Dampfreformierung zeichnet sich im Vergleich zu den anderen Reformierungsverfahren durch hohe Wasserstoffausbeuten, jedoch schlechte Lastwechseleigenschaften aus.

Das Verfahrensfließschema eines Erdgas-Dampfreformers zur Wasserstofferzeugung ist in Abb. 2.12 dargestellt. Aufgrund der Schwefelempfindlichkeit der üblicherweise eingesetzten Nickelkatalysatoren wird der Brennstoff Erdgas zunächst von Schwefelverunreinigungen befreit. Dazu werden Betten aus Hydrierkatalysatoren und Zinkoxid oder – bei großen Gasdurchsätzen – auch Rectisolwäschen eingesetzt. Anschließend wird das Gas mit Wasserdampf vermischt und dem Reformierungsreaktor zugeführt. Der Reaktor ist typischerweise als katalysatorbefüllter Rohrbündelreaktor ausgeführt und wird vom Brennstoff durchströmt. Die Reformierungsreaktionen finden bei Temperaturen um 800 °C statt. Da die Reaktionen stark endotherm sind, muss dem Reaktionsraum – um eine Abkühlung des Gases zu verhindern – Wärme zugeführt werden. Die Wärme wird durch die Verbrennung eines Brennstoffteilstromes bereitgestellt. Diese erfolgt im Allgemeinen

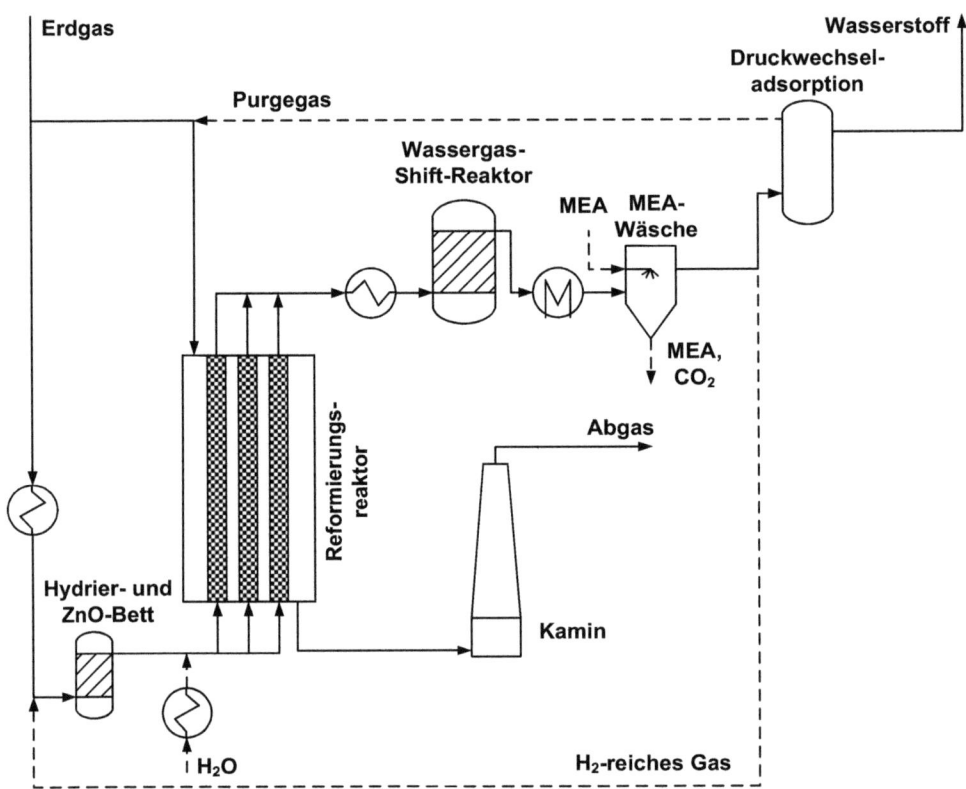

Abb. 2.12 Schematische Darstellung einer Dampfreformeranlage zur Wasserstoffproduktion

außerhalb der Reaktionsrohre im Reformierungsreaktor. Das Verbrennungsgas wird nach der Wärmeübertragung an die Reaktionsrohre in einen Kamin geleitet.

Das Reformierungsgas enthält beim Austritt aus dem Reformer im Wesentlichen Kohlenstoffmonoxid, Kohlenstoffdioxid, Wasserstoff und Wasserdampf. Um den Wasserstoffanteil im Gas zu erhöhen, wird das Gas einem Wassergas-Shift-Reaktor zugeführt. Dort wird Kohlenstoffmonoxid zusammen mit Wasserdampf in Wasserstoff und Kohlenstoffdioxid umgewandelt. Kohlenstoffdioxid wird anschließend durch eine Gaswäsche (z. B. auf Monoethanolamin-Basis – MEA) entfernt. Zur abschließenden Feinreinigung des Wasserstoffs von verbleibendem Kohlenstoffmonoxid folgt eine Druckwechseladsorption.

2.2.2.2 Reformierungsanlage mit partieller Oxidation

Bei Anlagen zur partiellen Oxidation von Kohlenwasserstoffen wird im Unterschied zur Dampfreformierung Sauerstoff als Oxidationsmittel eingesetzt. Dementsprechend findet die Reformierung in speziellen Reaktoren statt, deren Reaktionsraum nicht extern beheizt werden muss. Dies führt im Vergleich zur Dampfreformierung zu guten Lastwechseleigenschaften, allerdings niedrigeren Wasserstoffausbeuten.

2.2 Anlagen zur Nutzung gasförmiger Brennstoffe

Abbildung 2.13 zeigt das Verfahrensfließschema zur Erzeugung von Wasserstoff durch die partielle Oxidation von Erdgas. Bei der Produktion von Wasserstoff wird der Brennstoff zunächst in einen Reformierungsreaktor geleitet und dort bei Temperaturen über 1300 °C und erhöhtem Druck mit reinem Sauerstoff (oder Luft) vermischt. Die Bereitstellung des Sauerstoffs erfolgt meist durch Luftzerlegungsanlagen. Zur Kontrolle der Reaktortemperatur und Vermeidung von Rußbildung werden zusätzlich geringe Mengen Wasserdampf zugegeben. Katalysatoren werden aufgrund der hohen Betriebstemperaturen nicht eingesetzt. Durch eine Regelung der Sauerstoffzufuhr können die Reaktionen im Reaktor so eingestellt werden, dass ein Teil des Brennstoffs oxidiert und der verbleibende Teil reformiert wird. Die exothermen Oxidationsreaktionen stellen dabei die erforderliche Wärme für die endothermen Reformierungsreaktionen bereit. Es entsteht ein Gas aus Kohlenstoffmonoxid, Kohlenstoffdioxid, Wasserstoff und Wasserdampf. Die Aufbereitung des Gases ähnelt der Aufbereitung bei Dampfreformern: Der Wasserstoffanteil im Gas wird durch einen Wassergas-Shift-Reaktor erhöht, Kohlenstoffdioxid wird mit einer Gaswäsche abgeschieden und verbleibende Gasbestandteile (z. B. Spuren von Kohlenstoffmonoxid) werden durch eine Druckwechseladsorption vom Wasserstoff getrennt.

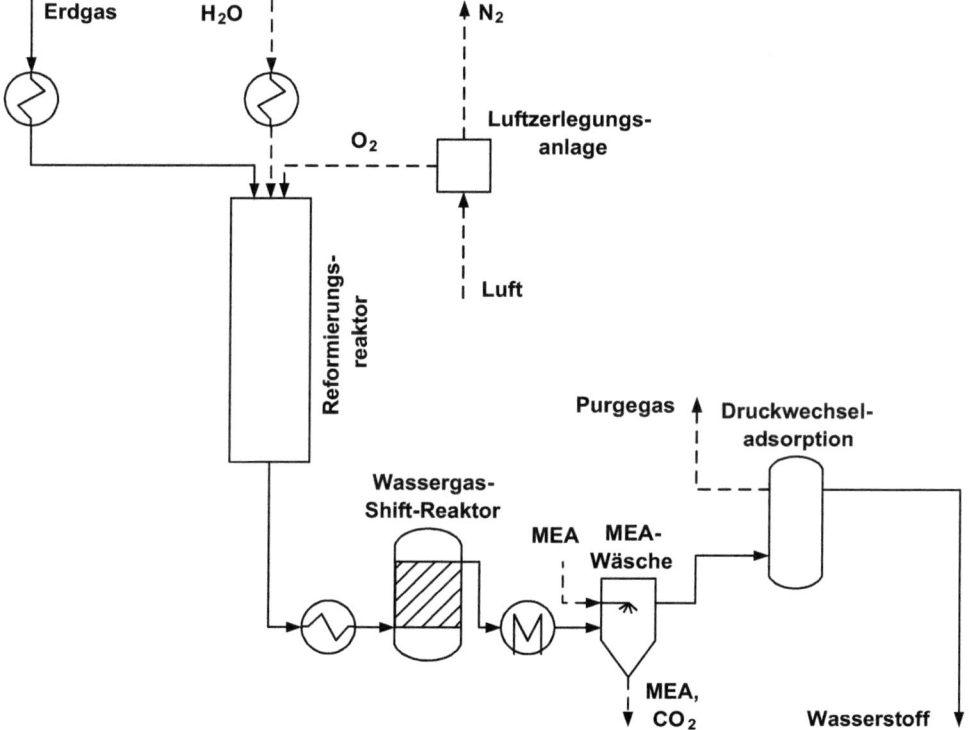

Abb. 2.13 Schematische Darstellung einer Reformierungsanlage mit partieller Oxidation zur Wasserstoffproduktion

2.2.2.3 Autotherme Reformierungsanlagen

Die autotherme Reformierung ist aus verfahrenstechnischer Sicht eine Mischung der Dampfreformierung und partiellen Oxidation. Wie bei der partiellen Oxidation wird ein Teil des Brennstoffs durch die gezielte Zugabe von Sauerstoff oxidiert. Im Unterschied wird hingegen deutlich mehr Wasserdampf als zusätzliches Oxidationsmittel zugegeben und ein Reformierungskatalysator eingesetzt. Die Lastwechseleigenschaften der autothermen Reformierung ähneln aufgrund des Verzichts auf eine exotherme Wärmezufuhr denen der partiellen Oxidation. Es werden jedoch höhere Wasserstoffausbeuten als bei der partiellen Oxidation erzielt.

Ein Verfahrensfließschema zur Produktion von Wasserstoff durch eine autotherme Reformierungsanlage ist in Abb. 2.14 dargestellt. Da bei der autothermen Reformierung Katalysatoren eingesetzt werden, ist der Brennstoff zunächst von Schwefelverbindun-

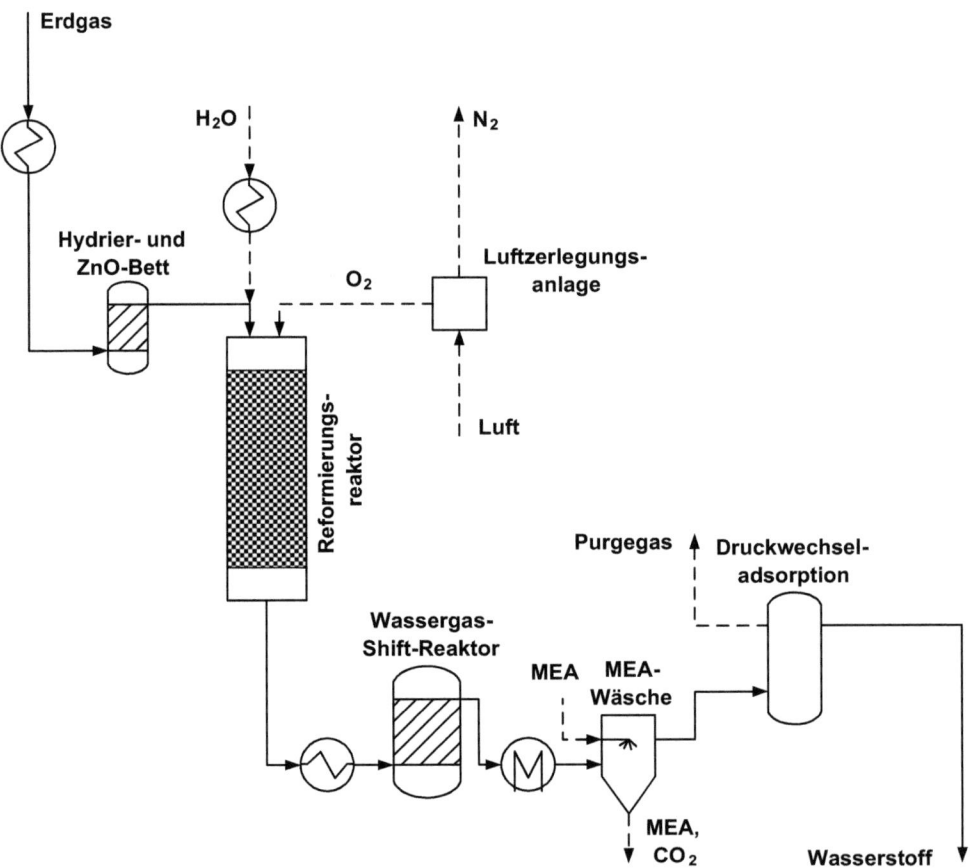

Abb. 2.14 Schematische Darstellung einer autothermen Reformierungsanlage zur Wasserstoffproduktion

gen zu befreien. In den meisten Fällen finden dazu Zinkoxid-Betten in Kombination mit Hydrierkatalysatoren oder – bei größeren Gasdurchsätzen – Rectisolwäschen Anwendung. Nach der Schwefelentfernung wird der Brennstoff mit Wasserdampf vermischt und in den Reformierungsreaktor geleitet. Dieser arbeitet bei Temperaturen zwischen 850 und 1000 °C und erhöhtem Druck. Da die Reformierungsreaktionen von einem Katalysator unterstützt werden, können diese bei niedrigeren Temperaturen ablaufen als bei der partiellen Oxidation. Um die endothermen Reaktionen mit Wärme zu versorgen, wird zusätzlich Sauerstoff aus einer Luftzerlegungsanlage in den Reaktor zugegeben und ein Teil des Brennstoffs oxidiert. Wie bei den bereits beschriebenen Reformierungsarten setzt sich das Gas am Austritt des Refomierungsreaktors aus den Komponenten Kohlenstoffmonoxid, Kohlenstoffdioxid, Wasserstoff und Wasserdampf zusammen. Die Aufbereitung des Gases besteht entsprechend aus einem Wassergas-Shift-Reaktor zur Erhöhung des Wasserstoffanteils, einer Gaswäsche zur Kohlenstoffdioxidentfernung und einer Druckwechseladsorption zur Wasserstofffeinreinigung.

2.3 Anlagen zur Nutzung flüssiger Brennstoffe

Mit Anlagen zur Nutzung flüssiger Brennstoffe können Strom, Wärme und Sekundärenergieträger bereitgestellt werden. Das Spektrum der zum Einsatz kommenden Brennstoffe ist groß. So werden neben hochqualitativen Brennstoffen wie Diesel auch Brennstoffe mit geringerer Qualität wie Rückstandsöle aus Raffinerien oder Pflanzenöle genutzt. Bei derzeit eingesetzten Anlagentypen zur Nutzung flüssiger Brennstoffe wird vorrangig zwischen Ölverbrennungskraftwerken und Ölvergasungsanlagen unterschieden. Beide Anlagentypen werden nachfolgend vorgestellt. Für nähere Informationen sei auf gesonderte Literatur (z. B. [79], [6], [27]) verwiesen.

2.3.1 Verbrennungskraftwerke

Kraftwerke zur Verbrennung flüssiger Brennstoffe werden überwiegend als Ölturbinen- und Ölblockheizkraftwerke ausgeführt. Eine Beschreibung dieser beiden Kraftwerkstypen wird in den folgenden zwei Absätzen gegeben.

In Ölturbinenkraftwerken können Öle unterschiedlichster Qualität genutzt werden. So lassen sich in Ölturbinen auch Rückstandsöle der Erdölraffination problemlos nutzen. Der Aufbau von Ölturbinenkraftwerken ist nahezu identisch zum Aufbau von Gasturbinenkraftwerken (siehe Abschn. 2.2.1.1). Den Mittelpunkt des Kraftwerks bildet die Turbine, welche neben den eigentlichen Turbinenschaufeln in der Regel einen Luftverdichter zur Komprimierung der Verbrennungsluft sowie die Brennkammer, in die die Öle eingespritzt und anschließend verbrannt werden, umfasst. Alle drei Komponenten sind im Allgemeinen auf einer Welle gelagert, die einen Generator antreibt. Dieser wandelt die mechanische Energie in Strom um.

Ölblockheizkraftwerke eignen sich ebenfalls zur Nutzung einer Vielzahl flüssiger Brennstoffe. Zudem zeichnen sich diese Kraftwerke durch eine verhältnismäßig hohe Robustheit aus und werden daher vielfach an Standorten eingesetzt, an denen die Durchführung von Wartungsarbeiten erschwert ist (z. B. in strukturschwachen Räumen/Ländern). Der Aufbau ähnelt dem von Gasmotorenkraftwerken (siehe Abschn. 2.1.2.2). Das Kraftwerk besteht aus einem Motor, einem Kamin und einer Gasreinigungsstrecke. Als Motoren werden typischerweise Dieselmotoren eingesetzt. Um die Zündfähigkeit des Brennstoffs zu verbessern, werden diese Motoren häufig als Zündstrahlmotoren betrieben. Das heißt, zusätzlich zum eigentlichen Brennstoff werden zudem Zündbrennstoffe in die Brennkammer eingebracht und verbrannt.

2.3.2 Vergasungsanlagen

Ölvergasungsanlagen werden hauptsächlich in größeren Chemieparks oder Raffinerien eingesetzt. In den Anlagen werden schwer handhabbare Brennstoffe wie Rückstandsöle der Erdöldestillation unter Zufuhr eines Vergasungsmittels und Temperaturen zwischen 800 und 1600 °C in ein brennbares Gasgemisch überführt. Das Gasgemisch besteht aus Kohlenstoffmonoxid, Wasserstoff, Kohlenstoffdioxid, Wasserdampf sowie – je nach Vergasungsbedingungen – Stickstoff und Methan. Abgesehen von der Brennstoffaufbereitung und -zufuhr in den Vergasungsreaktor entspricht der Aufbau dieser Anlagen dem von Vergasungsanlagen zur Konversion fester Brennstoffe (siehe Abschn. 2.1.2). Als Vergasungsreaktoren werden allgemein Flugstromvergaser eingesetzt. Die Gasreinigung wird in Abhängigkeit des eingesetzten Brennstoffs und der anschließenden Gasnutzung ausgelegt. Diese erfolgt in Gas- und Dampfprozessen oder in Gasmotoren zur Stromproduktion. Alternativ kann das gereinigte Gas auch mit Synthesereaktoren in Sekundärenergieträger überführt werden (siehe Abschn. 2.1.2.3). Ein verbreiteter Anwendungsfall ist die Produktion von Methanol. Dieses wird in Deutschland im überwiegenden Maße durch die Vergasung von Rückstandsölen gewonnen. Zudem wird derzeit intensiv an der Produktion von Methanol aus biomassestämmigen Ölen geforscht (z. B. im Rahmen des Bioliq-Vorhabens am Karlsruher Institut für Technologie (KIT) [13]).

Programme zur Anlagenbilanzierung 3

Im Laufe der letzten Jahrzehnte wurden unterschiedliche Programme zur Anlagenbilanzierung entwickelt. Im Allgemeinen wird bei der Verwendung dieser Programme das Fließschema der zu bilanzierenden Anlage aus vorgefertigten, mathematischen Modellen, welche den Komponenten der Anlage (z. B. Reaktoren, Wärmetauscher oder Kompressoren) entsprechen, zusammengesetzt. Die Programme werden daher auch als *Fließschemasimulationsprogramme* bezeichnet.

Vorangetrieben wurde die Entwicklung der Programme von Forschungseinrichtungen und Industrieunternehmen, die im Wesentlichen das Ziel verfolgten, ihre eigene Anlagenplanung zu verbessern beziehungsweise deren Kosten zu reduzieren. Zwangsläufig waren diese nicht-kommerziellen und unabhängig voneinander entwickelten Programme in ihrer Kompatibilität, das heißt in Bezug auf den Austausch von Daten und Programmcode, stark eingeschränkt. Erst Anfang der 1980er Jahre gingen Forschungseinrichtungen wie zum Beispiel das Massachusetts Institut of Technology (MIT) dazu über, ihre Programmentwicklungen kommerziell anzubieten und dem Anwender ein Portfolio an Modellkomponenten, welches sich nicht auf die Anlagenplanung eines bestimmten Prozesses beschränkte, zur Verfügung zu stellen. Heute sind eine Vielzahl unterschiedlicher Fließschemasimulationsprogramme am Markt verfügbar. Das Spektrum reicht von Programmen, mit deren Hilfe nahezu der gesamte Bereich der Energie- und Verfahrenstechnik erfasst werden kann (u. a. Anlagensimulationen mit Aspen Plus), bis hin zu Programmen, die auf die Berechnung spezieller Prozesstypen zugeschnitten sind (z. B. Dampfkraftwerksberechnungen mit EBSILON).

Eine Auswahl am Markt verfügbarer Programme sowie wesentliche Programmmerkmale werden im Folgenden vorgestellt.

3.1 Programmmerkmale

Aufgrund ihres unterschiedlichen Entwicklungsursprunges besitzen die verschiedenen Fließschemasimulationsprogramme charakteristische Programmmerkmale. Diese gehen sowohl auf den Entwicklungszeitpunkt als auch auf das Entwicklungsziel zurück. Neben den verfügbaren Komponentenmodellen (englisch Unitoperations) betrifft dies in erster Linie Programmmerkmale wie die verwendete Lösungsmethodik, die Programmiersprache und die verfügbaren Stoffdaten. Einige grundsätzliche Programmmerkmale werden nachfolgend erläutert:

Lösungsmethodik Bei Programmen zur Simulation und -bilanzierung von Fließschemata kann zwischen zwei grundsätzlichen Lösungsmethodiken unterschieden werden: gleichungsorientiert arbeitende Programme und sequentiell arbeitende Programme.

Bei gleichungsorientiert arbeitenden Programmen wird ein umfassendes Gleichungssystem aufgebaut, das die Gleichungen sämtlicher Komponentenmodelle enthält. Die Gleichungen der Modelle werden entsprechend gemeinsam gelöst. Bei sequentiell arbeitenden Programmen werden die Gleichungen der einzelnen Komponentenmodelle nicht zu einem Gleichungssystem zusammengefasst, sondern für jede Komponente ein gesondertes kleineres Gleichungssystem aufgestellt und die Systeme anschließend der Reihe nach gelöst. Die Lösungswerte einer Komponente dienen dabei als Eingangswerte für eine andere Komponente.

Gleichungsorientiert arbeitende Programme besitzen im Allgemeinen den Vorteil, dass eine geringere Rechenzeit als bei sequentiell arbeitenden Programmen erforderlich ist, da nur ein einziges – wenn auch größeres – Gleichungssystem gelöst werden muss. Als nachteilig erweist sich einerseits die Berechnung von Rückführungen, welche die Konvergenz des Lösungsverfahrens erheblich beeinflussen können. Andererseits ist zur Lösung der aufwändigen meist nicht-linearen Gleichungssysteme die Wahl geeigneter Startwerte erforderlich. Hingegen können mit sequentiell arbeitenden Programmen komplexe Verschaltungen mit Rückführungen iterativ problemlos gelöst und die Startwerte komponentenweise vorgegeben werden [34, S. 80 ff.].

Programmiersprache Die Programmiersprache von Fließschemasimulationsprogrammen ist für den Anwender von unterschiedlicher Bedeutung. Zum einen ist sie – neben der grundlegenden Programmstruktur – für die Rechengeschwindigkeit der Simulationsdurchläufe entscheidend. Zum anderen bestimmt die Programmiersprache maßgeblich die Anwenderfreundlichkeit. Dies gilt insbesondere in Bezug auf die Gestaltung benutzerdefinierter Komponentenmodelle, bei denen der Anwender in den Programmcode eingreift. Fortran, C, C++, PASCAL und Visual Basic sind Beispiele für Programmiersprachen. Aufgrund ihrer Verbreitung bei der Programmierung von Fließschemasimulationsprogrammen werden nachfolgend Vor- und Nachteile der Sprachen Fortran, C und C++ diskutiert.

3.1 Programmmerkmale

Fortran (**For**mula **tran**slator) ist eine in den 1950er Jahren entwickelte Programmiersprache für numerische Berechnungen. Sie gilt als die erste kommerzielle, höhere Programmiersprache und besitzt umfangreiche Bibliotheken mit mathematischen Funktionen. Entsprechend dem Entwicklungsziel von Fortran – die Programmierung mathematischer Formeln – kann die Syntax der Funktionen strukturiert aufgebaut werden. Weiterhin gibt es für Fortran historisch bedingt eine Vielzahl verschiedener Compiler, die Maschinencode unterschiedlicher (oftmals sehr guter) Qualität erzeugen. Die Verfügbarkeit an mathematischen Funktionen, Compilern und bereits bestehenden Anwendungen führt dazu, dass auch etwa 60 Jahre nach seiner Entwicklung bei Programmierungen auf Fortran zurückgegriffen wird. Der lange Entwicklungsweg von Fortran bringt jedoch auch Nachteile mit sich. So wurden im Laufe der letzten Jahrzehnte zueinander redundante Befehle eingeführt, welche die Rückwärtskompatibilität von Fortran häufig verhindern und bei der Gestaltung übersichtlicher Programme hinderlich sein können.

C wurde ursprünglich in den 1970er Jahren für das Betriebssystem UNIX entwickelt und große Teile von UNIX in C programmiert. Um die Kommunikation mit dem Betriebssystem zu erleichtern, sind eine Vielzahl von Softwarepaketen ebenfalls in C geschrieben. Die Möglichkeit zur direkten Kommunikation zwischen Betriebssystem und Anwendungsprogramm erweist sich als wesentlicher Vorteil von C. Zudem unterliegt die Programmierung in C im Vergleich zu Fortran nicht derart strikten Programmierregeln. Dies lässt die Erstellung eines effizienten Rechencodes zu, kann allerdings zu komplizierten und fehlerbehafteten Strukturen führen.

C++ wurde Ende der 1970er Jahre auf der Basis von C entwickelt und durch neue Befehle und Datentypen ergänzt. Entsprechend kann C mit C++-Compilern bearbeitet werden, nicht jedoch C++ mit C-Compilern. Im Vergleich zu Fortran steht eine geringere Anzahl an Compilern zur Verfügung. Daher kann C++-Code bei speziellen Anwendungsfällen nicht so effizient umgesetzt werden wie ein Fortran-Code mit einem für die Anwendung maßgeschneiderten Compiler. Längere Rechenzeiten sind die Folge.

Für die Gestaltung benutzerdefinierter Komponentenmodelle und Programmroutinen stellen die Simulationsprogramme den Anwendern in der Regel spezielle Programmierumgebungen zur Verfügung. Mit dem Ziel, auch Anwendern ohne hinreichende Programmierkenntnisse die Erstellung benutzerdefinierter Komponentenmodelle zu ermöglichen, verwenden einige Programme in den Programmierumgebungen Spezialcode, der eine intuitive Programmierung ermöglichen soll. Dieser ist im Allgemeinen eine Modifikation gängiger Programmiersprachen (C, C++, Fortran) und weicht häufig von der eigentlichen Programmiersprache des Simulationsprogramms ab.

Stoffdaten Stoffdaten sind ausschlaggebend für die Qualität der Simulationsergebnisse. Die Abweichung zwischen den verwendeten Stoffdaten (z. B. Wärmekapazitäten, Bildungsenthalpien oder Dampfdrücke) und den realen Daten der Stoffe bestimmt die Belastbarkeit der Ergebnisse im untersuchten Druck- und Temperaturbereich. Die Verwendung hochpräziser Stoffmodelle ist jedoch nicht für jeden Anwendungsfall geeignet. Aufgrund des rechentechnischen Aufwandes dieser Stoffmodelle muss vielmehr in Abhängigkeit des Untersuchungsziels zwischen der erforderlichen Ergebnisgenauigkeit und dem Rechenaufwand abgewogen werden. Meist bieten die verfügbaren Simulationsprogramme allerdings nur ein ihren Anwendungsbereich entsprechendes Portfolio an Stoffdatenmodellen an. Demnach ist bei Detailuntersuchungen die Auswahl eines Simulationsprogramms mit geeigneten Stoffdatenmodellen zu empfehlen.

3.2 Kommerzielle Programme

Neben nicht-kommerziellen Eigenentwicklungen von Unternehmen und Forschungseinrichtungen sind am Markt diverse Fließschemasimulationsprogramme kommerziell verfügbar. Diese unterscheiden sich in Bezug auf eine Vielzahl von Eigenschaften. Eine Auswahl kommerziell erhältlicher Programme zur Simulation stationärer Prozesse sowie deren wesentliche Merkmale sind in Tab. 3.1 aufgeführt.

Auch für die Simulation instationär betriebener Prozesse und Anlagen sind kommerzielle Programme am Markt verfügbar. Für die mathematische Beschreibung des instationären Verhaltens von Anlagenkomponenten (siehe Kap. 10) sind jedoch weitaus detailliertere Modelle erforderlich als bei Untersuchungen stationärer Betriebszustände (siehe Kap. 9). Folglich sind bei Modellen zur Analyse und Optimierung dieser Betriebszustände in der Regel Modifikationen oder Erweiterungen vom Anwender vorzunehmen (z. B. Berücksichtigung von Speichertermen in den Bilanzgleichungen). Diese Erweiterungen können entsprechend dem Untersuchungsgegenstand im Verhältnis zur Entwicklung einer eigenen Simulationsumgebung mit beträchtlichem Aufwand verbunden sein. Aus diesem Grund – und um zudem über eine an den Anwendungsfall maßgeschneiderte Simulationsumgebung zu verfügen – werden zur Simulation instationär betriebener Anlagen häufig eigene Simulationsprogramme von Instituten und Unternehmen entwickelt.

Zwei kommerzielle Simulationsprogramme zur Untersuchung instationärer, das heißt zeitabhängiger, Betriebszustände sind in Tab. 3.2 aufgeführt. Es ist anzumerken, dass neben den in Tab. 3.2 dargestellten Spezialprogrammen auch die in Tab. 3.1 gelisteten

Tab. 3.1 Simulationsprogramme zur Bilanzierung von Anlagen in stationären Betriebszuständen und Programmmerkmale

Programm	Fokus	Programmcode (offen)	Lösungsmethodik
Aspen Plus	Raffinerietechnik	Fortran basiert	Sequentiell
Chemcad	Raffinerietechnik	C++ basiert	Sequentiell[a]
EBSILON	Kraftwerkstechnik	PASCAL basiert	Gleichungsorientiert
IPSE Pro	Kraftwerkstechnik	C++ basiert	Gleichungsorientiert
Prosim	Raffinerietechnik	Visual Basic basiert	Sequentiell/gleichungsorientiert

[a] Einzelne Bereiche sind auch gleichungsorientiert lösbar.

Tab. 3.2 Simulationsprogramme zur Bilanzierung von Anlagen in instationären Betriebszuständen und Programmmerkmale

Programm	Fokus	Programmcode (offen)	Lösungsmethodik
Aspen Dynamics	Raffinerietechnik	Fortran basiert	Gleichungsorientiert
gPROMS	Raffinerietechnik	Spezialcode	Gleichungsorientiert

Programmpakete wie beispielsweise EBSILON teilweise zeitabhängige Rechnungen zulassen oder diese für zukünftige Programmversionen planen.

Neben den in Tab. 3.2 gelisteten Programmen zur Bilanzierung instationär betriebener Anlagen der Energie- und Verfahrenstechnik, sind unterschiedliche naturwissenschaftliche Programme verfügbar, in denen die partiellen Differentialgleichungssysteme für zeitabhängige Rechnungen instationärer Betriebszustände vorgegeben und gelöst werden können. Vorgefertigte Bibliotheken mit Modellkomponenten verfahrenstechnischer Prozesse sind bei diesen Programmen nur in Ausnahmefällen verfügbar. Der Anwender obliegt bei der Modellierung jedoch nur wenigen Einschränkungen und kann die Modelle maßgeschneidert an die Problemstellung anpassen. Eine Übersicht ausgewählter naturwissenschaftlicher Programme zur numerischen Lösung von Differentialgleichungssystemen gibt Tab. 3.3.

Tab. 3.3 Naturwissenschaftliche Programme zur Lösung von Differentialgleichungssystemen und Programmmerkmale

Programm	Fokus	Programmcode (offen)	Lösungsmethodik
ASCEND	Dynamische Systeme	Spezialcode	Gleichungsorientiert
Dymola	Dynamische Systeme	Spezialcode (Modellica)	Gleichungsorientiert
Simulink	Dynamische Systeme	C/C++ basiert	Sequentiell
MATLAB	Naturwissenschaften	C/C++ basiert	Gestaltungsabhängig[a]
Octave	Naturwissenschaften	C++ basiert	Gestaltungsabhängig[a]

[a] In Abhängigkeit der vom Modellierer erstellten Programmstruktur erfolgt die Lösung gleichungsorientiert oder sequentiell.

Grundlagen der Thermodynamik

Bei der Bilanzierung von Energieanlagen werden die verfahrenstechnischen Komponenten mit Hilfe von Modellen abgebildet. Dabei erfordert die Entwicklung der Modelle hinreichende thermodynamische Kenntnisse. Die Grundlagen der Thermodynamik werden daher in diesem Kapitel erläutert. Im Fokus stehen Systeme, Stoffklassen, Zustandsgrößen, Zustandsgleichungen sowie für die Modellierung bedeutende energetische Begriffe wie Energie, Leistung, Arbeit und Wärme.

4.1 Systeme

Bei der Durchführung von Bilanzierungrechnungen wird – nach der Festlegung der Ziele – ein Untersuchungsrahmen definiert. Der Untersuchungsrahmen umfasst ein thermodynamisches System und wird durch Systemgrenzen von der Umgebung (Umwelt) getrennt. Diese sind nicht zwingendermaßen materieller Art, sondern können auch gedacht beziehungsweise virtuell sein [6, D 1]. Entsprechend der Eigenschaften des Systems kann zwischen geschlossenen und offenen Systemen unterschieden werden.

Geschlossene Systeme Als *geschlossen* werden Systeme bezeichnet, über deren Systemgrenze während des untersuchten Prozesses keine Masse transferiert wird [45, S. 15]. Als Beispiel eines geschlossenen Systems ist in Abb. 4.1 der Innenraum einer ideal abgedichteten Gasfeder dargestellt.

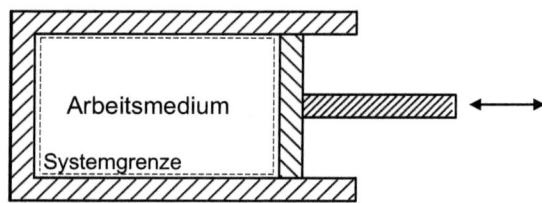

Abb. 4.1 Geschlossenes System am Beispiel einer Gasfeder

Abb. 4.2 Offenes System am Beispiel eines Diffusors

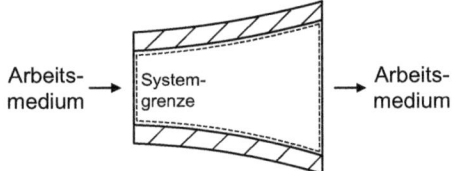

Offene Systeme Systeme werden als *offen* bezeichnet, wenn während des untersuchten Prozesses Masse über die Systemgrenze transferiert wird [45, S. 16]. Als Beispiel für ein offenes System zeigt Abb. 4.2 einen gasdurchströmten Diffusor.

Neben der Differenzierung thermodynamischer Systeme in Bezug auf den Massentransfer, können Systeme alternativ durch Aussagen über den Wärmetransfer oder die Phasen im System charakterisiert werden: Analog zu geschlossenen Systemen wird ein System als adiabat bezeichnet, wenn keine Wärme über die Systemgrenze transferiert wird. Diatherm sind Systeme hingegen, wenn die Systemgrenze wärmedurchlässig ist. Unter Berücksichtigung der Phasen im System, werden Systeme mit einer Phase als homogen und Systeme mit mehreren Phasen als heterogen bezeichnet.

4.2 Zustandsgrößen

Thermodynamische Systeme werden durch unterschiedliche physikalische Größen charakterisiert. Diejenigen physikalischen Größen, die den Zustand eines Systems beschreiben, werden als Zustandsgrößen bezeichnet. In den nachfolgenden Unterkapiteln werden unterschiedliche Kategorien von Zustandsgrößen vorgestellt, die Zustandsgrößen erläutert und ihre messtechnische Erfassung beziehungsweise Berechnung beschrieben.

4.2.1 Einteilung von Zustandsgrößen

In der Literatur werden sechs Kategorien von Zustandsgrößen genannt. Die eindeutige Zuordnung einer Zustandsgröße zu genau einer Kategorie ist allerdings nicht möglich. Zustandsgrößen können stets mehreren der folgenden Kategorien zugeordnet werden [6, D 2]:

- Intensive Zustandsgrößen,
- Extensive Zustandsgrößen,
- Spezifische Zustandsgrößen,
- Molare Zustandsgrößen,
- Thermische Zustandsgrößen,
- Kalorische Zustandsgrößen.

4.2 Zustandsgrößen

Intensive Zustandsgrößen Intensive Zustandsgrößen sind unabhängig von der Größe des untersuchten Systems und behalten auch bei dessen Teilung ihren Wert bei. Ein Beispiel für intensive Zustandsgrößen ist die Temperatur. So bleibt die Temperatur eines mit Gas gefüllten Raums auch nach der Teilung des Raums in jedem Teilsegment gleich der ursprünglichen Temperatur des Raums.

Extensive Zustandsgrößen Im Gegenteil zu intensiven Zustandsgrößen sind extensive Zustandsgrößen proportional zur Größe/Menge des untersuchten Systems. Das Volumen ist ein Beispiel für eine extensive Zustandsgröße. Wird der von einem Gas gefüllte Raum in kleinere Raumsegmente unterteilt, so besitzt jedes Segment nur den Bruchteil des ursprünglichen Raumvolumens.

Spezifische Zustandsgrößen Spezifische Zustandsgrößen sind auf die Masse des untersuchten Systems bezogene extensive Zustandsgrößen. Sie werden gemeinhin mit Kleinbuchstaben bezeichnet. Das massebezogene (spezifische) Volumen ist ein Beispiel für eine derartige Zustandsgröße.

Molare Zustandsgrößen Molare Zustandsgrößen sind durch die Molmenge des untersuchten Systems dividierte Zustandsgrößen. Sie werden wie auch spezifische Zustandsgrößen mit Kleinbuchstaben bezeichnet. Ein Beispiel für eine molare Zustandsgröße ist das molare Volumen.

Thermische Zustandsgrößen Thermische Zustandsgrößen sind Zustandsgrößen, die direkt messbar sind und deren Berechnungsvorschrift nicht auf anderen Zustandsgrößen beruht. Druck, Temperatur und Volumen sind thermische Zustandsgrößen.

Kalorische Zustandsgrößen Die kalorischen Zustandsgrößen charakterisieren den Zustand eines Systems in Bezug auf seinen Energiegehalt. Kalorische Zustandsgrößen sind nicht direkt messbar, sondern werden auf Basis thermischer Zustandsgrößen berechnet. Innere Energie, Enthalpie und Entropie sind kalorische Zustandsgrößen.

4.2.2 Druck

Definition und Erläuterung Der Druck p ist eine Zustandsgröße, deren Definition der technischen Mechanik entstammt. Er beschreibt den Quotienten aus einer senkrecht auf eine Fläche A wirkenden Kraft F (Normalkraft) und der Fläche selbst. Der Druck wird in der SI-Einheit (Système International d'Unités) Pascal angegeben. Ein Pascal entspricht dabei einem Newton pro Quadratmeter.

$$p = \frac{F}{A} \qquad (4.1)$$

Abb. 4.3 Schematische Darstellung des Druckgleichgewichtes zwischen zwei fluiden Phasen

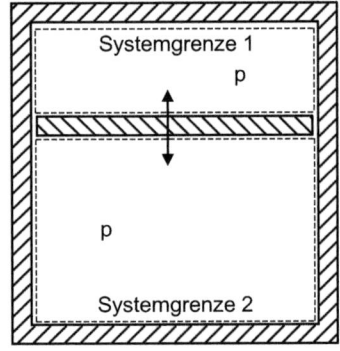

Bei der Betrachtung geschlossener Systeme wird der Druck im Allgemeinen über das mechanische Gleichgewicht präzisiert: Zwei fluide Phasen besitzen denselben Druck, wenn sie im mechanischen Gleichgewicht miteinander stehen. Entsprechend nehmen zwei Phasen, die über eine bewegliche Wand voneinander abgegrenzt werden, denselben Druck an (Abb. 4.3). Diese Annahme wird unter anderem bei der Berechnung von Dampf-Flüssigkeitsgleichgewichten berücksichtigt (siehe Kap. 7). Im Phasengleichgewicht gilt, dass die Dampf- und die Flüssigphase – neben dem thermischen und chemischen Gleichgewicht – im mechanischen Gleichgewicht zu einander stehen, also den gleichen Druck besitzen.

Messung In geschlossenen Systemen können mechanische Gleichgewichtszustände für Druckmessungen ausgenutzt werden. Ein verbreitetes Messgerät, das auf der Einstellung des mechanischen Gleichgewichtes beruht, ist das U-Rohr-Manometer. Bei diesen Manometern wird das geschlossene System durch ein flüssigkeitsgefülltes U-Rohr mit der Umgebung verbunden (Abb. 4.4). Als Füllflüssigkeit wird häufig Wasser verwendet.

Gemäß dem Druckgleichgewicht ist der absolute Innendruck des Systems p gleich dem Druck, den die Wassersäule auf das System ausübt. Der Druck der Wassersäule ergibt sich wiederum als Summe aus dem Referenzdruck (Außendruck) p_0 und dem statischen Druck der Wassersäule (Gewichtskraft F pro Fläche A), welcher sich mit Hilfe der Dichte des Wassers ρ, der Höhe der Wassersäule über der Messstelle h sowie der Erdbeschleuni-

Abb. 4.4 Schematische Darstellung eines Manometers zur Druckmessung in einem Zylinder

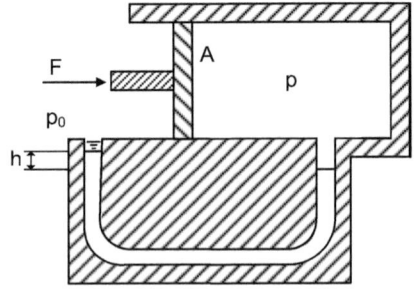

4.2 Zustandsgrößen

gung g berechnet. Der Druck im Inneren des Systems verhält sich damit proportional zur Höhe des Wassers im U-Rohr und kann – nach einer Eichung des Manometers – in Abhängigkeit des Wasserstandes bestimmt werden.

$$p = \frac{F}{A} = \frac{mg}{A} = \frac{A\rho h g}{A} = \rho g h \tag{4.2}$$

Bei offenen Systemen beziehungsweise Strömungsprozessen kann der Druck ebenfalls mit der Hilfe von U-Rohr-Manometern bestimmt werden. Im Unterschied zu geschlossenen Systemen ist das U-Rohr nicht zur Umgebung hin offen, sondern verbindet zwei Stellen eines Strömungsrohres mit unterschiedlichen Durchmessern (Abb. 4.5). Unter Anwendung des Energieerhaltungssatzes kann (bei konstanter Dichte ρ) der Druck p_2 aus den Strömungsgeschwindigkeiten w_1 und w_2 in beiden Strömungsquerschnitten und dem Druck p_1 bestimmt werden. Dieser Zusammenhang entstammt der Beobachtung von D. Bernoulli, dass eine Geschwindigkeitszunahme von strömenden Fluiden mit einer Druckabnahme verbunden ist. Dadurch wird der Energieerhaltungssatz bestätigt und die Zunahme der kinetischen Energie des Fluids durch den Druckabfall ausgeglichen: der Energiegehalt des Fluids ist in Summe idealerweise konstant.

$$\frac{\rho w_1^2}{2} + p_1 = \text{konst} = \frac{\rho w_2^2}{2} + p_2 \tag{4.3}$$

Das beschriebene U-Rohr-Manometer mit Querschnittsverjüngung wird beim Einsatz in Strömungsrohren als Venturi-Düse bezeichnet. Anstelle des Drucks wird mit Venturi-Düsen typischerweise die Strömungsgeschwindigkeit gemessen. Diese kann bei bekanntem Druck vor und in der Düse aus dem Energieerhaltungssatz bestimmt werden. Damit ergibt sich bei konstanter Dichte indirekt auch der Massenstrom im Strömungsrohr.

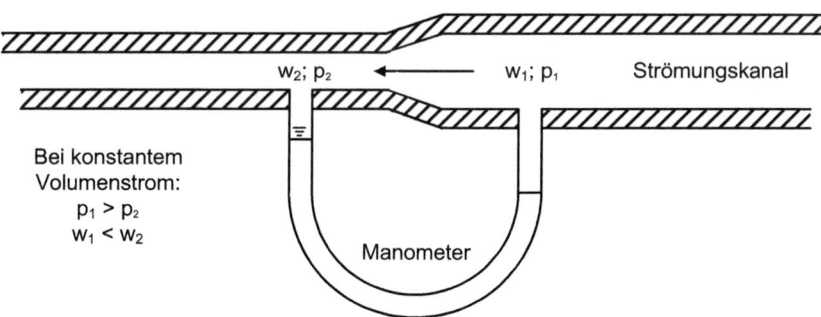

Abb. 4.5 Schematische Darstellung eines Manometers zur Druckmessung in einem durchströmten Rohr

4.2.3 Temperatur

Definition und Erläuterung Die Temperatur T ist eine Zustandsgröße, die nicht aus anderen physikalischen Größen abgeleitet werden kann, sondern auf der subjektiven Empfindung von Kälte und Wärme beruht [11, S. 25]. Zur Bemessung dieser Empfindung wurde die Zustandsgröße Temperatur und mit ihr verschiedene Temperaturskalen eingeführt. In Europa finden insbesondere Skalen in Grad Celsius oder Kelvin Verbreitung.

Die Präzisierung des Temperaturbegriffs erfolgt durch das thermische Gleichgewicht: Sind zwei fluide Phasen im thermischen Gleichgewicht, so besitzen sie dieselbe Temperatur. Praktisch bedeutet dies, dass zwei fluide Phasen mit unterschiedlichen Temperaturen, die über eine wärmedurchlässige Wand, welche die Einstellung des thermischen Gleichgewichtes nicht behindert, miteinander in Kontakt gebracht werden, eine gemeinsame Temperatur annehmen. Die Temperatur der kälteren Phase erhöht sich und die Temperatur der wärmeren Phase sinkt (Abb. 4.6).

Messung Bei Temperaturmessungen wird in der Regel der ideale Grenzfall betrachtet, dass ein System im Vergleich zu einem anderen so klein beziehungsweise leicht ist, dass es seine Temperatur im Streben nach dem Gleichgewicht der Temperatur des größeren Systems anpasst und das größere System dabei nicht beeinflusst. So nimmt beispielsweise die mit Quecksilber gefüllte Kapillare eines Thermometers (kleineres System) die Temperatur eines wärmeren, zu vermessenden Systems an. Das Quecksilber dehnt sich in Folge der Temperaturzunahme aus und die Temperatur des zu vermessenden Systems kann an einer Skala abgelesen werden (Abb. 4.7).

Wird beim Kontakt des kleineren, quecksilbergefüllten Systems mit einem dritten System dieselbe Ausdehnung festgestellt wie bei dem ersten vermessenden System, so befinden sich auch das erste und dritte System im thermischen Gleichgewicht beziehungsweise besitzen dieselben Temperaturen.

Abb. 4.6 Schematische Darstellung des thermischen Gleichgewichtes zwischen zwei fluiden Phasen

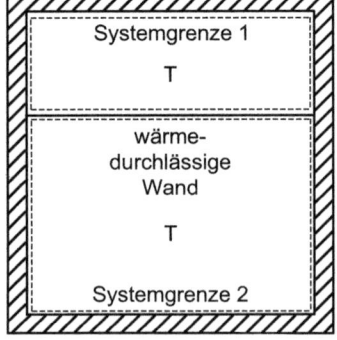

Abb. 4.7 Schematische Darstellung eines Quecksilberthermometers

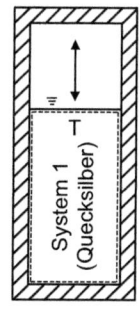

Die Verbindung der beiden Begriffe *Temperatur* und *thermisches Gleichgewicht* führen zum nullten Hauptsatz der Thermodynamik – dem Satz von der Existenz der Temperatur:

Stehen zwei Systeme jeweils mit einem dritten System im thermischen Gleichgewicht, so stehen die beiden Systeme auch untereinander im thermischen Gleichgewicht und besitzen dieselbe Temperatur.

Bei der Betrachtung von Strömungsprozessen ist die Temperatur ein elementarer Bestandteil der Energiebilanz. Sie dient neben der Berechnung weiterer Zustandsgrößen ebenfalls der Berechnung der thermischen Energie eines Fluids, welche im Allgemeinen durch die Enthalpie repräsentiert wird.

4.2.4 Volumen

Definition und Erläuterung Das Volumen V ist eine Zustandsgröße, welche die räumliche Ausdehnung eines Stoffes beschreibt. Bei konstanten physikalischen Bedingungen ist diese direkt von der Menge des Stoffes abhängig. Die SI-Einheit des Volumens ist ein Kubikmeter, wobei ein Meter über die Lichtgeschwindigkeit im Vakuum definiert ist.

Bei Strömungsprozessen wird nicht das Volumen, sondern der Volumenstrom betrachtet. Dieser ist definiert als das Volumen, welches in einem bestimmten Zeitintervall durch eine Querschnittsfläche strömt. Die Einheit des Volumenstroms ist entsprechend ein Kubikmeter pro Sekunde. Bei der Bilanzierung von Prozessen ist der Volumenstrom von besonderer Bedeutung, da er mit der Dichte multipliziert den Massenstrom ergibt und somit die Grundlage der Massenbilanzierung bildet.

Messung Bei geometrisch komplexen Körpern lässt sich das Volumen durch Auslitern bestimmen: Der Körper wird vollständig mit einer Flüssigkeit gefüllt, deren Volumen anschließend mit einem Messbehälter bestimmt werden kann. Das Volumen der Flüssigkeit entspricht – unter der Annahme unendlich dünner Wände des Körpers – dem Volumen des Körpers.

Der Volumenstrom eines strömendes Stoffes kann auf unterschiedliche Art und Weise bestimmt werden. Häufig werden hierfür verschiedene Zustandsgrößen des strömenden Stoffes (z. B. Temperatur, Druck) gemessen und anschließend der Volumenstrom berechnet. Eine verbreitete Methode ist der Einsatz von Venturi-Düsen. Diese Düsen basieren auf dem Energieerhaltungssatz und setzen die Dichte, die Strömungsgeschwindigkeit und den Druck an zwei unterschiedlichen Strömungsquerschnitten zueinander in Beziehung. Die Funktionsweise einer Venturi-Düse wird detailliert in Abschn. 4.2.2 beschrieben.

4.2.5 Innere Energie

Definition und Erläuterung Die innere Energie U beschreibt denjenigen Energieanteil der Materiemenge in einem geschlossenen System, welcher über die kinetische und potenzielle Energie hinausgeht. Dies umfasst unterschiedliche Energieanteile wie den Wärmeinhalt oder aber die in den Elektronen und Atomkernen gespeicherte Energie.

Die kinetische und potenzielle Energie spielen bei der Betrachtung thermodynamischer Stoff- und Energieumwandlungen nur eine untergeordnete Rolle. Dementsprechend ist eine ausschließlich auf diesen Energieformen beruhende Energiebilanz in der Thermodynamik unzureichend. In den Vordergrund treten vielmehr Energiebestandteile, die direkt an den Zustand der betrachteten Fluide gebunden sind und nicht an die Lage oder Geschwindigkeit. Kennzeichnend für die innere Energie sind demzufolge die Eigenschaften des Fluids – nicht jedoch der Bezug zur Umgebung. Die Energie, die ein Fluid bei seiner Verdampfung oder in Folge von Reibungsprozessen aufnimmt sind Beispiele für Energiebestandteile, die einen Beitrag zur inneren Energie leisten. Aber auch die in Brennstoffen gespeicherte Energie, welche durch Verbrennungsprozesse freigesetzt werden kann, ist ein Teil der inneren Energie [45, S. 157].

Die Interpretation der inneren Energie wird im Allgemeinen durch die Betrachtung des molekularen Modells eines Fluids vorgenommen. Eine Erhöhung der inneren Energie erfolgt in der Modellvorstellung durch einen Anstieg der potenziellen oder kinetischen Energie der Moleküle und – bei der Berücksichtigung chemischer Umwandlungen – auch durch einen Anstieg der Bindungsenergie der beteiligten Teilchen.

Berechnung Der absolute Wert der inneren Energie ist nicht berechenbar, da er viele verschiedene Energiebestandteile enthält (z. B. die in den Atomkernen gespeicherte Energie). Bei der Betrachtung thermodynamischer oder verfahrenstechnischer Apparate und Anlagen ist die Berechnung der Änderung der inneren Energie jedoch in der Regel ausreichend [11, S. 40].

Die Änderung der inneren Energie eines Systems zwischen einem Zustand mit der inneren Energie U_1 und einem Zustand mit der inneren Energie U_2 ergibt sich aus der Summe der zugeführten Wärme Q und der zugeführten beziehungsweise verrichteten Arbeit W (Abb. 4.8). Die gesamte am System verrichtete Arbeit zur Berechnung der Änderung der inneren Energie setzt sich dabei aus der Volumenänderungsarbeit und der Dissipati-

4.2 Zustandsgrößen

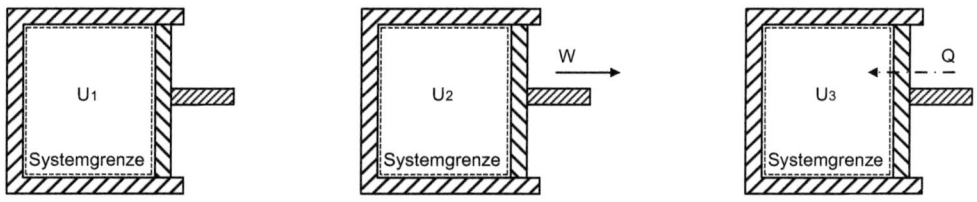

Abb. 4.8 Änderung der inneren Energie eines geschlossenen Systems

onsenergie zusammen, welche diejenige Energiemenge beschreibt, die durch irreversible Vorgänge (z. B. Reibung) in Wärme überführt wird.

$$U_2 - U_1 = Q + W \tag{4.4}$$

Unter den kalorischen Zustandsgrößen ist die innere Energie von besonderer Bedeutung, da sie zur Definition weiterer kalorischer Zustandsgrößen wie zum Beispiel der Enthalpie verwendet wird. Grundsätzlich wird die innere Energie dazu mit der isochoren Wärmekapazität c_v in Beziehung gesetzt. Bei konstantem Volumen ist diese als Ableitung der inneren Energie U nach der Temperatur T definiert:

$$c_v(T, v) = \left\{ \frac{\partial U}{\partial T} \right\}_v \tag{4.5}$$

Die isochore Wärmekapazität ist vorwiegend bei der Anwendung der kalorischen Zustandsgleichungen idealer Gase von Bedeutung, für die Änderungen des spezifischen Volumens vernachlässigt werden können (siehe Abschn. 4.4). Die isochore Wärmekapazität idealer Gase ist demnach eine reine Temperaturfunktion [4, S. 53]:

$$c_v^{ig}(T) = \left\{ \frac{\partial U}{\partial T} \right\}_v \tag{4.6}$$

4.2.6 Enthalpie

Definition und Erläuterung Unter der Enthalpie H wird derjenige Anteil der Energie eines strömenden Fluids bezeichnet, der über die kinetische und potenzielle Energie des Fluids hinausgeht [45, S. 158]. Sie ist das Pendant zur inneren Energie für offene (durchströmte) Systeme.

Bei thermodynamischen Prozessen in offenen Systemen wird – neben Änderungen der inneren Energie – Masse über die Systemgrenzen transferiert. Dabei erfolgt mit der eintretenden Masse eine Volumenverschiebung in das System hinein und mit der austretenden Masse eine Volumenverschiebung aus dem System hinaus (Volumenverdrängung) (Abb. 4.9). Ist das in das System hineingeschobene Volumen größer oder kleiner als das

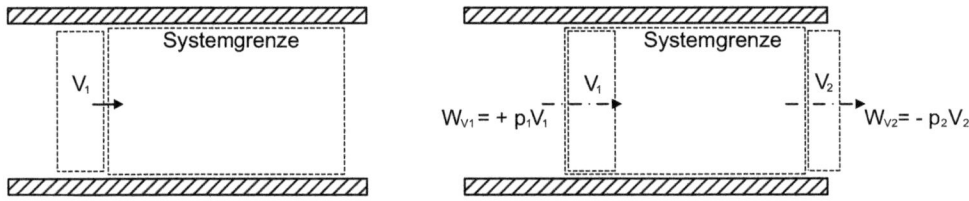

Abb. 4.9 Volumenverdrängung bei durchströmten Systemen

aus dem System verdrängte Volumen, findet eine Kompression beziehungsweise Expansion des Fluids statt. Dadurch wird der Energiegehalt des Fluids erhöht respektive vermindert. Die Energie dieser Kompression/Expansion wird auch als Verschiebearbeit W_V bezeichnet. Sie definiert den energetischen Unterschied zwischen offenen und geschlossenen Systemen. Entsprechend umfasst die Enthalpie (als Pendant der inneren Energie für offene Systeme) neben den Energiebestandteilen der inneren Energie (u. a. potenzielle und kinetische Energie der Moleküle, Bindungsenergie der Teilchen) zudem die mit dem Massentransfer in Verbindung stehende Verschiebearbeit. Bei kompressiblen Medien wie Gasen ist die Verschiebearbeit beachtenswert. Für inkompressible Medien wie ideale Flüssigkeiten und Festkörper, bei denen das aus dem System verdrängte Volumen näherungsweise gleich dem einströmenden Volumen und die Druckdifferenz zwischen den Systemgrenzen klein ist, fällt die Verschiebearbeit hingegen vernachlässigbar gering aus [45, S. 160].

Berechnung Gemäß ihrer Definition kann die Enthalpie H aus der Summe der inneren Energie U und der Verschiebearbeit W_V berechnet werden:

$$H = U + W_V = U + p\,V \tag{4.7}$$

Die Verschiebearbeit W_V wird aus dem Druck des benachbarten Systems bei Eintritt p_1, dem eindringenden Volumen V_1, dem ausgeschobenem Volumen V_2 sowie dessen Druck p_2 berechnet (Abb. 4.9). Bei der Betrachtung idealer Medien kann häufig auf die Berücksichtigung des Druckes verzichtet werden. So ist die Enthalpie bei idealen, inkompressiblen Stoffen, bei denen die Verschiebearbeit vernachlässigt werden kann, gleich der inneren Energie des Fluides – also ausschließlich von der Temperatur abhängig. Bei idealen Gasen entfällt die Abhängigkeit vom Druck ebenso, da die Verschiebearbeit $p\,V$ gemäß dem idealen Gasgesetz mit Hilfe der Gaskonstante R und der Temperatur T berechnet werden kann [4, S. 88]:

$$H = U + p\,V = U(T) + R\,T \tag{4.8}$$

4.2 Zustandsgrößen

Die Ableitung der Enthalpie H nach der Temperatur T führt bei konstantem Druck auf die isobare Wärmekapazität c_p:

$$c_p(T, p) = \left\{\frac{\partial H}{\partial T}\right\}_p \tag{4.9}$$

Die isobare Wärmekapazität ist insbesondere zur Anwendung kalorischer Zustandsgleichungen idealer Gase von Bedeutung, deren Wärmekapazität unabhängig vom Druck ist. Die Enthalpie idealer Gase ist somit ausschließlich von der Temperatur abhängig [4, S. 88](siehe Abschn. 4.4):

$$c_p^{\text{ig}}(T) = \left\{\frac{\partial H}{\partial T}\right\}_p \tag{4.10}$$

Bei idealen Gasen kann durch die Gaskonstante R zudem ein Zusammenhang zwischen der isochoren Wärmekapazität c_v und der isobaren Wärmekapazität c_p hergestellt werden [4, S. 209]:

$$c_p^{\text{ig}}(T) - c_v^{\text{ig}}(T) = R \tag{4.11}$$

4.2.7 Entropie

Definition und Erläuterung Die Entropie S ist eine extensive Zustandsgröße, welche 1865 von R. Clausius zur quantitativen Beschreibung irreversibler, also nicht idealer, Prozesse eingeführt wurde [4, S. 96]. Die Entropie wird mit Hilfe der mittleren Temperatur T_m (siehe Gl. 4.20) und der Dissipation Φ definiert, welche die Energiemenge beschreibt, die durch irreversible Vorgänge (z. B. Reibung) in Wärme überführt wird:

$$dS = \frac{d\Phi}{T_m} \tag{4.12}$$

Um in der Energiebilanz zusätzlich zu reversiblen auch reale, irreversible Prozesse zu berücksichtigen und damit Verlusten der Energiequalität (z. B. durch Reibung) Rechnung zu tragen, kann diese um einen Dissipations-Quellterm $d\Phi_{12}$ ergänzt werden:

$$U_2 - U_1 = Q_{12}^{\text{rev}} + W_{12}^{\text{rev}} + d\Phi_{12} \tag{4.13}$$

Mit Hilfe der Substitution des Dissipations-Quellterms durch das Produkt aus mittlerer Temperatur und Entropie, wird die erweiterte Energiebilanz zur Entropiebilanz:

$$U_2 - U_1 = Q_{12}^{\text{rev}} + W_{12}^{\text{rev}} + T_m \, dS_{12} \tag{4.14}$$

Da der Dissipations-Quellterm bei realen Prozessen stets größer null ist, das heißt Entropie aufgrund von Irreversibilitäten wie Reibung erzeugt wird, ist die Existenz eines nach dem Energieerhaltungssatz arbeitenden perpetuum mobile ausgeschlossen [56,

Abb. 4.10 Wärmetransfer zwischen zwei Systemen

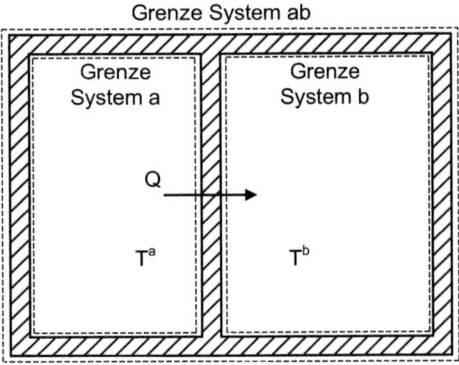

S. 93 ff.], [4, S. 97]. Diese Feststellung ist Bestandteil des zweiten Hauptsatzes der Thermodynamik [45, S. 290]:

> Die Entropie eines Systems ändert sich durch Entropiezu- oder abfuhr über die Systemgrenzen und durch Entropieproduktion im Inneren des Systems.

Konkret bedeutet dies, dass sich die Entropie eines Systems durch Wärmetransport über die Systemgrenze, durch Massentransport über die Systemgrenze sowie durch irreversible Prozesse im Inneren des Systems verändert [4, S. 97].

Berechnung beim Wärmetransfer Beim Wärmetransfer über die Systemgrenze kann die Entropieänderung dS^a eines Systems a (Abb. 4.10) aus der transferierten Wärmemenge dQ^a und der Temperatur des Systems T^a berechnet werden [45, S. 288]:

$$dS^a = \frac{d\Phi}{T^a} = \frac{dQ^a}{T^a} \qquad (4.15)$$

Die aus System a abgeführte Wärme wird zwangsläufig einem anderen System b zugeführt (Abb. 4.10). Die aus System a abgeführte Wärmemenge dQ^a und System b zugeführte Wärmemenge dQ^b sind betragsmäßig identisch, besitzen jedoch unterschiedliche Vorzeichen [45, S. 288]:

$$|dQ^a| = |-dQ^b| = dQ \qquad (4.16)$$

Der Wärmetransfer führt in System b ebenfalls zu einer Entropieänderung. Diese berechnet sich entsprechend aus der transferierten Wärmemenge und der Temperatur in System b [45, S. 288]:

$$dS^b = \frac{dQ^b}{T^b} \qquad (4.17)$$

Der Wärmetransfer geht, wie dargestellt, sowohl in System a als auch in System b mit einer Entropieänderung einher. Die gesamte Entropieänderung durch den Wärmetransfer

4.2 Zustandsgrößen

dS^{ab} entspricht damit der Summe aus der Entropieänderung von System a und System b [45, S. 288]:

$$dS^{ab} = dS^a + dS^b = \frac{dQ^a}{T^a} + \frac{dQ^b}{T^b} \tag{4.18}$$

Unter der Voraussetzung, dass die aus System a abgeführte und System b zugeführte Wärmemenge betragsmäßig gleich sind, kann die Berechnungsgleichung der kumulierten Entropieänderung dS^{ab} in Abhängigkeit des Wärmemengenbetrages dQ formuliert werden:

$$dS^{ab} = \frac{dQ}{T^a} - \frac{dQ}{T^b} = \frac{T^b - T^a}{T^a T^b} dQ \tag{4.19}$$

Durch diese Herleitung erhalten wir eine Definition der mittleren Temperatur T_m. Diese berechnet sich aus den Temperaturen von System a und System b:

$$T_m = \frac{T^b - T^a}{T^a T^b} \tag{4.20}$$

Mit der mittleren Temperatur T_m kann die Entropieänderung, die mit einem Wärmestrom zwischen zwei Systemen a und b einhergeht, durch eine allgemeingültige Gleichung beschrieben werden:

$$dS^{ab} = \frac{dQ}{T_m} \tag{4.21}$$

Berechnung beim Arbeitstransfer Beim Arbeitstransfer zwischen zwei Systemen a und b kann die entsprechende Entropieproduktion wie beim Wärmetransfer auf Basis des Energieerhaltungssatzes und der Dissipation Φ beschrieben werden.

Herrscht zwischen zwei durch eine bewegliche Wand getrennten Systemen (Abb. 4.11) eine Druckdifferenz, so wird diese unter der Verrichtung von Volumenänderungsarbeit ausgeglichen. Die Energie, die dabei von dem System b niedrigeren Druckes aufgenommen wird, ist gleich der vom System a höheren Druckes abgegebenen Arbeit abzüglich der Dissipation:

$$|dW^a| - d\Phi = |dW^b| \tag{4.22}$$

Abb. 4.11 Arbeitstransfer zwischen zwei Systemen

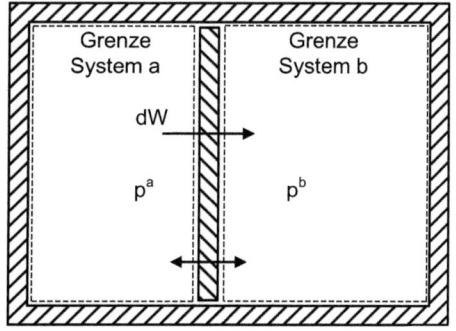

Mit der Definition der Dissipation als Produkt aus mittleren Temperatur T_m und Entropiedifferenz dS^{ab} kann die Gleichung weiter umgeformt werden:

$$|dW^a| - T_m dS^{ab} = |dW^b| \qquad (4.23)$$

Wird die aus System a abgeführte Volumenänderungsarbeit dW^a als Produkt aus Systemdruck p^a und Volumenänderung $-dV^a$ sowie die Volumenänderungsarbeit dW^b durch das Produkt aus p^b und $-dV^b$ definiert, ergibt sich aus der Gleichung:

$$dS^{ab} = \frac{|-p^a dV^a| - |-p^b dV^b|}{T_m} \qquad (4.24)$$

Da die beiden Volumenänderungen vom Betrag her gleich sind ($|dV^a| = |dV^b| = dV$), kann die Gleichung schließlich zu folgender allgemeinen Berechnungsformel der Entropieproduktion beim Arbeitstransfer vereinfacht werden [45, S. 289]:

$$dS^{ab} = \frac{(p^a - p^b) dV}{T_m} \qquad (4.25)$$

4.2.8 Chemisches Potenzial

Definition und Erläuterung Das chemische Potenzial μ ist eine von J. W. Gibbs eingeführte intensive Zustandsgröße [4, S. 250]. Sie charakterisiert die treibenden Kräfte zur Einstellung stofflicher oder chemischer Gleichgewichte: Gleiche chemische Potenziale der Komponenten in ein- oder mehrphasigen Systemen beschreiben den stofflichen Gleichgewichtszustand. Gleiche chemische Potenziale des Produkt- und Eduktgemisches einer Reaktion beschreiben analog den chemischen Gleichgewichtszustand. Entsprechend ist das chemische Potenzial für stoffliche und chemische Gleichgewichtsberechnungen von derselben Bedeutung wie der Druck für mechanische und die Temperatur für thermische Gleichgewichtsberechnungen [45, S. 447].

Berechnung Die Berechnung des chemischen Potenzials μ einer Komponente i erfolgt durch die partielle Ableitung der Gibbs-Energie G nach der Stoffmenge n_i des betrachteten Systems. Das chemische Potenzial wird demzufolge auch als partielle, molare Gibbs-Energie g_i bezeichnet:

$$\mu_i = g_i = \left\{\frac{\partial G}{\partial n_i}\right\}_{T,p,n_j} \qquad (4.26)$$

Der Index j bezeichnet alle außer der mit i indizierten Stoffmenge, für die das chemische Potenzial μ_i zu berechnen ist. Das heißt, für die Bildung der Ableitung sind neben der Temperatur T und dem Druck p alle Stoffmengen außer n_i konstant [4, S. 250].

4.2 Zustandsgrößen

Eine praktikablere Berechnung des chemischen Potenzials eines Stoffes i erfolgt aus der molaren Enthalpie h, der molaren Entropie s sowie der Temperatur T des Stoffes [45, S. 449]:

$$\mu_i = g_i = h_i - T\, s_i \tag{4.27}$$

4.2.9 Gibbs-Energie

Definition und Erläuterung Die Gibbs-Energie G (ehemals freie Energie oder Gibbs-Potenzial genannt) wird aufgrund ihres besonderen Beitrages zur Beschreibung von Systemzuständen häufig als extensive Zustandsgröße bezeichnet.

Die Gibbs-Energie charakterisiert den Gleichgewichtszustand eines Systems und ist im Rahmen der Reaktions- und Phasengleichgewichtsrechnung von Bedeutung: Ist das totale Differential, das heißt die Änderung der Gibbs-Energie dG eines Systems gleich null, so befindet sich das System im Gleichgewicht. In der Reaktionsrechnung bedeutet dies, dass die Nullstellen der Berechnungsgleichung der Gibbs-Energie mit den Stoffmengenanteilen der Reaktionsteilnehmer im Gleichgewicht übereinstimmen. Entsprechendes gilt für Berechnungen von Zusammensetzungen im Phasengleichgewicht.

Berechnung Die Berechnung der Gibbs-Energie G basiert auf der Gibb'schen Fundamentalgleichung (siehe Abschn. 4.4). Durch die Legendre-Transformation (siehe [4, S. 139 ff.]) der Fundamentalgleichung wird von den Variablen Entropie S und Volumen V auf die Variablen Temperatur T und Druck p gewechselt. Es entsteht die Gibbs-Funktion, welche eine gleichwertige – aber praktikablere – Form der Fundamentalgleichung darstellt [4, S. 139 ff.]:

$$G(T, p) = U + p\, dV - T\, S = H - T\, S \tag{4.28}$$

Die Gibbs-Energie berechnet sich demnach aus der inneren Energie U, dem Druck p, der Volumenänderung dV, der Entropie S sowie der Systemtemperatur T, wobei die innere Energie und das Produkt aus Druck und Volumenänderung alternativ durch die Enthalpie H ersetzt werden können.

Im Rahmen von Gleichgewichtsberechnungen wird im Allgemeinen die Änderung der Gibbs-Energie bestimmt. Diese berechnet sich durch das totale Differenzial der Gibbs-Energie [45, S. 455]:

$$dG = dU + p\, dV + V\, dp - T\, dS - S\, dT \tag{4.29}$$

Mit der Gibb'schen Fundamentalgleichung (siehe Abschn. 4.4) kann die Änderung der inneren Energie U ersetzt und das chemische Potenzial μ sowie die Stoffmenge n der Komponenten in die Gleichung integriert werden [45, S. 455]:

$$dG = T\, dS - p\, dV + \sum_j \mu_j\, dn_j + p\, dV + V\, dp - T\, dS - S\, dT \tag{4.30}$$

Zusammengefasst ergibt sich folgende Gleichung zur Berechnung der Änderung der Gibbs-Energie [45, S. 455]:

$$dG = -S\,dT + V\,dp + \sum_j \mu_j\,dn_j \qquad (4.31)$$

4.3 Zustandsänderungen

Die Änderungen der Zustandsgrößen eines Systems wird Zustandsänderung genannt. Zustandsänderungen werden in der Natur durch unterschiedliche externe Einflüsse hervorgerufen. Zu diesen zählen beispielsweise die Zufuhr von Wärme (z. B. Sonneneinstrahlung auf eine Wasserleitung) oder das Verrichten mechanischer Arbeit (z. B. Rühren einer Flüssigkeit). Um die mathematische Beschreibung von Zustandsänderungen zu vereinfachen, werden thermodynamische Berechnungen häufig unter der idealisierten Annahme durchgeführt, dass eine (oder mehrere) Zustandsgrößen im Rahmen der Zustandsänderung konstant bleiben. Zustandsänderungen werden daher in der Regel gemäß der konstanten Zustandsgröße klassifiziert:

Isotherme Zustandsänderungen Bei isothermen Zustandsänderungen ändern sich die Zustandsgrößen des betrachteten fluiden Systems unter der idealen Annahme, dass die Temperatur des Systems während der Zustandsänderung konstant bleibt.

$$T = \text{konst} \qquad (4.32)$$

Ein Beispiel für eine isotherme Zustandsänderung ist die Zufuhr von Wärme zu einem mit Luft gefüllten Ballon mit elastischer Wand, welcher sich infolge der Wärmezufuhr ausdehnt. Wird idealerweise angenommen, dass die Temperatur während der gesamten Zustandsänderung konstant bleibt, so kann die Zunahme des Ballonvolumens durch das ideale Gasgesetz in Abhängigkeit des Drucks im Inneren des Ballons beschrieben werden.

Isobare Zustandsänderungen Im Rahmen isobarer Zustandsänderungen verbleibt der Druck des betrachteten fluiden Systems konstant.

$$p = \text{konst} \qquad (4.33)$$

Am Beispiel des luftgefüllten Ballons eröffnet die Annahme, dass der Druck im Inneren des Ballons während der Zustandsänderung konstant bleibt, einen weiteren Rechenweg: die Volumenzunahme des Ballons kann mit Hilfe des idealen Gasgesetzes in Abhängigkeit der Temperatur im Inneren des Ballons berechnet werden.

4.3 Zustandsänderungen

Isochore Zustandsänderungen Isochore Zustandsänderungen erfolgen bei konstantem Volumen des betrachteten Fluids.

$$V = \text{konst} \tag{4.34}$$

Wird einem mit Luft gefüllten Ballon Wärme zugeführt – eine Volumenzunahme jedoch durch die widerstandsfähige Wand des Ballons verhindert – so führt die Wärmezufuhr zu einem Anstieg des Balloninnendruckes. Die Druckzunahme kann beispielsweise mit Hilfe des idealen Gasgesetzes in Abhängigkeit der Temperatur abgeschätzt werden.

Isenthalpe Zustandsänderungen Das Adjektiv *isenthalp* beschreibt Zustandsänderungen, die bei konstanter Enthalpie eines fluiden Systems stattfinden.

$$H = \text{konst} \tag{4.35}$$

Isenthalpe Zustandsänderungen treten in offenen, stationären Systemen auf (siehe Definition der Enthalpie in Abschn. 4.2). Ein Beispiel für eine Zustandsänderung, die idealerweise als isenthalp betrachtet werden kann, ist die Drosselung – also Druckabsenkung – eines Gasstroms. Die isenthalpen Linien in einem h-s-Diagramm werden daher häufig auch als Drossellinien bezeichnet.

Voraussetzung einer isenthalpen Drosselung ist, dass während des Drosselungsvorgangs weder Energie zu- noch abgeführt wird. Dies bedeutet, dass weder Arbeit verrichtet noch Wärme zu- oder abgeführt wird (adiabater Systemabschluss). Zudem muss sowohl die kinetische als auch die potenzielle Energie des Systems – also auch die Strömungsgeschwindigkeit des Fluids – konstant bleiben [11, S. 126].

Isentrope Zustandsänderungen Isentrope Zustandsänderungen bezeichnen die Veränderung der Zustandsgrößen eines fluiden Systems unter Berücksichtigung konstanter Entropie. Isentrope Zustandsänderungen sind somit reversibel und auch adiabat.

$$S = \text{konst} \tag{4.36}$$

Da Wärmeübertragungsvorgänge im Vergleich zu anderen thermodynamischen Vorgängen langsam ablaufen, können Prozesse in der Regel auch dann als adiabat beschrieben werden, wenn sich ihr Temperaturniveau von der Umgebungstemperatur unterscheidet [45, S. 346]. Als Beispiele können Turbinen oder Verdichter genannt werden, bei denen der Wärmetransfer an die Umgebung im Vergleich zur Druckänderung deutlich langsamer abläuft. Unter der Annahme, dass diese Zustandsänderungen zudem reversibel ablaufen, handelt es sich definitionsgemäß um isentrope Zustandsänderungen.

Um isentrope Prozesse mathematisch beschreiben zu können, kann auf spezielle Berechnungsformeln zurückgegriffen werden – die Isentropengleichungen. Diese Gleichungen entstehen durch die Anwendung des Stoffmodells idealer Gase auf isentrope Zustandsänderungen [45, S. 347]. Die Isentropengleichungen beschreiben die Abhängigkeit zwischen den Zustandsgrößen Temperatur T und Druck p oder alternativ zwischen Temperatur und spezifischem Volumen v zweier Zustände unter Einbeziehung der idealen Gaskonstante R und der isobaren Wärmekapazität c_p^{ig} beziehungsweise der isochoren Wärmekapazität c_v^{ig}:

$$\frac{T_2}{T_1} = \left\{\frac{p_2}{p_1}\right\}^{\frac{R}{c_p^{\text{ig}}}} \qquad (4.37)$$

$$\frac{T_2}{T_1} = \left\{\frac{v_1}{v_2}\right\}^{\frac{R}{c_v^{\text{ig}}}} \qquad (4.38)$$

4.4 Zustandsgleichungen

Der mathematische Zusammenhang zwischen unterschiedlichen Zustandsgrößen wird Zustandsgleichung genannt. Ausgewählte Zustandsgleichungen werden in den nachfolgenden Abschnitten vorgestellt.

4.4.1 Einteilung von Zustandsgleichungen

Gemäß der Einteilung der Zustandsgrößen wird der Zusammenhang zwischen thermischen Zustandsgrößen mit thermischen Zustandsgleichungen und der Zusammenhang zwischen kalorischen Zustandsgrößen mit kalorischen Zustandsgleichungen beschrieben. Als besondere Zustandsgleichung kann zudem die Fundamentalgleichung genannt werden. Diese setzt die innere Energie eines Systems mit extensiven Zustandsgrößen (Volumen, Entropie, Stoffmenge) in Beziehung:

- Thermische Zustandsgleichungen,
- Kalorische Zustandsgleichungen,
- Fundamentalgleichung.

4.4.2 Thermische Zustandsgleichungen

Der Zustand homogener fluider Systeme – wie zum Beispiel der eines gasförmigen Reinstoffes – kann durch Zustandsgrößen charakterisiert werden. Dabei gilt, dass der Zustand durch zwei unabhängige intensive Zustandsgrößen (z. B. Druck, Temperatur) und eine extensive Zustandsgröße (z. B. Volumen) festgelegt ist [4, S. 20].

Die extensive Zustandsgröße beschreibt die Größe des betrachteten Systems und die beiden intensiven Zustandsgrößen die größenunabhängigen Materialeigenschaften, das

4.4 Zustandsgleichungen

heißt den intensiven Zustand. Da homogene fluide Systeme jeweils nur zwei unabhängige intensive Zustandsgrößen besitzen, kann der intensive Zustand – und damit alle weiteren intensiven Zustandsgrößen – mit Hilfe dieser beiden intensiven Zustandsgrößen umfassend beschrieben werden. Die mathematische Beziehung, welche die Abhängigkeit der intensiven Zustandsgrößen beschreibt, wird thermische Zustandsgleichung genannt. Thermische Zustandsgleichungen sind Materialgesetze, die eine von der Größe unabhängige Beziehung zwischen den intensiven Zustandsgrößen eines homogenen fluiden Systems beschreiben [4, S. 21], [11, S. 27].

In der Thermodynamik sind verschiedene thermische Zustandsgleichungen für homogene fluide Systeme bekannt. Diese geben den Zustand der Systeme, das heißt der reinen einphasigen Stoffe, für unterschiedliche Zustandsbereiche mit unterschiedlicher Genauigkeit wieder. Relevante Zustandsgleichungen dieser Art sowie das ideale Gasgesetz, welches den Spezialfall einer thermischen Zustandsgleichung für ideale Gase darstellt, werden im Folgenden beschrieben.

4.4.2.1 Van der Waals

Im Jahre 1873 veröffentlichte van der Waals die erste kubische Zustandsgleichung [73], mit deren Hilfe die Zustandsgrößen homogener Systeme über das gesamte fluide Zustandsgebiet abgebildet werden können. Diese Zustandsgleichung bildet die Grundlage für alle nachfolgend entwickelten kubischen Zustandsgleichungen und berücksichtigt im Gegensatz zum idealen Gasgesetz molekulare Wechselwirkungen im betrachteten Fluid. Die Moleküle werden nach van der Waals als starre Kugeln beschrieben, welche ein Eigenvolumen besitzen und Anziehungs- sowie Abstoßungskräfte aufeinander ausüben.

Das Eigenvolumen der Moleküle in einem Mol des Fluids beschreibt van der Waals durch das Kovolumen b. Die Anziehungskraft zwischen den Molekülen wird durch den Kohäsionsdruck a berücksichtigt und mathematisch mit den Zustandsgrößen Druck p und Temperatur T sowie mit dem molaren Volumen v und der Gaskonstante R verknüpft [42, S. 282]:

$$p = \frac{RT}{v-b} - \frac{a}{v^2} \tag{4.39}$$

Der in der Gleichung auftretende Kohäsionsdruck a und das Kovolumen b können mit Hilfe der kritischen Temperatur T_c und dem kritischen Druck p_c des betrachteten Fluids bestimmt werden. Die kritischen Daten können dem Anhang dieses Buches (Tab. 2) oder der Literatur (z. B. [42, S. 777]) entnommen werden. Für den Kohäsionsdruck und das Kovolumen der Gleichung von van der Waals gilt [42, S. 294]:

$$a = \frac{27}{64} \frac{R^2 T_c^2}{p_c} \tag{4.40}$$

$$b = \frac{1}{8} \frac{R T_c}{p_c} \tag{4.41}$$

Sowohl die Formel für den Kohäsionsdruck a als auch für die des Kovolumens b basieren auf experimentellen Daten und ermöglichen die Anwendung der Gleichung von

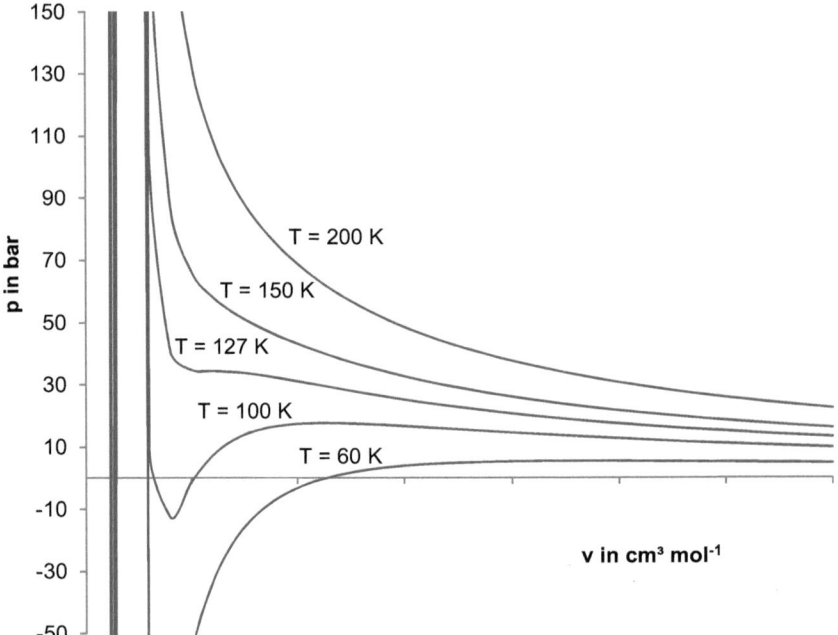

Abb. 4.12 Isothermen der Zustandsgleichung nach van der Waals im p-v-Diagramm am Beispiel von Stickstoff

van der Waals auf eine Vielzahl unterschiedlicher Stoffe. Trotzdem ergeben sich bei der Berechnung der Zustandsgrößen mit Hilfe der Gleichung von van der Waals Fehler, die für viele Anwendungen im Bereich der Anlagen- und Komponentenberechnung nicht tolerierbar sind. Insbesondere die Tatsache, dass das Eigenvolumen der Moleküle in der Gleichung nach van der Waals auch bei hohen Drücken konstant ist, entspricht nicht der Realität. Weiterentwicklungen der Gleichung von van der Waals, wie die Redlich-Kwong-Gleichung, die Redlich-Kwong-Soave-Gleichung oder die Peng-Robinson-Gleichung, bilden die Zustandsgrößen reiner Fluide daher genauer ab.

Abbildung 4.12 zeigt exemplarisch die Isothermen der Gleichung von van der Waals für Stickstoff. Die Isothermen können mit Gl. 4.39 berechnet werden. Für den Verlauf ist charakteristisch, dass bei Temperaturen oberhalb der kritischen Temperatur (für Stickstoff 126,3 K) jedem Druck genau ein Volumen und bei Temperaturen unterhalb der kritischen Temperatur drei Volumina zugeordnet werden können. Dieser Verlauf ist zwar mathematisch korrekt, im Bereich unterhalb der kritischen Temperatur jedoch physikalisch unsinnig. Die Lösung der Gleichung muss demzufolge für diesen Bereich – also bei der Koexistenz einer Gas- und einer Flüssigphase – korrigiert werden. Die Korrektur wird in der Regel auf der Grundlage des Maxwell-Kriteriums vorgenommen (siehe [46]).

4.4 Zustandsgleichungen

4.4.2.2 Redlich-Kwong

Die Zustandsgleichung von Redlich und Kwong basiert auf der Zustandsgleichung von van der Waals und wurde 1949 veröffentlicht [61]. Neben modifizierten Berechnungsvorschriften für das Kovolumen b und den Kohäsionsdruck a besteht die wesentliche Änderung gegenüber der Gleichung von van der Waals in der Aufnahme des Kovolumens in den Nenner des zweiten Bruchterms. Unter weiterer Berücksichtigung des Drucks p, der Temperatur T, der idealen Gaskonstante R sowie des molaren Volumens v ergibt sich die Redlich-Kwong-Gleichung wie folgt:

$$p = \frac{RT}{v-b} - \frac{a}{v(v+b)} \qquad (4.42)$$

Wie auch bei der Gleichung von van der Waals zeigen die Isothermen der Redlich-Kwong-Gleichung einen Verlauf, bei dem für Temperaturen oberhalb der kritischen Temperatur jedem Druck ein Volumen und bei Temperaturen unterhalb der kritischen Temperatur drei Volumina zugeordnet werden können (siehe Abb. 4.12). Eine Korrektur für unterkritische Temperaturen ist entsprechend auch für die Redlich-Kwong-Gleichung erforderlich.

Die Definition des Kohäsionsdrucks a und des Kovolumens b weicht von van der Waals ab. Beide Größen können aus den kritischen Daten des betrachteten Fluids bestimmt werden. Mit Hilfe des kritischen Drucks p_c und der kritischen Temperatur T_c ergeben sich der Kohäsionsdruck und das Kovolumen wie folgt [42, S. 303 bearb.]:

$$a = \frac{1}{9\left(2^{\frac{1}{3}}-1\right)} \frac{R^2 T_c^2}{p_c} \qquad (4.43)$$

$$b = \frac{1}{3}\left(2^{\frac{1}{3}}-1\right) \frac{R T_c}{p_c} \qquad (4.44)$$

Die kritischen Stoffwerte können dem Anhang dieses Buches (Tab. 2) oder der Literatur entnommen werden (z. B. [42, S. 777]).

4.4.2.3 Redlich-Kwong-Soave

Die Redlich-Kwong-Soave-Gleichung ist eine 1972 von Soave veröffentlichte Adaption der Zustandsgleichung von Redlich und Kwong [65]. Soave gelang es, den Kohäsionsdruck a in Abhängigkeit der Temperatur sowie ausgewählter Stoffdaten zu formulieren und dadurch die Genauigkeit der Zustandsgleichung weiter zu verbessern. Die explizite Form der Redlich-Kwong-Soave-Gleichung ist eine Funktion der Temperatur T und des molaren Volumens v [4, S. 196], [42, S. 308]:

$$p = \frac{RT}{v-b} - \frac{a(T)}{v(v+b)} \qquad (4.45)$$

Die von Soave modifizierte Größe a berechnet sich mit Hilfe der temperaturabhängigen Funktion α, der kritischen Stoffwerte p_c und T_c sowie der idealen Gaskonstante R [42,

S. 308]. Bei der Berechnung ist zu beachten, dass die kritische Temperatur in K und der kritische Druck in Pa berücksichtigt werden müssen:

$$a(T) = 0{,}42748 \frac{R^2 T_c^2}{p_c} \alpha(T) \tag{4.46}$$

Das Kovolumen b bestimmt sich ebenfalls auf Basis der kritischen Stoffwerte p_c und T_c in den Einheiten K und Pa [42, S. 308]:

$$b = 0{,}08664 \frac{R T_c}{p_c} \tag{4.47}$$

Durch die Einführung der modifizierten Größe a wird die Genauigkeit der Redlich-Kwong-Gleichung verbessert und in die Redlich-Kwong-Soave-Gleichung überführt. Die neue Temperaturfunktion wird in Abhängigkeit eines weiteren, stoffspezifischen Parameters, dem azentrischen Faktor ω, ausgedrückt [42, S. 308].

$$\alpha(T, \omega) = \left\{ 1 + \left(0{,}480 + 1{,}574\,\omega - 0{,}176\,\omega^2\right) \left(1 - \sqrt{\frac{T}{T_c}}\right) \right\}^2 \tag{4.48}$$

Der azentrische Faktor ω und die kritischen Daten diverser Stoffe können dem Anhang dieses Buches (Tab. 2) oder der Literatur entnommen werden (u. a. [42, S. 777]).

4.4.2.4 Peng-Robinson

Die Zustandsgleichung von Peng und Robinson basiert ebenfalls auf der Gleichung von van der Waals und wurde 1976 veröffentlicht. Streng genommen ist die Peng-Robinson-Gleichung aber eine Weiterentwicklung der auf der Gleichung von van der Waals beruhenden Redlich-Kwong-Soave-Gleichung. Wie auch Soave verwenden Peng und Robinson anstelle der Konstante a die Temperaturfunktion $a(T)$ zur Verbesserung der Genauigkeit der Gleichung:

$$p = \frac{RT}{v - b} - \frac{a(T)}{v(v + b) + b(v - b)} \tag{4.49}$$

Die Temperaturfunktion $a(T)$ berechnet sich analog zur Redlich-Kwong-Soave-Gleichung:

$$a(T) = a_c\, \alpha(T) \tag{4.50}$$

Und auch α ist wie bei der Redlich-Kwong-Soave-Gleichung eine Funktion der Temperatur T und des azentrischen Faktors ω. Unterschiede zur Redlich-Kwong-Soave-Gleichung treten jedoch bei den Konstanten der Funktion auf [42, S. 310]:

$$\alpha(T, \omega) = \left\{ 1 + \left(0{,}37464 + 1{,}54226\,\omega - 0{,}26992\,\omega^2\right) \left(1 - \sqrt{\frac{T}{T_c}}\right) \right\}^2 \tag{4.51}$$

4.4 Zustandsgleichungen

Zur Berechnung von a_c und b werden – wie auch bei den übrigen kubischen Zustandsgleichungen – die kritische Temperatur T_c und der kritische Druck p_c verwendet [42, S. 310]:

$$a_c = 0{,}4572 \frac{R^2 T_c^2}{p_c} \tag{4.52}$$

$$b = 0{,}07780 \frac{R T_c}{p_c} \tag{4.53}$$

Der azentrische Faktor und die kritischen Werte sind im Anhang des Buches (Tab. 2) und in der einschlägigen Literatur zu finden (z. B. [42, S. 777]).

4.4.2.5 Ideales Gasgesetz

Das ideale Gasgesetz stellt die wohl verbreitetste Zustandsgleichung dar. Es drückt die Abhängigkeit der Zustandsgrößen Druck p, molares Volumen v und Temperatur T zueinander aus. Kritische Stoffdaten werden im Gegensatz zu den aufgeführten Zustandsgleichungen beim idealen Gasgesetz nicht berücksichtigt:

$$p = \frac{R T}{v} \tag{4.54}$$

Im Unterschied zu den Gleichungen der vorherigen Abschnitte ist das ideale Gasgesetz nicht kubisch, sondern beschreibt die Abhängigkeit zwischen Druck und molarem Volumen (bei konstanter Temperatur) linear. Diese Annahme gilt für Gase mit niedrigen Drücken ($\lesssim 10\,\text{bar}$), deren Zustand sich in hinreichender Entfernung vom Taupunkt befindet. Häufig wird als Schreibweise des idealen Gasgesetzes auch die folgende Form mit dem Volumen V und der Stoffmenge n verwendet:

$$p V = n R T \tag{4.55}$$

Bei Berechnungen, die eine hohe Ergebnisgenauigkeit erfordern, sollte auf die Verwendung des idealen Gasgesetzes verzichtet werden. So ist das ideale Gasgesetz beispielsweise zur Berechnung des Phasengleichgewichtes von Mehrstoffgemischen in den meisten Fällen ungeeignet. Die Anwendung bei der grundlegenden Bilanzierung von Reformern oder Synthesereaktoren mit Gasphasenreaktionen führt hingegen zu hinreichenden Ergebnisgenauigkeiten.

4.4.3 Kalorische Zustandsgleichungen

Zur umfassenden Beschreibung von thermodynamischen Systemen sind neben den thermischen auch kalorische Zustandsgrößen (innere Energie U, Enthalpie H und Entropie S) erforderlich. Die kalorischen Zustandsgrößen charakterisieren ein System hinsichtlich seines energetischen Zustandes und werden mit Hilfe kalorischer Zustandsgleichungen berechnet. Diese beschreiben die kalorischen Zustandsgrößen beziehungsweise deren Änderung in Abhängigkeit zweier thermischer Zustandsgrößen.

Berechnungsgleichung der inneren Energie Die Änderung der spezifischen inneren Energie du eines Systems kann mit Hilfe der intensiven thermischen Zustandsgrößen Temperatur T und spezifisches Volumen v berechnet werden. Es gilt folgende Berechnungsgleichung [4, S. 52]:

$$du = \left\{\frac{\partial u}{\partial T}\right\}_v dT + \left\{\frac{\partial u}{\partial v}\right\}_T dv \qquad (4.56)$$

Bei isochoren Zustandsänderungen ist dv gleich null und der rechte Term der Gleichung entfällt. Mit der isochoren Wärmekapazität c_v, welche als Ableitung der inneren Energie nach der Temperatur bei konstantem Volumen definiert ist (siehe Abschn. 4.2.5), vereinfacht sich die kalorische Zustandsgleichung der inneren Energie zu [4, S. 53]:

$$du = \left\{\frac{\partial u}{\partial T}\right\}_v dT = \int_{T_1}^{T_2} c_v(T,v) dT \qquad (4.57)$$

Bei der Betrachtung idealer Gase kann die Zustandsgleichung zur Berechnung der inneren Energie weiter vereinfacht werden. Da die isochore Wärmekapazität idealer Gase c_v^{ig} ausschließlich von der Temperatur abhängt, wird aus der Gleichung [45, S. 169]:

$$du = \left\{\frac{\partial u}{\partial T}\right\}_v dT = \int_{T_1}^{T_2} c_v^{\text{ig}}(T) dT \qquad (4.58)$$

Berechnungsgleichung der Enthalpie Die Änderung der spezifischen Enthalpie dh eines Systems wird analog zur Änderung der inneren Energie berechnet – allerdings in Abhängigkeit der beiden thermischen Zustandsgrößen Temperatur T und Druck p [4, S. 88]:

$$dh = \left\{\frac{\partial h}{\partial T}\right\}_p dT + \left\{\frac{\partial h}{\partial p}\right\}_T dp \qquad (4.59)$$

Bei isobaren Zustandsänderungen entfällt der rechte Term der Gleichung. Mit der Definition der isobaren Wärmekapazität c_p als Ableitung der Enthalpie nach der Temperatur bei konstantem Druck (siehe Abschn. 4.2.6) wird aus der Berechnungsgleichung der Enthalpie [4, S. 88]:

$$dh = \left\{\frac{\partial h}{\partial T}\right\}_p dT = \int_{T_1}^{T_2} c_p(T,p) dT \qquad (4.60)$$

4.4 Zustandsgleichungen

Entsprechend den Berechnungen der inneren Energie kann auch die Berechnung der Enthalpie idealer Gase weiter vereinfacht werden. Da die isobare Wärmekapazität idealer Gase c_p^{ig} ausschließlich von der Temperatur abhängig ist, gilt dies auch für die Enthalpie idealer Gase:

$$dh = \left\{\frac{\partial h}{\partial T}\right\}_p dT = \int_{T_1}^{T_2} c_p^{ig}(T) dT \qquad (4.61)$$

Berechnungsgleichung der Entropie Die Gleichung zur Berechnung der Entropie gilt als Sonderfall der kalorischen Zustandsgleichungen. Sie wird gewöhnlich auch als Entropie-Zustandsgleichung bezeichnet. Die Berechnung erfolgt durch die beiden thermischen Zustandsgrößen Temperatur T und spezifisches Volumen v:

$$ds = \left\{\frac{\partial s}{\partial T}\right\}_v dT + \left\{\frac{\partial s}{\partial v}\right\}_T dv \qquad (4.62)$$

Am Beispiel idealer Gase führt die Umformung der Entropie-Zustandsgleichung auf die nachfolgende Gleichung [4, S. 132]. In der Regel wird die Entropie dabei mit Bezug auf eine Referenztemperatur T_0 und einen Referenzdruck p_0 angegeben:

$$s(T, p) = s(T_0, p_0) + \int_{T_0}^{T} c_p^{ig}(T) \frac{dT}{T} - R \ln \frac{p}{p_0} \qquad (4.63)$$

Neben der Verwendung des Stoffmodells idealer Gase können die dargestellten partiellen Berechnungsgleichungen auch für andere Stoffmodell aufgelöst werden. Beispiele dazu sind in Kap. 8 aufgeführt.

4.4.4 Fundamentalgleichung

Die Fundamentalgleichung der Thermodynamik wurde 1873 von J. W. Gibbs entwickelt und wird daher auch Gibb'sche Fundamentalgleichung genannt. Sie ist eine besondere Art der Zustandsgleichung, da sie alle Informationen bezüglich der thermodynamischen Eigenschaften einer Phase enthält. Das heißt, neben den thermischen Eigenschaften der Phase bezieht sie auch die kalorischen Eigenschaften sowie die Entropie ein [4, S. 137]. Konkret beschreibt sie die Änderung der inneren Energie U in Abhängigkeit der Systemtemperatur T, der Änderung der Entropie S, des Systemdrucks p und der Veränderung des Volumens V [4, S. 126]:

$$dU = T dS - p dV \qquad (4.64)$$

Da auch chemische Reaktionen und die damit verbundenen Änderungen der Stoffmengen einzelner Komponenten eine Änderung der inneren Energie U bedingen, muss die Fundamentalgleichung für mehrkomponentige Systeme ergänzt werden. Dies wird durch die Einbindung der chemischen Potenziale μ der Komponenten j und den zugehörigen Stoffmengen n der Komponenten realisiert. Für Systeme, in denen Änderungen der Stoffmengen der Komponenten stattfinden, lautet die Fundamentalgleichung demnach [45, S. 455]:

$$dU = T\,dS - p\,dV + \sum_j \mu_j\,dn_j \qquad (4.65)$$

4.5 Energie und ihre Erscheinungsformen

Der Begriff *Energie* umfasst in der Natur eine Vielzahl von Erscheinungsformen (z. B. kinetische Energie, potenzielle Energie) und wird durch die SI-Einheit Joule bemessen. Die gemeinsame Einheit der Energieerscheinungsformen ist auf unterschiedliche Überlegungen zurückzuführen, die sich zwischen 1840 und 1850 mit der Äquivalenz zwischen den beiden Energieformen Wärme und Arbeit befassten [4, S. 2]. Arbeiten von J. R. Mayer, J. P. Joule und N. L. S. Carnot mündeten schließlich in die Definition des Energiebegriffs und den 1. Hauptsatz der Thermodynamik zur Energieerhaltung.

Weitergehende Betrachtungen bestätigten das Gesetz der Energieerhaltung, führen aber zu Einschränkungen in Bezug auf die Umwandlung der unterschiedlichen Energieformen untereinander. Basierend auf der Erkenntnis, dass zwar mechanische Energie vollständig in thermische Energie, nicht jedoch thermische Energie vollständig in mechanische Energie umwandelbar ist, definierte Z. Rant in den 1950er Jahren Energie als Summe der Bestandteile Exergie und Anergie.

Exergie bezeichnet diejenigen Energie, die unter idealen Bedingungen vollständig in andere Energieformen umwandelbar ist. Kinetische Energie, potenzielle Energie und elektrische Energie sind Beispiele für rein exergetische Energieformen. Innere Energie und Enthalpie besitzen hingegen sowohl einen Exergie- als auch einen Anergieanteil. Anergie bezeichnet diejenige Energie, die auch unter idealen Bedingungen nicht in beliebige andere Energieformen transformierbar ist. Dieser Anteil entspricht der Differenz aus dem gesamten Energieinhalt und dem Exergieanteil [4, S. 152].

In der Thermodynamik auftretende Energieerscheinungsformen sind Arbeit, Wärme, potenzielle Energie, kinetische Energie, thermische Energie, chemische Energie, elektrische Energie und Gibbs-Energie (freie Energie). Diese werden im Folgenden vorgestellt.

Potenzielle Energie Die Definition der potenziellen Energie E^p entstammt der Mechanik und beschreibt den Energiegehalt eines Körpers oder Fluids mit der Masse m aufgrund der Erdbeschleunigung g beziehungsweise seiner Lage im Schwerefeld der Erde. Die Lage im Schwerefeld der Erde wird durch die Höhe h ausgedrückt, welche den senkrechten Abstand des Körpers zu einer Bezugsfläche (i. Allg. die Erdoberfläche) in entgegengesetzter Richtung der Erdbeschleunigung ausdrückt. Die potenzielle Energie ist dementsprechend eine relative Größe, die dem potenziellen Energieunterschied zur Bezugsfläche

entspricht:
$$E^p = m\,g\,h \qquad (4.66)$$

Kinetische Energie Auch die Definition der kinetischen Energie E^k entstammt der Mechanik. Sie beschreibt den Energiegehalt eines Körpers oder Fluids mit der Masse m aufgrund seiner Geschwindigkeit w im Vergleich zu einem Bezugspunkt. Die kinetische Energie ist daher ein Relativwert zur kinetischen Energie des Bezugspunktes.

$$E^k = \frac{1}{2}\,m\,w^2 \qquad (4.67)$$

Thermische Energie Die thermische Energie E^{th} beschreibt denjenigen Energieanteil eines Körpers oder Fluids, welcher einer Temperaturzunahme zuzuschreiben ist. Die mikroskopische Definition der thermischen Energie beruht auf dem Energieinhalt der Moleküle des Körpers beziehungsweise des Fluids. In diesem Zusammenhang führt auch eine Änderung des spezifischen Volumens oder des Drucks, welcher den Molekülabstand beeinflusst, zu einer Änderung der thermischen Energie [45, S. 160]. Die thermische Energie ist ein Bestandteil der inneren Energie.

Chemische Energie Die chemische Energie E^c umfasst diejenige Energie eines Stoffes, die durch chemische Reaktionen (z. B. Verbrennung) freigesetzt werden kann. Daher wird die chemische Energie auch als Reaktionswärme oder -enthalpie bezeichnet. Sie beruht auf der Energie der Bindungskräfte, die Atome zu Molekülen zusammenhalten und bei chemischen Reaktionen verändert werden. Bei Brennstoffen wird die gespeicherte, chemische Energie durch den Brennwert erfasst. Auch die chemische Energie ist ein Bestandteil der inneren Energie [45, S. 160].

Elektrische Energie Als elektrische Energie E^e wird diejenige Energie bezeichnet, die in elektrischen Feldern gespeichert ist. Rechnerisch ergibt sich die elektrische Energie aus der Spannung U des Feldes, der Stromstärke I und der betrachteten Zeit t.

$$E^e = U\,I\,t \qquad (4.68)$$

4.6 Arbeit, Wärme und Leistung

Neben den genannten Energieerscheinungsformen behandelt die Energielehre drei weitere elementare Größen: Arbeit, Wärme und Leistung.

Arbeit Während die oben genannten Energieformen den Zustand eines Körpers oder Fluids kennzeichnen, charakterisiert der Begriff *Arbeit* einen Vorgang, bei dem ein Körper oder ein Fluid durch das Einwirken einer Kraft bewegt wird [45, S. 147]. Die Arbeit W

ist demzufolge definiert als das Produkt aus der an einen Körper oder Fluid angreifenden Kraft F und dem Weg s, den der Kraftangriffspunkt durch das Einwirken der Kraft zurücklegt.

$$W = F\,s \tag{4.69}$$

Ein Körper im Schwerefeld der Erde besitzt beispielsweise eine potenzielle Energie. Um den Körper die potenzielle Energie zuzuführen, muss der Körper um die Höhe h angehoben werden. Dazu ist eine Kraft zur Überwindung der Gewichtskraft des Körpers erforderlich. Die Gewichtskraft berechnet sich aus dem Produkt der Masse m des Körpers und der Erdbeschleunigung g. Die Höhe h des Körpers nach dem Anheben entspricht dem Weg s, der durch die angreifende Kraft zurückgelegt wird. Arbeit und Energie sind demnach ineinander transformierbar und besitzen dieselbe SI-Einheit (Joule):

$$E^p = m\,g\,h = F\,s = W \tag{4.70}$$

Der Begriff Arbeit bezieht sich grundsätzlich auf physikalische Vorgänge wie beispielsweise das Drehen von Wellen, Volumenänderungen oder das Schieben eines Kolbens. Diesen Vorgängen werden entsprechend unterschiedliche Arbeitsbegriffe – also Wellenarbeit, Volumenänderungsarbeit und Kolbenarbeit – zugeordnet.

Wärme Der Begriff *Wärme* dient nicht der Charakterisierung des energetischen Zustands eines Körpers oder Fluids, sondern wurde zur Beschreibung des Energietransports zwischen zwei Systemen eingeführt. Dabei ist die Wärme Q diejenige Energie, die zwischen zwei Systemen aufgrund ihres Temperaturunterschiedes $T_2 - T_1$ übertragen wird. Der Wärmestrom $\dot{Q}$ ist entsprechend als die übertragende Wärmemenge Q pro Zeiteinheit definiert. Für zwei Systeme mit unterschiedlichen Temperaturen ergibt sich der übertragende Wärmestrom mit Hilfe des Wärmedurchgangskoeffizienten k und der Kontaktfläche A zwischen den beiden Systemen [4, S. 69]:

$$\dot{Q} = k\,A\,(T_2 - T_1) \tag{4.71}$$

Leistung Auch die Prägung des Leistungsbegriffs entstammt der technischen Mechanik und ist die physikalische Verbindung der Größen Zeit und Arbeit. Die Leistung P ist definiert als Arbeit pro Zeit. Wird die Verrichtung der Arbeit W als Vorgang betrachtet, bei dem ein Körper durch das Einwirken einer Kraft F um die Strecke s verschoben wird, so kann die Leistung auch als skalares Produkt aus der Kraft und der Geschwindigkeit w, mit der der Kraftangriffspunkt verschoben wird, verstanden werden [4, S. 56]:

$$P = \frac{W}{t} = \frac{F\,s}{t} = F\,w \tag{4.72}$$

Analog zur Arbeit können unterschiedliche Leistungsbegriffe wie die Wellenleistung, Kolbenleistung oder elektrische Leistung unterschieden werden.

4.7 Wärmeübertragung

Bei der Bilanzierung von Energieanlagen sind Wärmeübertragungsprozesse von grundlegender Bedeutung, da einerseits die Wandlung von einer Energieform in eine andere bei realen Prozessen mit Dissipation, das heißt mit Wärmeproduktion, verbunden ist (z. B. Wandlung von potentieller in kinetische Energie und Reibungswärme). Andererseits beruht eine Vielzahl von Energieanlagen auf Prinzipien der Wärmeübertragung, um Nutzenergie bereitzustellen (z. B. Verdampfung des Arbeitsmediums in Dampfkraftprozessen).

Bei Wärmeübertragungsprozessen wird grundsätzlich zwischen den Begriffen Wärmedurchgang und Wärmeübergang unterschieden. Der Begriff Wärmedurchgang bezeichnet die Wärmeübertragung zwischen zwei Medien, welche durch ein drittes Medium voneinander getrennt sind. Der Begriff Wärmeübergang bezeichnet hingegen die Wärmeübertragung von einem Medium auf ein – durch eine Grenzschicht getrenntes – zweites Medium. Beiden Phänomen ist gemein, dass die Wärmeübertragung stets in Richtung fallender Temperatur stattfindet.

4.7.1 Wärmedurchgang

Zur Beschreibung des Wärmedurchgangs zwischen zwei Medien durch ein drittes Medium (Abb. 4.13) werden in der Literatur drei unterschiedliche Transportmechanismen genannt [11, S. 324]:

- Leitung,
- Konvektion,
- Strahlung.

Abb. 4.13 Schematische Darstellung des Wärmedurchgangs zwischen zwei Medien durch ein drittes Medium

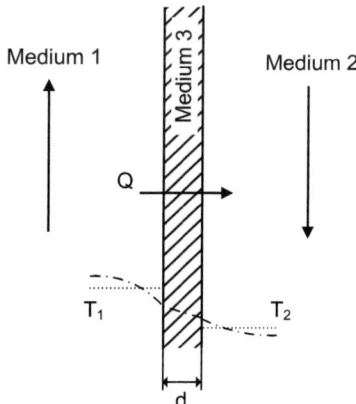

In der Realität überlagern sich die Transportmechanismen Leitung, Konvektion und Strahlung. Zur Bestimmung des kumulierten Wärmestroms $\dot{Q}$, der sich aus den einzelnen Wärmeströmen der Leitung $\dot{Q}_L$, der Konvektion $\dot{Q}_K$ und der Strahlung $\dot{Q}_S$ zusammensetzt, wird daher im Allgemeinen eine übergeordnete Berechnungsgleichung eingeführt. Diese beschreibt den Wärmestrom $\dot{Q}$ proportional zur Temperaturdifferenz zwischen den voneinander getrennten Medien 1 und 2. Als Proportionalitätsfaktor dient das Produkt aus der Wärmeaustauschfläche A und dem Wärmedurchgangskoeffizienten k:

$$\dot{Q} = k\,A\,(T_1 - T_2) \tag{4.73}$$

Zur Berücksichtigung der drei Transportmechanismen setzt sich der Wärmedurchgangskoeffizient – neben der Stärke d von Medium 3 – aus verschiedenen Bestandteilen zusammen, welche die drei Mechanismen Leitung, Konvektion und Strahlung charakterisieren: Die Leitung wird durch die Wärmeleitfähigkeit λ einbezogen, die Konvektion wird durch den Wärmeübergangskoeffizienten α_K (siehe Abschn. 4.7.2) berücksichtigt und der Strahlung durch den Wärmeübergangskoeffizienten α_S Rechnung getragen [11, S. 352].

$$k = \frac{1}{\dfrac{1}{\alpha_{K13} + \alpha_{S13}} + \dfrac{d}{\lambda} + \dfrac{1}{\alpha_{K32} + \alpha_{S32}}} \tag{4.74}$$

Im Rahmen energetischer Anlagenbilanzierung werden bei der Beschreibung des Wärmedurchgangs häufig Vereinfachungen getroffen. So können die Berechnungsgleichung des Wärmedurchgangskoeffizienten modifiziert und einzelne Transportmechanismen wie beispielsweise die Strahlung vernachlässigt werden. Eine separate Beschreibung der drei Transportmechanismen Leitung, Konvektion und Strahlung ist daher nachfolgend gegeben.

Leitung Der Transportmechanismus der Wärmeleitung wird zur Beschreibung des Anteils der Wärmeübertragung zwischen Medien unterschiedlicher Temperatur verwendet, welcher übertragen wird, wenn sich die Medien relativ zueinander in Ruhe befinden [76, A5]. In Bezug auf den Wärmedurchgang bedeutet dies, dass der Anteil der Wärme, der durch Leitung übertragen wird, unabhängig von der Bewegung der Medien – also unabhängig von der Strömungsgeschwindigkeit – ist. Somit tritt die Wärmeleitung auch dann auf, wenn die Relativgeschwindigkeit zwischen den wärmeübertragenden Medien gleich null ist (bspw. zwischen den Materialschichten einer Hauswand). Thermodynamisch beschrieben wird die Wärmeleitung durch das Gesetz von Fourier [11, S. 324]. Das Gesetz von Fourier besagt, dass der Wärmestrom $\dot{Q}_L$ durch einen ruhenden Körper proportional zum Temperaturgefälle zwischen den Medien auf beiden Seiten des Körpers ist. Das Temperaturgefälle berechnet sich aus der Differenz der Temperatur des wärmeren Mediums T_1 und der Temperatur des kälteren Mediums T_2. Der Proportionalitätsfaktor setzt sich aus der Dicke des wärmeleitenden Körpers d, der Kontaktfläche der Medien A und einem

4.7 Wärmeübertragung

Materialwert – der Wärmeleitfähigkeit des Körpers λ – zusammen:

$$\dot{Q}_L = -\frac{\lambda}{d} A (T_1 - T_2) \tag{4.75}$$

Konvektion Der Transportmechanismus der Konvektion dient zur Beschreibung des Anteils der Wärmeübertragung zwischen Medien unterschiedlicher Temperatur, welcher durch die Bewegung der Medien zueinander hervorgerufen wird (z. B. bei der Luftströmung entlang einer Wand) [76, A5]. Mit Blick auf den Wärmedurchgang ist der konvektive Anteil derjenige Anteil der übertragenden Wärme, welcher in direktem Zusammenhang zur relativen Strömungsgeschwindigkeit der wärmeübertragenden Medien steht. Findet keine Bewegung der Medien zueinander statt, so ist der konvektive Anteil der Wärmeübertragung gleich null. Als charakteristische Größe zur Berechnung des konvektiven Wärmestroms wird der Wärmeübergangskoeffizient α definiert. Dieser ist insbesondere von den Strömungsbedingungen wie der Geschwindigkeit der Medien zueinander abhängig. Nach Newton wird der konvektive Wärmestrom $\dot{Q}_K$ vom strömenden Medium mit der Temperatur T_1 in einen ruhenden Körper mit der Temperatur T_3 mit Hilfe des Wärmeübergangskoeffizienten α_{K13} und der Kontaktfläche A berechnet:

$$\dot{Q}_K = -\alpha_{K13} A (T_1 - T_3) \tag{4.76}$$

Der Wärmeübergangskoeffizient α ist vom Strömungszustand und den Stoffeigenschaften des Mediums sowie der Geometrie der überströmten Fläche abhängig. Seine Berechnung erfolgt aus einer dimensionslosen Kennzahl – der Nußeltzahl Nu. Zusammen mit der Wärmeleitfähigkeit λ des Mediums und der konstruktiven Länge l der überströmten Fläche bildet diese die Berechnungsgrundlage des Wärmeübergangskoeffizienten [11, S. 333]:

$$\alpha = \frac{\lambda Nu}{l} \tag{4.77}$$

Die Nußelt-Zahl wird in Abhängigkeit der Reynolds-Zahl Re und der der Prandtl-Zahl Pr bestimmt. Beide Kennzahlen sind Funktionen der Stoffwerte des Mediums (z. B. der Viskosität) und zudem von der Geometrie der überströmten Fläche abhängig. Berechnungsformeln für unterschiedliche Geometrien sind in der Literatur verfügbar (z. B. [76], [11]).

Strahlung Wärmestrahlung ist elektromagnetische Strahlung, die ein Körper oder Fluid aufgrund seiner Temperatur ausstrahlt. Dabei wird ein Teil der inneren Energie des Körpers durch Photonen abgegeben. Das Verhalten dieser Photonen kann durch elektromagnetische Wellen beschrieben werden [11, S. 347]. Bei der Wärmeübertragung ist die Strahlung von Bedeutung, da zwei Körper unterschiedlicher Temperatur Wärmestrahlung austauschen. Im Unterschied zur Wärmeleitung bedarf dieser Wärmeaustausch jedoch keines leitenden Mediums, sondern findet auch im luftleeren Raum statt (z. B. Sonnenstrahlung, die auf die Erdatmosphäre trifft). Den Wärmestrom, der von einem Körper höherer Temperatur T_1 auf einen Körper niedriger Temperatur T_2 übergeht, kann analog zum konvektiven Wärmestrom mit Hilfe eines Wärmeübergangskoeffizienten α_{S12} und der Austauschfläche A beschrieben werden:

$$\dot{Q}_S = -\alpha_{S12}\, A\, (T_1 - T_2) \tag{4.78}$$

Der Wärmeübergangskoeffizient der Wärmestrahlung α_{S12} berechnet sich unter Berücksichtigung des Emissionskoeffizienten ϵ der Körper sowie der Stefan-Boltzmann-Konstante σ (siehe [11, S. 352]).

4.7.2 Wärmeübergang

Der Wärmeübergang (Abb. 4.14) bezeichnet die Wärmeübertragung zwischen zwei Medien, die lediglich durch eine Grenzschicht (z. B. eine Phasengrenze) voneinander getrennt sind. Im Unterschied zum Wärmedurchgang wird nicht die Wärmeübertragung durch ein Medium, sondern zwischen zwei Medien betrachtet. Der übertragende Wärmestrom $\dot{Q}$ berechnet sich proportional zur Differenz der Temperaturen der beiden Medien T_1 und T_2 sowie der Wärmeübertragungsfläche A. Als Proportionalitätsfaktor wird der Wärmeübergangskoeffizient α definiert.

$$\dot{Q} = \alpha\, A\, (T_1 - T_2) \tag{4.79}$$

Zur Bestimmung des Wärmeübergangskoeffizienten kann auf den Berechnungsansatz zur Beschreibung des Wärmedurchgangskoeffizienten zurückgegriffen werden. Dieser definiert α als Funktion der Wärmeleitfähigkeit λ des Fluids, der konstruktiven Länge l der überströmten Wärmeübertragungsfläche sowie der Nußelt-Zahl Nu.

$$\alpha = \frac{\lambda\, Nu}{l} \tag{4.80}$$

Die Nußelt-Zahl setzt sich aus der stoffabhängigen Reynolds-Zahl Re und der Prandtl-Zahl Pr zusammen. Die Korrelation zwischen Reynolds-Zahl, Prandtl-Zahl und Nußelt-

Abb. 4.14 Schematische Darstellung des Wärmeübergangs zwischen zwei Medien

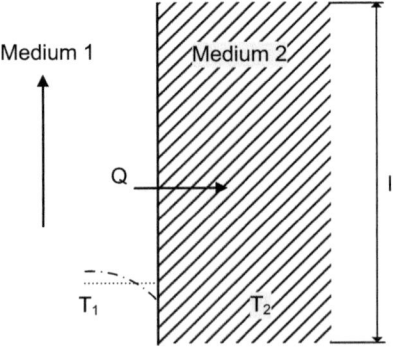

4.7 Wärmeübertragung

Zahl wird für definierte Wärmeübertragungsprozesse experimentell bestimmt und für ähnliche Anwendungsfälle übernommen (Ähnlichkeitstheorie). Detaillierte geometrieabhängige Korrelationen sind in der Literatur zu finden [76]. Als Näherung wird in der Regel folgende Formel verwendet [5, S. 242]:

$$Nu = C\, Re^m\, Pr^n \tag{4.81}$$

Die Konstante C ist von einer Vielzahl Parametern wie der Geometrie der Grenzfläche zwischen beiden Medien, der Art der Medien sowie der Ausprägung der Strömung abhängig. Die Exponenten n und m liegen meist in einem Bereich zwischen 0,33 und 0,43 beziehungsweise 0,4 und 0,8 [5, S. 242].

Grundlagen der Bilanzierungsrechnung 5

Zur Planung und Optimierung energietechnischer Anlagen werden die Stoff- und Energieströme der Anlagen sowie entsprechende Zustandsgrößen bestimmt. Die Berechnung der in einen Bilanzraum ein- und austretenden Ströme wird dabei als Bilanzierung bezeichnet. Diese wird für unterschiedliche Bilanzgrößen (z. B. Masse, Energie) in gesonderten Bilanzgleichungen durchgeführt (entsprechend Massenbilanz, Energiebilanz). Grundsätzlich kann bei der Bilanzierung zwischen stationären und instationären Berechnungen unterschieden werden.

Stationäre Berechnungen werden durchgeführt, um Anlagen in einem Betriebspunkt, der zeitlich unverändert bleibt, zu analysieren. Ein Speicherterm zur Charakterisierung der zeitlichen Änderung der Bilanzgröße wird daher in stationären Bilanzgleichungen nicht berücksichtigt. Das Ziel stationärer Bilanzierungen kann es beispielsweise sein, die Effizienz einer Anlage zu bestimmen, eine Grundlage für das Anlagenengineering zu schaffen oder Daten für ökonomische und ökologische Betrachtungen (z. B. Gestehungskostenrechnungen, Treibhausgasbilanzierungen) zu erheben.

Instationäre Berechnungen hingegen dienen der Charakterisierung von Anlagen in verschiedenen Betriebspunkten, die mit der Zeit variiert werden. Demzufolge enthalten instationäre Bilanzgleichungen im Unterschied zu stationären Gleichungen einen Speicherterm. Üblicherweise wird mit instationären Bilanzierungen das Ziel verfolgt, die Lastflexibilität der Anlage beziehungsweise einzelner Komponenten zu analysieren oder Regelstrategien zu entwickeln.

In den nachfolgenden Abschnitten werden unterschiedliche Bilanzgleichungen vorgestellt. Anschließend folgt eine Erläuterung von Methoden zur Auswertung und Darstellung von Bilanzierungsergebnissen.

5.1 Bilanzgleichungen

Bei der Analyse verfahrenstechnischer Komponenten werden im Wesentlichen drei Bilanzgleichungen unterschieden:

- Massenbilanz,
- Energiebilanz,
- Impulsbilanz.

Massenbilanz Die Grundlage der Massenbilanz bildet der Satz der Massenerhaltung. Dieser besagt, dass die Masse in einem geschlossenem System weder ab- noch zunehmen kann.

Für offene Systeme, die nicht in der Lage sind, Masse zu speichern (also massenstationäres Verhalten aufweisen), bedeutet dies, dass die Summe der dem System zugeführten Massenströme gleich der Summe der das System verlassenden Massenströme sein muss. Für offene Systeme, die in der Lage sind, Masse zu speichern (also masseninstationäres Verhalten aufweisen), gilt entsprechend, dass die in einem definierten Zeitraum gespeicherte Masse gleich der Differenz aus zu- und abgeführten Massenströmen im betreffenden Zeitraum ist.

Ein Beispiel für die Anwendung der Massenerhaltung ist ein stationär betriebener Wärmeübertrager, der von Dampf durchströmt wird. Im Wärmeübertrager kühlt sich der Dampf ab und kondensiert teilweise. Bekannt sind der Massenstrom des Dampfes, der in den Wärmeübertrager einströmt, sowie der Druck und die Temperatur des Wärmeübertragers. Gesucht sind der Kondensatmassenstrom und der nicht kondensierte Dampfmassenstrom, die aus dem Wärmeübertrager austreten. Der Kondensatmassenstrom kann mit Hilfe der Dampfdruckgleichung in Abhängigkeit von Druck und Temperatur berechnet werden. Mit Hilfe der Massenerhaltung kann anschließend auch der Massenstrom des nicht kondensierten Dampfes berechnet werden. Dieser Massenstrom ist gleich dem Massenstrom des eintretenden Dampfes abzüglich des Kondensatstroms.

Energiebilanz Energiebilanzen (in der Thermodynamik entsprechend der berücksichtigten Energieformen und Einheiten auch Enthalpie- oder Leistungsbilanzen genannt) beruhen auf dem Satz der Energieerhaltung. Der Energieerhaltungssatz besagt, dass die Energie in einem abgeschlossenem adiabaten, das heißt wärmeundurchlässigen, System über die Zeit konstant ist.

Für offene nicht-adiabate Systeme ohne Speicherfähigkeit (also mit energiestationärem Verhalten) bedeutet dies, dass die Summe der aus dem System abgeführten Energieströme gleich der Summe der dem System zugeführten Leistungen und Wärmeströme ist. Für Systeme, die in der Lage sind, Energie zu speichern (also mit energieinstationärem Verhalten), ergibt sich analog zur Massenbilanz, dass die über einen definierten Zeitraum

5.1 Bilanzgleichungen

gespeicherte Energiemenge gleich der Differenz aus ein- und austretenden Energieströmen ist.

Die Energiebilanz kann am Beispiel einer idealen, stationär betriebenen Brennkammer verdeutlicht werden, in der ein Brennstoff mit vorgewärmter Luft vollständig verbrannt wird. Mit dem Brennstoff wird der Brennkammer chemisch gebundene Energie und mit der vorgewärmten Verbrennungsluft thermische Energie zugeführt. Abgeführt werden thermische Energie mit dem Rauchgas und Verlustwärme (Strahlungswärme). Gemäß dem Satz der Energieerhaltung entsprechen die beiden abgeführten Energieströme in Summe der chemischen Energie des Brennstoffs und der thermischen Energie der Luft.

Impulsbilanz In Ergänzung zur Massen- und Energiebilanz ist (insbesondere bei der Betrachtung von Strömungsfeldern) häufig eine dritte Bilanzgleichung erforderlich – die Impulsbilanz. Die Impulsbilanz basiert auf dem Impulserhaltungssatz, der besagt, dass der Impuls in einem abgeschlossenem System konstant ist.

Für offene, stationäre Systeme ist der dem System zugeführte Impuls demnach gleich dem abgeführten Impuls. Bei offenen Systemen mit instationärem Verhalten ändert sich der Impuls des Systems in einem definierten Zeitraum. Die Änderung des Impulses mit der Zeit kann entsprechend dem zweiten Newton'schen Axiom durch die Summe der einwirkenden Kräfte beschrieben werden.

Bei verfahrenstechnischen Komponenten wird die Impulsbilanz meist zur Bestimmung der Strömungsgeschwindigkeit(en) herangezogen. Die Strömungsgeschwindigkeit einer eindimensionalen, reibungsbehafteten Rohrströmung kann beispielsweise direkt aus der Impulsbilanz berechnet werden, indem die Änderung des Impulses (definiert als das Produkt aus Masse und Beschleunigung) mit der Reibungskraft ins Verhältnis gesetzt wird.

5.1.1 Allgemeine Form der Bilanzgleichungen

Da sich Bilanzen in der Regel als komplexe Gleichungen darstellen, werden diese in unterschiedliche Terme/Anteile strukturiert. Zu diesen zählen [20, S. 21 ff]:

- Speicherterm (nur bei instationären Betrachtungen),
- Konvektionsterm,
- Diffusionsterm,
- Quell- beziehungsweise Senkenterm.

Die Terme der Bilanzgleichungen beziehen sich meist auf eine spezifische Bilanzgröße ϕ in einem Volumenelement der zu untersuchenden verfahrenstechnischen Komponente. Das Volumenelement – auch Kontrollvolumen genannt – besitzt die Kantenlängen dx, dy und dz und kann entweder die gesamte verfahrenstechnische Komponente oder ein Seg-

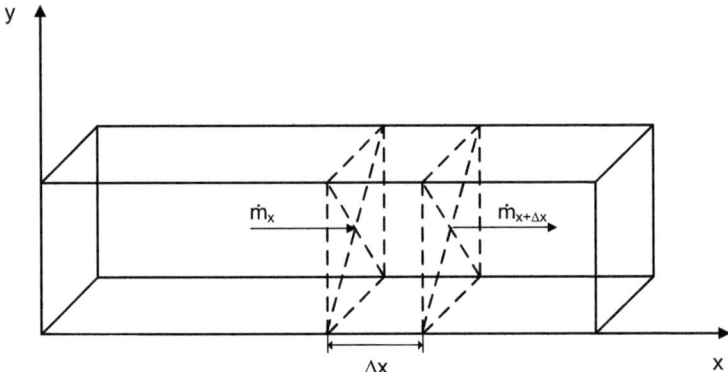

Abb. 5.1 Durchströmtes Volumenelement in einer Anlagenkomponente mit dem Massenstrom $\dot{m}$ in x-Richtung

ment der Komponente umfassen (Abb. 5.1). Gilt das Augenmerk der Bilanzierung nicht dem ortsaufgelösten Verhalten der Bilanzgröße in der Komponente, umfasst das Volumenelement grundsätzlich die gesamte verfahrenstechnische Komponente beziehungsweise deren Bilanzraum.

Speicherterm Der Speicherterm entspricht der Änderung einer spezifischen Bilanzgröße ϕ mit der Zeit τ in einem Volumenelement mit den Ausmaßen dx, dy und dz. Die absolute zeitliche Änderung der Bilanzgröße ist gleich dem Produkt aus der zeitlichen Veränderung der spezifischen Größe $\partial \phi / \partial \tau$ und der Masse im Volumenelement. Die Masse berechnet sich durch die Dichte ρ und das Volumen des Volumenelementes [20, S. 21]:

$$\frac{\partial (\rho \phi)}{\partial \tau} dx\, dy\, dz \tag{5.1}$$

Bei stationären Bilanzgleichungen ist der Speicherterm gleich null – zeitliche Änderungen der Bilanzgröße können dementsprechend im Unterschied zu instationären Gleichungen nicht abgebildet werden.

Konvektionsterm Der Konvektionsterm quantifiziert die Zu- oder Abnahme einer spezifischen Bilanzgröße ϕ mit dem Massenfluss $\dot{m}$ durch die Oberflächen des Volumenelements mit den Ausmaßen dx, dy und dz [20, S. 22]:

$$-\left\{ \frac{\partial (\rho w_x \phi)}{\partial x} + \frac{\partial (\rho w_y \phi)}{\partial y} + \frac{\partial (\rho w_z \phi)}{\partial z} \right\} dx\, dy\, dz \tag{5.2}$$

Wird die Bilanzgleichung in Vektorschreibweise formuliert, kann die Summe der Ortsableitungen auch mit Hilfe der Divergenz *div* beziehungsweise des Nabla-Operators ∇

5.1 Bilanzgleichungen

[10, S. 675] ausgedrückt werden [20, S. 22]:

$$-\left\{\frac{\partial(\rho w_x \phi)}{\partial x} + \frac{\partial(\rho w_y \phi)}{\partial y} + \frac{\partial(\rho w_z \phi)}{\partial z}\right\} dxdydz$$

$$= \{-div(\rho \mathbf{w} \phi)\} \, dxdydz \tag{5.3}$$

$$= \{\nabla(\rho \mathbf{w} \phi)\} \, dxdydz$$

Diffusionsterm Der Diffusionsterm beschreibt den über den konvektiven Anteil hinausgehenden Stoff- oder Energietransport zwischen dem betrachteten Volumenelement und seiner Umgebung. Ursache diffusiver Transportvorgänge ist stets ein Gradient (z. B. Konzentrationsgradient, Temperaturgradient) zwischen dem Volumenelement und der Umgebung. Entsprechend wird der Diffusionsterm im Gegensatz zum Konvektionsterm nicht durch die ersten Ableitungen der Bilanzgröße ϕ beschrieben, sondern durch Ableitungen zweiter Ordnung. Als charakteristische Größe der Diffusion wird der Austauschkoeffizient Γ_ϕ definiert [20, S. 23]:

$$\Gamma_\phi \left\{\frac{\partial^2 \phi}{\partial x^2} + \frac{\partial^2 \phi}{\partial y^2} + \frac{\partial^2 \phi}{\partial z^2}\right\} dxdydz \tag{5.4}$$

Auch bei der Formulierung des Diffusionsterms ist die Vektorschreibweise üblich. Dabei wird der Klammerterm häufig als Divergenz *div* des Gradienten *grad* von ϕ ausgedrückt [20, S. 23]. Die Divergenz kann wiederum mit Hilfe des mathematischen Operators Nabla ∇ [10, S. 675] beschrieben werden. Weiterhin kann die Divergenz des Gradienten durch den Laplace-Operator Δ [10, S. 675] zusammengefasst werden:

$$\Gamma_\phi \left\{\frac{\partial^2 \phi}{\partial x^2} + \frac{\partial^2 \phi}{\partial y^2} + \frac{\partial^2 \phi}{\partial z^2}\right\} dxdydz$$

$$= \Gamma_\phi \{div\,grad\,(\phi)\} \, dxdydz$$

$$= \Gamma_\phi \{\nabla grad\,(\phi)\} \, dxdydz \tag{5.5}$$

$$= \Gamma_\phi \{\Delta\phi\} \, dxdydz$$

Quell- beziehungsweise Senkenterm Der Quell- beziehungsweise Senkenterm ist in der Regel ein algebraischer Term, welcher Bildungs- oder Abbauprozesse (z. B. durch chemische Stoffumwandlungen) charakterisiert. Der absolute Betrag des Quell- und Senkenterms wird durch das Produkt einer volumenbezogenen Größe S_ϕ und dem Volumen des Bilanzraums $dxdydz$ beschrieben [20, S. 23]:

$$S_\phi \, dxdydz \tag{5.6}$$

Allgemeine Form der Bilanzgleichung Die allgemeine Form der Bilanzgleichung kann zusammenfassend als Summe des Speicherterms, des Konvektionsterms, des Diffusionsterms und des Quell- beziehungsweise Senkenterms formuliert werden [20, S. 23]:

$$\frac{\partial(\rho\,\phi)}{\partial\tau}\,dx\,dy\,dz$$
$$+\left\{\frac{\partial(\rho\,w_x\,\phi)}{\partial x}+\frac{\partial(\rho\,w_y\,\phi)}{\partial y}+\frac{\partial(\rho\,w_z\,\phi)}{\partial z}\right\}dx\,dy\,dz \quad (5.7)$$
$$-\Gamma_\phi\left\{\frac{\partial^2\phi}{\partial x^2}+\frac{\partial^2\phi}{\partial y^2}+\frac{\partial^2\phi}{\partial z^2}\right\}dx\,dy\,dz$$
$$-S_\phi\,dx\,dy\,dz = 0$$

Nach der Division durch das Kontrollvolumen $dx\,dy\,dz$ ergibt sich die typische Darstellungsform der allgemeinen Bilanzgleichung:

$$\frac{\partial(\rho\,\phi)}{\partial\tau}$$
$$+\left\{\frac{\partial(\rho\,w_x\,\phi)}{\partial x}+\frac{\partial(\rho\,w_y\,\phi)}{\partial y}+\frac{\partial(\rho\,w_z\,\phi)}{\partial z}\right\} \quad (5.8)$$
$$-\Gamma_\phi\left\{\frac{\partial^2\phi}{\partial x^2}+\frac{\partial^2\phi}{\partial y^2}+\frac{\partial^2\phi}{\partial z^2}\right\}$$
$$-S_\phi = 0$$

In Vektorschreibweise und mit den bereits eingeführten Operatoren – der Divergenz (*div*) und dem Gradienten (*grad*) – lautet die allgemeine Bilanzgleichung wie folgt:

$$\frac{\partial(\rho\,\phi)}{\partial\tau}$$
$$+\,div\,\{\rho\,\mathbf{w}\,\phi\}$$
$$-\Gamma_\phi\,\{div\,grad(\phi)\} \quad (5.9)$$
$$-S_\phi = 0$$

In den nachfolgenden Unterkapiteln werden die Massen-, Energie- und Impulsbilanz am Beispiel eines instationären Konvektionsproblems dargestellt. Dazu werden die Differentialgleichungen zur Beschreibung des Problems hergeleitet und die Einheiten der Bilanzterme aufgeführt. Eine Auflösung der Orts- oder Zeitableitungen (siehe Kap. 12) findet in der Darstellung nicht statt. Weiterhin bleiben diffusive Transportvorgänge in den folgenden Abschnitten unberücksichtigt.

5.1.2 Massenbilanz

Die instationäre Massenbilanz beschreibt die Änderung der Masse dm im Kontrollvolumen pro Zeitintervall dt. Werden diffusive und kernphysikalische Vorgänge, bei denen Masse in Energie gewandelt wird, ausgeschlossen, ist die Änderung der Masse im einfachsten Fall gleich der Differenz der in das Kontrollvolumen ein- und austretenden Massenströme. Diese werden für jede Richtung des Koordinatensystems x, y und z berücksichtigt (Abb. 5.1):

$$\begin{aligned}\frac{dm}{dt} &= (\dot{m}\|_x - \dot{m}\|_{x+\Delta x}) \\ &+ (\dot{m}\|_y - \dot{m}\|_{y+\Delta y}) \\ &+ (\dot{m}\|_z - \dot{m}\|_{z+\Delta z})\end{aligned} \quad (5.10)$$

Die Änderung der im Kontrollvolumen gespeicherten Masse dm kann als das Produkt aus dem Volumen (repräsentiert durch Δx, Δy und Δz) und der Dichteänderung $d\rho$ ausgedrückt werden. Analog können die Massenströme in das Kontrollvolumen $\dot{m}$ als das Produkt aus der Dichte ρ und dem Volumenstrom (repräsentiert durch die Strömungsgeschwindigkeiten w und die durchströmten Querschnittsflächen mit den Kantenlängen Δx, Δy und Δz) geschrieben werden:

$$\begin{aligned}\frac{d\rho\, \Delta x \Delta y \Delta z}{dt} &= \Delta y \Delta z\, ((\rho\, w_x)\|_x - (\rho\, w_x)\|_{x+\Delta x}) \\ &+ \Delta x \Delta z\, ((\rho\, w_y)\|_y - (\rho\, w_y)\|_{y+\Delta y}) \\ &+ \Delta x \Delta y\, ((\rho\, w_z)\|_z - (\rho\, w_z)\|_{z+\Delta z})\end{aligned} \quad (5.11)$$

Die Division durch das Kontrollvolumen $\Delta x \Delta y \Delta z$ erlaubt die Umformung der Massenbilanz derart, dass ausschließlich die Dichte ρ im Zähler des Speicherterms steht:

$$\begin{aligned}\frac{d\rho}{dt} &= \frac{(\rho\, w_x)\|_x - (\rho\, w_x)\|_{x+\Delta x}}{\Delta x} \\ &+ \frac{(\rho\, w_y)\|_y - (\rho\, w_y)\|_{y+\Delta y}}{\Delta y} \\ &+ \frac{(\rho\, w_z)\|_z - (\rho\, w_z)\|_{z+\Delta z}}{\Delta z}\end{aligned} \quad (5.12)$$

Durch die Betrachtung des Grenzwertes eines Kontrollvolumens mit unendlich kleinen Kantenlängen ($\Delta x \to 0$, $\Delta y \to 0$, $\Delta z \to 0$) können die Konvektionsterme der Massenbilanz als Differentiale geschrieben werden:

$$\frac{\partial (\rho\, w_x)}{\partial x} \approx \frac{(\rho\, w_x)\|_{x+\Delta x} - (\rho\, w_x)\|_x}{\Delta x} \tag{5.13}$$

$$\frac{\partial (\rho\, w_y)}{\partial y} \approx \frac{(\rho\, w_y)\|_{y+\Delta y} - (\rho\, w_y)\|_y}{\Delta y} \tag{5.14}$$

$$\frac{\partial (\rho\, w_z)}{\partial z} \approx \frac{(\rho\, w_z)\|_{z+\Delta z} - (\rho\, w_z)\|_z}{\Delta z} \tag{5.15}$$

Die Definition der Differentiale führt zu einer Vorzeichenänderung der Konvektionsterme. Wird diese berücksichtigt, lautet die differentielle Form der instationären Massenbilanz mit infinitesimalen Zeitschritten:

$$\frac{\partial \rho}{\partial t} + \left\{ \frac{\partial (\rho w_x)}{\partial x} + \frac{\partial (\rho w_y)}{\partial y} + \frac{\partial (\rho w_z)}{\partial z} \right\} = 0 \tag{5.16}$$

Die Einheiten der Massenbilanz sind beispielhaft in Gl. 5.17 aufgeführt:

$$\frac{\mathrm{kg\,m^{-3}}}{\mathrm{s}} + \left\{ \frac{(\mathrm{kg\,m^{-3}\,m\,s^{-1}})}{\mathrm{m}} + \frac{(\mathrm{kg\,m^{-3}\,m\,s^{-1}})}{\mathrm{m}} + \frac{(\mathrm{kg\,m^{-3}\,m\,s^{-1}})}{\mathrm{m}} \right\} = 0 \tag{5.17}$$

5.1.3 Energiebilanz

Bei der instationären Energiebilanz wird die Änderung der Energie in einem Kontrollvolumen pro Zeitintervall dt betrachtet. Stellvertretend für die Änderung der Energie wird bei verfahrenstechnischen Prozessen mit konstanter kinetischer und potenzieller Energie häufig die Änderung der Enthalpie dH bestimmt. Unter Vernachlässigung der Diffusion ist diese gleich der Summe aller in x-, y- und z-Richtung mit Stoffströmen zu- beziehungsweise abgeführten Enthalpien und dem Wärmestrom eines Quell- oder Senkenterms (z. B.

5.1 Bilanzgleichungen

infolge von Reaktionen oder Wärmeübertragungsprozessen):

$$\begin{aligned}\frac{dH}{dt} &= ((\dot{m}\,h)\,\|_x - (\dot{m}\,h)\,\|_{x+\Delta x}) \\ &+ ((\dot{m}\,h)\,\|_y - (\dot{m}\,h)\,\|_{y+\Delta y}) \\ &+ ((\dot{m}\,h)\,\|_z - (\dot{m}\,h)\,\|_{z+\Delta z}) \\ &+ \dot{Q}\end{aligned} \quad (5.18)$$

Bei idealen Gasen kann die Enthalpie H durch das Produkt aus dem Kontrollvolumen $\Delta x \Delta y \Delta z$, der Dichte ρ, der mittleren, isobaren Wärmekapazität c_p und der Temperatur T substituiert werden. Weiterhin ergeben sich die Massenströme als Produkt der Dichte ρ, der Strömungsgeschwindigkeit w und der durchströmten Querschnittsfläche mit jeweils zwei der Kantenlängen Δx, Δy oder Δz:

$$\begin{aligned}\frac{d\left(\rho\,c_p\,T\right)\Delta x \Delta y \Delta z}{dt} &= ((\rho\,w_x\,\Delta y \Delta z\,c_p\,T)\,\|_x - (\rho\,w_x\,\Delta y \Delta z\,c_p\,T)\,\|_{x+\Delta x}) \\ &+ ((\rho\,w_y\,\Delta x \Delta z\,c_p\,T)\,\|_y - (\rho\,w_y\,\Delta x \Delta z\,c_p\,T)\,\|_{y+\Delta y}) \\ &+ ((\rho\,w_z\,\Delta x \Delta y\,c_p\,T)\,\|_z - (\rho\,w_z\,\Delta x \Delta y\,c_p\,T)\,\|_{z+\Delta z}) \\ &+ \dot{Q}\end{aligned} \quad (5.19)$$

Die Division der Gleichung durch das Kontrollvolumen führt auf eine Form der Energiebilanz, bei der die Konvektionsterme als Differenzenquotienten vorliegen. Die Kantenlängen Δx, Δy und Δz stehen dabei im Nenner der Differenzenquotienten:

$$\begin{aligned}\frac{d\left(\rho\,c_p\,T\right)}{dt} &= \frac{\left(\rho\,w_x\,c_p\,T\right)\,\|_x - \left(\rho\,w_x\,c_p\,T\right)\,\|_{x+\Delta x}}{\Delta x} \\ &+ \frac{\left(\rho\,w_y\,c_p\,T\right)\,\|_y - \left(\rho\,w_y\,c_p\,T\right)\,\|_{y+\Delta y}}{\Delta y} \\ &+ \frac{\left(\rho\,w_z\,c_p\,T\right)\,\|_z - \left(\rho\,w_z\,c_p\,T\right)\,\|_{z+\Delta z}}{\Delta z} \\ &+ \frac{\dot{Q}}{\Delta x \Delta y \Delta z}\end{aligned} \quad (5.20)$$

Bei der Betrachtung unendlich kleiner Kantenlängen des Kontrollvolumens können die Konvektionsterme der Gleichung in Differentiale überführt werden. Analog zur Massenbilanz ändern sich durch die mathematische Definition eines Differentials die Vorzeichen vor den Termen:

$$\frac{\partial (\rho\, c_p\, T)}{\partial t}$$
$$+ \left\{ \frac{\partial (\rho\, w_x\, c_p\, T)}{\partial x} + \frac{\partial (\rho\, w_y\, c_p\, T)}{\partial y} + \frac{\partial (\rho\, w_z\, c_p\, T)}{\partial z} \right\} \quad (5.21)$$
$$- \frac{\dot{Q}}{\Delta x \Delta y \Delta z} = 0$$

Die Einheiten der dargestellten Energiebilanz mit Speicher-, Konvektions- und Quellterm ergeben sich gemäß Gl. 5.22:

$$\frac{(\mathrm{kg\,m^{-3}\,J\,kg^{-1}\,K^{-1}\,K})}{\mathrm{s}}$$
$$+ \left\{ \frac{(\mathrm{kg\,m^{-3}\,m\,s^{-1}\,J\,kg^{-1}\,K^{-1}\,K})}{\mathrm{m}} \right\}$$
$$+ \left\{ \frac{(\mathrm{kg\,m^{-3}\,m\,s^{-1}\,J\,kg^{-1}\,K^{-1}\,K})}{\mathrm{m}} \right\} \quad (5.22)$$
$$+ \left\{ \frac{(\mathrm{kg\,m^{-3}\,m\,s^{-1}\,J\,kg^{-1}\,K^{-1}\,K})}{\mathrm{m}} \right\}$$
$$- \frac{\mathrm{J\,s^{-1}}}{\mathrm{m^3}} = 0$$

Häufig werden im Rahmen von Bilanzierungsrechnungen Fluide untersucht, deren Dichte und/oder Wärmekapazität im Bilanzraum über die betrachtete Zeit annähernd konstant sind. In diesem Fall kann die Energiebilanz durch die Dichte und/oder Wärmekapazität dividiert werden. Die Bilanzgleichung vereinfacht sich entsprechend und nimmt eine Form an, bei der durch den Speicherterm nicht die Änderung der Enthalpie, sondern eine Änderung der Temperatur T beschrieben wird:

$$\frac{\partial (T)}{\partial t}$$
$$+ \left\{ \frac{\partial (w_x\, T)}{\partial x} + \frac{\partial (w_y\, T)}{\partial y} + \frac{\partial (w_z\, T)}{\partial z} \right\} \quad (5.23)$$
$$- \frac{\dot{Q}}{\rho\, c_p\, \Delta x \Delta y \Delta z} = 0$$

5.1 Bilanzgleichungen

Die Einheiten dieser Darstellungsform stellen sich entsprechend Gl. 5.24 dar. Charakteristisch sind dabei insbesondere die Einheiten des Speicherterms ($K\,s^{-1}$):

$$\frac{(K)}{s} + \left\{ \frac{(m\,s^{-1}\,K)}{m} + \frac{(m\,s^{-1}\,K)}{m} + \frac{(m\,s^{-1}\,K)}{m} \right\} \quad (5.24)$$

$$- \frac{J\,s^{-1}}{kg\,m^{-3}\,J\,kg^{-1}\,K^{-1}\,m^3} = 0$$

5.1.4 Impulsbilanz

Bei Bilanzierungsrechnungen wird neben den Sätzen der Massen- und Energieerhaltung auf einen weiteren Erhaltungssatz zurückgegriffen – den Satz der Impulserhaltung. Von Bedeutung ist die Impulserhaltung vor allem bei der Bestimmung von Strömungsgeschwindigkeiten. Der Impuls I ist definiert als Produkt aus Masse m und Geschwindigkeit w:

$$I = m\,w \quad (5.25)$$

Die zeitliche Ableitung von Gl. 5.25 führt zu der Aussage, dass die Änderung des Impulses dI im Zeitintervall dt gleich dem Produkt aus Masse m und Beschleunigung a ist:

$$\frac{dI}{dt} = m\,a \quad (5.26)$$

Da das Produkt aus Masse und Beschleunigung nach Newton gleich der Kraft F ist, kann die Änderung des Impulses dI im Zeitintervall dt auch mit der Summe der einwirkenden Kräfte gleichgesetzt werden (zweites Newton'sches Axiom):

$$\frac{dI}{dt} = \sum F \quad (5.27)$$

Bei Strömungsprozessen wird zwischen zwei Arten von auf das Fluid angreifenden Kräften unterschieden: Massenkräfte/Volumenkräfte (z. B. Schwerkraft, Trägheitskraft) und Oberflächenkräfte (z. B. Druckkraft, Reibungskraft). Für Fluide, bei denen Reibungskräfte vernachlässigt werden können (z. B. Newton'sche Fluide), ist die Impulsänderung demnach als Summe der Massen- und Druckkräfte definiert. Die Massenkräfte werden durch das Produkt aus Masse m sowie Beschleunigung a und die Druckkräfte durch das Produkt aus Druck p und Oberfläche A ausgedrückt:

$$\frac{dI}{dt} = m\,a + p\,A \qquad (5.28)$$

Bei der Betrachtung strömender Fluide wird in der Regel auf die ursprüngliche Definition des Impulses als Produkt von Masse m (dargestellt durch das Kontrollvolumen $V = \Delta x \Delta y \Delta z$ sowie die Dichte ρ) und Geschwindigkeit w zurückgegriffen. Die Geschwindigkeit tritt somit im Speicherterm der Impulsbilanz als Bilanzgröße auf. Da sowohl die Geschwindigkeit als auch die Beschleunigung gerichtete Größen sind, ist bei der Impulsbilanz die vektorielle Notation zu beachten:

$$\frac{d\,(\rho\,\mathbf{w})\,\Delta x \Delta y \Delta z}{dt} = \Delta x \Delta y \Delta z\,\mathbf{a} + p\,A \qquad (5.29)$$

Die Vektorgleichung kann aufgelöst und für die drei Koordinatenachsen x, y und z gesondert formuliert werden. Es ergeben sich entsprechend drei Gleichungen: eine Gleichung mit der Geschwindigkeit in x-Richtung im Speicherterm, eine Gleichung mit der Geschwindigkeit in y-Richtung im Speicherterm und eine Gleichung mit der Geschwindigkeit in z-Richtung im Speicherterm. Mit dem Index j für die drei Koordinatenachsen beziehungsweise Geschwindigkeitsrichtungen können die drei Impulsbilanzen in einer allgemeingültigen Darstellungsform geschrieben werden:

$$\begin{aligned}
\frac{d\,(\rho\,w_j)\,\Delta x \Delta y \Delta z}{dt} &\\
= \frac{\Delta x \Delta y \Delta z\,\left((\rho\,w_j\,w_x)\,\|_x - (\rho\,w_j\,w_x)\,\|_{x+\Delta x}\right)}{\Delta x} &\\
+ \frac{\Delta x \Delta y \Delta z\,\left((\rho\,w_j\,w_y)\,\|_y - (\rho\,w_j\,w_y)\,\|_{y+\Delta y}\right)}{\Delta y} &\\
+ \frac{\Delta x \Delta y \Delta z\,\left((\rho\,w_j\,w_z)\,\|_z - (\rho\,w_j\,w_z)\,\|_{z+\Delta z}\right)}{\Delta z} &\\
+ \Delta y \Delta z\,(p\|_x - p\|_{x+\Delta x}) &\\
+ \Delta x \Delta z\,(p\|_y - p\|_{y+\Delta y}) &\\
+ \Delta x \Delta y\,(p\|_z - p\|_{z+\Delta z}) &
\end{aligned} \qquad (5.30)$$

5.1 Bilanzgleichungen

Die Division der Gleichung durch das Kontrollvolumen $\Delta x \Delta y \Delta z$ führt zu einer Gleichung, deren Speicherterm die Änderung von Geschwindigkeit und Dichte mit der Zeit darstellt:

$$\begin{aligned}\frac{d\left(\rho\, w_j\right)}{dt} &= \frac{\left(\left(\rho\, w_j\, w_x\right)\|_x - \left(\rho\, w_j\, w_x\right)\|_{x+\Delta x}\right)}{\Delta x} \\ &+ \frac{\left(\left(\rho\, w_j\, w_y\right)\|_y - \left(\rho\, w_j\, w_y\right)\|_{y+\Delta y}\right)}{\Delta y} \\ &+ \frac{\left(\left(\rho\, w_j\, w_z\right)\|_z - \left(\rho\, w_j\, w_z\right)\|_{z+\Delta z}\right)}{\Delta z} \\ &+ \frac{\left(p\|_x - p\|_{x+\Delta x}\right)}{\Delta x} \\ &+ \frac{\left(p\|_y - p\|_{y+\Delta y}\right)}{\Delta y} \\ &+ \frac{\left(p\|_z - p\|_{z+\Delta z}\right)}{\Delta z}\end{aligned} \quad (5.31)$$

Bei der Betrachtung eines Kontrollvolumes mit unendlich kleiner Kantenlänge werden die Differenzenquotienten zu Differentialen und die Impulsbilanz nimmt folgende Form an:

$$\begin{aligned}\frac{\partial\left(\rho\, w_j\right)}{\partial t} &= -\left\{\frac{\partial\left(\rho\, w_j\, w_x\right)}{\partial x} + \frac{\partial\left(\rho\, w_j\, w_y\right)}{\partial y} + \frac{\partial\left(\rho\, w_j\, w_z\right)}{\partial z}\right\} \\ &- \left\{\frac{\partial\left(p_x\right)}{\partial x} + \frac{\partial\left(p_y\right)}{\partial y} + \frac{\partial\left(p_z\right)}{\partial z}\right\}\end{aligned} \quad (5.32)$$

Die Einheiten der physikalischen Größen der Impulsbilanz sind beispielhaft in Gl. 5.33 dargestellt. Da 1 Pa als Einheit des Drucks $1\,\mathrm{kg\,m^{-1}\,s^{-2}}$ entspricht, ist gewährleistet, dass die Terme der Gleichung identische Einheiten besitzen:

$$\begin{aligned}\frac{\left(\mathrm{kg\,m^{-3}\,m\,s^{-1}}\right)}{\mathrm{s}} &= -\left\{\frac{\left(\mathrm{kg\,m^{-3}\,m\,s^{-1}\,m\,s^{-1}}\right)}{\mathrm{m}} + \frac{\left(\mathrm{kg\,m^{-3}\,m\,s^{-1}\,m\,s^{-1}}\right)}{\mathrm{m}} + \frac{\left(\mathrm{kg\,m^{-3}\,m\,s^{-1}\,m\,s^{-1}}\right)}{\mathrm{m}}\right\} \\ &- \left\{\frac{\mathrm{Pa}}{\mathrm{m}} + \frac{\mathrm{Pa}}{\mathrm{m}} + \frac{\mathrm{Pa}}{\mathrm{m}}\right\}\end{aligned} \quad (5.33)$$

Nach null aufgelöst ergibt sich die nachfolgende – in der Literatur übliche – Darstellungsform der Impulsbilanz. Die Strömungsgeschwindigkeit ist dabei die Betrachtungsgröße im Speicherterm:

$$\frac{\partial (\rho w_j)}{\partial t}$$
$$+ \left\{ \frac{\partial (\rho w_j w_x)}{\partial x} + \frac{\partial (\rho w_j w_y)}{\partial y} + \frac{\partial (\rho w_j w_z)}{\partial z} \right\} \quad (5.34)$$
$$+ \left\{ \frac{\partial p_x}{\partial x} + \frac{\partial p_y}{\partial y} + \frac{\partial p_z}{\partial z} \right\} = 0$$

Die Einheiten der umgeformten Bilanzgleichung ergeben sich analog zu Gl. 5.33: In gekürzter Form besitzt jeder Term die Einheit $\text{kg}\,\text{m}^{-2}\,\text{s}^{-2}$.

$$\frac{(\text{kg}\,\text{m}^{-3}\,\text{m}\,\text{s}^{-1})}{\text{s}}$$
$$+ \left\{ \frac{(\text{kg}\,\text{m}^{-3}\,\text{m}\,\text{s}^{-1}\,\text{m}\,\text{s}^{-1})}{\text{m}} + \frac{(\text{kg}\,\text{m}^{-3}\,\text{m}\,\text{s}^{-1}\,\text{m}\,\text{s}^{-1})}{\text{m}} + \frac{(\text{kg}\,\text{m}^{-3}\,\text{m}\,\text{s}^{-1}\,\text{m}\,\text{s}^{-1})}{\text{m}} \right\} \quad (5.35)$$
$$+ \left\{ \frac{\text{Pa}}{\text{m}} + \frac{\text{Pa}}{\text{m}} + \frac{\text{Pa}}{\text{m}} \right\} = 0$$

5.1.5 Sonderfall: Komponentenbilanz

Bei der Untersuchung chemischer Prozesse wird der Fokus der Bilanzierung im Allgemeinen auf die an den Reaktionen teilnehmenden Stoffe gelegt. Die Massenbilanz wird dementsprechend für jeden Stoff (Index i) gesondert formuliert und als Komponentenbilanz bezeichnet. Im Unterschied zur Massenbilanzgleichung, welche die Masse der Stoffe als Gesamtheit bilanziert, besitzen die stoffbezogenen Komponentenbilanzen einen Quell- beziehungsweise Senkenterm. Dieser wird durch die Reaktionsrate r des jeweiligen Stoffes beschrieben.

Häufig werden die Komponentenbilanzen durch die Molmasse des Stoffes sowie das Volumen dividiert und beschreiben somit die zeitliche und örtliche Änderung der Stoffkonzentration c:

$$\frac{\partial c_i}{\partial t}$$
$$+ \left\{ \frac{\partial (c_i w_x)}{\partial x} + \frac{\partial (c_i w_y)}{\partial y} + \frac{\partial (c_i w_z)}{\partial z} \right\} \quad (5.36)$$
$$+ r_i = 0$$

5.1 Bilanzgleichungen

Die Einheiten ergeben sich entsprechend Gl. 5.37. Bezeichnend ist, dass der Speicherterm im Unterschied zur Massenbilanz nicht die Einheit kg m^{-3} s^{-1}, sondern die Einheit mol m^{-3} s^{-1} besitzt:

$$\frac{\text{mol m}^{-3}}{\text{s}}$$

$$+ \left\{ \frac{(\text{mol m}^{-3} \text{ m s}^{-1})}{\text{m}} + \frac{(\text{mol m}^{-3} \text{ m s}^{-1})}{\text{m}} + \frac{(\text{mol m}^{-3} \text{ m s}^{-1})}{\text{m}} \right\} \quad (5.37)$$

$$+ \text{mol m}^{-3} \text{ s}^{-1} = 0$$

Bei der dargestellten Komponentenbilanz ist zu beachten, dass die Konzentration c_i als Stoffkonzentration definiert ist. Diese ergibt sich aus dem Verhältnis der Stoffmenge n eines Stoffes i zum Volumen V, in dem sich die Stoffmengen befindet:

$$c_i = \frac{n_i}{V} \quad (5.38)$$

Entsprechend dem idealen Gasgesetz kann die Stoffkonzentration als Funktion des Partialdrucks p_i der Komponente, der idealen Gaskonstante R und der Temperatur T definiert werden:

$$c_i = \frac{n_i}{V} = \frac{p_i}{RT} \quad (5.39)$$

Exemplarisch soll im Folgenden die Komponentenbilanz für den eindimensionalen Betrachtungsfall mit einer Strömung in x-Richtung weiter ausgeführt werden. Mit Hilfe der dargestellten Vereinfachungen auf Basis des idealen Gasgesetzes wird die Bilanzgleichung in x-Richtung zu:

$$\frac{\partial \left(\frac{p_i}{RT} \right)}{\partial t}$$

$$+ \left\{ \frac{\partial \left(\frac{p_i}{RT} w_x \right)}{\partial x} \right\} \quad (5.40)$$

$$+ r_i = 0$$

Für den Fall, dass die Temperatur in x-Richtung nicht konstant ist, sind zwei Variablen – p_i und T – mit der Zeit und dem Ort veränderbar. Daher müssen die Ableitungen nach ∂t und ∂x partiell gebildet werden. Dabei ist zu beachten, dass die Variable T im Nenner der abzuleitenden Brüche steht, und die Kettenregel zur Bildung der Ableitung angewendet werden muss. Nach Bildung der partiellen Ableitungen ergibt sich die Komponentenbilanz wie folgt:

$$\frac{\partial p_i}{RT \, \partial t} - \frac{p_i \, \partial T}{RT^2 \, \partial t}$$

$$+ \left\{ \frac{p_i \, \partial w}{RT \, \partial x} + \frac{w \, \partial p_i}{RT \, \partial x} - \frac{w \, p_i \, \partial T}{RT^2 \, \partial x} \right\} \tag{5.41}$$

$$+ r_i = 0$$

Die Einheiten der Bilanzgleichung stellen sich gemäß Gl. 5.42 dar. Da die primäre Betrachtungsgröße der Bilanz nicht länger die Stoffkonzentration ist, sondern der Partialdruck eines Stoffes, tritt im Speicherterm die Einheit des Drucks (Pa) auf:

$$\frac{\text{Pa}}{\text{J mol}^{-1}\,\text{K}^{-1}\,\text{K s}} - \frac{\text{Pa K}}{\text{J mol}^{-1}\,\text{K}^{-1}\,\text{K}^2\,\text{s}}$$

$$+ \left\{ \frac{\text{Pa m s}^{-1}}{\text{J mol}^{-1}\,\text{K}^{-1}\,\text{K m}} + \frac{\text{m s}^{-1}\,\text{Pa}}{\text{J mol}^{-1}\,\text{K}^{-1}\,\text{K m}} - \frac{\text{m s}^{-1}\,\text{Pa K}}{\text{J mol}^{-1}\,\text{K}^{-1}\,\text{K}^2\,\text{m}} \right\} \tag{5.42}$$

$$+ \text{mol m}^{-3}\,\text{s}^{-1} = 0$$

Durch mathematische Umformungen kann die Komponentenbilanz schließlich derart umgestellt werden, dass der Speicherterm ausschließlich die Änderung des Partialdrucks p_i mit der Zeit t beschreibt. Es ergibt sich folgende Darstellungsform der Bilanzgleichung:

$$\frac{\partial p_i}{\partial t}$$

$$= \left\{ \frac{p_i \, \partial T}{T \, \partial t} \right\}$$

$$- \left\{ \frac{p_i \, \partial w}{\partial x} + \frac{w \, \partial p_i}{\partial x} - \frac{w \, p_i \, \partial T}{T \, \partial x} \right\} \tag{5.43}$$

$$- \{ r_i \, RT \}$$

Der Wechsel der primären Betrachtungsgröße von der Stoffkonzentration auf den Partialdruck wird nun auch mit Blick auf die Einheiten der Bilanzgleichung offensichtlich (Gl. 5.44). Die Einheit des Speicherterms ist nicht mehr $\text{mol m}^{-3}\,\text{s}^{-1}$, sondern Pa s^{-1}:

$$\frac{\text{Pa}}{\text{s}}$$

$$= \left\{ \frac{\text{Pa K}}{\text{K s}} \right\}$$

$$- \left\{ \frac{\text{Pa m s}^{-1}}{\text{m}} + \frac{\text{m s}^{-1}\,\text{Pa}}{\text{m}} - \frac{\text{m s}^{-1}\,\text{Pa K}}{\text{K m}} \right\} \tag{5.44}$$

$$- \text{mol m}^{-3}\,\text{s}^{-1}\,\text{J mol}^{-1}\,\text{K}^{-1}\,\text{K}$$

5.2 Auswertung und Darstellung

Da die Bilanzierung energietechnischer Anlagen vor dem Hintergrund unterschiedlichster Zielstellungen wie der Auslegung, Bewertung und Optimierung von einzelnen Komponenten oder Gesamtanlagen erfolgt, ist eine angepasste Auswertung und Darstellung der Bilanzierungsergebnisse ratsam. Im Folgenden werden dementsprechend unterschiedliche Auswertungsmethoden auf der Basis von Kenngrößen und Berechnungen der Energiequalität erläutert. Anschließend wird die Darstellung der Bilanzen in Flussdiagrammen (Sankey-Diagrammen) vorgestellt.

5.2.1 Auswertung von Bilanzierungsergebnissen

Die Auswertung von Bilanzierungsergebnissen kann anhand unterschiedlicher Kriterien durchgeführt werden. Die Bestimmung von Kenngrößen wie Nutzungsgraden, Wirkungsgraden oder spezifischen Verbräuchen ist die wohl bekannteste Methode zur Auswertung der Ergebnisse. Eine weitere Möglichkeit ist die Betrachtung der Energiequalität durch die Berechnung von Exergieströmen und -verlusten. Beide Methoden werden nachfolgend erläutert.

5.2.1.1 Kenngrößen
Die Analyse, der Vergleich, die Bewertung und die Optimierung der energetischen Effizienz von Anlagen und Systemen erfolgt in der Regel auf Basis von Energiekenngrößen. Diese sind dimensionslose oder dimensionsbehaftete Zahlen, die mit Hilfe der Bilanzierungen von Energiemengen ermittelt werden [75]. Wesentliche Energiekenngrößen sind im Folgenden dargestellt.

Spezifische Energieverbräuche Die Analyse und Bewertung verfahrenstechnischer Produktionsprozesse kann unter Berücksichtigung des Energieverbrauchs vorgenommen werden. Um einen einheitlichen Vergleich des Energieverbrauchs verschiedener Prozesse zu gewährleisten, wird dieser spezifisch angegeben und auf eine Bezugsgröße wie beispielsweise ein Produkt oder eine Dienstleistung referenziert. Dabei müssen die zugeführte Brennstoffenergie sowie alle anderen zugeführten Energieformen (z. B. Wärme) einbezogen werden. Um einen objektiven Kennwertvergleich verschiedener Prozesse mit Hilfe des spezifischen Energieverbrauchs sicherzustellen, sollten alle aufgewendeten Energien zudem auf Primärenergiebasis berücksichtigt werden und die Bezugsgröße bei allen Prozessen einheitlich definiert sein. Der spezifische Energieverbrauch ist demzufolge ein Maß für die aufgewendeten Energiemengen eines Produktionsprozesses, nicht aber für dessen exergetische, ökonomische und ökologische Qualität [75].

Wirkungsgrade Wirkungsgrade geben das Verhältnis der Zielenergieströme zu den aufgewendeten Energieströmen eines Prozesses an. Bei der Berechnung von Wirkungsgraden ist einerseits der Betrachtungszeitraum und andererseits die Energiequalität von Bedeutung. Dementsprechend kann zwischen verschiedenen Wirkungsgraden, die diesen Einflussgrößen Rechnung tragen, differenziert werden.

- Energetischer Wirkungsgrad. Der energetische Wirkungsgrad ist definiert als das Verhältnis aus der nutzbaren, abgegebenen Leistung und der zugeführten Leistung. Dabei sind die berücksichtigten Leistungen charakteristisch für einen bestimmten Betriebszustand (z. B. Nennbetrieb) beziehungsweise für Momentanwerte der Anlage [75].
- Exergetischer Wirkungsgrad. Der exergetische Wirkungsgrad ist definiert als das Verhältnis aus der Zielexergie eines Prozesses und der insgesamt zugeführten Exergie. Er trägt im Unterschied zum energetischen Wirkungsgrad nicht nur den Energiemengen, sondern auch den Energiequalitäten Rechnung [75].
- Nutzungsgrad. Der Nutzungsgrad entspricht dem Quotienten aus der in einem bestimmten Zeitraum abgegebenen Zielenergie eines Prozesses und der in diesem Zeitraum insgesamt zugeführten Energie. Damit berücksichtigt der Nutzungsgrad insbesondere das instationäre Verhalten einer Anlage und schließt unter anderem Pausen-, Stillstands-, Leerlauf-, An- und Abfahrzeiten ein [75].

Leistungsbegriffe Zur Charakterisierung energietechnischer Anlagen werden verschiedene Leistungsbegriffe (z. B. Brutto-Leistung, Netto-Leistung, Nennleistung, Peak-Leistung) verwendet [75]. Diese Begriffe bezeichnen die Ausgangsleistung eines Prozesses abzüglich oder zuzüglich ausgewählter Hilfsenergieströme in unterschiedlichen Betriebszuständen. Leistungsbegriffe sind grundsätzlich als absolute Kennwerte zu verstehen, die ausschließlich als Maß der Prozessleistung dienen.

5.2.1.2 Energiequalität

Die Beurteilung von Energiequalitäten erfolgt in der Regel durch die Berechnung von Exergieströmen. Der Begriff der Energiequalität bezieht sich in diesem Zusammenhang auf die Möglichkeit, die betreffende Energie in andere Energieformen zu überführen. So wird *minderwertige* Energie, welche nicht in andere Energieformen überführt werden kann, als Anergie bezeichnet. *Wertvolle* Energie, die beliebig in andere Energieformen umgewandelt werden kann, wird als Exergie bezeichnet. Im Gegensatz zu Massen- und Energiebilanzen greifen exergetische Bilanzierungen nicht direkt auf Erhaltungssätze zurück, da Exergie in irreversiblen (realen) Prozessen vernichtet und nicht erhalten wird. Entsprechend sind in vollständig durchgeführten Exergiebilanzen immer Exergieverluste zu berücksichtigen.

Die grundlegende Berechnungsmethodik von Exergieströmen sowie die Definition einer zur Exergieberechnung erforderlichen Referenzumgebung werden im Folgenden vorgestellt.

Exergie der Stoffströme Die Exergie von Stoffströmen (d. h. von gasförmigen, festen und flüssigen Substanzen) kann durch das Produkt der spezifischen Exergie e_{0i} des jewei-

5.2 Auswertung und Darstellung

ligen reinen Stoffes i und seinem Massenstrom berechnet werden. Die spezifische Exergie setzt sich dabei aus verschiedenen Exergieanteilen zusammen [45, S. 322 ff.]:

$$e_{0i}(p,T) = e_{0i}^{tm} + e_{0i}^{s} + e_{0i}^{c} + \frac{1}{2}w^2 + g\,z \tag{5.45}$$

e_{0i}^{tm} bezeichnet den thermomechanischen Anteil an der gesamten Exergie, e_{0i}^{s} den stofflichen Anteil, e_{0i}^{c} den chemischen Anteil, $\frac{1}{2}w^2$ den kinetischen Anteil (mit der Geschwindigkeit w des Stoffstroms) und $g\,z$ den potenziellen Anteil des betrachteten Systems (mit der Erdbeschleunigung g sowie der Höhe z).

Der thermomechanische Anteil der Exergie kennzeichnet den Teil der Exergie eines Stoffes, der durch sein thermisches und mechanisches Potenzial gegenüber der Umgebung hervorgerufen wird [45, S. 322]. Er entspricht der reversiblen Arbeit, die gewonnen werden kann, wenn der Druck p und die Temperatur T des Stoffes auf den Druck p_U und die Temperatur T_U der Umgebung gebracht werden. Dementsprechend erfolgt die Berechnung dieses Exergieanteils auf Basis der Zustandsgrößen Enthalpie h_{0i} und Entropie s_{0i} des reinen Stoffes i [45, S. 323]:

$$e_{0i}^{tm}(p,T) = h_{0i}(p,T) - h_{0i}(p_U, T_U) - T_U(s_{0i}(p,T) - s_{0i}(p_U, T_U)) \tag{5.46}$$

Der stoffliche Anteil der Exergie kennzeichnet den Anteil an der gesamten Exergie eines reinen Stoffes, welcher der reversiblen Arbeit entspricht, die gewonnen wird, wenn der reine Stoff bei Umgebungsdruck und -temperatur ins stoffliche Gleichgewicht mit der Umgebung gebracht wird. Da diese Arbeit ebenfalls der reversiblen Arbeit zur Herstellung (Entmischung) der 100 % reinen Komponente aus der Referenzumgebung entspricht, wird dieser Exergieanteil häufig auch als Mischungs- beziehungsweise Entmischungsexergie bezeichnet [60]. Die Bestimmung des stofflichen Exergieanteils basiert auf der Zusammensetzung der Referenzumgebung und erfolgt in Abhängigkeit des Stoffmengenanteils der betrachteten Komponente $y_{i,U}$ in der Umgebung als Differenz des chemischen Potenzials der reinen Komponente μ_{0i} und des chemischen Potenzials der Komponente in der Umgebung μ_i [71], [45, S. 326]:

$$e_{0i}^{s} = \mu_{0i}(p_U, T_U) - \mu_i(p_U, T_U \{y_{i,U}\}) \tag{5.47}$$

Mit dem Stoffmodell für ideale Gase und der idealen Gaskonstante R ergibt sich für einen gasförmigen Reinstoff i, der in der Referenzumgebung ebenfalls als gasförmiger Bestandteil vertreten ist, die Berechnungsgleichung als Funktion der Umgebungstemperatur und des Stoffmengenanteils der Komponente in der Umgebung:

$$e_{0i}^{s,ig} = \mu_{0i}^{ig} - \mu_i^{ig} = R\,T_U \ln\frac{1}{y_{i,U}} \tag{5.48}$$

Analog folgt mit dem Stoffmodell idealer Flüssigkeiten für einen flüssigen Reinstoff, der auch gasförmig in der Referenzumgebung vertreten ist, die Berechnungsgleichung der stofflichen Exergie mit Hilfe des spezifischen Volumens der reinen Komponente v_{0i}, der Umgebungstemperatur, des Umgebungsdrucks sowie des Sattdampfdrucks $p_{s,0i}$ des Reinstoffs:

$$e_{0i}^{s,\text{if}} = \mu_{0i}^{\text{if}} - \mu_{i}^{\text{ig}} = v_{0i}^{\text{if}}(p_U - p_{s,0i}(T_U)) - R\,T_U \ln \frac{p_U}{p_{s,0i}(T_U)} + e_{0i}^{s,\text{ig}} \quad (5.49)$$

Der chemische Anteil der Exergie kennzeichnet den Teil der Exergie eines reinen Stoffes, welcher der reversiblen Arbeit entspricht, die gewonnen wird, wenn ein reiner nicht im Umgebungsmodell vertretener Stoff bei Umgebungsbedingungen durch eine Reaktion mit Stoffen aus der Umgebung sowie durch Wärmetransfer ins Gleichgewicht mit der Umgebung gebracht wird. Entsprechend berechnet sich der chemische Anteil der Exergie mit Hilfe der stöchiometrischen Koeffizienten der n Reaktionsedukte v_j, der stofflichen Exergien der Reaktionsedukte und der freien Standardreaktionsenthalpie $\Delta g_{0,0i}^R$, die der reversiblen Arbeit w^{rev} zur Herstellung des Stoffes entspricht [45, S. 328]:

$$e_{0i}^c = -\Delta g_{0,0i}^R + \sum_{j=1}^{n} v_j\, e_{0j}^s \quad (5.50)$$

Die freie Standardreaktionsenthalpie wird aus den Standardbildungsenthalpien $h_{0,0i}^f$ und Standardentropien $s_{0,0j}$ der Reaktanden berechnet:

$$w^{\text{rev}} = \Delta g_{0,0i}^R = \sum_{j=1}^{n} v_j\, h_{0,0j}^f - T_0 \sum_{j=1}^{n} v_j\, s_{0,0j} \quad (5.51)$$

Die chemische Exergie von Brennstoffen e_{BS}^c kann gemäß der vorgestellten Berechnungsgleichung bestimmt werden (Gl. 5.50). Häufig wird sie jedoch über den oberen Heizwert $H_{o,\text{BS}}$ des jeweiligen Brennstoffs definiert [59], [4, S. 486]:

$$e_{\text{BS}}^c \approx H_{o,\text{BS}} \quad (5.52)$$

Exergie der Wärme Neben der Exergie gasförmiger, fester und flüssiger Stoffe ist weiterhin die Exergie von Wärmemengen E_W von Bedeutung. Dabei ist die Exergie einer Wärmemenge Q durch die reversible Arbeit definiert, die prinzipiell gewonnen werden kann, wenn die Wärmemenge mit der Temperatur T auf das Temperaturniveau der Umgebung T_U gebracht wird [3], [45, S. 592]:

$$E_W \approx \left\{1 - \frac{T_U}{T}\right\} Q \quad (5.53)$$

Exergie der elektrischen Energie Elektrische Energie ist aufgrund ihrer unbeschränkten Umwandelbarkeit in andere Energieformen als reine Exergie definiert [3].

Referenzumgebung Da die Qualität der Energie, und in diesem Sinne die Exergieberechnung, von der Umgebung abhängt, ist zur Quantifizierung der Exergie die Definition einer Referenzumgebung notwendig. Diese wird üblicherweise anhand von zwei unterschiedlichen Modellen beschrieben:

- Gleichgewichtsmodelle [15], [2],
- gleichgewichtsgehemmte Modelle [68], [69].

Bei Gleichgewichtsmodellen müssen sich die Komponenten (Stoffe) bei Umgebungsdruck und -temperatur im thermodynamischen Gleichgewicht mit der Umgebung befinden. Entsprechend finden zwischen den Komponenten weder Mischungs- und Entmischungsprozesse statt noch laufen chemische Reaktionen ab [4, S. 351]. Da die Bildung einiger dieser Komponenten in der realen Umgebung gehemmt wird, stehen die Zusammensetzungen der entwickelten Gleichgewichtsmodelle im Widerspruch zu der Zusammensetzung der natürlichen Umgebung. Durch selektive Hemmungen der Gleichgewichte kompensieren gleichgewichtsgehemmte Modelle diesen Nachteil und führen zu einer Referenzumgebung, die durch das Auftreten in der natürlichen Umgebung häufig vorkommender Substanzen gekennzeichnet ist [60].

5.2.2 Darstellung von Bilanzierungsergebnissen

Zur Darstellung der Bilanzierungsergebnisse energietechnischer Anlagen gibt es vielfältige Möglichkeiten. In der Vergangenheit haben sich insbesondere Flussdiagramme (Sankey-Diagramme) als dienlich erwiesen. Grundlegende Aspekte, die bei der Erstellung von Flussdiagrammen beachtet werden müssen, sind nachfolgend aufgeführt.

Das Ziel von Flussdiagrammen ist die Visualisierung der Massen-, Energie- oder Exergieströme, die in einen Prozess ein- und austreten. Dabei werden die eintretenden Ströme grundsätzlich von links als Pfeile an den Prozess (dargestellt in Balkenform) geführt. Austretende Ströme werden hingegen als Pfeile nach rechts vom Prozess weggeführt. Die Breite der Ströme wird proportional zu ihrem Betrag gewählt, so dass das Verhältnis der Ströme zueinander auch ohne eine Beschriftung der Beträge ersichtlich ist. Auf diese Weise können zum Beispiel das Verhältnis der Zielenergie zur aufgewendeten Energie abgeschätzt und wesentliche Verlustströme hervorgehoben werden (Abb. 5.2).

Detaillierungstiefe Entscheidend für die Ausgestaltung von Flussdiagrammen ist die Detaillierungstiefe. Diese sollte im gesamten Energieflussdiagramm einheitlich gewählt werden. Bei Vereinfachungen der Detaillierungstiefe steht das Ziel, welches mit der Flussdiagrammdarstellung verfolgt wird, im Vordergrund. Grundsätzlich gilt, dass die Darstellung von Prozessen in Flussdiagrammen dem Betrachter einen Überblick über wesentliche Prozessflüsse geben soll. Es empfiehlt sich daher, Flussdiagramme so einfach wie möglich aufzubauen und auf die Kernaussage zu konzentrieren.

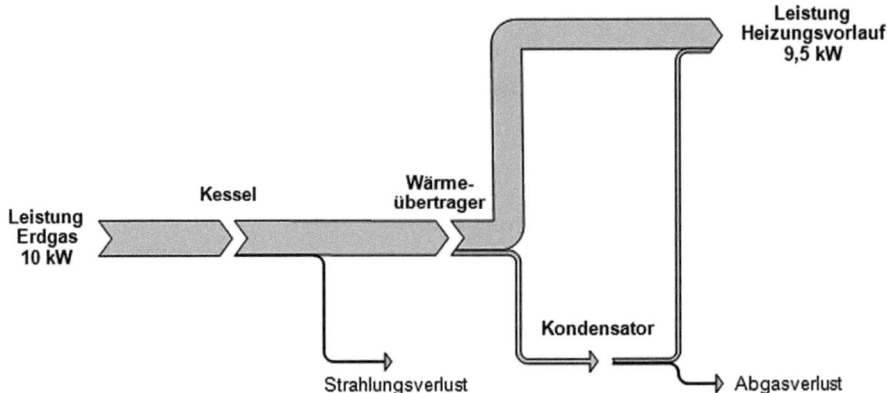

Abb. 5.2 Beispielhafte Darstellung des Energieflussdiagramms eines Erdgas-Brennwertkessels

Berechnungsmethodik Die Methodik, mit der die Ströme von Flussdiagrammen berechnet werden, hat einen direkten Einfluss auf das Ergebnis und damit auch auf die Form der Diagramme. Die Berechnung von Stoff- und Massenströmen lässt keinen Spielraum und führt in jedem Fall zu einheitlichen Ergebnissen. Bei der Berechnung von Energieströmen ist die Berechnungsmethodik hingegen von entscheidendem Einfluss auf das Ergebnis.

Von Bedeutung ist insbesondere die Wahl des Heizwertes, welcher der Berechnung der Energieströme zu Grunde gelegt wird. Flussdiagramme können entweder auf Basis des unteren oder auf Basis des oberen Heizwertes erstellt werden. Um eine konsistente Darstellung der Energieströme in Flussdiagrammen zu gewährleisten, ist zu empfehlen, die Berechnungen auf Basis des oberen Heizwertes H_o durchzuführen. Berechnungen mit dem oberen Heizwert sind in der Kraftwerkstechnik zwar unüblich, verhindern aber Bilanzsprünge. So kann es bei der Bilanzierung auf Basis des unteren Heizwertes H_u rechnerisch vorkommen, dass einer Komponente weniger Energie zu- als abgeführt wird. Dies ist der Fall, wenn die Kondensationswärme der abgeführten Energie zugeschlagen wird. Die Kondensationswärme ist in der zugeführten Energie, die auf Basis des unteren Heizwertes berechnet wird, jedoch nicht enthalten.

Ein weiterer Aspekt, der bei der Erstellung von Energieflussdiagrammen beachtet werden sollte, ist der Wassergehalt von Brennstoffen. Wird Prozessen ein Brennstoff mit hohem Wassergehalt zugeführt, kann der Heizwert des feuchten Brennstoffs negativ werden. Dies führt bei der Darstellung der Energieflüsse dazu, dass physikalisch nicht definierte, negative Energieströme verzeichnet werden müssten. Der Heizwert von Brennstoffen ist daher stets für den Trockengehalt des Brennstoffs auszuweisen und zur Berechnung der Energieströme mit dem trockenen Brennstoffmassenstrom (bei 0 % Wassergehalt) zu multiplizieren.

Besonderes Augenmerk muss zudem auf die Berechnung der Enthalpie von Gasströmen gelegt werden. Diese wird in der Regel mit Hilfe des idealen Gasmodells berechnet und ist im Gegensatz zu Berechnungen mit kubischen Zustandsgleichungen vom Druck

5.2 Auswertung und Darstellung

unabhängig. Wird das Gas beispielsweise verdichtet, so geht die elektrische Energie, die zur Verdichtung aufgewendet wird, lediglich in Form der Verdichtungswärme (bei nichtisentropen Verdichtungen) auf das Gas über. Die Enthalpiezunahme, welcher reale Gase durch die Drucksteigerung obliegen, muss demnach den Verdichtungsverlusten im Energieflussdiagramm zugeschlagen werden.

Um die Vollständigkeit von Energieflussdiagrammen zu gewährleisten, ist außerdem eine Aufteilung der Energie eines Stoffstromes in chemische Energie und thermische Energie empfehlenswert. Die chemische Energie eines Stoffstromes wird mit Hilfe des Heizwertes eines Stoffstroms berechnet. Der thermische Energieinhalt bestimmt sich hingegen mit Berechnungsformeln aus der Wärmekapazität und der Temperatur des Stoffstroms.

Zuletzt muss betont werden, dass sich die Bezugsbasis der Stoffwertberechnungsmethoden deutlich auf das Ergebnis der energetischen Bilanzierungen auswirkt. Eine einheitliche Bezugstemperatur für Wärmekapazitäten, Enthalpien und Heizwerte ist daher eine Grundvoraussetzung für belastbare Ergebnisse.

Grundlagen der Reaktionsrechnung

Bei der Modellierung chemischer Prozesse in energietechnischen Anlagen liegt das Augenmerk im Allgemeinen auf der Beschreibung von Reaktionsumsätzen. Diese können durch eine mathematische Funktion in Abhängigkeit der Reaktionszeit oder zeitunabhängig abgebildet werden.

Bei zeitunabhängigen Modellierungen wird der Umsatz beziehungsweise die Verteilung der Edukte und Produkte als Funktion von Druck und Temperatur formuliert. Dazu wird angenommen, dass die Edukte und Produkte im chemischen Gleichgewicht bei einer theoretisch unendlichen Reaktionszeit vorliegen. Entsprechend führen Gleichgewichtsbetrachtungen zu belastbaren Ergebnissen, wenn der reale Prozess ausreichend lange Reaktionszeiten besitzt. Zeitabhängige Modellierungen finden hingegen insbesondere für Reaktionsabläufe Anwendung, bei denen der Gleichgewichtszustand aufgrund unzureichender Reaktionszeiten nicht erreicht wird. Bei dieser Modellierungsform wird der Reaktionsumsatz (zusätzlich zu den Einflussgrößen Druck und Temperatur) als Funktion der Reaktionszeit ausgedrückt.

Sowohl Gleichgewichtsrechnungen als auch kinetische, also zeitabhängige, Berechnungsmethoden werden in den folgenden Abschnitten vorgestellt.

6.1 Reaktionsgleichgewichte

Durch die Berechnung von Reaktionsgleichgewichten kann die Verteilung zwischen Reaktionsedukten und -produkten approximiert werden. Als Voraussetzung sollte sich das reagierende System durch hinreichende Reaktionszeiten nahe dem Gleichgewichtszustand befinden. Dies ist insbesondere für Systeme von Bedeutung, bei denen die Zeit zur Erreichung des Gleichgewichtes durch den Einsatz von Katalysatoren herabgesetzt wird. Auch wenn mit Hilfe dieser Berechnungen der zeitliche Reaktionsfortschritt nicht erfassbar ist, so erweisen sich Gleichgewichtsberechnungen nicht selten als geeignet, qualitative Aussagen in Bezug auf Stoff- und Energieströme am Ein- und Ausgang von Reaktoren zu treffen.

Berechnungen von Reaktionsgleichgewichten können auf der Basis von zwei alternativen Berechnungsverfahren durchgeführt werden:

- Gleichgewichtsberechnung nach Le Chatelier,
- Gleichgewichtsberechnungen nach Gibbs.

6.1.1 Gleichgewichtsberechnungen nach Le Chatelier

Gleichgewichtsberechnungen nach Le Chatelier liegt das 1884 von H. L. Le Chatelier formulierte Prinzip des kleinsten Zwanges zu Grunde [52, S. 276]. Dieses besagt, dass ein sich im Gleichgewicht befindliches System einwirkenden Zwängen durch eine Anpassung der Gleichgewichtszusammensetzung ausweicht. Änderungen von Druck und Temperatur sind solche Zwänge: Bei Reaktionen zwischen Gasen führt eine Erhöhung des Systemdrucks zu einer Stoffmengenreduktion (Volumenkontraktion). Das heißt, das Verhältnis zwischen Reaktionsedukten und -produkten wird derart verschoben, dass die resultierende Stoffmenge geringer ist als vor der Druckerhöhung. Hingegen verschiebt eine Erhöhung der Systemtemperatur das Verhältnis zwischen Edukten und Produkten auf eine Weise, dass Wärme verbraucht wird (endothermer Reaktionsablauf). Der Einsatz von Katalysatoren beschleunigt die Einstellung des Gleichgewichts, hat jedoch keinen Einfluss auf dessen Lage [52, S. 270]. Daher bleiben katalytische Einflüsse bei Gleichgewichtsrechnungen nach Le Chatelier unberücksichtigt.

Berechnet wird die Gleichgewichtszusammensetzung eines Systems nach Le Chatelier durch das Massenwirkungsgesetz. Das Massenwirkungsgesetz erfasst das Verhältnis der Stoffmengenanteile y einer Reaktion im betrachteten System und setzt dieses mit einer temperaturabhängigen Gleichgewichtskonstanten K und den stöchiometrischen Koeffizienten v in Beziehung. Durch das Massenwirkungsgesetz steht damit (neben den Elementbilanzen) pro Reaktion eine zusätzliche Gleichung zur Berechnung der Stoffmengenanteile im Gleichgewichtszustand zur Verfügung.

Grundsätzlich wird zwischen der Formulierung des Massenwirkungsgesetzes mit der Gleichgewichtskonstanten K_c und der Gleichgewichtskonstanten für Gasphasenreaktionen K_p unterschieden. Während die Formulierung mit der Gleichgewichtskonstanten K_c druckunabhängig erfolgt, wird bei Formulierungen mit K_p das Verhältnis zwischen Systemdruck p und Standarddruck p_0 berücksichtigt [4, S. 365]. Näherungsgleichungen der Gleichgewichtskonstanten K_p sind für ausgewählte Reaktion im Anhang dieses Buches aufgeführt (Tab. 18). Für K_c und K_p lautet das Massenwirkungsgesetz:

$$K_p = \left(\frac{p}{p_0}\right)^{\Delta v} \prod_{i=1}^{N} y_i^{v_i} \qquad (6.1)$$

$$K_c = \prod_{i=1}^{N} y_i^{v_i} \qquad (6.2)$$

6.1 Reaktionsgleichgewichte

Als Beispiel für die Anwendung des Massenwirkungsgesetzes soll eine stöchiometrische Reaktionsgleichung mit den Stoffen A, E, X und Z betrachtet werden. Die stöchiometrischen Koeffizienten der Reaktion sind durch die Buchstaben a, e, x und z definiert [52, S. 269]:

$$a\,A + e\,E \rightleftharpoons x\,X + z\,Z \quad (6.3)$$

Das Massenwirkungsgesetz der Reaktion wird mit Hilfe der Stoffmengenanteile y und der Gleichgewichtskonstanten K_p beschrieben. Dabei steht das Produkt der Stoffmengenanteile der Reaktionsprodukte im Zähler und das Produkt der Stoffmengenanteile der Reaktionsedukte im Nenner des Bruches des Massenwirkungsgesetzes. Die Stoffmengenanteile werden zudem mit den stöchiometrischen Koeffizienten der Reaktionsgleichung potenziert [52, S. 269]:

$$K_p = \left(\frac{p}{p_0}\right)^0 \frac{y_X^x\, y_Z^z}{y_A^a\, y_E^e} = \frac{y_X^x\, y_Z^z}{y_A^a\, y_E^e} \quad (6.4)$$

Bei Gasreaktionen können die Gleichgewichtskonstanten in der Regel auf Basis der Berechnungsformeln idealer Gase beschrieben werden: Sie berechnen sich mit Hilfe der idealen Gaskonstante R, der Temperatur T, der N stöchiometrischen Koeffizienten ν_i der Reaktionsedukte und -produkte und des chemischen Potenzials der Gaskomponenten μ_{0i}^{ig} bei Standarddruck p_0:

$$K_p = e^{\dfrac{-\sum_{i=1}^{N} \nu_i\, \mu_{0i}^{ig}(T, p_0)}{R\,T}} \quad (6.5)$$

Für ideale Gase ist das chemische Potenzial der Gaskomponenten bei Standarddruck durch die Temperatur T sowie durch die Enthalpie h_{0i}^{ig} und Entropie s_{0i}^{ig} definiert [45, S. 481]:

$$\mu_{0i}^{ig}(T, p_0) = h_{0i}^{ig} - T\, s_{0i}^{ig} \quad (6.6)$$

Mit dieser Berechnungsvorschrift kann die Gleichgewichtskonstante idealer Gase als reine Temperaturfunktion formuliert werden:

$$K_p = e^{\dfrac{-\sum_{i=1}^{N} \nu_i \left(h_{0i}^{ig} - T\, s_{0i}^{ig}\right)}{R\,T}} \quad (6.7)$$

Als alternative Schreibweise kann der Summenterm im Exponenten der Gleichung auch zur molaren Reaktions-Gibbs-Funktion $\Delta g^{R,ig}$ bei Standarddruck zusammengefasst werden [45, S. 480]:

$$K_p = e^{\dfrac{-\Delta g^{R,ig}(T, p_0)}{R\,T}} \quad (6.8)$$

Das Massenwirkungsgesetz liefert entsprechend pro Reaktion eine Berechnungsgleichung für die Stoffmengenanteile (Konzentrationen) der an der Reaktion teilnehmenden Stoffe im chemischen Gleichgewicht. Da an Reaktionen grundsätzlich mehrere Stoffe teilnehmen, ergibt sich bei der Berechnung der Stoffmengenanteile ein Gleichungssystem, bei dem die Zahl der Unbekannten der Anzahl zu bestimmender Stoffmengenanteile entspricht. Die zusätzlichen Gleichungen, die neben dem Massenwirkungsgesetz zur Bestimmung der Unbekannten erforderlich sind, ergeben sich in der Regel aus der Massenerhaltung der teilnehmenden Elemente (z. B. Elementbilanz von Kohlenstoff, Wasserstoff, Sauerstoff).

6.1.2 Gleichgewichtsberechnungen nach Gibbs

Bei Gleichgewichtsrechnungen nach J. W. Gibbs wird den zwei grundlegenden Reaktionsgesetzen Rechnung getragen, dass ein reagierendes System sowohl ein Minimum an Energie als auch ein Maximum an Unordnung, das heißt an Entropie, anstrebt. Damit findet der 2. Hauptsatz der Thermodynamik Anwendung, welcher besagt, dass Prozesse freiwillig ablaufen, wenn deren Entropie zunimmt, und unfreiwillig ablaufen, wenn die Entropie abnimmt [52, S. 338].

Eine gemeinsame Bewertung der Reaktionsgesetze, also von Energie und Entropie, erfolgt durch die Gibbs-Energie G, welche sich aus der Enthalpie H, der Systemtemperatur T und der Entropie S eines Reaktionszustandes bestimmt:

$$G = H - TS \tag{6.9}$$

Mit der Berechnung der Änderung der Gibbs-Energie dG zwischen zwei Reaktionszuständen, kann überprüft werden, ob die Energie durch die Reaktion (gemäß den Reaktionsgesetzen) reduziert und die Entropie erhöht wird. Die Änderung der Gibbs-Energie zwischen zwei Reaktionszuständen berechnet sich durch die Änderung der inneren Energie dU, der Entropie dS, der Temperatur dT, des Drucks dp und des Volumens dV beider Reaktionszustände:

$$dG = dU + p\,dV + V\,dp - T\,dS - S\,dT \tag{6.10}$$

Strebt das reagierende System gemäß den Reaktionsgesetzen einem Energieminimum entgegen, gibt das System Energie an die Umgebung ab, die innere Energie verringert sich während des Reaktionsverlaufs und dG ist bei konstanter Temperatur, konstantem Druck, konstantem Volumen und konstanter Entropie negativ. Steigt die Unordnung des Systems entsprechend den Reaktionsgesetzen, nimmt die Entropie während der Reaktion zu und dG ist bei konstanter innerer Energie, konstanter Temperatur, konstantem Druck und konstantem Volumen ebenfalls negativ. Entsprechend ergibt sich folgender Zusammenhang zwischen der Änderung der Gibbs-Energie und dem Reaktionsablauf:

6.1 Reaktionsgleichgewichte

- wenn dG kleiner null ist, läuft eine Reaktion freiwillig ab,
- wenn dG gleich null ist, befindet sich das System im Gleichgewicht,
- wenn dG größer null ist, läuft eine Reaktion unfreiwillig ab.

Der Zusammenhang zwischen der Gibbs-Energie und dem Reaktionsablauf kann demnach als Grundlage zur Berechnung von Gleichgewichtszusammensetzungen – bei denen die Änderung der Gibbs-Energie gleich null ist – herangezogen werden. Den Ausgangspunkt der Gleichgewichtsberechnung bildet das Differential der Gibbs-Funktion [4, S. 357 ff.]. Dieses Differential kann für jede Reaktion gesondert formuliert werden. Es liefert daher – wie die Gleichungen des Massenwirkungsgesetzes bei den Berechnungen nach Le Chatelier – pro Reaktion eine zusätzliche Gleichung zur Berechnung der Stoffmengenanteile im Gleichgewicht. Das Differential der Gibbs-Funktion lautet in allgemeiner Schreibweise:

$$dG = -S\,dT + V\,dp + \sum_{i=1}^{N} \mu_i\,dn_i \qquad (6.11)$$

Die Stoffmengenänderung dn eines Stoffes i kann durch die Änderung des Reaktionsumsatzes z und den stöchiometrischen Koeffizienten ν_i des Stoffes i beschrieben werden [4, S. 331]. Wird das Differential der Gibbs-Funktion durch Einsetzen der entsprechenden stöchiometrischen Bedingung $dn_i = \nu_i\,dz$ erweitert, wird aus der Gleichung:

$$dG = -S\,dT + V\,dp + \sum_{i=1}^{N} \mu_i\,\nu_i\,dz \qquad (6.12)$$

In vielen Anwendungsfällen, für die eine Gleichgewichtszusammensetzung bei konstantem Druck und Temperatur berechnet werden soll – also dp und dT gleich null sind – vereinfacht sich das Differential der Gibbs-Funktion und aus der Gleichung wird:

$$dG = \sum_{i=1}^{N} \mu_i\,\nu_i\,dz \qquad (6.13)$$

Mit der Bedingung, dass dG im Gleichgewichtszustands ebenfalls gleich null ist, ergibt sich die Berechnungsformel der Gleichgewichtszusammensetzung schließlich in Abhängigkeit des chemischen Potenzials μ_i [4, S. 358 ff.]:

$$0 = \sum_{i=1}^{N} \mu_i\,\nu_i \qquad (6.14)$$

Zur Erläuterung der dargestellten Gleichung soll diese im Folgenden für Gasphasenreaktionen weiter ausgeführt werden. Dabei werden die Rechengesetze idealer Gase verwendet. Aus der Gleichgewichtsbedingung von Gibbs (Gl. 6.14) wird für den Sonderfall idealer Gase:

$$0 = \sum_{i=1}^{N} \mu_i^{ig} \nu_i \qquad (6.15)$$

Das chemische Potenzial μ_i^{ig} einer Komponente i in einem Idealgasgemisch berechnet sich in Abhängigkeit der Temperatur T, des Drucks p, der idealen Gaskonstante R, des Standarddrucks p_0 und des Stoffmengenanteils y_i der Komponente im Gemisch. Es gilt folgende Berechnungsgleichung des chemischen Potenzials [4, S. 368 ff.]:

$$\mu_i^{ig}(T, p, y_i) = \mu_{0i}^{ig}(T, p_0) + RT \ln \left\{ \frac{p}{p_0} \right\} + RT \ln y_i \qquad (6.16)$$

In der Literatur [4, S. 368 ff.] findet sich zur Berechnung des chemischen Potenzials einer Komponente in Idealgasgemischen häufig ein ähnlicher Ausdruck. Dieser beinhaltet als Ausgangspunkt der Berechnung nicht das chemische Potenzial μ_{0i}^{ig} einer reinen, gasförmigen Komponente bei Standarddruck, sondern die Gibbs-Energie g_{0i}^{ig} einer reinen, gasförmigen Komponente bei Standarddruck:

$$\mu_i^{ig}(T, p, y_i) = g_{0i}^{ig}(T, p_0) + RT \ln \left\{ \frac{p}{p_0} \right\} + RT \ln y_i \qquad (6.17)$$

Unter Einbindung dieser Definition wird aus Gl. 6.15 [4, S. 363]:

$$0 = \sum_{i=1}^{N} \nu_i g_{0i}^{ig}(T, p_0) + RT \sum_{i=1}^{N} \nu_i \ln \left\{ \frac{p}{p_0} \right\} + RT \sum_{i=1}^{N} \nu_i \ln y_i \qquad (6.18)$$

Die Summe der (vertafelten) Gibbs-Funktionen reiner, idealer Gase g_{0i}^{ig} kann durch die Reaktions-Gibbs-Funktion idealer Gase $\Delta g^{R,ig}$ bei Standarddruck zusammengefasst werden:

$$\Delta g^{R,ig}(T, p_0) = \sum_{i=1}^{N} \nu_i g_{0i}^{ig}(T, p_0) \qquad (6.19)$$

Die Gleichung zur Berechnung des Gleichgewichtes ergibt sich entsprechend für jede Reaktion als Funktion des Drucks p, der Temperatur T und der Stoffmengenanteile y_i der Komponenten im Gleichgewichtszustand:

$$0 = \Delta g^{R,ig}(T, p, y_i) + RT \sum_{i=1}^{N} \nu_i \ln \left\{ \frac{p}{p_0} \right\} + RT \sum_{i=1}^{N} \nu_i \ln y_i \qquad (6.20)$$

Die dargestellte Gleichung zur Berechnung des Gleichgewichtes nach Gibbs führt – entsprechend den verwendeten Stoffwerten – zu identischen Ergebnissen wie die Formeln nach Le Chatelier. Die Gleichung nach Gibbs kann mit Hilfe der Definition der Gleichge-

6.1 Reaktionsgleichgewichte

wichtskonstanten K_c in die Berechnungsformel nach Le Chatelier überführt werden. Die Definition der Gleichgewichtskonstanten K_c lautet:

$$K_c = \prod_{i=1}^{N} y_i^{\nu_i} \tag{6.21}$$

Wird die Gleichung nach Gibbs durch RT dividiert und die Gleichgewichtskonstante K_c unter Berücksichtigung der Potenzgesetze in die Gleichung eingesetzt, ergibt sich folgender Ausdruck zur Berechnung des Gleichgewichtes:

$$\ln K_c = -\frac{\Delta g^{R,\mathrm{ig}}(T, p_0)}{RT} - \Delta \nu \ln \left\{ \frac{p}{p_0} \right\} \tag{6.22}$$

Durch selbiges Vorgehen kann mit der druckabhängigen Gleichgewichtskonstanten K_p die Berechnungsformel nach Gibbs in die Formel nach Le Chatelier überführt werden. Die druckabhängige Gleichgewichtskonstante ist definiert als [4, S. 365]:

$$K_p = \left\{ \frac{p}{p_0} \right\}^{\Delta \nu} \prod_{i=1}^{N} y_i^{\nu_i} \tag{6.23}$$

Mit der Gleichgewichtskonstanten und entsprechenden mathematischen Umformungen wird aus Gl. 6.20 die Gleichgewichtsbedingung nach Le Chatelier (Gl. 6.8):

$$K_p = e^{-\frac{\Delta g^{R,\mathrm{ig}}(T, p_0)}{RT}} \tag{6.24}$$

Für ideale Gase kann die Gleichung weiter umgeformt und die Reaktions-Gibbs-Funktion $\Delta g^{R,\mathrm{ig}}$ durch die Enthalpie h_{0i}^{ig}, die Entropie s_{0i}^{ig} und die Temperatur T approximiert werden. Es gilt:

$$K_p = e^{\frac{-\sum_{i=1}^{n} \nu_i \left(h_{0i}^{\mathrm{ig}} - T s_{0i}^{\mathrm{ig}} \right)}{RT}} \tag{6.25}$$

Unter der Maßgabe, dass die Änderung der Gibbs-Energie einer jeden Reaktion im Gleichgewicht gleich null ist, führt die Berechnung des chemischen Gleichgewichtszustandes eines Systems mehrerer Reaktionen auf ein Minimierungsproblem. Die Stoffmengenanteile der Reaktionsteilnehmer bilden die Variablen des zugehörigen Gleichungssystems. Zur Berechnung dieser Variablen, also der Stoffmengenanteile der Reaktionsteilnehmer im Gleichgewichtszustand, sind ebenso viele Gleichungen wie Reaktionsteilnehmer erforderlich. Die Summe der Gleichungen setzt sich – analog zur Berechnung der Gleichgewichtszusammensetzung nach Le Chatelier – aus den Elementbilanzen sowie den dargestellten, reaktionsspezifischen Beziehungen nach Gibbs (Gl. 6.25) zusammen.

6.2 Reaktionskinetik

Kinetische Berechnungen dienen der zeitabhängigen, qualitativen Beschreibung von Reaktionsverläufen. Während quantitative Gleichgewichtsberechnungen primär der Auswahl unterschiedlicher Reaktoren dienen, können mit kinetischen Ansätzen detaillierte Aussagen zur Auslegung der Reaktoren abgeleitet werden [5, S. 59].

Der zeitliche Reaktionsverlauf wird bei kinetischen Berechnungen durch Differentialgleichungen beschrieben, die den Abbau beziehungsweise die Produktion eines chemischen Stoffes mit Hilfe der Reaktionsgeschwindigkeit ausdrücken. Diese wird durch unterschiedliche Faktoren wie die Zustandsgrößen, die Konzentrationen der Edukte oder die Anwesenheit und Beschaffenheit eines Katalysators beeinflusst. Grundsätzlich kann bei reaktionskinetischen Betrachtungen zwischen mikro- und makrokinetischen Ansätzen unterschieden werden.

Makro- und mikrokinetische Ansätze Während makrokinetische Ansätze den zeitlichen Reaktionsverlauf unter Berücksichtigung von Stoff- und Wärmetransportvorgängen beschreiben, wird der zeitliche Verlauf einer Reaktion mit mikrokinetischen Ansätzen losgelöst von Stoff- und Wärmetransportvorgängen dargestellt. Mikrokinetische Ansätze sind ein Bestandteil makrokinetischer Ansätze und werden neben diffusiven (makrokinetischen) Termen zur Beschreibung des Stofftransports als Quell- und Senkenterme in den Komponentenbilanzen berücksichtigt. Die ausschließliche Anwendung mikrokinetischer Terme ist daher nur unter besonderen Reaktionsbedingungen (wenn der mikrokinetische Quell- bzw. Senkenterm geschwindigkeitbestimmend ist) zielführend. In Bezug auf heterogen katalysierte Reaktionen wird die Mikrokinetik häufig auch als intrinsische Kinetik bezeichnet. Streng genommen beschreibt die intrinsische Kinetik ausschließlich die Vorgänge an den aktiven Zentren der Katalysatoren.

Deutlich wird der Unterschied zwischen Makro- und Mikrokinetik bei der Betrachtung einer Vielzahl von heterogenen Reaktionen, bei denen die Reaktionsumsätze beziehungsweise deren Geschwindigkeit in Abhängigkeit der Konzentration an der Oberfläche der reagierenden Substanz (z. B. Sauerstoff an der Oberfläche eines oxidierenden Kokspartikels) formuliert werden. Die Konzentrationen ergeben sich aus Stofftransportgleichungen, welche nur bei makrokinetischen Ansätzen in die Betrachtung einbezogen werden und den Reaktionsfortschritt mit der Zeit beeinflussen. Das Arrheniusdiagramm des Koksabbrands (Abb. 6.1) stellt diesen Sachverhalt exemplarisch dar. Es zeigt, dass die eigentliche Reaktion, das heißt die Mikrokinetik, lediglich in einem begrenzten Temperaturbereich geschwindigkeitsbestimmend ist. Nur in diesem Bereich (unterhalb von ca. 750 °C) kann der Reaktionsverlauf durch einen rein mikrokinetischen Ansatz beschrieben werden. Außerhalb dieses Bereichs sind zusätzlich die limitierenden Transportterme der Markokinetik (Diffusion) erforderlich, um die Reaktionsfortschritt abzubilden.

Der Fokus der folgenden Abschnitte liegt auf grundlegenden Reaktionsabläufen zur Formulierung mikrokinetischer Terme und auf mathematischen Funktionen zur zeitabhängigen Beschreibung des zugehörigen Reaktionsfortschrittes (Reaktionsgeschwindig-

6.2 Reaktionskinetik

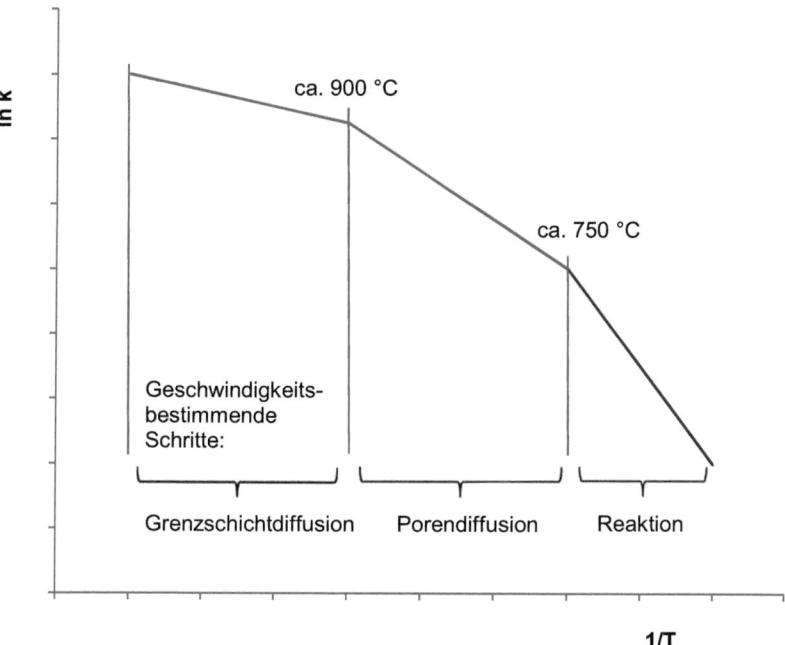

Abb. 6.1 Logarithmische Darstellung der Reaktionsgeschwindigkeitskonstanten k im Arrheniusdiagramm des Koksabbrands mit mikro- und makrokinetischen Reaktionsschritten [20, S. 270], [17, S. 75]

keitsformeln). Eine Darstellung von Gleichungen mit makrokinetischen Termen wird in Kap. 5 und 10 gegeben.

6.2.1 Reaktionsnetzwerke

Im Unterschied zu der Berechnung des Reaktionsgleichgewichtes einer oder mehrerer Reaktionen sind für die mathematische Beschreibung des zeitabhängigen Reaktionsfortschrittes profunde Kenntnisse des Ablaufs der entsprechenden Reaktionen erforderlich. Die Beschreibung des Reaktionsablaufs aus einer Abfolge von Reaktionen (Elementarreaktionen) mit dem größtmöglichen Detaillierungsgrad wird auch als Reaktionsmechanismus bezeichnet [52, S. 246]. Als Elementarreaktionen sind in diesem Zusammenhang Reaktionen definiert, die nicht weiter in Unterreaktionen zerlegbar sind. Bei vielen Reaktionsabläufen ist es bisher allerdings nicht gelungen, die Elementarreaktionen zweifelsfrei zu identifizieren und den Reaktionsmechanismus hinreichend genau zu beschreiben. Als problematisch erweist sich dabei allem voran die messtechnische Erfassung der Zwischenprodukte der Elementarreaktionen.

Der zeitliche Reaktionsfortschritt kann auch ohne detaillierte Kenntnis des Reaktionsmechanismus berechnet werden. Entscheidend für die Berechnung ist in diesem Fall der geschwindigkeitsbestimmende Reaktionsschritt – also die Elementarreaktion mit der geringsten Reaktionsgeschwindigkeit. Bei der Planung chemischer Anlagen werden Reaktionsabläufe demnach häufig nicht anhand eines Geflechts von Elementarreaktionen, sondern auf der Basis der Reaktionsgeschwindigkeit des geschwindigkeitsbestimmenden Schritts abgebildet. Entsprechend der weiteren Kenntnis des Reaktionsmechanismus sowie der angestrebten Modellierungsgenauigkeit ergeben sich mehr oder weniger komplexe Reaktionsnetzwerke, die aus Einzelreaktionen, Folgereaktionen, Parallelreaktionen sowie deren Kombinationen bestehen und als Näherungen des Reaktionsmechanismus zu verstehen sind.

6.2.1.1 Einzelreaktionen

Der Grundbaustein eines jeden Reaktionsnetzwerkes sind Einzelreaktionen. Diese können bei detaillierten Kenntnissen des Reaktionsmechanismus entweder Elementarreaktionen oder – bei unzureichender Kenntnis des Reaktionsmechanismus – Globalreaktionen sein. Globalreaktionen sind allgemeine Reaktionsgleichungen, die mehrere Elementarreaktionen zusammenfassen.

Die Reaktionen laufen grundsätzlich in zwei Richtungen ab. Bei gewissen Reaktionsbedingungen werden die Produkte der Reaktionsgleichung abgebaut und bei anderen Reaktionsbedingungen aufgebaut. Der Umsatz (Abbau) der Edukte in Produkte wird als Hinreaktion bezeichnet:

$$A_1 + A_2 \rightarrow A_3 + A_4 \qquad (6.26)$$

Der umgekehrte Reaktionsweg, das heißt der Umsatz der Produkte in die Edukte der Reaktionsgleichung, wird als Rückreaktion bezeichnet:

$$A_1 + A_2 \leftarrow A_3 + A_4 \qquad (6.27)$$

Hin- und Rückreaktion werden gewöhnlich in einer Einzelreaktionsgleichung zusammengefasst. Der beidseitige Reaktionsverlauf wird durch einen Doppelpfeil gekennzeichnet. Die Hinreaktion verläuft stets von der linken Seite der Gleichung zur rechten Seite und die Rückreaktion von rechts nach links:

$$A_1 + A_2 \rightleftharpoons A_3 + A_4 \qquad (6.28)$$

Unter Berücksichtigung von Hin- und Rückreaktion kann der Reaktionsfortschritt durch zwei Reaktionsgeschwindigkeiten beschrieben werden. Einerseits wird die Umsetzung der Edukte (Hinreaktion) durch eine Reaktionsgeschwindigkeit charakterisiert. Andererseits wird die Reaktion der Produkte in die Edukte (Rückreaktion) durch eine Reaktionsgeschwindigkeit abgebildet.

Bei der Beschreibung der Reaktionsabläufe industrieller Chemieanlagen führt die ausschließliche Verwendung von Einzelreaktionen nur in seltenen Fällen zu einer ausrei-

6.2 Reaktionskinetik

chenden Ergebnisgenauigkeit. In der Regel werden verschiedene Einzelreaktionen zu Reaktionsnetzwerken aus Einzel-, Folge- und Parallelreaktionen angeordnet. Ein Beispiel für einen chemischen Prozesses, der durch eine einzelne Reaktionsgleichung abgebildet werden kann, ist die Einstellung des Wasserstoff/Kohlenstoffmonoxid-Verhältnisses in Wassergas-Shift-Reaktoren. In diesen reagieren Kohlenstoffmonoxid und Wasser entsprechend des Drucks und der Temperatur zu Wasserstoff sowie Kohlenstoffdioxid und umgekehrt:

$$CO + H_2O \rightleftharpoons H_2 + CO_2 \qquad (6.29)$$

6.2.1.2 Folgereaktionen

Neben Reaktionsnetzwerken, die durch eine Einzelreaktion repräsentiert werden, kann bei detaillierter Kenntnis des Reaktionsablaufes der Reaktionsmechanismus durch Folgereaktionen abgebildet werden. Bei Folgereaktionen (auch Kettenreaktionen genannt) reagieren die Produkte einer Einzelreaktion mit fortschreitender Reaktionszeit in einer oder mehreren Reaktionen weiter [52, S. 260], [5, S. 63]. Ein Beispiel für eine Folgereaktion ist die Reaktion des Eduktes A_1 in das Zwischenprodukt A_2, welches anschließend zu dem Produkt A_3 reagiert:

$$A_1 \rightarrow A_2 \rightarrow A_3 \qquad (6.30)$$

In der technischen Chemie bilden Folgereaktionen die Grundlage für die Herstellung unterschiedlichster Produkte. Als Beispiel sei hier die Synthese von Harnstoff (H_2N-CO-NH_2) genannt, welches aus Ammoniak und Kohlenstoffdioxid über das Zwischenprodukt Ammoniumcarbamat (H_2N-CO-ONH_4) hergestellt wird [5, S. 603]:

$$CO_2 + 2\,NH_3 \rightarrow H_2N-CO-ONH_4 \rightarrow H_2N-CO-NH_2 + H_2O \qquad (6.31)$$

6.2.1.3 Parallelreaktionen

Weiterhin können Reaktionsnetzwerke mit Hilfe von Parallelreaktionen gestaltet werden. Parallelreaktionen werden Reaktionen genannt, bei denen aus den Edukten zeitgleich ohne Zwischenstufen unterschiedliche Produkte entstehen. Zur Erläuterung von Parallelreaktionen soll ein System betrachtet werden, bei dem zwei Edukte, A_1 und A_2, vorliegen und diese parallel zu den Produkten A_3 und A_4 umgesetzt werden:

$$A_1 + A_2 \rightarrow A_3 \qquad (6.32)$$

und

$$A_1 + A_2 \rightarrow A_4 \qquad (6.33)$$

Die Dehydratisierung von Ethanol ist ein typisches Beispiel für einen industriellen Prozess, der durch zwei Parallelreaktionen abgebildet werden kann. In diesem Prozess entstehen entsprechend den Reaktionsbedingungen parallel sowohl das Alken Ethen (und Wasser) als auch das Aldehyd Ethanal (und Wasserstoff):

$$C_2H_5OH \rightarrow C_2H_4 + H_2O \qquad (6.34)$$

und
$$C_2H_5OH \rightarrow CH_3CHO + H_2 \qquad (6.35)$$

6.2.1.4 Folge- und Parallelreaktionen

Die Reaktionsnetzwerke realer chemischer Prozesse bestehen meist aus einer Kombination aus Folge- und Parallelreaktionen. Als Beispiel sollen folgende zwei Reaktionen dienen: In Reaktion 1 (Gl. 6.36) reagieren die Edukte A_1 und A_2 in die Produkte A_3 und A_4. In Reaktion 2 (Gl. 6.37) werden weiterhin A_1 und A_4 als Edukte umgesetzt. A_2 und A_5 entstehen als Produkte in Reaktion 2:

$$A_1 + A_2 \rightarrow A_3 + A_4 \qquad (6.36)$$

und

$$A_1 + A_4 \rightarrow A_2 + A_5 \qquad (6.37)$$

Für Reaktionsnetzwerke aus Folge- und Parallelreaktionen können in der Praxis eine Reihe an Beispielen genannt werden. Typisch ist unter anderem die CO-Methanisierung an Nickelkatalysatoren. Da Nickel ebenfalls die Aktivierungsenergie der Wassergas-Shift-Reaktion herabsetzt, müssen zur Abbildung dieses Prozesses sowohl die CO-Methanisierung als auch die Wassergas-Shift-Reaktion parallel berücksichtigt werden:

In Gl. 6.38 werden Kohlenstoffmonoxid und Wasserstoff zu Methan und Wasser umgesetzt. Parallel wird Kohlenstoffmonoxid in Gl. 6.39 abgebaut. Der Abbau erfolgt allerdings nicht mit Wasserstoff, sondern mit Wasser, welches in Gl. 6.38 gebildet wird. Entsprechend ist Gl. 6.39 sowohl eine Parallel- als auch eine Folgereaktion von Gl. 6.38:

$$CO + 3\,H_2 \rightleftharpoons CH_4 + H_2O \qquad (6.38)$$

und

$$CO + H_2O \rightleftharpoons H_2 + CO_2 \qquad (6.39)$$

6.2.2 Reaktionsgeschwindigkeit

Mit den in Abschn. 6.1 dargestellten Gleichgewichtsberechnungen kann die Verteilung zwischen Edukten und Produkten einer Reaktion im Gleichgewichtszustand beschrieben werden. Die Gleichgewichtsverteilung entspricht einem definierten Verhältnis der Partialdrücke beziehungsweise Stoffmengenanteile der Reaktionsteilnehmer für eine bestimmte Temperatur und einen bestimmten Druck bei unendlicher Reaktionszeit. In der Praxis treten jedoch vielfach Reaktionen auf, bei denen die Reaktionszeit begrenzt ist und sich der Gleichgewichtszustand nicht einstellen kann. Dies ist beispielsweise bei chemischen Reaktoren der Fall, in denen die zugeführten Edukte nur sehr kurz verweilen bevor sie (zusammen mit bereits entstandenen Produkten) wieder abgeführt werden. Um trotzdem die

6.2 Reaktionskinetik

Stoffmengenanteile (Konzentrationen) der Edukte und Produkte bei Reaktionen mit begrenzten Reaktionszeiten bestimmen zu können, werden Reaktionsgeschwindigkeiten zu Hilfe gezogen. Mit diesen kann der Umsatz eines Reaktionseduktes nach einer definierten Reaktionszeit berechnet werden.

Die Reaktionsgeschwindigkeit r eines Stoffes A ist als die Änderung der Konzentration c von A im Zeitintervall dt definiert [52, S. 246]:

$$r_A = \frac{dc_A}{dt} \qquad (6.40)$$

6.2.2.1 Reaktionsgeschwindigkeit von Einzelreaktionen

Einzelreaktionen bestehen grundsätzlich aus zwei Reaktionswegen – einer Hin- und einer Rückreaktion (siehe Abschn. 6.2.1.1). Unter besonderen Bedingungen können mit der Reaktionsgeschwindigkeit eines Reaktionsweges hinreichend genaue Ergebnisse erreicht werden. Dies ist insbesondere der Fall, wenn die Edukte unter den vorherrschenden Bedingungen stark instabil sind. Bei diesen Betrachtungen führt eine unendlich lange Reaktionszeit zwangsläufig zu einem vollständigen Umsatz der Edukte. Dies widerspricht jedoch prinzipiell der Definition des Reaktionsgleichgewichtes, nach der Edukte und Produkte bei theoretisch unendlicher Verweilzeit im Gleichgewicht zueinander stehen – also auch bei langen Verweilzeiten eine geringe Eduktkonzentration verbleibt. Im Allgemeinen müssen daher bei der Berechnung des zeitlichen Umsatzes von Einzelreaktionen die Reaktionsgeschwindigkeiten beider Reaktionswege berücksichtigt werden.

Die Reaktionsgeschwindigkeit r eines Reaktionsweges (Hin- oder Rückreaktion) wird in der Regel durch das Produkt aus der Reaktionsgeschwindigkeitskonstanten k und einem Potenzterm P, welcher die Partialdrücke/Konzentrationen der Reaktionsedukte und -produkte enthält, beschrieben:

$$r_A = k\, P \qquad (6.41)$$

Reaktionsgeschwindigkeitskonstante Die Reaktionsgeschwindigkeitskonstante k ist temperaturabhängig und wird durch den Arrhenius-Ansatz mit Hilfe des präexponentiellen Faktors k_0, der Aktivierungsenergie der Reaktion E, der idealen Gaskonstante R und der Temperatur T berechnet:

$$k = k_0\, e^{\frac{E}{RT}} \qquad (6.42)$$

Der Potenzterm der Hin- und der Rückreaktion wird experimentell bestimmt und kann gewöhnlicherweise nicht aus der Reaktionsgleichung abgeleitet werden. Ausgewählte Potenzterme und deren Herleitungen werden in den folgenden Abschnitten dargestellt.

Potenzterme auf Basis des Reaktionsgleichgewichtes Für Gleichgewichtsreaktionen gilt, dass sich die Hin- und Rückreaktion genau dann im Gleichgewicht befinden, wenn ihre Reaktionsgeschwindigkeiten r_H und r_R gleich groß sind. Eine verbreitete Möglichkeit, diesen Grundsatz zu erfüllen und die Potenzterme der Hin- und Rückreaktion mit der

Gleichgewichtskonstanten in Beziehung zu setzen, besteht darin, den Potenzterm durch das Produkt der Stoffmengenanteile/Konzentrationen der Edukte abzubilden und die stöchiometrischen Koeffizienten der Reaktionsgleichung als Exponenten einzubeziehen. Das Verhältnis des Potenzterms der Rückreaktion P_R zum Potenzterm der Hinreaktion P_H entspricht somit der Gleichgewichtskonstanten K_c. Diese ist nach dem Massenwirkungsgesetz (Gl. 6.2) durch das Verhältnis des Produktes der Stoffmengenanteile der Reaktionsprodukte zum Produkt der Stoffmengenanteile der Reaktionsedukte definiert. Die Stoffmengenanteile werden beim Massenwirkungsgesetz – wie auch bei den beiden Potenztermen der Hin- und Rückreaktion – mit den stöchiometrischen Koeffizienten potenziert:

$$K_c = \frac{P_R}{P_H} = \frac{k_H}{k_R} \tag{6.43}$$

Entsprechend kann durch die Kenntnis der Reaktionsgeschwindigkeit der Hinreaktion und der Gleichgewichtskonstanten die Reaktionsgeschwindigkeit der Rückreaktion bestimmt werden. Analog ergibt sich die Reaktionsgeschwindigkeit der Hinreaktion aus der Geschwindigkeit der Rückreaktion und der Gleichgewichtskonstanten. Durch diese Formulierung des Potenzterms ist die resultierende Reaktionsgeschwindigkeit um so höher je höher die Partialdrücke der Edukte sind – also zu Beginn der Reaktion. Bei niedrigen Partialdrücken – also bei fortgeschrittenen Reaktionszeiten – ergeben sich hingegen geringere Reaktionsgeschwindigkeiten. Gleichzeitig entsprechen die Stoffmengenanteile der Edukte und Produkte bei unendlich langen Reaktionszeiten der Gleichgewichtszusammensetzung:

$$r_H = k_H \, P_H = k_R \, P_R = r_R \tag{6.44}$$

Alternative Potenzterme Die Formulierung der Potenzterme in Anlehnung an die Definition der Gleichgewichtskonstanten der Reaktion ist nur eine Möglichkeit. Messtechnische Untersuchungen führen zu alternativen Potenztermen der Hin- und Rückreaktion. Bei homogenen Reaktionssystemen können diese Potenzansätze nach der Reaktionsordnung kategorisiert werden. Die Bestimmung der Ordnung der Reaktionssysteme erfolgt in der Regel experimentell und kann nicht aus der Reaktionsgleichung abgeleitet werden. Unterschieden werden im Allgemeinen folgende drei Reaktionsordnungen:

- Reaktionssysteme nullter Ordnung,
- Reaktionssysteme erster Ordnung,
- Reaktionssysteme zweiter Ordnung.

Bei Reaktionen nullter Ordnung sind die Exponenten der Konzentrationen im Potenzterm jeweils gleich null. Der Potenzterm P ist daher gleich eins. Entsprechend ist die Reaktionsgeschwindigkeit r unabhängig von der Konzentration der Reaktanden. Die Geschwindigkeitsgleichung lautet somit:

$$\frac{-dc_A}{dt} = r_A = k \tag{6.45}$$

6.2 Reaktionskinetik

Die Integration der Differentialgleichung führt zu folgender zeitabhängigen Berechnungsgleichung der Konzentration c_A des Stoffes A. Dabei ist die Integrationskonstante $c_{A,0}$ die Konzentration des Stoffes A vor Reaktionsbeginn. Die Reaktionszeit wird durch den Buchstaben t bezeichnet und die Reaktionsgeschwindigkeitskonstante durch k:

$$c_A = -k\,t + c_{A,0} \tag{6.46}$$

Die Reaktionsgeschwindigkeit von Reaktionen erster Ordnung wird mit Hilfe eines Potenzterms beschrieben, bei dem die Summe der Potenzen der Konzentrationen der Reaktanden gleich eins ist. Ein einfaches Beispiel ist ein Potenzterm, bei dem nur eine Konzentration c_A auftaucht und diese entsprechend die Potenz eins besitzt:

$$\frac{-dc_A}{dt} = r_A = k\,c_A \tag{6.47}$$

Die Integration der aufgeführten Gleichung führt mit der Anfangskonzentration $c_{A,0}$ des Stoffes A zu:

$$c_A = c_{A,0}\,e^{-k\,t} \tag{6.48}$$

Bei Reaktionen zweiter Ordnung ist die Summe der Exponenten des Potenzterms gleich zwei. Beispiele für diese Variante des Potenzterms zeigen Gl. 6.49 und 6.50. Während die zeitliche Änderung der Konzentration c_A in Gl. 6.49 ausschließlich in Abhängigkeit der Konzentration eines Eduktes c_A berechnet wird, beschreibt Gl. 6.50 die Konzentrationsänderung von c_A auf Basis der Konzentration der zwei Edukte c_A und c_B:

$$\frac{-dc_A}{dt} = r_A = k\,c_A^2 \tag{6.49}$$

$$\frac{-dc_A}{dt} = r_A = k\,c_A\,c_B \tag{6.50}$$

Die Integration derartiger Gleichungen führt zu folgender Berechnungsgleichung von c_A in Abhängigkeit der Reaktionszeit t:

$$c_A = \frac{1}{k\,t + \dfrac{1}{c_{A,0}}} \tag{6.51}$$

Eine Zusammenfassung der Differentialgleichungen, welche die Änderung der Konzentrationen eines Stoffes mit der Reaktionszeit beschreiben, sowie die entsprechenden Lösungsfunktionen sind in Tab. 6.1 gegeben [52, S. 253].

Tab. 6.1 Differentialgleichungen zur Beschreibung der zeitlichen Änderung von Konzentration c_A und deren Lösungsfunktionen bei unterschiedlichen Reaktionsordnungen

Reaktionsordnung	Differentialgleichung	Lösungsfunktion
0	$-dc_A/dt = r_A = k$	$c_A = -k\,t + c_{A,0}$
1	$-dc_A/dt = r_A = k\,c_A$	$c_A = c_{A,0}\,e^{-k\,t}$
2	$-dc_A/dt = r_A = k\,c_A^2$	$c_A = \dfrac{1}{k\,t + \frac{1}{c_{A,0}}}$

6.2.2.2 Reaktionsgeschwindigkeit von Folgereaktionen

Bei Folgereaktionen gestaltet sich die Berechnung der Reaktionsumsätze aufwändiger als bei Einzelreaktionen ohne Zwischenprodukte. Zur Erläuterung wird im Folgenden ein System betrachtet, bei dem ein Edukt A_1 zunächst in das Zwischenprodukt A_2 und dieses anschließend in das Endprodukt A_3 umgewandelt wird [5, S. 63]:

$$A_1 \rightarrow A_2 \rightarrow A_3 \tag{6.52}$$

Besitzen die einzelnen Reaktionsschritte eine Reaktionsordnung erster Ordnung, lauten die Differentialgleichungen zur Beschreibung der Konzentrationsänderungen dc_{A_1}, dc_{A_2} und dc_{A_3} wie folgt:

$$\frac{dc_{A_1}}{dt} = -k_1\,c_{A_1} \tag{6.53}$$

$$\frac{dc_{A_2}}{dt} = k_1\,c_{A_1} - k_2\,c_{A_2} \tag{6.54}$$

$$\frac{dc_{A_3}}{dt} = k_2\,c_{A_2} \tag{6.55}$$

Durch mathematische Umformungen können die Berechnungsgleichungen für die Produktkonzentrationen in Anhängigkeit der Reaktionszeit aufgestellt werden [5, S. 63]:

$$c_{A_1} = c_{A_1,0}\,e^{-k_1\,t} \tag{6.56}$$

$$c_{A_2} = \frac{k_1}{k_2 - k_1}\,c_{A_1,0}\left(e^{-k_1\,t} - e^{-k_2\,t}\right) \tag{6.57}$$

$$c_{A_3} = c_{A_1,0}\left\{1 + \frac{1}{k_1 - k_2}\left(k_2\,e^{-k_1\,t} - k_1\,e^{-k_2\,t}\right)\right\} \tag{6.58}$$

Aus den Gl. 6.56–6.58 ist ersichtlich, dass die Konzentrationsänderungen durch die Reaktionszeit t, die Anfangskonzentration $c_{A_1,0}$ des Stoffes A_1 sowie durch die Reaktionsgeschwindigkeitskonstanten k_1 und k_2 charakterisiert werden. Ist das Verhältnis von k_1 zu k_2 groß, wird der Stoff A_2 im Vergleich zu A_1 langsam abgebaut. Ist das Verhältnis klein, wird der Stoff A_2 vergleichsweise schnell abgebaut. Treten sehr kleine Verhältnisse von k_1 zu k_2 auf, kann die Folgereaktionsgleichung im Allgemeinen vereinfacht und ohne die Bildung des Zwischenproduktes A_2 formuliert werden.

6.2 Reaktionskinetik

6.2.2.3 Reaktionsgeschwindigkeit von Parallelreaktionen

Zur Erläuterung der Berechnung der Reaktionsgeschwindigkeit von Parallelreaktionen wird auf die Beispielgleichungen des Abschn. 6.2.1.3 zurückgegriffen. Bei diesen werden aus den zwei Edukten A_1 und A_2 parallel die Produkte A_3 und A_4 gebildet:

$$A_1 + A_2 \rightarrow A_3 \tag{6.59}$$

und

$$A_1 + A_2 \rightarrow A_4 \tag{6.60}$$

Unter der Annahme, dass A_2 in großem Überschuss vorliegt und die Abnahme von A_2 durch die Reaktion im Vergleich zu der Abnahme von A_1 zu vernachlässigen ist, ergeben sich nachfolgende Differentialgleichungen zur Beschreibung der Konzentrationsänderungen [5, S. 62]. Der Formulierung der Differentialgleichungen wird dabei exemplarisch eine Reaktionsordnung von eins zu Grunde gelegt:

$$\frac{dc_{A_1}}{dt} = -(k_1 + k_2)\, c_{A_1} \tag{6.61}$$

$$\frac{dc_{A_3}}{dt} = k_1\, c_{A_1} \tag{6.62}$$

$$\frac{dc_{A_4}}{dt} = k_2\, c_{A_1} \tag{6.63}$$

Durch mathematische Umformung und Kombination der drei Differentialgleichungen können Berechnungsgleichungen für die Produktkonzentrationen aufgestellt werden [5, S. 63]. Bei gegebenen Anfangskonzentrationen und Geschwindigkeitskonstanten erfolgt die Berechnung der Konzentrationen in Abhängigkeit der Reaktionszeit t:

$$c_{A_3} = \frac{k_1}{k_1 + k_2} (c_{A_1} + c_{A_2} + c_{A_3}) \left\{1 - e^{-(k_1+k_2)t}\right\} \tag{6.64}$$

$$c_{A_4} = \frac{k_2}{k_1 + k_2} (c_{A_1} + c_{A_2} + c_{A_3}) \left\{1 - e^{-(k_1+k_2)t}\right\} \tag{6.65}$$

6.2.2.4 Reaktionsgeschwindigkeit von Folge- und Parallelreaktionen

Bei der Modellierung chemischer Prozesse treten nicht selten Reaktionsnetzwerke auf, die aus einer Kombination aus Folge- und Parallelreaktionen bestehen. In diesen Fällen wird die globale Konzentrationsänderung eines Stoffes des Reaktionsnetzwerkes, das heißt die Reaktionsrate des Gesamtprozesses, üblicherweise durch Superposition der Reaktionsraten des Stoffes in den einzelnen Reaktionen des Netzwerkes bestimmt. Als Beispiel soll ein System aus zwei Reaktionen betrachtet werden, bei dem die Stoffe A bis D mit ihren acht stöchiometrischen Koeffizienten n auftreten:

$$n_{1,A}\, A + n_{1,B}\, B \rightarrow n_{1,C}\, C + n_{1,D}\, D \tag{6.66}$$

und
$$n_{2,C}\, C + n_{2,B}\, B \rightarrow n_{2,E}\, E + n_{2,D}\, D \tag{6.67}$$

Den Reaktionen können die Reaktionsraten r_1 und r_2 zugeordnet werden. Die globalen Reaktioneraten der einzelnen Stoffe A bis E ergeben sich, indem die Reaktionsraten aus Reaktion 1 und Reaktion 2 addiert werden (Superposition). Dabei werden die Raten des jeweiligen Stoffes zusätzlich mit den stöchiometrischen Koeffizienten der Reaktionen multipliziert. Die Koeffizienten erhalten ein positives Vorzeichen, wenn die Stoffe auf der linken Seite der Reaktionsgleichung stehen, und ein negatives Vorzeichen, wenn sie auf der rechten Seite stehen. Für das aufgeführte Beispiel aus zwei Reaktionen ergeben sich somit folgende stoffspezifische Reaktionsraten:

$$\begin{aligned}\frac{dc_A}{dt} &= r_A = n_{1,A}\, r_1 \\ \frac{dc_B}{dt} &= r_B = n_{1,B}\, r_1 + n_{2,B}\, r_2 \\ \frac{dc_C}{dt} &= r_C = -n_{1,C}\, r_1 + n_{2,C}\, r_2 \\ \frac{dc_D}{dt} &= r_D = -n_{1,D}\, r_1 - n_{2,D}\, r_2 \\ \frac{dc_E}{dt} &= r_E = -n_{2,E}\, r_2\end{aligned} \tag{6.68}$$

6.2.3 Modellierungsansätze

In der Vergangenheit wurden unterschiedliche Ansätze zur Modellierung der Kinetiken von Reaktionssystemen entwickelt. Eine Unterscheidung der Modellierungsansätze erfolgt in der Regel entsprechend der Phasen des Reaktionssystems. So wurden beispielsweise spezielle Modellierungsansätze für homogene Gas- und Flüssigkeitsreaktionen entwickelt aber auch Ansätze für heterogene Gas- und Feststoffreaktionen sowie für heterogen katalysierte Reaktionen. Eine Auswahl dieser Modellierungsansätze wird im Folgenden dargestellt.

6.2.3.1 Kinetik homogener Gas- und Flüssigkeitsreaktionen

Homogene Reaktionen zwischen Flüssigkeiten oder Gasen treten in der Praxis in vielfältiger Weise auf. Ein bedeutendes Beispiel der Energietechnik ist die Verbrennung von Methan mit Luft in einem Gaskraftwerk. Die Kinetik dieser Reaktionen kann grundsätzlich durch die oben aufgeführten Differentialgleichungen beschrieben werden (siehe Abschn. 6.2.2). Zur Identifizierung der Elementarreaktionen und der damit einhergehenden detaillierten Beschreibung des Reaktionsmechanismus wird häufig auf die Stoßtheorie zurückgegriffen [5, S. 61] und somit insbesondere der Teilchendichte im Reaktionsraum Rechnung getragen.

6.2.3.2 Kinetik heterogener Gas- und Feststoffreaktionen

Die Modellierung von Reaktionen zwischen Gasen und Feststoffen ist unter anderem für Verbrennungs- oder Vergasungsanlagen erforderlich, bei denen feste Brennstoffpartikel (z. B. Kohle) in einer Gasatmosphäre (z. B. Verbrennungsluft) umgesetzt werden. Zur Abbildung der Kinetik dieser Reaktionen sind eine Vielzahl unterschiedlich differenzierter Modellierungsansätze in der Literatur verfügbar (z. B. das Koksabbrandmodell nach Field [20, S. 270], [17, S. 118]). Der Detaillierungsgrad und die Komplexität dieser Ansätze ist dabei stets im Zusammenhang des Untersuchungsziels zu sehen. Wird beispielsweise die Optimierung von Bauteilgeometrien oder die Minderung von Rauchgasemissionen durch CFD-Simulationen angestrebt, so werden in den meisten Fällen komplexe Modellansätze verwendet. Bei Betrachtungen zum dynamischen Anlagenverhalten hingegen sind – zur optimalen Ausnutzung der Rechenkapazitäten – weniger komplexe Ansätze zielführend.

6.2.3.3 Kinetik heterogen katalysierter Reaktionen

Die zeitabhängige Betrachtung heterogen katalysierter Reaktionen gehört zu den anspruchsvollsten Aufgaben der Reaktionskinetik, da die Geschwindigkeit dieser Reaktionen durch eine Vielzahl unterschiedlicher Vorgänge (z. B. Adsorption, Desorption, Diffusion) bestimmt wird. Ansätze zur Beschreibung entsprechender Reaktionsmechanismen greifen auf unterschiedliche Vereinfachungen zurück und werden typischerweise versuchstechnisch bestimmt. Relevante Vorgänge, die in die Beschreibung der Reaktionsmechanismen einfließen, sind die Adsorption der Edukte an der Katalysatoroberfläche, die Reaktion an der Katalysatoroberfläche und die Desorption der Reaktionsprodukte (Abb. 6.2). Häufig werden zusätzlich die Diffusion der Edukte zur Katalysatoroberfläche sowie der Produkte von der Katalysatoroberfläche berücksichtigt [5, S. 65]. Eine Kurzbeschreibung von drei Modellansätzen zur Abbildung der Reaktionsmechanismen heterogen katalysierter Reaktionen ist in den nachfolgenden Abschnitten gegeben.

Langmuir und Hinshelwood Kinetikansätze nach I. Langmuir und C. N. Hinshelwood beruhen auf der Annahme, dass die Reaktionsedukte an den aktiven Zentren der Katalysatoroberfläche chemiesorbiert werden, dort reagieren und wieder von der Oberfläche

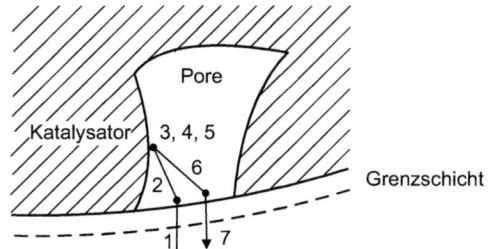

1: Diffusion der Edukte durch die Grenzschicht
2: Diffusion der Edukte durch das Porengefüge
3: Adsorption der Edukte
4: Reaktion
5: Desorption der Produkte
6: Diffusion der Produkte durch das Porengefüge
7: Diffusion der Produkte durch die Grenzschicht

Abb. 6.2 Makrokinetische Teilschritte der heterogenen Katalyse

desorbieren. Reaktionen, die dieser Annahme folgen, treten in der Realität jedoch selten auf.

Eley und Rideal Kinetikansätze nach D. D. Eley und E. K. Rideal beschreiben die Reaktionsmechanismen ebenfalls durch eine Chemisorption der Reaktionsedukte [18]. Im Unterschied zu Langmuir und Hinshelwood wird allerdings davon ausgegangen, dass nur ein Reaktionsedukt an der Oberfläche reagiert. Das zweite Reaktionsedukte reagiert aus der Gasphase heraus.

Ansatz nach Hougen und Watson Da die Chemiesorption in der Realität Hemmungen unterliegt, sind die Kinetikansätze nach Langmuir-Hinshelwood und Eley-Rideal häufig unzureichend. Alternativ können Kinetikansätze erarbeitet werden, die auf der Annahme beruhen, dass lediglich ein Elementarschritt Geschwindigkeitsbestimmend ist. O. A. Hougen und K. M. Watson verfolgten diesen Ansatz, untersuchten die Kinetik einer Vielzahl von Reaktionstypen und erarbeiteten eine allgemeingültige Reaktionskinetik [30, S. 902 ff.]. Diese beschreibt die Reaktionsgeschwindigkeit r mit Hilfe der Reaktionsgeschwindigkeitskonstanten k, einem Potenzterm P und einem katalysatorspezifischen Adsorptionsterm A:

$$r = \frac{k\,P}{A^2} \tag{6.69}$$

Grundlagen der Phasengleichgewichtsrechnung 7

Bei der Bilanzierung und Auslegung energietechnischer Anlagen ist häufig die Berechnung von Phasengleichgewichten erforderlich. Phasengleichgewichte zwischen Dampf und Flüssigkeit treten einerseits bei der thermischen Stofftrennung in Destillations- und Rektifikationskolonnen auf [4, S. 258]. Andererseits stellt sich bei einer Vielzahl wärmetechnischer Prozess – etwa in Verdampfern oder Kondensatoren – ein Gleichgewicht zwischen flüssigen und dampfförmigen Phasen ein. Die Grundlagen der Phasengleichgewichtsrechnung werden daher im Folgenden vorgestellt.

7.1 Phasengleichgewichte

Die Berechnung von Phasengleichgewichten erfolgt im Allgemeinen in Systemen, bei denen die Phasengrenze wärmedurchlässig, verschiebbar und stoffdurchlässig ist (Abb. 7.1). Dies bedeutet, dass beide Phasen sowohl die gleiche Temperatur als auch den gleichen Druck besitzen [4, S. 258].

Der Berechnung von Phasengleichgewichten wird – wie auch der Berechnung von Reaktionsgleichgewichten – die Bedingung zu Grunde gelegt, dass die Änderung der Gibbs-Energie dG eines die Phasen a und b umfassenden Gesamtsystems null ist [4, S. 258]:

$$dG = dG^a + dG^b = 0 \qquad (7.1)$$

Die Änderung der Gibbs-Energie einer Phase lässt sich entsprechend den Ausführungen in Abschn. 4.2.9 durch das chemische Potenzial μ, den Druck p, die Temperatur T, die Entropie S, das Volumen V und die Stoffmengen n in der Phase beschreiben [4, S. 259]. Für Phase a gilt demnach:

$$dG^a = -S^a\, dT + V^a\, dp + \sum_{i=1}^{N} \mu_i^a\, dn_i^a \qquad (7.2)$$

N: Anzahl der Komponenten in der Phase

Abb. 7.1 Phasengleichgewicht in einem geschlossenen System

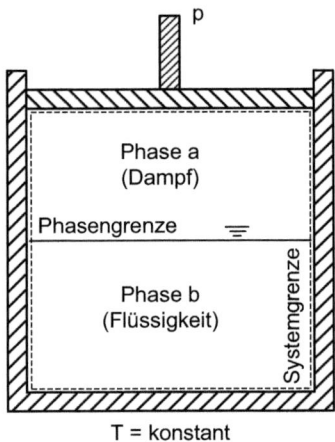

Mit der Randbedingungen, dass sowohl die Temperatur als auch der Druck im betrachteten System konstant und somit dT und dp gleich null sind, kann die Gleichung vereinfacht werden [4, S. 259]:

$$dG^a = \sum_{i=1}^{N} \mu_i^a \, dn_i^a \quad (7.3)$$

Werden nun die Änderungen der Gibbs-Energie von Phase a und Phase b entsprechend Gl. 7.1 addiert sowie die Stoffmengenänderung dn_i^b durch $-dn_i^a$ ersetzt, ergibt sich aus der Phasengleichgewichtsbeziehung:

$$dG = \sum_{i=1}^{N} \left(\mu_i^a \, dn_i^a - \mu_i^b \, dn_i^a \right) = 0 \quad (7.4)$$

Aus Gl. 7.1 wird damit eine Berechnungsformel für Phasengleichgewichte, die lediglich die chemischen Potenziale μ_i der N Komponenten der Phasen a und b sowie die Stoffmengenänderungen dn_i^a der Phase a enthält:

$$0 = \sum_{i=1}^{N} \left(\mu_i^a - \mu_i^b \right) dn_i^a \quad (7.5)$$

Aufgrund der Tatsache, dass bei den Änderungen der Stoffmengen dn_i^a Reaktionen unberücksichtigt bleiben (also die Stoffmengenänderung eines Stoffes i keine direkte Änderung einer anderen Stoffmenge bedingt), ist jeder Stoff für sich bilanzierbar. Entsprechend kann die Summenformel aufgelöst und die N Summanden separat gleich null gesetzt werden [4, S. 259]:

$$\mu_i^a = \mu_i^b \quad i = 1, 2, \ldots, N \quad (7.6)$$

7.1 Phasengleichgewichte

Zwei Phasen befinden sich demnach im Gleichgewicht, wenn die chemischen Potenziale der Stoffe in beiden Phasen gleich sind sowie beide Phasen die gleiche Temperatur und auch den gleichen Druck besitzen (siehe Bedingung für Gl. 7.3).

Um den Gleichgewichtszustand eines mehrphasigen Systems bestimmen zu können, ist entsprechend die Berechnung der chemischen Potenziale der Komponenten in den vorliegenden Phasen erforderlich. Bei idealen Gasgemischen kann das chemische Potenzial μ einer Komponente i als Näherung mit Hilfe der Gibbs-Energie g_{0i}^{ig} der reinen Komponente bei Standarddruck, der Temperatur T, dem Stoffmengenanteil y der Komponente, der idealen Gaskonstante R, dem Systemdruck p und dem Standarddruck p_0 berechnet werden [4, S. 303]:

$$\mu_i^{ig}(T, p, y_i) = g_{0i}^{ig}(T, p_0) + RT \ln \left\{ \frac{p}{p_0} \right\} + RT \ln y_i \tag{7.7}$$

Die Berechnungsgleichungen des idealen Gasgesetzes besitzen jedoch eine begrenzte Gültigkeit und bilden die Realität in der Regel nur für geringe Drücke ($\lesssim 10\,\text{bar}$) hinreichend genau ab. Um die Anwendbarkeit der Berechnungsgleichungen auch auf reale Fluide beziehungsweise auf Zustandsbereiche mit erhöhten Drücken übertragen zu können, ist eine Korrektur von Gl. 7.7 erforderlich. Nach G. N. Lewis wird diese Korrektur durch einen dimensionslosen Faktor, den Fugazitätskoeffizienten φ, vorgenommen [44].

Fugazitätskoeffizient Der Fugazitätskoeffizient φ beschreibt die Abweichung einer idealen Gaskomponente vom realen Verhalten der Komponente. Er ist dimensionslos und wird im Allgemeinen durch temperatur- und druckabhängige Gleichungen (z. B. Zustandsgleichungen) berechnet [42, S. 252].

Wird der Stoffmengenanteil in Gl. 7.7 mit dem Fugazitätskoeffizienten multipliziert, kann die für ideale Gase und Gasgemische gültige Gl. 7.7 in eine Gleichung für reale Fluide überführt werden [4, S. 304]:

$$\mu_i(T, p, y_i) = g_{0i}^{ig}(T, p_0) + RT \ln \left\{ \frac{p}{p_0} \right\} + RT \ln (\varphi_i \, y_i) \tag{7.8}$$

Da Gl. 7.8 für unendlich kleine Drücke, also für den Anwendungsbereich idealer Gase, definitionsgemäß wieder in Gl. 7.7 übergehen muss, ist der Fugazitätskoeffizient φ bei unendlich kleinen Drücken gleich eins:

$$\lim_{p \to 0} \varphi = 1 \tag{7.9}$$

Werden die logarithmischen Terme in Gl. 7.8 mit Hilfe der Logarithmengesetze zusammengefasst, wird aus der Gleichung:

$$\mu_i(T, p, y_i) = g_{0i}^{ig}(T, p_0) + RT \ln \left\{ \frac{\varphi_i \, y_i \, p}{p_0} \right\} \tag{7.10}$$

Den Zähler des Logarithmus definiert G. N. Lewis als Fugazität f einer Komponente i [44].

Fugazität Die Fugazität f kann als korrigierter Partialdruck interpretiert werden und beschreibt (wie auch der Fugazitätskoeffizient) die Abweichung eines realen Fluids im Vergleich zum idealen Gas. Sie bietet die Möglichkeit, das Verhalten realer Fluide durch Berechnungsgleichungen idealer Gase abzubilden. Dazu wird der Partialdruck in den Gleichungen durch die Fugazität ersetzt. Entsprechend ist die Fugazität zwar eine fiktive Größe, besitzt jedoch im Gegensatz zum dimensionslosen Fugazitätskoeffizienten dieselbe Einheit wie der Druck [42, S. 251]. Die Berechnung der Fugazität einer Komponente i erfolgt durch den Partialdruck p_i und den Fugazitätskoeffizienten φ:

$$f_i^a = \varphi \, p_i \qquad (7.11)$$

Mit der Fugazität kann die Berechnungsgleichung des chemischen Potenzials realer Fluide (Gl. 7.10) wie folgt formuliert werden:

$$\mu_i(T, p, y_i) = g_{0i}^{\text{ig}}(T, p_0) + R \, T \ln\left\{\frac{f_i}{p_0}\right\} \qquad (7.12)$$

Wird Gl. 7.12 in Gl. 7.6 eingesetzt und die Annahme getroffen, dass im Gleichgewichtszustand sowohl Druck als auch Temperatur der Phasen identisch sind, gilt für das Phasengleichgewicht realer Fluide [4, S. 305], [42, S. 634]:

$$f_i^a = f_i^b \qquad (7.13)$$

Gleichung 7.13 ist die Grundgleichung der Phasengleichgewichtsberechnung. Sie beschreibt das Phasengleichgewicht für reale Fluide durch die Fugazitäten einer jeden Komponenten i in den Phasen a und b.

Prinzipiell können die Fugazitäten der Dampf- und Flüssigphase entweder unter der Annahme eines idealen oder unter der Annahme eines (quasi-)realen Fluidverhaltens berechnet werden. Wobei insbesondere zur Beschreibung des realen Verhaltens von Flüssigphasen stark differenzierte Berechnungsmethoden publiziert wurden.

Ausgewählte Methoden zur Berechnung der Fugazitäten von Dampf- und Flüssigphasen werden in den beiden folgenden Unterkapiteln beschrieben.

7.2 Berechnung der Fugazitäten der Dampfphase

In den nachfolgenden Absätzen werden Ansätze zur Berechnung der Fugazitäten der Dampfphase vorgestellt. Grundsätzlich können Berechnungsansätze mit idealen und realen Dampfphasen unterschieden werden (Tab. 7.1).

7.2 Berechnung der Fugazitäten der Dampfphase

Tab. 7.1 Ansätze zur Berechnung der Fugazitäten der Dampfphase

	Ideales Fluidverhalten	Reales Fluidverhalten
Dampfphase	$f_i^d = p_i$	$f_i^d = \varphi_i^d\, p_i$

7.2.1 Ideales Fluidverhalten

Um die Fugazitäten f_i^d der Dampfphase zu berechnen, wird häufig angenommen, dass sich die Phase wie ein ideales Gas verhält. Da der Fugazitätskoeffizient φ_i^d die Abweichung zum idealen Gas definiert, wird er für ideale Gase zu eins:

$$\lim_{p \to 0} \varphi_i^d = 1 \tag{7.14}$$

Entsprechend kann die Fugazität f_i^d – definiert als Produkt aus Partialdruck p_i und Fugazitätskoeffizient φ_i^d – für ideale Gase direkt durch den Partialdruck wiedergegeben werden:

$$f_i^d = \varphi_i^d\, p_i = p_i = p\, y_i'' \tag{7.15}$$

Diese Annahme vereinfacht die Berechnung der Fugazitäten erheblich, da diese mit Hilfe des Stoffmengenanteils y'' der Komponenten und dem Systemdruck p bestimmt werden können.

7.2.2 Reales Fluidverhalten

Wird die Dampfphase als reales Fluid beschrieben, bieten sich zur Berechnung der Fugazitäten mehrere Möglichkeiten. Zwei Alternativen werden im Folgenden exemplarisch vorgestellt.

Alternative 1 Bei Berechnungsalternative 1 wird die Fugazität f_i^d der Dampfphase einer Komponente durch das Produkt aus dem Fugazitätskoeffizienten φ_i^d des gesättigten Dampfes der Komponente, dem Systemdruck p und dem Stoffmengenanteil der dampfförmigen Komponente im Gleichgewicht y_i'' bestimmt:

$$f_i^d = \varphi_i^d\, p\, y_i'' \tag{7.16}$$

Der Fugazitätskoeffizient des gesättigten Dampfes der Komponente kann mit Hilfe einer Integralgleichung unter Berücksichtigung des Systemdrucks p, der Temperatur T, der idealen Gaskonstante R und des molaren Volumens v der dampfförmigen Komponente i berechnet werden [12, F32]:

$$\ln\varphi_i^d = -\int_0^p \left\{ \frac{v(T,p)}{RT} - \frac{1}{p} \right\} dp \qquad (7.17)$$

Durch die Transformation der Variablen kann die Gleichung alternativ mit dem molaren Volumen als Integrationsvariable formuliert werden. In diesem Fall wird der Druck als Funktion des molaren Volumens geschrieben und zudem der Realgasfaktor z berücksichtigt [12, F32]:

$$\ln\varphi_i^d = -\int_\infty^v \left\{ \frac{p(T,v)}{RT} - \frac{1}{v} \right\} dv + z - 1 - \ln(z) \qquad (7.18)$$

In Gl. 7.17 ist das molare Volumen v eine Funktion der Integrationsvariablen p. In Gleichung 7.18 hingegen ist der Druck p eine Funktion der Integrationsvariablen v. Zur Auflösung der Integrale ist daher die Darstellung der Zustandsgrößen v und p in Abhängigkeit der jeweiligen Integrationsvariablen erforderlich. Grundsätzlich werden diese Abhängigkeiten mit Hilfe von Zustandsgleichungen formuliert.

Wird der Druck in Gl. 7.18 beispielsweise durch die Zustandsgleichung nach Redlich-Kwong-Soave als Funktion des molaren Volumens geschrieben (siehe Abschn. 4.4), so ergibt sich nach der Auflösung des Integrals folgende Gleichung [76, Dfa 33], [4, S. 310]:

$$\ln\varphi_i^d = \frac{b_i}{b} \left\{ \frac{pv}{RT} - 1 \right\} - \ln\left\{ \frac{p(v-b)}{RT} \right\} \\ + \frac{1}{RTb} \left\{ \frac{ab_i}{b} - 2\sum_{j=1}^N y_j a_{ij}(T) \right\} \ln\left\{ \frac{v+b}{v} \right\} \qquad (7.19)$$

Die Gleichung enthält mit dem Kovolumen b und dem Kohäsionsdruck a die typischen Parameter der Zustandsgleichung von Redlich-Kwong-Soave. Da sich die Dampfphase aus unterschiedlichen Komponenten zusammensetzt, ist mit Blick auf die Parameter zwischen Reinstoffwerten (Index i) und Gemischwerten (ohne Index) zu unterscheiden. Die Reinstoffwerte werden gemäß dem in Abschn. 4.4.2 beschriebenen Vorgehen für jeden Stoff gesondert berechnet. Die Gemischwerte werden hingegen auf der Basis von Mischungsregeln bestimmt. Für den Kohäsionsdruck a des Gemischs wird im Allgemeinen eine quadratische Mischungsregel folgender Form verwendet [4, S. 309]:

$$a = \sum_{i=1}^N \sum_{j=1}^N y_i y_j a_{ij} \quad i \neq j \qquad (7.20)$$

7.2 Berechnung der Fugazitäten der Dampfphase

Die Größe a_{ij} ist dabei durch die Kohäsionsdrücke der Reinstoffe (siehe Abschn. 4.4.2) und den binären Wechselwirkungsparametern k_{ij} definiert:

$$a_{ij} = (a_i\, a_j)^{1/2} (1 - k_{ij}) \tag{7.21}$$

Der Wechselwirkungsparameter dient der Verbesserung der Mischungsformel und ist experimentell zu bestimmen [4, S. 309]. Das Kovolumen b des Gemischs wird in der Regel durch die lineare Mischungsregel berechnet [4, S. 309]:

$$b = \sum_{i=1}^{N} y_i\, b_i \tag{7.22}$$

Um Gl. 7.19 schließlich lösen und den Fugazitätskoeffizienten berechnen zu können, muss das molare Volumen der Komponente i mit Hilfe der einer Zustandsgleichung aus Druck und Temperatur berechnet und in Gl. 7.19 eingesetzt werden.

Alternative 2 Bei Berechnungsalternative 2 wird die Fugazität f_i^d wie bei Alternative 1 aus dem Produkt des Fugazitätskoeffizienten φ_i^d, des Systemdrucks p und des Stoffmengenanteils y_i'' bestimmt:

$$f_i^d = \varphi_i^d\, p\, y_i'' \tag{7.23}$$

Der Fugazitätskoeffizient ergibt sich wiederum aus einer Integralgleichung mit dem Druck oder dem molaren Volumen als Integrationsvariable:

$$\ln \varphi_i^d = -\int_{\infty}^{v} \left\{ \frac{p(T, v)}{RT} - \frac{1}{v} \right\} dv + z - 1 - \ln(z) \tag{7.24}$$

Zur Auflösung der Integralgleichung wird jedoch – anders als bei Alternative 1 – die Predictive-Redlich-Kwong-Soave-Gleichung (siehe [22]) verwendet. Diese Zustandsgleichung bezieht Gruppenbeitragsmodelle in die Zustandsgleichung von Redlich-Kwong-Soave ein und bildet so das Verhalten der Flüssigphase als reale Mischung ab. Auf diese Weise kann für die Berechnung der Fugazitätskoeffizienten der Dampfphase und der Flüssigphase eine konsistente Berechnungsvorschrift verwendet werden. Gleichzeitig wird die (auf empirischen Daten beruhende) Genauigkeit von Gruppenbeitragsmodellen erreicht [28]:

$$\ln \varphi_i^d = \frac{b_i}{b} \left\{ \frac{p\, v}{RT} - 1 \right\} - \ln \left\{ \frac{p(v-b)}{RT} \right\} - \overline{\alpha_i} \ln \left\{ \frac{v+b}{v} \right\} \tag{7.25}$$

Die Kovolumina des Reinstoffs b_i sowie des Gemischs b berechnen sich analog zu Alternative 1. Eine Gleichung für den Faktor $\overline{\alpha_i}$ ist in [28] definiert. Neben den Kovolumina b, den Kohäsionsdrücken a, der idealen Gaskonstante R und der Temperatur T wird dabei auch der Aktivitätskoeffizient γ der jeweiligen Komponente i (siehe Abschn. 7.4) berücksichtigt:

$$\overline{\alpha_i} = \frac{1}{-0,64663}\left\{\ln\gamma_i + \ln\frac{b}{b_i} + \frac{b_i}{b} - 1\right\} + \frac{a_i}{b_i\,R\,T} \qquad (7.26)$$

Auch für den Kohäsionsdruck a_i der Reinstoffe ist in [28] eine modifizierte Gleichung zu finden:

$$a_i = 0,42748\frac{R^2\,T_{c,i}^2}{p_{c,i}^2}\,f(T) \qquad (7.27)$$

Wobei die Temperaturfunktion $f(T)$ mit der reduzierten Temperatur T_r und den stoffspezifischen Konstanten c_1, c_2 und c_3 bei $T_r \leq 1$ definiert ist als [28]:

$$f(T) = \left\{1 + c_1\left(1 - T_r^{0,5}\right)^1 + c_2\left(1 - T_r^{0,5}\right)^2 + c_3\left(1 - T_r^{0,5}\right)^3\right\}^2 \qquad (7.28)$$

Für $T_r \geq 1$ gilt hingegen [28]:

$$f(T) = \left\{1 + c_1\left(1 - T_r^{0,5}\right)^1\right\}^2 \qquad (7.29)$$

Die Konstanten c_1 bis c_3 können der Literatur (z. B. [28]) entnommen werden.

7.3 Berechnung der Fugazitäten der Flüssigphase

Auch zur Berechnung der Fugazitäten der Flüssigphase sind verschiedene Modellierungsansätze anwendbar. Wie bei den Fugazitäten den Dampfphase können Ansätze unterschieden werden, welche die Flüssigphase entweder als ideales Fluid oder aber als reales Fluid betrachten (Tab. 7.2).

Grafisch lässt sich der Unterschied der Berechnungsansätze gemäß Abb. 7.2 darstellen. Die Berechnungsansätze nach Henry und Raoult (Dampfdruckgleichung) bilden das Fluidverhalten ideal ab. Ansätze auf der Basis von Aktivitätskoeffizienten beschreiben das Fluidverhalten hingegen real.

Tab. 7.2 Ansätze zur Berechnung der Fugazitäten der Flüssigphase

	Ideales Fluidverhalten	Reales Fluidverhalten
Flüssigphase (Alternative 1)	$f_i^f = y_i'\,p_{s,i}$ (Raoult)	$f_i^f = y_i'\,\gamma_i\,\varphi_i^s\,p_{s,i}\,Poy$
Flüssigphase (Alternative 2)	$f_i^f = y_i'\,H_{ij}$ (Henry)	$f_i^f = y_i'\,\gamma_i^*\,H_{ij}$
Flüssigphase (Alternative 3)	–	$f_i^f = y_i'\,\varphi_i^f\,p$

7.3 Berechnung der Fugazitäten der Flüssigphase

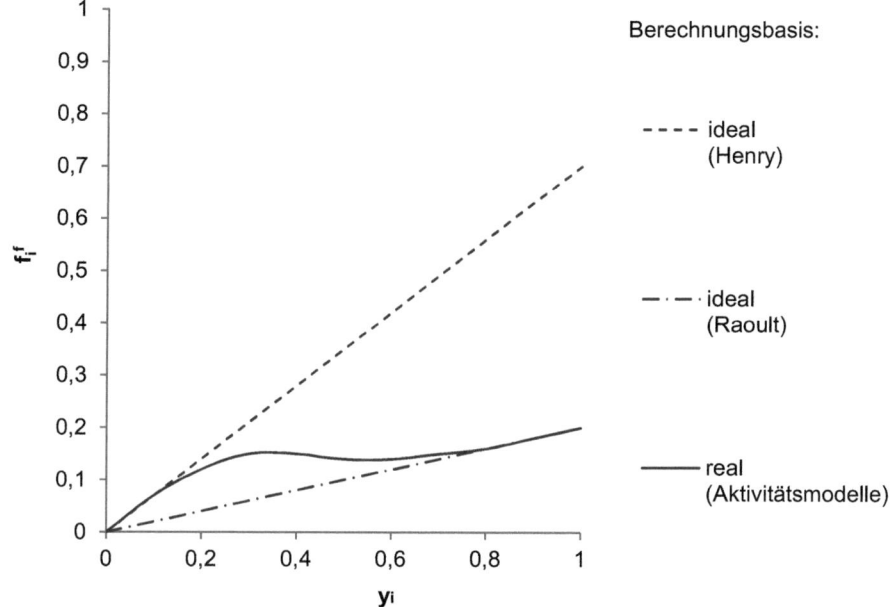

Abb. 7.2 Qualitative Darstellung der Fugazität f^f der Flüssigphase bei unterschiedlichen Berechnungsansätzen

7.3.1 Ideales Fluidverhalten

In der Vergangenheit haben sich zwei Berechnungsalternativen, mit denen die Fugazitäten idealer Flüssigphasen berechnet werden können, durchgesetzt:

Alternative 1 Wie bei der Berechnung der Fugazitäten idealer Dampfphasen beruht auch die Berechnung der Fugazitäten idealer Flüssigphasen auf der Annahme, dass der Fugazitätskoeffizient φ gleich eins ist:

$$f_i^f = \varphi_i^f \, p_i = p_i \qquad (7.30)$$

Entsprechend ist die Fugazität der Komponente i in der Flüssigphase gleich dem Partialdruck p_i der flüssigen Komponente über der Flüssigkeit. Nach dem Raoult'schen Gesetz kann dieser durch das Produkt aus dem Stoffmengenanteil y_i' der Komponente in der Flüssigkeit und dem Sattdampfdruck $p_{s,i}$ der reinen Komponente beschrieben werden:

$$f_i^f = p_i = y_i' \, p_{s,i} \qquad (7.31)$$

Alternative 2 Für Stoffe, die bei Systemtemperatur überkritisch vorliegen und bei denen kein Sättigungsdruck angegeben werden kann, werden in der Regel das Gesetz von Henry und entsprechende Henrykoeffizienten H_{ij} zur Berechnung der Fugazitäten herangezogen. Häufig ist dies für sogenannte Permanentgase wie Stickstoff, Kohlenstoffmonoxid oder Kohlenstoffdioxid der Fall:

$$f_i^f = y_i' H_{ij} \tag{7.32}$$

Zu beachten ist, dass die Henrykoeffizienten keine Reinstoff- sondern Mischungsgrößen sind. Berechnungsformeln der Henrykoeffizienten können der einschlägigen Fachliteratur (z. B. [57]) entnommen werden.

7.3.2 Reales Fluidverhalten

Prinzipiell ist bei der Berechnung der Fugazität der Flüssigphase – wie auch bei der Berechnung der Fugazität der Dampfphase – die Berechnungsvorschrift $f_i^f = \varphi_i^f p_i$ auf Basis des Fugazitätskoeffizienten möglich. Da die bekannten Zustandsgleichungen für Gemische flüssiger Phasen jedoch in der Regel fehlerbehaftet sind, führt die auf den Zustandsgleichungen beruhende Berechnung der Fugazitätskoeffizienten zu signifikanten Abweichungen im Vergleich zum realen Fluidverhalten. Daher werden zur Beschreibung des Fluidverhaltens von flüssigen Mischungen im Allgemeinen Aktivitätsmodelle und entsprechende Aktivitätskoeffizienten eingesetzt. Aktivitätskoeffizienten geben Wechselwirkungen zwischen den Molekülen einer Mischung an. Die Verwendung von Aktivitätskoeffizienten ist daher nur bei der Betrachtung von Mischungen, nicht jedoch von Reinstoffen sinnvoll.

Alternative 1 Bei Berechnungsalternative 1 wird die Fugazität f_i^f einer flüssigen Komponente i in Abhängigkeit des Aktivitätskoeffizienten γ_i und der Fugazität der Komponente bei Standardbedingungen f_i^0 ausgedrückt:

$$f_i^f = y_i' \gamma_i f_i^0 \tag{7.33}$$

Die Fugazität einer Komponente bei Standardbedingungen ergibt sich aus dem Fugazitätskoeffizienten im Sättigungszustand φ_i^s, dem Sattdampfdruck $p_{s,i}$ der Komponente sowie dem Poynting-Faktor Poy (siehe [4, S. 276]), welcher der Umrechnung der Reinstoffdaten auf die Daten der Mischung dient:

$$f_i^0 = \varphi_i^s p_{s,i} Poy \tag{7.34}$$

Entsprechend kann die Berechnungsgleichung der Fugazität der Flüssigphase einer Komponente in einer Mischung wie folgt formuliert werden:

$$f_i^f = y_i' \gamma_i \varphi_i^s p_{s,i} Poy \tag{7.35}$$

Alternative 2 Berechnungsalternative 2 beruht ebenfalls auf der Annahme, dass die Fugazität einer Komponente in einer Mischung in Abhängigkeit des Aktivitätskoeffizienten

γ_i und der Fugazität der Komponente bei Standardbedingungen ausgedrückt werden kann:

$$f_i^f = y_i' \gamma_i f_i^0 \tag{7.36}$$

Für Komponenten, die bei der betrachteten Systemtemperatur überkritisch vorliegen, wird die Fugazität bei Standardbedingungen jedoch nicht wie beim Berechnungsansatz 1 durch die Fugazität im Sättigungszustand, sondern mit Hilfe der Henrykoeffizienten H_{ij} berechnet:

$$f_i^0 = H_{ij} \tag{7.37}$$

Die Berechnungsgleichung der Fugazität der Komponente i in der Mischung ergibt sich entsprechend:

$$f_i^f = y_i' \gamma_i H_{ij} \tag{7.38}$$

Alternative 3 Der dritte Berechnungsansatz bildet das Verhalten der Komponente i in der Flüssigphase analog zu Alternative 2 für reale Dampfphasen ab. Das heißt, die Fugazität ergibt sich aus dem Produkt des Stoffmengenanteils y_i' der Komponente in der flüssigen Phase, dem Systemdruck p und dem Fugazitätskoeffizienten φ_i^f. Da jedoch – wie eingangs erwähnt – die Zustandsgleichungen zur Berechnung der Fugazitätskoeffizienten von Komponenten in flüssigen Mischungen zu fehlerhaften Ergebnissen führen, wird die Predictive-Redlich-Kwong-Soave-Gleichung zur Berechnung der Fugazitätskoeffizienten verwendet. Diese Gleichung berücksichtigt die Wechselwirkungen zwischen den Komponenten in flüssigen Mischungen, indem sie Aktivitätskoeffizienten aus empirischen Gruppenbeitragsmodellen (z. B. das UNIFAC-Modell; siehe Abschn. 7.4) direkt einbezieht:

$$f_i^f = y_i' \varphi_i^f p \tag{7.39}$$

Die Berechnungsgleichung der Fugazitätskoeffizienten φ_i^f ergibt sich entsprechend den Darstellungen aus [28]:

$$\begin{aligned}\ln \varphi_i^f &= \frac{b_i}{b} \left\{ \frac{p v}{RT} - 1 \right\} - \ln \left\{ \frac{p(v-b)}{RT} \right\} \\ &\quad - \overline{\alpha_i} \ln \left\{ \frac{v+b}{v} \right\}\end{aligned} \tag{7.40}$$

Die Parameter b_i, b und $\overline{\alpha_i}$ werden analog zu Alternative 2 aus Abschn. 7.2 berechnet.

7.4 Aktivitätsmodelle

Im Gegensatz zu idealen Mischungen lassen sich für nicht ideale (reale) Mischungen keine allgemeingültigen, also von den betrachteten Stoffen unabhängigen, Gleichungen angeben [42, S. 561]. Die Untersuchung realer Mischungen erfolgt daher im Allgemeinen mit halbempirischen Modellen – sogenannten Aktivitätsmodellen [42, S. 562]. Diese stellen Berechnungsgleichungen für Aktivitätskoeffizienten realer Mischungen zur Verfügung (siehe Alternative 2 in Abschn. 7.2.2 sowie Alternative 1, 2 und 3 in Abschn. 7.3.2). Zwei häufig verwendete Aktivitätsmodelle – das UNIFAC- und das UNIQUAC-Modell – werden nachfolgend beschrieben.

7.4.1 UNIQUAC-Modell

Das UNIQUAC-Modell (**Uni**versal **Qua**si-Chemical) nach Abrams und Prausnitz [1] eignet sich in besonderer Weise zur Berechnung des Gleichgewichtes zwischen flüssigen Phasen [35, S. 193]. Beim UNIQUAC-Modell setzt sich die Berechnungsgleichung des Aktivitäskoeffizienten γ einer Komponente i in einem Gemisch aus zwei Anteilen zusammen: einem kombinatorischen Anteil $\ln \gamma^c$ und einem Restanteil $\ln \gamma^r$ [35, S. 192]:

$$\ln \gamma_i = \ln \gamma_i^c + \ln \gamma_i^r$$
$$i = 1, 2, \ldots, N \qquad (7.41)$$

N: Anzahl der Komponenten im Gemisch

Der kombinatorische Anteil berücksichtigt die Dimension der auftretenden Moleküle in Form der relativen van der Waal'schen Oberflächen q_i und Volumina r_i [12, F40]. Die van der Waal'schen Oberflächen und Volumina können der Literatur (z. B. [5, S. 677], [29]) oder dem Anhang dieses Buches (Tab. 3) entnommen werden und fließen direkt und indirekt (durch den molaren Oberflächenanteil Ψ_i und den Volumenanteil ϑ_i [12, F40]) in die Berechnungsgleichung des kombinatorischen Anteils ein. Zusammen mit dem Stoffmengenanteil y und der Hilfsgröße l_i ergibt sich der kombinatorische Anteil des Aktivitätskoeffizienten wie folgt [1]:

$$\ln \gamma_i^c = \ln \left\{ \frac{\Psi_i}{y_i} \right\} + 5 q_i \ln \left\{ \frac{\vartheta_i}{\Psi_i} \right\} + l_i - \frac{\Psi_i}{y_i} \sum_{k=1}^{N} y_k l_k \qquad (7.42)$$

Der Oberflächenanteil Ψ einer Komponente i wird mit Hilfe des Stoffmengenanteils y und der relativen van der Waal'schen Oberfläche q definiert [12, F40], [1]:

$$\Psi_i = \frac{y_i q_i}{\sum_{k=1}^{N} y_k q_k} \qquad (7.43)$$

Der Volumenanteil ϑ einer Komponente i ergibt sich analog – jedoch mit dem relativen van der Waal'schen Volumen r anstelle der relativen van der Waal'schen Oberfläche [12, F40], [1]:

$$\vartheta_i = \frac{y_i r_i}{\sum_{k=1}^{N} y_k r_k} \qquad (7.44)$$

7.4 Aktivitätsmodelle

Die Hilfsgröße l einer Komponente i wird ebenfalls mit Hilfe der relativen van der Waal'schen Oberflächen und Volumina definiert [35, S. 192], [1]:

$$l_i = 5(r_i - q_i) - (r_i - 1) \tag{7.45}$$

Der Restanteil des Aktivitätskoeffizienten beschreibt die intermolekularen Wechselwirkungen zwischen den auftretenden Molekülen der Mischung. In die Berechnung des Restanteils wird ergänzend zu den relativen van der Waal'schen Oberflächen und Volumina die Hilfsgröße τ einbezogen [1]:

$$\ln \gamma_i^r = -q_i \ln \left\{ \sum_{k=1}^{N} \vartheta_k \tau_{ki} \right\} + q_i - q_i \sum_{k=1}^{N} \frac{\vartheta_k \tau_{ik}}{\sum_{j=1}^{N} \vartheta_j \tau_{jk}} \tag{7.46}$$

Die Hilfsgröße τ ist über den Wechselwirkungsparameter u definiert. Dieser kann einschlägigen Publikationen (z. B. [1]) entnommen werden:

$$\tau_{ij} = \exp \left\{ -\frac{(u_{ji} - u_{ii})}{RT} \right\} \tag{7.47}$$

Sind im Grenzfall des UNIQUAC-Modells das relative van der Waal'sche Volumen und die Oberfläche gleich eins, geht die UNIQUAC-Gleichung in die Wilson-Gleichung über.

7.4.2 UNIFAC-Modell

Das UNIFAC-Modell (**Uni**versal Functional-Group **Ac**tivity Coefficient) nach Fredenslund, Jones und Prausnitz [24] dient insbesondere der Vorhersage von Aktivitätskoeffizienten organischer flüssiger Phasen ohne experimentelle Daten [42, S. 565], [12, F41]. Als Weiterentwicklung des UNIQUAC-Modells basiert das Modell auf der Annahme, dass sich das Gemisch aus unterschiedlichen Strukturgruppen zusammensetzt. Eine Differenzierung der Gemischbestandteile in unterschiedliche Moleküle wird damit hinfällig [12, F41]. Die Aktivitätskoeffizienten des UNIFAC-Modells berechnen sich wie auch beim UNIQUAC-Modell unter Berücksichtigung des kombinatorischen Anteils $\ln \gamma_i^c$ und des Restanteils $\ln \gamma_i^r$ [42, S. 563]:

$$\ln \gamma_i = \ln \gamma_i^c + \ln \gamma_i^r$$
$$i = 1, 2, \ldots, N \tag{7.48}$$

N: Anzahl der Komponenten im Gemisch

Der kombinatorische Anteil $\ln \gamma^c$ berechnet sich wie beim UNIQUAC-Modell aus den relativen van der Waal'schen Oberflächen q und Volumina r (Tab. 3), den molaren Oberflächen- und Volumenanteilen Ψ und ϑ, den Stoffmengenanteilen y sowie der

Hilfsgröße l [42, S. 563].

$$\ln\gamma_i^c = \ln\left\{\frac{\Psi_i}{y_i}\right\} + 5\,q_i \ln\left\{\frac{\vartheta_i}{\Psi_i}\right\} + l_i - \frac{\Psi_i}{y_i}\sum_{k=1}^{N} y_k\, l_k \qquad (7.49)$$

Der molare Oberflächenanteil Ψ und der molare Volumenanteil ϑ ergeben sich ebenfalls wie beim UNIQUAC-Modell auf der Basis der Stoffmengenanteile y und der relativen van der Waal'schen Oberflächen q und Volumina r [42, S. 564], [35, S. 191]:

$$\Psi_i = \frac{y_i\, q_i}{\sum_{k=1}^{N} y_k\, q_k} \qquad (7.50)$$

$$\vartheta_i = \frac{y_i\, r_i}{\sum_{k=1}^{N} y_k\, r_k} \qquad (7.51)$$

Im Gegensatz zum UNIQUAC-Modell wird bei den relativen van der Waal'schen Oberflächen und Volumina des UNIFAC-Modells jedoch nicht direkt auf tabellierte Werte zurückgegriffen, sondern die relativen van der Waal'schen Volumina r und Oberflächen q mit Hilfe tabellierter gruppenspezifischer Hilfsgrößen R_k und Q_k (Gruppenparameter; siehe z. B. [12, F41]) sowie der Größe $v_k^{(i)}$ berechnet. $v_k^{(i)}$ entspricht dabei der Anzahl von Strukturgruppe k in Komponente i [35, S. 194], [42, S. 564]:

$$r_i = \sum_{k=1}^{K} v_k^{(i)} R_k \qquad (7.52)$$

$$q_i = \sum_{k=1}^{K} v_k^{(i)} Q_k \qquad (7.53)$$

K : Anzahl der Strukturgruppen im Gemisch

Der Restanteil $\ln\gamma_i^r$ berechnet sich im Unterschied zum UNIQUAC-Modell auf der Basis der Hilfsgrößen Γ_k und $\Gamma_k^{(i)}$. Γ_k bezeichnet den Bestandteil des Aktivitätskoeffizienten der Strukturgruppe k und $\Gamma_k^{(i)}$ den Bestandteil in einem Referenzgemisch, welches lediglich Moleküle der Gruppe i enthält [42, S. 563], [35, S. 194]:

$$\ln\gamma_i^r = \sum_{k=1}^{K} v_k^{(i)}(\ln\Gamma_k - \ln\Gamma_k^{(i)}) \qquad (7.54)$$

Die Hilfsgröße Γ_k kann durch folgende Formel berechnet werden [35, S. 195]:

$$\ln\Gamma_k = Q_k\left\{1 - \ln\left\{\sum_{m=1}^{K}\vartheta_m \Psi_{mk}\right\} - \sum_{m=1}^{K}\left\{\frac{\vartheta_m \Psi_{km}}{\sum_{n=1}^{K}\vartheta_n \Psi_{mn}}\right\}\right\} \qquad (7.55)$$

7.5 Ausgewählte Rechenbeispiele

Die erforderlichen Rechengrößen ergeben sich mit Hilfe gruppenspezifischer, tabellierter Werte [42, S. 564], [35, S. 195]. Der Oberflächenanteil ϑ der Strukturgruppe m ist wie folgt definiert [35, S. 195]:

$$\vartheta_m = \frac{X_m Q_m}{\sum_{n=1}^{K} X_n Q_n} \tag{7.56}$$

Der Molbruch X der Strukturgruppe m kann durch folgende Gleichung berechnet werden [35, S. 195]:

$$X_m = \frac{\sum_{j=1}^{N} v_m^{(j)} y_j}{\sum_{j=1}^{N} \sum_{n=1}^{K} v_n^{(j)} y_j} \tag{7.57}$$

Dabei ist die Hilfsgröße Ψ definiert als [35, S. 195]:

$$\Psi_{nm} = \exp\left\{\frac{-a_{nm}}{T}\right\} \tag{7.58}$$

Die Größe a_{nm} wird als binärer Wechselwirkungsparameter bezeichnet und kann Tabellenwerken der Literatur (z. B. [28]) entnommen werden.

7.5 Ausgewählte Rechenbeispiele

Die Berechnung der Aktivitäts- und Fugazitätskoeffizienten soll in den folgenden Abschnitten anhand zweier C++-Programme erläutert werden. Die Aktivitätskoeffizienten werden dazu beispielhaft mit Hilfe der UNIFAC-Methode und die Fugazitätskoeffizienten auf Basis der Predictive-Redlich-Kwong-Soave-Gleichung berechnet.

7.5.1 Rechenbeispiel: Aktivitätskoeffizienten UNIFAC

Problemstellung Ein gasförmiges Stoffgemisch besteht aus den Komponenten Wasser, Methanol, Ethanol und Dimethylether. Zur Abtrennung der Methanolfraktion wird das Gemisch zunächst bei 1 bar auf 300 K abgekühlt. Zur Bestimmung der Zusammensetzung des Gemisches nach der Abkühlung sind Phasengleichgewichtsberechnungen erforderlich. Um diese durchführen zu können, sollen in einem ersten Schritt die Aktivitätskoeffizienten der Komponenten des Gemisches bei 300 K berechnet werden. Das Stoffgemisch setzt sich aus 3 mol Wasser, 5 mol Methanol, 1 mol Ethanol und 1 mol Dimethylether zusammen.

Rechencode Ein C++-Beispielprogramm zur Berechnung der Aktivitätskoeffizienten nach der UNIFAC-Methode ist nachfolgend in der Funktion *Aktivitaetskoeffizienten_H2O_MeOH_EtOH_DME* dargestellt:

```
function [Gamma] = ...
Aktivitaetskoeffizienten_H2O_MeOH_EtOH_DME(Fluid)
%
%%%%%%%%%%%%%%%%%%%%%%%%%%%%%%%%%%%%%
%%%%%%%%%%%%%%%%%%%%%%%%%%%%%%%%%%%%%
% Definition der Laufindices:
%
N = 4; % Anzahl der Vektoreinträge
K = 5; % Anzahl der Gruppen
%
%%%%%%%%%%%%%%%%%%%%%%%%%%%%%%%%%%%%%
%%%%%%%%%%%%%%%%%%%%%%%%%%%%%%%%%%%%%
% Definition der Vektoren und Matrizen:
%
% Matrix mit Zahl der K Gruppen in den N Molekülen:
nu = zeros(K,N);
% Wechselwirkungsparameter a der K Gruppen:
a = zeros(K,K);
% Wechselwirkungsparameter b der K Gruppen:
b = zeros(K,K);
% Wechselwirkungsparameter c der K Gruppen:
c = zeros(K,K);
%
% Stoffmengenanteile der N Komponenten des Fluids:
x = ones(1,N);
% Relative molekulare Oberflächen der N Komponenten:
r = ones(1,N);
% Relative molekulare Volumina der N Komponenten:
q = ones(1,N);
% Molare Oberflächenanteile der N Komponenten:
Theta = ones(1,N);
% Wechselwirkungsfaktoren der N Komponenten:
Psi = ones(1,N);
% Molare Volumenanteile der N Komponenten:
Phi = ones(1,N);
%
% Molbrüche der K Gruppen:
x_G = ones(1,K);
% van der Waal'sche Oberflächen der K Gruppen:
r_G = ones(1,K);
% van der Waal'sche Volumina der K Gruppen:
q_G = ones(1,K);
% Oberflächenanteile der K Gruppen:
Theta_G = ones(1,K);
%
```

7.5 Ausgewählte Rechenbeispiele

```
% Restaktivitätskoeff. der K Gruppen im Gemisch:
Gamma_RG = ones(1,K);
% Restaktivitätskoeff. der K Gruppen in Flüssigkeit i:
Gamma_RG_i = ones(1,K);
% Komb. Anteile der Aktivitätskoeff. der N Komponenten:
Gamma_C = ones(1,N);
% Restanteile der Akivitätskoeff. der N Komponenten:
Gamma_R = ones(1,N);
% Aktivitätskoeff. der N Komponenten:
Gamma = ones(1,N);
%
%%%%%%%%%%%%%%%%%%%%%%%%%%%%%%%%%%%%%%
%%%%%%%%%%%%%%%%%%%%%%%%%%%%%%%%%%%%%%
% Auslesen der Fluidtemperatur:
%
T = Fluid(2);
%
%%%%%%%%%%%%%%%%%%%%%%%%%%%%%%%%%%%%%%
%%%%%%%%%%%%%%%%%%%%%%%%%%%%%%%%%%%%%%
% Berechnung der Stoffmengenanteile des Fluids:
%
% Berechnung des Stoffmengenstroms des Fluids:
nFluid_ges = sum(Fluid(3:N));
%
x(3) = (Fluid(3)+0.00001)/nFluid_ges;
x(4) = (Fluid(4)+0.00001)/nFluid_ges;
x(5) = (Fluid(5)+0.00001)/nFluid_ges;
x(6) = (Fluid(6)+0.00001)/nFluid_ges;
%
%%%%%%%%%%%%%%%%%%%%%%%%%%%%%%%%%%%%%%
%%%%%%%%%%%%%%%%%%%%%%%%%%%%%%%%%%%%%%
% Definition der van der
% Waal'schen Oberflächen der K Gruppen:
%
r_G(1) = 0.9011; % Hauptgr.: CH2; Untergr.: CH3
r_G(2) = 0.6744; % Hauptgr.: CH3; Untergr.: CH2
r_G(3) = 1.4311; % Hauptgr.: CH3OH; Untergr.: CH3OH
r_G(4) = 0.9200; % Hauptgr.: H2O; Untergr.: H2O
r_G(5) = 1.1450; % Hauptgr.: CH2O; Untergr.: CH3O
%
%%%%%%%%%%%%%%%%%%%%%%%%%%%%%%%%%%%%%%
%%%%%%%%%%%%%%%%%%%%%%%%%%%%%%%%%%%%%%
% Definition der van der
% Waal'schen Volumina der K Gruppen:
%
q_G(1) = 0.8480; % Hauptgr.: CH2; Untergr.: CH3
q_G(2) = 0.0540; % Hauptgr.: CH3; Untergr.: CH2
q_G(3) = 1.4320; % Hauptgr.: CH3OH; Untergr.: CH3OH
q_G(4) = 1.4000; % Hauptgr.: H2O; Untergr.: H2O
```

```
q_G(5) = 1.0880; % Hauptgr.: CH2O; Untergr.: CH3O
%
%%%%%%%%%%%%%%%%%%%%%%%%%%%%%%%%%%%%%%
%%%%%%%%%%%%%%%%%%%%%%%%%%%%%%%%%%%%%%
% Definition der Matrix nu:
% Anzahl der Gruppe k in Komponente i:
%
nu = [0.9011 0.848 0 0 0 1
      0.6744 0.540 0 0 1 0
      1.4311 1.432 0 1 1 0
      0.9200 1.400 1 0 0 0
      1.1450 1.088 0 0 0 1];
%
%%%%%%%%%%%%%%%%%%%%%%%%%%%%%%%%%%%%%%
%%%%%%%%%%%%%%%%%%%%%%%%%%%%%%%%%%%%%%
% Definition der Wechselwirkungsparameter:
%
a = [0 0 674.800 1318.000 251.500
     0 0 674.800 1318.000 251.500
     50.155 50.155 0 -181.000 -128.600
     300.000 300.000 289.600 0 540.500
     83.360 83.360 238.400 314.700 0];
%
b = [0 0 0.7396 0 0
     0 0 0.7396 0 0
     -0.1287 -0.1287 0 0 0
     0 0 0 0 0
     0 0 0 0 0];
%
c = [0 0 0 0 0
     0 0 0 0 0
     0 0 0 0 0
     0 0 0 0 0
     0 0 0 0 0];
%
%%%%%%%%%%%%%%%%%%%%%%%%%%%%%%%%%%%%%%
%%%%%%%%%%%%%%%%%%%%%%%%%%%%%%%%%%%%%%
% Berechnung der relativen molekularen
% Oberflächen und Volumina der Komponenten:
%
q(1,3:N) = q_G(1,1:K)*nu(1:K,3:N);
%
r(1,3:N) = r_G(1,1:K)*nu(1:K,3:N);
%
%%%%%%%%%%%%%%%%%%%%%%%%%%%%%%%%%%%%%%
%%%%%%%%%%%%%%%%%%%%%%%%%%%%%%%%%%%%%%
% Berechnung der molaren Oberflächen-
% und Volumenanteile der Komponenten:
%
```

7.5 Ausgewählte Rechenbeispiele

```
Theta(1,3:N) = (q(1,3:N).*x(1,3:N))./...
(sum(x(1,3:N).*q(1,3:N)));
%
Phi(1,3:N) = (r(1,3:N).*x(1,3:N))./...
(sum(x(1,3:N).*r(1,3:N)));
%
%%%%%%%%%%%%%%%%%%%%%%%%%%%%%%%%%%%%
%%%%%%%%%%%%%%%%%%%%%%%%%%%%%%%%%%%%
% Berechnung der kombinat.
% Anteile der Aktivitätskoeffizienten:
%
Gamma_C(1,3:N) = exp(1-(Phi(1,3:N)./x(1,3:N))...
+log(Phi(1,3:N)./x(1,3:N))...
-5.*q(1,3:N).*(1-(Phi(1,3:N)./Theta(1,3:N))...
+log(Phi(1,3:N)./Theta(1,3:N))));
%
%%%%%%%%%%%%%%%%%%%%%%%%%%%%%%%%%%%%
%%%%%%%%%%%%%%%%%%%%%%%%%%%%%%%%%%%%
% Berechnung der Molbrüche der Gruppen:
%
x_G = (nu(:,3:N)*x(1,3:N)')'./sum(nu(:,3:N)*x(1,3:N)');
%
%%%%%%%%%%%%%%%%%%%%%%%%%%%%%%%%%%%%
% Berechnung der Oberflächenanteile
% der Gruppen:
%
Theta_G = x_G.*q_G./sum(x_G.*q_G);
%
%%%%%%%%%%%%%%%%%%%%%%%%%%%%%%%%%%%%
%%%%%%%%%%%%%%%%%%%%%%%%%%%%%%%%%%%%
% Berechnung der Wechselwirkungsfaktoren
% der Komponenten:
%
Psi =...
exp(-(a(1:K,1:K)+T.*b(1:K,1:K)+c(1:K,1:K).*T.^2)./T);
%
%%%%%%%%%%%%%%%%%%%%%%%%%%%%%%%%%%%%
%%%%%%%%%%%%%%%%%%%%%%%%%%%%%%%%%%%%
% Berechnung der Restaktivitätskoeffizienten
% der Gruppen (Teil 1):
%
Speicher1 = Theta_G(1,1:K)*Psi(1:K,1:K);
Speicher2 = ones(1,K);
Speicher3 = ones(1,K);
Speicher4 = ones(1,K);
%
for k=1:K
%
  Speicher2(1,k) =...
```

```
      sum(Theta_G(1,:).*Psi(k,:)./Speicher1(1,:),2);
%
end
%
Speicher3 =...
log(Theta_G(1,1:K)*Psi(1:K,1:K))+Speicher2(1,1:K);
Speicher4 =...
(ones(1,K)-Speicher3);
%
Gamma_RG = exp(q_G.*Speicher4);
%
%%%%%%%%%%%%%%%%%%%%%%%%%%%%%%%%%%%%%%
%%%%%%%%%%%%%%%%%%%%%%%%%%%%%%%%%%%%%%
% Berechnung der Restaktivitätskoeffizienten
% der Gruppen (Teil 2):
%
x_i = diag(diag(ones(N)));
Speicher1_i = ones(1,K);
Speicher2_i = ones(1,K);
Speicher3_i = ones(1,K);
Speicher4_i = ones(1,K);
Speicher5_i = ones(1,K);
%
for i=3:N
%
   %%%%%%%%%%%%%%%%%%%%%%%%%%%%%%%%%%%
   % Berechnung der Restaktivitätskoeffizienten
   % der Gruppen in der Flüssigkeit i:
%
   x_G_i(i,:) = (nu(:,3:N)*x_i(i,3:N)')'./...
   sum(nu(:,3:N)*x_i(i,3:N)');
   Theta_G_i(i,:) = x_G_i(i,:).*q_G./sum(x_G_i(i,:).*q_G);
%
   Speicher1_i = Theta_G_i(i,1:K)*Psi(1:K,1:K);
   Speicher2_i = ones(1,K);
%
   Speicher3_i = (Theta_G_i(i,:)./Speicher1_i(1,:));
   Speicher2_i(1,:)= Psi(:,:)*Speicher3_i';
%
   Speicher4_i = log(Theta_G_i(i,1:K)*Psi(1:K,1:K))...
   +Speicher2_i(1,1:K);
   Speicher5_i = (ones(1,K)-Speicher4_i);
%
   Gamma_RG_i(i,1:K) = exp(q_G.*Speicher5_i);
%
   %%%%%%%%%%%%%%%%%%%%%%%%%%%%%%%%%%%
   % Berechnung der Restanteile
   % der Aktivitätskoeffizienten:
%
```

7.5 Ausgewählte Rechenbeispiele

```
    Gamma_R(1,i) = exp((log(Gamma_RG(1,1:K)))...
    - log(Gamma_RG_i(i,1:K)))*nu(1:K,i));
%
end
%
%%%%%%%%%%%%%%%%%%%%%%%%%%%%%%%%%%%%%%
%%%%%%%%%%%%%%%%%%%%%%%%%%%%%%%%%%%%%%
% Berechnung der Aktivitätskoeffizienten:
%
Gamma(1,3:N) = exp(log(Gamma_C(1,3:N))...
+ log(Gamma_R(1,3:N)));
%
%%%%%%%%%%%%%%%%%%%%%%%%%%%%%%%%%%%%%%
%%%%%%%%%%%%%%%%%%%%%%%%%%%%%%%%%%%%%%
%
endfunction
```

Funktionsaufruf Die Funktion *Aktivitaetskoeffizienten_H2O_MeOH_EtOH_DME* wird durch folgende Programmzeilen aufgerufen:

```
%%%%%%%%%%%%%%%%%%%%%%%%%%%%%%%%%%
% Definition des Gemisches/Fluids:
%
Fluid = zeros(1,6);
%
Fluid(1) = 1; % Druck in bar
Fluid(2) = 300; % Temperatur in K
Fluid(3) = 3; % Stoffmengenstrom H2O in mol/s
Fluid(4) = 5; % Stoffmengenstrom MeOH in mol/s
Fluid(5) = 1; % Stoffmengenstrom EtOH in mol/s
Fluid(6) = 1; % Stoffmengenstrom DME in mol/s
%
%%%%%%%%%%%%%%%%%%%%%%%%%%%%%%%%%%
% Funktionsaufruf:
%
Aktivitaetskoeffizienten_H2O_MeOH_EtOH_DME(Fluid)
```

Ergebnisse Als Ergebnisse der Funktion werden die Aktivitätskoeffizienten der Gemischkomponenten ausgegeben (Tab. 7.3).

Tab. 7.3 Ergebnisse des Rechenbeispiels *Aktivitätskoeffizienten UNIFAC*

Variable	Wert	Erläuterung
Gamma(3)	1.69844	Aktivitätskoeffizient H_2O im Gemisch
Gamma(4)	0.94899	Aktivitätskoeffizient MeOH im Gemisch
Gamma(5)	1.69488	Aktivitätskoeffizient EtOH im Gemisch
Gamma(6)	2.46374	Aktivitätskoeffizient DME im Gemisch

7.5.2 Rechenbeispiel: Fugazitätskoeffizienten

Problemstellung Für das im vorangegangenen Rechenbeispiel beschriebene Gasgemisch aus 3 mol Wasser, 5 mol Methanol, 1 mol Ethanol und 1 mol Dimethylether sollen nun die Fugazitätskoeffizienten der Komponenten berechnet werden. Dazu wird auf die bereits berechneten Aktivitätskoeffizienten zurückgegriffen. Die Temperatur der Berechnung ist 300 K und der Druck 1 bar.

Rechencode Ein Programmbeispiel zur Berechnung der Fugazitätskoeffizienten ist in nachfolgender Funktion *Fugazitaetskoeff_H2O_MeOH_EtOH_DME* dargestellt:

```
function [v,Phi] =...
Fugazitaetskoeff_H2O_MeOH_EtOH_DME(Fluid,Gamma,Zustand)
%
%%%%%%%%%%%%%%%%%%%%%%%%%%%%%%%%%%%%%
%%%%%%%%%%%%%%%%%%%%%%%%%%%%%%%%%%%%%
% Definition der Laufindices:
%
N = 6; % Anzahl der Vektoreintrage
%
%%%%%%%%%%%%%%%%%%%%%%%%%%%%%%%%%%%%%
%%%%%%%%%%%%%%%%%%%%%%%%%%%%%%%%%%%%%
% Definition der Vektoren und Matrizen:
%
%%%%%%%%%%%%%%%%%%%%%%%%%%%%%%%%%%%%%
% kritischer Druck:
pc = ones(N,1);
% kritische Temperatur:
Tc = ones(N,1);
%
%%%%%%%%%%%%%%%%%%%%%%%%%%%%%%%%%%%%%
% Stoffmengenstrom des Fluids:
nFluid_ges = zeros(1);
% Stoffmengenanteile des Fluids:
y = ones(N,1);
%
%%%%%%%%%%%%%%%%%%%%%%%%%%%%%%%%%%%%%
% Reinstoffparameter c1 für die Berechnung
% des Reinstoffparameters alpha:
c1 = ones(N,1);
% Reinstoffparameter c2 für die Berechnung
% des Reinstoffparameters alpha:
c2 = ones(N,1);
% Reinstoffparameter c3 für die Berechnung
% des Reinstoffparameters alpha:
c3 = ones(N,1);
%
%%%%%%%%%%%%%%%%%%%%%%%%%%%%%%%%%%%%%
```

7.5 Ausgewählte Rechenbeispiele

```
% Reinstoffparameter ac:
ac = ones(N,1);
% Reinstoffparameter alpha:
alpha = ones(N,1);
% Reduzierte Temperatur:
Tri = ones(1);
% Reinstoffparameter aii:
aii = ones(N,1);
% Reinstoffparameter bi:
bi = ones(N,1);
% Reinstoffparameter b:
b = zeros(1);
%
%%%%%%%%%%%%%%%%%%%%%%%%%%%%%%%%%%%%
% Hilfsgröße zur Berechnung
% der Gibbschen Exzessenergie:
Summe_Gamma = zeros(1);
%
%%%%%%%%%%%%%%%%%%%%%%%%%%%%%%%%%%%%
% Hilfsgröße zur Berechnung des Parameters a:
Summe_ai_bi = zeros(1);
% Hilfsgröße zur Berechnung des Parameters a:
Summe_b_bi = zeros(1);
%
%%%%%%%%%%%%%%%%%%%%%%%%%%%%%%%%%%%%
% Hilfsgröße zur Berechnung der Fugazität Phi:
alpha_quer = ones(N,1);
% Fugazität Phi:
Phi = ones(N,1);
%
%%%%%%%%%%%%%%%%%%%%%%%%%%%%%%%%%%%%
%%%%%%%%%%%%%%%%%%%%%%%%%%%%%%%%%%%%
% Definition des kritischen Drucks
% und der kritischen Temperatur:
%
pc(3) = 22060000; % Kritischer Druck von H2O in Pa
pc(4) = 8080000; % Kritischer Druck von MeOH in Pa
pc(5) = 6150000; % Kritischer Druck von ETOH in Pa
pc(6) = 5240000; % Kritischer Druck von DME in Pa
%
Tc(3) = 647.1; % Kritische Temperatur von H2O in K
Tc(4) = 512.5; % Kritische Temperatur von MeOH in K
Tc(5) = 514.0; % Kritische Temperatur von ETOH in K
Tc(6) = 400.1; % Kritische Temperatur von DME in K
%
%%%%%%%%%%%%%%%%%%%%%%%%%%%%%%%%%%%%
%%%%%%%%%%%%%%%%%%%%%%%%%%%%%%%%%%%%
% Definition des Reinstoffparameters c:
%
```

```
c1(3) = 1.0783; % Parameter c1 von H2O
c1(4) = 1.4371; % Parameter c1 von MeOH
c1(5) = 1.3327; % Parameter c1 von EtOH
c1(6) = 0.7878; % Parameter c1 von DME
%
c2(3) = -0.5832; % Parameter c2 von H2O
c2(4) = -0.7994; % Parameter c2 von MeOH
c2(5) = 0.9695; % Parameter c2 von EtOH
c2(6) = 0; % Parameter c2 von DME
%
c3(3) = 0.5462; % Parameter c3 von H2O
c3(4) = 0.3278;  % Parameter c3 von MeOH
c3(5) = -3.1879; % Parameter c3 von EtOH
c3(6) = 0; % Parameter c3 von DME
%
%%%%%%%%%%%%%%%%%%%%%%%%%%%%%%%%%%%%
%%%%%%%%%%%%%%%%%%%%%%%%%%%%%%%%%%%%
% Auslesen von Fluiddruck und -temperatur:
%
p = Fluid(1)*100000; % Druck in Pa
T = Fluid(2); % Temperatur in K
%
%%%%%%%%%%%%%%%%%%%%%%%%%%%%%%%%%%%%
%%%%%%%%%%%%%%%%%%%%%%%%%%%%%%%%%%%%
% Berechnung der Stoffmengenanteile des Fluids:
%
nFluid_ges = sum(Fluid(3:N));
%
y(3) = (Fluid(3)+0.00001)/nFluid_ges;
y(4) = (Fluid(4)+0.00001)/nFluid_ges;
y(5) = (Fluid(5)+0.00001)/nFluid_ges;
y(6) = (Fluid(6)+0.00001)/nFluid_ges;
%
%%%%%%%%%%%%%%%%%%%%%%%%%%%%%%%%%%%%
%%%%%%%%%%%%%%%%%%%%%%%%%%%%%%%%%%%%
% Berechnung der Reinstoffparameter
% aii aus ac und alpha:
%
ac = 0.42748*((8.315^2*Tc.^2)./pc);
%
for i = 3:N
    Tri = abs(T/Tc(i));
    if Tri < 1
        alpha(i) = (1+c1(i)*(1-Tri^0.5)...
        +c2(i)*(1-Tri^0.5)^2+c3(i)*(1-Tri^0.5)^3)^2;
    else
        alpha(i) = (1+c1(i)*(1-Tri^0.5))^2;
    end
end
```

7.5 Ausgewählte Rechenbeispiele

```
%
aii = ac.*alpha;
%
%%%%%%%%%%%%%%%%%%%%%%%%%%%%%%%%%%%%
%%%%%%%%%%%%%%%%%%%%%%%%%%%%%%%%%%%%
% Berechnung des Reinstoffparameters bi:
%
bi = 0.08664*((8.315*Tc)./pc);
%
%%%%%%%%%%%%%%%%%%%%%%%%%%%%%%%%%%%%
%%%%%%%%%%%%%%%%%%%%%%%%%%%%%%%%%%%%
% Berechnung des Reinstoffparameters b:
%
for i = 3:N
    b = b+(y(i)*bi(i));
end
%
%%%%%%%%%%%%%%%%%%%%%%%%%%%%%%%%%%%%
%%%%%%%%%%%%%%%%%%%%%%%%%%%%%%%%%%%%
% Berechnung der Gibbschen Exzess-Energie:
%
Speicher1 = y'.*log(Gamma);
Summe_Gamma = sum(Speicher1(3:N));
Exzess_Gibbs_Energie_Null = 8.315*T*Summe_Gamma;
%
%%%%%%%%%%%%%%%%%%%%%%%%%%%%%%%%%%%%
%%%%%%%%%%%%%%%%%%%%%%%%%%%%%%%%%%%%
% Berechnung des Parameters a:
%
Speicher2 = y.*aii./bi;
Summe_ai_bi = sum(Speicher2(3:N));
%
Speicher3 = y.*log(b./bi);
Summe_b_bi = sum(Speicher3(3:N));
%
a = b*(Exzess_Gibbs_Energie_Null/(-0.64663)...
+Summe_ai_bi+8.315*T/(-0.64663)*Summe_b_bi);
%
%%%%%%%%%%%%%%%%%%%%%%%%%%%%%%%%%%%%
%%%%%%%%%%%%%%%%%%%%%%%%%%%%%%%%%%%%
% Berechnung der molaren Volumina
% der Gas- und Flüssigphase:
%
%%%%%%%%%%%%%%%%%%%%%%%%%%%%%%%%%%%%
% Startwert molare Volumina in m^3/mol:
v = 100000;
% Startwert molares Volumen Flüssigphase in m^3/mol:
v_min = 100000;
% Startwert molares Volumen Gasphase in m^3/mol:
```

```
v_max = 100000;
%
%%%%%%%%%%%%%%%%%%%%%%%%%%%%%%%%%%%%%
% Definition des Polynoms zur
% Berechnung des molaren Volumens:
p3 = 1;
p2 = -((8.315*T)/p);
p1 = (a-b*8.315*T-b^2*p)/p;
p0 = -((a*b)/p);
P  = [p3 p2 p1 p0];
%
%%%%%%%%%%%%%%%%%%%%%%%%%%%%%%%%%%%%%
% Nullstellen des Polynoms berechnen:
Z = length(P)-1;
NST = (-3+4i)*(ones(Z,1));
NST = feval('roots',P); % Funktion 'Roots' aufrufen
%
%%%%%%%%%%%%%%%%%%%%%%%%%%%%%%%%%%%%%
% Reele Nullstellen übertragen:
V = 0*ones(Z,1);
for i = 1:Z
    Im = imag(NST(i));
    if Im == 0
       V(i) = real(NST(i));
    end
end
%
%%%%%%%%%%%%%%%%%%%%%%%%%%%%%%%%%%%%%
% Nullstellenvektor sortieren:
V = sort(V);
%
% Auslesen des molaren Volumens der Flüssigphase:
for i = 1:Z
    ii = Z+1-i;
    if V(ii) > b
       v_min = V(ii);
    end
end
%
%%%%%%%%%%%%%%%%%%%%%%%%%%%%%%%%%%%%%
% Auslesen des molaren Volumens der Gasphase:
v_max = max(V);
%
%%%%%%%%%%%%%%%%%%%%%%%%%%%%%%%%%%%%%
% Auswahl des molaren Volumens
% entsprechend dem Zustand:
%
if Zustand == 1
    v = v_min;
```

7.5 Ausgewählte Rechenbeispiele

```
    else Zustand == 2
        v = v_max;
    end
%
%%%%%%%%%%%%%%%%%%%%%%%%%%%%%%%%%%%%%
%%%%%%%%%%%%%%%%%%%%%%%%%%%%%%%%%%%%%
% Berechnung der Fugazitätskoeffizienten Phi:
%
for i = 3:N
    alpha_quer(i) =...
    (1/(-0.64663))*(log(Gamma(i))+log(b/bi(i))...
    +(bi(i)/b)-1)+aii(i)/(bi(i)*8.315*T);
end
%
for i = 3:N
    Phi(i) = exp((bi(i)/b)*(((p*v)/(8.315*T))-1)...
    -log((p*(v-b))/(8.315*T))-alpha_quer(i)*log((v+b)/v));
end
%
%%%%%%%%%%%%%%%%%%%%%%%%%%%%%%%%%%%%%
%%%%%%%%%%%%%%%%%%%%%%%%%%%%%%%%%%%%%
%
```

Funktionsaufruf Die Funktion *Fugazitaetskoeffizienten_H2O_MeOH_EtOH_DME* kann wie folgt aufgerufen werden:

```
%%%%%%%%%%%%%%%%%%%%%%%%%%%%%%%%%%%%%
% Definition des Gemisches/Fluids:
%
Fluid = zeros(1,6);
%
Fluid(1) = 1; % Druck in bar
Fluid(2) = 300; % Temperatur in K
Fluid(3) = 3; % Stoffmengenstrom H2O in mol/s
Fluid(4) = 5; % Stoffmengenstrom MeOH in mol/s
Fluid(5) = 1; % Stoffmengenstrom EtOH in mol/s
Fluid(6) = 1; % Stoffmengenstrom DME in mol/s
%
%%%%%%%%%%%%%%%%%%%%%%%%%%%%%%%%%%%%%
% Definition der Aktivitaetskoeffizienten:
%
Gamma(1) = 1; % Platzhalter
Gamma(2) = 2; % Platzhalter
Gamma(3) = 1.69844; % Aktivitaetskoeffizient H2O
Gamma(4) = 0.94899; % Aktivitaetskoeffizient MeOH
Gamma(5) = 1.69488; % Aktivitaetskoeffizient EtOH
Gamma(6) = 2.46374; % Aktivitaetskoeffizient DME
%
%%%%%%%%%%%%%%%%%%%%%%%%%%%%%%%%%%%%%
```

```
% Definition des Zustandes des Gemisches:
%
Zustand = 2;
%
%%%%%%%%%%%%%%%%%%%%%%%%%%%%%%%%%%%%
% Funktionsaufruf:
%
Fugazitaetskoeff_H2O_MeOH_EtOH_DME(Fluid,Gamma,Zustand)
```

Ergebnisse Als Ergebnisse der Funktion liegen einerseits die molaren Volumina der Gas- und Flüssigphase des Gemisches und andererseits die Fugazitätskoeffizienten der vier Komponenten im Gemisch vor (Tab. 7.4).

Tab. 7.4 Ergebnisse des Rechenbeispiels *Fugazitätskoeffizienten*

Variable	Wert	Erläuterung
v_min	0.000048046	Molares Volumen Flüssigphase des Gemisches in $m^3\,mol^{-1}$
v_max	0.024394	Molares Volumen Gasphase des Gemisches in $m^3\,mol^{-1}$
Phi(3)	0.98438	Fugazitätskoeffizient H_2O im Gemisch
Phi(4)	0.97572	Fugazitätskoeffizient MeOH im Gemisch
Phi(5)	0.96861	Fugazitätskoeffizient EtOH im Gemisch
Phi(6)	0.98334	Fugazitätskoeffizient DME im Gemisch

Stoffwerte und Stoffklassen 8

Bei der Bilanzierung von Energieanlagen werden die Zustandsänderungen der Medien sowie damit verbundene Energie- und Stoffumwandlungen berechnet. Die Zustandsänderungen werden dabei durch Stoffwerte beeinflusst. Um Stoffwerte berechnen zu können, werden die Medien im Allgemeinen Stoffklassen zugeordnet. Diese beinhalten Berechnungsformeln, die für alle Medien in der entsprechenden Stoffklasse angewendet werden. Grundsätzlich kann zwischen folgenden Stoffklassen unterschieden werden:

- Gase,
- Flüssigkeiten,
- Feststoffe.

Für eine Vielzahl von Medien sind in der Vergangenheit Formeln zur Berechnung von Stoffwerten unterschiedlicher Zustandsbereiche experimentell bestimmt worden. Übersichten zu diesen Formeln sind unter anderem in [76], [57], [55] oder [47] veröffentlicht. Nichtsdestotrotz erfordert der Betrieb von Energieanlagen in zunehmend extremen Zustandsbereichen (z. B. überkritische Dampfparameter in Dampfkraftwerken oder Vergasungsdrücke von über 80 bar in Flugstromvergasern) eine Adaption bestehender Berechnungsformeln. Die experimentellen Arbeiten zur Anpassung der Berechnungsformel für diese Zustandsbereiche sind im Allgemeinen mit hohem Aufwand verbunden.

Relevante Formeln für Stoffwerte und Zustandsgleichungen der genannten Stoffklassen (Gase, Flüssigkeiten, Feststoffe) werden im Folgenden vorgestellt.

8.1 Wärmekapazität

Die Wärmekapazität c eines Stoffes kennzeichnet dessen Fähigkeit Wärme aufzunehmen und zu speichern. Die Wärmekapazität ist daher von entscheidender Bedeutung bei der energetischen Bilanzierung unterschiedlichster Prozesse wie Dampferzeugung oder Reaktorkühlung. Umso höher die Wärmekapazität eines Stoffes ist, umso langsamer erwärmt sich dieser Stoff – gibt die Wärme jedoch auch langsamer wieder ab als ein Stoff mit geringerer Wärmekapazität.

Grundsätzlich wird zwischen der isobaren Wärmekapazität c_p und der isochoren Wärmekapazität c_v unterschieden. Die isobare Wärmekapazität dient der Berechnung von Zustandsänderungen, bei denen Druckänderungen vernachlässigbar sind (z. B. Änderung der Enthalpie bei idealen Gasen). Die isochore Wärmekapazität wird hingegen bei Zustandsänderungen verwendet, bei denen Volumenänderungen vernachlässigbar sind (z. B. Änderung der inneren Energie bei idealen Gasen). Formeln zur Bestimmung der Wärmekapazität von Gasen, Flüssigkeiten und Feststoffen werden in den folgenden Abschnitten vorgestellt.

8.1.1 Gase

Bei der Zustandsberechnung von Gasen werden je nach Anwendungsfall die isobare oder die isochore Wärmekapazität berücksichtigt (siehe Abschn. 8.9.1). Die isochore Wärmekapazität wird dabei aus der isobaren Wärmekapazität berechnet (Gl. 8.47). Die isobare Wärmekapazität wird wiederum in Abhängigkeit der Temperatur ermittelt. Abhängigkeiten vom Druck können insbesondere bei der Betrachtung von Zustandsbereichen niedriger Drücke vernachlässigt werden. Der Verlauf der isobaren Wärmekapazität ist mit der Temperatur degressiv steigend (Abb. 8.1) und kann mit Hilfe unterschiedlicher Polynomansätze – wie der Shomate-Gleichung [72] oder der NASA-Gleichung [47] – beschrieben werden.

Polynomansatz nach Shomate Die Shomate-Gleichung ist eine Polynomgleichung mit der Temperatur T in K als Variable. Die Parameter A, B, C, D und E der Shomate-Gleichung sind stoffspezifische Werte, die im NIST Chemistry WebBook [72] veröffentlicht sind. Eine Auswahl der Parameter ist zudem im Anhang dieses Buches aufgeführt (Tab. 8). Die Shomate-Gleichung lautet:

$$c_p(T) = A + B \left\{ \frac{T}{1000} \right\} + C \left\{ \frac{T}{1000} \right\}^2 + D \left\{ \frac{T}{1000} \right\}^3 + E \left\{ \frac{T}{1000} \right\}^{-2} \quad (8.1)$$

Polynomansatz nach NASA Auch die NASA-Gleichung ist eine Polynomgleichung mit der Temperatur in K als Variable. Im Unterschied zur Shomate-Gleichung werden jedoch sieben Parameter verwendet und zudem die ideale Gaskonstante R berücksichtigt. Die Parameter a_1 bis a_7 des NASA-Polynoms sind – ebenso wie die Parameter der Shomate-Gleichung – stoffspezifisch und unter anderem in Veröffentlichungen der NASA [47] publiziert. Das NASA-Polynom ist wie folgt definiert:

$$c_p(T) = \left\{ a_1 T^{-2} + a_2 T^{-1} + a_3 T^0 + a_4 T^1 + a_5 T^2 + a_6 T^3 + a_7 T^4 \right\} R \quad (8.2)$$

8.1 Wärmekapazität

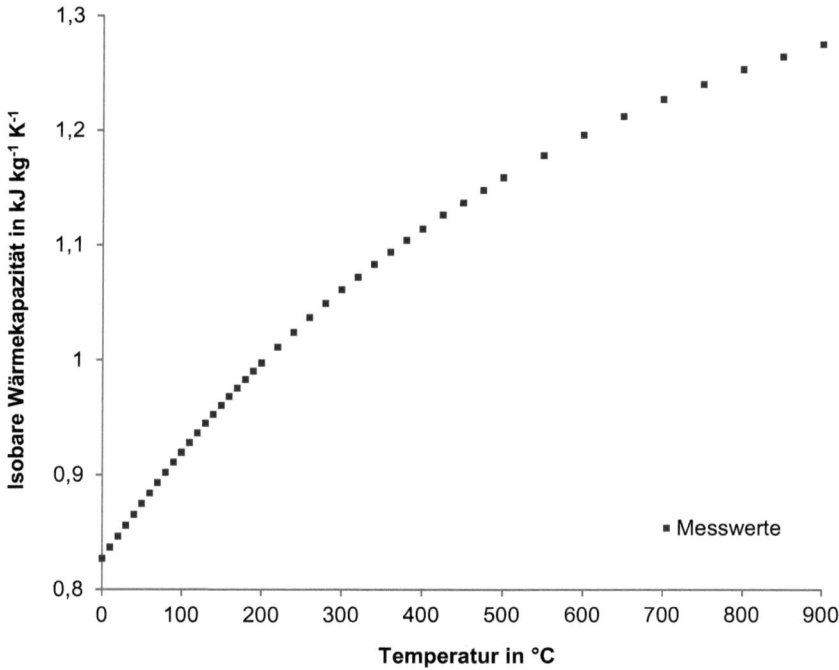

Abb. 8.1 Isobare Wärmekapazität von Kohlenstoffdioxid [76, Dbd 2]

Tabelle 8.1 zeigt beispielhaft die NASA-Parameter der zwei Kohlenwasserstoffe Toluol (C_7H_8) und Naphthalin ($C_{10}H_8$) im gasförmigen Zustand. Der Gültigkeitsbereich der dargestellten Parameter liegt zwischen 200 und 1000 K. NASA-Parameter weiterer gasförmiger Stoffe sind im Anhang aufgeführt (Tab. 4–6).

Tab. 8.1 NASA-Parameter zur Berechnung der spezifischen Wärmekapazität von C_7H_8 und $C_{10}H_8$ im gasförmigen Zustand

NASA-Parameter	C_7H_8	$C_{10}H_8$
a_1	$-2{,}877962220 \cdot 10^{+05}$	$-2{,}602845316 \cdot 10^{+05}$
a_2	$6{,}133941520 \cdot 10^{+03}$	$6{,}237409570 \cdot 10^{+03}$
a_3	$-4{,}574706760 \cdot 10^{+01}$	$-5{,}226095040 \cdot 10^{+01}$
a_4	$1{,}936895724 \cdot 10^{-01}$	$2{,}397692776 \cdot 10^{-01}$
a_5	$-2{,}304305304 \cdot 10^{-04}$	$-2{,}912244803 \cdot 10^{-04}$
a_6	$1{,}459301178 \cdot 10^{-07}$	$1{,}854944401 \cdot 10^{-07}$
a_7	$-3{,}790796100 \cdot 10^{-11}$	$-4{,}816619270 \cdot 10^{-11}$
Gültigkeitsbereich	200–1000 K	200–1000 K

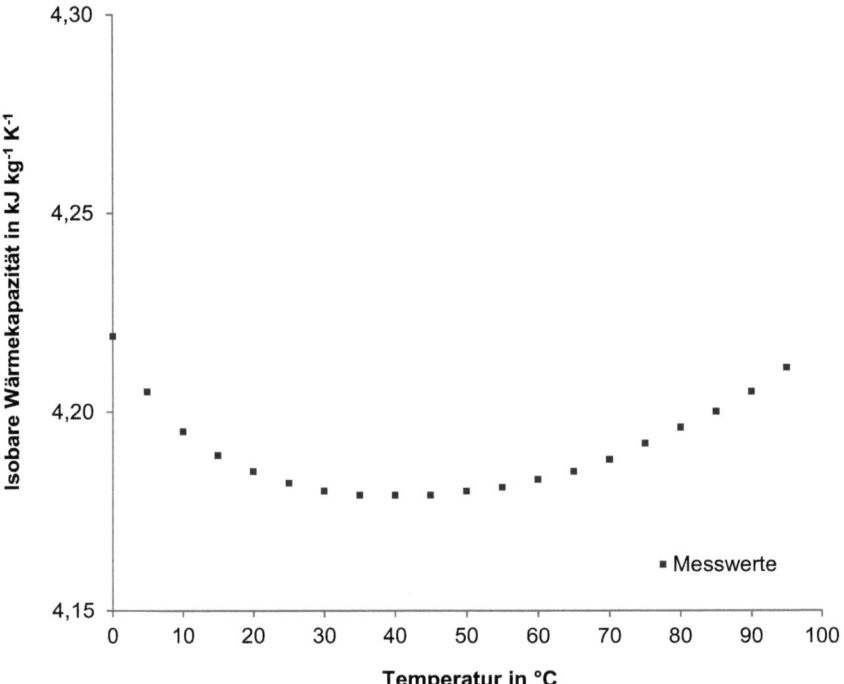

Abb. 8.2 Isobare Wärmekapazität von flüssigem Wasser [76, Dba 2]

8.1.2 Flüssigkeiten

Flüssigkeiten werden bei Bilanzierungsrechnungen im Allgemeinen als inkompressible Medien modelliert. Eine Differenzierung zwischen isobarer und isochorer Wärmekapazität ist daher nicht erforderlich [76, Da 18], [4, S. 218]. Die Bestimmung der Wärmekapazitäten von Flüssigkeiten erfolgt analog zu den Berechnungen gasförmiger Medien auf der Basis von temperaturabhängigen Polynomen. Dabei zeigen Polynome zweiter Ordnung bis zum Normalsiedepunkt bereits gute Übereinstimmungen mit Messwerten. Im Unterschied zu der Wärmekapazität von Gasen ist der Verlauf der Wärmekapazität von Flüssigkeiten progressiv steigend und kann im unteren Temperaturbereich ein flaches Minimum annehmen [76, Da 18] (Abb. 8.2).

Polynomansatz nach Shomate Die Shomate-Gleichung zur Berechnung der Wärmekapazität flüssiger Medien ist – wie auch bei Rechnungen mit gasförmigen Medien – ein Polynom mit den fünf stoffspezifischen Parametern A, B, C, D und E sowie der Temperatur T als Variable. Die Parameter der Gleichung sind in der Literatur (z. B. [72])

verfügbar:

$$c(T) = A + B\left\{\frac{T}{1000}\right\} + C\left\{\frac{T}{1000}\right\}^2 + D\left\{\frac{T}{1000}\right\}^3 + E\left\{\frac{T}{1000}\right\}^{-2} \tag{8.3}$$

Polynomansatz nach NASA Auch der Aufbau des NASA-Polynoms für flüssige Medien gleicht dem Berechnungsansatz gasförmiger Medien. Die Temperatur in K ist die Variable des Polynoms und die sieben Parameter a_1 bis a_7 können der Literatur (z. B. [47]) sowie – für ausgewählte Stoffe – dem Anhang dieses Buches (Tab. 7) entnommen werden:

$$c(T) = \left\{a_1 T^{-2} + a_2 T^{-1} + a_3 T^0 + a_4 T^1 + a_5 T^2 + a_6 T^3 + a_7 T^4\right\} R \tag{8.4}$$

8.1.3 Feststoffe

Ähnlich wie Flüssigkeiten gelten Feststoffe in der Regel als inkompressibel. Eine Unterscheidung zwischen isobarer und isochorer Wärmekapazität ist entsprechend hinfällig [4, S. 218]. Bei der Betrachtung von Feststoffen in eingeschränkten Temperaturbereichen von wenigen Dutzend Kelvin, wird die Wärmekapazität im Allgemeinen hinreichend genau durch lineare Ansätze in Abhängigkeit der Temperatur angenähert (z. B. für Holz oder Aschen). Für Stoffe, deren Betrachtung in weiteren Temperaturbereichen erforderlich ist (z. B. Katalysatoren, Wärmeträger), wird analog zu den Wärmekapazitäten von Gasen und Flüssigkeiten meist auf die Polynomansätze nach Shomate beziehungsweise der NASA zurückgegriffen.

Linearansätze Bei linearen Berechnungsansätzen wird von einer proportionalen Zunahme der Wärmekapazität mit der Temperatur T ausgegangen. A und B stellen die Parameter des Linearansatzes dar:

$$c(T) = A + B\,T \tag{8.5}$$

In der Literatur sind die Parameter A und B in unterschiedlichen Einheiten für unterschiedliche Stoffe und Gültigkeitsbereiche verzeichnet. Tabelle 8.2 zeigt beispielhaft die Parameter A und B sowie deren Gültigkeitsbereich für absolut trockenes Holz und Asche.

Tab. 8.2 Beispiele der Parameter A und B mit Einheiten und Gültigkeitsbereichen

Stoff	B	A	Gültigkeitsbereich	Quellen
Holz (atro)	4,86 J kg^{-1} K^{-2}	−212,92 J kg^{-1} K^{-1}	273–373 K	[39, S. 520]
Asche	0,586 J kg^{-1} K^{-1} °C^{-1}	754 J kg^{-1} K^{-1}	k.A.	[50]

atro: absolut trocken.

Polynomansatz nach Shomate Analog zu Gasen und Flüssigkeiten kann auch zur Berechnung der Wärmekapazität von Feststoffen die Shomate-Gleichung verwendet werden. Für diesen Zweck sind die Parameter A, B, C, D und E einer begrenzten Anzahl an Feststoffen in der Literatur (z. B. [72]) verfügbar. Die Temperatur T in K ist die Variable der Gleichung:

$$c(T) = A + B\left\{\frac{T}{1000}\right\} + C\left\{\frac{T}{1000}\right\}^2 + D\left\{\frac{T}{1000}\right\}^3 + E\left\{\frac{T}{1000}\right\}^{-2} \qquad (8.6)$$

Polynomansatz nach NASA Die NASA-Gleichung ist ebenfalls zur Berechnung der Wärmekapazität von Feststoffen geeignet. Sie greift auf die Parameter a_1 bis a_7 zurück, die für ausgewählte Stoffe publiziert sind (z. B. in [47]), und verwendet die Temperatur T in K als Variable:

$$c(T) = \left\{a_1 T^{-2} + a_2 T^{-1} + a_3 T^0 + a_4 T^1 + a_5 T^2 + a_6 T^3 + a_7 T^4\right\} R \qquad (8.7)$$

8.2 Dynamische Viskosität

Die Viskosität ist ein Stoffwert zur Beschreibung der Zähigkeit von Fluiden und liefert eine direkte Aussage über deren Fließfähigkeit: Umso höher die Viskosität, umso zäher und weniger fließfähig ist ein Fluid. Die Viskosität ist daher insbesondere bei Fließ- und Strömungsprozessen sowie zugehörigen Phänomenen wie dem Druckverlust oder der konvektiven Wärmeübertragung von Bedeutung. Grundsätzlich wird zwischen zwei Viskositäten unterschieden, der dynamischen Viskosität η und der kinematischen Viskosität ν. Im Folgenden werden Berechnungsansätze für die dynamische Viskosität vorgestellt. Berechnungsformeln der kinematischen Viskosität folgen in Abschn. 8.3.

8.2.1 Gase

Die dynamische Viskosität von Gasen kann durch unterschiedliche Berechnungsansätze in Abhängigkeit der Temperatur bestimmt werden. Gemäß der kinetischen Gastheorie ist die Viskosität dabei unabhängig von der Dichte [76, Da 22]. Für den Verlauf der Viskosität von Gasen ist charakteristisch, dass sie mit steigender Temperatur leicht degressiv zunimmt (Abb. 8.3). Bei ihrer Berechnung wird im Allgemeinen zwischen Polynomansätzen und Potenzansätzen unterschieden.

Polynomansätze Bei Polynomansätzen wird die Viskosität η durch ein Polynom approximiert [76, Da 22]. Dabei liefern Polynome vierten Grades in den meisten Anwendungsfällen ausreichende Ergebnisgenauigkeiten. Die Temperatur T ist die Variable des Polynoms.

8.2 Dynamische Viskosität

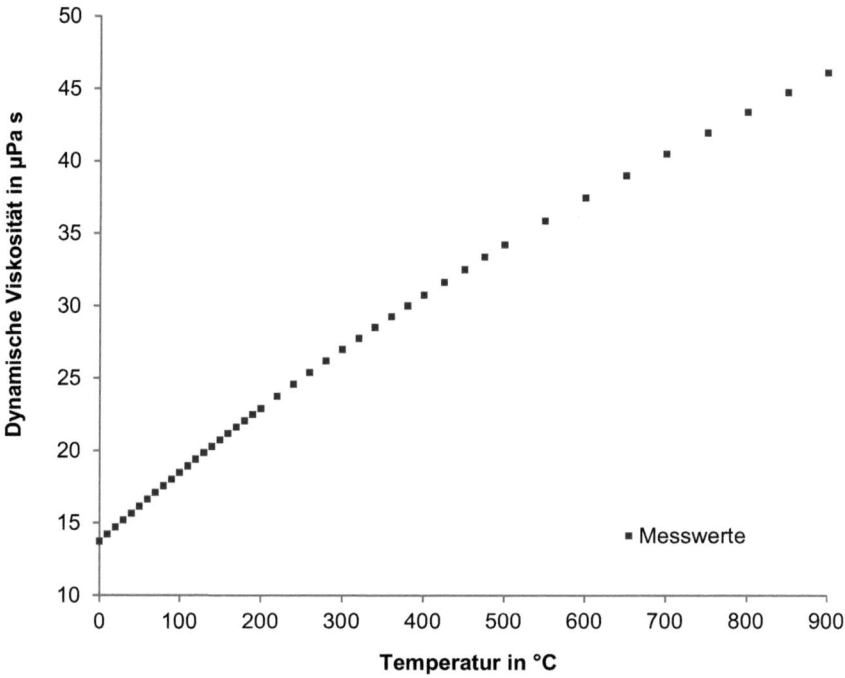

Abb. 8.3 Dynamische Viskosität von Kohlenstoffdioxid [76, Dbd 2]

Die Parameter A, B, C, D und E sind stoffabhängig und für unterschiedliche Temperaturbereiche in der Literatur (z. B. [76, Dca 31 ff.]) sowie im Anhang dieses Buches (Tab. 9) vertafelt:

$$\eta(T) = A + B\,T + C\,T^2 + D\,T^3 + E\,T^4 \tag{8.8}$$

Potenzansatz nach Sutherland Neben Linear- und Polynomansätzen haben sich in der Vergangenheit unterschiedliche Potenzansätze zur Bestimmung der dynamischen Viskosität von Gasen als zweckmäßig erwiesen. Exemplarisch soll hier der Ansatz nach W. Sutherland vorgestellt werden. Dieser beschreibt die dynamische Viskosität in Abhängigkeit der Temperatur T unter Zuhilfenahme einer Referenzviskosität η_0, einer Referenztemperatur T_0 sowie der stoffspezifischen Sutherland-Konstanten S [12, E147]:

$$\eta(T) = \eta_0 \frac{T_0 + S}{T + S} \left\{\frac{T}{T_0}\right\}^{\frac{2}{3}} \tag{8.9}$$

In der Gleichung sind die Sutherland-Konstante und die Referenztemperatur in K zu berücksichtigen. Die Einheit der dynamischen Viskosität ergibt sich in derselben Einheit wie die Referenzviskosität.

Potenzansatz nach Lucas Eine weitere Möglichkeit zur Berechnung der dynamischen Viskosität von Gasen bietet der von K. Lucas vorgeschlagene Potenzansatz. Dieser wurde speziell für Gase bei niedrigen Drücken entwickelt [76, Da 22] und eröffnet im Gegensatz zu den bereits genannten Berechnungsformeln eine Möglichkeit, die Viskosität unabhängig von der Temperatur abzuschätzen. Nach Lucas bestimmt sich die dynamische Viskosität (in Pa s) auf der Basis des Korrekturfaktors F_P, der reduzierten Viskosität ξ sowie der reduzierten Temperatur T_r:

$$\eta = \frac{F_P}{\xi} \left(0{,}807 \, T_r^{0{,}618} - 0{,}357 \, e^{-0{,}449 \, T_r} + 0{,}340 \, e^{-4{,}058 \, T_r} + 0{,}018\right) \cdot 10^{-7} \quad (8.10)$$

Der Korrekturfaktor F_P ist vom reduzierten Dipolmoment μ_r sowie vom kritischen Realgasfaktor Z_c abhängig. Es gilt [76, Da 22]:

$$F_P = 1 \quad (8.11)$$

wenn $0 \leq \mu_r \leq 0{,}022$,

$$F_P = 1 + 30{,}55 \, (0{,}292 - Z_c)^{1{,}72} \quad (8.12)$$

wenn $0{,}022 \leq \mu_r \leq 0{,}075$ und

$$F_P = 1 + 30{,}55 \, (0{,}292 - Z_c)^{1{,}72} \, |0{,}96 + 0{,}1 \, (T_r - 0{,}7)| \quad (8.13)$$

wenn $\mu_r \geq 0{,}075$.

Das reduzierte Dipolmoment μ_r kann mit Hilfe des Dipolmomentes μ, der kritischen Temperatur T_c und dem kritischen Druck p_c berechnet werden [76, Da 22]:

$$\mu_r = 52{,}460 \, \mu^2 \, p_c \, T_c^{-2} \quad (8.14)$$

Bei der Berechnung von μ_r ist zu beachten, dass das Dipolmoment in der Einheit debye, der kritische Druck in bar und die kritische Temperatur in K einzusetzen sind.

Die reduzierte Viskosität ξ wird hingegen mit der kritischen Temperatur T_c, dem kritischen Druck p_c sowie der Molmasse M bestimmt [76, Da 22]:

$$\xi = 0{,}176 \, T_c^{0{,}167} \, M^{-0{,}500} \, p_c^{-0{,}667} \quad (8.15)$$

In Gl. 8.15 werden der kritische Druck in bar und die kritische Temperatur in K berücksichtigt (siehe Tab. 2). Die Molmasse muss hingegen in $g \, mol^{-1}$ eingesetzt werden.

8.2.2 Flüssigkeiten

Die dynamische Viskosität von Flüssigkeiten wird ebenfalls in Abhängigkeit der Temperatur berechnet. Im Unterschied zu Gasen nimmt die dynamische Viskosität von Flüssigkeiten jedoch mit steigender Temperatur ab (Abb. 8.4). Die Berechnung der Viskosität

8.2 Dynamische Viskosität

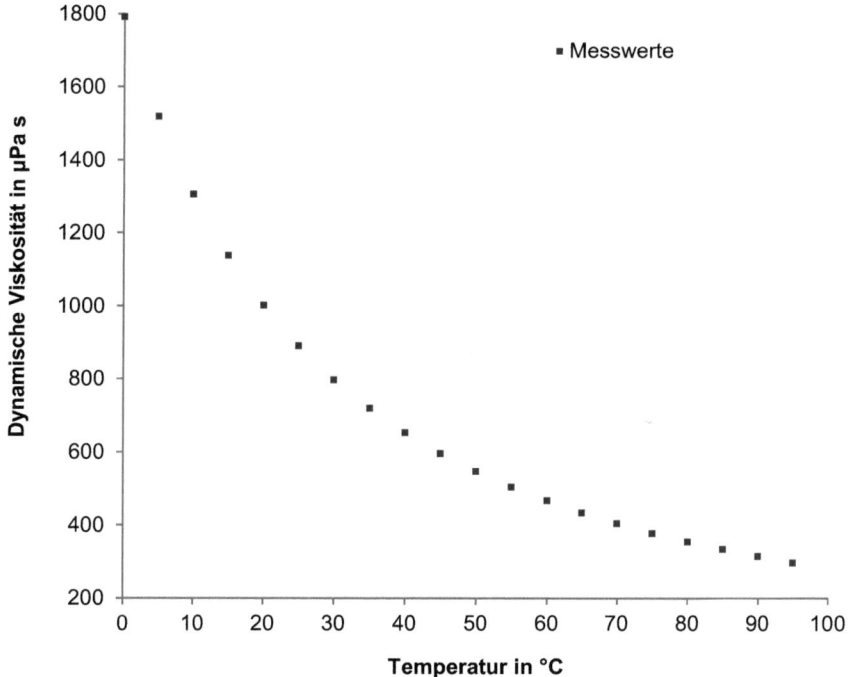

Abb. 8.4 Dynamische Viskosität von flüssigem Wasser [76, Dba 2]

von Flüssigkeiten kann – wie auch die von Gasen – durch Polynomansätze erfolgen. Eine weitere Möglichkeit zur Bestimmung der dynamischen Viskosität von Flüssigkeiten ist die Verwendung von Gruppenbeitragsmethoden.

Polynomansätze In größeren Temperaturbereichen können zur Berechnung der Viskosität von Flüssigkeiten Polynomansätze verwendet werden. Wie eingangs erwähnt ist eine Abnahme der dynamischen Viskosität mit der Temperatur charakteristisch für Flüssigkeiten. Dementsprechend gestaltet sich der Polynomansatz zur Berechnung der Viskosität mit dem Kehrwert der Temperatur T im zweiten Term sowie dem Logarithmus der Viskosität auf der linken Seite der Gleichung [76, Da 20]. Die stoffspezifischen Parameter A, B, C, D und E können der Literatur (z. B. [76, Dca 27 ff.]) oder dem Anhang dieses Buches (Tab. 10) entnommen werden:

$$\ln(\eta(T)) = A + B\frac{1}{T} + C\,T + D\,T^2 + E\,T^3 \tag{8.16}$$

Gruppenbeitragsmethode nach Orrick und Erbar Als bedeutendes Beispiel möglicher Gruppenbeitragsmethoden zur Bestimmung der dynamischen Viskosität von Flüssigkeiten soll im Folgenden die Methode nach Orrick und Erbar vorgestellt werden [76,

Da 20]. Diese Gruppenbeitragsmethode stellt die dynamische Viskosität η von Flüssigkeiten in Abhängigkeit der Dichte ρ, der Molmasse M, der Temperatur T sowie der beiden Strukturgruppenbeiträge Δ_A und Δ_B dar:

$$\ln(\eta(T)) = \ln(\rho(20\,°C)\,M) + \left\{\sum \Delta_A + \frac{\sum \Delta_B}{T}\right\} \qquad (8.17)$$

Die Strukturgruppenbeiträge können Tabellenwerken (z. B. [76, Da 21]) entnommen werden. Für schwefel- und stickstoffhaltige Komponenten sind keine gültigen Strukturgruppenbeiträge verfügbar. Diese können mit der Methode von Orrick und Erbar nicht behandelt werden. Bei der Anwendung der Gleichung nach Orrick und Erbar sind weiterhin die korrekten Einheiten der verwendeten Größen zu berücksichtigen: Die Dichte wird in $g\,cm^{-3}$ in die Gleichung eingesetzt, die Molmasse in $g\,mol^{-1}$ und die Temperatur in K. Als Ergebnis liegt die dynamische Viskosität in mPa s vor.

8.2.3 Feststoffe

Aufgrund ihrer hohen Viskosität im Vergleich zu Gasen und Flüssigkeiten sind Feststoffe im herkömmlichen Sinne, das heißt im Zusammenhang mit Strömungsprozessen, nur begrenzt fließfähig. Die Berechnung ihrer Viskositätswerte ist daher bei der Bilanzierung von Energieanlagen nicht von Bedeutung. Relevant ist die Untersuchung der Fließfähigkeit von Feststoffen vor allem bei Werkstoffuntersuchungen. In diesem Zusammenhang wird die Fließfähigkeit durch den Begriff *Plastizität* umschrieben.

8.3 Kinematische Viskosität

Die kinematische Viskosität ν ist – ebenso wie die dynamische Viskosität – ein Stoffwert, der Fluide hinsichtlich ihrer Zähigkeit beziehungsweise Fließfähigkeit charakterisiert. Bei Newton'schen Fluiden, deren Schubspannung sich (bei laminarer Strömung) proportional zur Schergeschwindigkeit verhält [4, S. 321], ist die kinematische Viskosität aus der dynamischen Viskosität und der Dichte des Fluids berechenbar.

8.3.1 Gase

Bei Gasen besteht ein proportionaler Zusammenhang zwischen der dynamischen und kinematischen Viskosität. Der Kehrwert der Gasdichte fungiert dabei als Proportionalitätskonstante. Entsprechend ergibt sich die kinematische Viskosität ν gasförmiger Newton'scher Fluide als Quotient aus der dynamischen Viskosität η und der Dichte ρ:

$$\nu = \frac{\eta}{\rho} \qquad (8.18)$$

8.3.2 Flüssigkeiten

Die kinematische Viskosität von Newton'schen Flüssigkeiten ν berechnet sich analog zur kinematischen Viskosität gasförmiger Fluide aus der Dichte des Fluids ρ sowie dessen dynamischer Viskosität η:

$$\nu = \frac{\eta}{\rho} \tag{8.19}$$

8.4 Wärmeleitfähigkeit

Die Wärmeleitfähigkeit λ ist eine elementare Größe für Wärmeübergangs- und Wärmedurchgangsrechnungen. Sie charakterisiert die Wärmedurchlässigkeit eines Stoffes. Um so höher die Wärmeleitfähigkeit ist, um so durchlässiger ist der Stoff für einen Wärmestrom. Stoffe mit sehr geringen Wärmeleitfähigkeitswerten können entsprechend als thermische Isolatoren verwendet werden. Berechnungsformeln zur Bestimmung der Wärmeleitfähigkeit von Gasen, Flüssigkeiten und Feststoffen werden im Folgenden vorgestellt.

8.4.1 Gase

Die Wärmeleitfähigkeit idealer Gase zeigt eine stetige, fast lineare Zunahme mit der Temperatur (Abb. 8.5) und liegt – mit Ausnahme der Gase Wasserstoff und Helium – im Bereich zwischen 0,01 und 0,03 W m^{-1} K^{-1} [76, Da 24]. Zur Berechnung der Wärmeleitfähigkeit werden daher im Allgemeinen temperaturabhängige Polynomansätze verwendet. Die Abhängigkeit vom Druck ist hingegen vernachlässigbar [76, Da 25].

Polynomansätze Zur Bestimmung der Wärmekapazität von Gasen werden in der Regel Polynome vierter Ordnung mit der Temperatur T als Variable verwendet. Die stoffspezifischen Parameter A, B, C, D und E können der Literatur (z. B. [76, Dca 39]) oder dem Anhang dieses Buches (Tab. 11) entnommen werden und sind für unterschiedliche Gültigkeitsbereiche definiert [76, Da 25]:

$$\lambda(T) = A + B\,T + C\,T^2 + D\,T^3 + E\,T^4 \tag{8.20}$$

8.4.2 Flüssigkeiten

Die Wärmeleitfähigkeit von Flüssigkeiten verhält sich mit wachsender Temperatur monoton steigend (Abb. 8.6). Ihre Druckabhängigkeit ist – wie auch bei Gasen – in der Regel vernachlässigbar. Im Unterschied zu Gasen liegt die Wärmeleitfähigkeit von Flüssigkeiten

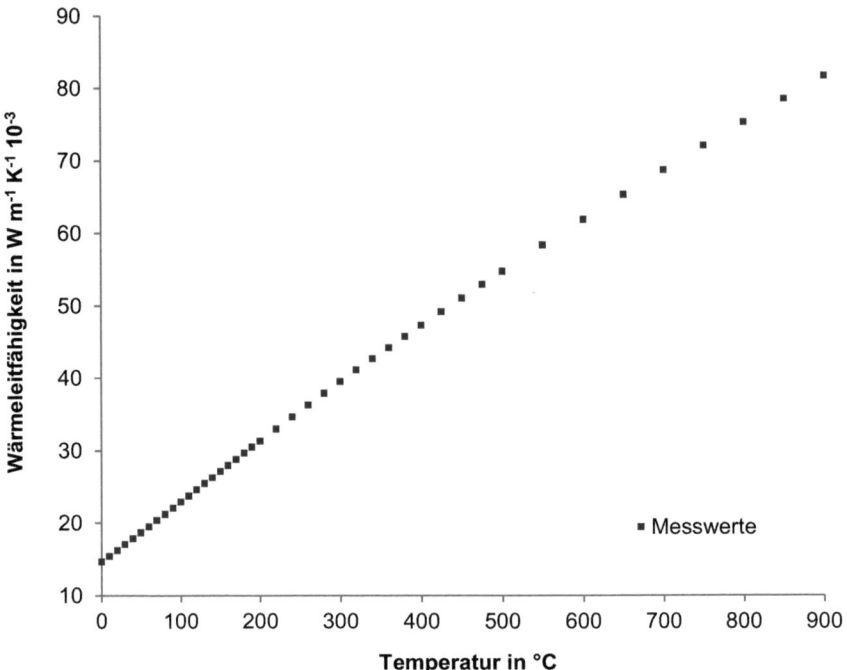

Abb. 8.5 Wärmeleitfähigkeit von Kohlenstoffdioxid [76, Dbd 2]

allerdings in etwa eine Zehnerpotenz höher (0,1–0,2 W m^{-1} K^{-1}). Wasser ist dabei eine Ausnahme und hat im Vergleich zu anderen Flüssigkeiten eine herausragend hohe Wärmeleitfähigkeit von 0,6– 0,7 W m^{-1} K^{-1} [76, Da 24]. Polynomansätze und Potenzansätze zur Berechnung der Wärmeleitfähigkeit von Flüssigkeiten werden nachfolgend vorgestellt.

Polynomansätze Bei der Berechnung der Wärmeleitfähigkeit von Flüssigkeiten kann ebenfalls auf Polynomansätze zurückgegriffen werden. Dabei erweisen sich Polynome vierten Grades mit der Temperatur T als Variable und den stoffspezifischen Parametern A, B, C, D und E im Allgemeinen als hinreichend präzise [76, Da 24]. Die Parameter sowie deren Gültigkeitsbereiche können der Literatur (z. B. [76, Dca 35]) und dem Anhang dieses Buches (Tab. 12) entnommen werden:

$$\lambda(T) = A + B\,T + C\,T^2 + D\,T^3 + E\,T^4 \qquad (8.21)$$

Potenzansatz nach Sato-Riedel Eine weitere Formel zur Abschätzung der Wärmeleitfähigkeit von Flüssigkeiten bietet der Ansatz nach Sato-Riedel. Dieser beschreibt die Wärmeleitfähigkeit λ in Abhängigkeit der Molmasse M, der reduzierten Temperatur T_r

8.4 Wärmeleitfähigkeit

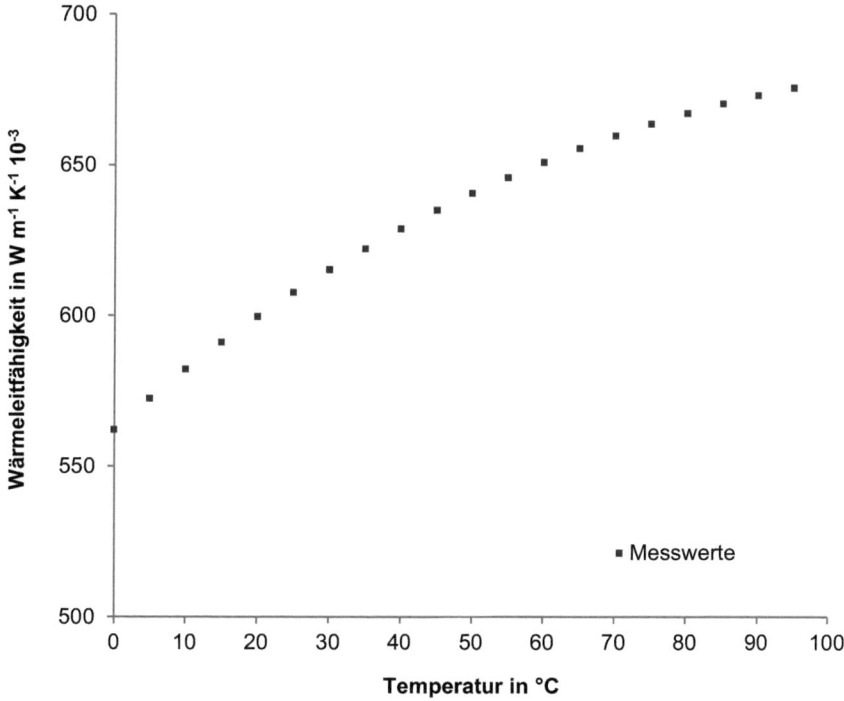

Abb. 8.6 Wärmeleitfähigkeit von flüssigem Wasser [76, Dba 2]

und der reduzierten Normalsiedetemperatur $T_{\text{NST},r}$ der Flüssigkeit [76, Da 25]:

$$\lambda = 1{,}1\, M^{-\frac{1}{2}} \frac{3 + 20\,(1 - T_r)^{\frac{2}{3}}}{3 + 20\,(1 - T_{\text{NST},r})^{\frac{2}{3}}} \qquad (8.22)$$

Zu beachten ist, dass die Molmasse M in g mol^{-1} sowie die Temperaturen in K in die Gleichung eingesetzt werden müssen. Der Index NST, r kennzeichnet die reduzierte Normalsiedetemperatur der Flüssigkeit. Diese berechnet sich mit der Normalsiedetemperatur T_{NST} und der kritischen Temperatur T_c:

$$T_{\text{NST},r} = \frac{T_{\text{NST}}}{T_c} \qquad (8.23)$$

8.4.3 Feststoffe

Druck und Temperatur besitzen einen geringen und meist vernachlässigbaren Einfluss auf die Wärmeleitfähigkeit von Feststoffen. Bei der Bilanzierung von Energieanlagen kann die Wärmeleitfähigkeit von Feststoffen daher im Allgemeinen mit Hilfe konstanter Werte beschrieben werden. Es gilt grundsätzlich, dass Werkstoffe, die gute elektrische Leiter sind, sich ebenfalls durch eine gute Wärmeleitfähigkeit auszeichnen. Dabei kann die Wärmeleitfähigkeit von Feststoffen deutlich über den Werten von Flüssigkeiten liegen. Kupfer besitzt beispielsweise eine Wärmeleitfähigkeit von etwa 370 W m^{-1} K^{-1}, Fensterglas hingegen eine Wärmeleitfähigkeit von nur ca. 0,8 W m^{-1} K^{-1} [11, S. 325].

8.5 Diffusionskoeffizient

Der Diffusionskoeffizient D ist ein Stoffwert zur Bestimmung des makrokinetischen Stofftransports zwischen Phasen/Stoffen unterschiedlicher Konzentration. Diffusionskoeffizienten stehen in differentiellen Bilanzgleichungen als Koeffizienten vor den Konzentrationsgradienten und definieren damit die Geschwindigkeit des Stofftransports. Aufgrund der Komplexität der Transportvorgänge greifen einfache temperaturabhängige Korrelationen – wie sie etwa zur Bestimmung von Wärmekapazitäten oder Wärmeleitfähigkeiten angewendet werden können – zu kurz. Daher werden in der Regel Gruppenbeitragsmodelle wie die Methode von Wilke und Lee oder von Fuller [57, 11.10] zur Abschätzung der Diffusionskoeffizienten eingesetzt [76, Da 27].

8.5.1 Gase

Zur Abschätzung der binären Diffusionskoeffizienten gasförmiger Stoffe hat sich in der Vergangenheit die Methode von Fuller bewährt. Diese wird im Folgenden exemplarisch vorgestellt.

Gruppenbeitragsmethode nach Fuller Die Formel von Fuller wird bei Drücken bis etwa 10 bar eingesetzt und dient der Berechnung des Diffusionskoeffizient D_{12} zwischen den Gasen 1 und 2. Die Formel charakterisiert den Diffusionskoeffizienten in Abhängigkeit der Molmasse M, der Temperatur T, dem Druck p sowie den Diffusionsvolumina Δ_{v_1} und Δ_{v_2} [76, Da 27]:

$$D_{12} = \frac{0{,}00143\, T^{1{,}75} \left\{ \frac{1}{M_1} + \frac{1}{M_2} \right\}^{0{,}5}}{p\, \sqrt{2}\, \left\{ \{\sum \Delta_{v_1}\}^{\frac{1}{3}} + \{\sum \Delta_{v_2}\}^{\frac{1}{3}} \right\}^2} \qquad (8.24)$$

Entsprechend der Formel von Fuller ist der Verlauf des Diffusionskoeffizienten umgekehrt proportional zum Druck. Werden die Molmasse in g mol^{-1}, die Temperatur in K und der Druck in bar berücksichtigt, führt die Formel zu einem Diffusionskoeffizient in cm^2 s^{-1}. Die Diffusionsvolumina sind für unterschiedliche Atome und Moleküle in der Literatur (z. B. [76, Da 28]) vertafelt und können – für ausgewählte Stoffe – dem Anhang dieses Buches entnommen werden (Tab. 1).

8.5.2 Flüssigkeiten

Da der Diffusionskoeffizient zwischen Flüssigkeiten in komplexer Weise von den Stoffen selbst, der Temperatur und von der Konzentration der Stoffe abhängig ist, konnte sich bisher keine allgemeingültige Methode zur Bestimmung der Diffusionskoeffizienten durchsetzen. Unterschiedliche Berechnungsmethoden für Diffusionskoeffizienten von Flüssigkeiten wie die Methode von Wilke und Chang oder von Tyn und Calus sind ausführlich in der Literatur beschrieben (z. B. in [57]). Die Gültigkeit dieser Berechnungsregeln ist jedoch in der Regel auf spezielle Gemischtypen und Zustandsbereiche beschränkt.

8.6 Verdampfungsenthalpie

Die Verdampfungsenthalpie Δh_v beschreibt die Wärmemenge, welche einem Stoff bei konstantem Druck zugeführt werden muss, um diesen vollständig isotherm zu verdampfen. Sie ist eine wichtige Rechengröße bei der Bilanzierung unterschiedlichster Prozesse wie Brennstofftrocknung oder thermische Stofftrennung, bei der zwei Medien mit verschiedenen Verdampfungscharakteristika durch die Zufuhr von Wärme voneinander getrennt werden.

Mit steigender Temperatur zeigt die Verdampfungsenthalpie einen monoton abfallenden Verlauf und wird im kritischen Punkt, in dem sich die Dichten des gasförmigen und flüssigen Zustandes gleichen, zu null (Abb. 8.7). Die Berechnung der Verdampfungsenthalpie kann durch unterschiedliche Ansätze erfolgen. Zwei verbreitete Ansätze – die Watson-Gleichung und die Clausius-Clapeyron-Gleichung – werden im Folgenden exemplarisch vorgestellt [76, Da 14].

Watson-Gleichung Die Watson-Gleichung beschreibt die Verdampfungsenthalpie Δh_v eines Stoffes als Funktion der reduzierten Temperatur T_r. In die Gleichung fließen weiterhin die stoffspezifischen Parameter A, B, C, D und E ein [76, Da 14]:

$$\Delta h_v(T) = A\,(1 - T_r)^{B + C\,T_r + D\,T_r^2 + E\,T_r^3} \tag{8.25}$$

Die Parameter sind einschlägigen Tabellenwerken (z. B. [76, Dca 15]) oder dem Anhang dieses Buches (Tab. 15) zu entnehmen. In Abhängigkeit der erforderlichen Rechengenauigkeit können die Parameter C, D und E vernachlässigt werden. Auch der Parameter B kann durch den allgemeingültigen Wert 0,38 ersetzt werden. Dies gilt insbesondere bei Betrachtungen von Stoffzuständen mit ausreichender Entfernung vom kritischen Punkt [76, Da 14]. Es ergibt sich die vereinfachte Watson-Gleichung, welche lautet:

$$\Delta h_v = A\,(1 - T_r)^{0,38} \tag{8.26}$$

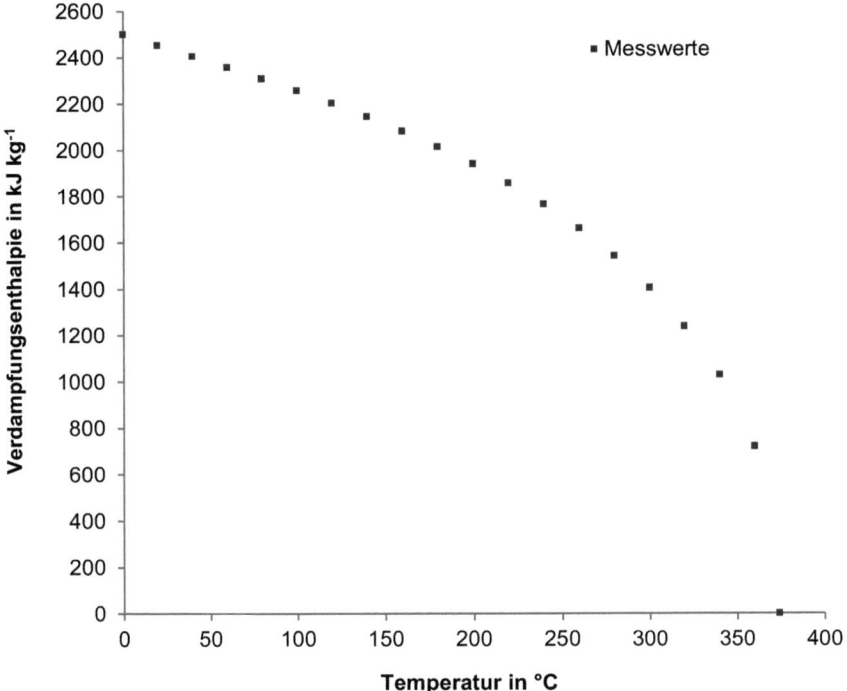

Abb. 8.7 Verdampfungsenthalpie von Wasser [76, Dba 3]

Clausius-Clapeyron-Gleichung Der Berechnungsansatz nach Clausius-Clapeyron bietet die Möglichkeit, die Verdampfungsenthalpie Δh_v in Abhängigkeit der Temperatur T, des Taupunktvolumens v', des Siedevolumens v'' und des Dampfdrucks p_s zu bestimmen [76, Da 15]:

$$\Delta h_v(T) = T\left(v'' - v'\right) \frac{d\,(p_s)}{d\,(T)} \tag{8.27}$$

Bei der Anwendung der Clausius-Clapeyron-Gleichung ist zu beachten, dass insbesondere für den Dampfdruck belastbare Messwerte vorliegen müssen, um eine ausreichende Genauigkeit der Ergebnisse zu gewährleisten. Aufgrund der meist ungenauen Werte niedriger Dampfdrücke sollte die Clausius-Clapeyron-Gleichung daher nur für für Dampfdrücke größer 1 mbar angewendet werden. Weiterhin ist im Sinne der Ergebnisgenauigkeit für gehobene Drücke ($\gtrsim 10\,\text{bar}$) die Anwendung kubischer Zustandsgleichung (z. B. nach Redlich-Kwong-Soave) der Anwendung des idealen Gasgesetzes zur Berechnung des Volumens v'' vorzuziehen und sicherzustellen, dass sich die Temperatur T mindestens 30 °C unter der kritischen Temperatur T_c befindet [76, Da 15].

8.7 Dampfdruck

Der Dampfdruck p_s beschreibt den Druck, den eine Dampfphase annimmt, wenn sie sich in einem abgeschlossenen System mit der Flüssigphase im Phasengleichgewicht befindet. Der Dampfdruck ist insbesondere bei der Bestimmung von Phasengleichgewichten mehrkomponentiger Gemische aber auch bei der Berechnung von Verdampfungs- und Kondensationsgleichgewichten von Bedeutung. Er verhält sich mit der Temperatur streng monoton steigend (Abb. 8.8) und kann für Zustandsbereiche zwischen Tripelpunkt und kritischem Punkt angegeben werden. Zur Berechnung des Dampfdrucks in Abhängigkeit der Temperatur können unterschiedliche Gleichungen angewendet werden [57], [76, Da 13]. Die vier verbreitetsten Gleichungen – die Antoine-Gleichung, die DIPPR-Gleichung, die Wagner-Gleichung und die Hoffmann-Florin-Gleichung – werden im Folgenden vorgestellt.

Antoine-Gleichung Mit Hilfe der Antoine-Gleichung kann der Dampfdruck p_s eines Stoffes in Abhängigkeit der Temperatur T sowie der Parameter A, B und C abgeschätzt

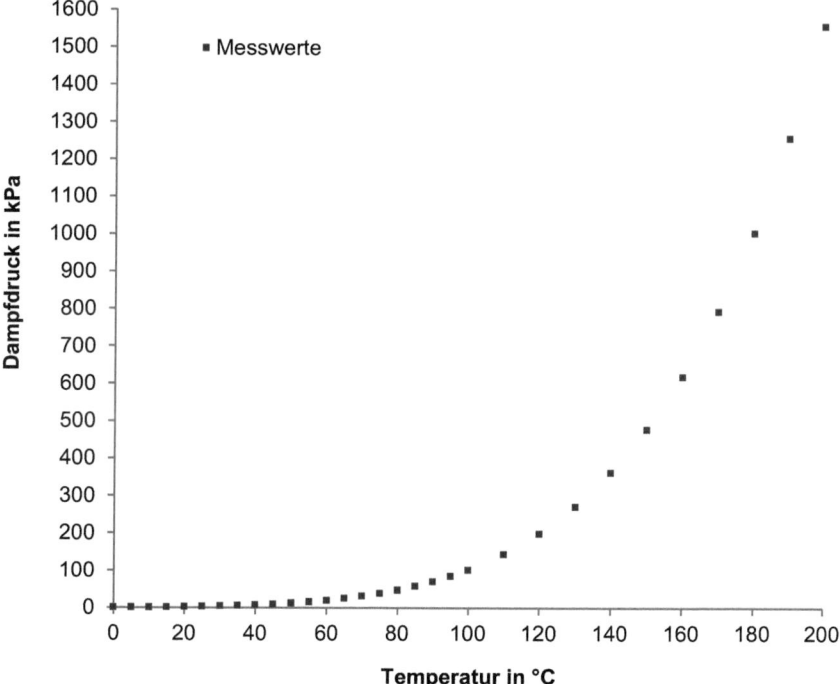

Abb. 8.8 Dampfdruck von Wasser [76, Dba 3]

werden. Die Parameter können der Literatur (z. B. [5, S. 677 ff.]) oder – für ausgewählte Stoffe – dem Anhang dieses Buches (Tab. 13) entnommen werden. Aufgrund der Parametrisierung der Gleichung mit nur drei Parametern, ist ihre Genauigkeit im Allgemeinen nicht ausreichend, um den gesamten Bereich zwischen dem Tripelpunkt und dem kritischen Punkt abzubilden. Daher werden den Parametern begrenzte Temperaturbereiche zugeordnet, welche die Gültigkeit der Gleichung definieren. Die Darstellungsform der Antoine-Gleichung wird in der Literatur nicht einheitlich wiedergegeben, so dass bei der Anwendung auf die Art des Logarithmus, die Vorzeichen der Parameter sowie auf die Einheit der Temperatur (hier in °C einzusetzen) geachtet werden muss. Der Dampfdruck wird in der Einheit Pa berechnet [5, S. 259]:

$$\log\left(p_s(T)\right) = A - \frac{B}{T+C} \quad (8.28)$$

DIPPR-Gleichung Die DIPPR-Gleichung ist eine durch fünf Parameter definierte Gleichung zur Berechnung des Dampfdrucks p_s in Abhängigkeit der Temperatur T. Im Vergleich zur Antoine-Gleichung ermöglicht sie durch die Einbeziehung von zwei zusätzlichen Parametern, den Dampfdruck im gesamten Zustandsbereich zwischen Tripelpunkt und kritischem Punkt zu bestimmen. Die fünf Parameter A, B, C, D und E sind stoffspezifisch und können Tabellenwerken der Literatur (z. B. [57]) entnommen werden [5, S. 260]:

$$\ln\left(p_s(T)\right) = A + \frac{B}{T} + C\ln(T) + DT^E \quad (8.29)$$

Wagner-Gleichung Auch die Wagner-Gleichung bietet die Möglichkeit, den Dampfdruck eines Stoffes im gesamten Bereich zwischen Tripelpunkt und kritischem Punkt zu berechnen. Dazu bezieht die Gleichung die vier stoffspezifischen Parameter A, B, C und D sowie den kritischen Druck p_c und die reduzierte Temperatur T_r des Stoffes ein. Die Parameter sind in der Literatur (z. B. [76, Dca 7]) und im Anhang dieses Buches (Tab. 14) verfügbar, ihr Einsatz sollte jedoch insbesondere bei der Extrapolation der Gleichung für Temperaturen unterhalb des Gültigkeitsbereiches überprüft werden [76, Da 13]:

$$\ln\left\{\frac{p_s(T)}{p_c}\right\} = \frac{1}{T_r}\left(A(1-T_r) + B(1-T_r)^{1.5} + C(1-T_r)^3 + D(1-T_r)^6\right) \quad (8.30)$$

Hoffmann-Florin-Gleichung In der Hoffmann-Florin-Gleichung werden lediglich die zwei stoffspezifischen Parameter A und B verwendet. Zusätzlich wird jedoch zudem die Temperaturfunktion $f(T)$ berücksichtigt. Die Hoffmann-Florin-Gleichung erzielt im Gegensatz zu den bereits vorgestellten Gleichungen auch bei Extrapolationen eine gute Ergebnisgenauigkeit [76, Da 13]:

$$\ln\left(p_s(T)\right) = A + B\,f(T) \quad (8.31)$$

Abweichend von den bereits vorgestellten Gleichungen sind die stoffspezifischen Parameter der Hoffmann-Florin-Gleichung nicht der Literatur zu entnehmen, sondern werden mit Hilfe der Temperaturfunktion $f(T)$ bestimmt:

$$f(T) = \frac{1}{T} - 7{,}9151 \cdot 10^{-3} + 2{,}6726 \cdot 10^{-3} \log_{10}(T) - 0{,}8625 \cdot 10^{-6}\, T \qquad (8.32)$$

In die Berechnung von A und B fließen weiterhin die Temperaturen T_1 und T_2 sowie die entsprechenden Dampfdrücke $p_s(T_1)$ und $p_s(T_2)$ ein. Für den Parameter A gilt folgende Berechnungsformel:

$$A = \ln(p_s(T_1)) - \ln\left\{\frac{p_s(T_1)}{p_s(T_2)}\right\} \frac{f(T_1)}{f(T_1) - f(T_2)} \qquad (8.33)$$

Der stoffspezifische Parameter B bestimmt sich in ähnlicher Weise:

$$A = \frac{\ln(p_s(T_1))}{f(T_1) - f(T_2)} \qquad (8.34)$$

Entsprechend kann die Hoffmann-Florin-Gleichung auf der Basis zweier bekannter Dampfdrücke aufgestellt und mit ihr der Dampfdruck im gesamten Bereich zwischen Tripelpunkt und kritischem Punkt berechnet werden. Bei der Berücksichtigung der Drücke in Pa und der Temperaturen in K ergibt sich der Dampfdruck ebenfalls in der Einheit Pa.

8.8 Heizwert

Zur energetischen Bilanzierung von Prozessen ist die Berechnung der Energiegehalte von Stoffströmen erforderlich. Der Energiegehalt wird mit Hilfe des Heizwertes berechnet. Dieser ist definiert als die auf die Brennstoffmenge bezogene Energiemenge, die bei der vollständigen Oxidation des Brennstoffs frei wird. In diesem Zusammenhang ist zwischen dem unteren Heizwert H_u und dem oberen Heizwert H_o zu differenzieren. Der obere Heizwert (i. Allg. auch als Brennwert bezeichnet) unterscheidet sich vom unteren Heizwert, indem er zusätzlich die Kondensationswärme des Wasserdampfes der Verbrennungsgase enthält. In der Regel wird dabei eine Kondensationstemperatur des Wasserdampfes von 25 °C zu Grunde gelegt. Der obere Heizwert ist daher grundsätzlich höher als der untere Heizwert. Gleichungen zur Berechnung des unteren und oberen Heizwertes von Gasen und Festbrennstoffen werden in den nachfolgenden Abschnitten dargestellt.

8.8.1 Gase

Die Berechnung des Heizwertes von Gasgemischen erfolgt entsprechend der DIN 51857 [16]. Gemäß DIN 51857 ergibt sich der molare, untere Heizwert H_u eines Gasgemisches aus der Summe der N Produkte aus Stoffmengenanteil y_i und unterem molaren Heizwert $H_{u,i}$ der Gaskomponenten des Gemisches:

$$H_u = \sum_{i=1}^{N} y_i \, H_{u,i} \qquad (8.35)$$

Die unteren molaren Heizwerte sind für die Bezugstemperatur von 298,15 K in DIN 51857 verzeichnet. Heizwerte nicht verzeichneter Stoffe können grundsätzlich mit Hilfe der Standardbildungsenthalpien unter der Annahme einer vollständigen Verbrennung (siehe Abschn. 9.1.3) berechnet werden.

Die Berechnung des oberen Heizwertes H_o erfolgt analog zum unteren Heizwert auf Basis der molaren, oberen Heizwerte $H_{o,i}$ der Komponenten des Gasgemisches sowie deren Stoffmengenanteile y_i [16]:

$$H_o = \sum_{i=1}^{N} y_i \, H_{o,i} \qquad (8.36)$$

Die molaren, oberen Heizwerte der Gaskomponenten sind ebenfalls in DIN 51857 [16] vertafelt.

8.8.2 Feststoffe

Im Rahmen energetischer Bilanzierungen werden – neben den Heizwerten von Gasströmen – ebenfalls Heizwerte von Festbrennstoffen zur Berechnung der Energieflüsse herangezogen. Die Heizwerte dieser Brennstoffe können entsprechend der Formel von Boie basierend auf der Elementarzusammensetzung berechnet werden [7]. Gemäß dieser Formel ergibt sich der untere Heizwert eines wasser- und aschefreien (waf) Brennstoffs $H_{u,\mathrm{waf}}$ in MJ kg^{-1} aus den auf die Trockenmasse bezogenen Massenanteilen x_i der Elemente [33, S. 351]:

$$H_{u,\mathrm{waf}} = 38{,}8\, x_C + 93{,}9\, x_H + 10{,}5\, x_S + 6{,}3\, x_N - 10{,}8\, x_O \qquad (8.37)$$

Mit Blick auf die Qualität des berechneten Heizwertes muss betont werden, dass die Formel von Boie ursprünglich für Kohlen entwickelt wurde und in Bezug auf biogene Festbrennstoffe mit einem mittleren Fehler von 4 % zum realen Wert behaftet ist [33, S. 351].

Basierend auf der Berechnung des Heizwertes des wasser- und aschefreien Brennstoffs kann der untere Heizwert des feuchten und aschehaltigen Brennstoffs mit Hilfe der auf 25 °C bezogenen, spezifischen Verdampfungsenthalpie von Wasser $\Delta h_{v,\mathrm{H_2O}}$, des Wasseranteils des Brennstoffs $x_{\mathrm{H_2O}}$ sowie dessen Ascheanteils x_A bestimmt werden [58]:

$$H_u = (1 - x_A - x_{\mathrm{H_2O}})\, H_{u,\mathrm{waf}} - x_{\mathrm{H_2O}}\, \Delta h_{v,\mathrm{H_2O}} \qquad (8.38)$$

Auch für den oberen Heizwert H_o von Festbrennstoffen sind unter den angegebenen Literaturstellen (z. B. [16], [7], [33, S. 351]) Berechnungsformeln aufgeführt. Als Beispiel sei hier auf eine speziell für Biomassen modifizierte Formel von Boie verwiesen [33, S. 351]:

$$H_{o,\text{waf}} = 1{,}87\,x_C^2 - 144\,x_C - 2802\,x_H + 63{,}8\,x_C\,x_H + 129\,x_N + 20{,}147 \tag{8.39}$$

Alternativ kann der obere Heizwert auch durch die Multiplikation des unteren Heizwertes mit brennstoffspezifischen Faktoren angenähert werden.

8.9 Zustandsgrößen

Zustandsgrößen spielen eine zentrale Rolle bei der Bilanzierung von Stoff- und Energieströmen. Während thermische Zustandsgrößen wie Druck und Temperatur in unterschiedliche Bilanz- und Stoffwertgleichungen einfließen, sind kalorische Zustandsgrößen wie die Enthalpie insbesondere für energetische Bilanzierungen von Bedeutung. Nachfolgend werden daher Berechnungsgleichungen zur Bestimmung thermischer und kalorischer Zustandsgrößen von idealen Gasen, Flüssigkeiten und Feststoffen sowie von realen Fluiden und Wasser vorgestellt.

8.9.1 Ideale Gase

Thermische Zustandsgrößen Die Berechnung der Zustandsgrößen und Stoffwerte gasförmiger Stoffströme erfolgt häufig unter der Annahme, dass sich die Stoffe als ideale Gase verhalten. Diese Annahme ist in der Regel dann zutreffend, wenn sich die Gase in einem hinreichenden Abstand zum Taupunkt befinden – das heißt bei hohen Temperaturen und niedrigen Drücken ($\lesssim 10\,\text{bar}$). Als Zustandsgleichung zur Charakterisierung der thermischen Zustandsgrößen idealer Gase wird das ideale Gasgesetz verwendet. Dieses setzt die thermischen Zustandsgrößen Druck p, Volumen V und Temperatur T mit der Stoffmenge n und der idealen Gaskonstante R in Beziehung:

$$pV = nRT \tag{8.40}$$

Auch die Gasdichte kann durch das ideale Gasgesetz bestimmt werden. Dazu wird die Stoffmenge als Bruch aus der Masse m und der Molmasse M ausgedrückt, der Quotient aus Masse m und Volumen V als Dichte ρ definiert und die Gleichung entsprechend umgeformt:

$$\rho = \frac{pM}{RT} \tag{8.41}$$

Abb. 8.9 Zusammenhang zwischen der isobaren Wärmekapazität und der molaren Enthalpie $\hat{h}_{0i}^{ig}(T_1)$ eines reinen, idealen Gases

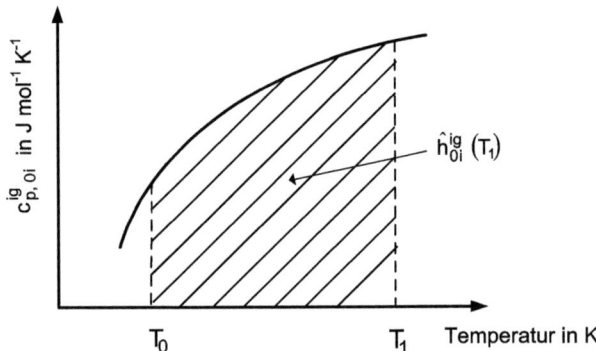

Kalorische Zustandsgrößen Die kalorischen Zustandsgrößen idealer Gase werden mit Hilfe von Integralfunktionen der Wärmekapazität bestimmt. Die Angabe der kalorischen Größen bei der Temperatur T und dem Druck p erfolgt dabei in Bezug auf einen Referenzzustand, der durch die Temperatur T_0 und den Druck p_0 gekennzeichnet ist.

Die auf die Temperatur T_0 bezogene molare Enthalpie $\hat{h}_{0i}^{ig}(T)$ eines reinen, idealen Gases berechnet sich aus der Differenz der molaren Enthalpie h_{0i}^{ig} der Temperatur T und der Referenztemperatur T_0. Zur Berechnung der Differenz wird das Integral zwischen beiden Temperaturen über die molare, isobare Wärmekapazität $c_{p,0i}^{ig}$ gebildet [4, S. 211]:

$$\hat{h}_{0i}^{ig}(T) = h_{0i}^{ig}(T) - h_{0i}^{ig}(T_0) = \int_{T_0}^{T} c_{p,0i}^{ig}(T)\, dT \tag{8.42}$$

Die Enthalpie $\hat{h}_{0i}^{ig}(T)$ entspricht damit im c_p-T-Diagramm der Fläche unter der Funktion der Wärmekapazität (Abb. 8.9). Die Berechnungsgleichung von $\hat{h}_{0i}^{ig}(T)$ ergibt sich nach dem Auflösen des Integrals in Gl. 8.42 durch das Einsetzen der Shomate-Gleichung (zur Berechnung der Wärmekapazität) als Funktion der Temperatur T. Eine Abhängigkeit vom Druck ist bei der Berechnung der Enthalpie idealer Gase nicht gegeben:

$$\hat{h}_{0i}^{ig}(T) = A \left\{ \frac{T - T_0}{1000} \right\} + \frac{B}{2} \left\{ \frac{T^2 - T_0^2}{1000^2} \right\} + \frac{C}{3} \left\{ \frac{T^3 - T_0^3}{1000^3} \right\}$$
$$+ \frac{D}{4} \left\{ \frac{T^4 - T_0^4}{1000^4} \right\} - E \left\{ \frac{1000^2}{T} - \frac{1000^2}{T_0} \right\} \tag{8.43}$$

Unter Berücksichtigung des NASA-Polynoms zur Berechnung der spezifischen Wärmekapazität führt die Auflösung des Integrals in Gl. 8.42 zu einer etwas veränderten

8.9 Zustandsgrößen

Berechnungsgleichung:

$$\hat{h}_{0i}^{ig}(T) = \left(-a_1 \left(T^{-1} - T_0^{-1} \right) + a_2 \left(\ln(T) - \ln(T_0) \right) + a_3 (T - T_0) \right.$$

$$\left. + \frac{a_4}{2} \left(T^2 - T_0^2 \right) + \frac{a_5}{3} \left(T^3 - T_0^3 \right) + \frac{a_6}{4} \left(T^4 - T_0^4 \right) + \frac{a_7}{5} \left(T^5 - T_0^5 \right) \right) R$$
(8.44)

Die auf den Referenzzustand bezogene, molare Entropie $\hat{s}_{0i}^{ig}(T, p)$ eines idealen Gases ist analog zur Enthalpie als Differenz der absoluten Entropie s_{0i}^{ig} (bei der Temperatur T und dem Druck p) und der absoluten Entropie s_{0i}^{ig} des Referenzzustandes (bei T_0 und p_0) definiert. Im Gegensatz zur Enthalpie ist die Entropie eines reinen, idealen Gases jedoch neben der Temperatur auch vom Druck abhängig. Die Berechnungsformel besteht aus zwei Termen – einem Temperatur- und einem Druckterm. Der Temperaturterm gibt die Entropie für eine bestimmte Temperatur beim Bezugsdruck p_0 an und ist aufgrund unterschiedlicher Wärmekapazitäten für jedes Gas verschieden. Der zweite, druckabhängige Term ist dagegen unabhängig vom betrachteten Gas. Er liefert bei einem spezifischen Druckniveau für alle Gase den gleichen Wert [4, S. 216]:

$$\hat{s}_{0i}^{ig}(T, p) = s_{0i}^{ig}(T, p) - s_{0i}^{ig}(T_0, p_0) = \int_{T_0}^{T} c_{p,0i}^{ig}(T) \frac{dt}{T} - R \ln \frac{p}{p_0}$$

$$= s_{0i}^{ig}(T, p_0) - R \ln \frac{p}{p_0}$$
(8.45)

Wie auch bei der Berechnung der Enthalpie erfolgt die Auflösung der Integralgleichung unter Berücksichtigung der temperaturabhängigen Wärmekapazität des betrachteten Stoffes.

Die auf den Referenzzustand mit der Temperatur T_0 bezogene innere Energie $\hat{u}_{0i}^{ig}(T)$ eines idealen Gases der Temperatur T berechnet sich in ähnlicher Weise wie die Enthalpie. Sie ergibt sich aus der Differenz der inneren Energie u_{0i}^{ig} bei der Temperatur T und der inneren Energie u_{0i}^{ig} bei T_0. Im Unterschied zur Enthalpie wird die Differenz jedoch nicht durch die Integralgleichung über die isobare Wärmekapazität, sondern über die isochore Wärmekapazität $c_{v,0i}^{ig}$ bestimmt [45, S. 176]:

$$\hat{u}_{0i}^{ig}(T) = u_{0i}^{ig}(T) - u_{0i}^{ig}(T_0) = \int_{T_0}^{T} c_{v,0i}^{ig}(T) \, dT$$
(8.46)

Die isochore Wärmekapazität $c_{v,0i}^{ig}$ kann aus der isobaren Wärmekapazität $c_{p,0i}^{ig}$ und der idealen Gaskonstante R berechnet werden [45, S. 177]:

$$c_{v,0i}^{ig} = c_{p,0i}^{ig} - R$$
(8.47)

Entsprechend ergibt sich die innere Energie eines idealen Gases analog zur Enthalpie als reine Temperaturfunktion:

$$\hat{u}_{0i}^{ig}(T) = u_{0i}^{ig}(T) - u_{0i}^{ig}(T_0) = \int_{T_0}^{T} c_{p,0i}^{ig}(T)\, dT - \int_{T_0}^{T} R\, dT \tag{8.48}$$

Wird zur Berechnung der Wärmekapazität die Shomate-Gleichung zu Grunde gelegt, so nimmt die Berechnungsgleichung der inneren Energie folgende Form an:

$$\hat{u}_{0i}^{ig}(T) = A \left\{ \frac{T - T_0}{1000} \right\} + \frac{B}{2} \left\{ \frac{T^2 - T_0^2}{1000^2} \right\} + \frac{C}{3} \left\{ \frac{T^3 - T_0^3}{1000^3} \right\}$$

$$+ \frac{D}{4} \left\{ \frac{T^4 - T_0^4}{1000^4} \right\} - E \left\{ \frac{1000^2}{T} - \frac{1000^2}{T_0} \right\} \tag{8.49}$$

$$- R\,(T - T_0)$$

8.9.2 Ideale Flüssigkeiten

Thermische Zustandsgrößen Ideale Flüssigkeiten sind grundsätzlich inkompressibel und besitzen ein konstantes Volumen [45, S. 178]. Entsprechend kann keine Abhängigkeit zwischen den thermischen Zustandsgrößen, wie durch das ideale Gasgesetz, formuliert werden:

$$v_{0i}^{if} = \text{konst} \tag{8.50}$$

Kalorische Zustandsgrößen Die molare, auf einen Referenzzustand mit der Temperatur T_0 bezogene Enthalpie $\hat{h}_{0i}^{if}(T)$ idealer Flüssigkeiten berechnet sich wie auch bei idealen Gasen durch das Integral über die Wärmekapazität c_{0i}^{if}:

$$\hat{h}_{0i}^{if}(T) = h_{0i}^{if}(T) - h_{0i}^{if}(T_0) = \int_{T_0}^{T} c_{0i}^{if}(T)\, dT \tag{8.51}$$

Mit der NASA-Gleichung zur Bestimmung der Wärmekapazität ergibt sich die aufgelöste Integralgleichung wie folgt:

$$\hat{h}_{0i}^{if}(T) = \Big(-a_1\,(T^{-1} - T_0^{-1}) + a_2\,(\ln(T) - \ln(T_0)) + a_3\,(T - T_0)$$

$$+ \frac{a_4}{2}\,(T^2 - T_0^2) + \frac{a_5}{3}\,(T^3 - T_0^3) + \frac{a_6}{4}\,(T^4 - T_0^4) + \frac{a_7}{5}\,(T^5 - T_0^5) \Big) R \tag{8.52}$$

Streng genommen muss die Berechnungsgleichung der molaren Enthalpie idealer Flüssigkeiten noch durch den druckabhängigen Term $V \Delta T$ ergänzt werden. Wegen der geringen Volumenänderungen idealer Flüssigkeiten wird dieser Term im Allgemeinen jedoch vernachlässigt.

Für die Entropie $\hat{s}_{0i}^{\text{if}}(T)$ idealer Flüssigkeiten gilt ebenfalls eine Berechnungsgleichung in Abhängigkeit der molaren Wärmekapazität c_{0i}^{if}. Im Unterschied zu idealen Gasen ist diese jedoch unabhängig vom Druck:

$$\hat{s}_{0i}^{\text{if}}(T) = \int_{T_0}^{T} c_{0i}^{\text{if}}(T) \frac{dt}{T} \tag{8.53}$$

Die Bestimmung der inneren Energie erfolgt durch das Integral über die isochore Wärmekapazität. Da bei idealen – also inkompressiblen – Flüssigkeiten die isobare Wärmekapazität gleich der isochoren Wärmekapazität ist ($c_{p,0i}^{\text{if}} = c_{v,0i}^{\text{if}} = c^{\text{if}}$), führt die Berechnung der inneren Energie auf identische Ergebnisse wie die Berechnung der Enthalpie [45, S. 178]:

$$\hat{u}_{0i}^{\text{if}}(T) = \int_{T_0}^{T} c^{\text{if}}(T) \, dT \tag{8.54}$$

8.9.3 Ideale Feststoffe

Thermische Zustandsgrößen Feststoffe werden wie auch ideale Flüssigkeiten als inkompressible Medien modelliert und ihre Zustandsgrößen unabhängig vom Druck bestimmt [42, S. 50]. Entsprechend kann zwischen den thermischen Zustandsgrößen von Feststoffen kein mathematischer Zusammenhang formuliert werden. Die Dichte und das spezifische Volumen von Feststoffen bleiben auch bei Änderungen der Temperatur konstant:

$$v_{0i}^{\text{ifs}} = \text{konst} \tag{8.55}$$

Kalorische Zustandsgrößen Die auf den Referenzzustand bezogene, molare Enthalpie $\hat{h}_{0i}^{\text{ifs}}(T)$ idealer Feststoffe der Temperatur T ist als Integralfunktion über die molaren Wärmekapazität c_{0i}^{ifs} definiert [42, S. 50]:

$$\hat{h}_{0i}^{\text{ifs}}(T) = \int_{T_0}^{T} c_{0i}^{\text{ifs}}(T) \, dT \tag{8.56}$$

Nach Einsetzen des NASA-Polynoms zur Berechnung der Wärmekapazität und anschließender Bildung der Stammfunktion ergibt sich die Berechnungsgleichung der mo-

Tab. 8.3 NASA-Parameter zur Berechnung der spezifischen Wärmekapazität ausgewählter fester Stoffe

NASA-Parameter	Stoff		
	CaO	CaCO$_3$	SiO$_2$
a_1	$-1{,}459376440 \cdot 10^{+05}$	$-2{,}583555736 \cdot 10^{+05}$	$2{,}317635074 \cdot 10^{+04}$
a_2	0	0	0
a_3	$7{,}174205094 \cdot 10^{+00}$	$1{,}197256363 \cdot 10^{+01}$	$7{,}026511484 \cdot 10^{+00}$
a_4	$-1{,}959947129 \cdot 10^{-03}$	$3{,}263812299 \cdot 10^{-03}$	$1{,}241925261 \cdot 10^{-03}$
a_5	$1{,}291116374 \cdot 10^{-06}$	0	0
a_6	$-2{,}077091735 \cdot 10^{-10}$	0	0
a_7	0	0	0
Gültigkeitsbereich	500–3172 K	500–1603 K	848–1200 K

laren Enthalpie $\hat{h}_{0i}^{\text{ifs}}(T)$ wie folgt:

$$\hat{h}_{0i}^{\text{ifs}}(T) = \Big(-a_1 \left(T^{-1} - T_0^{-1} \right) + a_2 (\ln(T) - \ln(T_0)) + a_3 (T - T_0)$$

$$+ \frac{a_4}{2} \left(T^2 - T_0^2 \right) + \frac{a_5}{3} \left(T^3 - T_0^3 \right) + \frac{a_6}{4} \left(T^4 - T_0^4 \right) + \frac{a_7}{5} \left(T^5 - T_0^5 \right) \Big) R \tag{8.57}$$

Die Entropie $\hat{s}_{0i}^{\text{ifs}}(T)$ ergibt sich ebenfalls als Funktion der molaren Wärmekapazität c_{0i}^{ifs} [42, S. 174]:

$$\hat{s}_{0i}^{\text{ifs}}(T) = \int_{T_0}^{T} c_{0i}^{\text{ifs}}(T) \frac{dt}{T} \tag{8.58}$$

Wie bei idealen Flüssigkeiten sind bei idealen Feststoffen die isobare und isochore Wärmekapazität identisch ($c_{p,0i}^{\text{ifs}} = c_{v,0i}^{\text{ifs}} = c^{\text{ifs}}$). Die Berechnung der inneren Energie kann entsprechend durch die gleiche Formel wie die Enthalpie (Gl. 8.56) angenähert werden.

Zur Berechnung der kalorischen Zustandsgrößen ist die Kenntnis der Wärmekapazitäten der Stoffe erforderlich. Diese können mit Hilfe der Shomate- oder NASA-Gleichung bestimmt werden. Ausgewählte NASA-Parameter zur Berechnung der Wärmekapazität fester Stoffe sind in Tab. 8.3 dargestellt.

8.9.4 Reale Fluide

Thermische Zustandsgrößen Erzielen Berechnungen mit idealen Gasen oder Flüssigkeiten nicht die erforderlichen Ergebnisgenauigkeiten, so können diese alternativ als reale Fluide modelliert werden. Dabei wird auf Berechnungsgleichungen zurückgegriffen,

8.9 Zustandsgrößen

die nicht den Vereinfachungen idealer Modelle (z. B. die Druckunabhängigkeit bei idealen Gase) unterliegen. Die Zustandsgrößen realer Fluide werden im Allgemeinen durch kubische Zustandsgleichungen wie die Gleichung von Redlich-Kwong-Soave oder Peng-Robinson (siehe Abschn. 4.4.2) abgebildet. Diese erfassen unterschiedliche Wechselwirkungen zwischen den Molekülen des Fluids und führen daher generell zu genaueren Ergebnissen als ideale Stoffmodelle.

Kubische Zustandsgleichungen sind Weiterentwicklungen der van der Waals-Gleichung, mit denen die thermischen Zustandsgrößen im gesamten fluiden Zustandsgebiet wiedergegeben werden können. In der impliziten Form sind die Zustandsgleichungen mit Bezug auf das spezifische Volumen v Polynome dritten Grades, woraus sich die Bezeichnung *kubisch* ableitet.

Die nachfolgenden Erläuterungen sind beispielhaft für die Gleichung von Redlich-Kwong-Soave dargestellt. Die implizite Form der Redlich-Kwong-Soave-Gleichung wird mit Hilfe des spezifischen Volumens v, der Temperatur T, des Drucks p, der idealen Gaskonstante R sowie der Größen $a(T)$ und b formuliert [36]:

$$0 = v^3 - \frac{RT}{p} v^2 + \frac{a(T) - RTb - b^2 p}{p} v - \frac{a(T)b}{p} \qquad (8.59)$$

Die explizite Form der Redlich-Kwong-Soave-Gleichung ist eine Funktion der Temperatur T und des spezifischen Volumens v [4, S. 196]:

$$p(T, v) = \frac{RT}{v - b} - \frac{a(T)}{v(v + b)} \qquad (8.60)$$

Der erste Bruchterm wird als Abstoßungsterm bezeichnet und berücksichtigt die Verkleinerung des Bewegungsraums der Moleküle aufgrund ihres Eigenvolumens. Der zweite Bruchterm beschreibt die Anziehungskräfte der Moleküle bei komprimierten Gasen und wird deshalb Anziehungsterm genannt [36]. Die Berechnung der Parameter a und b erfolgt gemäß der Beschreibung aus Abschn. 4.4.2.

Nach der expliziten Form der Zustandsgleichung (Gl. 8.60) ist der Druck p über das gesamte Zustandsgebiet, einschließlich dem Nassdampfgebiet, eine Funktion des molaren Volumens v und der Temperatur T. Der berechnete Verlauf des Drucks im p-v-Diagramm (Abb. 4.12) weicht allerdings innerhalb des Nassdampfgebietes vom realen Druckverlauf – also vom realen Dampfdruck p_s – ab. Mit Hilfe des Maxwell-Kriteriums kann der berechnete Druckverlauf im Nassdampfgebiet korrigiert und an das reale Verhalten angepasst werden. Das Maxwell-Kriterium lautet:

$$p_s(T)(v'' - v') = \int_{v'}^{v''} p(T, v) \, dv \qquad (8.61)$$

Zusammen mit der expliziten Form der Redlich-Kwong-Soave-Gleichung (Gl. 8.60) führt das Maxwell-Kriterium auf eine temperaturabhängige Berechnungsgleichung des korrigierten Dampfdrucks p_s im Nassdampfgebiet:

$$p_s(T) = \frac{1}{v'' - v'} \left\{ R T \ln\left\{\frac{v'' - b}{v' - b}\right\} - \frac{a(T, \omega)}{b} \ln\left\{\frac{v''(v' + b)}{v'(v'' + b)}\right\} \right\} \quad (8.62)$$

Auf Basis des korrigierten Dampfdrucks p_s und der Temperatur können anschließend das molare Volumen der siedenden Flüssigkeit v' sowie das molare Volumen des gesättigten Dampfes v'' bestimmt werden. Dazu ist der Dampfdruck in Gl. 8.59 einzusetzen. Es gilt:

$$p_s(T) = p(T, v') = p(T, v'') \quad (8.63)$$

Kalorische Zustandsgrößen Mit der Formulierung von Redlich-Kwong-Soave steht eine Zustandsgleichung zur Verfügung, mit der die Zustandsgrößen Temperatur T, Druck p und spezifisches Volumen v des gesamten fluiden Zustandsgebietes beschrieben werden können. Diese sind – neben der isochoren Wärmekapazität $c_{v,0i}^{ig}$ – notwendig, um die innere Energie u die Enthalpie h und die Entropie s realer Fluide berechnen zu können:

$$u(T, v) = u(T_0, p_0) + \int_{T_0}^{T} c_{v,0i}^{ig}(T)\, dT + \int_{\infty}^{v} \left\{ T \left\{\frac{\partial p}{\partial T}\right\}_v - p \right\} dv \quad (8.64)$$

$$h(T, v) = u(T, v) + p(T, v)\, v \quad (8.65)$$

$$s(T, v) = s(T_0, p_0) + \int_{T_0}^{T} c_{v,0i}^{ig}(T)\, \frac{dT}{T} + R \ln \frac{v}{v_0} + \int_{\infty}^{v} \left\{ \left\{\frac{\partial p}{\partial T}\right\}_v - \frac{R}{v} \right\} dv \quad (8.66)$$

8.9.5 Wasser und Wasserdampf

Aufgrund seiner stofflichen Eigenschaften (wie z. B. der im Vergleich zu anderen Medien ausgesprochen hohen spezifischen Wärmekapazität) kommt Wasser beziehungsweise Wasserdampf in vielen Energieanlagen eine besondere Bedeutung zu. Wasser wird beispielsweise als Wärmeträger- und Kühlmedium verwendet oder als Arbeitsmedium in Dampfkraftprozessen. Da zur Auslegung und Optimierung dieser Anlagen im Allgemeinen präzise rechentechnische Analysen erforderlich sind, wurde das Medium Wasser in der Vergangenheit detailliert untersucht und vermessen. Zur Berechnung der Stoffeigenschaften von Wasser wurden entsprechend unterschiedliche Formeln entwickelt. Reichen die Ergebnisgenauigkeiten der vorgestellten Berechnungsansätze – wie das ideale Gasgesetz zur Abbildung des Verhaltens von Wasserdampf – nicht aus, werden zur thermodynamischen Berechnung des Zustandes von Wasser und Wasserdampf häufig die Berechnungsgleichungen des Industrie-Standards IAPWS-IF97 (International Association for the Properties of Water and Steam – Industrie-Formulation 1997) [77] verwendet. Die

8.9 Zustandsgrößen

Tab. 8.4 Parameter I_i, J_i und n_i zur Berechnung der Zustandsgrößen von Wasser und Wasserdampf im Bereich 1 [77]

i	I_i	J_i	n_i	i	I_i	J_i	n_i
1	0	−2	0,14632971213167	18	2	3	−0,441418453308 · 10^{-5}
2	0	−1	−0,84548187169114	19	2	17	−0,72694996297594 · 10^{-15}
3	0	0	−0,37563603672040 · 10^1	20	3	−4	−0,31679644845054 · 10^{-4}
4	0	1	0,33855169168385 · 10^1	21	3	0	−0,28270797985312 · 10^{-5}
5	0	2	−0,95791963387872	22	3	6	−0,85205128120103 · 10^{-9}
6	0	3	0,15772038513228	23	4	−5	−0,22425281908000 · 10^{-5}
7	0	4	−0,16616417199501 · 10^{-1}	24	4	−2	−0,65171222895601 · 10^{-6}
8	0	5	0,81214629983568 · 10^{-3}	25	34	10	−0,14341729937924 · 10^{-12}
9	1	−9	0,28319080123804 · 10^{-3}	26	5	−8	−0,40516996860117 · 10^{-6}
10	1	−7	−0,60706301565874 · 10^{-3}	27	8	−11	−0,12734301741641 · 10^{-8}
11	1	−1	−0,18990068218419 · 10^{-1}	28	8	−6	−0,17424871230634 · 10^{-9}
12	1	0	−0,32529748770505 · 10^{-1}	29	21	−29	−0,68762131295531 · 10^{-18}
13	1	1	−0,21841717175414 · 10^{-1}	30	23	−31	0,14478307828521 · 10^{-19}
14	1	3	−0,52838357969930 · 10^{-4}	31	29	−38	0,26335781662795 · 10^{-22}
15	2	−3	−0,47184321073267 · 10^{-3}	32	30	−39	−0,11947622640071 · 10^{-22}
16	2	0	−0,30001780793026 · 10^{-3}	33	31	−40	0,18228094581404 · 10^{-23}
17	2	1	0,47661393906987 · 10^{-4}	34	32	−41	−0,93537087292458 · 10^{-25}

IAPWS-IF97 ist ein System von Fundamentalgleichungen zur Berechnung der thermodynamischen Zustandsgrößen von Wasser. Die Fundamentalgleichungen der IAPWS-IF97 erlauben die Beschreibung der thermodynamischen Eigenschaften von Wasser und Wasserdampf in Abhängigkeit von Temperatur und Druck sowohl im Gebiet der Flüssig- und Gasphase als auch im überkritischen Zustand. Um eine hohe Genauigkeit der Gleichungen über das gesamte Zustandsgebiet sicherzustellen, wird dieses in unterschiedliche Bereiche eingeteilt, welche jeweils durch verschiedene Gleichungen beschrieben werden. Die Gleichungen für zwei Bereiche werden in den nachfolgenden Abschnitten erläutert:

- Bereich 1: Flüssiges Wasser (273,15 K $\leq T \leq$ 623,15 K; $p \leq$ 1000 bar),
- Bereich 2: Dampfförmiges Wasser (273,15 K $\leq T \leq$ 1073,15 K; $p \leq$ 1000 bar).

Thermische Zustandsgrößen Die Zustandsgleichung für Bereich 1 ist durch die spezifische Gibbs-Energie g, die spezifische Gaskonstante von Wasser R, die Temperatur T, den Druck p, die dimensionslose Gibbs-Energie γ, die Parameter I_i, J_i und n_i (Tab. 8.4) sowie die Hilfsgrößen π und τ definiert:

$$\frac{g(p,T)}{RT} = \gamma(\pi,\tau) = \sum_{i=1}^{34} n_i (7,1-\pi)^{I_i} (\tau-1,222)^{J_i} \qquad (8.67)$$

Tab. 8.5 Parameter J_i^0 und n_i^0 zur Berechnung der Zustandsgrößen von Wasser und Wasserdampf im Bereich 2 [77]

i	J_i^0	n_i^0	i	J_i^0	n_i^0
1	0	$-0{,}96927686500217 \cdot 10^1$	6	-2	$0{,}14240819171444 \cdot 10^1$
2	1	$0{,}10086655968018 \cdot 10^2$	7	-1	$-0{,}43839511319450 \cdot 10^1$
3	-5	$-0{,}56087911283020 \cdot 10^{-2}$	8	2	$-0{,}28408632460772$
4	-4	$0{,}71452738081455 \cdot 10^{-1}$	9	3	$0{,}21268463753307 \cdot 10^{-1}$
5	-3	$-0{,}40710498223928$			

Die beiden Hilfsgrößen π und τ können mit Hilfe der Temperatur T in K und dem Druck p in MPa bestimmt werden:

$$\pi = \frac{p}{16{,}53} \tag{8.68}$$

$$\tau = \frac{1386}{T} \tag{8.69}$$

Im Bereich 2 gilt eine Zustandsgleichung, die neben der spezifischen Gibbs-Energie g, der spezifischen Gaskonstante von Wasser R, der Temperatur T, dem Druck p, der dimensionslosen Gibbs-Energie γ und den Hilfsgrößen π und τ zwei weitere Hilfsgrößen, γ^0 und γ^r, enthält:

$$\frac{g(p,T)}{RT} = \gamma(\pi,\tau) = \gamma^0(\pi,\tau) + \gamma^r(\pi,\tau) \tag{8.70}$$

Dabei entspricht die Hilfsgröße γ^0 dem Anteil des idealen Gases der spezifischen Gibbs-Energie g und berechnet sich auf Basis der Hilfsgrößen π und τ (Gl. 8.68 und 8.69) sowie der Parameter n_i^0 und J_i^0 (Tab. 8.5):

$$\gamma^0 = \ln \pi + \sum_{i=1}^{9} n_i^0 \tau^{J_i^0} \tag{8.71}$$

Die Hilfsgröße γ^r entspricht dem residuellen Anteil der sepzifischen Gibbs-Energie g, welcher sich mit Hilfe der Parameter I_i, J_i und n_i (Tab. 8.6) sowie der Hilfsgrößen π und τ ergibt:

$$\gamma^r = \sum_{i=1}^{43} n_i \pi^{I_i} (\tau - 0{,}5)^{J_i} \tag{8.72}$$

Kalorische Zustandsgrößen Wie bei der Berechnung der thermischen Zustandsgrößen werden auch bei der Berechnung von Enthalpie und Entropie für die beiden (Phasen)bereiche verschiedene Berechnungsgleichungen verwendet.

8.9 Zustandsgrößen

Tab. 8.6 Parameter I_i, J_i und n_i zur Berechnung der Zustandsgrößen von Wasser und Wasserdampf im Bereich 2 [77]

i	I_i	J_i	n_i	i	I_i	J_i	n_i
1	1	0	$-0{,}17731742473213 \cdot 10^{-2}$	23	7	0	$-0{,}59059564324270 \cdot 10^{-17}$
2	1	1	$-0{,}17834862292358 \cdot 10^{-1}$	24	7	11	$-0{,}12621808899101 \cdot 10^{-5}$
3	1	2	$-0{,}45996013696365 \cdot 10^{-1}$	25	7	25	$-0{,}38946842435739 \cdot 10^{-1}$
4	1	3	$-0{,}57581259083432 \cdot 10^{-1}$	26	8	8	$0{,}11256211360459 \cdot 10^{-10}$
5	1	6	$-0{,}50325278727930 \cdot 10^{-1}$	27	8	36	$-0{,}82311340897998 \cdot 10^{1}$
6	2	1	$-0{,}33032641670203 \cdot 10^{-4}$	28	9	13	$0{,}19809712802088 \cdot 10^{-7}$
7	2	2	$-0{,}18948987516315 \cdot 10^{-3}$	29	10	4	$0{,}10406965210174 \cdot 10^{-18}$
8	2	4	$-0{,}39392777243355 \cdot 10^{-2}$	30	10	10	$-0{,}10234747095929 \cdot 10^{-12}$
9	2	7	$-0{,}43797295650573 \cdot 10^{-1}$	31	10	14	$-0{,}10018179379511 \cdot 10^{-8}$
10	2	36	$-0{,}26674547914087 \cdot 10^{-4}$	32	16	29	$-0{,}80882908646985 \cdot 10^{-10}$
11	3	0	$0{,}20481737692309 \cdot 10^{-7}$	33	16	50	$0{,}10693031879409$
12	3	1	$0{,}43870667284435 \cdot 10^{-6}$	34	18	57	$-0{,}33662250574171$
13	3	3	$-0{,}32277677238570 \cdot 10^{-4}$	35	20	20	$0{,}89185845355421 \cdot 10^{-24}$
14	3	6	$-0{,}15033924542148 \cdot 10^{-2}$	36	20	35	$0{,}30629316876232 \cdot 10^{-12}$
15	3	35	$-0{,}40668253562649 \cdot 10^{-1}$	37	20	48	$-0{,}42002467698208 \cdot 10^{-5}$
16	4	1	$-0{,}78847309559367 \cdot 10^{-9}$	38	21	21	$-0{,}59056029685639 \cdot 10^{-25}$
17	4	2	$0{,}12790717852285 \cdot 10^{-7}$	39	22	53	$0{,}37826947613457 \cdot 10^{-5}$
18	4	3	$0{,}48225372718507 \cdot 10^{-6}$	40	23	39	$-0{,}12768608934681 \cdot 10^{-14}$
19	5	7	$0{,}22922076337661 \cdot 10^{-5}$	41	24	26	$0{,}73087610595061 \cdot 10^{-28}$
20	6	3	$-0{,}16714766451061 \cdot 10^{-10}$	42	24	40	$0{,}55414715350778 \cdot 10^{-16}$
21	6	16	$-0{,}21171472321355 \cdot 10^{-2}$	43	24	58	$-0{,}94369707241210 \cdot 10^{-6}$
22	6	35	$-0{,}23895741934104 \cdot 10^{2}$				

Im Bereich 1 sind Enthalpie h und Entropie s durch die ideale Gaskonstante von Wasser R und die Temperatur T sowie durch die Hilfsgrößen π und τ, die dimensionslose Gibbs-Energie γ und deren partielle Ableitung γ_τ definiert:

$$\frac{h(\pi, \tau)}{RT} = \tau \gamma_\tau \qquad (8.73)$$

$$\frac{s(\pi, \tau)}{R} = \tau \gamma_\tau - \gamma \qquad (8.74)$$

Im Bereich 2 werden Enthalpie h und Entropie s hingegen mit Hilfe der oben beschriebenen Hilfsgrößen γ^0 und γ^r (Gl. 8.71 und Gl. 8.72), deren partiellen Ableitungen γ_τ^0 und γ_τ^r sowie der idealen Gaskonstante für Wasser R, der Temperatur T und den Hilfsgrößen

π und τ beschrieben:

$$\frac{h(\pi,\tau)}{RT} = \tau\left(\gamma_\tau^0 + \gamma_\tau^r\right) \tag{8.75}$$

$$\frac{s(\pi,\tau)}{R} = \tau\left(\gamma_\tau^0 + \gamma r_\tau\right) - \left(\gamma^0 + \gamma^r\right) \tag{8.76}$$

Als Bezugszustand der IAPWS-IF97 ist der Tripelpunkt des Wassers mit $T_t = 273{,}16\,\text{K}$ und $p_t = 0{,}0061165\,\text{bar}$ festgelegt [77, S. 25]. Die Umrechnung der Enthalpie- und Entropiewerte vom Bezugszustand der IAPWS-IF97 zum Referenzzustand (i. Allg.: $T_0 = 298{,}15\,\text{K}$, $p_0 = 1\,\text{bar}$) kann entsprechend als Differenz der Werte bei der Temperatur T und dem Druck p und den Werten bei T_0 und p_0 berechnet werden:

$$\hat{h} = h(T,p) - h(T_0,p_0) \tag{8.77}$$

$$\hat{s} = s(T,p) - s(T_0,p_0) \tag{8.78}$$

Im Nassdampfgebiet ist der Zustand eines Reinstoffes nicht hinreichend durch die Zustandsgrößen Druck p und Temperatur T definiert, da die Temperatur und der für diese Temperatur spezifische Dampfdruck im Bereich zwischen Siede- und Taulinie konstant sind. Zur eindeutigen Bestimmung ist eine weitere Zustandsgröße nötig: der Dampfgehalt x_D. Der Dampfgehalt x_D ist definiert als Quotient aus der Masse des gesättigten Dampfes m'' und der Gesamtmasse des nassen Dampfes, die sich aus der Masse der siedenden Flüssigkeit m' und der Masse des gesättigten Dampfes m'' zusammensetzt [4, S. 204]:

$$x_\text{D} = \frac{m''}{m' + m''} \tag{8.79}$$

Mit Hilfe des Dampfgehaltes x_D können die Zustandsgrößen v, h und s im Nassdampfgebiet berechnet werden:

$$x_\text{D} = \frac{v - v'}{v'' - v'} \tag{8.80}$$

$$x_\text{D} = \frac{h - h'}{h'' - h'} \tag{8.81}$$

$$x_\text{D} = \frac{s - s'}{s'' - s'} \tag{8.82}$$

9 Modellierung stationär betriebener Anlagenkomponenten

Die Modellierung der Komponenten energietechnischer Anlagen bildet die Grundlage zur Berechnung von Massen- und Energiebilanzen. Die Gestaltung der Modelle hat dabei einen entscheidenden Einfluss auf das Ergebnis der Bilanzierung. Entsprechend erlaubt erst eine tiefergehende Kenntnis der Modellierungsansätze sowie der zu Grunde liegenden Annahmen und Vereinfachungen eine fundierte Interpretation der Ergebnisse. In diesem Kapitel werden daher sowohl die thermodynamischen Modellierungsansätze zur Beschreibung stationärer Betriebszustände von Komponenten energietechnischer Anlagen als auch ausgewählte Rechenbeispiele vorgestellt. Ortsaufgelöste Modellierung zur Detailanalyse der Vorgänge in den Anlagenkomponenten werden dabei nicht berücksichtigt.

9.1 Modellierungsansätze

In den nachfolgenden Unterkapiteln werden die thermodynamischen Modellierungsansätze unterschiedlicher Anlagenkomponenten dargestellt. Im Fokus stehen dabei die Bilanzierung von Massen- und Energieströmen sowie die Änderung der Zustandsgrößen.

9.1.1 Trockner

In Trocknern wird der Wassergehalt feuchter Brennstoffe reduziert. In der Regel werden die Brennstoffe dazu mit vorgewärmten und entsprechend ungesättigten Gasen (z. B. Luft) überströmt. Aufgrund der unterschiedlichen Wasserdampfpartialdrücke verdunstet ein Teil des Brennstoffwassers und wird von dem ihn überströmenden Gas aufgenommen (siehe Phasengleichgewichte in Abschn. 7.1). Die zur Verdunstung des Wassers erforderliche Energie wird dem Gasstrom entzogen. Dieser kühlt sich während des Trocknungsprozesses ab bis sich eine Gleichgewichtstemperatur einstellt und der Verdunstungsprozess zum Erliegen kommt.

Abb. 9.1 Bilanzraum um einen Trockner

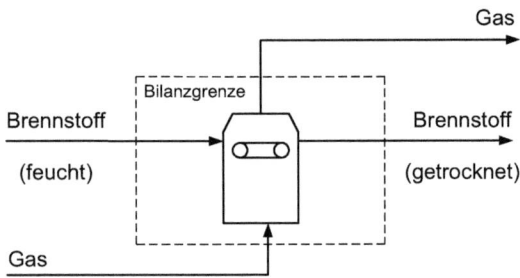

Der Bilanzraum eines Brennstofftrockners ist beispielhaft in Abb. 9.1 dargestellt. Die Modellierung des Trockners wird nachfolgend beschrieben.

Massenbilanz Die Massenbilanz um den Bilanzraum des Trockners ergibt sich unter Einbeziehung des ein- und austretenden Brennstoffs sowie des ein- und austretenden Gases:

$$\dot{m}_{BS,\text{ein}} + \dot{m}_{G,\text{ein}} = \dot{m}_{BS,\text{aus}} + \dot{m}_{G,\text{aus}} \tag{9.1}$$

$\dot{m}_{BS,\text{ein}}$ Massenstrom feuchter, eintretender Brennstoff
$\dot{m}_{G,\text{ein}}$ Massenstrom vorgewärmtes, eintretendes Gas
$\dot{m}_{BS,\text{aus}}$ Massenstrom getrockneter, austretender Brennstoff
$\dot{m}_{G,\text{aus}}$ Massenstrom feuchtes, austretendes Gas

Energiebilanz Unter Vernachlässigung von Verlusten kann die Energiebilanz des Trockners analog zur Massenbilanz mit Hilfe der Enthalpieströme von Brennstoff und Gas formuliert werden:

$$\dot{H}_{BS,\text{ein}} + \dot{H}_{G,\text{ein}} = \dot{H}_{BS,\text{aus}} + \dot{H}_{G,\text{aus}} \tag{9.2}$$

$\dot{H}_{BS,\text{ein}}$ Enthalpiestrom feuchter, eintretender Brennstoff
$\dot{H}_{G,\text{ein}}$ Enthalpiestrom vorgewärmtes, eintretendes Gas
$\dot{H}_{BS,\text{aus}}$ Enthalpiestrom getrockneter, austretender Brennstoff
$\dot{H}_{G,\text{aus}}$ Enthalpiestrom feuchtes, austretendes Gas

Stoff- und Zustandsänderungen Für die Modellierung und Auslegung von Trocknern wird im Allgemeinen angenommen, dass der Gasstrom den Trockner im gesättigten Zustand, also mit einer relativen Feuchte von eins, verlässt [45, S. 505]. Da der Massenstrom des wasserfreien Gasstromes und seine Zusammensetzung während des gesamten Trocknungsprozesses konstant bleiben, wird die Bilanzierung zudem erleichtert, indem der Massenstrom des Wasserdampfes in der Gasphase mit Hilfe der Beladung X des Gasstromes am Ein- und Ausgang des Trockners beschrieben wird. Die Beladung am Eingang und Ausgang des Trockners ergibt sich unter Berücksichtigung des Drucks im Trockner,

9.1 Modellierungsansätze

des Sattdampfdrucks des Wassers sowie der Molmassen von Wasserdampf und wasserfreiem Gas [45, S. 584]:

$$X_{G,\text{ein}} = \frac{\dot{m}_{W,\text{ein}}^{d}}{\dot{m}_{G,\text{ein}}^{wf}} = \frac{M_W}{M_{G,\text{ein}}^{wf}} \frac{p_{s,W}}{p - p_{s,W}} = 0{,}622 \frac{p_{s,W}}{\frac{p}{\varphi} - p_{s,W}} \qquad (9.3)$$

$$X_{G,\text{aus}} = \frac{\dot{m}_{W,\text{aus}}^{d}}{\dot{m}_{G,\text{aus}}^{wf}} = \frac{M_W}{M_{G,\text{aus}}^{wf}} \frac{p_{s,W}}{p - p_{s,W}} = 0{,}622 \frac{p_{s,W}}{\frac{p}{\varphi} - p_{s,W}} \qquad (9.4)$$

Auch der Massenstrom des wasserfreien Brennstoffes bleibt während des Trocknungsprozesses näherungsweise konstant. Die Massenbilanz des Trockners kann demnach detailliert mit Hilfe der wasserfreien Massenströme von Gas und Brennstoff, der Beladung sowie des mit dem Brennstoff in den Trockner ein- und austretenden Wassers aufgestellt werden:

$$\begin{aligned}
&\dot{m}_{BS,\text{ein}}^{wf} + \dot{m}_{W,\text{ein}}^{f} + \dot{m}_{G,\text{ein}}^{wf}(1 + X_{G,\text{ein}}) \\
&= \dot{m}_{BS,\text{aus}}^{wf} + \dot{m}_{W,\text{aus}}^{f} + \dot{m}_{G,\text{aus}}^{wf}(1 + X_{G,\text{aus}})
\end{aligned} \qquad (9.5)$$

Dabei ergibt sich der im Brennstoff verbleibende, flüssige Wassermassenstrom aus dem flüssigen Wassermassenstrom des Brennstoffs vor der Trocknung abzüglich des Wassers, das während der Trocknung vom Gasstrom aufgenommen wird:

$$\dot{m}_{W,\text{aus}}^{f} = \dot{m}_{W,\text{ein}}^{f} + \dot{m}_{G,\text{ein}}^{wf}(X_{G,\text{ein}} - X_{G,\text{aus}}) \qquad (9.6)$$

Der mit einer Restfeuchte beladene Brennstoff verlässt den Trockner mit der gleichen Temperatur wie der Gasstrom. Die Austrittstemperatur des Gasstroms ist dabei durch den thermodynamischen Gleichgewichtszustand definiert, der sich zwischen dem feuchten, austretenden Gasstrom und dem getrockneten, austretenden Brennstoff einstellt [45, S. 505].

Die detaillierte Energiebilanz des Trockners berücksichtigt neben dem thermodynamischen Gleichgewicht zwischen der Verdunstung des Wassers und der Abkühlung des Gasstroms zugleich die Erwärmung des Brennstoffs:

$$\begin{aligned}
0 =\ & \dot{m}_{BS,\text{ein}}^{wf} \left(h_{BS,\text{aus}}^{wf} - h_{BS,\text{ein}}^{wf} \right) \\
& + \dot{m}_{W,\text{aus}}^{f} h_{W,\text{aus}}^{f} - \dot{m}_{W,\text{ein}}^{f} h_{W,\text{ein}}^{f} \\
& + \dot{m}_{G,\text{ein}}^{wf} \left(h_{G,\text{aus}}^{wf} + X_{G,\text{aus}} h_{W,\text{aus}}^{d} - h_{G,\text{ein}}^{wf} - X_{G,\text{ein}} h_{W,\text{ein}}^{d} \right)
\end{aligned} \qquad (9.7)$$

$X_{G,\text{ein}}$ Beladung eintretendes Gas
$\dot{m}_{W,\text{ein}}^{d}$ Massenstrom dampfförmiges, eintretendes Wasser
$\dot{m}_{G,\text{ein}}^{wf}$ Massenstrom wasserfreies, eintretendes Gas
M_W Molmasse Wasser

$M_{G,\text{ein}}^{wf}$ Molmasse wasserfreies, eintretendes Gas
p Druck
φ Relative Feuchte
$p_{s,W}$ Sättigungsdruck Wasser
$X_{G,\text{aus}}$ Beladung austretendes Gas
$\dot{m}_{W,\text{aus}}^{d}$ Massenstrom dampfförmiges, austretendes Wasser
$\dot{m}_{G,\text{aus}}^{wf}$ Massenstrom wasserfreies, austretendes Gas
$M_{G,\text{aus}}^{wf}$ Molmasse wasserfreies, austretendes Gas
$\dot{m}_{BS,\text{ein}}^{wf}$ Massenstrom wasserfreier, eintretender Brennstoff
$\dot{m}_{W,\text{ein}}^{f}$ Massenstrom flüssiges, eintretendes Wasser
$\dot{m}_{BS,\text{aus}}^{wf}$ Massenstrom wasserfreier, austretender Brennstoff
$\dot{m}_{W,\text{aus}}^{f}$ Massenstrom flüssiges, austretendes Wasser
$h_{BS,\text{aus}}^{wf}$ Spezifische Enthalpie wasserfreier, austretender Brennstoff
$h_{BS,\text{ein}}^{wf}$ Spezifische Enthalpie wasserfreier, eintretender Brennstoff
$h_{W,\text{aus}}^{f}$ Spezifische Enthalpie flüssiges, austretendes Wasser
$h_{W,\text{ein}}^{f}$ Spezifische Enthalpie flüssiges, eintretendes Wasser
$h_{G,\text{aus}}^{wf}$ Spezifische Enthalpie wasserfreies, austretendes Gas
$h_{W,\text{aus}}^{d}$ Spezifische Enthalpie dampfförmiges, austretendes Wasser
$h_{G,\text{ein}}^{wf}$ Spezifische Enthalpie wasserfreies, eintretendes Gas
$h_{W,\text{ein}}^{d}$ Spezifische Enthalpie dampfförmiges, eintretendes Wasser

Berechnungsmethodik Die verdunstete, vom Gasstrom aufgenommene Wassermenge ist von der Temperatur im Trockner abhängig. Gleichzeitig beeinflusst die verdunstete Wassermenge durch die Verdunstungskühlung die Trocknertemperatur. Die Trocknertemperatur, mit der im Gleichgewicht sowohl der austretende Gasstrom als auch der getrocknete Brennstoff den Trockner verlassen, wird daher zusammen mit der verdunsteten Wassermenge iterativ bestimmt. Die Basis der Iteration bildet die dargestellte Energiebilanz.

9.1.2 Vergasungsreaktoren

Die Vergasung dient der Überführung kohlenstoffhaltiger Brennstoffe in ein brennbares Gasgemisch (Rohgas). Zu diesem Zweck wird der Brennstoff zusammen mit einem unterstöchiometrisch zugeführten Vergasungsmittel Temperaturen zwischen 800 und 1600 °C ausgesetzt. Als Vergasungsmittel kommen Sauerstoff, Luft, Wasserdampf oder Kohlenstoffdioxid zum Einsatz. Die erforderliche Energie für die Erwärmung von Brennstoff und Vergasungsmittel sowie für die endothermen Vergasungsreaktionen wird entweder durch eine Teiloxidation des Brennstoffs (autotherme Vergasung) oder durch einen Wärmeträger (allotherme Vergasung) in den Reaktor eingebracht.

9.1 Modellierungsansätze

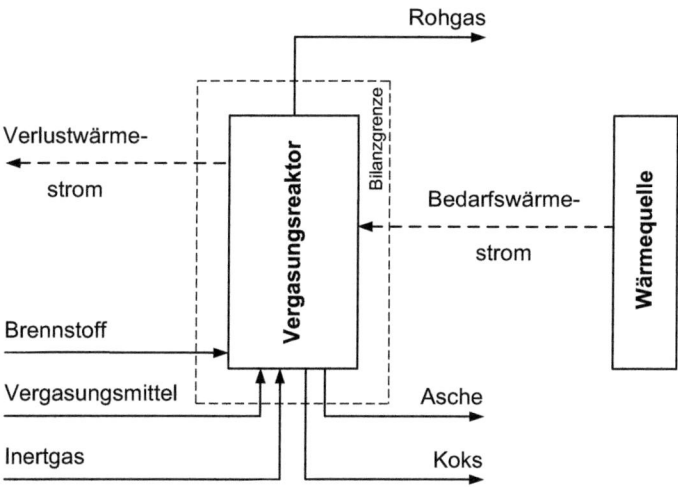

Abb. 9.2 Bilanzraum um einen allothermen Vergasungsreaktor

Der Bilanzraum um einen allothermen Vergasungsreaktor ist in Abb. 9.2 dargestellt. Die Modellierung von Vergasungsreaktoren wird nachfolgend exemplarisch für diesen Bilanzraum beschrieben.

Massenbilanz Neben dem Brennstoff, dem Rohgas und dem Vergasungsmittel werden in der Massenbilanz grundsätzlich drei weitere Massenströme berücksichtigt: Inertgas gelangt unter anderem durch die Brennstoffförderung in den Reaktor, unvollständig umgesetzter Brennstoff verlässt den Reaktor als Koks und anorganische Brennstoffbestandteile werden als Asche oder – bei erhöhten Vergasungstemperaturen – Schlacke abgeführt:

$$\dot{m}_{BS,\text{ein}} + \dot{m}_{VM,\text{ein}} + \dot{m}_{IG,\text{ein}} = \dot{m}_{RG,\text{aus}} + \dot{m}_{K,\text{aus}} + \dot{m}_{A,\text{aus}} \tag{9.8}$$

$\dot{m}_{BS,\text{ein}}$ Massenstrom eintretender Brennstoff
$\dot{m}_{VM,\text{ein}}$ Massenstrom eintretendes Vergasungsmittel
$\dot{m}_{IG,\text{ein}}$ Massenstrom eintretendes Inertgas
$\dot{m}_{RG,\text{aus}}$ Massenstrom austretendes Rohgas
$\dot{m}_{K,\text{aus}}$ Massenstrom austretender Koks
$\dot{m}_{A,\text{aus}}$ Massenstrom austretende Asche/Schlacke

Energiebilanz Die Formulierung der Energiebilanz erfolgt analog zur Massenbilanz. Zusätzlich werden jedoch ein Verlustwärmestrom sowie ein Bedarfswärmestrom zur Aufrechterhaltung des endothermen Vergasungsprozesses berücksichtigt:

$$P_{BS,\text{ein}} + \dot{H}_{VM,\text{ein}} + \dot{H}_{IG,\text{ein}} + \dot{Q}_{BW,\text{ein}} = \dot{H}_{RG,\text{aus}} + \dot{H}_{K,\text{aus}} + \dot{H}_{A,\text{aus}} + \dot{Q}_{VW,\text{aus}} \tag{9.9}$$

$P_{BS,\text{ein}}$ Leistung eintretender Brennstoff
$\dot{H}_{VM,\text{ein}}$ Enthalpiestrom eintretendes Vergasungsmittel
$\dot{H}_{IG,\text{ein}}$ Enthalpiestrom eintretendes Inertgas
$\dot{Q}_{BW,\text{ein}}$ Bedarfswärmestrom
$\dot{H}_{RG,\text{aus}}$ Enthalpiestrom austretendes Rohgas
$\dot{H}_{K,\text{aus}}$ Enthalpiestrom austretender Koks
$\dot{H}_{A,\text{aus}}$ Enthalpiestrom austretende Asche/Schlacke
$\dot{Q}_{VW,\text{aus}}$ Verlustwärmestrom

Stoff- und Zustandsänderungen Der aus dem Vergasungsreaktor austretende Rohgasstrom besteht aus unterschiedlichen Gaskomponenten. Die Berechnung der entsprechenden Stoffströme kann über eine an Messwerte adaptierte Gleichgewichtsrechnung erfolgen (siehe Reaktionsgleichgewichte in Abschn. 6.1). Der Rechenweg ist im Folgenden beispielhaft für die Bestimmung von fünf gasförmigen Stoffmengenströmen dargestellt:

- Stoffmengenstrom Kohlenstoffdioxid,
- Stoffmengenstrom Kohlenstoffmonoxid,
- Stoffmengenstrom Wasserdampf,
- Stoffmengenstrom Wasserstoff,
- Stoffmengenstrom Methan.

Die fünf Gleichungen zur Berechnung der Stoffmengenströme sind:

- Kohlenstoffbilanz des Vergasungsreaktors,
- Wasserstoffbilanz des Vergasungsreaktors,
- Sauerstoffbilanz des Vergasungsreaktors,
- Massenwirkungsgesetz der Wassergas-Shift-Reaktion,
- Massenwirkungsgesetz der Boudouard-Reaktion.

Die drei Elementbilanzen – das heißt die Kohlenstoff-, Wasserstoff- und Sauerstoffbilanz – ergeben sich aus den in den Reaktor ein- und austretenden Stoffströmen.

Das Massenwirkungsgesetz für die Wassergas-Shift-Reaktion wird mit Hilfe der Stoffmengenanteile des austretenden Gases, des Reaktionsdrucks, der stöchiometrischen Koeffizienten der Reaktion und der Gleichgewichtskonstanten der Reaktion formuliert [45, S. 481]:

$$K_p(T)_{\text{Wassergas-Shift}} = \frac{y_{\text{CO}_2}^{\nu_{\text{CO}_2}} y_{\text{H}_2}^{\nu_{\text{H}_2}}}{y_{\text{H}_2\text{O}}^{\nu_{\text{H}_2\text{O}}} y_{\text{CO}}^{\nu_{\text{CO}}}} \left(\frac{p}{p_0}\right)^{\sum_{i=1}^{4} \nu_i} \qquad (9.10)$$

Das Massenwirkungsgesetz der Boudouard-Reaktion lautet unter der Voraussetzung, dass feste Substanzen (z. B. Kohlenstoff) nicht berücksichtigt werden [52, S. 269], entsprechend:

$$K_p(T)_{\text{Boudouard}} = \frac{y_{\text{CO}}^{\nu_{\text{CO}}}}{y_{\text{CO}_2}^{\nu_{\text{CO}_2}}} \left(\frac{p}{p_0}\right)^{\sum_{i=1}^{2} \nu_i} \qquad (9.11)$$

9.1 Modellierungsansätze

Die reaktionsspezifischen Gleichgewichtskonstanten können der Literatur (z. B. [27]) oder dem Anhang dieses Buches (Tab. 18) entnommen werden. In der Regel werden die Gleichgewichtskonstanten dabei als Funktion der Temperatur formuliert.

Alternativ können die Gleichgewichtskonstanten auch mit Hilfe der idealen Gaskonstante, der N stöchiometrischen Koeffizienten der Reaktionsedukte und -produkte und des chemischen Potenzials der Gaskomponenten beziehungsweise der molaren, freien Reaktionsenthalpie bei Standarddruck in Abhängigkeit der Temperatur berechnet werden [45, S. 480]:

$$K_p(T) = e^{\frac{-\sum_{i=1}^{N} v_i \mu_{0i}^{ig}(T, p_0)}{RT}} = e^{\frac{-\Delta g^{R,ig}(T, p_0)}{RT}} \quad (9.12)$$

Das chemische Potenzial idealer Gaskomponenten ist dabei durch ihre Temperatur sowie durch ihre Enthalpie und Entropie definiert [45, S. 481]:

$$\mu_{0i}^{ig}(T, p_0) = h_{0i}^{ig} - T\, s_{0i}^{ig} \quad (9.13)$$

K_p	Gleichgewichtskonstante
T	Reaktionstemperatur
y_i	Stoffmengenanteil Komponente i austretendes Rohgas
v_i	Stöchiometrischer Koeffizient Komponente i
p	Reaktionsdruck
p_0	Standarddruck
μ_{0i}^{ig}	Chemisches Potenzial Komponente i austretendes Rohgas
R	Ideale Gaskonstante
$\Delta g^{R,ig}$	Molare Reaktions-Gibbs-Funktion
h_{0i}^{ig}	Molare Enthalpie Komponente i austretendes Rohgas
s_{0i}^{ig}	Molare Entropie Komponente i austretendes Rohgas

Zur Anpassung der berechneten Rohgasströme an Messwerte werden bei der Bestimmung der Gleichgewichtskonstanten häufig so genannte Temperaturkorrekturen eingeführt. Die Temperaturkorrekturen sind vom Anwender vorgegebene Werte, um die die Vergasungstemperatur für jede Reaktion individuell modifiziert wird (vgl. u. a. [54], [41]).

Berechnungsmethodik Das Gleichungssystem – bestehend aus den fünf unbekannten Stoffmengenströmen als Variablen sowie den Elementbilanzen und Massenwirkungsgesetzen als Gleichungen – wird in der Regel iterativ gelöst. Dazu sind Lösungsverfahren zur Behandlung nichtlinearer Gleichungssysteme (z. B. das Newton-Verfahren; siehe Abschn. 11.3.2) erforderlich. Der Einstellung der Startwerte der iterativen Lösungsverfahren kommt in diesem Zusammenhang eine besondere Bedeutung zu. Existieren mehrere lokale Lösungsvektoren des Gleichungssystems, verhindert die Wahl geeigneter Iterationsstartwerte lokale (in vielen Fällen physikalisch unsinnige) Lösungen.

Die aus dem Vergaser austretenden Stoffmengenströme weiterer Gaskomponenten, welche nicht durch die dargestellten Gleichgewichtsberechnungen zu bestimmen sind (z. B. C_7H_8, $C_{10}H_8$, H_2S, NH_3), werden in der Regel als konstante Werte vorgegeben und entsprechend in den Elementbilanzen berücksichtigt.

Der Massenstrom des Vergasungsmittels kann mit der vom Anwender vorgegebenen Reaktortemperatur ebenfalls iterativ bestimmt werden. Die Grundlage der Iteration bildet in diesem Fall die Energiebilanz.

9.1.3 Brennkammern

In Brennkammern werden Energieträger unter Zufuhr eines Sauerstoffträgers (i. Allg. Luft) oxidiert. Aufgrund des exothermen Charakters der ablaufenden Reaktionen wird dabei Wärme freigesetzt. Die Oxidation findet bei Temperaturen oberhalb des Zündpunktes der Energieträger statt und setzt die brennbaren Edukte idealerweise vollständig um (vollständige Verbrennung) [74, S. 11]. Als Verbrennungsrückstand der vollständigen Verbrennung verbleibt demnach neben dem Abgas ausschließlich Brennstoffasche.

Die Modellierung einer idealen Brennkammer wird im Folgenden beschrieben. Den Bilanzraum der Brennkammer zeigt Abb. 9.3.

Massenbilanz Die Massenbilanz um den Bilanzraum der Brennkammer folgt unter Berücksichtigung des Massenstroms des eintretenden Brennstoffs, des Massenstroms der eintretenden Luft als Oxidationsmittel, des Massenstroms des austretenden Abgases und des Massenstroms der austretenden Asche:

$$\dot{m}_{BS,\text{ein}} + \dot{m}_{L,\text{ein}} = \dot{m}_{AG,\text{aus}} + \dot{m}_{A,\text{aus}} \tag{9.14}$$

$\dot{m}_{BS,\text{ein}}$ Massenstrom eintretender Brennstoff
$\dot{m}_{L,\text{ein}}$ Massenstrom eintretende Luft

Abb. 9.3 Bilanzraum um eine Brennkammer

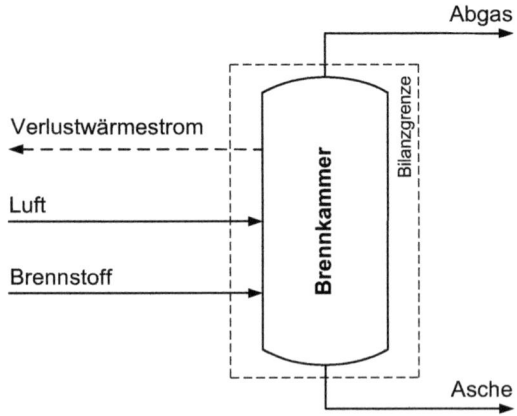

9.1 Modellierungsansätze

$\dot{m}_{AG,\text{aus}}$ Massenstrom austretendes Abgas
$\dot{m}_{A,\text{aus}}$ Massenstrom austretende Asche

Energiebilanz In der Energiebilanz der Brennkammer werden die Enthalpien der ein- und austretenden Massenströme und ein Verlustwärmestrom (über die Brennkammerwand) berücksichtigt. Der mit dem Brennstoff zugeführte Energiestrom wird als Brennstoffleistung bezeichnet und beinhaltet neben einem chemisch gebundenen Anteil zudem einen thermischen Anteil:

$$P_{BS,\text{ein}} + \dot{H}_{L,\text{ein}} = \dot{H}_{AG,\text{aus}} + \dot{H}_{A,\text{aus}} + \dot{Q}_{VW,\text{aus}} \tag{9.15}$$

$P_{BS,\text{ein}}$ Leistung eintretender Brennstoff
$\dot{H}_{L,\text{ein}}$ Enthalpiestrom eintretende Luft
$\dot{Q}_{AG,\text{aus}}$ Enthalpiestrom austretendes Abgas
$\dot{Q}_{A,\text{aus}}$ Enthalpiestrom austretende Asche
$\dot{Q}_{VW,\text{aus}}$ Verlustwärmestrom

Stoff- und Zustandsänderungen Der aus der Brennkammer austretende Aschemassenstrom entspricht (unter Vernachlässigung der Flugstaubfracht) der zugeführten Brennstoffasche. Der Abgasmassenstrom und dessen Zusammensetzung werden gemäß einer stöchiometrischen Verbrennungsrechnung bestimmt:

Die stöchiometrische Verbrennungsrechnung berücksichtigt die Elemente des Brennstoffs: C, H, O, N, S und Cl. Zudem wird angenommen, dass ausschließlich die Oxidationsprodukte CO_2, H_2O und SO_2 entstehen und der Brennstoffstickstoff zu N_2 reduziert wird [9, S. 12]. Luftstickstoff nimmt hingegen nicht an den Reaktionen teil, sondern durchläuft die Brennkammer inert. Weiterhin reagiert Cl zu HCl [53, S. 35] und der im Brennstoff gebundene Sauerstoff steht vollständig für die Oxidation zur Verfügung.

Auf der Basis dieser Annahmen lautet die Reaktionsgleichung der Verbrennung wie folgt:

$$\begin{aligned} C_m H_n O_q N_u S_p Cl_w + \left(m + \frac{n-w}{4} + p - \frac{q}{2}\right) O_2 \\ \rightarrow m\, CO_2 + \frac{n-w}{2} H_2O + p\, SO_2 + \frac{u}{2} N_2 + w\, HCl \end{aligned} \tag{9.16}$$

Zur Berücksichtigung unvollständiger Verbrennungsprozesse, wird in Brennkammermodellen häufig ein Kohlenstoffmonoxidschlupf S_{CO} vorgegeben. Dieser ist als das Verhältnis von Kohlenstoffmonoxid zu Kohlenstoffdioxid im Abgas definiert:

$$S_{CO} = \frac{\dot{n}_{CO,AG}}{\dot{n}_{CO_2,AG}} \tag{9.17}$$

Die stöchiometrischen Indices m, n, p, q, u und w der Reaktionsgleichung können aus den in der Elementaranalyse des Brennstoffs angegebenen Massenanteilen und den zugehörigen Molmassen der Elemente berechnet werden [11, S. 372]:

$$m = \frac{x_C}{M_C}, \quad n = \frac{x_H}{M_H}, \quad p = \frac{x_S}{M_S}, \quad q = \frac{x_O}{M_O}, \quad u = \frac{x_N}{M_N}, \quad w = \frac{x_{Cl}}{M_{Cl}} \quad (9.18)$$

Der für die vollständige Verbrennung benötigte stöchiometrische Sauerstoffbedarf (bezogen auf 1 kg Brennstoff) berechnet sich unter Verwendung der stöchiometrischen Indices m, n, p, q und w [9, S. 86]:

$$o_{min} = n + \frac{n-w}{4} + p - \frac{q}{2} \quad (9.19)$$

Sauerstoff wird der Brennkammer in der Regel als Bestandteil von Luft zugeführt. Der stöchiometrische Luftbedarf (ebenfalls bezogen auf 1 kg Brennstoff) ergibt sich unter Berücksichtigung des Sauerstoffanteils im Luftstrom [11, S. 373]:

$$l_{min} = \frac{o_{min}}{y_{O_2,L}} \quad (9.20)$$

In der Praxis wird die Verbrennung bei Luftüberschuss durchgeführt [9, S. 79]. Dabei wird das Verhältnis der tatsächlich zugeführten Luftmenge zum stöchiometrischen Luftbedarf der vollständigen Verbrennung als Luftverhältnis bezeichnet:

$$\lambda = \frac{l}{l_{min}} \quad (9.21)$$

S_{CO}	Kohlenstoffmonoxidschlupf
$\dot{n}_{CO,AG}$	Stoffmengenstrom Kohlenstoffmonoxid Abgas
$\dot{n}_{CO_2,AG}$	Stoffmengenstrom Kohlenstoffdioxid Abgas
x_i	Massenanteil Komponente i
M_i	Molmasse Komponente i
o_{min}	Stöchiometrischer Sauerstoffbedarf
l_{min}	Stöchiometrischer Luftbedarf
$y_{O_2,L}$	Stoffmengenanteil Sauerstoff im Luftstrom
λ	Luftverhältnis
l	Zugeführter Luftmengenstrom

Berechnungsmethodik Typischerweise laufen Verbrennungen bei Luftverhältnissen größer eins ab [11, S. 374]. Das Luftverhältnis der Brennkammerberechnung wird in der Regel vom Anwender vorgegeben. Darauf aufbauend kann die Zusammensetzung des Abgases (bei vollständiger Verbrennung) unter Verwendung der aufgeführten stöchiometrischen Indices bestimmt werden. Die Brennkammertemperatur verbleibt schließlich als letzte zu bestimmende Größe. Da diese Temperatur in unterschiedliche Terme der Energiebilanz wie den Enthalpiestrom des austretenden Abgases, den Enthalpiestrom der Asche oder den Verlustwärmestrom einfließt, wird sie iterativ aus der Energiebilanz bestimmt.

9.1.4 Reformer

Reformer werden in der Energietechnik für die verschiedensten Anwendungen eingesetzt (siehe Abschn. 2.2.2). Zu diesen Anwendungen zählen beispielsweise die Reformierung von Erdgas zur Erzeugung von Synthesegasen, aber auch die Reformierung flüssiger Brennstoffe wie die partielle Oxidation von Rückstandsölen. In den folgenden Abschnitten wird exemplarisch die Modellierung eines allothermen Teerreformers vorgestellt. Mit diesen Anlagen wird die Teerfracht vergasungsbasierter Synthesegase reformiert. Die Teere werden dazu mit dem Synthesegas durch katalysatorgefüllte und extern beheizte Rohrbündel geleitet. An der Oberfläche des Katalysators werden die Teere quasi-isotherm in Wasserstoff, Kohlenstoffmonoxid und Kohlenstoffdioxid umgesetzt. Da die Reformierungsreaktionen endotherm sind, muss dem Reformer zur Aufrechterhaltung der Reaktortemperatur Wärme zugeführt werden. Diese wird mit Hilfe einer externen Wärmequelle bereitgestellt (z. B. durch die Verbrennung eines Teils des Eduktgases zwischen den katalysatorgefüllten Rohren des Reformers). Der Bilanzraum eines allothermen Reformers mit externer Wärmequelle ist in Abb. 9.4 dargestellt.

Massenbilanz Wird die externe Wärmequelle ausschließlich durch einen Wärmestrom in der Modellierung berücksichtigt, ergibt sich die Massenbilanz um den Reformer mit dem Massenstrom des eintretenden Eduktgases und dem Massenstrom des austretenden Gases (Reformat):

$$\dot{m}_{EG,\text{ein}} = \dot{m}_{R,\text{aus}} \tag{9.22}$$

$\dot{m}_{EG,\text{ein}}$ Massenstrom eintretendes Eduktgas
$\dot{m}_{R,\text{aus}}$ Massenstrom austretendes Reformat

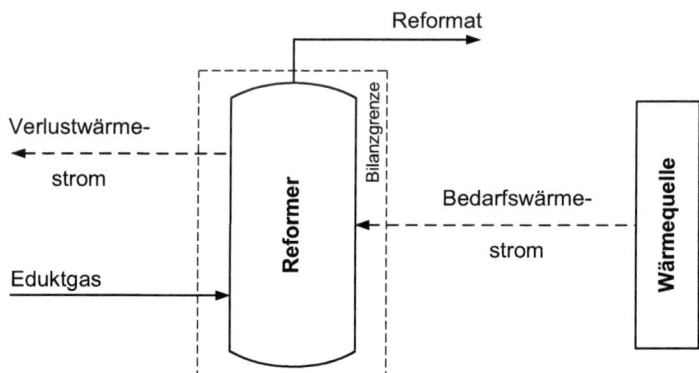

Abb. 9.4 Bilanzraum um einen allothermen Reformer

Energiebilanz Bei der Berechnung der Energiebilanz des Reformers müssen neben den Enthalpieströmen des Eduktgases und des austretenden Reformats weiterhin Wärmeverluste sowie die zugeführte Bedarfswärme aus der externen Wärmequelle berücksichtigt werden:

$$\dot{H}_{EG,\text{ein}} + \dot{Q}_{BW,\text{ein}} = \dot{H}_{R,\text{aus}} + \dot{Q}_{VW,\text{aus}} \tag{9.23}$$

$\dot{H}_{EG,\text{ein}}$ Enthalpiestrom eintretendes Eduktgas
$\dot{Q}_{BW,\text{ein}}$ Bedarfswärmestrom
$\dot{H}_{R,\text{aus}}$ Enthalpiestrom austretendes Reformat
$\dot{Q}_{VW,\text{aus}}$ Verlustwärmestrom

Berechnungsmethodik Bei idealen Reformermodellen werden die Umsatzraten der Teere sowie die Betriebstemperatur in der Regel vom Modellierer vorgegeben. Als Reformierungsprodukte können beispielsweise Wasserstoff, Kohlenstoffmonoxid und Kohlenstoffdioxid definiert werden. Da sich mit den Umsatzraten ebenfalls der Energiebedarf des Reformers verändert, wird der Bedarfswärmestrom für jede Modelleinstellung neu bestimmt und den Auslegungsrechnungen der externen Wärmequelle vorgegeben. Die vorgestellte Bilanzierungsrechnung des Reformers dient demnach nicht der Analyse der Abläufe im Reformierungsreaktor, sondern in erster Linie der thermischen Prozessintegration des Reformers.

9.1.5 Pumpen

In Pumpen wird mechanische Arbeit auf ein flüssiges Medium übertragen. Entsprechend den räumlichen Ausbreitungsmöglichkeiten des Mediums erhöht sich dadurch dessen Druck und/oder das Medium erfährt eine Beschleunigung. Die zugehörigen Rechenoperationen werden nachfolgend erläutert. Der Bilanzraum einer Pumpe ist in Abb. 9.5 dargestellt.

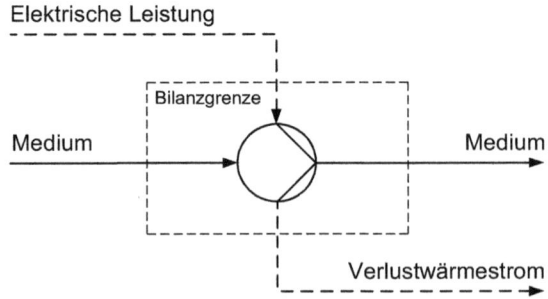

Abb. 9.5 Bilanzraum um eine Pumpe

9.1 Modellierungsansätze

Massenbilanz Grundsätzlich erfolgen in Pumpen keine Stoffumwandlungen. Die Massenbilanz ergibt sich daher aus den Massenströmen des ein- und austretenden Mediums:

$$\dot{m}_{M,\text{ein}} = \dot{m}_{M,\text{aus}} \tag{9.24}$$

$\dot{m}_{M,\text{ein}}$ Massenstrom eintretendes Medium
$\dot{m}_{M,\text{aus}}$ Massenstrom austretendes Medium

Energiebilanz Die Energiebilanz von Pumpen wird mit Hilfe der Enthalpieströme des ein- und austretenden Mediums sowie der zugeführten elektrischen Leistung und einem Verlustwärmestrom formuliert:

$$P_{EL,\text{ein}} + \dot{H}_{M,\text{ein}} = \dot{H}_{M,\text{aus}} + \dot{Q}_{VW,\text{aus}} \tag{9.25}$$

$P_{EL,\text{ein}}$ Zugeführte elektrische Leistung
$\dot{H}_{M,\text{ein}}$ Enthalpiestrom eintretendes Medium
$\dot{H}_{M,\text{aus}}$ Enthalpiestrom austretendes Medium
$\dot{Q}_{VW,\text{aus}}$ Verlustwärmestrom

Stoff- und Zustandsänderungen Bei der Bilanzierungen von Flüssigkeitspumpen wird im Allgemeinen der Ausgangsdruck der Pumpe vom Anwender vorgegeben und die erforderliche elektrische Leistung der Pumpe berechnet. Diese ergibt sich (unter Vernachlässigung elektrischer Verluste bei der Wandlung von elektrischer Energie in mechanische Arbeit) als Quotient aus der Pumpleistung und dem mechanischen Wirkungsgrad der Pumpe:

$$P_{EL,\text{ein}} = \frac{P_{PL,\text{ein}}}{\eta_{\text{mech}}} \tag{9.26}$$

Der Verlustwärmestrom ist durch die Differenz aus der zugeführten elektrischen Leistung und der Pumpleistung definiert:

$$\dot{Q}_{VW,\text{aus}} = P_{EL,\text{ein}} - P_{PL,\text{ein}} \tag{9.27}$$

Die Pumpleistung kann näherungsweise mit Hilfe des Integrals zur Bestimmung der reversiblen, spezifischen Pumparbeit bestimmt werden. Das Integral berücksichtigt den Druck zwischen Ein- und Ausgang der Pumpe als Integrationsvariable sowie das spezifische Volumen des Mediums als Integrand:

$$P_{PL,\text{ein}} = \dot{m}_{M,\text{ein}} \int_{p_{\text{ein}}}^{p_{\text{aus}}} v \, dp \tag{9.28}$$

Bei inkompressiblen Medien ist das spezifische Volumen unabhängig vom Druck. Die Auflösung des Integrals ergibt entsprechend:

$$P_{PL,\text{ein}} = \dot{m}_{M,\text{ein}} v \, (p_{\text{aus}} - p_{\text{ein}}) \tag{9.29}$$

$P_{El,\text{ein}}$ Zugeführte elektrische Leistung
$P_{PL,\text{ein}}$ Pumpleistung
η_{mech} Mechanischer Wirkungsgrad
$\dot{Q}_{VW,\text{aus}}$ Verlustwärmestrom
$\dot{m}_{M,\text{ein}}$ Massenstrom eintretendes Medium
p_{ein} Druck eintretendes Medium
p_{aus} Druck austretendes Medium
v Spezifisches Volumen eintretendes Medium
p Druck

Berechnungsmethodik In der Regel wird bei der Modellierung und Bilanzierung von Flüssigkeitspumpen der Ausgangsdruck der Pumpe vom Anwender vorgegeben. Die zuzuführende elektrische Leistung verbleibt als gesuchte Größe. Diese kann mit Hilfe der dargestellten algebraischen Gleichungen bestimmt werden. Iterative Berechnungen sind nicht erforderlich.

9.1.6 Kompressoren und Gebläse

In Kompressoren und Gebläsen wird der Druck eines eintretenden, gasförmigen Mediums unter Zufuhr technischer Arbeit (bzw. elektrischer Leistung) erhöht. Die Modellierung von Kompressoren und Gebläsen wird im Folgenden exemplarisch für einen einstufigen Gaskompressor (Abb. 9.6) beschrieben.

Massenbilanz Da beim Durchströmen des Kompressors keine Stoffumwandlungsprozesse stattfinden, ist eine Bilanzierung der einzelnen Stoffe im Gasstrom nicht erforderlich. Die Massenbilanz kann entsprechend mit Hilfe des ein- und austretenden Gasstromes formuliert werden:

$$\dot{m}_{G,\text{ein}} = \dot{m}_{G,\text{aus}} \tag{9.30}$$

$\dot{m}_{G,\text{ein}}$ Massenstrom eintretendes Gas
$\dot{m}_{G,\text{aus}}$ Massenstrom austretendes Gas

Abb. 9.6 Bilanzraum um einen Kompressor

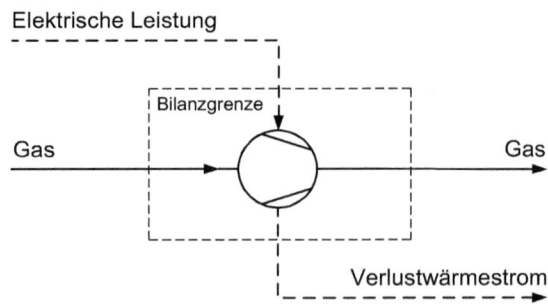

9.1 Modellierungsansätze

Energiebilanz In der Energiebilanz muss neben den Enthalpieströmen des Gases ein zusätzlicher Wärmeverlust sowie die zugeführte elektrische Leistung berücksichtigt werden:

$$\dot{H}_{G,\text{ein}} + P_{EL,\text{ein}} = \dot{H}_{G,\text{aus}} + \dot{Q}_{VW,\text{aus}} \tag{9.31}$$

Im Rahmen der thermodynamischen Berechnungen des Kompressors werden die elektrische Eingangsleistung, der Wärmeverlust sowie die Zustandsgrößen des austretenden Gasstroms aus vorgegebenen Größen (Druck nach dem Kompressor, isentroper Wirkungsgrad, mechanischer Wirkungsgrad) berechnet. Die elektrische Eingangsleistung ist dabei durch den mechanischen Wirkungsgrad und die Verdichtungsleistung definiert:

$$P_{EL,\text{ein}} = \frac{P_{VL,\text{ein}}}{\eta_{\text{mech}}} \tag{9.32}$$

Der Verlustwärmestrom ergibt sich aus der Differenz der elektrischen Eingangsleistung und der Verdichtungsleistung:

$$\dot{Q}_{VW,\text{aus}} = P_{EL,\text{ein}} - P_{VL,\text{ein}} \tag{9.33}$$

Zur Berechnung der Verdichtungsleistung wird die Differenz aus der Enthalpie des ein- und austretenden Gases gebildet:

$$P_{VL,\text{ein}} = \dot{H}_{G,\text{aus}} - \dot{H}_{G,\text{ein}} \tag{9.34}$$

$\dot{H}_{G,\text{ein}}$ Enthalpiestrom eintretendes Gas
$P_{EL,\text{ein}}$ Zugeführte elektrische Leistung
$\dot{H}_{G,\text{aus}}$ Enthalpiestrom austretendes Gas
$\dot{Q}_{VW,\text{aus}}$ Verlustwärmestrom
$P_{VL,\text{ein}}$ Verdichtungsleistung
η_{mech} Mechanischer Wirkungsgrad

Stoff- und Zustandsänderungen Die Enthalpie des austretenden Gases kann mit Hilfe des isentropen Wirkungsgrades, der Enthalpie des eintretenden Gases und der Enthalpie des austretenden Gases bei isentroper Verdichtung berechnet werden [4, S. 406]:

$$\eta_{K,is} = \frac{\dot{H}_{G,\text{aus},is} - \dot{H}_{G,\text{ein}}}{\dot{H}_{G,\text{aus}} - \dot{H}_{G,\text{ein}}} \tag{9.35}$$

Die Enthalpie des austretenden Gases bei isentroper Verdichtung kann wiederum mit Hilfe der Temperatur des austretenden Gases bei isentroper Zustandsänderung bestimmt werden. Diese wird unter Verwendung der Isentropengleichung (siehe Abschn. 4.3) mit Hilfe der Temperatur und des Drucks des eintretenden Gases, der idealen Gaskonstante, der isobaren Wärmekapazität und des Drucks des austretenden Gases ermittelt:

$$\left\{\frac{T_{G,\text{aus},is}}{T_{G,\text{ein}}}\right\} = \left\{\frac{p_{G,\text{aus}}}{p_{G,\text{ein}}}\right\}^{\frac{R}{c_p^{ig}}} \tag{9.36}$$

$\eta_{K,is}$ Isentroper Kompressorwirkungsgrad
$\dot{H}_{G,aus,is}$ Enthalpiestrom austretendes Gas (isentrope Verdichtung)
$\dot{H}_{G,ein}$ Enthalpiestrom eintretendes Gas
$\dot{H}_{G,aus}$ Enthalpiestrom austretendes Gas
$T_{G,aus,is}$ Temperatur austretendes Gas (isentrope Verdichtung)
$T_{G,ein}$ Temperatur eintretendes Gas
$p_{G,aus}$ Druck austretendes Gas
$p_{G,ein}$ Druck eintretendes Gas
R Ideale Gaskonstante
c_p^{ig} Isobare Wärmekapazität

Berechnungsmethodik Der Druck des austretenden Gases wird im Allgemeinen vom Anwender des Modells vorgegeben. Die Gasaustrittstemperatur wird hingegen aufgrund ihres Einflusses sowohl auf die Wärmekapazität als auch auf den Gasaustrittsdruck in der Isentropengleichung (Gl. 9.36) iterativ bestimmt.

9.1.7 Turbinen

In Turbinen wird das eintretende Medium unter Abfuhr technischer Arbeit beziehungsweise elektrischer Leistung auf ein niedrigeres Druckniveau als das des Eintrittszustandes entspannt. Die Rechenoperationen zur Modellierung einer Turbine werden nachfolgend erläutert. Der Bilanzraum ist in Abb. 9.7 dargestellt.

Massenbilanz Bei der Entspannung in Turbinen finden in der Regel keine Stoffumwandlungen statt. Damit ist – wie auch bei Kompressoren – die Zusammensetzung des eintretenden Gases gleich der Zusammensetzung des austretenden Gases. Die Massenbilanz der Turbine ergibt sich daher aus dem Massenstrom des ein- und des austretenden Gases:

$$\dot{m}_{G,ein} = \dot{m}_{G,aus} \tag{9.37}$$

$\dot{m}_{G,ein}$ Massenstrom eintretendes Gas
$\dot{m}_{G,aus}$ Massenstrom austretendes Gas

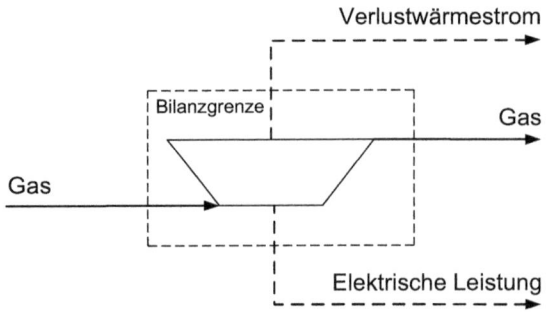

Abb. 9.7 Bilanzraum um eine Turbine

9.1 Modellierungsansätze

Energiebilanz In der Energiebilanz müssen neben der Enthalpie des zugeführten Gases und der Enthalpie des ausströmenden Gases ein zusätzlicher Wärmeverlust sowie die abgeführte elektrische Leistung berücksichtigt werden:

$$\dot{H}_{G,\text{ein}} = \dot{H}_{G,\text{aus}} + \dot{Q}_{VW,\text{aus}} + P_{EL,\text{aus}} \tag{9.38}$$

Die thermodynamischen Berechnungen der Turbine erfolgen in Anlehnung an die Berechnungen von Kompressoren mit Hilfe der isentropen Zustandsgleichung (Gl. 9.36) und der Definition des isentropen Wirkungsgrades. Im Gegensatz zu den Verdichtungsrechnungen wird jedoch die bereitgestellte elektrische Ausgangsleistung berechnet.

Die elektrische Ausgangsleistung ist durch den mechanischen Wirkungsgrad und die Turbinenleistung (Entspannungsleistung) definiert:

$$P_{EL,\text{aus}} = P_{TL,\text{aus}} \, \eta_{\text{mech}} \tag{9.39}$$

Der Verlustwärmestrom ergibt sich aus der Differenz der Turbinenleistung und der elektrischen Ausgangsleistung:

$$\dot{Q}_{VW,\text{aus}} = P_{TL,\text{aus}} - P_{EL,\text{aus}} \tag{9.40}$$

Zur Berechnung der Turbinenleistung wird – wie auch bei der Berechnung der Verdichtungsleistung (Gl. 9.34) – die Differenz aus der Enthalpie des ein- und austretenden Gases gebildet:

$$P_{TL,\text{aus}} = \dot{H}_{G,\text{aus}} - \dot{H}_{G,\text{ein}} \tag{9.41}$$

$\dot{H}_{G,\text{ein}}$ Enthalpiestrom eintretendes Gas
$\dot{H}_{G,\text{aus}}$ Enthalpiestrom austretendes Gas
$\dot{Q}_{VW,\text{aus}}$ Verlustwärmestrom
$P_{EL,\text{aus}}$ Abgeführte elektrische Leistung
$P_{TL,\text{aus}}$ Entspannungsleistung/Turbinenleistung
η_{mech} Mechanischer Wirkungsgrad

Stoff- und Zustandsänderungen Grundsätzlich ist zu beachten, dass der isentrope Wirkungsgrad bei Entspannungs- und Verdichtungsprozessen unterschiedlich definiert ist. Bei der Definition des isentropen Wirkungsgrades von Entspannungsprozessen tritt die Enthalpie des austretenden Gases bei isentroper Zustandsänderung im Nenner auf. Die Differenz der Enthalpien des aus- und eintretenden Gases wird im Zähler aufgeführt [4, S. 406]:

$$\eta_{T,is} = \frac{\dot{H}_{G,\text{aus}} - \dot{H}_{G,\text{ein}}}{\dot{H}_{G,\text{aus},is} - \dot{H}_{G,\text{ein}}} \tag{9.42}$$

$\dot{H}_{G,\text{ein}}$ Enthalpiestrom eintretendes Gas
$\dot{H}_{G,\text{aus}}$ Enthalpiestrom austretendes Gas
$\dot{H}_{G,\text{aus},is}$ Enthalpiestrom austretendes Gas (isentrope Entspannung)
$\eta_{T,is}$ Isentroper Turbinenwirkungsgrad

Berechnungsmethodik Analog zum vorgestellten Kompressor wird auch bei Turbinen die Gasaustrittstemperatur iterativ ermittelt.

9.1.8 Wärmeübertrager

Wärmeübertrager dienen dem Austausch von Wärme zwischen zwei Medien mit unterschiedlichem Temperaturniveau. Die Wärme wird vom warmen auf das kalte Medium übertragen. Folglich erwärmt sich das kalte Medium und das warme Medium wird abgekühlt. Bei der Abkühlung gasförmiger Stoffströme kann es im Zuge der Wärmeübertragung – je nach Zieltemperatur und Sättigungsgrad des Stoffstroms – zu Kondensationserscheinungen kommen. Hingegen führt die Erwärmung flüssiger Stoffströme unter Umständen zu einer Verdampfung.

Da in Wärmeübertragern zwischen kaltem und warmen Medium keine Stoffaustauschprozesse stattfinden, erfolgt die Bilanzierung der Medien getrennt voneinander. Dabei wird jedem Medium ein gesonderter Bilanzraum zugewiesen und die Bilanzräume durch den übertragenden Wärmestrom miteinander verknüpft (Abb. 9.8). Die Modellierung der Wärmeübertragung wird nachfolgend erläutert.

Massenbilanz Wird die Bilanzierung für beide Medien separat durchgeführt, ergibt sich die Massenbilanz eines Mediums aus dem in den Wärmeübertrager ein- und austretendem Massenstrom des Mediums. Führt die Wärmeübertragung zur teilweisen Kondensation oder Verdampfung des Mediums, setzt sich der austretende Massenstrom aus einer Flüssig- und einer Dampfphase zusammen. Bei Wärmeübertragungen ohne Phasenwechsel oder bei vollständigem Phasenwechsel, liegt das Medium am Austritt hingegen einphasig vor:

$$\dot{m}_{M,\text{ein}} = \dot{m}_{M,\text{aus}}^{d} + \dot{m}_{M,\text{aus}}^{f} \tag{9.43}$$

$\dot{m}_{M,\text{ein}}$ Massenstrom eintretendes Medium
$\dot{m}_{M,\text{aus}}^{d}$ Massenstrom austretendes, dampfförmiges Medium
$\dot{m}_{M,\text{aus}}^{f}$ Massenstrom austretendes, flüssiges Medium

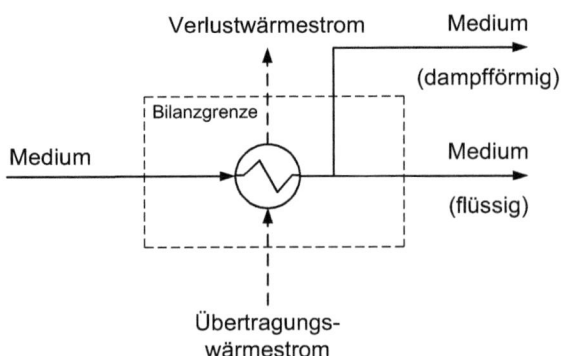

Abb. 9.8 Bilanzraum um einen Wärmeübertrager

9.1 Modellierungsansätze

Energiebilanz Die Energiebilanz eines Mediums kann durch die Enthalpie am Eintritt des Wärmeübertragers, die Enthalpie der austretenden Dampfphase, die Enthalpie der austretenden Flüssigphase und einen Verlustwärmestrom formuliert werden. Zusätzlich wird dem bilanzierten Medium entsprechend dem Temperaturgefälle zum zweiten Medium ein Übertragungswärmestrom zu- oder abgeführt. Bei Phasenwechseln beinhaltet dieser Wärmestrom zudem die Kondensations- beziehungsweise Verdampfungswärme:

$$\dot{H}_{M,\text{ein}} + \dot{Q}_{UW,\text{ein}} = \dot{H}_{M,\text{aus}}^d + \dot{H}_{M,\text{aus}}^f + \dot{Q}_{VW,\text{aus}} \tag{9.44}$$

$\dot{H}_{M,\text{ein}}$ Enthalpiestrom eintretendes Medium
$\dot{Q}_{UW,\text{ein}}$ Übertragungswärmestrom
$\dot{H}_{M,\text{aus}}^d$ Enthalpiestrom austretendes, dampfförmiges Medium
$\dot{H}_{M,\text{aus}}^f$ Enthalpiestrom austretendes, flüssiges Medium
$\dot{Q}_{VW,\text{aus}}$ Verlustwärmestrom

Berechnungsmethodik Bei der Bilanzierung von Wärmeübertragern können zwei Vorgehensweisen unterschieden werden:

- Bilanzierung als temperaturdefinierte Wärmeübertrager,
- Bilanzierung als wärmedefinierte Wärmeübertrager.

In temperaturdefinierten Wärmeübertragern gibt der Anwender eine Zieltemperatur vor, auf die das eintretende Medium abgekühlt beziehungsweise erwärmt werden soll. Der Übertragungswärmestrom wird bei temperaturdefinierten Wärmeübertragern aus der Energiebilanz berechnet und in der Bilanz des zweiten Mediums berücksichtigt.

Wärmedefinierten Wärmeübertragern wird ein vorgegebener Wärmestrom zugeführt und die Austrittstemperatur des Mediums auf Basis der übertragenen Wärmemenge aus der Energiebilanz berechnet. Bei beiden Vorgehensweisen ist es sinnvoll, zur Unterstützung des Anwenders eine Plausibilitätsprüfung der Austrittstemperaturen zu integrieren.

9.1.9 Dampferzeuger

In Dampferzeugern wird einem eintretenden, flüssigen Medium Wärme zugeführt. Dabei wird das Medium zunächst bis zum Erreichen der Siedetemperatur vorgewärmt und unter weiterer Wärmezufuhr isotherm-isobar verdampft. Anschließend findet eine Überhitzung des entstandenen Sattdampfes bis zur Austrittstemperatur statt.

Dementsprechend können Dampferzeuger durch eine theoretische Hintereinanderschaltung von drei Wärmeübertragungsprozessen modelliert werden, welche die Verfahrensschritte Vorwärmung, Verdampfung und Überhitzung abbilden (Abb. 9.9). In der Praxis wird die Wärme für diese drei Verfahrensschritte durch ein zweites Medium, welches die Rohrleitungen des zu verdampfenden Mediums umströmt, bereitgestellt. Entsprechend nimmt das zu verdampfende Medium Wärme auf und das umströmende

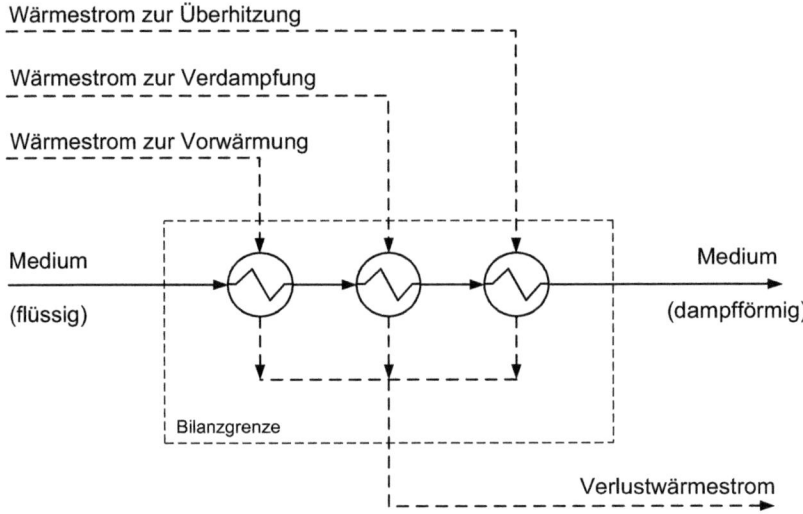

Abb. 9.9 Bilanzraum um einen Dampferzeuger

Medium gibt Wärme ab. Die Bilanzierung eines Dampferzeugers mit vom Anwender vorgegebener Dampfaustrittstemperatur wird im Folgenden vorgestellt.

Massenbilanz Bei Dampferzeugern wird die Massenbilanz in der Regel für beide Medien gesondert formuliert. Da in herkömmlichen Dampferzeugern keine Stoffumwandlungen stattfinden, ist der Massenstrom des Mediums am Austritt des Dampferzeugers gleich dem Massenstrom am Eintritt:

$$\dot{m}_{M,\text{ein}}^{f} = \dot{m}_{M,\text{aus}}^{d} \tag{9.45}$$

$\dot{m}_{M,\text{ein}}^{f}$ Massenstrom eintretendes, flüssiges Medium
$\dot{m}_{M,\text{aus}}^{d}$ Massenstrom austretendes, dampfförmiges Medium

Energiebilanz In der Energiebilanz werden neben der zugeführten Enthalpie des eintretenden, flüssigen Mediums und der abgeführten Enthalpie des austretenden, dampfförmigen Mediums ebenfalls die zugeführten Wärmeströme zur Vorwärmung, zur Verdampfung und zur Dampfüberhitzung sowie die entsprechenden Verlustwärmeströme berücksichtigt:

$$\dot{H}_{M,\text{ein}}^{f} + \dot{Q}_1 + \dot{Q}_2 + \dot{Q}_3 = \dot{H}_{M,\text{aus}}^{d} + \dot{Q}_{VW1} + \dot{Q}_{VW2} + \dot{Q}_{VW3} \tag{9.46}$$

$\dot{H}_{M,\text{ein}}^{f}$ Enthalpiestrom eintretendes, flüssiges Medium
$\dot{Q}_1$ Zugeführter Wärmestrom zur Vorwärmung
$\dot{Q}_2$ Zugeführter Wärmestrom zur Verdampfung
$\dot{Q}_3$ Zugeführter Wärmestrom zur Überhitzung

9.1 Modellierungsansätze

$\dot{H}_{M,\text{aus}}^d$ Enthalpiestrom austretendes, dampfförmiges Medium
$\dot{Q}_{VW1}$ Verlustwärmestrom 1
$\dot{Q}_{VW2}$ Verlustwärmestrom 2
$\dot{Q}_{VW3}$ Verlustwärmestrom 3

Stoff- und Zustandsänderungen Die Berechnung der Wärmeströme erfolgt auf Basis des thermischen Wirkungsgrades, welcher als Verhältnis von genutzter zu übertragener Wärme definiert ist. Dabei wird die Nutzwärme aus dem Produkt des Stoffmengenstroms des zu verdampfenden Mediums und der jeweiligen Enthalpiedifferenz berechnet. Bei der Bildung der unterschiedlichen Enthalpiedifferenzen werden die Enthalpie des eintretenden Mediums, die Enthalpie des austretenden Mediums, die Enthalpie des Mediums auf der Kondensationslinie und die Enthalpie des Mediums auf der Siedelinie berücksichtigt. Die drei Wärmeströme zur Vorwärmung, Verdampfung und Überhitzung berechnen sich schließlich durch den Quotienten aus Nutzwärme und thermischem Wirkungsgrad:

$$\dot{Q}_1 = \dot{n} \frac{h'(T_s) - h_{\text{ein}}(T_{\text{ein}}, p_{\text{ein}})}{\eta_{th}} \quad (9.47)$$

$$\dot{Q}_1 = \dot{n} \frac{h''(T_s) - h'(T_s)}{\eta_{th}} \quad (9.48)$$

$$\dot{Q}_3 = \dot{n} \frac{h_{\text{aus}}(T_{\text{aus}}, p_{\text{aus}}) - h''(T_s)}{\eta_{th}} \quad (9.49)$$

Die Siedetemperatur ist entsprechend der Dampfdruckgleichung durch den Druck des eintretenden Mediums gegeben:

$$T_s = T_s(p_{\text{ein}}) \quad (9.50)$$

Sowohl die Erwärmung des flüssigen Mediums als auch dessen vollständige Verdampfung werden im Allgemeinen als isobare Zustandsänderungen modelliert und der im Dampferzeuger auftretende Druckverlust allein der Überhitzung des Dampfes zugeschrieben. In der Realität treten auch bei den beiden vorgelagerten Teilschritten Druckverluste auf. Der Druck, mit dem das Medium den Dampferzeuger verlässt, ergibt sich als Differenz aus Eintrittsdruck und Druckverlust:

$$p_{\text{aus}} = p_{\text{ein}} - \Delta p_V \quad (9.51)$$

$\dot{Q}_1$ Zugeführter Wärmestrom zur Vorwärmung
$\dot{n}$ Stoffmengenstrom Medium
h' Molare Enthalpie Medium auf der Kondensationslinie
T_s Siedetemperatur Medium
h_{ein} Molare Enthalpie eintretendes Medium
T_{ein} Temperatur eintretendes Medium
p_{ein} Druck eintretendes Medium
η_{th} Thermischer Wirkungsgrad

$\dot{Q}_2$ Zugeführter Wärmestrom zur Verdampfung
h'' Molare Enthalpie Medium auf der Verdampfungslinie
$\dot{Q}_3$ Zugeführter Wärmestrom zur Überhitzung
h_{aus} Molare Enthalpie austretendes Medium
T_{aus} Temperatur austretendes Medium
p_{aus} Druck austretendes Medium
Δp_V Druckverlust im Verdampfer

Berechnungsmethodik Bei der stationären Modellierungen von Dampferzeugern werden die Wärmeübertragungsmedien häufig unabhängig voneinander betrachtet und bilanziert (siehe Abschn. 9.1.8). Das heißt, die Austrittstemperatur für eines der beiden Medien wird vom Anwender vorgegeben und die Energieänderung des Mediums zwischen Ein- und Austritt berechnet. Mit Hilfe der thermischen Wirkungsgrade kann anschließend die Wärmeübertragungsmenge und schließlich die Temperaturänderung des zweiten Mediums bestimmt werden.

9.1.10 Kondensatoren

Im Unterschied zu Dampferzeugern bilden Kondensatoren den Phasenwechsel eines Mediums von der dampfförmigen zur flüssigen Phase ab. Dabei wird das Medium auf die Kondensationstemperatur abgekühlt, anschließend vollständig isotherm-isobar kondensiert und um eine vorgegebene Temperaturspanne unterkühlt. Da jeder dieser drei Verfahrensschritte durch die Abgabe einer definierten Wärmemenge gekennzeichnet ist, können Kondensatoren durch eine Reihenschaltung der drei Wärmeübertragungsprozesse Abkühlung, Kondensation und Unterkühlung abgebildet werden. Die zugehörigen Rechenoperationen werden im Folgenden erläutert. Der Bilanzraum der Modellierung ist in Abb. 9.10 dargestellt.

Massenbilanz Die Massenbilanz um den Bilanzraum eines Kondensators ergibt sich mit Hilfe des Massenstroms des eintretenden sowie des austretenden flüssigen, vollständig kondensierten Mediums:

$$\dot{m}^d_{M,\text{ein}} = \dot{m}^f_{M,\text{aus}} \tag{9.52}$$

$\dot{m}^d_{M,\text{ein}}$ Massenstrom eintretendes, dampfförmiges Medium
$\dot{m}^f_{M,\text{aus}}$ Massenstrom austretendes, flüssiges Medium

Energiebilanz Die Energiebilanz ergibt sich in Anlehnung an die des Dampferzeugers mit der Enthalpie des eintretenden Mediums, der Enthalpie des austretenden Mediums und den Wärmeverlusten – jedoch unter Berücksichtigung der abgeführten Wärmeströme zur Abkühlung, zur Kondensation und zur Unterkühlung des eintretenden Mediums:

$$\dot{H}^d_{M,\text{ein}} = \dot{Q}_1 + \dot{Q}_2 + \dot{Q}_3 + \dot{H}^f_{M,\text{aus}} + \dot{Q}_{VW1} + \dot{Q}_{VW2} + \dot{Q}_{VW3} \tag{9.53}$$

9.1 Modellierungsansätze

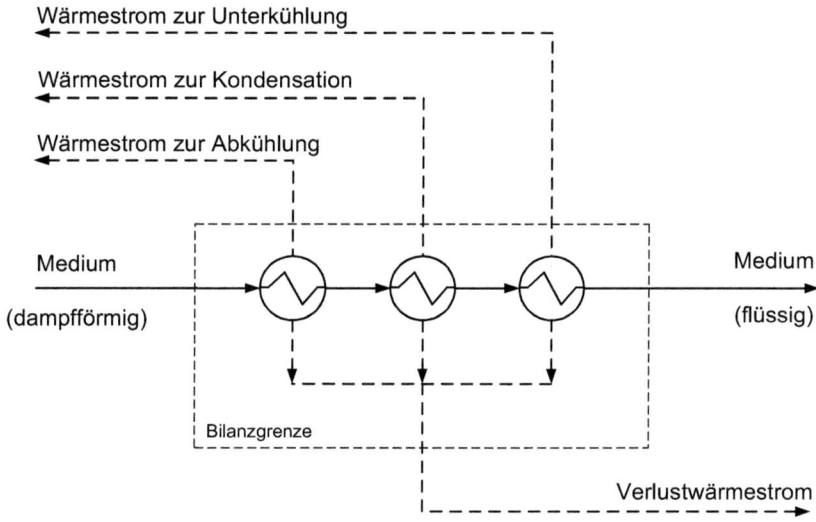

Abb. 9.10 Bilanzraum um einen Kondensator

$\dot{H}^d_{M,\text{ein}}$ Enthalpiestrom eintretendes, dampfförmiges Medium
$\dot{Q}_1$ Abgeführter Wärmestrom zur Abkühlung
$\dot{Q}_2$ Abgeführter Wärmestrom zur Kondensation
$\dot{Q}_3$ Abgeführter Wärmestrom zur Unterkühlung
$\dot{H}^f_{M,\text{aus}}$ Enthalpiestrom austretendes, flüssiges Medium
$\dot{Q}_{VW1}$ Verlustwärmestrom 1
$\dot{Q}_{VW2}$ Verlustwärmestrom 2
$\dot{Q}_{VW3}$ Verlustwärmestrom 3

Stoff- und Zustandsänderungen Die drei Teilwärmeströme ergeben sich aus dem Stoffmengenstrom und den entsprechenden Enthalpiedifferenzen des Mediums. Die Enthalpiedifferenzen bilden sich unter Berücksichtigung der Enthalpie des eintretenden Mediums, der Enthalpie des austretenden Mediums, der Enthalpie des Mediums auf der Kondensationslinie und der Enthalpie des Mediums auf der Siedelinie. Durch die Multiplikation mit dem thermischen Wirkungsgrad werden die Wärmeverluste der Prozesse einbezogen:

$$\dot{Q}_1 = \eta_{th}\, \dot{n}\, \left(h''(T_s) - h_{\text{ein}}(T_{\text{ein}}, p_{\text{ein}})\right) \qquad (9.54)$$

$$\dot{Q}_2 = \eta_{th}\, \dot{n}\, \left(h'(T_s) - h''(T_s)\right) \qquad (9.55)$$

$$\dot{Q}_3 = \eta_{th}\, \dot{n}\, \left(h_{\text{aus}}(T_{\text{aus}}, p_{\text{aus}}) - h'(T_s)\right) \qquad (9.56)$$

Die Siedetemperatur ist entsprechend der Dampfdruckgleichung durch den Druck des austretenden Mediums gegeben:

$$T_s = T_s(p_{\text{aus}}) \qquad (9.57)$$

Der für die Ermittlung der Kondensations- beziehungsweise Siedetemperatur bestimmende Austrittsdruck wird aus dem Eintrittsdruck p_{ein} und dem Druckverlust ermittelt:

$$p_{\text{aus}} = p_{\text{ein}} - \Delta p_V \tag{9.58}$$

Die Austrittstemperatur des Mediums ergibt sich schließlich mit Hilfe der Siedetemperatur abzüglich der vorgegebenen Temperaturspanne zur Unterkühlung:

$$T_{\text{aus}} = T_s - \Delta T_3 \tag{9.59}$$

$\dot{Q}_1$ Abgeführter Wärmestrom zur Abkühlung
η_{th} Thermischer Wirkungsgrad
$\dot{n}$ Stoffmengenstrom Medium
h'' Molare Enthalpie Medium auf der Verdampfungslinie
T_s Siedetemperatur Medium
h_{ein} Molare Enthalpie eintretendes Medium
T_{ein} Temperatur eintretendes Medium
p_{ein} Druck eintretendes Medium
$\dot{Q}_2$ Abgeführter Wärmestrom zur Kondensation
h' Molare Enthalpie Medium auf der Kondensationslinie
$\dot{Q}_3$ Abgeführter Wärmestrom zur Unterkühlung
h_{aus} Molare Enthalpie austretendes Medium
T_{aus} Temperatur austretendes Medium
p_{aus} Druck austretendes Mediums
Δp_V Druckverlust im Kondensator
ΔT_3 Temperaturspanne zur Unterkühlung

Berechnungsmethodik Das Vorgehen bei der Berechnung von Kondensatoren erfolgt analog zu der Berechnung von Dampferzeugern. Die Medien werden in der Regel separat voneinander bilanziert und die Austrittstemperatur des zu kondensierenden Mediums vorgegeben. Anschließend wird die abzuführende Wärmemenge berechnet und die Temperaturänderung des zweiten Mediums infolge der Aufnahme dieser Wärmemenge bestimmt.

9.1.11 Splitter

Splitter dienen der Aufteilung eines Stoffstromes in zwei Teilströme ohne Stoffumwandlungen und Zustandsänderungen. In realen Anlagen werden Splitter durch Rohrleitungsverzweigung in Kombination mit Einbauten (z. B. Blenden, Pumpen) realisiert. Nachfolgend werden exemplarisch die Rechenoperationen zur Modellierung eines Gassplitters vorgestellt. Den Bilanzraum des Splitters zeigt Abb. 9.11.

9.1 Modellierungsansätze

Abb. 9.11 Bilanzraum um einen Splitter

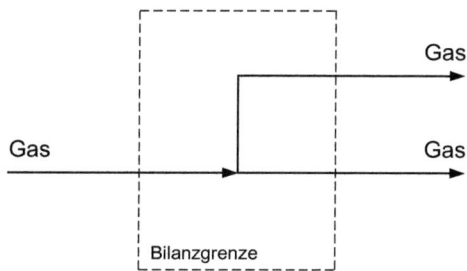

Massenbilanz Entsprechend des Bilanzraumes um einen Splitter ergibt sich die Massenbilanz aus dem Massenstrom des eintretenden Gases und den Massenströmen der austretenden Gase:

$$\dot{m}_{G,\text{ein}} = \dot{m}_{G1,\text{aus}} + \dot{m}_{G2,\text{aus}} \tag{9.60}$$

Die Aufteilung des eintretenden Massenstroms auf die zwei austretenden Massenströme kann mit Hilfe eines vom Anwender vorgegebenen Verteilungskoeffizienten berechnet werden. Dieser ist als Verhältnis des austretenden Teilmassenstroms zum eintretenden Massenstrom definiert. Da der Splitter die Zusammensetzung des eintretenden Stoffstromes nicht verändert, ergibt sich der austretende Massenstrom einer jeden im Gesamtmassenstrom enthaltenen Komponente i aus dem Produkt des Verteilungskoeffizienten und dem eintretenden Massenstrom der entsprechenden Komponente:

$$\dot{m}_{G1,\text{aus},i} = \alpha \, \dot{m}_{G,\text{ein},i} \tag{9.61}$$

Die Massenströme am Ausgang des Splitters berechnen sich jeweils aus der Summe ihrer N Komponenten:

$$\dot{m}_{G1,\text{aus}} = \sum_{i=1}^{N} \dot{m}_{G1,\text{aus},i} \tag{9.62}$$

$\dot{m}_{G,\text{ein}}$ Massenstrom eintretendes Gas
$\dot{m}_{G1,\text{aus}}$ Massenstrom austretendes Gas 1
$\dot{m}_{G2,\text{aus}}$ Massenstrom austretendes Gas 2
$\dot{m}_{G1,\text{aus},i}$ Massenstrom Komponente i austretendes Gas 1
α Verteilungskoeffizient
$\dot{m}_{G,\text{ein},i}$ Massenstrom Komponente i eintretendes Gas

Energiebilanz Die Energiebilanz ist durch die den Massenströmen entsprechenden Enthalpieströme am Ein- und Ausgang des Splitters definiert:

$$\dot{H}_{G,\text{ein}} = \dot{H}_{G1,\text{aus}} + \dot{H}_{G2,\text{aus}} \tag{9.63}$$

$\dot{H}_{G,\text{ein}}$ Enthalpiestrom eintretendes Gas
$\dot{H}_{G1,\text{aus}}$ Enthalpiestrom austretendes Gas 1
$\dot{H}_{G2,\text{aus}}$ Enthalpiestrom austretendes Gas 2

Berechnungsmethodik Da im Splitter weder Stoffumwandlungen noch Zustandsänderungen ablaufen, sind die spezifischen Enthalpien der austretenden Stoffströme gleich der spezifischen Enthalpie des eintretenden Stoffstromes. Auf eine iterative Lösung der Energiebilanz kann entsprechend verzichtet werden.

9.1.12 Mixer

In Mixern werden zwei Stoffströme zu einem Stoffstrom zusammengeführt. Dabei können sich die eintretenden Teilströme hinsichtlich ihrer Zusammensetzung und ihres thermodynamischen Zustands unterscheiden. Die nachfolgenden Erläuterungen beschreiben beispielhaft die Modellierung eines Gasmixers entsprechend dem Bilanzraum in Abb. 9.12.

Massenbilanz Die Massenbilanz des Mixers ergibt sich aus den beiden eintretenden Massenströmen sowie dem austretenden Massenstrom des Gases:

$$\dot{m}_{G1,\text{ein}} + \dot{m}_{G2,\text{ein}} = \dot{m}_{G,\text{aus}} \tag{9.64}$$

Zur Berechnung der Massenströme der Komponenten des austretenden Stoffstroms werden die Massenströme der Komponenten der beiden eintretenden Stoffströme addiert:

$$\dot{m}_{G,\text{aus},i} = \dot{m}_{G1,\text{ein},i} + \dot{m}_{G2,\text{ein},i} \tag{9.65}$$

Der gesamte austretende Massenstrom berechnet sich aus der Summe seiner N Komponentenmassenströme:

$$\dot{m}_{G,\text{aus}} = \sum_{i=1}^{N} \dot{m}_{G,\text{aus},i} \tag{9.66}$$

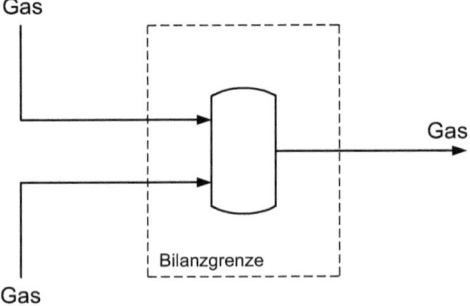

Abb. 9.12 Bilanzraum um einen Mixer

9.1 Modellierungsansätze

$\dot{m}_{G1,\text{ein}}$ Massenstrom eintretendes Gas 1
$\dot{m}_{G2,\text{ein}}$ Massenstrom eintretendes Gas 2
$\dot{m}_{G,\text{aus}}$ Massenstrom austretendes Gas
$\dot{m}_{G,\text{aus},i}$ Massenstrom Komponente i austretendes Gas
$\dot{m}_{G1,\text{ein},i}$ Massenstrom Komponente i eintretendes Gas 1
$\dot{m}_{G2,\text{ein},i}$ Massenstrom Komponente i eintretendes Gas 2

Energiebilanz Die Energiebilanz des Mixers ergibt sich analog zur Massenbilanz aus den Enthalpien der eintretenden Stoffströme sowie der Enthalpie des austretenden Stoffstromes:

$$\dot{H}_{G,\text{aus}} = \dot{H}_{G1,\text{ein}} + \dot{H}_{G2,\text{ein}} \tag{9.67}$$

$\dot{H}_{G1,\text{ein}}$ Enthalpiestrom eintretendes Gas 1
$\dot{H}_{G2,\text{ein}}$ Enthalpiestrom eintretendes Gas 2
$\dot{H}_{G,\text{aus}}$ Enthalpiestrom austretendes Gas

Berechnungsmethodik Der austretende Massenstrom sowie dessen Zusammensetzung werden gemäß den beschriebenen Rechenoperationen bestimmt. Die Temperatur des Austrittsstromes wird (bei der Berücksichtigung temperaturabhängiger Wärmekapazitäten der austretenden Gaskomponenten) iterativ bestimmt. Die Energiebilanzgleichung bildet dazu die Grundlage.

9.1.13 Abscheider

Abscheider dienen der teilweisen Trennung ausgewählter Komponenten von einem Hauptstoffstrom. An realen Energieanlagen werden Abscheider durch unterschiedliche verfahrenstechnische Komponenten wie zum Beispiel Filter oder Zyklone realisiert. Eine Möglichkeit zur Modellierung dieser Komponenten wird im Folgenden am Beispiel eines Gasfilters vorgestellt. Den Bilanzraum des Filters zeigt Abb. 9.13.

Abb. 9.13 Bilanzraum um einen Abscheider

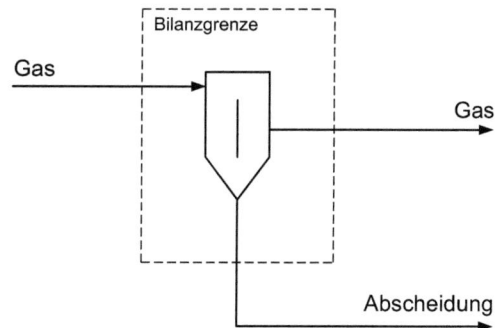

Massenbilanz Die Massenbilanz um den Bilanzraum des Abscheiders berechnet sich anhand des eintretenden Gasmassenstroms, des Massenstroms des austretenden Gases sowie des Massenstroms der Abscheidung:

$$\dot{m}_{G,\text{ein}} = \dot{m}_{G,\text{aus}} + \dot{m}_{AS,\text{aus}} \tag{9.68}$$

Die Abscheidung einer einzelnen Komponente ist durch das Produkt aus der Abscheiderate und dem Massenstrom der eintretender Komponente definiert. Die Abscheiderate wird im Allgemeinen komponentenweise vom Modellierer vorgegeben:

$$\dot{m}_{AS,\text{aus},i} = \beta_i \, \dot{m}_{G,\text{ein},i} \tag{9.69}$$

Der gesamte abgeschiedene Massenstrom ergibt sich aus der Summe aller N komponentenbezogenen Abscheidungen:

$$\dot{m}_{AS,\text{aus}} = \sum_{i=1}^{N} \dot{m}_{AS,\text{aus},i} \tag{9.70}$$

$\dot{m}_{G,\text{ein}}$ Massenstrom eintretendes Gas
$\dot{m}_{G,\text{aus}}$ Massenstrom austretendes Gas
$\dot{m}_{AS,\text{aus}}$ Massenstrom austretende Abscheidung
β_i Abscheiderate Komponente i
$\dot{m}_{G,\text{ein},i}$ Massenstrom Komponente i eintretendes Gas
$\dot{m}_{AS,\text{aus},i}$ Massenstrom Komponente i Abscheidung

Energiebilanz Die Energiebilanz berechnet sich entsprechend der Massenbilanz aus den Enthalpieströmen der drei Stoffströme:

$$\dot{H}_{G,\text{ein}} = \dot{H}_{G,\text{aus}} + \dot{H}_{AS,\text{aus}} \tag{9.71}$$

$\dot{H}_{G,\text{ein}}$ Enthalpiestrom eintretendes Gas
$\dot{H}_{G,\text{aus}}$ Enthalpiestrom austretendes Gas
$\dot{H}_{AS,\text{aus}}$ Enthalpiestrom austretende Abscheidung

Berechnungsmethodik Eine iterative Lösung der Energiebilanz des Abscheiders ist nicht erforderlich. Die austretenden Massen- und Energieströme ergeben sich eindeutig mit Hife der eintretenden Massenströme, deren Zustandsgrößen und der vom Anwender vorgegebenen komponentenspezifischen Abscheideraten. Bei der Modellierung von Abscheidern wird in der Regel eine isotherme Betriebsweise unterstellt sowie angenommen, dass keine internen Stoffumwandlungen stattfinden. Druckverluste können zusätzlich vorgeben werden, beeinflussen die Abscheidung im Allgemeinen jedoch nicht.

9.1.14 Isotherme Chemiereaktoren

In der chemischen Industrie werden Chemiereaktoren für unterschiedlichste Anwendungen eingesetzt. Als Beispiele sind unter anderem Synthesereaktoren, Reformierungsreaktoren oder Reaktoren zur katalytischen Abgasnachbehandlung zu nennen. Bei der Betrachtung von Chemiereaktoren wird – neben polytropen Reaktoren – zwischen zwei Reaktorprinzipien unterschieden: isotherm oder adiabat arbeitende Reaktoren. In diesem Abschnitt soll zunächst auf isotherm arbeitende Reaktoren, also Reaktoren mit konstanter Temperatur, eingegangen werden. Praktische Umsetzungen isothermer Reaktoren sind beispielsweise Wirbelschichtreaktoren mit integrierten Wärmeübertragern oder (bei einer begrenzten Wärmetönung) auch Festbettreaktoren mit Kühlung.

Ein in der Energietechnik weit verbreiteter Anwendungsfall für Chemiereaktoren sind Reaktionen mit gasförmigen Reaktionspartnern (z. B. die Methansynthese oder die Dampfreformierung von Methan). Aus diesem Grund wird nachfolgend exemplarisch die Modellierung eines isothermen Chemiereaktors mit Methanisierungs- und Wassergas-Shift-Reaktion vorgestellt. Die Modellierung dieses Prozesses basiert auf einem Reaktor, in dem die Stoffumwandlungen gemäß dem chemischen Reaktionsgleichgewicht der Methanisierungsreaktion und der Wassergas-Shift-Reaktion ablaufen. Entsprechend der Reaktortemperatur, dem Reaktordruck und der Zusammensetzung des zugeführten Gasstromes wird Methan gebildet oder abgebaut. Zur Methanerzeugung werden typischerweise Reaktoren mit Temperaturen zwischen 250 und 600 °C eingesetzt. Zur Methanreformierung werden höhere Reaktionstemperaturen gewählt. Für das Modellierungsbeispiel wird angenommen, dass die Reaktortemperatur sich im Bereich der Methanbildung befindet. Abbildung. 9.14 zeigt den Bilanzraum eines derartigen Reaktors.

Massenbilanz Dem dargestellten Reaktor wird ausschließlich Eduktgas zu- und Produktgas abgeführt. Die Massenbilanz ergibt sich entsprechend mit Hilfe der Massenströme beider Gase:

$$\dot{m}_{EG,\text{ein}} = \dot{m}_{PG,\text{aus}} \qquad (9.72)$$

Abb. 9.14 Bilanzraum um einen isothermen Chemiereaktor

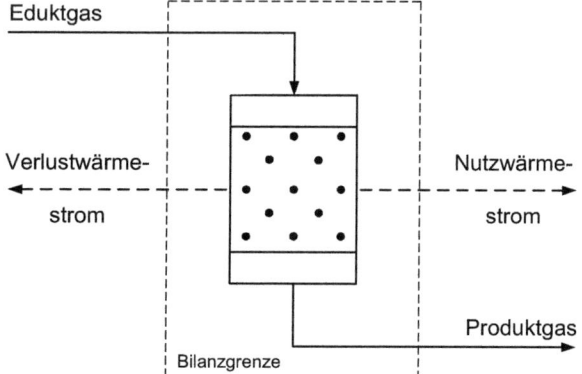

$\dot{m}_{EG,\text{ein}}$ Massenstrom eintretendes Eduktgas
$\dot{m}_{PG,\text{aus}}$ Massenstrom austretendes Produktgas

Energiebilanz Aufgrund des exothermen Charakters der Methanisierungs- und Wassergas-Shift-Reaktion wird in der Energiebilanz neben Wärmeverlusten und den Enthalpieströmen, die dem Reaktor mit dem Edukt- und Produktgas zu- beziehungsweise abgeführt werden, zusätzlich ein Nutzwärmestrom berücksichtigt:

$$\dot{H}_{EG,\text{ein}} = \dot{H}_{PG,\text{aus}} + \dot{Q}_{VW,\text{aus}} + \dot{Q}_{NW,\text{aus}} \qquad (9.73)$$

$\dot{H}_{EG,\text{ein}}$ Enthalpiestrom eintretendes Eduktgas
$\dot{H}_{PG,\text{aus}}$ Enthalpiestrom austretendes Produktgas
$\dot{Q}_{VW,\text{aus}}$ Verlustwärmestrom
$\dot{Q}_{NW,\text{aus}}$ Nutzwärmestrom

Stoff- und Zustandsänderungen Aufgrund der im Reaktorinneren ablaufenden Reaktionen entspricht die Zusammensetzung des austretenden Gases nicht der Zusammensetzung des eintretenden Gases. Unter der Annahme, dass ausschließlich die in den Reaktor eintretenden Stoffmengenströme (Kohlenstoffdioxid, Kohlenstoffmonoxid, Wasserdampf, Wasserstoff und Methan) an den Reaktionen beteiligt sind, können die aus dem Reaktor austretenden Stoffmengenströme mit fünf Gleichungen bestimmt werden:

- Kohlenstoffbilanz um den Methanisierungsreaktor,
- Wasserstoffbilanz um den Methanisierungsreaktor,
- Sauerstoffbilanz um den Methanisierungsreaktor,
- Massenwirkungsgesetz für die Methanisierungsreaktion,
- Massenwirkungsgesetz für die Wassergas-Shift-Reaktion.

Die Elementbilanzen ergeben sich entsprechend den eintretenden und austretenden Stoffmengenströmen. Das Massenwirkungsgesetz für die Methanisierungsreaktion wird mit Hilfe der Stoffmengenanteile des austretenden Gases, des Reaktionsdrucks, der stöchiometrischen Koeffizienten der Reaktion und der Gleichgewichtskonstanten der Reaktion formuliert [45, S. 481]:

$$K(T)_{\text{Methanisierung}} = \frac{y_{CH_4}^{\nu_{CH_4}} \, y_{H_2O}^{\nu_{H_2O}}}{y_{H_2}^{\nu_{H_2}} \, y_{CO}^{\nu_{CO}}} \left(\frac{p}{p_0}\right)^{\sum_{i=1}^{4} \nu_i} \qquad (9.74)$$

Das Massenwirkungsgesetz für die Wassergas-Shift-Reaktion wird analog definiert:

$$K(T)_{\text{Wassergas-Shift}} = \frac{y_{CO_2}^{\nu_{CO_2}} \, y_{H_2}^{\nu_{H_2}}}{y_{H_2O}^{\nu_{H_2O}} \, y_{CO}^{\nu_{CO}}} \left(\frac{p}{p_0}\right)^{\sum_{i=1}^{4} \nu_i} \qquad (9.75)$$

9.1 Modellierungsansätze

K Gleichgewichtskonstante
T Reaktionstemperatur
y_i Stoffmengenanteil Komponente i austretendes Produktgas
ν_i Stöchiometrischer Koeffizient Komponente i
p Reaktionsdruck
p_0 Standarddruck

Die Gleichgewichtskonstanten sind als Temperaturfunktionen in der Literatur (z. B. [27]) oder – für ausgewählte Reaktionen – im Anhang dieses Buches (Tab. 18) tabelliert. Alternativ können die Gleichgewichtskonstanten auch auf Basis der Zustandsgrößen des Gases berechnet werden (siehe Abschn. 9.1.2).

Berechnungsmethodik Die Berechnung isothermer Chemiereaktoren erfolgt durch die Lösung eines Gleichungssystems, welches sich aus der Energiebilanz, den Elementbilanzen sowie zusätzlichen reaktionsspezifischen Gleichgewichtsbeziehungen zusammensetzt. Für das dargestellte Beispiel ergeben sich insgesamt sechs Gleichungen. Neben der Energiebilanz sind dies drei Elementbilanzen sowie zwei in Form des Massenwirkungsgesetzes formulierte Gleichgewichtsbeziehungen. Die Lösung des Gleichungssystems führt auf die Nutzwärmemenge sowie die Stoffmengenanteile der Reaktionsteilnehmer am Reaktorausgang als Ergebnisse. Reaktortemperatur, Reaktordruck und Wärmeverlust werden vom Anwender vorgegeben.

Das Gleichungssystem ist nicht-linear und kann mit entsprechenden Verfahren wie dem Newton-Verfahren (siehe Abschn. 11.3.2) gelöst werden. Um die Konvergenz bei der Lösung sicherzustellen, ist besonderes Augenmerk auf die Wahl geeigneter Startwerte zu legen.

9.1.15 Adiabate Chemiereaktoren

Neben isothermen Reaktoren werden in der Chemietechnik häufig adiabate Chemiereaktoren eingesetzt. Bei einem adiabaten Reaktorbetrieb wird der Reaktor während des Reaktionsverlaufs weder beheizt noch gekühlt. Zudem findet theoretisch – bei idealer Reaktorisolierung – kein Wärmeaustausch mit der Umgebung statt. Exotherme Reaktionen führen demnach zu einer Aufheizung des Reaktors, endotherme Reaktionen zu einer Abkühlung. Praktische Umsetzungen adiabater Reaktorkonzepte sind beispielsweise ideale Festbettreaktoren ohne integrierte Kühlung. Aufgrund der vielfältigen Anwendungsmöglichkeiten dieser Reaktoren für Gasphasenreaktionen wird nachfolgend – analog zur Beschreibung isothermer Chemiereaktoren – stellvertretend die Modellierung der Methanisierung von Synthesegasen vorgestellt. Den Bilanzraum des Modellierungsbeispiels zeigt Abb. 9.15.

Abb. 9.15 Bilanzraum um einen adiabaten Chemiereaktor

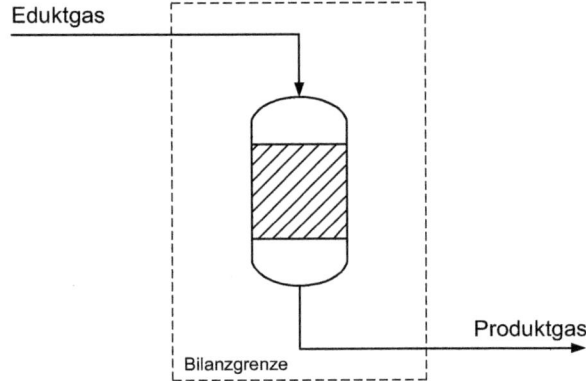

Massenbilanz Analog zu isothermen Reaktoren kann die Massenbilanz mit Hilfe des Massenstroms des eintretenden Eduktgases und des austretenden Produktgases formuliert werden:

$$\dot{m}_{EG,\text{ein}} = \dot{m}_{PG,\text{aus}} \tag{9.76}$$

$\dot{m}_{G,\text{ein}}$ Massenstrom eintretendes Eduktgas
$\dot{m}_{G,\text{aus}}$ Massenstrom austretendes Produktgas

Energiebilanz Da bei adiabaten Reaktoren weder Wärmeübertrager installiert noch Wärmeverluste berücksichtigt werden, erfolgt die Formulierung der Energiebilanz ausschließlich mit Hilfe des Enthalpiestroms des ein- und austretenden Gases. Die Reaktionswärme exothermer Reaktionen wird entsprechend mit dem austretenden Gas abtransportiert:

$$\dot{H}_{G,\text{ein}} = \dot{H}_{G,\text{aus}} \tag{9.77}$$

$\dot{H}_{EG,\text{ein}}$ Enthalpiestrom eintretendes Eduktgas
$\dot{H}_{PG,\text{aus}}$ Enthalpiestrom austretendes Produktgas

Stoff- und Zustandsänderungen Wie auch bei isothermen Reaktoren müssen die reaktionsbedingten Stoffänderungen im adiabaten Reaktor berechnet werden. Dazu ist für jeden an der Reaktion beteiligten Stoff eine Berechnungsgleichung erforderlich. Bei stationären Modellen werden dazu die Elementbilanzen sowie zusätzliche Gleichgewichtsbeziehungen (z. B. in Form des Massenwirkungsgesetzes) verwendet. Sind beispielsweise Kohlenstoffdioxid, Kohlenstoffmonoxid, Wasserdampf, Wasserstoff und Methan an den Reaktionen beteiligt, können die jeweiligen aus dem Reaktor austretenden Stoffmengenströme (Kohlenstoffdioxid, Kohlenstoffmonoxid, Wasserdampf, Wasserstoff und Methan) mit folgenden fünf Gleichungen bestimmt werden:

- Kohlenstoffbilanz um den Methanisierungsreaktor,
- Wasserstoffbilanz um den Methanisierungsreaktor,
- Sauerstoffbilanz um den Methanisierungsreaktor,
- Massenwirkungsgesetz für die Methanisierungsreaktion,
- Massenwirkungsgesetz für die Wassergas-Shift-Reaktion.

Die Elementbilanzen ergeben sich mit Hilfe der ein- und austretenden Stoffmengenströmen. Das Massenwirkungsgesetz wird analog zu den Berechnungen isothermer Reaktoren formuliert [45, S. 481].

Berechnungsmethodik Durch die Lösung des Gleichungssystems um den Bilanzraum des Reaktors werden die Reaktortemperatur im Gleichgewichtszustand sowie die Stoffmengenanteile der Stoffe am Reaktorausgang berechnet. Für das aufgeführte Beispiel mit fünf Reaktionsteilnehmern ergibt sich demnach ein Gleichungssystem mit insgesamt sechs Gleichungen. Dieses setzt sich aus der Energiebilanz, den drei Elementbilanzen sowie zwei Gleichgewichtsbeziehungen (hier die Massenwirkungsgesetze der beiden Reaktionen) zusammen. Im Vergleich zu isothermen Reaktoren wird demzufolge mit der sechsten Gleichung, der Energiebilanz, nicht die abgeführte Wärmemenge, sondern die Reaktortemperatur berechnet. Bei exothermen Reaktionen ist die Reaktortemperatur höher als die Gaseintrittstemperatur, bei endothermen Reaktionen ist die Reaktortemperatur niedriger als am Reaktoreingang.

Wie auch bei isothermen Chemiereaktoren liegt ein nicht-lineares Gleichungssystem vor, das mit entsprechenden Verfahren wie dem Newton-Verfahren (siehe Abschn. 11.3.2) gelöst werden kann. Die Konvergenz des Lösungsverfahrens ist dabei von der Wahl der Startwerte abhängig.

9.1.16 Gasmotorenprozesse

Gasmotoren dienen der Konversion brennbarer Gasgemische in elektrische Energie und Wärme. Dazu wird das Brenngas in den Zylindern des Motors verbrannt, erwärmt sich und expandiert. Durch die Expansion werden Kolben bewegt und eine Kurbelwelle mit Generator angetrieben. Die Modellierung eines Gasmotorenprozesses wird im Folgenden beschrieben. Dazu wird exemplarisch ein Gasmotorenprozess mit Gemischbilder, Turbolader, zweifacher Gemischkühlung und Ottomotor als Referenz gewählt [25] (Abb. 9.16). Die modelltechnische Abbildung des Gemischbilders, des Turboladers sowie der Gemischkühler basiert auf den bereits vorgestellten Modellen Mixer, Kompressor und Wärmeübertrager. Der Motorblock (Ottomotor) wird gesondert modelliert und steht daher im Fokus der nachfolgenden Ausführungen.

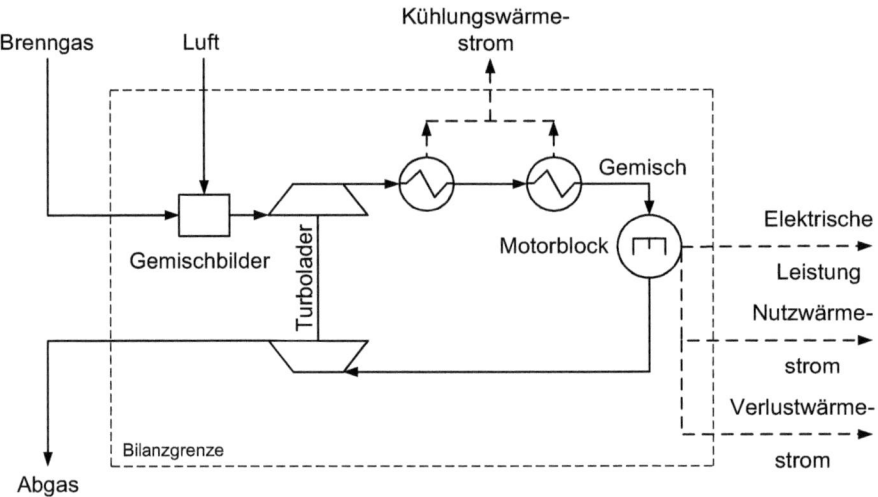

Abb. 9.16 Bilanzraum um einen Gasmotorenprozess

Massenbilanz Dem Gasmotorenprozess werden Brenngas und Verbrennungsluft zugeführt. Nach der Verbrennung und Expansion im Motorblock verlassen beide Massenströme den Motorblock zusammen wieder als Abgas. Die Massenbilanz kann demzufolge mit Hilfe des Brenngas-, Luft- und Abgasmassenstroms formuliert werden:

$$\dot{m}_{BG,\text{ein}} + \dot{m}_{L,\text{ein}} = \dot{m}_{AG,\text{aus}} \tag{9.78}$$

$\dot{m}_{BG,\text{ein}}$ Massenstrom eintretendes Brenngas
$\dot{m}_{L,\text{ein}}$ Massenstrom eintretende Luft
$\dot{m}_{AG,\text{aus}}$ Massenstrom austretendes Abgas

Energiebilanz In der Energiebilanz werden neben der Enthalpie des Brenngases, der Luft sowie der abgeführten elektrischen Leistung und Abgasleistung ebenfalls Nutz- und Verlustwärmeströme (Strahlung) berücksichtigt. Die Nutzwärmeströme werden in der Regel mit dem Motoröl und/oder dem Kühlwasser abgeführt:

$$\dot{H}_{BG,\text{ein}} + \dot{H}_{L,\text{ein}} = P_{EL,\text{aus}} + \dot{H}_{AG,\text{aus}} + \dot{Q}_{NW,\text{aus}} + \dot{Q}_{VW,\text{aus}} \tag{9.79}$$

$\dot{H}_{BG,\text{ein}}$ Enthalpiestrom eintretendes Brenngas
$\dot{H}_{L,\text{ein}}$ Enthalpiestrom eintretende Luft
$P_{EL,\text{aus}}$ Abgeführte elektrische Leistung
$\dot{H}_{AG,\text{aus}}$ Enthalpiestrom austretendes Abgas
$\dot{Q}_{NW,\text{aus}}$ Nutzwärmestrom
$\dot{Q}_{VW,\text{aus}}$ Verlustwärmestrom

9.1 Modellierungsansätze

Stoff- und Zustandsänderungen Die Stoff- und Zustandsänderungen des gesamten Gasmotorenprozesses werden auf Basis der beschriebenen Rechenoperationen der einzelnen Komponenten (Gemischbilder, Turbolader, Gemischkühler) bestimmt. Die Zustandsänderungen des Motorblocks werden durch eine Brennkammerrechnung abgebildet. Die Energiemenge, die dabei in elektrische Energie gewandelt wird, berechnet sich mit Hilfe des elektrischen Wirkungsgrades des Motors und der Gemischenthalpie – also der Enthalpie am Eingang des Motorblocks:

$$P_{EL,\text{aus}} = \dot{H}_{G,\text{ein}} \, \eta_{el} \tag{9.80}$$

Der Nutzwärmestrom bestimmt sich auf Basis des thermischen Wirkungsgrads:

$$\dot{Q}_{NW,\text{aus}} = \dot{H}_{G,\text{ein}} \, \eta_{th} \tag{9.81}$$

Und der Verlustwärmestrom ergibt sich aus der zugeführten Gemischenthalpie abzüglich der elektrischen Leistung und des Nutzwärmestroms:

$$\dot{Q}_{VW,\text{aus}} = \dot{H}_{G,\text{ein}} - P_{EL,\text{aus}} - \dot{Q}_{NW,\text{aus}} \tag{9.82}$$

$P_{EL,\text{aus}}$	Abgeführte elektrische Leistung
$\dot{H}_{G,\text{ein}}$	Enthalpiestrom eintretendes Gemisch
η_{el}	Elektrischer Wirkungsgrad
$\dot{Q}_{NW,\text{aus}}$	Nutzwärmestrom
η_{th}	Thermischer Wirkungsgrad
$\dot{Q}_{VW,\text{aus}}$	Verlustwärmestrom

Zur Anpassung des Gasmotorenmodells an reale Betriebsbedingungen werden die berechneten Kennwerte mit den Kennwerten realer Gasmotoren abgeglichen. Dazu werden in der Regel Lastkurven verwendet, die ausgewählte Kennwerte wie den elektrischen Wirkungsgrad oder die Abgastemperatur des realen Motors in Abhängigkeit der Last (der zugeführten Gemischenthalpie) beschreiben. Tabelle 9.1 zeigt beispielhaft eine Auswahl dieser Kennwerte.

Tab. 9.1 Ausgewählte Kenndaten von Gasmotorenprozessen [25]

Parameter	Einheit	Herstellerangabe
Luftverhältnis (bei 75 % Last)	mol mol^{-1}	2,2
Ladedruck (bei 75 % Last)	bar	3,3
Abgastemperatur (bei 75 % Last)	°C	414,0
Elektrischer Wirkungsgrad (bei 75 % Last)	%	37,4

Berechnungsmethodik Die Berechnung der Prozesskomponenten (Gemischbilder, Turbolader, Gemischkühler) erfolgt gemäß den bereits dargestellten Unterkapiteln. Die Bilanzierung des Motorblocks wird in Anlehnung an die der Brennkammer iterativ durchgeführt. Dabei ist die quasi-adiabate Verbrennungstemperatur die Zielgröße der Iteration. Es ist zu beachten, dass die Verbrennungstemperatur durch die abgeführten Energieströme des Motorblocks beeinflusst wird. Umso höher die elektrische Leistung, der Nutzwärmestrom und der Verlustwärmestrom sind, umso niedriger fällt die berechnete Brennkammertemperatur aus. Die drei Energieströme ergeben sich – wie oben beschrieben – mit Hilfe des elektrischen und thermischen Wirkungsgrades in Abhängigkeit der Gemischenthalpie.

9.1.17 Gasturbinenprozesse

Gasturbinen sind Wärmekraftmaschinen, mit denen brennbare Gasgemische in Arbeit (bzw. elektrische Energie) und Wärme überführt werden. In Gasturbinenprozessen wird Luft verdichtet, gemeinsam mit dem Brenngas einer Brennkammer zugeführt und dort verbrannt. Das heiße Brennkammerabgas wird anschließend in der eigentlichen Turbine entspannt. Die Turbine treibt einen Generator zur Strombereitstellung an und ist im Allgemeinen mechanisch mit dem Luftverdichter verbunden. Die Modellierung eines Gasturbinenprozesses – bestehend aus Luftverdichter, Mixer, Brennkammer und Turbine – wird nachfolgend dargestellt. Den Bilanzraum des Prozesses zeigt Abb. 9.17.

Massenbilanz Die Massenbilanz um den Bilanzraum ergibt sich anhand des Massenstroms des eintretenden Brenngases, des Massenstroms der eintretenden Luft und des

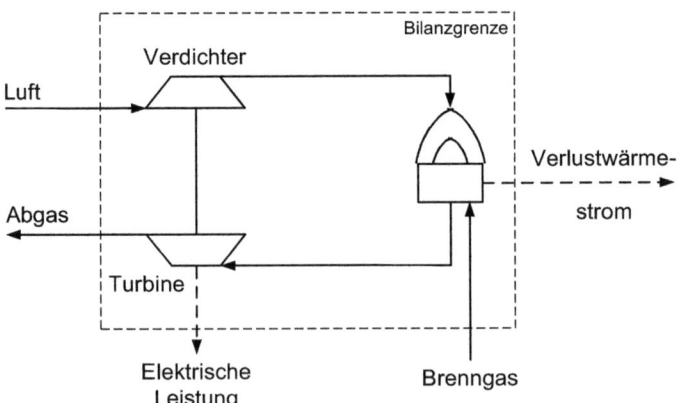

Abb. 9.17 Bilanzraum um einen Gasturbinenprozess

9.1 Modellierungsansätze

Massenstroms des austretenden Abgases:

$$\dot{m}_{BG,\text{ein}} + \dot{m}_{L,\text{ein}} = \dot{m}_{AG,\text{aus}} \quad (9.83)$$

$\dot{m}_{BG,\text{ein}}$ Massenstrom eintretendes Brenngas
$\dot{m}_{L,\text{ein}}$ Massenstrom eintretende Luft
$\dot{m}_{AG,\text{aus}}$ Massenstrom austretendes Abgas

Energiebilanz Die Energiebilanz kann durch die Enthalpie der eintretenden Luft, die Enthalpie des eintretenden Brenngases, die elektrische Leistung, die Enthalpie des austretenden Abgases und einen Verlustwärmestrom definiert werden:

$$\dot{H}_{L,\text{ein}} + \dot{H}_{BG,\text{ein}} = P_{EL,\text{aus}} + \dot{H}_{AG,\text{aus}} + \dot{Q}_{VW,\text{aus}} \quad (9.84)$$

$\dot{H}_{L,\text{ein}}$ Enthalpiestrom eintretende Luft
$\dot{H}_{BG,\text{ein}}$ Enthalpiestrom eintretendes Brenngas
$P_{EL,\text{aus}}$ Abgeführte elektrische Leistung
$\dot{H}_{AG,\text{aus}}$ Enthalpiestrom austretendes Abgas
$\dot{Q}_{VW,\text{aus}}$ Verlustwärmestrom

Stoff- und Zustandsänderungen Die Berechnung der Stoff- und Zustandsänderungen der Komponenten des dargestellten Gasturbinenprozesses erfolgt mit Hilfe der Rechenoperationen der vorangegangenen Unterkapitel. Dabei werden das Modell eines Kompressors (Verdichters), eines Mixers, einer Brennkammer und einer Turbine verwendet. Um die Modellrechnung an die Betriebsdaten realer Gasturbinenprozesse anzupassen, müssen verschiedene Modellparameter eingestellt werden. Diese Parameter (z. B. das Luftverhältnis, die isentropen Wirkungsgrade, die mechanischen Wirkungsgrade) werden so vorgegeben, dass relevante Kennwerte der Modellrechnung mit denen real betriebener Turbinen übereinstimmen. In Tab. 9.2 ist eine Auswahl derartiger Kennwerte aufgeführt.

Berechnungsmethodik Die Zustandsgrößen sowie zugehörigen Stoff- und Energieströme werden entsprechend der vorangegangenen Unterkapitel für Kompressoren, Mixer, Brennkammern und Turbinen bestimmt. Die Brennkammerberechnung wird iterativ

Tab. 9.2 Ausgewählte Kenndaten von Gasturbinenprozessen [66]

Parameter	Einheit	Herstellerangabe
Luftmassenstrom	kg s^{-1}	21,6
Abgastemperatur	°C	510,0
Elektrische netto Leistung (bei 15 °C)	MW	5,5
Verdichtungsverhältnis (Luftkompressor)	bar bar^{-1}	12,2

durchgeführt und der isentrope Wirkungsgrad der Turbine so gewählt, dass die Austrittstemperatur der Modellturbine mit Messwerten übereinstimmt. Der mechanische und elektrische Turbinenwirkungsgrad werden anschließend definiert, um die elektrische Ausgangsleistung von Modell und realem Prozess aufeinander abzustimmen.

9.1.18 Flashtrommeln

Flashtrommeln sind verfahrenstechnische Komponenten, in denen – ähnlich wie in Verdampfern und Kondensatoren – einphasige Stoffgemische in eine flüssige und eine dampfförmige Phase getrennt werden. Im Unterschied zu Verdampfern und Kondensatoren ist eine Veränderung des Systemdrucks und nicht der Temperatur die Ursache für die Phasentrennung. Flashtrommeln kommen beispielsweise nach Absorbern zum Einsatz, in denen unterschiedliche Gaskomponenten von einem flüssigen Medium aufgenommen werden. Durch eine Druckabsenkung nach der Absorption werden schwer lösliche Komponenten zu Teilen wieder aus dem Absorptionsmedium ausgetrieben.

Die Modellierung von Flashtrommeln beruht auf Phasengleichgewichtsansätzen (siehe Dampf-Flüssigkeitsgleichgewichte in Abschn. 7.1). Mit diesen lassen sich in der Regel die Zusammensetzung der flüssigen und gasförmigen Phase in Abhängigkeit von Druck und Temperatur berechnen. Flashtrommeln werden daher in Fließschemasimulationen häufig auf eine Weise eingesetzt, welche von der eigentlichen Anwendung in verfahrenstechnischen Anlagen abweicht. So werden Flashtrommeln beispielsweise bei der Berechnung von Verdampfungs- und Kondensationsprozessen herangezogen, wenn Verdampfer- oder Kondensatormodelle für mehrkomponentige Systeme ungeeignet sind. Die grundlegenden Rechenoperationen zur Modellierung einer Flashtrommel werden nachfolgend vorgestellt. Exemplarisch wird eine Flashtrommel mit einer Dampf- und einer Flüssigphase unter isothermen und isobaren Bedingungen bilanziert (Abb. 9.18).

Massenbilanz Entsprechend dem dargestellten Bilanzraum wird der Flashtrommel ein flüssiges Medium zugeführt. Abgeführt werden zwei Massenströme – der dampfförmige

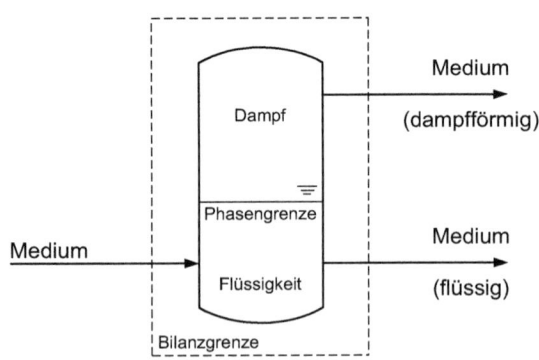

Abb. 9.18 Bilanzraum um eine Flashtrommel

9.1 Modellierungsansätze

Anteil des Mediums und der flüssige Anteil des Mediums im Phasengleichgewicht:

$$\dot{m}_{M,ein}^f = \dot{m}_{M,aus}^f + \dot{m}_{M,aus}^d \tag{9.85}$$

Da in Flashtrommeln keine Stoffumwandlungen stattfinden, kann die Massenbilanz für jede Komponente (jeden Stoff) i des Mediums gesondert formuliert werden:

$$\dot{m}_{M,ein,i}^f = \dot{m}_{M,aus,i}^f + \dot{m}_{M,aus,i}^d \tag{9.86}$$

$\dot{m}_{M,ein}^f$ Massenstrom eintretendes, flüssiges Medium
$\dot{m}_{M,aus}^f$ Massenstrom austretendes, flüssiges Medium
$\dot{m}_{M,aus}^d$ Massenstrom austretendes, dampfförmiges Medium
$\dot{m}_{M,ein,i}^f$ Massenstrom Komponente i eintretendes, flüssiges Medium
$\dot{m}_{M,aus,i}^f$ Massenstrom Komponente i austretendes, flüssiges Medium
$\dot{m}_{M,aus,i}^d$ Massenstrom Komponente i austretendes, dampfförmiges Medium

Energiebilanz Mit den beschriebenen Massenströmen wird Energie in die Flashtrommel eingetragen beziehungsweise wieder von ihr abgeführt. In der Energiebilanz wird dieser Energietransport durch Enthalpieströme repräsentiert. Zusätzlich kann entsprechend dem Detaillierungsgrad der Modellierung ein Verlustwärmestrom einbezogen werden. Dieser repräsentiert den Wärmeverlust der Flashtrommel an die Umgebung:

$$\dot{H}_{M,ein}^f = \dot{H}_{M,aus}^f + \dot{H}_{M,aus}^d + \dot{Q}_{VW,aus} \tag{9.87}$$

$\dot{H}_{M,ein}^f$ Enthalpiestrom eintretendes, flüssiges Medium
$\dot{H}_{M,aus}^f$ Enthalpiestrom austretendes, flüssiges Medium
$\dot{H}_{M,aus}^d$ Enthalpiestrom austretendes, dampfförmiges Medium
$\dot{Q}_{VW,aus}$ Verlustwärmestrom

Stoff- und Zustandsänderung Neben der Massen- und Energiebilanz bilden Phasengleichgewichtsansätze die Grundlage der Modellierung von Flashtrommeln. Diese beruhen, wie in Abschn. 7.1 vorgestellt, auf der Annahme, dass die Fugazität einer Komponente i in der flüssigen Phase gleich der Fugazität derselben Komponente in der Dampfphase ist:

$$f_i^d = f_i^f \tag{9.88}$$

Zur Berechnung der Fugazitäten werden die in Abschn. 7 vorgestellten Berechnungsansätze verwendet. Bei der Modellierung von Dampf- und Flüssigphase als reale Fluide, ergibt sich das Fugazitätsgleichgewicht für jede Komponente i mit dem Stoffmengenanteil in der Flüssigphase, dem Fugazitätskoeffizienten der flüssigen Phase, dem Systemdruck, dem Fugazitätskoeffizienten der dampfförmigen Phase sowie dem Partialdruck in der Dampfphase:

$$\varphi_i^f \, p \, y_i' = \varphi_i^d \, p_i \tag{9.89}$$

f_i^d Fugazität Komponente i Dampfphase
f_i^f Fugazität Komponente i Flüssigphase
φ_i^f Fugazitätskoeffizient Komponente i Flüssigphase
p Druck
y_i' Stoffmengenanteil Komponente i Flüssigphase
φ_i^d Fugazitätskoeffizient Komponente i Dampfphase
p_i Partialdruck Komponente i Dampfphase

Die Fugazitätskoeffizienten können auf unterschiedliche Art und Weise berechnet werden. Eine Möglichkeit ist die Verwendung kubischer Zustandsgleichungen. Die Berechnung wird detailliert in Abschn. 7.2 und 7.3 beschrieben.

Berechnungsmethodik Bei der Modellierung von Flashtrommeln treten pro Komponente, die der Flashtrommel zugeführt wird, zwei Unbekannte auf: der Stoffmengen- beziehungsweise Massenstrom der Komponente in der Flüssigphase sowie der Stoffmengenbeziehungsweise Massenstrom der Komponente in der Dampfphase der Flashtrommel. Zur Berechnung dieser Unbekannten sind pro Komponente zwei Gleichungen erforderlich. Die erste Gleichung ist die Massenerhaltung einer jeden Komponente um den Bilanzraum der Flashtrommel. Die zweite Gleichung ist das Fugazitätsgleichgewicht einer jeden Komponente. Gekoppelt sind beide Gleichungen über die Massenströme, die sowohl in die Massenbilanz selbst als auch in die Berechnung des Fugazitätsgleichgewichts einfließen.

Nach der Modellierung der Massenerhaltung und der Fugazitätsgleichgewichte der N Komponenten liegt ein nichtlineares Gleichungssystem mit $N \cdot 2$ Gleichungen vor. Dieses kann mit entsprechenden Verfahren (z. B. dem Newton-Verfahren; siehe Abschn. 11.3.2) gelöst werden. Aufgrund der starken Nichtlinearität ist es häufig erforderlich, das Lösungsverfahren zu optimieren und dessen Konvergenz zu verbessern. Dies kann beispielsweise – neben der Wahl geeigneter Startwerte – durch eine Dämpfung der iterativen Berechnung oder Trust-Region-Algorithmen erreicht werden.

9.1.19 Destillationskolonnen

Destillationskolonnen sind verfahrenstechnische Apparate zur thermischen Trennung von Stoffgemischen, deren Stoffe unterschiedliche Siedepunkte besitzen [52, S. 10]. Dabei wird einer Flüssigkeit (Feed), die aus mindesten zwei zu trennenden Stoffen besteht, thermische Energie zugeführt und teilweise verdampft. Im Vergleich zur ursprünglichen Flüssigkeit besitzt die erzeugte Dampfphase einen erhöhten Anteil des Stoffes mit dem niedrigeren Siedepunkt. Der flüssige Rückstand besitzt entsprechend einen erhöhten Anteil des Stoffes mit dem höheren Siedepunkt.

Um die Auftrennung der Stoffkomponenten zu verbessern, werden Destillationskolonnen in der Industrie mit mehreren Böden (fraktionelle Destilliation) ausgeführt. An

9.1 Modellierungsansätze

den Böden stellt sich jeweils ein unterschiedlicher Phasengleichgewichtszustand mit einer charakteristischen Temperatur, einem charakteristischen Druck sowie charakteristischen Dampf- und Flüssigkeitszusammensetzungen ein. Über die Kolonnenlänge bilden sich entsprechend Temperatur-, Druck- und Konzentrationsprofile heraus. Weiterhin findet zwischen den Böden beziehungsweise zwischen den Gleichgewichtsstufen ein Stoffaustausch statt: Dampf steigt jeweils zum nächst höher gelegenen Boden auf und Flüssigkeit fließt jeweils zum nächst tiefer gelegenen Boden ab. Auf diese Weise nimmt der Anteil der Komponenten mit niedrigeren Siedepunkten in der Dampfphase mit jedem Boden zum Kolonnenkopf hin zu. Umgekehrt nimmt der Anteil der Komponenten mit höheren Siedepunkten in der Flüssigphase mit jedem Boden zum Kolonnenboden hin zu. Der Stoff- und damit einhergehende Energietransport zwischen den Böden (simulationstechnisch als Gleichgewichtsstufen betrachtet) ist die eigentliche Ursache für die unterschiedlichen Temperaturen und damit für die Konzentrationsunterschiede an den Kolonnenböden.

Industrielle Destillationskolonnen werden zudem häufig mit einem Kondensator am Kolonnenkopf sowie einem Verdampfer am Kolonnenboden ausgeführt (Rektifikation). Am Kolonnenkopf austretender Dampf wird durch den Kondensator abgekühlt und teilweise kondensiert. Das Kondensat wird wieder in die Kolonne eingebracht und die nichtkondensierten Stoffe als Destillat abgeführt. Entsprechend wird die am Kolonnenboden austretende Flüssigkeit durch einen Verdampfer erhitzt und der erzeugte Dampf wieder in die Kolonne geleitet. Das verbleibende, nicht verdampfte Stoffgemisch wird als Sumpf abgeführt (Abb. 9.19).

In Abb. 9.19 ist beispielhaft der Bilanzraum einer dreistufigen Destillationskolonne mit Verdampfer und Kondensator dargestellt. Die Rechenoperationen zur Modellierung der dargestellten Kolonne werden nachfolgend erläutert.

Abb. 9.19 Bilanzraum um eine Destillationskolonne mit drei Stufen

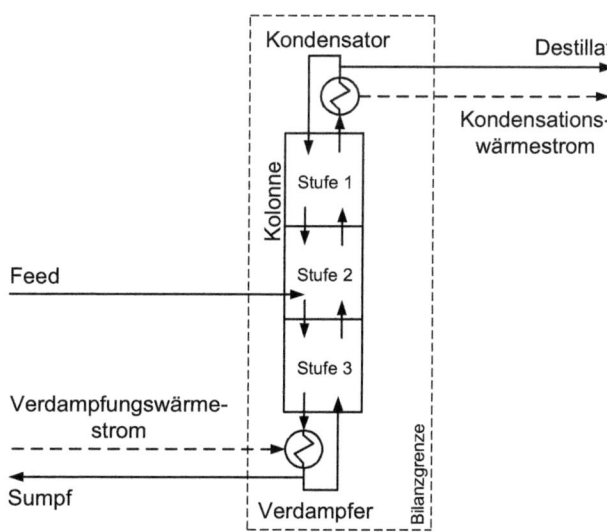

Massenbilanz Der Destillationskolonne wird ein flüssiges Medium – der Feed – zugeführt. Abgeführt werden am Kolonnenkopf das Destillat und am Kolonnenboden der Sumpf. Das Destillat liegt vollständig dampfförmig vor, der Sumpf vollständig flüssig:

$$\dot{m}_{F,\text{ein}} = \dot{m}_{D,\text{aus}} + \dot{m}_{S,\text{aus}} \tag{9.90}$$

$\dot{m}_{F,\text{ein}}$ Massenstrom eintretender Feed
$\dot{m}_{D,\text{aus}}$ Massenstrom austretendes Destillat
$\dot{m}_{S,\text{aus}}$ Massenstrom austretender Sumpf

Energiebilanz Mit dem zugeführten flüssigen Feed tritt ein Enthalpiestrom in die Destillationskolonne ein. Abgeführt werden hingegen zwei Enthalpieströme, welche den Massenströmen des Destillates und des Sumpfes zuzuordnen sind. Zudem wird der Destillationskolonne am Verdampfer ein Wärmestrom zugeführt und am Kondensator ein Wärmestrom abgeführt.

$$\dot{H}_{F,\text{ein}} + \dot{Q}_{V,\text{ein}} = \dot{H}_{D,\text{aus}} + \dot{H}_{S,\text{aus}} + \dot{Q}_{K,\text{aus}} \tag{9.91}$$

$\dot{H}_{F,\text{ein}}$ Enthalpiestrom eintretender Feed
$\dot{Q}_{V,\text{ein}}$ Zugeführter Wärmestrom zur Verdampfung
$\dot{H}_{D,\text{aus}}$ Enthalpiestrom austretendes Destillat
$\dot{H}_{S,\text{aus}}$ Enthalpiestrom austretender Sumpf
$\dot{Q}_{K,\text{aus}}$ Abgeführter Wärmestrom zur Kondensation

Stoff- und Zustandsänderung Die Berechnung der Stoff- und Zustandsänderungen in Destillationskolonnen basiert auf den bereits vorgestellten Phasengleichgewichtsrechnungen in Flashtrommeln (siehe auch Abschn. 7.1). Jede Stufe der Destillationskolonne kann als gesonderte Flashtrommel modelliert werden, welcher ein dampfförmiger Massenstrom aus der unterhalb gelegenen Stufe sowie ein flüssiger Massenstrom aus der oberhalb gelegenen Stufe zugeführt wird. Entsprechend werden ein dampfförmiger Massenstrom in die oberhalb gelegene Stufe sowie ein flüssiger Massenstrom in die unterhalb gelegene Stufe abgeführt. Beide abgeführten Massenströme besitzen eine Zusammensetzung, die der Phasengleichgewichtszusammensetzung innerhalb der Stufe entspricht. Die Stufe, in die der flüssige Feedstrom eingebracht wird, ist bilanziell als Sonderfall anzusehen, da ihr neben dem flüssigen Massenstrom aus der oberhalb gelegenen Stufe zudem der flüssige Feedstrom zugeführt wird.

Um Destillationskolonnen berechnen zu können, werden die Massenströme in der Kolonne für jede Stufe und jeden Stoff gesondert bilanziert. Die Massenbilanzgleichungen sind im Folgenden exemplarisch für eine dreistufige Destillationskolonne zur Auftrennung eines Zweistoffgemisches dargestellt. Die Stufen werden durch die Abkürzungen S1, S2 und S3 entsprechend Abb. 9.19 indiziert. Die beiden Stoffe sind durch den Index i

9.1 Modellierungsansätze

gekennzeichnet.

$$\dot{m}^f_{S1\text{ein},i} + \dot{m}^d_{S1\text{ein},i} = \dot{m}^f_{S1\text{aus},i} + \dot{m}^d_{S1\text{aus},i} \tag{9.92}$$

$$\dot{m}^f_{S2\text{ein},i} + \dot{m}^d_{S2\text{ein},i} + \dot{m}^f_{F,\text{ein},i} = \dot{m}^f_{S2\text{aus},i} + \dot{m}^d_{S2\text{aus},i} \tag{9.93}$$

$$\dot{m}^f_{S3\text{ein},i} + \dot{m}^d_{S3\text{ein},i} = \dot{m}^f_{S3\text{aus},i} + \dot{m}^d_{S3\text{aus},i} \tag{9.94}$$

$\dot{m}^f_{S1\text{ein},i}$ Massenstrom flüssige Komponente i (Eingang S1)
$\dot{m}^d_{S1\text{ein},i}$ Massenstrom dampfförmige Komponente i (Eingang S1)
$\dot{m}^f_{S1\text{aus},i}$ Massenstrom flüssige Komponente i (Ausgang S1)
$\dot{m}^d_{S1\text{aus},i}$ Massenstrom dampfförmige Komponente i (Ausgang S1)
$\dot{m}^f_{S2\text{ein},i}$ Massenstrom flüssige Komponente i (Eintritt S2)
$\dot{m}^d_{S2\text{ein},i}$ Massenstrom dampfförmige Komponente i (Eingang S2)
$\dot{m}^f_{S2\text{aus},i}$ Massenstrom flüssige Komponente i (Ausgang S2)
$\dot{m}^d_{S2\text{aus},i}$ Massenstrom dampfförmige Komponente i (Ausgang S2)
$\dot{m}^f_{S3\text{ein},i}$ Massenstrom flüssige Komponente i (Eingang S3)
$\dot{m}^d_{S3\text{ein},i}$ Massenstrom dampfförmige Komponente i (Eingang S3)
$\dot{m}^f_{S3\text{aus},i}$ Massenstrom flüssige Komponente i (Ausgang S3)
$\dot{m}^d_{S3\text{aus},i}$ Massenstrom dampfförmige Komponente i (Ausgang S3)

Entsprechend werden auch die Phasengleichgewichtsbeziehungen für jede Stufe und jeden Stoff gesondert formuliert:

$$y'_{S1,i}\, \varphi^f_{S1,i}\, p = \varphi^d_{S1,i}\, p_{S1,i} \tag{9.95}$$

$$y'_{S2,i}\, \varphi^f_{S2,i}\, p = \varphi^d_{S2,i}\, p_{S2,i} \tag{9.96}$$

$$y'_{S3,i}\, \varphi^f_{S3,i}\, p = \varphi^d_{S3,i}\, p_{S3,i} \tag{9.97}$$

$y'_{S1,i}$ Stoffmengenanteil flüssige Komponente i in S1
$y'_{S2,i}$ Stoffmengenanteil flüssige Komponente i in S2
$y'_{S3,i}$ Stoffmengenanteil flüssige Komponente i in S3
$\varphi^f_{S1,i}$ Fugazitätskoeffizient flüssige Komponente i in S1
$\varphi^f_{S2,i}$ Fugazitätskoeffizient flüssige Komponente i in S2
$\varphi^f_{S3,i}$ Fugazitätskoeffizient flüssige Komponente i in S3
$\varphi^d_{S1,i}$ Fugazitätskoeffizient dampfförmige Komponente i in S1
$\varphi^d_{S2,i}$ Fugazitätskoeffizient dampfförmige Komponente i in S2
$\varphi^d_{S3,i}$ Fugazitätskoeffizient dampfförmige Komponente i in S3
$p_{S1,i}$ Partialdruck Komponente i (Dampfphase S1)
$p_{S2,i}$ Partialdruck Komponente i (Dampfphase S2)

$p_{S3,i}$ Partialdruck Komponente i (Dampfphase S3)
p Druck

Berechnungsmethodik Sind die thermodynamischen Berechnungsgleichungen zur Bestimmung der Phasenzusammensetzung einer Gleichgewichtsstufe formuliert, besteht die eigentliche Herausforderung in der Definition des Gleichungssystems sowie in dessen effizienter Lösung. Insbesondere für Modelle von Destillationskolonnen, bei denen die Stufenzahl und Lage der Feedstufe flexibel vom Anwender vorgegeben werden kann, ist die Definition des Gleichungssystems sowie dessen Indizierung eine aufwändige Arbeit. In Bezug auf die Lösung des Gleichungssystems erweisen sich die vielzähligen nichtlinearen Abhängigkeiten der Variablen als problematisch. Die Abhängigkeiten zwischen den einzelnen Stufen erfordern eine gleichzeitige Lösung der Stoffbilanzen und Phasengleichgewichte aller Stufen. Die Anwendung herkömmlicher Verfahren zur Lösung nichtlinearer Gleichungssysteme wie das Newton-Verfahren führen in der Regel nicht zur Konvergenz. Wie bei der Lösung der Gleichungssysteme von Flashtrommeln sind Lösungsansätze mit Dämpfung und einer adaptierten Startwertsuche empfehlenswert.

Die Auslegung von Destillationskolonnen stellt eine Herausforderung moderner, computergestützter Berechnungen dar. In der Literatur (z. B. [5], [42], [55]) sind dazu vielfältige Vorgehensweisen beschrieben.

9.2 Ausgewählte Rechenbeispiele

Um die in den vorherigen Abschnitten beschriebenen thermodynamischen Modellierungsansätze zu verdeutlichen, werden nachfolgend Beispielrechnungen für ausgewählte Anlagenkomponenten aufgeführt. Diese basieren auf den beschriebenen Gleichungen, unterliegen jedoch – insbesondere in Bezug auf die Berechnung der Stoffwerte – je nach Anwendungsfall vereinfachenden Annahmen (z. B. konstante Wärmekapazitäten). Die Beispielrechnungen werden in Form von C++-Code, wie er beispielsweise in den Softwarepaketen MATLAB oder Octave eingesetzt wird, dargestellt.

9.2.1 Rechenbeispiel: Trockner

Problemstellung Vor der Verbrennung in einem Heizkraftwerk werden stündlich 1 t Holzhackschnitzel in einem Bandtrockner mit $6000 \, \mathrm{m^3 \, h^{-1}}$ (i. N.) auf 95 °C vorgewärmter Luft getrocknet. Die Holzhackschnitzel besitzen bei der Anlieferung einen Wassergehalt von 40 %. Für weiterführende Wirkungsgradabschätzungen des Heizkraftwerkes sollen einerseits die Gleichgewichtstemperatur des Trocknungsprozesses sowie der im Holz verbleibende Wassergehalt nach der Trocknung berechnet werden.

9.2 Ausgewählte Rechenbeispiele

Rechencode Ein C++-Beispielprogramm zur Berechnung des Trocknungsprozesses ist in der folgenden Funktion *Trockner* dargestellt:

```
function QTrockner_Bedarf = Trockner(TTrockner)
%
%%%%%%%%%%%%%%%%%%%%%%%%%%%%%%%%%%%%
%%%%%%%%%%%%%%%%%%%%%%%%%%%%%%%%%%%%
% Konstanten:
%
R = 8.315; % Universelle Gaskonstante in J/(mol*K)
T0 = 298.15; % Referenztemperatur in K
%
%%%%%%%%%%%%%%%%%%%%%%%%%%%%%%%%%%%%
%%%%%%%%%%%%%%%%%%%%%%%%%%%%%%%%%%%%
% Stoffdaten:
%
% Spez. Wärmekapazitäten in J/(mol*K):
cpH2O = 33.58; % H2O (gasförmig)
cpH2O_fl = 75.29; % H2O (flüssig)
cpN2 = 29.13; % N2
cpO2 = 29.36; % O2
%
% Molmassen in kg/mol:
MC = 0.012011; % C
MH = 0.0010079; % H
MO = 0.015999; % O
MS = 0.032064; % S
MN = 0.0140067; % N
MCl = 0.035453; % Cl
MA = 0.03; % Asche
MH2O = 0.018015; % H2O
MN2 = 0.02801348; % N2
MO2 = 0.0319988; % O2
%
% Standardbildungsenthalpien in kJ/mol:
dhf0CO2 = -393.522; % CO2
dhf0H2O = -241.827; % H2O (gasförmig)
dhf0H2Ofl = -285.838; % H2O (flüssig)
dhf0N2 = 0; % N2
dhf0O2 = 0; % O2
dhf0SO2 = -296.830; % SO2
%
%%%%%%%%%%%%%%%%%%%%%%%%%%%%%%%%%%%%
%%%%%%%%%%%%%%%%%%%%%%%%%%%%%%%%%%%%
% Vorgabe Parameter:
%
% Parametervorgaben Trocknungsprozess:
pTrockner = 1.0; % Trocknungsdruck in bar
Phi = 1.0; % Relative Luftfeuchte am Trockneraugang
```

```
%
% Parametervorgaben eintretender Brennstoff:
TBrennstoff_ein = 299.15; % Temperatur in K
mgesBrennstoff_ein = 0.2778; % Massenstrom in kg/s
xH2OBrennstoff_ein = 0.4; % Massenanteil H2O
xCBrennstoff_ein = 0.5063; % Massenanteil C (atro)
xOBrennstoff_ein = 0.4152; % Massenanteil O (atro)
xHBrennstoff_ein = 0.0602; % Massenanteil H (atro)
xSBrennstoff_ein = 0.0003; % Massenanteil S (atro)
xClBrennstoff_ein = 0.0002; % Massenanteil Cl (atro)
xNBrennstoff_ein = 0.0035; % Massenanteil N (atro)
xABrennstoff_ein = 0.0143; % Massenanteil Asche (atro)
%
% Parametervorgaben eintretende Luft:
TLuft_ein = 368.15; % Temperatur in K
VgesLuft_ein = 6000; % Volumenstrom in m^3/h (i.N.)
yH2OLuft_ein = 0.001933; % Stoffmengenanteil H2O
yN2Luft_ein = 0.788473; % Stoffmengenanteil N2
yO2Luft_ein = 0.209594; % Stoffmengenanteil O2
%
%%%%%%%%%%%%%%%%%%%%%%%%%%%%%%%%%%%%%%
%%%%%%%%%%%%%%%%%%%%%%%%%%%%%%%%%%%%%%
% Berechnung Parameter Trocknereingang:
%
%%%%%%%%%%%%%%%%%%%%%%%%%%%%%%%%%%%%%%
% Parameter eintretender Brennstoff:
%
% Stoffmengenströme eintretender Brennstoff in mol/s:
nH2OBrennstoff_ein =...
(mgesBrennstoff_ein*xH2OBrennstoff_ein)/MH2O;
%
nCBrennstoff_ein =...
(mgesBrennstoff_ein*(1-xH2OBrennstoff_ein)...
*xCBrennstoff_ein)/MC;
%
nOBrennstoff_ein =...
(mgesBrennstoff_ein*(1-xH2OBrennstoff_ein)...
*xOBrennstoff_ein)/MO;
%
nHBrennstoff_ein =...
(mgesBrennstoff_ein*(1-xH2OBrennstoff_ein)...
*xHBrennstoff_ein)/MH;
%
nSBrennstoff_ein =...
(mgesBrennstoff_ein*(1-xH2OBrennstoff_ein)...
*xSBrennstoff_ein)/MS;
%
nClBrennstoff_ein =...
(mgesBrennstoff_ein*(1-xH2OBrennstoff_ein)...
```

9.2 Ausgewählte Rechenbeispiele

```
*xClBrennstoff_ein)/MCl;
%
nNBrennstoff_ein =...
(mgesBrennstoff_ein*(1-xH2OBrennstoff_ein)...
*xNBrennstoff_ein)/MN;
%
nABrennstoff_ein =...
(mgesBrennstoff_ein*(1-xH2OBrennstoff_ein)...
*xABrennstoff_ein)/MA;
%
ngesBrennstoff_ein =...
nCBrennstoff_ein + nOBrennstoff_ein + nHBrennstoff_ein...
+ nSBrennstoff_ein + nClBrennstoff_ein...
+ nNBrennstoff_ein + nAscheBrennstoff_ein;
%
% Stoffmengenanteile eintretender Brennstoff:
yCBrennstoff_ein = nCBrennstoff_ein/ngesBrennstoff_ein;
yOBrennstoff_ein = nOBrennstoff_ein/ngesBrennstoff_ein;
yHBrennstoff_ein = nHBrennstoff_ein/ngesBrennstoff_ein;
ySBrennstoff_ein = nSBrennstoff_ein/ngesBrennstoff_ein;
yClBrennstoff_ein = nClBrennstoff_ein/ngesBrennstoff_ein;
yNBrennstoff_ein = nNBrennstoff_ein/ngesBrennstoff_ein;
yABrennstoff_ein = nABrennstoff_ein/ngesBrennstoff_ein;
%
% Molmasse eintretender Brennstoff in kg/mol (atro):
MBrennstoff_ein = 1/((xCBrennstoff_ein/MC)...
+(xHBrennstoff_ein/MH)+(xOBrennstoff_ein/MO)...
+(xSBrennstoff_ein/MS)+(xNBrennstoff_ein/MN)...
+(xClBrennstoff_ein/MCl)+(xABrennstoff_ein/MA));
%
% Heizwert eintretender Brennstoff in kJ/kg nach Boie:
HuBrennstoffwaf_ein = 34835*xCBrennstoff_ein...
+ 93870*xHBrennstoff_ein - 10800*xOBrennstoff_ein...
+ 6280*xNBrennstoff_ein + 10465*xSBrennstoff_ein;
HuBrennstoffwf_ein = (1-xABrennstoff_ein)*HuBrennstoffwaf_ein;
%
% Bildungsenthalpie eintretender Brennstoff in kJ/mol:
dhf0Brennstoff_ein = MBrennstoff_ein*(HuBrennstoffwf_ein...
+ (xCBrennstoff_ein/MC)*dhf0CO2...
+ (xHBrennstoff_ein/(2*MH))*dhf0H2O...
+ (xSBrennstoff_ein/MS)*dhf0SO2);
%
%%%%%%%%%%%%%%%%%%%%%%%%%%%%%%%%%%%
% Parameter eintretende Luft:
%
ngesLuft_ein =   (VgesLuft_ein/3600)*44.61;
nH2OLuft_ein = yH2OLuft_ein*ngesLuft_ein;
nN2Luft_ein = yN2Luft_ein*ngesLuft_ein;
nO2Luft_ein = yO2Luft_ein*ngesLuft_ein;
```

```
MLuft_ein = yH2OLuft_ein*MH2O+yN2Luft_ein*MN2+yO2Luft_ein*MO2;
ngesLuft_ein_atro = nN2Luft_ein+nO2Luft_ein;
yN2Luft_ein_atro = nN2Luft_ein/ngesLuft_ein_atro;
yO2Luft_ein_atro = nO2Luft_ein/ngesLuft_ein_atro;
MLuft_ein_atro = yN2Luft_ein_atro*MN2+yO2Luft_ein_atro*MO2;
mgesLuft_ein_atro = ngesLuft_ein_atro*MLuft_ein_atro;
%
%%%%%%%%%%%%%%%%%%%%%%%%%%%%%%%%%%%%%%
%%%%%%%%%%%%%%%%%%%%%%%%%%%%%%%%%%%%%%
% Berechnung Trocknungswassermenge:
%
% Dampfdruck in Pa:
ps = (10^(7.19621 - (1730.63/((TTrockner-273.15)+233.426))))...
*1000;
%
% Beladung in kg H2O pro kg Luft (atro):
xH2OLuft_aus = (MH2O/MLuft_ein_atro)...
*((Phi*(ps/100000))/(pTrockner-(Phi*(ps/100000))));
%
% Wassermengen:
mH2OLuft_aus = mgesLuft_ein_atro*xH2OLuft_aus;
nH2OTrocknung = (mH2OLuft_aus/MH2O) - nH2OLuft_ein;
%
%%%%%%%%%%%%%%%%%%%%%%%%%%%%%%%%%%%%%%
%%%%%%%%%%%%%%%%%%%%%%%%%%%%%%%%%%%%%%
% Berechnung Parameter Trocknerausgang:
%
%%%%%%%%%%%%%%%%%%%%%%%%%%%%%%%%%%%%%%
% Parameter austretende Luft:
%
TLuft_aus = TTrockner;
nH2OLuft_aus = nH2OTrocknung + nH2OLuft_ein;
nN2Luft_aus = nN2Luft_ein;
nO2Luft_aus = nO2Luft_ein;
ngesLuft_aus = nH2OLuft_aus+nN2Luft_aus+nO2Luft_aus;
yH2OLuft_aus = nH2OLuft_aus/ngesLuft_aus;
yN2Luft_aus = nN2Luft_aus/ngesLuft_aus;
yO2Luft_aus = nO2Luft_aus/ngesLuft_aus;
%
%%%%%%%%%%%%%%%%%%%%%%%%%%%%%%%%%%%%%%
% Parameter austretender Brennstoff:
%
% Temperatur in K:
TBrennstoff_aus = TTrockner;
%
% Massenanteile:
mgesBrennstoff_aus = mgesBrennstoff_ein - MH2O*nH2OTrocknung;
%
xH2OBrennstoff_aus = (nH2OBrennstoff_aus*MH2O)...
```

9.2 Ausgewählte Rechenbeispiele

```
/mgesBrennstoff_aus;
%
xCBrennstoff_aus = xCBrennstoff_ein;
xOBrennstoff_aus = xOBrennstoff_ein;
xHBrennstoff_aus = xHBrennstoff_ein;
xSBrennstoff_aus = xSBrennstoff_ein;
xClBrennstoff_aus = xClBrennstoff_ein;
xNBrennstoff_aus = xNBrennstoff_ein;
xABrennstoff_aus = xABrennstoff_ein;
%
% Stoffmengenströme in mol/s:
nH2OBrennstoff_aus = nH2OBrennstoff_ein - nH2OTrocknung;
%
nCBrennstoff_aus = (mgesBrennstoff_aus...
*(1-xH2OBrennstoff_aus)*xCBrennstoff_aus)/MC;
%
nOBrennstoff_aus = (mgesBrennstoff_aus...
*(1-xH2OBrennstoff_aus)*xOBrennstoff_aus)/MO;
%
nHBrennstoff_aus = (mgesBrennstoff_aus...
*(1-xH2OBrennstoff_aus)*xHBrennstoff_aus)/MH;
%
nSBrennstoff_aus = (mgesBrennstoff_aus...
*(1-xH2OBrennstoff_aus)*xSBrennstoff_aus)/MS;
%
nClBrennstoff_aus = (mgesBrennstoff_aus...
*(1-xH2OBrennstoff_aus)*xClBrennstoff_aus)/MCl;
%
nNBrennstoff_aus = mgesBrennstoff_aus...
*(1-xH2OBrennstoff_aus)*xNBrennstoff_aus)/MN;
%
nABrennstoff_aus = (mgesBrennstoff_aus...
*(1-xH2OBrennstoff_aus)*xABrennstoff_aus)/MA;
%
ngesBrennstoff_aus =...
nCBrennstoff_aus + nOBrennstoff_aus + nHBrennstoff_aus...
+ nSBrennstoff_aus + nClBrennstoff_aus...
+ nNBrennstoff_aus + nABrennstoff_aus;
%
% Stoffmengenanteile:
yCBrennstoff_aus = nCBrennstoff_aus/ngesBrennstoff_aus;
yOBrennstoff_aus = nOBrennstoff_aus/ngesBrennstoff_aus;
yHBrennstoff_aus = nHBrennstoff_aus/ngesBrennstoff_aus;
ySBrennstoff_aus = nSBrennstoff_aus/ngesBrennstoff_aus;
yClBrennstoff_aus = nClBrennstoff_aus/ngesBrennstoff_aus;
yNBrennstoff_aus = nNBrennstoff_aus/ngesBrennstoff_aus;
yABrennstoff_aus = nABrennstoff_aus/ngesBrennstoff_aus;
%
% Molmasse in kg/mol:
```

```
MBrennstoff_aus = 1/((xCBrennstoff_aus/MC)...
+(xHBrennstoff_aus/MH)+(xOBrennstoff_aus/MO)...
+(xSBrennstoff_aus/MS)+(xNBrennstoff_aus/MN)...
+(xClBrennstoff_aus/MCl)+(xABrennstoff_aus/MA));
%
% Heizwert in kJ/kg nach Boie:
HuBrennstoffwaf_aus =...
34835*xCBrennstoff_aus + 93870*xHBrennstoff_aus...
- 10800*xOBrennstoff_aus + 6280*xNBrennstoff_aus...
+ 10465*xSBrennstoff_aus;
%
HuBrennstoffwf_aus = (1-xABrennstoff_aus)*HuBrennstoffwaf_aus;
%
% Bildungsenthalpie in kJ/mol:
dhf0Brennstoff_aus = MBrennstoff_aus*(HuBrennstoffwf_aus...
+ (xCBrennstoff_aus/MC)*dhf0CO2...
+ (xHBrennstoff_aus/(2*MH))*dhf0H2O...
+ (xSBrennstoff_aus/MS)*dhf0SO2);
%
%%%%%%%%%%%%%%%%%%%%%%%%%%%%%%%%%%%
%%%%%%%%%%%%%%%%%%%%%%%%%%%%%%%%%%%
% Berechnung Wärmekapazitäten:
%
% Spez. Wärmekapazität eintretender Brennstoff in J/(mol*K):
cpBrennstoff_ein =...
(((4.86*((TBrennstoff_ein^2)/2)-213*TBrennstoff_ein)...
-(4.86*((T0^2)/2)-213*T0))/(TBrennstoff_ein-T0))...
*MBrennstoff_ein;
%
% Spez. Wärmekapazität eintretende Luft in J/(mol*K):
cpLuft_ein = yH2OLuft_ein*cpH2O...
+yN2Luft_ein*cpN2+yO2Luft_ein*cpO2;
%
% Spez. Wärmekapazität austretender Brennstoff in J/(mol*K):
cpBrennstoff_aus =...
(((4.86*((TBrennstoff_aus^2)/2)-213*TBrennstoff_aus)...
-(4.86*((T0^2)/2)-213*T0))/(TBrennstoff_aus-T0))...
*MBrennstoff_aus;
%
% Spez. Wärmekapazität austretende Luft in J/(mol*K):
cpLuft_aus =...
yH2OLuft_aus*cpH2O+yN2Luft_aus*cpN2+yO2Luft_aus*cpO2;
%
%%%%%%%%%%%%%%%%%%%%%%%%%%%%%%%%%%%
%%%%%%%%%%%%%%%%%%%%%%%%%%%%%%%%%%%
% Berechnung Energiebilanz:
%
%%%%%%%%%%%%%%%%%%%%%%%%%%%%%%%%%%%
% Anteil eintretender Brennstoff:
```

9.2 Ausgewählte Rechenbeispiele

```
QBrennstoff_therm_ein =...
-ngesBrennstoff_ein*cpBrennstoff_ein*(TBrennstoff_ein - T0);
%
QBrennstoff_chem_ein =...
-(mgesBrennstoff_ein*(1-xH2OBrennstoff_ein)/MBrennstoff_ein)...
*dhf0Brennstoff_ein*1000;
%
QBrennstofffeuchte_therm_ein =...
-nH2OBrennstoff_ein*cpH2O_fl*(TBrennstoff_ein - 298.15);
%
QBrennstofffeuchte_chem_ein =...
-(nH2OBrennstoff_ein*dhf0H2Ofl)*1000;
%
QBrennstoff_ein =...
QBrennstoff_therm_ein + QBrennstoff_chem_ein...
+ QBrennstofffeuchte_therm_ein + QBrennstofffeuchte_chem_ein;
%
%%%%%%%%%%%%%%%%%%%%%%%%%%%%%%%%%%%%%%
% Anteil eintretende Luft:
QLuft_therm_ein = -ngesLuft_ein*cpLuft_ein*(TLuft_ein - T0);
%
QLuft_chem_ein =...
-(ngesLuft_ein*(yH2OLuft_ein*dhf0H2O...
+yN2Luft_ein*dhf0N2+yO2Luft_ein*dhf0O2))*1000;
%
QLuft_ein = QLuft_therm_ein + QLuft_chem_ein;
%
%%%%%%%%%%%%%%%%%%%%%%%%%%%%%%%%%%%%%%
% Anteil austretender Brennstoff:
QBrennstoff_therm_aus =...
ngesBrennstoff_aus*cpBrennstoff_aus*(TBrennstoff_aus - T0);
%
QBrennstoff_chem_aus =...
(mgesBrennstoff_aus*(1-xH2OBrennstoff_aus)/MBrennstoff_aus)...
*dhf0Brennstoff_aus*1000;
%
QBrennstofffeuchte_therm_aus =...
nH2OBrennstoff_aus*cpH2O_fl*(TBrennstoff_aus - 298.15);
%
QBrennstofffeuchte_chem_aus =...
(nH2OBrennstoff_aus*dhf0H2Ofl)*1000;
%
QBrennstoff_aus =...
QBrennstoff_therm_aus + QBrennstoff_chem_aus...
+ QBrennstofffeuchte_therm_aus + QBrennstofffeuchte_chem_aus;
%
%%%%%%%%%%%%%%%%%%%%%%%%%%%%%%%%%%%%%%
% Anteil austretende Luft:
QLuft_therm_aus =...
```

```
ngesLuft_aus*cpLuft_aus*(TLuft_aus - T0);
%
QLuft_chem_aus =...
(ngesLuft_aus*(yH2OLuft_aus*dhf0H2O...
+yN2Luft_aus*dhf0N2+yO2Luft_aus*dhf0O2))*1000;
%
QLuft_aus =...
QLuft_therm_aus + QLuft_chem_aus;
%
%%%%%%%%%%%%%%%%%%%%%%%%%%%%%%%%%%%
% Energiebilanz:
QTrockner_Bedarf =...
QBrennstoff_ein + QLuft_ein + QBrennstoff_aus + QLuft_aus;
%
%%%%%%%%%%%%%%%%%%%%%%%%%%%%%%%%%%%
%%%%%%%%%%%%%%%%%%%%%%%%%%%%%%%%%%%
%
endfunction
```

Funktionsaufruf Der Aufruf der Funktion *Trockner* erfolgt durch folgende C++-Befehle:

```
TTrockner_start = 300; % Definition des Startwerts des Lösers
fsolve(@Trockner,TTrockner_start) % Aufruf des Lösers
```

Ergebnisse Die Zwischen- und Endergebnisse der Trocknungsrechnung sind in Tab. 9.3 dargestellt.

9.2.2 Rechenbeispiel: Kompressor

Problemstellung Eine Biogasanlage erzeugt ein brennbares Gasgemisch mit den Hauptkomponenten Kohlenstoffdioxid und Methan. Um das Gas in das Erdgasnetz einspeisen

Tab. 9.3 Ergebnisse des Rechenbeispiels *Trockner*

Variable	Wert	Erläuterung
ps	4251.5	Dampfdruck in Pa
xH2OLuft_aus	0.027693	Beladung austretende Luft in kg H_2O kg^{-1} Luft (atro)
mH2OLuft_aus	0.059359	Massenstrom Wasser austretende Luft in kg s^{-1}
nH2OTrocknung	3.1512	Stoffmengenstrom verdunstetes Wasser in mol s^{-1}
nH2OLuft_aus	3.2950	Stoffmengenstrom Wasser austretende Luft in mol s^{-1}
nN2Luft_aus	58.623	Stoffmengenstrom Stickstoff austretende Luft in mol s^{-1}
nO2Luft_aus	15.583	Stoffmengenstrom Sauerstoff austretende Luft in mol s^{-1}
ngesLuft_aus	77.501	Stoffmengenstrom austretende Luft in mol s^{-1}

9.2 Ausgewählte Rechenbeispiele

Tab. 9.3 *Fortsetzung*

Variable	Wert	Erläuterung
yH2OLuft_aus	0.042515	Stoffmengenanteil Wasser austretende Luft
yN2Luft_aus	0.75641	Stoffmengenanteil Stickstoff austretende Luft
yO2Luft_aus	0.20107	Stoffmengenanteil Sauerstoff austretende Luft
mgesBrennstoff_aus	0.22103	Massenstrom austretender Brennstoffs in $kg\,s^{-1}$
xH2OBrennstoff_aus	0.24590	Massenanteil Wasser austretender Brennstoff
xCBrennstoff_aus	0.50630	Massenanteil Kohlenstoff austretender Brennstoff
xOBrennstoff_aus	0.41520	Massenanteil Sauerstoff austretender Brennstoff
xHBrennstoff_aus	0.060200	Massenanteil Wasserstoff austretender Brennstoff
xSBrennstoff_aus	0.0003	Massenanteil Schwefel austretender Brennstoff
xClBrennstoff_aus	0.0002	Massenanteil Chlor austretender Brennstoff
xNBrennstoff_aus	0.0035	Massenanteil Stickstoff austretender Brennstoff
xABrennstoff_aus	0.0143	Massenanteil Asche austretender Brennstoff
cpBrennstoff_ein	9.6321	Wärmekapazität eintretender Brennstoff in $J\,mol^{-1}\,K^{-1}$
cpLuft_ein	29.146	Wärmekapazität eintretende Luft in $J\,mol^{-1}\,K^{-1}$
cpBrennstoff_aus	9.7092	Wärmekapazität austretender Brennstoff in $J\,mol^{-1}\,K^{-1}$
cpLuft_aus	29.099	Wärmekapazität austretende Luft in $J\,mol^{-1}\,K^{-1}$
dhf0Brennstoff_ein	-40.857	Bildungsenthalpie Brennstoff in $kJ\,mol^{-1}$ (atro)
TTrockner	303.23	Gleichgewichtstemperatur Trockner in K

zu können, wird der Kohlenstoffdioxid abgetrennt und das Methan verdichtet. Dazu wird das Methan einem mehrstufigem Kompressor zugeführt und in der ersten Stufe auf 4 bar komprimiert. Zur Auslegung des Kompressors müssen zum einen der Strombedarf der ersten Verdichtungsstufe und zum anderen die Gasaustrittstemperatur aus der Stufe bestimmt werden.

Rechencode Der Programmcode der Kompressionsrechnung kann wie in der nachfolgenden Funktion *Kompressor* gestaltet werden:

```
function Kompressor
%
%%%%%%%%%%%%%%%%%%%%%%%%%%%%%%%%%%%%%
%%%%%%%%%%%%%%%%%%%%%%%%%%%%%%%%%%%%%
% Konstanten:
%
R = 8.315; % Universelle Gaskonstante in J/(mol*K)
T0 = 298.15; % Referenztemperatur in K
%
%%%%%%%%%%%%%%%%%%%%%%%%%%%%%%%%%%%%%
%%%%%%%%%%%%%%%%%%%%%%%%%%%%%%%%%%%%%
% Stoffdaten:
%
% Spez. Wärmekapazität in J/(mol*K):
cpGas = 34.92; % CH4 (Gas)
%
%%%%%%%%%%%%%%%%%%%%%%%%%%%%%%%%%%%%%
%%%%%%%%%%%%%%%%%%%%%%%%%%%%%%%%%%%%%
% Parameter:
%
Eta_is = 0.90; % Isentroper Wirkungsgrad
Eta_mech = 0.98; % Mechanischer Wirkungsgrad
nGas_ein = 10; % Eingangsstoffmengenstrom Gas in mol/s
pGas_ein = 1.0; % Eingangsdruck Gas in bar
pGas_aus = 4.0; % Ausgangsdruck Gas in bar
TGas_ein = 300; % Eingangstemperatur Gas in K
%
%%%%%%%%%%%%%%%%%%%%%%%%%%%%%%%%%%%%%
%%%%%%%%%%%%%%%%%%%%%%%%%%%%%%%%%%%%%
% Berechnung elektrische Kompressorleistung:
%
% Isentropenexponent:
Kappa_is = cpGas/(cpGas-R);
%
% Isentrope Gasaustrittstemperatur in K:
TGas_aus_is = TGas_ein*(pGas_aus/pGas_ein)...
^((Kappa_is - 1)/Kappa_is);
%
% Gasaustrittstemperatur in K:
TGas_aus = ((TGas_aus_is - TGas_ein)/Eta_is)+TGas_ein
%
% Elektrische Kompressorleistung in W:
P_el = (nGas_ein*cpGas*(TGas_aus-TGas_ein))/Eta_mech
%
%%%%%%%%%%%%%%%%%%%%%%%%%%%%%%%%%%%%%
%%%%%%%%%%%%%%%%%%%%%%%%%%%%%%%%%%%%%
%
endfunction
```

Tab. 9.4 Ergebnisse des Rechenbeispiels *Kompressor*

Variable	Wert	Erläuterung
Kappa_is	1.3125	Isentropenexponent
TGas_aus_is	417.33	Isentrope Gasaustrittstemperatur in K
TGas_aus	430.37	Gasaustrittstemperatur in K
P_el	46454	Elektrische Kompressorleistung in W

Funktionsaufruf Der Aufruf der Funktion *Kompressor* erfolgt durch folgenden C++-Befehl:

```
Kompressor
```

Ergebnisse Die Zwischen- und Endergebnisse der Berechnung des Kompressors zeigt Tab. 9.4.

9.2.3 Rechenbeispiel: Turbine

Problemstellung Der Dampferzeuger eines Heizkraftwerkes erzeugt im Nennbetrieb 6 t Dampf mit 480 °C und 36 bar pro Stunde. Der Dampf wird in einer einstufigen Turbine auf 1 bar entspannt und treibt einen Generator zur Stromerzeugung an. Berechnet werden soll die elektrische Nennleistung der Turbine.

Rechencode Der Programmcode der Turbinenberechnung kann wie in der nachfolgenden Funktion *Turbine* formuliert werden:

```
function Turbine
%
%%%%%%%%%%%%%%%%%%%%%%%%%%%%%%%%%%%%%
%%%%%%%%%%%%%%%%%%%%%%%%%%%%%%%%%%%%%
% Konstanten:
%
R = 8.315; % Universelle Gaskonstante in J/(mol*K)
T0 = 298.15; % Referenztemperatur in K
%
%%%%%%%%%%%%%%%%%%%%%%%%%%%%%%%%%%%%%
%%%%%%%%%%%%%%%%%%%%%%%%%%%%%%%%%%%%%
% Stoffdaten:
%
% Spez. Wärmekapazität in J/(mol*K):
cpDampf = 33.58; % H2O (Dampf)
%
% Molmasse in kg/mol:
MDampf = 0.018015; % H2O (Dampf)
```

```
%
%%%%%%%%%%%%%%%%%%%%%%%%%%%%%%%%%%%%%
%%%%%%%%%%%%%%%%%%%%%%%%%%%%%%%%%%%%%
% Parameter:
%
Eta_is = 0.90; % Isentroper Wirkungsgrad Turbine
Eta_mech = 0.98; % Mechanischer Wirkungsgrad Turbine
mDampf_ein = 6000; % Massenstrom Dampf in kg/h
pDampf_ein = 36.0; % Eingangsdruck Dampf in bar
pDampf_aus = 1.0; % Ausgangsdruck Dampf in bar
TDampf_ein = 753; % Eingangstemperatur Dampf in K
%
%%%%%%%%%%%%%%%%%%%%%%%%%%%%%%%%%%%%%
%%%%%%%%%%%%%%%%%%%%%%%%%%%%%%%%%%%%%
% Berechnung elektrische Turbinenleistung:
%
% Stoffmengenstrom Dampf in mol/s:
nDampf_ein = mDampf_ein/(MDampf*3600);
%
% Isentropenexponent:
Kappa_is = cpDampf/(cpDampf-R);
%
% Isentrope Dampfaustrittstemperatur in K:
TDampf_aus_is = TDampf_ein*(pDampf_aus/pDampf_ein)...
^((Kappa_is - 1)/Kappa_is);
%
% Dampfaustrittstemperatur in K:
TDampf_aus = Eta_is*(TDampf_aus_is - TDampf_ein) + TDampf_ein
%
% Elektrische Turbinenleistung in W:
P_el = (nDampf_ein*cpDampf*(TDampf_aus-TDampf_ein))*Eta_mech
%
%%%%%%%%%%%%%%%%%%%%%%%%%%%%%%%%%%%%%
%%%%%%%%%%%%%%%%%%%%%%%%%%%%%%%%%%%%%
%
endfunction
```

Funktionsaufruf Der Aufruf der Funktion *Turbine* erfolgt durch folgenden C++-Befehl:

```
Turbine
```

Ergebnisse Die Zwischen- und Endergebnisse der Turbinenberechnung sind in Tab. 9.5 aufgeführt.

9.2 Ausgewählte Rechenbeispiele

Tab. 9.5 Ergebnisse des Rechenbeispiels *Turbine*

Variable	Wert	Erläuterung
Kappa_is	1.3291	Isentropenexponent
TDampf_aus_is	310.05	Isentrope Dampfaustrittstemperatur in K
TDampf_aus	354.34	Dampfaustrittstemperatur in K
P_el	-1.2137	Elektrische Turbinenleistung in MW

9.2.4 Rechenbeispiel: Wärmeübertrager

Problemstellung Der aus einem Synthesereaktor zur Methanisierung austretende Gasstrom setzt sich aus den Gaskomponenten Kohlenstoffdioxid, Kohlenstoffmonoxid, Wasserdampf, Wasserstoff und Methan zusammen. Der Volumenstrom des Gases beträgt 6000 m^3 h^{-1} (i. N.) und besitzt eine Temperatur von 590 °C sowie einen Druck von 30 bar. Zur Auslegung eines Kondensators sollen die kondensierende Wassermenge sowie die abzuführende Wärmeleistung bei einer Kühlung des Gasstromes auf 40 °C abgeschätzt werden.

Rechencode Die Berechnung des Kondensators kann entsprechend der nachfolgenden C++-Funktion *Waermeuebertrager* gestaltet werden:

```
function Waermeuebertrager
%
%%%%%%%%%%%%%%%%%%%%%%%%%%%%%%%%%%%%%
%%%%%%%%%%%%%%%%%%%%%%%%%%%%%%%%%%%%%
% Konstanten:
%
R = 8.315; % Universelle Gaskonstante in J/(mol*K)
T0 = 298.15; % Referenztemperatur in K
%
%%%%%%%%%%%%%%%%%%%%%%%%%%%%%%%%%%%%%
%%%%%%%%%%%%%%%%%%%%%%%%%%%%%%%%%%%%%
% Stoffdaten:
%
% Spez. Wärmekapazitäten in J/(mol*K):
cpCO2 = 37.11; % CO2
cpCO = 29.14; % CO
cpH2 = 28.82; % H2
cpH2O = 33.58; % H2O (gasf.)
cpCH4 = 35.31; % CH4
%
% Verdampfungsenthalpie bei 25 °C in J/mol:
deltahvWasser = 43000; % H2O
%
%%%%%%%%%%%%%%%%%%%%%%%%%%%%%%%%%%%%%
%%%%%%%%%%%%%%%%%%%%%%%%%%%%%%%%%%%%%
```

```matlab
% Vorgabe Parameter:
%
% Parametervorgaben Wärmeübertrager:
TZiel = 40; % Zieltemperatur in °C
%
% Parametervorgabe eintretendes Gas:
pGas_ein = 3000000.0; % Druck in Pa
TGas_ein = 863.15; % Temperatur in K
VgesGas_ein = 6000; % Volumenstrom in m^3/h (i.N.)
yCO2Gas_ein = 0.0452; % Stoffmengenanteil CO2
yCOGas_ein = 0.0064; % Stoffmengenanteil CO
yH2OGas_ein = 0.5010; % Stoffmengenanteil H2O
yH2Gas_ein = 0.2001; % Stoffmengenanteil H2
yCH4Gas_ein = 0.2473; % Stoffmengenanteil CH4
%
%%%%%%%%%%%%%%%%%%%%%%%%%%%%%%%%%%%%%%
%%%%%%%%%%%%%%%%%%%%%%%%%%%%%%%%%%%%%%
% Berechnung Parameter Wärmeübertragereingang:
%
% Parameter eintretendes Gas:
ngesGas_ein = (VgesGas_ein/3600)*44.61;
nCO2Gas_ein = yCO2Gas_ein*ngesGas_ein;
nCOGas_ein = yCOGas_ein*ngesGas_ein;
nH2OGas_ein = yH2OGas_ein*ngesGas_ein;
nH2Gas_ein = yH2Gas_ein*ngesGas_ein;
nCH4Gas_ein = yCH4Gas_ein*ngesGas_ein;
%
%%%%%%%%%%%%%%%%%%%%%%%%%%%%%%%%%%%%%%
%%%%%%%%%%%%%%%%%%%%%%%%%%%%%%%%%%%%%%
% Berechnung Kondensatmenge:
%
% Dampfdruck in Pa:
Dampfdruck = (10^(7.19621-(1730.63/(TZiel+233.426))))*1000;
%
% Kondensatmenge in mol/s:
if (nH2OGas_ein/ngesGas_ein)-(Dampfdruck/(pGas_ein*100000))>0
%
    nKondensat = ((nH2OGas_ein/ngesGas_ein)...
    -(Dampfdruck/(pGas_ein*100000)))*ngesGas_ein;
%
else
    nKondensat = 0;
end
%
nKondensat
%
%%%%%%%%%%%%%%%%%%%%%%%%%%%%%%%%%%%%%%
%%%%%%%%%%%%%%%%%%%%%%%%%%%%%%%%%%%%%%
% Berechnung Parameter Wärmeübertragerausgang:
```

```
%
% Parameter austretendes Gas:
pGas_aus = pGas_ein;
TGas_aus = TZiel + 273.15;
%
nCO2Gas_aus = nCO2Gas_ein;
nCOGas_aus = nCOGas_ein;
nH2OGas_aus = nH2OGas_ein - nKondensat;
nH2Gas_aus = nH2Gas_ein;
nCH4Gas_aus = nCH4Gas_ein;
%
ngesGas_aus = nCO2Gas_aus+nCOGas_aus...
+nH2OGas_aus+nH2Gas_aus+nCH4Gas_aus;
%
yCO2Gas_aus = nCO2Gas_aus/ngesGas_aus;
yCOGas_aus = nCOGas_aus/ngesGas_aus;
yH2OGas_aus = nH2OGas_aus/ngesGas_aus;
yH2Gas_aus = nH2Gas_aus/ngesGas_aus;
yCH4Gas_aus = nCH4Gas_aus/ngesGas_aus;
%
%%%%%%%%%%%%%%%%%%%%%%%%%%%%%%%%%%%%%%
%%%%%%%%%%%%%%%%%%%%%%%%%%%%%%%%%%%%%%
% Berechnung Wärmekapazitäten:
%
% Spez. Wärmekapazität eintretendes Gas in J/(mol*K):
cpGas_ein = yCO2Gas_ein*cpCO2+yCOGas_ein*cpCO...
+yH2OGas_ein*cpH2O+yH2Gas_ein*cpH2+yCH4Gas_ein*cpCH4;
%
% Spez. Wärmekapazität austretendes Gas in J/(mol*K):
cpGas_aus = yCO2Gas_aus*cpCO2+yCOGas_aus*cpCO...
+yH2OGas_aus*cpH2O+yH2Gas_aus*cpH2+yCH4Gas_aus*cpCH4;
%
%%%%%%%%%%%%%%%%%%%%%%%%%%%%%%%%%%%%%%
%%%%%%%%%%%%%%%%%%%%%%%%%%%%%%%%%%%%%%
% Berechnung abzuführende Wärmeleistung:
%
P = ((cpGas_aus*TGas_aus - cpGas_ein*TGas_ein)*ngesGas_ein...
- nKondensat*deltahvWasser)
%
%%%%%%%%%%%%%%%%%%%%%%%%%%%%%%%%%%%%%%
%%%%%%%%%%%%%%%%%%%%%%%%%%%%%%%%%%%%%%
%
endfunction
```

Funktionsaufruf Der Aufruf der Funktion *Waermeuebertrager* erfolgt durch folgenden C++-Befehl:

```
Waermeuebertrager
```

Tab. 9.6 Ergebnisse des Rechenbeispiels *Wärmeübertrager*

Variable	Wert	Erläuterung
ngesGas_ein	74.3500	Stoffmengenstrom eintretendes Gas in mol s^{-1}
nCO2Gas_ein	3.3606	Stoffmengenstrom CO_2 eintretendes Gas in mol s^{-1}
nCOGas_ein	0.4758	Stoffmengenstrom CO eintretendes Gas in mol s^{-1}
nH2OGas_ein	37.2494	Stoffmengenstrom H_2O eintretendes Gas in mol s^{-1}
nH2Gas_ein	14.8774	Stoffmengenstrom H_2 eintretendes Gas in mol s^{-1}
nCH4Gas_ein	18.3868	Stoffmengenstrom CH_4 eintretendes Gas in mol s^{-1}
nKondensat	37.2493	Stoffmengenstrom Kondensat in mol s^{-1}
nCO2Gas_aus	3.3606	Stoffmengenstrom CO_2 austretendes Gas in mol s^{-1}
nCOGas_aus	0.4758	Stoffmengenstrom CO austretendes Gas in mol s^{-1}
nH2OGas_aus	1.82e-006	Stoffmengenstrom H_2O austretendes Gas in mol s^{-1}
nH2Gas_aus	14.8774	Stoffmengenstrom H_2 austretendes Gas in mol s^{-1}
nCH4Gas_aus	18.3868	Stoffmengenstrom CH_4 austretendes Gas in mol s^{-1}
ngesGas_aus	37.1007	Stoffmengenstrom austretendes Gas in mol s^{-1}
yCO2Gas_aus	0.0906	Stoffmengenanteil CO_2 austretendes Gas
yCOGas_aus	0.0128	Stoffmengenanteil CO austretendes Gas
yH2OGas_aus	4.92e-008	Stoffmengenanteil H_2O austretendes Gas
yH2Gas_aus	0.4010	Stoffmengenanteil H_2 austretendes Gas
yCH4Gas_aus	0.4956	Stoffmengenanteil CH_4 austretendes Gas
cpGas_ein	33.1865	Spez. Wärmekapazität eintretendes Gas in J mol^{-1} K^{-1}
cpGas_aus	32.7914	Spez. Wärmekapazität austretendes Gas in J mol^{-1} K^{-1}
P	-2.97e+006	Abzuführende Wärmeleistung in W

Ergebnisse Die Zwischen- und Endergebnisse der Berechnung des Wärmeübertragers sind in Tab. 9.6 dargestellt.

9.2.5 Rechenbeispiel: Isothermer Chemiereaktor

Problemstellung In einer Vergasungsanlage mit Synthesereaktor wird das im Vergaser erzeugte Gas zur Produktion von Synthetic Natural Gas (SNG) genutzt. Dazu stehen 10.000 m^3 h^{-1} (i. N.) Synthesegas bei 300 °C und 30 bar bereit. Zur Auslegung eines isotherm arbeitenden Synthesereaktors müssen die Reaktionswärme sowie die Gaszusammensetzung nach der Synthese rechnerisch abgeschätzt werden.

Rechencode Der Programmcode zu Berechnung des isothermen Methanisierungsreaktors kann wie in der folgenden Funktion *Chemiereaktor* gestaltet werden:

```
function Gleichungssystem = Chemiereaktor(nGas_aus)
%
```

9.2 Ausgewählte Rechenbeispiele

```
%%%%%%%%%%%%%%%%%%%%%%%%%%%%%%%%%%%%%%
%%%%%%%%%%%%%%%%%%%%%%%%%%%%%%%%%%%%%%
% Konstanten:
%
R = 8.315; % Universelle Gaskonstante in J/(mol*K)
T0 = 298.15; % Referenztemperatur in K
%
%%%%%%%%%%%%%%%%%%%%%%%%%%%%%%%%%%%%%%
%%%%%%%%%%%%%%%%%%%%%%%%%%%%%%%%%%%%%%
% Stoffdaten:
%
%Spez. Wärmekapazitäten in J/(mol*K):
cpCO2 = 37.11; % CO2
cpCO = 29.14; % CO
cpH2 = 28.82; % H2
cpH2O = 33.58; % H2O (gasf.)
cpCH4 = 35.31; % CH4
%
% Standardbildungsenthalpien in kJ/mol:
dhf0CO2 = -393.522; % CO2
dhf0CO = -110.529; % CO
dhf0H2 = 0; % H2
dhf0H2O = -241.827; % H2O (gasf.)
dhf0H2Ofl = -285.838; % H2O (fl.)
dhf0CH4 = -74.873; % CH4
%
%%%%%%%%%%%%%%%%%%%%%%%%%%%%%%%%%%%%%%
%%%%%%%%%%%%%%%%%%%%%%%%%%%%%%%%%%%%%%
% Vorgabe Parameter:
%
% Parametervorgaben Reaktor:
pReaktor = 3000000.0; % Reaktordruck in Pa
TReaktor = 573.15; % Reaktortemperatur in K
%
% Parametervorgaben eintretendes Gas:
TGas_ein = 573.15; % Temperatur in K
VgesGas_ein = 10000; % Volumenstrom in m^3/h (i.N.)
yCO2Gas_ein = 0.09; % Stoffmengenanteil CO2
yCOGas_ein = 0.20; % Stoffmengenanteil CO
yH2OGas_ein = 0.10; % Stoffmengenanteil H2O
yH2Gas_ein = 0.60; % Stoffmengenanteil H2
yCH4Gas_ein = 0.01; % Stoffmengenanteil CH4
%
%%%%%%%%%%%%%%%%%%%%%%%%%%%%%%%%%%%%%%
%%%%%%%%%%%%%%%%%%%%%%%%%%%%%%%%%%%%%%
% Berechnung Parameter Reaktoreingang:
%
% Parameter eintretendes Gas:
ngesGas_ein = (VgesGas_ein/3600)*44.61;
```

```
nCO2Gas_ein = yCO2Gas_ein*ngesGas_ein;
nCOGas_ein = yCOGas_ein*ngesGas_ein;
nH2OGas_ein = yH2OGas_ein*ngesGas_ein;
nH2Gas_ein = yH2Gas_ein*ngesGas_ein;
nCH4Gas_ein = yCH4Gas_ein*ngesGas_ein;
%
%%%%%%%%%%%%%%%%%%%%%%%%%%%%%%%%%%%%%%
%%%%%%%%%%%%%%%%%%%%%%%%%%%%%%%%%%%%%%
% Berechnung Parameter Reaktorausgang:
%
% Parameter austretendes Gas:
pGas_aus = pReaktor;
TGas_aus = TReaktor;
%
nCO2Gas_aus = nGas_aus(1);
nCOGas_aus = nGas_aus(2);
nH2OGas_aus = nGas_aus(3);
nH2Gas_aus = nGas_aus(4);
nCH4Gas_aus = nGas_aus(5);
%
ngesGas_aus = nCO2Gas_aus+nCOGas_aus...
    +nH2OGas_aus+nH2Gas_aus+nCH4Gas_aus;
%
yCO2Gas_aus = nCO2Gas_aus/ngesGas_aus;
yCOGas_aus = nCOGas_aus/ngesGas_aus;
yH2OGas_aus = nH2OGas_aus/ngesGas_aus;
yH2Gas_aus = nH2Gas_aus/ngesGas_aus;
yCH4Gas_aus = nCH4Gas_aus/ngesGas_aus;
%
%%%%%%%%%%%%%%%%%%%%%%%%%%%%%%%%%%%%%%
%%%%%%%%%%%%%%%%%%%%%%%%%%%%%%%%%%%%%%
% Berechnung Wärmekapazitäten:
%
% Spez. Wärmekapazität eintretendes Gas in J/(mol*K):
cpGas_ein = yCO2Gas_ein*cpCO2+yCOGas_ein*cpCO...
    +yH2OGas_ein*cpH2O+yH2Gas_ein*cpH2+yCH4Gas_ein*cpCH4;
%
% Spez. Wärmekapazität austretendes Gases in J/(mol*K):
cpGas_aus = yCO2Gas_aus*cpCO2+yCOGas_aus*cpCO...
    +yH2OGas_aus*cpH2O+yH2Gas_aus*cpH2+yCH4Gas_aus*cpCH4;
%
%%%%%%%%%%%%%%%%%%%%%%%%%%%%%%%%%%%%%%
%%%%%%%%%%%%%%%%%%%%%%%%%%%%%%%%%%%%%%
% Berechnung Gleichgewichtskonstanten:
%
%%%%%%%%%%%%%%%%%%%%%%%%%%%%%%%%%%%%%%
% Entropien der Gaskomponenten bei TGas_aus in J/(mol*K):
%
sCO2_TGas_aus = 24.99735*log(TGas_aus/1000)...
```

9.2 Ausgewählte Rechenbeispiele

```
    +55.18696*(TGas_aus/1000)...
    +((-33.69137*(TGas_aus/1000)^2)/2)...
    +(((7.948387)*(TGas_aus/1000)^3)/3)...
    -(-0.136638/(2*(TGas_aus/1000)^2))+228.2431;
%
sCO_TGas_aus = 25.56759*log(TGas_aus/1000)...
    +6.096130*(TGas_aus/1000)...
    +((4.054656*(TGas_aus/1000)^2)/2)...
    +(((-2.671301)*(TGas_aus/1000)^3)/3)...
    -(0.131021/(2*(TGas_aus/1000)^2))+227.3665;
%
sH2O_TGas_aus = 30.092*log(TGas_aus/1000)...
    +6.832514*(TGas_aus/1000)...
    +((6.793435*(TGas_aus/1000)^2)/2)...
    +(((-2.534480)*(TGas_aus/1000)^3)/3)...
    -(0.082139/(2*(TGas_aus/1000)^2))+223.3967;
%
sH2_TGas_aus = 33.066178*log(TGas_aus/1000)...
    +(-11.363417)*(TGas_aus/1000)...
    +((11.432816*(TGas_aus/1000)^2)/2)...
    +(((-2.772874)*(TGas_aus/1000)^3)/3)...
    -((-0.158558)/(2*(TGas_aus/1000)^2))+172.707974;
%
sCH4_TGas_aus = (-0.703029)*log(TGas_aus/1000)...
    +(108.4773)*(TGas_aus/1000)...
    +(((-42.52157)*(TGas_aus/1000)^2)/2)...
    +(((5.862788)*(TGas_aus/1000)^3)/3)...
    -((0.678565)/(2*(TGas_aus/1000)^2))+158.7163;
%
%%%%%%%%%%%%%%%%%%%%%%%%%%%%%%%%%%%%%
% Enthalpien der Gaskomponenten bei TGas_aus in J/mol:
%
hCO2_TGas_aus = (24.99735*(TGas_aus/1000)...
    +((55.18696*(TGas_aus/1000)^2)/2)...
    +((-33.69137*(TGas_aus/1000)^3)/3)...
    +(((7.948387)*(TGas_aus/1000)^4)/4)...
    -((-0.136638)/(TGas_aus/1000))...
    +(-403.6075)-(-393.5224))*1000-0;
%
hCO_TGas_aus = (25.56759*(TGas_aus/1000)...
    +((6.096130*(TGas_aus/1000)^2)/2)...
    +((4.054656*(TGas_aus/1000)^3)/3)...
    +(((-2.671301)*(TGas_aus/1000)^4)/4)...
    -((0.131021)/(TGas_aus/1000))...
    +(-118.0089)-(-110.5271))*1000-0;
%
hH2O_TGas_aus = (30.092*(TGas_aus/1000)...
    +((6.832514*(TGas_aus/1000)^2)/2)...
    +((6.793435*(TGas_aus/1000)^3)/3)...
```

```
+(((-2.534480)*(TGas_aus/1000)^4)/4)...
-((0.082139)/(TGas_aus/1000))...
+(-250.881)-(-241.8264))*1000-0;
%
hH2_TGas_aus = (33.066178*(TGas_aus/1000)...
+((-11.363417*(TGas_aus/1000)^2)/2)...
+((11.432816*(TGas_aus/1000)^3)/3)...
+(((-2.772874)*(TGas_aus/1000)^4)/4)...
-((-0.158558)/(TGas_aus/1000))...
+(-9.980797)-(0))*1000-0;
%
hCH4_TGas_aus = ((-0.703029)*(TGas_aus/1000)...
+((108.4773*(TGas_aus/1000)^2)/2)...
+(((-42.52157)*(TGas_aus/1000)^3)/3)...
+(((5.862788)*(TGas_aus/1000)^4)/4)...
-((0.678565)/(TGas_aus/1000))...
+(-76.84376)-(-74.87310))*1000-0;
%
%%%%%%%%%%%%%%%%%%%%%%%%%%%%%%%%%%%%%
% Gleichgewichtskonstante K1 der Methanisierungsreaktion:
% (3H2 + CO --> CH4 + H2O)
%
K1 = 2.71^(-((-1*(hCO_TGas_aus-110529)-3*(hH2_TGas_aus-0)...
+1*(hCH4_TGas_aus-74873)+1*(hH2O_TGas_aus-241827))...
-TGas_aus*(-1*sCO_TGas_aus -3*sH2_TGas_aus...
+1*sCH4_TGas_aus + 1*sH2O_TGas_aus))/(R*TGas_aus));
%
%%%%%%%%%%%%%%%%%%%%%%%%%%%%%%%%%%%%%
% Gleichgewichtskonstante K2 der Wassergas-Shift-Reaktion:
% (CO + H2O --> H2 + CO2)
%
K2 = 2.71^(-((-1*(hCO_TGas_aus-110529)...
-1*(hH2O_TGas_aus-241827)+1*(hCO2_TGas_aus-393522)...
+1*(hH2_TGas_aus-0))-TGas_aus...
*(-1*sCO_TGas_aus - 1*sH2O_TGas_aus + 1*sCO2_TGas_aus...
+1*sH2_TGas_aus))/(R*TGas_aus));
%
%%%%%%%%%%%%%%%%%%%%%%%%%%%%%%%%%%%%%
%%%%%%%%%%%%%%%%%%%%%%%%%%%%%%%%%%%%%
% Berechnung C-, H- und O-Molströme,
% die für die Gleichgewichtsreaktionen zur Verfügung stehen:
%
nC_GGW = nCO2Gas_ein+nCOGas_ein+nCH4Gas_ein;
nH_GGW = 2*nH2OGas_ein+2*nH2Gas_ein+4*nCH4Gas_ein;
nO_GGW = 2*nCO2Gas_ein+nCOGas_ein+nH2OGas_ein;
%
%%%%%%%%%%%%%%%%%%%%%%%%%%%%%%%%%%%%%
%%%%%%%%%%%%%%%%%%%%%%%%%%%%%%%%%%%%%
% Definition Gleichungssystem:
```

9.2 Ausgewählte Rechenbeispiele

```
%
% Kohlenstoffbilanz:
Gleichungssystem(1) = nGas_aus(1)+nGas_aus(2)...
+nGas_aus(5)-nC_GGW;
%
% Wasserstoffbilanz:
Gleichungssystem(2) = 2*nGas_aus(3)+2*nGas_aus(4)...
+4*nGas_aus(5)-nH_GGW;
%
% Sauerstoffbilanz:
Gleichungssystem(3) = 2*nGas_aus(1)+nGas_aus(2)...
+nGas_aus(3)-nO_GGW;
%
% Gleichgewicht nach Le Chatelier der Methanisierungsreaktion:
Gleichungssystem(4) = pGas_aus^(-2)*nGas_aus(5)*nGas_aus(3)...
*(nGas_aus(1)+nGas_aus(2)+nGas_aus(3)...
+ nGas_aus(4)+nGas_aus(5))^(2)...
- K1*nGas_aus(2)*(nGas_aus(4)^(3));
%
% Gleichgewicht nach Le Chatelier der Wassergas-Shift-Reaktion:
Gleichungssystem(5) = K2*nGas_aus(2)*nGas_aus(3)...
- nGas_aus(4)*nGas_aus(1);
%
%%%%%%%%%%%%%%%%%%%%%%%%%%%%%%%%%%%%%%
%%%%%%%%%%%%%%%%%%%%%%%%%%%%%%%%%%
% Berechnung Energiebilanz:
%
%%%%%%%%%%%%%%%%%%%%%%%%%%%%%%%%%%
% Anteil eintretendes Gas:
QGas_therm_ein = -ngesGas_ein*cpGas_ein*(TGas_ein - T0);
QGas_chem_ein = -ngesGas_ein*(yCO2Gas_ein*dhf0CO2...
+yCOGas_ein*dhf0CO+yH2OGas_ein*dhf0H2O...
+yH2Gas_ein*dhf0H2+yCH4Gas_ein*dhf0CH4)*1000;
%
QGas_ein = QGas_therm_ein + QGas_chem_ein;
%
%%%%%%%%%%%%%%%%%%%%%%%%%%%%%%%%%%
% Anteil austretendes Gas:
QGas_therm_aus = ngesGas_aus*cpGas_aus*(TGas_aus - T0);
QGas_chem_aus = ngesGas_aus*(yCO2Gas_aus*dhf0CO2...
+yCOGas_aus*dhf0CO+yH2OGas_aus*dhf0H2O...
+yH2Gas_aus*dhf0H2+yCH4Gas_aus*dhf0CH4)*1000;
%
QGas_aus = QGas_therm_aus + QGas_chem_aus;
%
%%%%%%%%%%%%%%%%%%%%%%%%%%%%%%%%%%
% Energiebilanz:
Q = QGas_ein + QGas_aus;
%
```

```
%%%%%%%%%%%%%%%%%%%%%%%%%%%%%%%%%%%%%%%%
%%%%%%%%%%%%%%%%%%%%%%%%%%%%%%%%%%%%%%%%
%
endfunction
```

Funktionsaufruf Der Aufruf der Funktion *Chemiereaktor* erfolgt durch folgende C++-Befehle:

```
nGas_aus_start=[5 0 35 10 5]; % Definition Startwerte Löser
fsolve(@Chemiereaktor,nGas_aus_start) % Aufruf des Lösers
```

Ergebnisse Die Zwischen- und Endergebnisse der Reaktorberechnung lauten entsprechen Tab. 9.7.

Tab. 9.7 Ergebnisse des Rechenbeispiels *Isothermer Chemiereaktor*

Variable	Wert	Erläuterung
cpGas_ein	30.171	Spez. Wärmekapazität eintretendes Gases in $J\,mol^{-1}\,K^{-1}$
cpGas_aus	34.715	Spez. Wärmekapazität austretendes Gas in $J\,mol^{-1}\,K^{-1}$
sCO2_TGas_aus	241.13	Entropie CO_2 bei TGas_aus in $J\,mol^{-1}\,K^{-1}$
sCO_TGas_aus	216.93	Entropie CO bei TGas_aus in $J\,mol^{-1}\,K^{-1}$
sH2O_TGas_aus	211.40	Entropie H_2O bei TGas_aus in $J\,mol^{-1}\,K^{-1}$
sH2_TGas_aus	149.74	Entropie H_2 bei TGas_aus in $J\,mol^{-1}\,K^{-1}$
sCH4_TGas_aus	213.63	Entropie CH_4 bei TGas_aus in $J\,mol^{-1}\,K^{-1}$
hCO2_TGas_aus	11645	Enthalpie CO_2 bei TGas_aus in $J\,mol^{-1}$
hCO_TGas_aus	8127.4	Enthalpie CO bei TGas_aus in $J\,mol^{-1}$
hH2O_TGas_aus	9529.5	Enthalpie H_2O bei TGas_aus in $J\,mol^{-1}$
hH2_TGas_aus	8024.0	Enthalpie H_2 bei TGas_aus in $J\,mol^{-1}$
hCH4_TGas_aus	11749	Enthalpie CH_4 bei TGas_aus in $J\,mol^{-1}$
K1	14729000	Gleichgewichtskonstante Methanisierungsreaktion in Pa^2
K2	40.441	Gleichgewichtskonstante Wassergas-Shift-Reaktion
nC_GGW	37.175	Stoffmengenstrom C eintretendes Gas in $mol\,s^{-1}$
nH_GGW	178.44	Stoffmengenstrom H eintretendes Gas in $mol\,s^{-1}$
nO_GGW	59.480	Stoffmengenstrom O eintretendes Gas in $mol\,s^{-1}$
nCO2Gas_aus	11.15	Stoffmengenstrom CO_2 austretendes Gas in $mol\,s^{-1}$
nCOGas_aus	0	Stoffmengenstrom CO austretendes Gas in $mol\,s^{-1}$
nH2OGas_aus	37.18	Stoffmengenstrom H_2O austretendes Gas in $mol\,s^{-1}$
nH2Gas_aus	0	Stoffmengenstrom H_2 austretendes Gas in $mol\,s^{-1}$
nCH4Gas_aus	26.02	Stoffmengenstrom CH_4 austretendes Gas in $mol\,s^{-1}$
Q	-5.43e+006	Abzuführende Wärmeleistung der Reaktion in W

9.2.6 Rechenbeispiel: Flashtrommel

Problemstellung Ein gasförmiger Stoffstrom aus 3 mol s^{-1} Wasser und 5 mol s^{-1} Ethanol wird auf 300 K abgekühlt. Der Absolutdruck nach der Kühlung beträgt 1 bar. Zur Auslegung einer nachgeschalteten Stofftrennvorrichtung soll die Zusammensetzung der Gas- und Flüssigphase des Stoffstromes nach der Abkühlung in einer Flashtrommel berechnet werden.

Rechencode Die Berechnung des Phasengleichgewichtes von Wasser und Ethanol kann entsprechend der nachfolgenden Funktion *Flash_H2O_EtOH* durchgeführt werden:

```
function Gleichungssystem = Flash_H2O_EtOH(Fluid,Phi_gasf,Phi_fl)
%
%%%%%%%%%%%%%%%%%%%%%%%%%%%%%%%%%%%%%
%%%%%%%%%%%%%%%%%%%%%%%%%%%%%%%%%%%%%
% Laufindices:
%
N = 4; % Anzahl der Vektoreintrage
V = (N-2)*2; % Anzahl der Variablen
%
%%%%%%%%%%%%%%%%%%%%%%%%%%%%%%%%%%%%%
%%%%%%%%%%%%%%%%%%%%%%%%%%%%%%%%%%%%%
% Definition Vektoren und Matrizen:
%
x = zeros(V,1);
y = ones(V,1);
y_rechts = ones(V,1);
y_links = ones(V,1);
Y_rechts = zeros(V,V);
Y_links = zeros(V,V);
Y = zeros(V,V);
%
%%%%%%%%%%%%%%%%%%%%%%%%%%%%%%%%%%%%%
%%%%%%%%%%%%%%%%%%%%%%%%%%%%%%%%%%%%%
% Werte des Fluid-Vektors einlesen:
%
p = 100000*Fluid(1);
T = Fluid(2);
nH2O_ein = Fluid(3);
nEtOH_ein = Fluid(4);
%
%%%%%%%%%%%%%%%%%%%%%%%%%%%%%%%%%%%%%
%%%%%%%%%%%%%%%%%%%%%%%%%%%%%%%%%%%%%
% Fugazitätskoeffizienten einlesen:
%
Phi_H2O_gasf = Phi_gasf(1);
Phi_EtOH_gasf = Phi_gasf(2);
Phi_H2O_fl = Phi_fl(1);
```

```
Phi_EtOH_fl = Phi_fl(2);
%
%%%%%%%%%%%%%%%%%%%%%%%%%%%%%%%%%%%%%%
%%%%%%%%%%%%%%%%%%%%%%%%%%%%%%%%%%%%%%
% Maximalwerte der Variablen definieren:
%
x_max(1) = Fluid(3); % Maximalwert für H2O Gasphase
x_max(2) = Fluid(4); % Maximalwert für EtOH Gasphase
x_max(3) = Fluid(3); % Maximalwert für H2O Flüssigphase
x_max(4) = Fluid(4); % Maximalwert für EtOH Flüssigphase
%
%%%%%%%%%%%%%%%%%%%%%%%%%%%%%%%%%%%%%%
%%%%%%%%%%%%%%%%%%%%%%%%%%%%%%%%%%%%%%
% Definition Startwerte zur Lösung des Gleichungssystems:
%
x(1) = 0.01; % Startwert für H2O Gasphase
x(2) = 0.01; % Startwert für EtOH Gasphase
x(3) = 3; % Startwert für H2O Flüssigphase
x(4) = 1; % Startwert für EtOH Flüssigphase
%
%%%%%%%%%%%%%%%%%%%%%%%%%%%%%%%%%%%%%%
%%%%%%%%%%%%%%%%%%%%%%%%%%%%%%%%%%%%%%
% Definition Gleichungssystem:
%
% Definition der Variablen x des Gleichungssystems:
% x(1): H2O in der Gasphase
% x(2): EtOH in der Gasphase
% x(3): H2O in der Flüssigphase
% x(4): EtOH in der Flüssigphase
%
% Definition der Gleichungen y des Gleichungssystems:
% Stoffbilanzen:
% y(1) = nH2O_ein-x(1)-x(3);
% y(2) = nEtOH_ein-x(2)-x(4);
%
% Phasengleichgewichtsbeziehungen:
% y(3) = (x(1)/(x(1)+x(2)))*Phi_H2O_gasf*p...
%- (x(3)/(x(3)+x(4)))*Phi_H2O_fl*p;
% y(4) = (x(2)/(x(1)+x(2)))*Phi_EtOH_gasf*p...
%- (x(4)/(x(3)+x(4)))*Phi_EtOH_fl*p;
%
%%%%%%%%%%%%%%%%%%%%%%%%%%%%%%%%%%%%%%
%%%%%%%%%%%%%%%%%%%%%%%%%%%%%%%%%%%%%%
% Anwendung des Newtonverfahrens
% zur Lösung des Gleichungssystems:
%
for i = 1:60
%
    h = 0.000001;
```

9.2 Ausgewählte Rechenbeispiele

```matlab
%
    %%%%%%%%%%%%%%%%%%%%%%%%%%%%%%%%%%%%%
    % Berechnung der Hilfsmatrix Y_rechts:
%
    a = 1;
%
    for a = 1:V
%
    x(a) = x(a) + h;
%
    % Stoffbilanzen:
    y_rechts(1) = nH2O_ein-x(1)-x(3); % Wasserbilanz
    y_rechts(2) = nEtOH_ein-x(2)-x(4); % Ethanolbilanz
%
    % Phasengleichgewichtsbeziehungen:
    y_rechts(3) = (x(1)/(x(1)+x(2)))*Phi_H2O_gasf*p...
    -(x(3)/(x(3)+x(4)))*Phi_H2O_fl*p;
    y_rechts(4) = (x(2)/(x(1)+x(2)))*Phi_EtOH_gasf*p...
    -(x(4)/(x(3)+x(4)))*Phi_EtOH_fl*p;
%
    Y_rechts(:,a) = y_rechts;
%
    x(a) = x(a) - h;
%
    end
%
    %%%%%%%%%%%%%%%%%%%%%%%%%%%%%%%%%%%%%
    % Berechnung der Hilfsmatrix Y_links:
%
    a = 1;
%
    for a = 1:V
%
    x(a) = x(a) - h;
%
    % Stoffbilanzen:
    y_links(1) = nH2O_ein - x(1) - x(3); % Wasserbilanz
    y_links(2) = nEtOH_ein - x(2) - x(4); % Ethanolbilanz
%
    % Phasengleichgewichtsbeziehungen:
    y_links(3) = (x(1)/(x(1)+x(2)))*Phi_H2O_gasf*p...
    -(x(3)/(x(3)+x(4)))*Phi_H2O_fl*p;
    y_links(4) = (x(2)/(x(1)+x(2)))*Phi_EtOH_gasf*p...
    -(x(4)/(x(3)+x(4)))*Phi_EtOH_fl*p;
%
    Y_links(:,a) = y_links;
%
    x(a) = x(a) + h;
%
```

```
        end
%
        %%%%%%%%%%%%%%%%%%%%%%%%%%%%%%%%
        % Definition der Jacobi-Matrix Y:
%
        Y = (Y_rechts - Y_links)./(2*h);
%
%%%%%%%%%%%%%%%%%%%%%%%%%%%%%%%%%%
%%%%%%%%%%%%%%%%%%%%%%%%%%%%%%%%%%
% Berechnung neuer x-Vektor
% im Iterationsschritt i:
%
z = (Y^(-1)*y);
%
%%%%%%%%%%%%%%%%%%%%%%%%%%%%%%%%%%
%%%%%%%%%%%%%%%%%%%%%%%%%%%%%%%%%%
% Optimierung des Konvergenzverhaltens
% des Newtonverfahrens:
%
for i = 1:V
%
    x(i) = x(i) - z(i);
%
    if x(i) < 0
        x(i) = (x(i) + z(i))/2;
    end
%
    if x(i) > x_max(i)
        x(i) = ((x(i) + z(i)) + x_max(i))/2;
    end
%
end
%
%%%%%%%%%%%%%%%%%%%%%%%%%%%%%%%%%%
%%%%%%%%%%%%%%%%%%%%%%%%%%%%%%%%%%
% Berechnung neuer y-Vektor
% im Iterationsschritt i:
%
% Stoffbilanzen:
y(1) = nH2O_ein - x(1) - x(3);
y(2) = nEtOH_ein - x(2) - x(4);
%
% Phasengleichgewichtsbeziehungen:
y(3) = (x(1)/(x(1)+x(2)))*Phi_H2O_gasf*p...
-(x(3)/(x(3)+x(4)))*Phi_H2O_fl*p;
y(4) = (x(2)/(x(1)+x(2)))*Phi_EtOH_gasf*p...
-(x(4)/(x(3)+x(4)))*Phi_EtOH_fl*p;
%
end
```

```
%
%%%%%%%%%%%%%%%%%%%%%%%%%%%%%%%%%%%%%%%
%%%%%%%%%%%%%%%%%%%%%%%%%%%%%%%%%%%%%%%
% Ausgabe des Ergebnisses:
%
x
%
%%%%%%%%%%%%%%%%%%%%%%%%%%%%%%%%%%%%%%%
%%%%%%%%%%%%%%%%%%%%%%%%%%%%%%%%%%%%%%%
%
endfunction
```

Funktionsaufruf Der Aufruf der Funktion *Flash_H2O_EtOH* erfolgt durch folgendes Programm:

```
%%%%%%%%%%%%%%%%%%%%%%%%%%%%%%%%%%%%%%%
% Definition des Gemisches/Fluids:
%
Fluid = zeros(1,4);
%
Fluid(1) = 1; % Druck in bar
Fluid(2) = 300; % Temperatur in K
Fluid(3) = 3; % Stoffmengenstrom H2O in mol/s
Fluid(4) = 5; % Stoffmengenstrom EtOH in mol/s
%
%%%%%%%%%%%%%%%%%%%%%%%%%%%%%%%%%%%%%%%
% Definition der Fugazitätskoeffizienten:
%
Phi_gasf(1) = 0.98416; % Fugazitätskoeffizient H2O Gasphase
Phi_gasf(2) = 0.96608; % Fugazitätskoeffizient EtOH Gasphase
Phi_fl(1) = 0.035861; % Fugazitätskoeffizient H2O Flüssigphase
Phi_fl(2) = 0.091808; % Fugazitätskoeffizient EtOH Flüssigphase
%
%%%%%%%%%%%%%%%%%%%%%%%%%%%%%%%%%%%%%%%
% Funktionsaufruf:
%
Flash_H2O_EtOH(Fluid,Phi_gasf,Phi_fl)
```

Ergebnisse Als Ergebnis der Phasengleichgewichtsberechnung werden in Tab. 9.8 die Stoffmengenströme der Gas- und Flüssigphase von Wasser und Ethanol ausgegeben.

Tab. 9.8 Ergebnisse des Rechenbeispiels *Flashtrommel*

Variable	Wert	Erläuterung
x(1)	0	Stoffmengenstrom H_2O Gasphase in $mol\,s^{-1}$
x(2)	0	Stoffmengenstrom EtOH Gasphase in $mol\,s^{-1}$
x(3)	3	Stoffmengenstrom H_2O Flüssigphase in $mol\,s^{-1}$
x(4)	5	Stoffmengenstrom EtOH Flüssigphase in $mol\,s^{-1}$

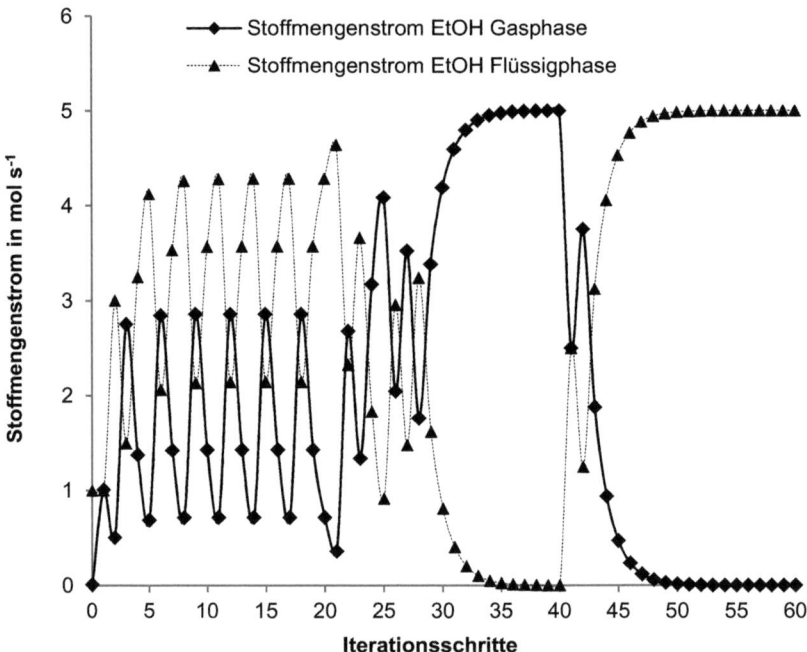

Abb. 9.20 Verlauf der iterativen Berechnung des Phasengleichgewichtes in der Flashtrommel

Der Iterationsverlauf der Flashberechnung ist in Abb. 9.20 dargestellt. Abgebildet sind der Molstrom Ethanol in der Gas- und Flüssigphase über den Fortschritt der Iterationsschritte.

10 Modellierung instationär betriebener Anlagenkomponenten

Im Zuge der Umgestaltung des Energiesystems durch die Integration erneuerbarer Energien steigt der Bedarf an lastflexiblen Energiebereitstellungskonzepten. Entsprechend gewinnen neben der Berechnung von Bilanzgrößen in festen Betriebszuständen vermehrt Betrachtungen des instationären Anlagenverhaltens und zeitabhängiger Lastkurven an Bedeutung. In diesem Kapitel werden daher die thermodynamischen Modellierungsansätze von instationär betriebenen Anlagenkomponenten erläutert. Anschließend werden ausgewählte Rechenbeispiele der Modellierungsansätze dargestellt.

10.1 Modellierungsansätze

Eine Vielzahl von Anlagenkomponenten wie Kompressoren, Pumpen oder Turbinen weisen bei der Betrachtung im Minuten- und Stundenbereich ein quasi-stationäres Verhalten auf. Im Vergleich zu Komponenten mit instationärem Verhalten nehmen die Ausgangsgrößen quasi-stationärer Komponenten bei Lastwechseln schon nach kurzer Zeit wieder konstante Werte an. Untersuchungen der Auswirkungen von Lastwechseln über längere Zeiträume sind bei diesen Komponenten entsprechend im Allgemeinen nicht erforderlich. Im Folgenden werden daher ausschließlich Modellierungsansätze für Komponenten dargestellt, deren Verhalten auch bei Betrachtungen im Minuten- und Stundenbereich noch zu ausgeprägten Abweichungen im Vergleich zum stationären Verhalten führt. Speicher, Wärmeübertrager und Chemiereaktoren sind Beispiele für diese Komponenten.

10.1.1 Speicher

In Speichern werden Stoff- oder Energieströme über die Zeit akkumuliert. Dazu wird dem Speicher während des Zeitraumes ein größerer Strom zu- als abgeführt. Daraus ergibt sich die Möglichkeit, in einem späteren Zeitraum Stoff- oder Energieströme aus dem Speicher auszuspeisen – auch wenn in dieser Zeitspanne kein oder lediglich ein geringerer Strom zugeführt wird. Bei Prozessanalysen über längere Betrachtungszeiträume ist daher eine zeitabhängige Modellierung des Speicherverhaltens erforderlich. Diese wird in den nachfolgenden zwei Unterkapitel exemplarisch sowohl für Flüssigkeitsspeicher als auch für Gasspeicher erläutert.

10.1.1.1 Flüssigkeitsspeicher

Flüssigkeitsspeicher werden in vielfältiger Art und Weise eingesetzt. Als Beispiele können Warmwasserspeicher von Hausheizungssystemen oder Brennstofftanks genannt werden. Die Modellierung eines Flüssigkeitsspeichers (Abb. 10.1) wird nachfolgend vorgestellt. Dabei werden die Masse (das Volumen) und die Enthalpie im Speicher als Bilanzgrößen betrachtet.

Massenbilanz Die Massenbilanz von Flüssigkeitsspeichern stellt eine einfache Erweiterung der stationären Massenbilanz dar, indem diese durch einen zeitabhängigen Speicherterm ergänzt wird. Die Massenbilanz besteht also aus drei Termen: dem Speicherterm, dem Konvektionsterm am Eingang des Speichers und dem Konvektionsterm am Ausgang des Speichers.

Unter der Annahme, dass die Dichte der Flüssigkeit während des Betrachtungszeitraums konstant ist, kann anstatt der Masse das Volumen im Speicher bilanziert werden. Entsprechend ergibt sich die zeitliche Änderung des Flüssigkeitsvolumens im Speicher aus der Differenz der ein- und austretenden Volumenströme:

$$\frac{\partial V_F}{\partial t} - \dot{V}_{F,\text{ein}} + \dot{V}_{F,\text{aus}} = 0 \qquad (10.1)$$

V_F Volumen Flüssigkeit im Speicher
$\dot{V}_{F,\text{ein}}$ Volumenstrom eintretende Flüssigkeit
$\dot{V}_{F,\text{aus}}$ Volumenstrom austretende Flüssigkeit
t Zeit

Energiebilanz Die Energiebilanz beschreibt die zeitliche Änderung der Enthalpie der Flüssigkeit im Speicher. Sie kann mit der mittleren, spezifischen Wärmekapazität, der

Abb. 10.1 Flüssigkeitsspeicher

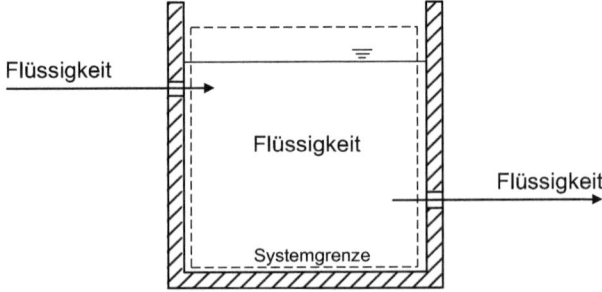

10.1 Modellierungsansätze

Temperatur und der Dichte der Flüssigkeit sowie den ein- und austretenden Volumenströmen formuliert werden:

$$\frac{\partial H_F}{\partial t} - \dot{V}_{F,\text{ein}}\, \rho_F\, c_{p,F,\text{ein}}\, T_{F,\text{ein}} + \dot{V}_{F,\text{aus}}\, \rho_F\, c_{p,F}\, T_F = 0 \qquad (10.2)$$

H_F	Enthalpie Flüssigkeit im Speicher
$\dot{V}_{F,\text{ein}}$	Volumenstrom eintretende Flüssigkeit
ρ_F	Dichte Flüssigkeit
$c_{p,F,\text{ein}}$	Mittlere, spezifische Wärmekapazität eintretende Flüssigkeit
$T_{F,\text{ein}}$	Temperatur eintretende Flüssigkeit
$\dot{V}_{F,\text{aus}}$	Volumenstrom austretende Flüssigkeit
$c_{p,F}$	Mittlere, spezifische Wärmekapazität Flüssigkeit im Speicher
T_F	Temperatur Flüssigkeit im Speicher
t	Zeit

Stoff- und Zustandsänderungen Stoff- und Zustandsänderungen werden im praktischen Betrieb von Flüssigkeitsspeichern in der Regel vermieden (z. B. Temperaturverluste bei Warmwasserspeichern). Bei den hier behandelten Modellierungsansätzen bleiben mögliche Stoff- und Zustandsänderungen im Speicher daher unberücksichtigt.

Berechnungsmethodik Das Gleichungssystem des Flüssigkeitsspeichers besteht mit der Massen- und Energiebilanz aus zwei gewöhnlichen Differentialgleichungen. Diese werden separat voneinander gelöst.

Zur Lösung der Massenbilanz wird im Allgemeinen eine Ausspeisefunktion vorgegeben. Diese charakterisiert den vom Speicher pro Zeitschritt abgeführten Volumenstrom. Zusammen mit dem zugeführten Volumenstrom kann die Änderung des Flüssigkeitsvolumens im Speicher damit direkt für jeden Zeitschritt bestimmt werden. Anschließend wird die Energiebilanz gelöst. Da die Wärmekapazität der Flüssigkeit im Speicher von der zu berechnenden Temperatur abhängt, Temperaturänderungen jedoch ebenfalls von der Wärmekapazität beeinflusst werden, muss die Energiebilanz des Speichers iterativ gelöst werden.

Randbedingungen Die vorgestellte Modellierung erfolgt ohne Ortsauflösung. Randbedingungen sind für die Rechnungen daher nicht erforderlich.

Startbedingungen Zur Lösung der Massenbilanz muss das Volumen der Flüssigkeit im Speicher zum Zeitpunkt $t = 0$ vorgegeben werden. Als Startbedingungen der Energiebilanz muss zudem die Temperatur im Speicher zum Zeitpunkt null definiert werden.

10.1.1.2 Gasspeicher

Die Anwendungsmöglichkeiten von Gasspeichern sind vielfältig. Das Spektrum der Speicher reicht von Gaskavernen zur Speicherung von Erdgas bis hin zu Hochdruckwasser-

Abb. 10.2 Gasspeicher

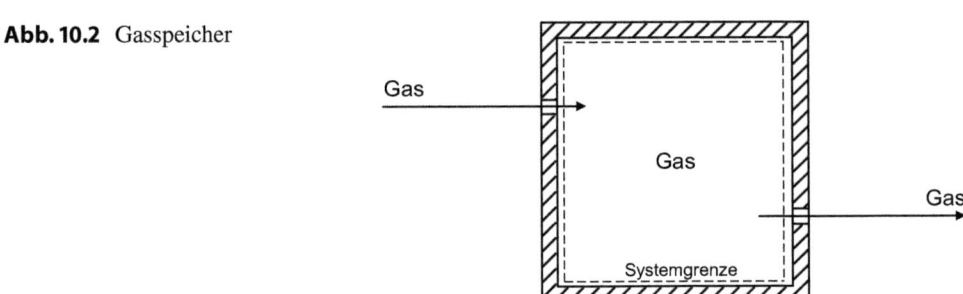

stofftanks für mobile Anwendungen. Aufgrund der Kompressibilität von Gasen unterscheidet sich deren Speicherverhalten allerdings von dem flüssiger Medien. Die zeitabhängige Modellierung von Gasspeichern (Abb. 10.2) wird in den nachfolgenden Absätzen beschrieben. Als Bilanzgrößen dienen die Dichte und Enthalpie im Speicher.

Massenbilanz Die Massenbilanz setzt sich aus dem Speicherterm sowie den ein- und austretenden Massenströmen zusammen. Da das Gasvolumen im Speicher auch bei unterschiedlichen Masseinhalten konstant ist (das Gas füllt den gesamten Speicher aus), tritt im Unterschied zu Flüssigkeitsspeichern nicht das Volumen, sondern die Dichte des Gases im Speicher als Bilanzgröße auf:

$$\frac{\partial \rho_G}{\partial t} - \frac{\dot{V}_{G,ein}\, \rho_{G,ein}}{V_G} + \frac{\dot{V}_{G,aus}\, \rho_G}{V_G} = 0 \tag{10.3}$$

ρ_G Dichte Gas im Speicher
$\rho_{G,ein}$ Dichte eintretendes Gas
V_G Volumen Gas im Speicher
$\dot{V}_{G,ein}$ Volumenstrom eintretendes Gas
$\dot{V}_{G,aus}$ Volumenstrom austretendes Gas
t Zeit

Energiebilanz Die Änderung der Energie/Enthalpie im Speicher kann durch die ein- und austretenden Enthalpieströme – ausgedrückt durch das Produkt aus Massenstrom, Wärmekapazität und Temperatur – beschrieben werden:

$$\frac{\partial H_G}{\partial t} - \dot{V}_{G,ein}\, \rho_{G,ein}\, c_{p,G,ein}\, T_{G,ein} + \dot{V}_{G,aus}\, \rho_G\, c_{p,G}\, T_G = 0 \tag{10.4}$$

H_G Enthalpie Gas im Speicher
$\dot{V}_{G,ein}$ Volumenstrom eintretendes Gas
$\rho_{G,ein}$ Dichte eintretendes Gas
$c_{p,G,ein}$ Mittlere, spezifische Wärmekapazität eintretendes Gas
$T_{G,ein}$ Temperatur eintretendes Gas

10.1 Modellierungsansätze

$\dot{V}_{G,\text{aus}}$ Volumenstrom austretendes Gas
ρ_G Dichte Gas im Speicher
$c_{p,G}$ Mittlere, spezifische Wärmekapazität Gas im Speicher
T_G Temperatur Gas im Speicher
t Zeit

Stoff- und Zustandsänderungen Reaktionsbedingte Stoffänderungen finden in Gasspeichern in der Regel nicht statt. Im Unterschied zu Flüssigkeitsspeichern ändern sich jedoch bei der Be- oder Entladung des Speichers die Zustandsgrößen der Gase. Diese können beispielsweise durch das ideale Gasgesetz in Abhängigkeit der Stoffmenge im Speicher oder durch die Isentropengleichungen (siehe Abschn. 4.3) beschrieben werden.

Berechnungsmethodik Das Gleichungssystem des Gasspeichers besteht aus zwei gewöhnlichen Differentialgleichungen – der Massenbilanz und der Energiebilanz. Wie bei Flüssigkeitsspeichern werden diese separat voneinander gelöst, indem eine Ausspeisefunktion, welche die Dichte und den Massenstrom am Speicherausgang über die Zeit beschreibt, vorgegeben wird.

In Kombination mit dem zugeführten Massenstrom kann die Massenbilanz direkt gelöst und damit die Dichteänderung im Speicher für jeden Zeitschritt berechnet werden. Die Energiebilanz wird anschließend aufgrund der temperaturabhängigen Wärmekapazitäten iterativ gelöst.

Randbedingungen Da bei dem hier vorgestellten Modellierungsansatz auf eine Ortsdiskretisierung des Speichers verzichtet wird, müssen wie auch bei Flüssigkeitsspeichern keine Randbedingungen vorgegeben werden.

Startbedingungen Als Startbedingung für die Lösung der Massenbilanz wird die Dichte im Speicher zum Zeitpunkt $t = 0$ definiert. Als Startbedingungen der Energiebilanz ist zusätzlich die Definition der Temperatur im Speicher zum Zeitpunkt null notwendig.

10.1.2 Wärmeübertrager

In Wärmeübertragern wird Wärme zwischen zwei Medien mit unterschiedlichen Temperaturniveaus übertragen. Die Wärmeübertrager sind dabei so ausgeführt, dass kein Stoffaustausch zwischen den Medien stattfindet. Im Vergleich zu anderen energietechnischen Prozessen läuft die Wärmeübertragung entsprechend der Prozessauslegung und den konstruktiven Merkmalen langsam ab. Daher ist bei zeitabhängigen Bilanzierungen der Trägheit der Wärmeübertragung Rechnung zu tragen. Wärmeübertrager werden folglich durch zeitabhängige Differentialgleichungssysteme beschrieben.

10.1.2.1 Wärmeübertrager für zwei flüssige Medien

Wärmeübertrager, in denen Wärme von einem flüssigen Medium auf ein kälteres flüssiges Medium übertragen wird, kommen in der Energietechnik zur Abkühlung oder Vorwärmung von Fluiden in moderaten Temperaturbereichen zur Anwendung. Ein Beispiel für einen Wärmeübertrager mit zwei Flüssigkeiten als Übertragungsmedien ist der Vorwärmer eines Organic-Rankine-Cycle (ORC). In diesem wird Wärme von einem Thermoölkreislauf auf ein flüssiges Arbeitsmedium übertragen. Der Aufbau eines derartigen Wärmeübertragers ist schematisch in Abb. 10.3 dargestellt. Die zeitabhängige Modellierung des Wärmeübertragers wird im Folgenden vorgestellt. Dabei treten die Massenströme sowie die Temperaturen der beiden flüssigen Medien als Bilanzgrößen auf und werden als Funktionen der Zeit und der Ortskoordinate in Strömungsrichtung berechnet.

Massenbilanz Massenbilanzen können grundsätzlich mit der Dichte als Bilanzgröße formuliert werden (siehe Abschn. 5.1.2). Bei inkompressiblen Medien wie Flüssigkeiten ist die Änderung der Dichte jedoch (idealerweise) gleich null und die Lösung der Massenbilanz damit hinfällig:

$$\frac{\partial \rho_{M1}}{\partial t} = 0 \tag{10.5}$$

$$\frac{\partial \rho_{M2}}{\partial t} = 0 \tag{10.6}$$

ρ_{M1} Dichte Medium 1
ρ_{M2} Dichte Medium 2
t Zeit

Energiebilanz Bei der Bilanzierung der Energieströme des Wärmeübertragers wird der Speicherterm im Allgemeinen vereinfacht und anstelle der Enthalpie die zeitliche Änderung der Temperatur der Medien als Bilanzgröße betrachtet. Dazu ist eine Division der Energiebilanz durch die Wärmekapazität und die Dichte des Mediums sowie durch das Volumen eines Volumenelementes erforderlich (siehe Abschn. 5.1.3). Das Volumen kann

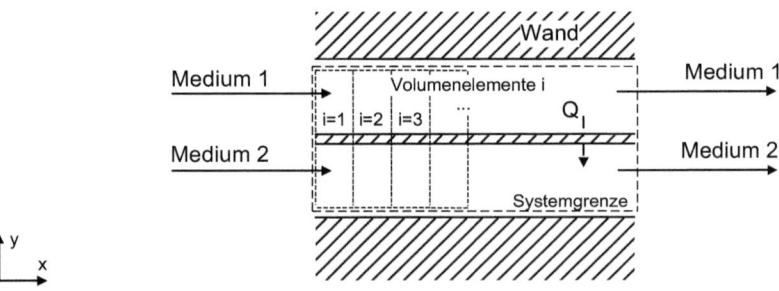

Abb. 10.3 Wärmeübertrager flüssiger Medien

10.1 Modellierungsansätze

dabei als Produkt der Strömungsquerschnittsfläche und Länge eines Volumenelementes formuliert werden.

Neben dem Speicherterm sind ein Konvektions- und ein Quellterm Bestandteile der Energiebilanz. Der Quellterm, der die übertragende Wärmemenge charakterisiert, ist über die Temperaturdifferenz zwischen den beiden Medien, den Wärmedurchgangskoeffizienten sowie die Kontaktfläche der Medien (Wandfläche) definiert. Für die Energiebilanz von Medium 1 gilt:

$$\frac{\partial T_{M1}}{\partial t} + \frac{\dot{V}_{M1}}{A_{M1}} \frac{\partial T_{M1}}{\partial x} + \frac{A_W \, k}{\rho_{M1} \, c_{p,M1} \, A_{M1} \, \Delta x} (T_{M1} - T_{M2}) = 0 \qquad (10.7)$$

Die Energiebilanz des zweiten Mediums ergibt sich analog – jedoch mit umgekehrtem Vorzeichen vor dem Quellterm:

$$\frac{\partial T_{M2}}{\partial t} + \frac{\dot{V}_{M2}}{A_{M2}} \frac{\partial T_{M2}}{\partial x} - \frac{A_W \, k}{\rho_{M2} \, c_{p,M2} \, A_{M2} \, \Delta x} (T_{M1} - T_{M2}) = 0 \qquad (10.8)$$

T_{M1}	Temperatur Medium 1
$\dot{V}_{M1}$	Volumenstrom Medium 1
A_{M1}	Strömungsquerschnittsfläche Medium 1
A_W	Wandfläche/Kontaktfläche der beiden Medien
k	Wärmedurchgangskoeffizient
ρ_{M1}	Dichte Medium 1
$c_{p,M1}$	Spezifische Wärmekapazität Medium 1
Δx	Länge eines Volumenelementes in Strömungsrichtung
T_{M2}	Temperatur Medium 2
$\dot{V}_{M2}$	Volumenstrom Medium 2
A_{M2}	Strömungsquerschnittsfläche Medium 2
ρ_{M2}	Dichte Medium 2
$c_{p,M2}$	Spezifische Wärmekapazität Medium 2
t	Zeit
x	Ortskoordinate in Strömungsrichtung

Stoff- und Zustandsänderungen Stoffumwandlungen finden in Wärmeübertragern nicht statt. Die Temperaturänderungen der Medien werden mit Hilfe der Energiebilanzen berechnet und der Druck als konstant angenommen oder durch empirische (algebraische) Druckverlustgleichungen modifiziert. Die Berechnung weiterer Zustandsänderungen ist aufgrund der konstanten Dichten der flüssigen Medien nicht erforderlich. Auch Änderungen der Strömungsgeschwindigkeiten werden in der Regel vernachlässigt.

Berechnungsmethodik Bei der Berechnung von Wärmeübertragern flüssiger Medien kann auf die Bilanzierung der Massenströme verzichtet werden, da die Dichte und Strömungsgeschwindigkeit während der Wärmeübertragung konstant bleiben. Gelöst werden hingegen die Energiebilanzen. Diese sind als partielle Differentialgleichungen (mit Ableitungen nach der Zeit und dem Ort) definiert und werden im Allgemeinen vor der Lösung durch eine Ortsdiskretisierung in gewöhnliche Differentialgleichungen (mit Ableitungen nach der Zeit) überführt (siehe Abschn. 12.3). Zur Lösung der Differentialgleichungen (z. B. nach Euler oder Runge-Kutta; siehe Abschn. 12.5) sind zwei weitere Vorgaben in Form der Randwerte notwendig.

Randbedingungen Als Randbedingungen (nach Dirichlet) werden die Temperaturen der beiden Medien am Wärmeübertragereingang ($x = 0$) gewählt und vom Anwender mit den Werten R_1 und R_2 belegt:

$$T_{M1}(x = 0) = R_1 \tag{10.9}$$

$$T_{M2}(x = 0) = R_2 \tag{10.10}$$

Startbedingungen Weiterhin müssen dem Löser[1] die Startwerte der Berechnung vorgegeben werden. Die Startwerte des Modellierungsbeispiels entsprechen den Temperaturen der beiden Medien in jedem Volumenelement i zum Zeitpunkt $t = 0$.

10.1.2.2 Wärmeübertrager für zwei gasförmige Medien

Wärmeübertrager, bei denen Wärme zwischen zwei gasförmigen Medien übertragen wird, kommen in einer Vielzahl energie- und verfahrenstechnischer Anlagen zum Einsatz. Anwendungsgebiete sind beispielsweise Luftvorwärmer in Trocknungsanlagen, Rekuperatoren oder Dampfüberhitzer in Dampfkraftprozessen. Ein Wärmeübertrager mit zwei gasförmigen Medien ist schematisch in Abb. 10.4 dargestellt. Die Modellierung des Wärmeübertragers wird nachfolgend für instationäre Betriebszustände in Abhängigkeit der Zeit und der Ortskoordinate in Strömungsrichtung vorgestellt. Als Bilanzgrößen der Modellierung

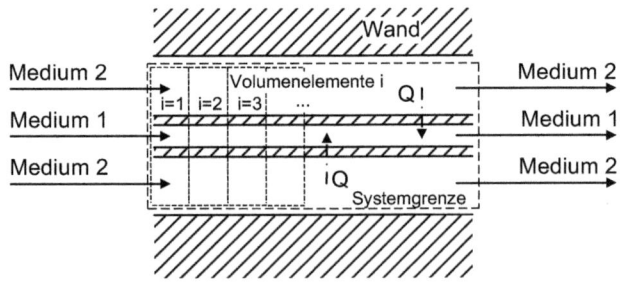

Abb. 10.4 Wärmeübertrager gasförmiger Medien

---

[1] Als Löser (englisch Solver) werden in diesem Zusammenhang Softwareprogramme zur numerischen Lösung gewöhnlicher Differentialgleichungen und deren Systeme bezeichnet. Diese Programme (z. B. DASSL, ODE3) werden in kommerziellen sowie nicht-kommerziellen Programmumgebungen (z. B. MATLAB, Octave) angeboten.

10.1 Modellierungsansätze

werden die Temperaturen der beiden Medien sowie – in Abhängigkeit der Berechnungsmethodik – deren Dichten beziehungsweise Strömungsgeschwindigkeiten betrachtet.

Massenbilanz Bei der Bilanzierung des Wärmeübertragers werden – wie auch bei Wärmeübertragern flüssiger Medien – die Massenbilanzen für Medium 1 und Medium 2 gesondert formuliert. In den Bilanzen treten ein Speicherterm und ein Konvektionsterm auf. Die Bilanzgröße des Speicherterms ist in der Regel die Dichte. Deren zeitliche Änderung ist im Gegensatz zu Wärmeübertragern flüssiger Medien ungleich null:

$$\frac{\partial \rho_{M1}}{\partial t} + \frac{\partial \left(\rho_{M1} \dot{V}_{M1}\right)}{A_{M1} \partial x} = \frac{\partial \rho_{M1}}{\partial t} + \frac{\partial \left(\rho_{M1} w_{M1}\right)}{\partial x} = 0 \qquad (10.11)$$

$$\frac{\partial \rho_{M2}}{\partial t} + \frac{\partial \left(\rho_{M2} \dot{V}_{M2}\right)}{A_{M2} \partial x} = \frac{\partial \rho_{M2}}{\partial t} + \frac{\partial \left(\rho_{M2} w_{M2}\right)}{\partial x} = 0 \qquad (10.12)$$

Da sich sowohl die Dichte als auch die Geschwindigkeit entlang der Strömungsrichtung verändern, müssen beide Größen als Variablen bei der Bildung der Ortsableitung nach ∂x in der Massenbilanz berücksichtigt werden. Dazu werden die Regeln partieller Ableitungen angewendet: Die partielle Ableitung eines Produktes zweier Variablen setzt sich aus der Summe zweier einzelner Ableitungen zusammen. Die beiden einzelnen Ableitungen werden wiederum gebildet, indem jeweils nur nach einer Variablen abgeleitet und die zweite Variable als Konstante betrachtet wird. Nach Anwendung dieser Ableitungsregel ergeben sich die Massenbilanzen wie folgt:

$$\frac{\partial \rho_{M1}}{\partial t} + \frac{w_{M1} \partial \rho_{M1}}{\partial x} + \frac{\rho_{M1} \partial w_{M1}}{\partial x} = 0 \qquad (10.13)$$

$$\frac{\partial \rho_{M2}}{\partial t} + \frac{w_{M2} \partial \rho_{M2}}{\partial x} + \frac{\rho_{M2} \partial w_{M2}}{\partial x} = 0 \qquad (10.14)$$

ρ_{M1} Dichte Medium 1
$\dot{V}_{M1}$ Volumenstrom Medium 1
A_{M1} Strömungsquerschnittsfläche Medium 1
w_{M1} Strömungsgeschwindigkeit Medium 1
ρ_{M2} Dichte Medium 2
$\dot{V}_{M2}$ Volumenstrom Medium 2
A_{M2} Strömungsquerschnittsfläche Medium 2
w_{M2} Strömungsgeschwindigkeit Medium 2
t Zeit
x Ortskoordinate in Strömungsrichtung

Energiebilanz Auch die Energiebilanzen ergeben sich analog zu Wärmeübertragern flüssiger Medien. Bei der Formulierung der Energiebilanzen ist zu beachten, dass die Vorzeichen vor den Quelltermen beider Bilanzen unterschiedlich sind:

$$\frac{\partial T_{M1}}{\partial t} + \frac{\partial (T_{M1}\, w_{M1})}{\partial x} + \frac{A_W\, k}{\rho_{M1}\, c_{p,M1}\, A_{M1}\, \Delta x}(T_{M1} - T_{M2}) = 0 \quad (10.15)$$

$$\frac{\partial T_{M2}}{\partial t} + \frac{\partial (T_{M2}\, w_{M2})}{\partial x} - \frac{A_W\, k}{\rho_{M2}\, c_{p,M2}\, A_{M2}\, \Delta x}(T_{M1} - T_{M2}) = 0 \quad (10.16)$$

T_{M1} Temperatur Medium 1
w_{M1} Strömungsgeschwindigkeit Medium 1
A_W Wandfläche/Kontaktfläche der beiden Medien
k Wärmedurchgangskoeffizient
ρ_{M1} Dichte Medium 1
$c_{p,M1}$ Spezifische Wärmekapazität Medium 1
A_{M1} Strömungsquerschnittsfläche Medium 1
Δx Länge eines Volumenelementes in Strömungsrichtung
T_{M2} Temperatur Medium 2
w_{M2} Strömungsgeschwindigkeit Medium 2
ρ_{M2} Dichte Medium 2
$c_{p,M2}$ Spezifische Wärmekapazität Medium 2
A_{M2} Strömungsquerschnittsfläche Medium 2
t Zeit
x Ortskoordinate in Strömungsrichtung

Stoff- und Zustandsänderungen Im Gegensatz zu Wärmeübertragern flüssiger Medien sind bei der Betrachtung gasförmiger Medien neben den Temperaturänderungen, welche mit Hilfe der Energiebilanzen bestimmt werden, weitere Zustandsänderungen zu berücksichtigen. Zum einen ändert sich die Dichte der Gase mit der Temperatur. Zum anderen müssen im Wärmeübertrager aufgrund der Dichteänderungen ebenfalls Änderungen der Strömungsgeschwindigkeiten berücksichtigt werden. Zur Berechnung der Dichte werden im Allgemeinen die globalen Massenbilanzen (Gl. 10.11 und 10.12) verwendet. Die Strömungsgeschwindigkeit berechnet sich hingegen durch das Verhältnis von Volumenstrom und Strömungsquerschnittsfläche. Wird der Volumenstrom als Quotient des Massenstroms und der Dichte formuliert, kann die Strömungsgeschwindigkeit – bei konstantem Stoffmengenstrom – direkt als Funktion der (temperaturabhängigen) Dichte geschrieben werden:

$$w_{M1} = \frac{1}{\rho_{M1}} \frac{\dot{m}_{M1}}{A_{M1}} = \frac{1}{\rho_{M1}} \frac{\dot{n}_{M1}\, M_{M1}}{A_{M1}} \quad (10.17)$$

$$w_{M2} = \frac{1}{\rho_{M2}} \frac{\dot{m}_{M2}}{A_{M2}} = \frac{1}{\rho_{M2}} \frac{\dot{n}_{M2}\, M_{M2}}{A_{M2}} \quad (10.18)$$

w_{M1} Strömungsgeschwindigkeit Medium 1
ρ_{M1} Dichte Medium 1

10.1 Modellierungsansätze

$\dot{m}_{M1}$ Massenstrom Medium 1
A_{M1} Strömungsquerschnittsfläche Medium 1
$\dot{n}_{M1}$ Stoffmengenstrom Medium 1
M_{M1} Molmasse Medium 1
w_{M2} Strömungsgeschwindigkeit Medium 2
ρ_{M2} Dichte Medium 2
$\dot{m}_{M2}$ Massenstrom Medium 2
A_{M2} Strömungsquerschnittsfläche Medium 2
$\dot{n}_{M2}$ Stoffmengenstrom Medium 2
M_{M2} Molmasse Medium 2

Berechnungsmethodik Variante 1 Da sich die Dichte gasförmiger Medien gemäß dem idealen Gasgesetz mit der Temperatur verändert, ist zur mathematischen Beschreibung des Wärmeübertragers neben den Energiebilanzen pro Medium eine zusätzliche Erhaltungsgleichung erforderlich. Im Allgemeinen werden dazu die globalen Massenbilanzen der beiden Medien herangezogen (Gl. 10.11 und 10.12). Diese beschreiben die Änderung der Dichte in Abhängigkeit des Ortes und der Zeit. Das Modell enthält demnach in Summe vier partielle Differentialgleichungen: Die zwei Energiebilanzen und die zwei Massenbilanzen der beiden Medien. Um die Lösung der Gleichungen zu ermöglichen, müssen dem Lösungsverfahren entsprechend vier Randbedingungen sowie die Startwerte der vier Gleichungen zum Zeitpunkt $t = 0$ vorgegeben werden.

Die Lösung des Differentialgleichungssystem wird in der Regel numerisch durchgeführt (z. B. nach Euler oder Runge-Kutta; siehe Abschn. 12.5). Die vier partiellen Differentialgleichungen werden dazu durch eine Approximation der Ortsableitungen (z. B. durch einen Differenzenquotienten; siehe Abschn. 12.3.1) in gewöhnliche Differentialgleichungen überführt. Dabei müssen drei Ortsableitungen berücksichtigt werden: Die Ableitung der Temperatur nach dem Ort, die Ableitung der Dichte nach dem Ort und die Ableitung der Geschwindigkeit nach dem Ort. Da sowohl die Änderung der Dichte als auch die Änderung der Geschwindigkeit von der Änderung der Temperatur abhängen, wird im Allgemeinen zunächst die Ortsableitung der Temperatur approximiert. Anschließend werden die Ortsableitungen der Dichte und die der Geschwindigkeit mit Hilfe von Zustandsgleichungen (z. B. das ideale Gasgesetz) und der Ortsableitung der Temperatur berechnet. Die Zustandsgleichungen werden dazu mit Hilfe der Kettenregel nach dem Ort abgeleitet, was zu einem quadratischen Temperatur- beziehungsweise Dichteterm im Nenner der Gleichungen führt:

$$\frac{\partial \rho_{M1}}{\partial x} = \frac{1}{T_{M1}^2} \frac{\partial T_{M1}}{\partial x} \frac{p_{M1} M_{M1}}{R} \tag{10.19}$$

$$\frac{\partial \rho_{M2}}{\partial x} = \frac{1}{T_{M2}^2} \frac{\partial T_{M2}}{\partial x} \frac{p_{M2} M_{M2}}{R} \tag{10.20}$$

$$\frac{\partial w_{M1}}{\partial x} = \frac{1}{\rho_{M1}^2} \frac{\partial \rho_{M1}}{\partial x} \frac{\dot{n}_{M1} M_{M1}}{A_{M1}} \qquad (10.21)$$

$$\frac{\partial w_{M2}}{\partial x} = \frac{1}{\rho_{M2}^2} \frac{\partial \rho_{M2}}{\partial x} \frac{\dot{n}_{M2} M_{M2}}{A_{M2}} \qquad (10.22)$$

ρ_{M1} Dichte Medium 1
T_{M1} Temperatur Medium 1
p_{M1} Druck Medium 1
M_{M1} Molmasse Medium 1
R Ideale Gaskonstante
ρ_{M2} Dichte Medium 2
T_{M2} Temperatur Medium 2
p_{M2} Druck Medium 2
M_{M2} Molmasse Medium 2
w_{M1} Strömungsgeschwindigkeit Medium 1
$\dot{n}_{M1}$ Stoffmengenstrom Medium 1
A_{M1} Strömungsquerschnittsfläche Medium 1
w_{M2} Strömungsgeschwindigkeit Medium 2
$\dot{n}_{M2}$ Stoffmengenstrom Medium 2
A_{M2} Strömungsquerschnittsfläche Medium 2
x Ortskoordinate in Strömungsrichtung

Berechnungsmethodik Variante 2 Aufgrund der dargestellten Abhängigkeiten zwischen Temperatur, Dichte und Strömungsgeschwindigkeit gestaltet sich die beschriebene Berechnungsmethodik (Variante 1) komplex. Zum einen muss ein System aus vier Differentialgleichungen (für beide Medien eine Energiebilanz und eine Massenbilanz) gelöst werden. Zum anderen sind weitere algebraische Gleichungen zur Berechnung der Strömungsgeschwindigkeit in Abhängigkeit der Dichte erforderlich. Insbesondere das Lösen des Differentialgleichungssystems ist mit erheblichem Rechenaufwand verbunden. Ein alternativer Lösungsweg mit reduziertem Rechenaufwand ergibt sich, wenn wie bisher je Medium eine Energiebilanz gelöst, jedoch auf die Differentialgleichungen zur Bilanzierung der Masse verzichtet wird. Anstelle die Massenbilanzen zu lösen, wird die Strömungsgeschwindigkeit mit Hilfe einer algebraischen Näherungsgleichung bestimmt. Bei dieser Gleichung wird die Strömungsgeschwindigkeit in jedem Volumenelement aus der Geschwindigkeit am Rand ($x = 0$) und den Ortsableitungen der Geschwindigkeiten in den Volumenelementen berechnet:

$$w_{M1,i} - \left\{ w_{M1}(x=0) + \sum_{n=2}^{i} \frac{\partial w_{M1,n}}{\partial x} \Delta x \right\} = 0 \qquad (10.23)$$

$$w_{M2,i} - \left\{ w_{M2}(x=0) + \sum_{n=2}^{i} \frac{\partial w_{M2,n}}{\partial x} \Delta x \right\} = 0 \qquad (10.24)$$

10.1 Modellierungsansätze

$w_{M1,i}$ Strömungsgeschwindigkeit Medium 1 im Volumenelement i
$w_{M1}(x=0)$ Strömungsgeschwindigkeit Medium 1 am Rand
$w_{M1,n}$ Strömungsgeschwindigkeit Medium 1 im Volumenelement n
Δx Länge eines Volumenelementes in Strömungsrichtung
$w_{M2,i}$ Strömungsgeschwindigkeit Medium 2 im Volumenelement i
$w_{M2}(x=0)$ Strömungsgeschwindigkeit Medium 2 am Rand
$w_{M2,n}$ Strömungsgeschwindigkeit Medium 2 im Volumenelement n
x Ortskoordinate in Strömungsrichtung

Die Ortsableitung der Geschwindigkeit wird mit Hilfe von Approximationsverfahren (z. B. durch Differenzenquotienten; siehe Abschn. 12.3.1) berechnet. Die Dichten der beiden Medien können anschließend mit Hilfe der Strömungsgeschwindigkeiten, der Strömungsquerschnittsflächen sowie der Massenströme oder auf Basis von Zustandsgleichungen in Abhängigkeit von Druck und Temperatur bestimmt werden.

Berechnungsmethodik Variante 3   Eine dritte Berechnungsmethodik bietet die Verwendung der Impulsbilanz als zusätzliche Erhaltungsgleichung. Die Bilanzgröße dieser Bilanz ist in der Regel die Strömungsgeschwindigkeit. Wird die Impulsbilanz für beide Medien des Wärmeübertragers formuliert, ergeben sich zusätzlich zu den zwei Energiebilanzen der Medien zwei weitere, also insgesamt vier, Differentialgleichungen.

Die Impulsbilanzen für Medium 1 und Medium 2 lauten für eindimensionale Betrachtungen:

$$\frac{\partial w_{M1}}{\partial t} + \frac{\partial (w_{M1}\, w_{M1})}{\partial x} = 0 \quad (10.25)$$

$$\frac{\partial w_{M2}}{\partial t} + \frac{\partial (w_{M2}\, w_{M2})}{\partial x} = 0 \quad (10.26)$$

w_{M1} Strömungsgeschwindigkeit Medium 1
w_{M2} Strömungsgeschwindigkeit Medium 2
t Zeit
x Ortskoordinate in Strömungsrichtung

Wie bei der Berechnungsmethodik Variante 2 können die Dichten der Medien anschließend aus der Strömungsgeschwindigkeit, der Strömungsquerschnittsfläche und dem Massenstrom berechnet werden.

Randbedingungen   Analog zu Wärmeübertragern flüssiger Medien werden als Randwerte R die Temperaturen am Wärmeübertragereingang, das heißt an der Stelle $x=0$, gewählt:

$$T_{M1}(x=0) = R_1 \quad (10.27)$$

$$T_{M2}(x=0) = R_2 \quad (10.28)$$

Bei der Formulierung der Massenbilanzen zur Bestimmung der Dichten beider Medien (Berechnungsmethodik Variante 1) werden diese am Wärmeübertragereingang als weitere Randwerte vorgegeben. Bei den anderen Berechnungsmethodiken (Variante 2 und 3) werden keine Randwerte für die Dichten der Medien verwendet – allerdings für die Strömungsgeschwindigkeiten. In diesem Fall berechnen sich die Dichten am Wärmeübertragerrand ($x = 0$) aus den Randwerten der Temperatur und der Strömungsgeschwindigkeit:

$$\rho_{M1}(x=0) = R_3 \quad \text{oder} \quad w_{M1}(x=0) = R_3 \quad (10.29)$$

$$\rho_{M2}(x=0) = R_4 \quad \text{oder} \quad w_{M2}(x=0) = R_4 \quad (10.30)$$

Startbedingungen Als Startbedingungen werden dem Löser für jedes Volumenelement i zum Zeitpunkt $t = 0$ die Temperaturen der beiden Medien vorgegeben. Im Unterschied zu Wärmeübertragern flüssiger Medien sind ebenfalls die Startwerte der Dichte und Strömungsgeschwindigkeit von Medium 1 und 2 erforderlich, um die Bilanzgleichungen zu lösen. Auch diese werden für jedes Volumenelement vorgegeben.

10.1.3 Chemiereaktoren

Die Bilanzierung von Chemiereaktoren wird im Allgemeinen mit Hilfe von idealen Reaktormodellen durchgeführt. Zu diesen gehören ideale Rührkessel (englisch Stirred Tank Reactors) und ideale Strömungsreaktoren (englisch Plug Flow Reactors). Da die Reaktionen – und damit auch die Umsätze – in den Reaktoren temperaturgebunden sind, ist die Untersuchung von zeitabhängigen Temperaturprofilen bei An- und Abfahrvorgängen oder Teillastbetrieb von besonderer Bedeutung zur Gestaltung effizienter Betriebsweisen und Reaktionsführungen. Grundsätzlich kann die Temperaturführung von Chemiereaktoren isotherm, adiabat oder polytrop erfolgen:

Bei einer isothermen Temperaturführungen wird dem Reaktor über die Zeit genau der Wärmestrom zu- oder abgeführt, der erforderlich ist, um eine konstante Temperatur im Reaktorinnenraum zu gewährleisten. Der Wärmestrom wird im Allgemeinen durch spezielle konstruktive Maßnahmen (z. B. integrierte Wärmeübertrager) kontrolliert.

Bei einer adiabaten Temperaturführung findet keine Wärmezu- oder abfuhr statt, so dass sich der Reaktor entsprechend der ablaufenden Reaktionen erwärmt oder abkühlt. Theoretisch wird diese Betriebsweise durch eine ideale Isolierung erreicht.

Polytrop betriebenen Reaktoren wird im Gegensatz zu adiabaten Reaktoren Wärme zu- oder abgeführt. Die Wärmemenge unterscheidet sich jedoch von der einer isothermen Betriebsweise. Eine moderate Erwärmung beziehungsweise Abkühlung des Reaktors ist die Folge. Reaktoren mit nicht-idealen Isolierungen – also mit Wärmeverlusten über die Außenwand – sind Beispiele für polytrope Reaktoren.

10.1.3.1 Ideale Rührkesselreaktoren im Batchbetrieb

Batchweise betriebene Rührkesselmodelle beschreiben ideal durchmischte Reaktionsräume, denen während des Reaktionsverlaufs (nach der Befüllung) keine Stoffströme zu- oder abgeführt werden. Dies bedingt, dass die Konzentrationen aller reagierenden und nichtreagierenden Stoffe im Reaktor über den Ort konstant sind. Ein batchweise betriebener Rührkesselreaktor ist schematisch in Abb. 10.5 dargestellt. Die Modellierung des Reaktors wird nachfolgend vorgestellt. Dabei dienen einerseits die Konzentrationen der Komponenten und andererseits die Temperatur im Reaktor als Bilanzgrößen. Aufgrund der idealen Reaktordurchmischung erfolgt die Modellierung ohne Ortsdiskretisierung. Die Bilanzgrößen werden daher in Abhängigkeit der Zeit – nicht aber in Abhängigkeit des Ortes beschrieben.

Massenbilanz Die Massenbilanzierung wird bei Rührkesselreaktoren für jede Stoffkomponente gesondert durchgeführt. Dabei wird in der Regel die Stoffmengenkonzentration, das heißt die Stoffmenge pro Volumen, als Bilanzgröße verwendet. Da in batchweise betriebenen Reaktoren kein konvektiver Stofftransport stattfinden, ist die Änderung der Stoffmengenkonzentration mit der Zeit lediglich von der Reaktionsrate des betrachteten Stoffes abhängig. Diese wird im Allgemeinen in der Einheit $\text{mol}\,\text{m}^{-3}\,\text{s}^{-1}$ angegeben:

$$\frac{\partial c_i}{\partial t} - \sum_j v_{i,j}\, r_j = 0 \qquad (10.31)$$

c_i Konzentration Komponente i
$v_{i,j}$ Stöchiometrischer Faktor Komponente i in Reaktion j
r_j Reaktionsrate Reaktion j
t Zeit

Energiebilanz Bei der Energiebilanz wird die Temperatur im Reaktor als Bilanzgröße verwendet. Unter der Voraussetzung eines konstanten Reaktionsvolumens bestimmt sich

Abb. 10.5 Idealer, batchweise betriebener Rührkesselreaktor

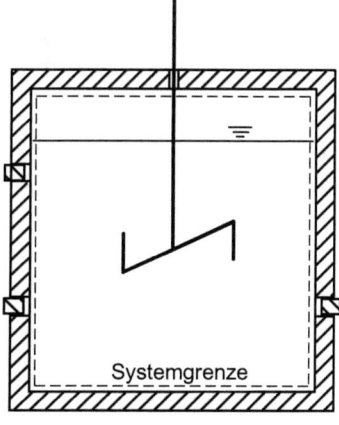

die zeitliche Änderung der Temperatur durch die Wärmezu- oder abfuhr über die Reaktorwand und die Reaktionswärme:

$$\frac{\partial T}{\partial t} + \frac{A_W\, k}{\rho_m\, c_{p,m}\, V} (T - T_U) - \frac{\sum_j (-\Delta H_{R,j})\, r_j}{\rho_m\, c_{p,m}} = 0 \qquad (10.32)$$

T	Temperatur im Rührkesselreaktor
A_W	Oberfläche Reaktorwand
k	Wärmedurchgangskoeffizient Reaktorwand
ρ_m	Mittlere Dichte im Rührkesselreaktor
$c_{p,m}$	Mittlere, spezifische Wärmekapazität im Rührkesselreaktor
V	Volumen der Stoffe im Rührkesselreaktor
T_U	Temperatur Umgebung
$\Delta H_{R,j}$	Reaktionsenthalpie Reaktion j
r_j	Reaktionsrate Reaktion j
t	Zeit

Stoff- und Zustandsänderungen Werden im Rührkesselreaktor ausschließlich flüssige, inkompressible Medien umgesetzt, so finden neben der Änderung der Temperatur keine weiteren Zustandsänderungen statt. Nehmen hingegen gasförmige Stoffe an den Reaktionen teil, so muss aufgrund der Temperatur- und Konzentrationsänderungen ebenfalls eine Veränderung der Stoffdichte berücksichtigt werden. Im Allgemeinen wird die Dichte dabei durch Zustandsgleichungen wie das ideale Gasgesetz berechnet:

$$\rho_m = \frac{p\, M_m}{R\, T} \qquad (10.33)$$

ρ_m	Mittlere Dichte im Rührkesselreaktor
p	Druck im Rührkesselreaktor
M_m	Mittlere Molmasse im Rührkesselreaktor
R	Ideale Gaskonstante
T	Temperatur im Rührkesselreaktor

Berechnungsmethodik Das Modell des batchweise betriebenen Rührkesselreaktors umfasst ein Differentialgleichungssystem, welches die Energiebilanz und die Massenbilanzen der Komponenten als gewöhnliche Differentialgleichung enthält. Beim Einsatz gasförmiger Medien wird zudem die Zustandsgleichung zur Berechnung der Dichte im Reaktor als Nebenrechnung aufgenommen. Die Lösung des Gleichungssystems kann mit unterschiedlichen numerischen Verfahren zur Behandlung gewöhnlicher Differentialgleichungen wie dem Euler- oder Runge-Kutta-Verfahren (siehe Abschn. 12.5) durchgeführt werden.

10.1 Modellierungsansätze

Randbedingungen Da die Modellierung idealer Rührkesselreaktoren grundsätzlich ohne Ortsdiskretisierung erfolgt, ist die Vorgabe von Randbedingungen zur Lösung der Bilanzgleichungen nicht erforderlich. Im Reaktor liegen homogene Temperatur- und Konzentrationsverteilungen vor, die sich mit der Zeit nicht aber mit dem Ort verändern.

Startbedingungen Um die Differentialgleichungen lösen zu können, ist die Vorgabe von Startwerten der Bilanzgrößen erforderlich. Entsprechend müssen dem Lösungsverfahren die Konzentration der Komponenten sowie die Temperatur im Reaktor für den Zeitpunkt $t = 0$ vom Anwender vorgegeben werden. Im Allgemeinen bezeichnet der Zeitpunkt $t = 0$ den Reaktionsbeginn nach der Befüllung des Reaktors.

10.1.3.2 Ideale Rührkesselreaktoren im kontinuierlichen Betrieb

Die Bilanzierung idealer, kontinuierlich betriebener Rührkesselreaktoren basiert – wie auch die von batchweise betriebenen Rührkesseln – auf der Annahme, dass der Reaktorinnenraum ideal durchmischt ist. Im Unterschied zu Reaktoren im Batchbetrieb werden kontinuierlich betriebenen Rührkesseln jedoch Stoffströme während des Betriebes zu- und abgeführt.

Ein kontinuierlich betriebener Rührkesselreaktor ist schematisch in Abb. 10.6 dargestellt. Entsprechende Modellierungsansätze des Reaktors werden im Folgenden beschrieben. Dabei sind die Konzentrationen der Stoffe und die Temperatur die Bilanzgrößen der Modellierung und das Reaktionsvolumen konstant. Aufgrund der idealen Durchmischung in kontinuierlich betriebenen Rührkesselreaktoren werden die Reaktoren ohne Ortsdiskretisierung (jedoch zeitaufgelöst) modelliert.

Massenbilanz Bei der Massenbilanzierung kontinuierlich betriebener Rührkesselreaktoren wird für jede Stoffkomponente eine gesonderte Bilanzgleichung formuliert. Die Bilanzgröße ist jeweils die Stoffmengenkonzentration der Komponente, welche sich im Zuge der Reaktionen im Reaktor sowie variabler Ein- und Ausgangsströme mit der Zeit

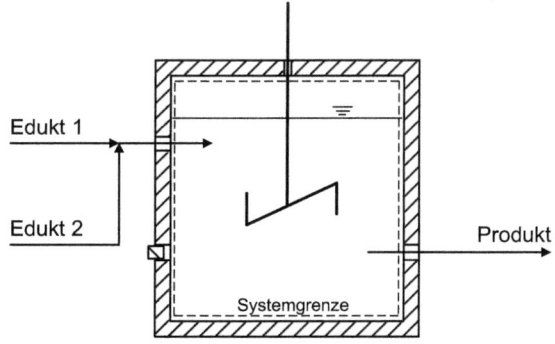

Abb. 10.6 Idealer, kontinuierlich betriebener Rührkesselreaktor

verändert:

$$\frac{\partial c_i}{\partial t} - \frac{\dot{V}_{\text{ein}} c_{i,\text{ein}}}{V} + \frac{\dot{V}_{\text{aus}} c_i}{V} - \sum_j \nu_{i,j}\, r_j = 0 \qquad (10.34)$$

c_i	Konzentration Komponente i im Rührkesselreaktor
$\dot{V}_{\text{ein}}$	Volumenstrom Reaktorzulauf
$c_{i,\text{ein}}$	Konzentration Komponente i im Reaktorzulauf
V	Volumen der Stoffe im Rührkesselreaktor
$\dot{V}_{\text{aus}}$	Volumenstrom Reaktorauslauf
$\nu_{i,j}$	Stöchiometrischer Faktor der Komponente i in Reaktion j
r_j	Reaktionsrate Reaktion j
t	Zeit

Energiebilanz Die Energiebilanz kontinuierlicher Rührkesselreaktoren setzt sich neben der Zeitableitung der Temperatur (Speicherterm) aus zwei konvektiven Termen sowie zwei Quell- beziehungsweise Senkentermen zusammen. Die konvektiven Terme beschreiben den Energietransport durch den Reaktoreingang und -ausgang mit den Reaktionsedukten und -produkten. Die Quell- und Senkenterme charakterisieren die Reaktionswärme im Reaktorinneren sowie den Wärmeaustausch mit der Umgebung:

$$\frac{\partial T}{\partial t} - \frac{\dot{V}_{\text{ein}}\, c_{p,\text{ein}}\, T_{\text{ein}}}{V\, c_{p,m}} + \frac{\dot{V}_{\text{aus}}\, c_{p,\text{aus}}\, T}{V\, c_{p,m}} \\ + \frac{A_W\, k}{\rho_m\, c_{p,m}\, V}(T - T_U) - \frac{\sum_j (-\Delta H_{R,j})\, r_j}{\rho_m\, c_{p,m}} = 0 \qquad (10.35)$$

T	Temperatur im Rührkesselreaktor
$\dot{V}_{\text{ein}}$	Volumenstrom Reaktorzulauf
$c_{p,\text{ein}}$	Spezifische Wärmekapazität Reaktorzulauf
T_{ein}	Temperatur Reaktorzulauf
V	Volumen der Stoffe im Rührkesselreaktor
$c_{p,m}$	Mittlere, spezifische Wärmekapazität im Rührkesselreaktor
$\dot{V}_{\text{aus}}$	Volumenstrom Reaktorauslauf
$c_{p,\text{aus}}$	Spezifische Wärmekapazität Reaktorauslauf
A_W	Oberfläche Reaktorwand
k	Wärmedurchgangskoeffizient Reaktorwand
ρ_m	Mittlere Dichte im Rührkesselreaktor
T_U	Temperatur Umgebung
$\Delta H_{R,j}$	Reaktionsenthalpie Reaktion j
r_j	Reaktionsrate der Reaktion j
t	Zeit

Stoff- und Zustandsänderungen Beim Einsatz flüssiger Medien sind – wie bei batchweise betriebenen Rührkesselreaktoren – neben der Temperaturberechnung durch die Energiebilanz keine weiteren Zustandsberechnungen notwendig. Hingegen sind bei gasförmigen Reaktanden Änderungen der Dichte zu berücksichtigen. Diese erfolgen aufgrund der zeitlichen Veränderung von Temperatur und Konzentrationen im Reaktor und werden mit Hilfe von Zustandsgleichungen berechnet. Bei der Anwendung des idealen Gasgesetzes als Zustandsgleichung ergibt sich die Dichte in Abhängigkeit der Temperatur, des Drucks und der Molmasse, wobei der Reaktordruck in der Regel durch Ventile konstant gehalten wird:

$$\rho_m = \frac{p \, M_m}{R \, T} \qquad (10.36)$$

ρ_m Mittlere Dichte im Rührkesselreaktor
p Druck im Rührkesselreaktor
M_m Mittlere Molmasse im Rührkesselreaktor
R Ideale Gaskonstante
T Temperatur im Rührkesselreaktor

Berechnungsmethodik Das Gleichungssystem kontinuierlich betriebener Rührkesselreaktoren entspricht vom Aufbau dem Gleichungssystem von batchweise betriebenen Reaktoren. Es besteht mit der Energiebilanz und den Massenbilanzen der Komponenten aus gewöhnlichen Differentialgleichungen und enthält – bei gasförmigen Reaktanden – als Nebenrechnung eine Zustandsgleichung zur Bestimmung der Stoffdichte. Zur Lösung des Gleichungssystems werden im Allgemeinen numerische Lösungsverfahren (z. B. nach Euler; siehe Abschn. 12.5) eingesetzt.

Aufgrund der idealen Durchmischung von Rührkesselreaktoren, treten im Reaktionsraum theoretisch weder Konzentrations- noch Temperaturgradienten auf. Diese Modellannahme führt zu einem physikalischen Widerspruch in Hinblick auf den Reaktorzulauf, durch den Stoffe in den Innenraum eingebracht werden. Praktisch würde der Reaktorzulauf zu Gradienten im Eingangsbereich des Reaktors führen. Im Modell bleibt dieser Eingangsbereich jedoch unberücksichtigt. Das heißt, die Konzentrationen und die Temperatur besitzen einen Sprung zwischen Zulauf und ideal durchmischten Reaktorinnenraum. In Bezug auf die Lösung der Differentialgleichungen kann sich dieser Sprung als problematisch erweisen. Eine Begrenzung der Zeitschrittweiten und die Wahl geeigneter Startwerte sind Maßnahmen, um die Konvergenz des Lösers diesbezüglich zu verbessern.

Randbedingungen Die variablen Größen werden in idealen Rührkesselreaktoren ausschließlich in Abhängigkeit der Zeit berechnet. Eine Vorgabe von Randwerten wie bei ortsaufgelösten Modellen ist nicht erforderlich.

Startbedingungen Dem Löser des Differentialgleichungssystems müssen (neben den Größen des Zu- und Ablaufs) Startwerte der Bilanzgrößen zum Zeitpunkt $t = 0$ vorgegeben werden. Entsprechend der Definition der Bilanzgrößen sind dies die Konzentrationen der Stoffe sowie die Temperatur im Reaktor. Häufig werden als Startwerte die jeweiligen Werte des Reaktorzulaufs zum Zeitpunkt $t = 0$ verwendet.

10.1.3.3 Ideale Strömungsreaktoren

Ideale Strömungsreaktoren dienen der Beschreibung von rohrförmigen Reaktoren (z. B. Festbettreaktoren), die in axialer Richtung von miteinander reagierenden Stoffen durchströmt werden. Ihnen liegt die Annahme zu Grunde, dass Konzentrationen und Temperatur über den Reaktorquerschnitt konstant sind – nicht jedoch über die Reaktorlänge (in Strömungsrichtung). Die Strömung durch den Reaktor verhält sich als ideale Pfropfenströmung, das heißt, es finden weder Wärmeleitungs- noch Dispersionsprozesse in Strömungsrichtung statt [5, S. 160].

Bei der Untersuchung des dynamischen Verhaltens von idealen Strömungsreaktoren werden im Allgemeinen die Temperatur, der Druck sowie die Konzentrationen der an den Reaktionen teilnehmenden Stoffe als Bilanzgrößen betrachtet. Diese werden in Abhängigkeit der Zeit und – im Unterschied zu Rührkesselreaktoren – auch in Abhängigkeit der Ortskoordinate in Strömungsrichtung berechnet. Ein idealer, gasdurchströmter Strömungsreaktor ist schematisch in Abb. 10.7 abgebildet. Die Modellierung des Reaktors wird in den folgenden Abschnitten erläutert.

Massenbilanz Bei der Massenbilanzierung werden sämtliche Reaktionsteilnehmer der Reaktionen im Strömungsrohr separat bilanziert. Meist treten dabei die Konzentrationen der Stoffe als Bilanzgrößen auf. In Abhängigkeit der Eingangsgrößen ändern sich diese nicht nur mit der Zeit, sondern auch mit dem Ort. Der Konvektionsterm wird entsprechend als Ableitung des Ortes formuliert:

$$\frac{\partial c_i}{\partial t} + \frac{\partial (c_i w_x)}{\partial x} - \sum_j \nu_{i,j}\, r_j = 0 \qquad (10.37)$$

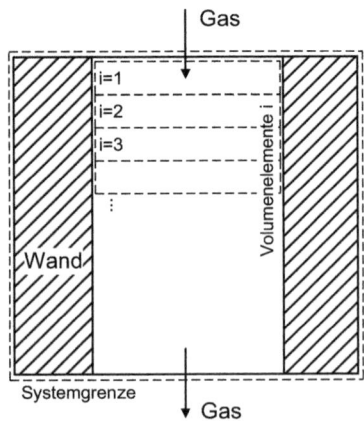

Abb. 10.7 Idealer Strömungsreaktor

10.1 Modellierungsansätze

c_i Konzentration Komponente i im Strömungsreaktor
w_x Strömungsgeschwindigkeit in x-Richtung
$\nu_{i,j}$ Stöchiometrischer Faktor Komponente i in Reaktion j
r_j Reaktionsrate Reaktion j
t Zeit
x Ortskoordinate in Strömungsrichtung

Energiebilanz Bei der Energiebilanz wird die zeitliche Änderung der Gastemperatur betrachtet. Die Bilanz enthält – neben dem Konvektionsterm – zwei Quellterme, welche die Wärmeübertragung zwischen dem Gas und der Umgebung sowie die Reaktionswärme charakterisieren. Analog zur Massenbilanz wird der Konvektionsterm als Ortsableitung formuliert:

$$\frac{\partial T_G}{\partial t} + \frac{\partial (T_G w_x)}{\partial x} + \frac{A_W k}{\rho_G c_{p,G} \Delta V}(T_G - T_U) - \frac{\sum_j (-\Delta H_{R,j}) r_j}{\rho_G c_{p,G}} = 0 \qquad (10.38)$$

T_G Temperatur strömendes Gas
w_x Strömungsgeschwindigkeit in x-Richtung
A_W Oberfläche Reaktorwand
k Wärmedurchgangskoeffizient Reaktorwand
ρ_G Dichte strömendes Gas
$c_{p,G}$ Spezifische Wärmekapazität strömendes Gas
ΔV Volumen eines Volumenelementes
T_U Temperatur Umgebung
$\Delta H_{R,j}$ Reaktionsenthalpie Reaktion j
r_j Reaktionsrate Reaktion j
t Zeit
x Ortskoordinate in Strömungsrichtung

Stoff- und Zustandsänderungen Wie bei der Berechnung von Wärmeübertragern müssen bei der Behandlung von Strömungsreaktoren mit gasförmigen Medien neben der Temperatur ebenfalls Änderungen weiterer Zustandsgrößen berücksichtigt werden. Aufgrund der Kompressibilität der Gase sind sowohl die Dichte als auch die Strömungsgeschwindigkeit im Reaktor nicht konstant. Die Dichte wird in der Regel mit Hilfe der globalen Massenbilanz (Gl. 10.42) berechnet und anschließend mit der Strömungsgeschwindigkeit in Beziehung gesetzt. Bei eindimensionalen Strömungsprozessen kann der Zusammenhang zwischen Dichte und Strömungsgeschwindigkeit wie folgt formuliert werden:

$$w_x = \frac{1}{\rho_G} \frac{\dot{m}_G}{A} = \frac{1}{\rho_G} \frac{\dot{n}_G M_G}{A} \qquad (10.39)$$

w_x Strömungsgeschwindigkeit in x-Richtung
ρ_G Dichte strömendes Gas
$\dot{m}_G$ Massenstrom strömendes Gas
A Strömungsquerschnittsfläche
$\dot{n}_G$ Stoffmengenstrom strömendes Gas
M_G Molmasse strömendes Gas

Berechnungsmethodik Variante 1 Bei der Betrachtung gasförmiger Medien treten im Strömungsreaktor Gradienten der Dichte auf. Diese führen zu Änderungen der Strömungsgeschwindigkeit. Um die Vorgänge im Strömungsreaktor umfassend zu beschreiben, ist neben den Komponenten- und Energiebilanzen daher eine weitere Gleichung erforderlich, welche die Dichte oder die Strömungsgeschwindigkeit im Reaktor charakterisiert. Häufig wird dazu die globale Massenbilanz mit der mittleren Dichte als Bilanzgröße verwendet:

$$\frac{\partial \rho_G}{\partial t} + \frac{\partial \left(\rho_G \dot{V}_G \right)}{A\, \partial x} = \frac{\partial \rho_G}{\partial t} + \frac{\partial \left(\rho_G w_x \right)}{\partial x} = 0 \qquad (10.40)$$

Die partielle Ableitung des Konvektionsterms nach ∂x führt auf eine Differentialgleichung, die sowohl die Ortsableitung der Dichte als auch die Ortsableitung der Strömungsgeschwindigkeit enthält:

$$\frac{\partial \rho_G}{\partial t} + \frac{w_x\, \partial \rho_G}{\partial x} + \frac{\rho_G\, \partial w_x}{\partial x} = 0 \qquad (10.41)$$

ρ_G Dichte strömendes Gas
$\dot{V}_G$ Volumenstrom strömendes Gas
A Strömungsquerschnittsfläche
w_x Strömungsgeschwindigkeit in x-Richtung
t Zeit
x Ortskoordinate in Strömungsrichtung

Es gilt ein partielles Differentialgleichungssystem aus der Energiebilanz, den Komponentenbilanzen sowie der globalen Massenbilanz zu lösen. Dazu müssen dem Löser je Differentialgleichung ein Randwert an der Stelle $x = 0$ sowie die Startwerte der Variablen zum Zeitpunkt $t = 0$ vorgegeben werden.

Vor der numerischen Lösung des Systems werden die partiellen Differentialgleichungen in gewöhnliche Differentialgleichungen überführt. Wie bei Wärmeübertragern gasförmiger Medien sind für die Überführung der Differentialgleichungen die Ortsableitungen der Temperatur (in Gl. 10.38), der Dichte und der Geschwindigkeit (in Gl. 10.43) zu approximieren. Grundsätzlich wird zu diesem Zweck zunächst die Ortsableitung der Temperatur approximiert (z. B. durch einen Differenzenquotienten; siehe Abschn. 12.3.1) und anschließend die Ortsableitungen der Dichte und der Geschwindigkeit durch die Orts-

10.1 Modellierungsansätze

ableitung einer Zustandsgleichung (z. B. das ideale Gasgesetz) in Abhängigkeit der Ortsableitung der Temperatur ausgedrückt:

$$\frac{\partial \rho_G}{\partial x} = \frac{1}{T_G^2} \frac{\partial T_G}{\partial x} \frac{p_G \, M_G}{R} \tag{10.42}$$

$$\frac{\partial w_x}{\partial x} = \frac{1}{\rho_G^2} \frac{\partial \rho_G}{\partial x} \frac{\dot{n}_G \, M_G}{A} \tag{10.43}$$

ρ_G Dichte strömendes Gas
T_G Temperatur strömendes Gas
p_G Druck strömendes Gas
M_G Molmasse strömendes Gas
R Ideale Gaskonstante
w_x Strömungsgeschwindigkeit in x-Richtung
$\dot{n}_G$ Stoffmengenstrom strömendes Gas
A Strömungsquerschnittsfläche Gas
x Ortskoordinate in Strömungsrichtung

Berechnungsmethodik Variante 2 Alternativ zur vorgestellten Berechnungsmethodik (Variante 1) kann auf die globale Massenbilanz verzichtet und eine algebraische Gleichung zur Berechnung der Strömungsgeschwindigkeit gelöst werden. Diese Gleichung berechnet die Strömungsgeschwindigkeit in jedem Volumenelement aus der Geschwindigkeit im ersten Volumenelement, das heißt am Reaktorrand, und der Ortsableitung der Geschwindigkeit:

$$w_{x,i} - \left\{ w_x(x=0) + \sum_{n=2}^{i} \frac{\partial w_{x,n}}{\partial x} \Delta x \right\} = 0 \tag{10.44}$$

$w_{x,i}$ Strömungsgeschwindigkeit im Volumenelement i
$w_x(x=0)$ Strömungsgeschwindigkeit am Rand
$w_{x,n}$ Strömungsgeschwindigkeit im Volumenelement n
Δx Länge eines Volumenelementes in Strömungsrichtung
x Ortskoordinate in Strömungsrichtung

Die Ortsableitung der Geschwindigkeit wird mit Hilfe diskreter Werte approximiert (z. B. durch einen Differenzenquotienten; siehe Abschn. 12.3.1) und die Dichte anschließend aus der Strömungsgeschwindigkeit, der Strömungsquerschnittsfläche und dem Massenstrom berechnet.

Berechnungsmethodik Variante 3 Alternativ kann die Strömungsgeschwindigkeit auch mit der Impulsbilanz bestimmt werden. Auch bei dieser Berechnungsmethodik wird auf die globale Massenbilanz verzichtet. Unter Vernachlässigung von Turbulenzen sowie

Schub- und Normalspannungen lautet die eindimensionale Impulsbilanz:

$$\frac{\partial w_x}{\partial t} + \frac{\partial (w_x\, w_x)}{\partial x} = 0 \qquad (10.45)$$

w_x Strömungsgeschwindigkeit in x-Richtung
t Zeit
x Ortskoordinate in Strömungsrichtung

Die Ortsableitung der Geschwindigkeit und die Dichte werden analog zu Variante 2 bestimmt.

Randbedingungen Bei der Formulierung der Randwerte wird jeder Variablen an der Stelle $x = 0$ vom Anwender ein Wert R zugeordnet. Für den idealen Strömungsreaktor ergeben sich demnach je Stoffkomponente i ein Randwert. Zudem werden Randwerte für die Gastemperatur sowie für die Gasdichte oder – entsprechend der Berechnungsmethodik – für die Strömungsgeschwindigkeit vorgegeben:

$$c_i(x = 0) = R_{1,i} \qquad (10.46)$$

$$T_G(x = 0) = R_2 \qquad (10.47)$$

$$\rho_G(x = 0) = R_3 \quad \text{oder} \quad w_x(x = 0) = R_3 \qquad (10.48)$$

Startbedingungen Die Startwerte zum Zeitpunkt $t = 0$ sind vom Anwender frei wählbar und eng mit dem Untersuchungsziel der Modellierung verbunden. Beachtet werden muss, dass für jede Variable und jedes Volumenelement ein Startwert erforderlich ist. Die Startwerte können entweder auf vorherigen Simulationsdurchläufen und Messreihen beruhen oder aber Schätzwerte des Anwenders sein.

10.1.3.4 Sonderfall Festbettreaktoren

Festbettreaktoren werden zur Realisierung von Fluid-Feststoff-Reaktionen in Chemieanlagen eingesetzt. In den Reaktoren wird eine Feststoffschüttung von einem Fluid durchströmt. Der Feststoff kann dabei an der Reaktion teilnehmen und verbraucht werden oder lediglich als Katalysator dienen [5, S. 185]. Verbreitung finden Festbettreaktoren unter anderem in der chemischen Industrie als Synthesereaktoren wie zum Beispiel zur Ammoniak- oder Methansynthese.

Die Modellierung von katalytischen Festbettreaktoren stellt sich im Allgemeinen als Abwandlung der Modellierung idealer Strömungsreaktoren dar. Im Unterschied zu idealen Strömungsreaktoren wird bei der Bilanzierung zusätzlich die Katalysatorschüttung berücksichtigt. Entsprechend dem Detaillierungsgrad, mit dem die Katalysatorschüttung in die Bilanzierung einbezogen wird, werden zwei Modelltypen unterschieden – pseudohomogene Modelle und heterogene Modelle:

10.1 Modellierungsansätze

Pseudo-homogene Modelle Bei pseudo-homogenen Modellen wird der Katalysator nicht direkt in die Modellierung einbezogen. Das heißt, es werden keine Temperatur- und Konzentrationsunterschiede zwischen der Hauptgasströmung (englisch Bulkflow) und dem Gas in den Katalysatorporen betrachtet [31, S. 1061]. Die Modellierung beinhaltet demzufolge nur die Massen- und Energiebilanz für die Hauptgasströmung. Unabhängig davon wird entsprechend den Untersuchungszielen und Systemgrenzen die Energiebilanz der Katalysatorpartikel in der Modellierung berücksichtigt. Als Bedingungen für die Gültigkeit pseudo-homogener Modelle werden im Allgemeinen zwei Kriterien berücksichtigt (Gl. 10.49 und 10.50).

Die Konzentrationsgradienten zwischen der Hauptgasströmung und dem Gas in den Katalysatorporen sind vernachlässigbar, wenn gilt [48]:

$$\left| \frac{r \, d_K}{2 \, c_i^h \, k_{G,i}} \right| \leq \frac{0{,}15}{n} \tag{10.49}$$

Weiterhin können die Temperaturgradienten zwischen der Hauptgasströmung und dem Gas in den Katalysatorporen vernachlässigt werden, wenn gilt [48]:

$$\left| \frac{\Delta H_R \, r \, d_K}{2 \, T_G^h \, h_f} \right| \leq \frac{0{,}15 \, R \, T_G^h}{E} \tag{10.50}$$

r	Reaktionsrate pro Katalysatorvolumen
d_K	Partikeldurchmesser Katalysator
c_i^h	Konzentration Komponente i Hauptgasströmung
$k_{G,i}$	Stoffaustauschkoeffizient Komponente i
n	Reaktionsordnung
ΔH_R	Reaktionsenthalpie
T_G^h	Temperatur Hauptgasströmung
h_f	Wärmeaustauschkoeffizient
R	Ideale Gaskonstante
E	Aktivierungsenergie

Bei der Anwendung der beiden Kontrollformeln (Gl. 10.49 und 10.50) müssen der Stoffaustauschkoeffizient in m s^{-1}, der Wärmeaustauschkoeffizient in W m^{-2} K^{-1} und die Reaktionsrate in mol m^{-3} s^{-1} berücksichtigt werden.

Heterogene Modelle Bei heterogenen Modellen wird der Katalysator direkt berücksichtigt, indem Temperatur- und Konzentrationsunterschiede zwischen der Hauptgasströmung und dem Gas in den Katalysatorporen in die Modellierung einfließen [31, S. 1061]. Ergänzend zu der Massen- und Energiebilanz der Hauptgasströmung werden daher eine gesonderte Massen- und Energiebilanz für das Gas in den Katalysatorporen formuliert.

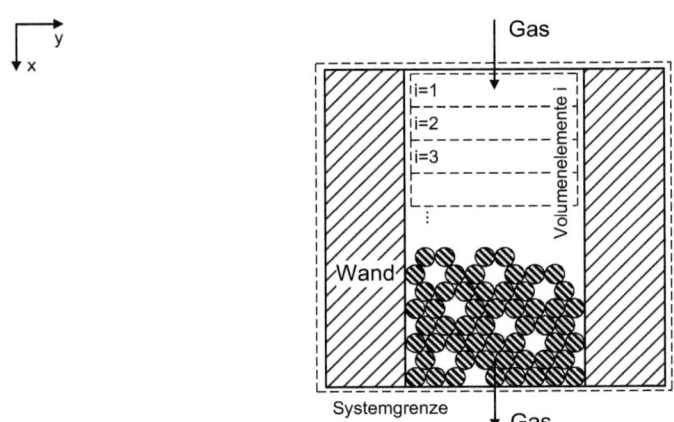

Abb. 10.8 Festbettreaktor mit katalytischer Feststoffschüttung

Zudem ist auch bei heterogenen Modellen – je nach Anwendungsfall – die Energiebilanz der Katalysatorpartikel in die Modellierung einzubinden.

Entsprechend der Berücksichtigung unterschiedlicher physikalischer Phänomene können das pseudo-homogene und das heterogene Modell weiter differenziert werden. So wird in Abhängigkeit der berücksichtigten Ortsachsen zwischen ein- und mehrdimensionalen Modellen unterschieden. Zudem gibt es Modelle, deren Modellgleichungen eine Vermischung der Stoffe in Strömungsrichtung (Dispersion) beinhalten und solche, die eine Vermischung in Strömungsrichtung nicht berücksichtigen (Pfropfenströmung).

Ein Festbettreaktor mit katalytischer Feststoffschüttung ist in Abb. 10.8 schematisch dargestellt. Die instationäre Bilanzierung des Reaktors wird nachfolgend sowohl für den pseudo-homogenen als auch für den heterogenen Fall vorgestellt. Dabei wird exemplarisch eine eindimensionale Modellierung behandelt und Vermischungsvorgänge in Strömungsrichtung vernachlässigt. Die Konzentration der Komponenten, die Temperaturen des Gases und der Katalysatorschüttung sowie die Strömungsgeschwindigkeit dienen als Bilanzgrößen der Modellierung.

Massenbilanz pseudo-homogener Modelle Bei der Massenbilanzierung katalytischer Festbettreaktoren werden die Konzentrationen der Komponenten als Bilanzgrößen verwendet. Entsprechend wird die Bilanz komponentenweise formuliert.

Bei pseudo-homogenen Modellierungen werden die Bilanzen der Komponenten ausschließlich für die Hauptgasströmung aufgestellt. Die Gleichungen enthalten neben einem Konvektionsterm zusätzlich einen Quellterm. Der Quellterm charakterisiert die Konzentrationsänderungen, welche durch die katalytischen Reaktionen hervorgerufen werden. Stofftransportvorgänge durch Dispersion, das heißt durch eine Vermischung der Stoffe in

10.1 Modellierungsansätze

Strömungsrichtung, sowie durch Konzentrationsgradienten in radialer Richtung werden – wie oben beschrieben – vernachlässigt:

$$\frac{\partial c_i}{\partial t} + \frac{\partial (c_i w_x)}{\partial x} - \sum_j v_{i,j}\, r_j = 0 \qquad (10.51)$$

c_i Konzentration Komponente i Hauptgasströmung
w_x Strömungsgeschwindigkeit in x-Richtung
$v_{i,j}$ Stöchiometrischer Faktor Komponente i in Reaktion j
r_j Reaktionsrate Reaktion j
t Zeit
x Ortskoordinate in Strömungsrichtung

Massenbilanz heterogener Modelle Bei heterogenen Modellierungen werden die Bilanzen der Komponenten sowohl für die Hauptgasströmung als auch für das Gas in den Katalysatorporen formuliert. Dabei ist die Bilanz einer Komponente in der Hauptgasströmung über einen Austauschterm mit der Bilanz der entsprechenden Komponenten in den Katalysatorporen gekoppelt. Der zugehörige Stoffaustauschkoeffizient hat die Einheit m s^{-1}. Im Allgemeinen wird der Konvektionsterm in den Bilanzen der Hauptgasströmung berücksichtigt und der Quellterm der Reaktion in den Bilanzen der Katalysatorporen.

Die Komponentenbilanz für die Hauptgasströmung ergibt sich wie folgt:

$$\frac{\partial c_i^h}{\partial t} + \frac{\partial \left(c_i^h w_x\right)}{\partial x} + k_{G,i}\, a_v \left(c_i^h - c_i^p\right) = 0 \qquad (10.52)$$

Die Komponentenbilanz für die Konzentrationen in den Katalysatorporen lautet entsprechend:

$$\frac{\partial c_i^p}{\partial t} - k_{G,i}\, a_v \left(c_i^h - c_i^p\right) - \sum_j v_{i,j}\, r_j = 0 \qquad (10.53)$$

c_i^h Konzentration Komponente i Hauptgasströmung
w_x Strömungsgeschwindigkeit in x-Richtung
$k_{G,i}$ Stoffaustauschkoeffizient Komponente i
a_v Katalysatoroberfläche pro Volumenelement
c_i^p Konzentration Komponente i in Katalysatorporen
$v_{i,j}$ Stöchiometrischer Faktor Komponente i in Reaktion j
r_j Reaktionsrate Reaktion j
t Zeit
x Ortskoordinate in Strömungsrichtung

Energiebilanz pseudo-homogener Modelle Bei der Bilanzierung der Energieströme von katalytischen Festbettreaktoren wird die zeitliche Änderung der Gastemperatur als Bilanzgröße berücksichtigt.

Pseudo-homogene Modellierungen betrachten ausschließlich die Temperaturänderung der Hauptgasströmung. Neben dem Konvektionsterm und dem Quellterm der Reaktionen wird die Temperaturänderung der Hauptgasströmung durch die Wärmeübertragung zwischen dem Gas und der Umgebung sowie zwischen dem Gas und der Katalysatorschüttung beeinflusst. Beide Wärmeübertragungsprozesse werden als Quellterme in die Differentialgleichung aufgenommen. Die Energiebilanz lautet:

$$\frac{\partial T_G}{\partial t} + \frac{\partial (T_G\, w_x)}{\partial x} - \frac{\sum_j \left(-\Delta H_{R,j}\right) r_j}{\rho_G\, c_{p,G}}$$
$$+ \frac{A_W\, k}{\rho_G\, c_{p,G}\, \Delta V}(T_G - T_U) + \frac{\alpha_{GK}\, A_K}{\rho_G\, c_{p,G}\, \Delta V}(T_G - T_K) = 0 \tag{10.54}$$

Bei der zeitlichen Betrachtung des Reaktorverhaltens ist die Aufheizung und Abkühlung der Katalysatorschüttung aufgrund ihres Energiespeichervermögens von besonderer Bedeutung und die Annahme einer zeitlich konstanten Katalysatortemperatur in der Regel nicht zulässig. Daher wird das Gleichungssystem durch eine zusätzliche Differentialgleichung, welche die Änderung der Katalysatortemperatur mit der Zeit beschreibt, ergänzt. Diese Differentialgleichung enthält lediglich einen Quellterm, der den Wärmeaustausch mit dem Gasstrom kennzeichnet. Die Wärmeübertragung zwischen dem Katalysator und der Reaktorwand (durch Leitung oder Strahlung) ist im Allgemeinen vernachlässigbar:

$$\frac{\partial T_K}{\partial t} - \frac{\alpha_{GK}\, A_K}{\rho_K\, c_{p,K}\, \Delta V}(T_G - T_K) = 0 \tag{10.55}$$

Zu beachten ist, dass die Dichte des Katalysators die Rohdichte (englisch Bulk Density) bezeichnet. Diese bezieht die Masse des Katalysators im Reaktor auf das gesamte Reaktorvolumen inklusive der Porenräume zwischen den Katalysatorpartikeln.

T_G	Temperatur Hauptgasströmung
w_x	Strömungsgeschwindigkeit in x-Richtung
$\Delta H_{R,j}$	Reaktionsenthalpie Reaktion j
r_j	Reaktionsrate Reaktion j
ρ_G	Dichte Hauptgasströmung
$c_{p,G}$	Spezifische Wärmekapazität Hauptgasströmung
A_W	Oberfläche Reaktorwand
k	Wärmedurchgangskoeffizient Reaktorwand
ΔV	Volumen eines Volumenelementes
T_U	Temperatur Umgebung
α_{GK}	Wärmeübergangskoeffizient zwischen Gas und Katalysator
A_K	Oberfläche Katalysator
T_K	Temperatur Katalysator

10.1 Modellierungsansätze

ρ_K Rohdichte Katalysator
$c_{p,K}$ Spezifische Wärmekapazität Katalysator
t Zeit
x Ortskoordinate in Strömungsrichtung

Energiebilanz heterogener Modelle Neben der Energiebilanz des Katalysators ergeben sich bei heterogenen Modellen zwei Energiebilanzen zur Beschreibung der Gastemperatur: eine Bilanz für die Temperatur in der Hauptgasströmung und eine Bilanz für die Temperatur in den Katalysatorporen. In der Bilanz der Hauptgasströmung wird der Konvektionsterm berücksichtigt – nicht jedoch der Quellterm der Reaktion. Die Bilanz lautet:

$$\frac{\partial T_G^h}{\partial t} + \frac{\partial \left(T_G^h w_x\right)}{\partial x}$$
$$+ \frac{h_f a_v}{\rho_G^h c_{p,G}^h}\left(T_G^h - T_G^p\right) + \frac{A_W k}{\rho_G^h c_{p,G}^h \Delta V}\left(T_G^h - T_U\right) + \frac{\alpha_{GK} A_K}{\rho_G^h c_{p,G}^h \Delta V}\left(T_G^h - T_K\right) = 0 \tag{10.56}$$

Der Quellterm der Reaktion ist Bestandteil der Bilanz für das Gas in Katalysatorporen. Der Konvektionsterm sowie die Wärmeübertragung auf den Katalysator bleiben bei dieser zweiten Energiebilanzgleichung unberücksichtigt:

$$\frac{\partial T_G^p}{\partial t} - \frac{h_f a_v}{\rho_G^p c_{p,G}^p}\left(T_G^h - T_G^p\right) - \frac{\sum_j \left(-\Delta H_{R,j}\right) r_j}{\rho_G^p c_{p,G}^p} = 0 \tag{10.57}$$

Die Energiebilanzen des Katalysators ergibt sich analog zu der pseudo-homogener Modelle:

$$\frac{\partial T_K}{\partial t} - \frac{\alpha_{GK} A_K}{\rho_K c_{p,K} \Delta V}\left(T_G^h - T_K\right) = 0 \tag{10.58}$$

T_G^h Temperatur Hauptgasströmung
w_x Strömungsgeschwindigkeit in x-Richtung
h_f Wärmeaustauschkoeffizient
a_v Katalysatoroberfläche pro Volumenelement
ρ_G^h Dichte Hauptgasströmung
$c_{p,G}^h$ Spezifische Wärmekapazität Hauptgasströmung
T_G^p Temperatur Gas in Katalysatorporen
A_W Oberfläche Reaktorwand
k Wärmedurchgangskoeffizient Reaktorwand
ΔV Volumen eines Volumenelementes
T_U Temperatur Umgebung
α_{GK} Wärmeübergangskoeffizient zwischen Gas und Katalysator
A_K Oberfläche Katalysator

T_K Temperatur Katalysator
ρ_G^p Dichte Gas in Katalysatorporen
$c_{p,G}^p$ Spezifische Wärmekapazität Gas in Katalysatorporen
$\Delta H_{R,j}$ Reaktionsenthalpie Reaktion j
r_j Reaktionsrate Reaktion j
ρ_K Dichte Katalysator
$c_{p,K}$ Spezifische Wärmekapazität Katalysator
t Zeit
x Ortskoordinate in Strömungsrichtung

Stoff- und Zustandsänderungen Aufgrund der Reaktionen sowie Wärmeübertragungsprozesse erfolgt in pseudo-homogenen und heterogenen, katalytischen Festbettreaktoren eine Änderung der Zustandsgrößen und Strömungsgeschwindigkeit der Reaktanden. Die Temperatur wird mit Hilfe der Energiebilanzen berechnet und der Druck als konstant vorgegeben oder anhand empirischer Gleichungen (z. B. durch die Ergun-Gleichung) bestimmt. Die Dichte wird wiederum auf Basis der globalen Massenbilanz berechnet und zusammen mit dem Massenstrom des Gases und der Strömungsquerschnittsfläche zur Bestimmung der Strömungsgeschwindigkeit herangezogen:

$$w_x = \frac{1}{\rho_G}\frac{\dot{m}_G}{A} = \frac{1}{\rho_G}\frac{\dot{n}_G\,M_G}{A} \tag{10.59}$$

w_x Strömungsgeschwindigkeit in x-Richtung
ρ_G Dichte strömendes Gas
$\dot{m}_G$ Massenstrom strömendes Gas
A Strömungsquerschnittsfläche
$\dot{n}_G$ Stoffmengenstrom strömendes Gas
M_G Molmasse strömendes Gas

Berechnungsmethodik In Festbettreaktoren kommt es im Zuge der Reaktionen und Wärmeübertragung zu Dichte- und Geschwindigkeitsänderungen. Neben den Komponentenbilanzen sowie den Energiebilanzen sind daher weitere Gleichungen erforderlich, die eine Lösung des Gleichungssystems ermöglichen. Grundsätzlich können dazu drei Lösungsstrategien verfolgt werden:

Entweder kann zusätzlich zu den Komponentenbilanzen auf die globale Massenbilanz des Festbettreaktors, welche die Veränderung der Dichte über die Zeit beschreibt, zurückgegriffen werden (siehe Gl. 10.41). Die Strömungsgeschwindigkeit wird anschließend mit Hilfe der berechneten Dichte, dem Massenstrom und der Strömungsquerschittsfläche bestimmt (siehe Gl. 10.59).

Oder die Geschwindigkeit wird durch eine algebraische Gleichung beschrieben (siehe Gl. 10.44). Die Dichte wird anschließend mit Hilfe einer Zustandsgleichung wie dem idealen Gasgesetz und der Strömungsgeschwindigkeit berechnet.

10.1 Modellierungsansätze

Alternativ kann die Strömungsgeschwindigkeit mit Hilfe der Impulsbilanz bestimmt werden (siehe Gl. 10.45). Auch hier wird auf die globale Massenbilanz als Erhaltungsgleichung verzichtet und die Dichte mit Hilfe einer Zustandsgleichung berechnet.

Die drei Berechnungsmethoden werden ausführlich in Abschn. 10.1.3.3 beschrieben. Die Methoden münden in ein Differentialgleichungssystem, dessen partielle Differentialgleichungen in der Regel zunächst in gewöhnliche Differentialgleichungen transformiert und anschließend mit numerischen Verfahren (z. B. nach Euler) gelöst werden (siehe Abschn. 12.3).

Randbedingungen Da die Berechnung der Variablen beim vorgestellten Festbettreaktormodell ortsaufgelöst durchgeführt wird, müssen dem Löser Randwerte vorgegeben werden. Dazu werden für jede Konzentration einer Gaskomponente i ein Wert R an der Stelle $x = 0$ vom Anwender definiert. Gleiches gilt für die Temperaturen der Hauptgasströmung und des Katalysators sowie für die Gasdichte (oder alternativ für die Strömungsgeschwindigkeit):

$$c_i^h(x = 0) = R_{1,i} \tag{10.60}$$

$$T_G^h(x = 0) = R_2 \tag{10.61}$$

$$T_K(x = 0) = R_3 \tag{10.62}$$

$$\rho_G(x = 0) = R_4 \quad \text{oder} \quad w_x(x = 0) = R_4 \tag{10.63}$$

Für heterogene Modellierungen sind für die Lösung des Differentialgleichungssystems weiterhin die Randwerte der Konzentrationen sowie der Temperatur in den Katalysatorporen erforderlich:

$$c_i^p(x = 0) = R_5 \tag{10.64}$$

$$T_G^p(x = 0) = R_6 \tag{10.65}$$

Startbedingungen Das Festbettreaktormodell dient nicht nur der Betrachtung des ortsabhängigen Verhaltens, sondern auch der Analyse zeitlicher Veränderungen der Bilanzgrößen. Dem Löser des Gleichungssystems müssen daher neben den Randwerten auch Startwerte zum Zeitpunkt $t = 0$ übergeben werden. Dabei wird für jede Bilanzgröße – also für die Gaskonzentrationen und für die Temperatur des Gases und des Katalysators sowie für die Geschwindigkeit beziehungsweise Dichte – und jedes Volumenelement ein Startwert vorgegeben. Je nach Anwendungsfall sind diese Startwerte vom Anwender frei wählbar und beruhen auf Erfahrungen, Messungen oder bereits durchgeführten Simulationsdurchläufen.

10.1.3.5 Sonderfall Wirbelschichtreaktoren

Wirbelschichten sind Reaktoren zur Realisierung von Fluid-Feststoff-Reaktionen. Den Reaktoren wird am unteren Ende ein Fluid zugeführt, welches den Reaktor aufwärtsgerichtet durchströmt. Dabei werden die Feststoffpartikel im Reaktor vom Fluid angehoben und ein gleichmäßig durchmischter Reaktionsraum ausgebildet. Idealerweise geht die

Durchmischung mit (im Vergleich zu Festbettreaktoren) guten Stoff- und Wärmeübergängen einher [5, S. 187]. Wie auch bei anderen Reaktortypen kann der Feststoff an der Reaktion teilnehmen oder (inert) als Katalysator beziehungsweise Wärmeträger eingesetzt werden. Beispiele für Wirbelschichtreaktoren mit reagierenden Feststoffen sind Verbrennungs- sowie Vergasungswirbelschichten. Ein Anwendungsbeispiel für Wirbelschichten mit katalytischen Feststoffpartikeln sind Crackreaktoren [5, S. 187]. In der Praxis kommen Wirbelschichten mit unterschiedlichen Feststoffen unterschiedlicher Funktion zur Anwendung. In Wirbelschichtvergasern werden zum Beispiel einerseits reagierende Brennstoffpartikel und andererseits als Katalysator und Wärmeträger fungierende inerte Feststoffe (z. B. Siliziumoxid) eingesetzt.

Aufgrund der komplexen Strömungsverhältnisse ist die Modellierung von Wirbelschichtreaktoren aufwändig und basiert im Allgemeinen auf einer Fülle von Vereinfachungen. Wird die Ortsauflösung der Reaktoren vernachlässigt, können Wirbelschichten zum Beispiel näherungsweise mit Hilfe ideal durchmischter Rührkesselmodelle abgebildet werden. Detailliertere Modelle bilden das Wirbelbett ortsaufgelöst mit Hilfe von zwei oder drei Modellphasen ab. Übersichten unterschiedlicher Modellierungsansätze von Wirbelschichten wurden von unterschiedlichen Autoren publiziert (z. B. [40], [78]). Grundsätzlich wird zwischen Zwei- und Dreiphasenmodellen unterschieden:

Zweiphasenmodelle Bei Zweiphasenmodellen wird die Wirbelschicht mit einer Dichtephase und einer Blasenphase modelliert. In der Dichtephase überwiegt der Feststoffanteil gegenüber dem Gasanteil. In der Gasphase überwiegt hingegen der Gasanteil. Zwischen beiden Phasen finden Stoffaustausch- sowie Wärmeübertragungsprozesse statt. Da diese Prozesse von einer Vielzahl empirischer und schwer zugänglicher Parameter abhängen, wurde das klassische Zweiphasenmodell (Modell nach Toomey und Johnstone [70]) unter anderem durch die Annahme vereinfacht, dass die Blasenphase theoretisch feststofffrei ist. Im Laufe der Zeit wurden die Zweiphasenmodelle von unterschiedlichen Wissenschaftlern aufgegriffen und adaptiert.

Dreiphasenmodelle Bei Dreiphasenmodellen wird zur Modellierung neben der Blasenphase und der Dichtephase noch eine dritte Phase, die sogenannte Wolkenphase, hinzugezogen. Diese umgibt die Blasenphase und besitzt eigene Stoffübergangskoeffizienten. Es ergibt sich der Vorteil, dass der Stoffaustausch zwischen der Blasenphase und der Dichtephase wesentlich differenzierter betrachtet werden kann. Als nachteilig erweist sich der erhöhte Rechenaufwand und die Bestimmung der zusätzlichen Parameter (z. B. die Stoffaustauschkoeffizienten der Wolkenphase).

Aufgrund der Zugänglichkeit der Parameter soll im Folgenden exemplarisch die Modellierung eines isothermen Zweiphasenmodells zur katalytischen Umsetzung von Gasphasenreaktionen vorgestellt werden. Eine schematische Darstellung des Modells zeigt Abb. 10.9. Das Modell unterliegt den nachfolgend aufgelisteten Annahmen [40, S. 58]:

10.1 Modellierungsansätze

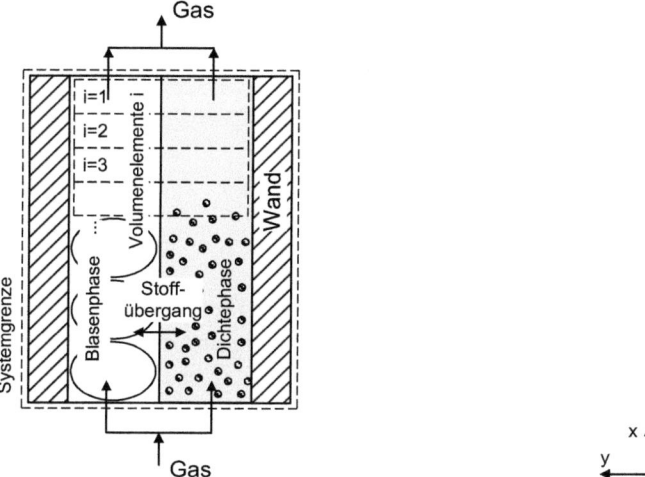

Abb. 10.9 Wirbelschichtreaktor mit Blasen- und Dichtephase

- Der Feststoffanteil in der Blasenphase ist gleich null.
- Die Strömung der Blasenphase ist eine Pfropfenströmung (keine Dipersion in axialer Richtung).
- Die Strömung der Dichtephase ist eine Pfropfenströmung (keine Dipersion in axialer Richtung).
- Der diffusive Stoffübergang zwischen beiden Phasen ist gleich null.
- Die Dichtephase befindet sich im Fluidisierungspunkt ($w_x^d = w_x^{mf}$).
- Der Volumenstrom durch den Reaktor ist konstant.
- Der Reaktor arbeitet isotherm.

Massenbilanz Die Massenbilanzen werden bei Wirbelschichtreaktoren für die Blasen- und die Dichtephase gesondert formuliert. Die Konzentrationen der Stoffe in den Phasen dienen als Bilanzgrößen und werden durch einzelne Differentialgleichungen in beiden Modellphasen berücksichtigt. Charakteristisch für die beiden Bilanzen sind die Volumenanteile der Blasen- und Dichtephase, die das Verhältnis des Volumens der jeweiligen Phase zum gesamten Reaktorvolumen beschreiben. Zu beachten ist, dass sich das Volumen der Dichtephase aus dem Volumen der Katalysatorpartikel und dem Volumen des Gases in der Dichtephase zusammensetzt. Das Volumen der Blasenphase beinhaltet ausschließlich das Volumen des Gases der Blasenphase [40, S.174].

Für die Konzentrationen in der Dichtephase setzen sich die Komponentenbilanzen aus dem Speicherterm, dem Konvektionsterm, dem Stoffaustauschterm sowie einem Quellterm zusammen:

$$\frac{\partial c_i^d}{\partial t} + \frac{\partial \left(c_i^d w_x^{mf}\right)}{\partial x} + \frac{1}{(1-\epsilon^b)\epsilon^d} k_{G,i}\, a\, (c_i^d - c_i^b)$$

$$- \frac{1-\epsilon^d}{\epsilon^d} \sum_j v_{i,j}\, r_j = 0 \tag{10.66}$$

Für die Blasenphase ergeben sich die Komponentenbilanzen in ähnlicher Weise. Im Unterschied zur Dichtephase entfällt bei der Bilanzierung der Blasenphase allerdings der Quellterm. Dies geht auf die eingangs formulierte Annahme zurück, dass die Blasenphase feststofffrei ist – Reaktionen an Feststoffkatalysatoren also nicht ablaufen können:

$$\frac{\partial c_i^b}{\partial t} + \frac{\partial \left(c_i^d w_x^b\right)}{\partial x} + \frac{1}{\epsilon^b} k_{G,i}\, a\, (c_i^b - c_i^d) = 0 \tag{10.67}$$

c_i^d Konzentration Komponente i Dichtephase
w_x^{mf} Strömungsgeschwindigkeit Dichtephase (Fluidisierungspunkt)
ϵ^b Volumenanteil Blasenphase
ϵ^d Volumenanteil Dichtephase (Fluidisierungspunkt)
$k_{G,i}$ Stoffaustauschkoeffizient Komponente i
a Volumenbezogene Stoffübergangsfläche
c_i^b Konzentration Komponente i Blasenphase
$v_{i,j}$ Stöchiometrischer Faktor Komponente i in Reaktion j
r_j Reaktionsrate Reaktion j
w_x^b Strömungsgeschwindigkeit Blasenphase
x Ortskoordinate in Strömungsrichtung
t Zeit

Energiebilanz Gemäß der eingangs formulierten Annahme arbeitet der hier modellierte Wirbelschichtreaktor isotherm. Das Lösen von Energiebilanzen ist damit hinfällig.

Für die Modellierung nicht-isothermer Wibelschichten kann auf die Energiebilanzen für heterogene Festbettreaktormodelle aus Abschn. 10.1.3.4 zurückgegriffen werden. Bei der Adaption dieser Energiebilanzen ist zu beachten, dass analog zu den Bilanzen für das Gas der Hauptgasströmung und das Gas in den Katalysatorporen des Festbettreaktors zwei Energiebilanzen für die Blasenphase und für die Dichtephase der Wirbelschicht berücksichtigt werden müssen. Beide Energiebilanzen sind durch einen Austauschterm miteinander gekoppelt. Da die Reaktion an der Oberfläche der Katalysatorpartikel stattfindet, ist der Reaktionsquellterm in der Energiebilanz der Dichtephase zu berücksichtigen.

Stoff- und Zustandsänderungen In der Regel werden der Druck und – bei isothermen Betriebsweisen – die Temperatur als Zustandsgröße vorgegeben. Darauf basierend kann

10.1 Modellierungsansätze

die Dichte im Reaktor mit Hilfe von Zustandsgleichungen wie dem idealen Gasgesetz berechnet werden:

$$\rho_m = \frac{p\, M_m}{R\, T} \qquad (10.68)$$

ρ_m Mittlere Dichte im Wirbelschichtreaktor
p Druck im Wirbelschichtreaktor
M_m Mittlere Molmasse im Wirbelschichtreaktor
R Ideale Gaskonstante
T Temperatur im Wirbelschichtreaktor

Berechnungsmethodik Als Gleichungssystem liegt ein Differentialgleichungssystem vor, welches die Komponentenbilanzen der beiden Modellphasen als partielle Differentialgleichungen enthält. Nach einer Transformation der Komponentenbilanzen in gewöhnliche Differentialgleichungen (siehe Abschn. 12.3) kann das System numerischen gelöst werden (z. B. nach Euler oder Runge-Kutta; siehe Abschn. 12.5).

Randbedingungen Entsprechend den Bilanzgleichungen müssen zur Lösung des Gleichungssystems Randwerte R für die Konzentrationen der Komponenten sowohl in der Dichtephase als auch in der Gasphase an der Stelle $x = 0$ vorgegeben werden:

$$c_i^d(x = 0) = R_{1,i} \qquad (10.69)$$

$$c_i^b(x = 0) = R_{2,i} \qquad (10.70)$$

Startbedingungen Weiterhin sind zur numerischen Lösung des Gleichungssystem Startwerte zum Zeitpunkt $t = 0$ notwendig. Diese werden für die Konzentrationen der Komponenten in den beiden Modellphasen definiert.

10.1.3.6 Sonderfall Verbrennungs- und Vergasungsreaktoren

In Verbrennungs- und Vergasungsreaktoren werden Brennstoffe unter Anwesenheit chemischer Hilfsmittel (z. B. Verbrennungsluft, Vergasungsmittel) bei Temperaturen zwischen 800 und 1800 °C in Gasgemische überführt. Während in Verbrennungsreaktoren ein nicht brennbares Gas mit den Hauptkomponenten Kohlenstoffdioxid, Wasserdampf und Stickstoff erzeugt wird, enthält das in Vergasungsreaktoren erzeugte Gas neben den nicht brennbaren Bestandteilen heizwertreiche Gaskomponenten wie Kohlenstoffmonoxid, Wasserstoff und Methan.

Mit Blick auf die Lastflexibilität ist aufgrund der vergleichsweise langsamen Reaktionsabläufe die Analyse von Reaktoren zur Umsetzung fester Brennstoffe von besonderer Bedeutung. Der detaillierte Mechanismus der Verbrennung oder Vergasung von Festbrennstoffen ist nicht zuletzt aufgrund unterschiedlichster Zusammensetzungen der Brennstoffe und Produkte sowie den mehrphasigen Reaktionen (z. B. zwischen Feststoffen, Aschen/Schlacken und Gasen) äußerst vielschichtig. In der Vergangenheit hat sich jedoch folgende grundlegende Strukturierung des Mechanismus etabliert [64, S. 300]:

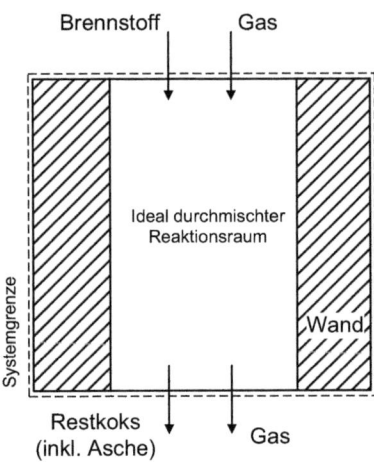

Abb. 10.10 Vergasungsreaktor

- Trocknung des Brennstoffs,
- Pyrolyse des Brennstoffs,
- Heterogene Reaktionen zwischen Koks und Gasen,
- Homogene Reaktionen zwischen Gasen.

Insbesondere für die Pyrolyse sind derzeit noch keine allgemeingültigen und gleichzeitig präzisen Reaktionsmechanismen verfügbar. Der inhomogene Aufbau relevanter Brennstoffe wie Kohlen und Biomassen sowie komplexe Produktspektren der Pyrolyse stehen der Formulierung globaler Mechanismen entgegen.

Im Folgenden soll daher lediglich der grundsätzliche Aufbau von Verbrennungs- beziehungsweise Vergasungsmodellen am Beispiel eines kontinuierlich betriebenen Rührkessels zur Vergasung kohlenstoffhaltiger Festbrennstoffe dargestellt werden. Das Ziel dieses reduzierten Modellansatzes liegt nicht auf einer detaillierten Betrachtung der Vorgänge im Reaktor, wie bei CFD-Simulationen üblich, sondern auf der Abbildung des dynamischen Verhaltens der Anlagenkomponente zur Analyse der Lasflexibilität. Das Schema des betrachteten Reaktors ist in Abb. 10.10 dargestellt. Als Bilanzgrößen dienen die Masse der Flüchtigen, des Wassers und des festen Kohlenstoffs im Brennstoff sowie die Stoffmengen der Gaskomponenten im Reaktor, die Gastemperatur und die Brennstofftemperatur.

Massenbilanz Aufgrund der vielfältigen Stoffumwandlungsprozesse der Verbrennung und Vergasung müssen bei der Massenbilanzierung unterschiedliche Komponenten, das heißt Eingangsstoffe (z. B. Brennstoff und chemische Hilfsmittel), Zwischenprodukte (z. B. Pyrolysekoks) sowie Endprodukte (z. B. Gase), berücksichtigt werden. Entsprechend des Aufbaus der Modellierung ergeben sich dazu verschiedene Möglichkeiten. Mit den folgenden Bilanzgleichungen wird exemplarisch eine Modellierungsmöglichkeit vorgestellt.

10.1 Modellierungsansätze

Als Ausgangspunkt der Pyrolyse wird im vorliegenden Modellierungsbeispiel die Masse m_F der flüchtigen Brennstoffbestandteile im Reaktor bilanziert. Diese nimmt mit dem neu zugeführten Brennstoffstrom zu und wird bei der Pyrolyse aus dem Brennstoff ausgetrieben. Die zeitliche Änderung der flüchtigen Brennstoffbestandteile im Reaktor ist entsprechend durch die Massenströme aus und in den Reaktor sowie die Reaktionsrate der Pyrolyse definiert:

$$\frac{\partial m_F}{\partial t} - \dot{m}_{F,\text{ein}} + \dot{m}_{F,\text{aus}} - r_P = 0 \tag{10.71}$$

Die Reaktionsrate r_P der Pyrolyse besitzt die Einheit kg s^{-1} und wird mit Hilfe der Heaviside-Funktion H_P, der Masse der Flüchtigen im Brennstoff sowie einer empirischen Pyrolysezeitkonstanten (Werte i. Allg. zwischen 0,1 und 100 s) berechnet [23]. Die Heaviside-Funktion wird in Abhängigkeit der Brennstofftemperatur definiert. Das heißt, ab einer vom Anwender vorgegebenen Temperatur nimmt die Heaviside-Funktion den Wert eins an. Liegt die Brennstofftemperatur unter der vorgegebenen Temperatur, besitzt die Heaviside-Funktion den Wert null:

$$r_P = H_P \frac{m_F}{\tau_P} \tag{10.72}$$

Zusätzlich wird die Masse m_{BW} des Brennstoffwassers im Reaktor bilanziert. Diese nimmt mit dem eingebrachten Brennstoff zu und verringert sich im Verlauf der Brennstofftrocknung:

$$\frac{\partial m_{BW}}{\partial t} - \dot{m}_{BW,\text{ein}} + \dot{m}_{BW,\text{aus}} - r_T = 0 \tag{10.73}$$

Die Geschwindigkeit der Brennstofftrocknung wird durch die Geschwindigkeitsrate r_T in kg s^{-1} beschrieben. Berechnet wird die Geschwindigkeitsrate analog zur Pyrolyse mit Hilfe der Heaviside-Funktion. Zusätzlich fließen die Masse des Wassers im Brennstoff und die Trocknungszeitkonstante in die Berechnung der Geschwindigkeitsrate ein:

$$r_T = H_T \frac{m_{BW}}{\tau_T} \tag{10.74}$$

Neben den flüchtigen Bestandteilen und dem Brennstoffwasser wird weiterhin die Masse m_C des festen Kohlenstoffs (englisch Fixed Carbon) im Brennstoff des Reaktors bilanziert. Im vorliegenden Modellbeispiel wird diese – zusätzlich zum konvektiven Massetransport am Ein- und Ausgang des Reaktors – durch heterogene Reaktionen mit den Gasbestandteilen im Reaktor verringert:

$$\frac{\partial m_C}{\partial t} - \dot{m}_{C,\text{ein}} + \dot{m}_{C,\text{aus}} + \sum_j \nu_{K,j}\, r_{K,j}\, M_C = 0 \tag{10.75}$$

Mit Blick auf die heterogenen Reaktionen zwischen den Gaskomponenten und dem Kohlenstoff ist zu beachten, dass bei den üblicherweise vorherrschenden Reaktionsbedingungen die Reaktion nicht durch die Geschwindigkeit der chemischen Reaktion, sondern durch den diffusiven Stofftransport der reagierenden Gasbestandteile in die Poren der Kohlenstoffpartikel limitiert ist (siehe Abb. 6.1 in Abschn. 6.2). Die Reaktionsrate $r_{K,j}$ stellt sich daher im Allgemeinen als Mischterm der Diffusions- und Reaktionsgeschwindigkeit dar (siehe z. B. [20, S. 271]).

Als Produkte der Pyrolyse werden die gasförmigen Komponenten im Reaktor bilanziert. Dazu wird die Stoffmenge n einer jeden Komponente i im Reaktor separat betrachtet. Zusätzlich zu den in den Reaktor ein- und ausströmenden Stoffmengenströmen verändert sich die Stoffmenge der Gase durch heterogene Reaktionen mit dem Kohlenstoff, durch homogene Gasphasenreaktionen, durch die Pyrolyse und (in Bezug auf die Komponente Wasser) durch die Trocknung des Brennstoffs:

$$\frac{\partial n_i}{\partial t} - \dot{n}_{i,\text{ein}} + \dot{n}_{i,\text{aus}} + \sum_q v_{i,q}\, r_{G,q}\, V + \sum_j v_{i,j}\, r_{K,j} + r_{P,i} + r_{T,i} = 0 \qquad (10.76)$$

Zu beachten sind die Einheiten der Reaktionsraten in Gl. 10.76. Die Reaktionsrate der Gasphasenreaktionen $r_{G,q}$ besitzt die Einheit $\text{mol}\,\text{m}^{-3}\,\text{s}^{-1}$ – die Reaktionsraten der Koksreaktionen $r_{K,j}$, der Pyrolyse $r_{P,i}$ und der Trocknung $r_{T,i}$ hingegen die Einheit $\text{mol}\,\text{s}^{-1}$. Da die Reaktionsraten der Pyrolyse und Trocknung jedoch in $\text{kg}\,\text{s}^{-1}$ aus ihren Berechnungsgleichungen (Gl. 10.72 und 10.74) hervorgehen, müssen diese vor der Anwendung in Gl. 10.76 in $\text{mol}\,\text{s}^{-1}$ umgerechnet werden. Die Reaktionsrate der Pyrolyse und die Geschwindigkeitsrate der Trocknung werden dazu für jeden Stoff i gesondert umgerechnet.

Die Geschwindigkeitsrate der Trocknung für Komponente i in $\text{mol}\,\text{s}^{-1}$ berechnet sich aus der allgemeinen Geschwindigkeitsrate der Trocknung in $\text{kg}\,\text{s}^{-1}$, der Molmasse der Komponente sowie dem stöchiometrischen Faktor ξ der Komponente:

$$r_{T,i} = \xi_i \frac{r_T}{M_i} \qquad (10.77)$$

Die Reaktionsrate der Pyrolyse für Komponente i ergibt sich analog, jedoch mit dem stoffspezifischen Faktor η. Dieser kann aus der Brennstoffzusammensetzung berechnet werden (siehe [62]).

$$r_{P,i} = \eta_i \frac{r_P}{M_i} \qquad (10.78)$$

m_F	Masse Flüchtige im Brennstoff
$\dot{m}_{F,\text{ein}}$	Massenstrom Flüchtige Reaktoreingang
$\dot{m}_{F,\text{aus}}$	Massenstrom Flüchtige Reaktorausgang
r_P	Reaktionsrate Pyrolyse
H_P	Heaviside-Funktion Pyrolyse
τ_P	Pyrolysezeitkonstante
m_{BW}	Masse Wasser im Brennstoff
$\dot{m}_{BW,\text{ein}}$	Massenstrom Wasser Reaktoreingang
$\dot{m}_{BW,\text{aus}}$	Massenstrom Wasser Reaktorausgang

10.1 Modellierungsansätze

r_T Geschwindigkeitsrate Trocknung
H_T Heaviside-Funktion Trocknung
τ_T Trocknungszeitkonstante
m_C Masse fester Kohlenstoff im Brennstoff
$\dot{m}_{C,\text{ein}}$ Massenstrom fester Kohlenstoff Reaktoreingang
$\dot{m}_{C,\text{aus}}$ Massenstrom fester Kohlenstoff Reaktorausgang
$\nu_{K,j}$ Stöchiometrischer Koeffizient Kohlenstoff in Reaktion j
$r_{K,j}$ Reaktionsrate Koksreaktion j
M_C Molmasse Kohlenstoff
n_i Stoffmenge Komponente i im Reaktor
$\dot{n}_{i,\text{ein}}$ Stoffmengenstrom Komponente i Reaktoreingang
$\dot{n}_{i,\text{aus}}$ Stoffmengenstrom Komponente i Reaktorausgang
$\nu_{i,q}$ Stöchiometrischer Faktor Komponente i in Reaktion q
$r_{G,q}$ Reaktionsrate Gasphasenreaktion q
V Volumen der Stoffe im Reaktor
$\nu_{i,j}$ Stöchiometrischer Faktor Komponente i in Reaktion j
$r_{P,i}$ Reaktionsrate Komponente i Pyrolyse
$r_{T,i}$ Geschwindigkeitsrate Komponente i Trocknung
ξ_i Stöchiometrischer Faktor Komponente i
M_i Molmasse Komponente i
η_i Stoffspezifischer Faktor Komponente i
t Zeit

Energiebilanz Die energetische Bilanzierung des hier dargestellten Reaktormodells ergibt sich aus zwei Energiebilanzen – der Energiebilanz des gasförmigen Reaktorinhalts und der Energiebilanz des zugeführten Brennstoffs. Die Energiebilanz der Gase im Reaktor kann mit folgender Gleichung beschrieben werden:

$$\frac{\partial T_G}{\partial t} - \frac{\dot{V}_{G,\text{ein}}\, c_{p,\text{ein}}\, T_{G,\text{ein}}}{V\, c_{p,G}} + \frac{\dot{V}_{G,\text{aus}}\, c_{p,G}\, T_G}{V\, c_{p,G}}$$

$$+ \frac{A_W\, k}{\rho_G\, c_{p,G}\, V}(T_G - T_U) - \frac{\sum_q (-\Delta H_{R,q})\, r_{G,q}\, V}{\rho_G\, c_{p,G}} \qquad (10.79)$$

$$- \frac{\sum_j (-\Delta H_{R,j})\, r_{K,j}}{\rho_G\, c_{p,G}} - \frac{(-\Delta H_{R,P})\, r_P}{M_B\, \rho_G\, c_{p,G}} - \frac{(-\Delta h_{v,H_2O})\, r_T}{M_{H_2O}\, \rho_G\, c_{p,G}} = 0$$

Die Energiebilanz des Brennstoffs lautet:

$$\frac{\partial T_B}{\partial t} + \frac{\alpha_{GB}\, A_B\, (T_B - T_G)}{\rho_B\, c_{p,B}\, V_B} = 0 \qquad (10.80)$$

Der Wärmeübergangskoeffizient der Energiebilanz wird in der Regel als Funktion der Wärmeleitfähigkeit des Gases, der Nußelt-Zahl sowie der charakteristischen Länge der Biomasse (i. Allg. der Partikeldurchmesser) berechnet.

T_G	Temperatur Gas im Reaktor
$\dot{V}_{G,\text{ein}}$	Volumenstrom Gas Reaktorzulauf
$c_{p,\text{ein}}$	Spezifische Wärmekapazität Gas Reaktorzulauf
V	Volumen Gas im Reaktor
$c_{p,G}$	Spezifische Wärmekapazität Gas
$\dot{V}_{G,\text{aus}}$	Volumenstrom Gas Reaktorauslauf
A_W	Oberfläche Reaktorwand
k	Wärmedurchgangskoeffizient Reaktorwand
ρ_G	Dichte Gas
T_U	Temperatur Umgebung
$\Delta H_{R,q}$	Reaktionsenthalpie Reaktion q
$r_{G,q}$	Reaktionsrate Gasphasenreaktion j
$\Delta H_{R,j}$	Reaktionsenthalpie Reaktion j
$r_{K,j}$	Reaktionsrate Koksreaktion j
$\Delta H_{R,P}$	Reaktionsenthalpie Pyrolyse
r_P	Reaktionsrate Pyrolyse
M_B	Molmasse Brennstoff
$\Delta h_{v,H_2O}$	Verdampfungsenthalpie Wasser
r_T	Geschwindigkeitsrate Trocknung
M_{H_2O}	Molmasse Wasser
T_B	Temperatur Brennstoff
α_{GB}	Wärmeübergangskoeffizient zwischen Gas und Brennstoff
A_B	Oberfläche Brennstoff
ρ_B	Dichte Brennstoff im Reaktor
$c_{p,B}$	Wärmekapazität Brennstoff im Reaktor
V_B	Volumen Brennstoff im Reaktor
t	Zeit

Stoff- und Zustandsänderungen Im Zuge der exothermen Verbrennungsreaktionen führt das Fortschreiten der Reaktionen in Verbrennungsreaktoren grundsätzlich zu einer Erwärmung. In Vergasungsreaktoren laufen neben den exothermen Verbrennungsreaktionen auch endotherme Vergasungsreaktionen ab. Entsprechend den Prozessbedingungen kann es demnach in Vergasungsreaktoren nicht nur zu einer Erwärmung, sondern auch zu einer Abkühlung des Reaktors kommen. Die Temperaturen der Medien im Reaktor (bzw. des Reaktors selbst) werden mit Hilfe der Energiebilanzen bestimmt. Weitere Zustandsgrößen (z. B. die Gasdichte) ergeben sich aus Zustandsgleichungen wie dem idealen Gasgesetz. Im Allgemeinen wird in diesem Zusammenhang vorausgesetzt, dass der Druck im Reaktor konstant ist oder einer vom Anwender formulierten Druckfunktion folgt.

Berechnungsmethodik Das vorgestellte Reaktormodell umfasst ein System aus gewöhnlichen Differentialgleichungen, welches die Massenbilanz der Flüchtigen, des Brennstoffwassers, des festen Kohlenstoffs sowie der i Gaskomponenten enthält. Zusätzlich wird das System durch die Energiebilanz des Gases und des Brennstoffs erweitert. Dieses Gleichungssystem kann – wie auch die bereits vorgestellten Systeme anderer Prozesskomponenten – numerisch mit verfügbaren Lösern und Verfahren (z. B. nach Euler oder Runge-Kutta; siehe Abschn. 12.5) gelöst werden. Da im hier verwendeten Rührkesselreaktor keine Ortsauflösung vorgenommen wird, ist die Vorgabe von Startwerten, nicht aber von Randwerten erforderlich.

Randbedingungen Der Reaktor wird exemplarisch als Rührkessel ohne Ortsauflösung modelliert. Die Formulierung von Randwerten ist entsprechend nicht notwendig.

Startbedingungen Dem Löser muss für jede unabhängige Variable des Gleichungssystem ein Startwert übergeben werden. Diese Werte kennzeichnen den Reaktorinhalt zum Zeitpunkt $t = 0$. Üblicherweise werden dazu Werte aus Messungen oder Werte des eingeschwungenen Zustandes vorheriger Simulationsdurchläufe verwendet. Eine weitere Möglichkeit ist es, den Reaktorinhalt zum Zeitpunkt $t = 0$ – wie bei inertisierten Reaktoren üblich – als reine Stickstoffatmosphäre ohne Brennstoff zu beschreiben.

10.2 Ausgewählte Rechenbeispiele

Zur Verdeutlichung der beschriebenen Modellierungsansätze werden nachfolgend ausgewählte Programmbeispiele in C++-Code vorgestellt. Um eine übersichtliche Darstellung des Rechencodes zu ermöglichen, unterliegen die Beispiele unterschiedlichen Vereinfachungen wie die Vernachlässigung der Temperaturabhängigkeit der Wärmekapazitäten oder des Druckverlustes in den Komponenten.

10.2.1 Rechenbeispiel: Wärmeübertrager

Problemstellung Zur Vorwärmung eines Wassermassenstroms wird dieser durch einen Gleichstrom-Wärmeübertrager geleitet, bei dem ein zweiter Wassermassenstrom als Wärmeträger eingesetzt wird. Der Wärmeübertrager ist aus zwei konzentrisch angeordneten Rohren konstruiert. Das zu erwärmende Wasser durchströmt das innere Rohr mit einer Strömungsgeschwindigkeit von $0{,}05\,\mathrm{m\,s^{-1}}$ und besitzt eine Eintrittstemperatur von 313 K. Das äußere Rohr wird vom heißen Wasser mit einer Geschwindigkeit von ebenfalls $0{,}05\,\mathrm{m\,s^{-1}}$ sowie einer Eintrittstemperatur von 353 K durchströmt. Der Wärmeübertrager besitzt eine Länge von 1 m, das innere Rohr hat einen Durchmesser von 0,1 m, das äußere Rohr einen Durchmesser von 0,2 m und die Wärmeübertragungsfläche einen Wärmedurchgangskoeffizienten von $500\,\mathrm{W\,m^{-2}\,K^{-1}}$. Um die Geometrie des Wärmeübertragers zu optimieren ist eine Berechnung der zeit- und ortsabhängigen Temperaturprofile im Wärmeübertrager erforderlich.

Rechencode Der Programmcode zur Berechnung des Wärmeübertragers ist in der nachfolgenden Funktion *DGL_Waermeuebertrager* dargestellt.

```
function res = DGL_Waermeuebertrager(t,dv_dt,v,par)
%
%%%%%%%%%%%%%%%%%%%%%%%%%%%%%%%%%%%%%%
%%%%%%%%%%%%%%%%%%%%%%%%%%%%%%%%%%%%%%
% Variablen in dieser Function definieren:
%
% Variablen:
T1 = v(1:par.i); % Temperatur 1
T2 = v(par.i+1:2*par.i); % Temperatur 2
%
% Zeitableitungen der Variablen:
dT1_dt = dv_dt(1:par.i); % Temperatur 1
dT2_dt = dv_dt(par.i+1:2*par.i); % Temperatur 2
%
%%%%%%%%%%%%%%%%%%%%%%%%%%%%%%%%%%%%%%
%%%%%%%%%%%%%%%%%%%%%%%%%%%%%%%%%%%%%%
% Randwerte und Startwerte in dieser Function vorgeben:
%
% Randwerte:
T1_Rand = T1(1); % Temperatur 1
T2_Rand = T2(1); % Temperatur 2
%
% Startwerte im Rohrinneren (ohne Randbereich):
T1_innen = T1(2:par.i); % Temperatur 1
T2_innen = T2(2:par.i); % Temperatur 2
%
% Startwerte Zeitableitungen im Rohrinneren (ohne Randbereich):
dT1_dt_innen = dT1_dt(2:par.i); % Temperatur 1
dT2_dt_innen = dT2_dt(2:par.i); % Temperatur 2
%
%%%%%%%%%%%%%%%%%%%%%%%%%%%%%%%%%%%%%%
%%%%%%%%%%%%%%%%%%%%%%%%%%%%%%%%%%%%%%
% Nebenrechnungen:
%
% Länge Volumenelement in m:
dx = par.L/par.i;
%
% Kreisumfang inneres Rohr in m:
U1 = par.d1*3.14;
%
% Mantelfläche inneres Rohr in m^2:
AW1 = par.L*U1;
%
```

```
% Strömungsquerschnitte in m^2:
A1 = (3.14*par.d1^2)/4; % Inneres Rohr
A2 = (3.14*par.d2^2)/4 - A1; % Äußeres Rohr
%
%%%%%%%%%%%%%%%%%%%%%%%%%%%%%%%%%%%%%
%%%%%%%%%%%%%%%%%%%%%%%%%%%%%%%%%%%%%
% Approximation der Ortsableitungen
% (Ortsdiskretisierung):
%
d_dx = -diag(ones(par.i-3,1),-3)...
+ 6*diag(ones(par.i-2,1),-2)...
- 18*diag(ones(par.i-1,1),-1)...
+ 10*diag(ones(par.i,1),0)...
+ 3*diag(ones(par.i-1,1),1);
%
d_dx(1:3,1:5) = ...
[-25 48 -36 16 -3; -3 -10 18 -6 1; 1 -8 0 8 -1];
d_dx(par.i,par.i-4:par.i) = [3 -16 36 -48 25];
rdz = 12*(par.L - 0)/(par.i-1);
par.d_dx = sparse(d_dx./rdz);
%
dT1_dx = par.d_dx*T1;
dT2_dx = par.d_dx*T2;
%
%%%%%%%%%%%%%%%%%%%%%%%%%%%%%%%%%%%%%
%%%%%%%%%%%%%%%%%%%%%%%%%%%%%%%%%%%%%
% Differential- und Randwertgleichungen:
%
% Energiebilanzen der Fluide:
resT1_innen = (dT1_dt_innen) + (par.w1.*dT1_dx(2:par.i))...
+ (T1_innen - T2_innen)...
.*(((AW1./par.i)*par.k)./(par.rhoH2O*par.cpH2O*dx*A1));
%
resT2_innen = (dT2_dt_innen) + (par.w2.*dT2_dx(2:par.i))...
- (T1_innen - T2_innen)...
.*(((AW1./par.i)*par.k)./(par.rhoH2O*par.cpH2O*dx*A2));
%
% Randwertgleichungen:
resT1_Randwerte = T1_Rand - par.T1Rand;
%
resT2_Randwerte = T2_Rand - par.T2Rand;
%
%%%%%%%%%%%%%%%%%%%%%%%%%%%%%%%%%%%%%
%%%%%%%%%%%%%%%%%%%%%%%%%%%%%%%%%%%%%
% Definition des Residuumsvektors:
%
res = [resT1_Randwerte;resT1_innen;resT2_Randwerte;resT2_innen];
%
%%%%%%%%%%%%%%%%%%%%%%%%%%%%%%%%%%%%%
```

```
%%%%%%%%%%%%%%%%%%%%%%%%%%%%%%%%%%%%%
%
endfunction
```

Funktionsaufruf Der Aufruf der Funktion *DGL_Waermeuebertrager* erfolgt durch folgende Programmbefehle:

```
%%%%%%%%%%%%%%%%%%%%%%%%%%%%%%%%%%%%%
%%%%%%%%%%%%%%%%%%%%%%%%%%%%%%%%%%%%%
% Stoffdaten:
%
% Spez. Wärmekapazität in J/(mol*K):
par.cpH2O = 75.29; % H2O (flüssig)
%
% Dichte in kg/m^3:
par.rhoH2O = 1000; % H2O (flüssig)
%
% Wärmedurchgangskoeffizient in W/(m^2*K):
par.k = 500;
%
%%%%%%%%%%%%%%%%%%%%%%%%%%%%%%%%%%%%%
%%%%%%%%%%%%%%%%%%%%%%%%%%%%%%%%%%%%%
% Parameter:
%
par.T1Rand = 313; % Randwert Temperatur 1
par.T2Rand = 353; % Randwert Temperatur 2
%
par.T1Start = 313; % Startwerte Temperatur 1
par.T2Start = 353; % Startwerte Temperatur 2
%
par.w1 = 0.05; % Strömungsgeschwindigkeit Fluid 1 in m/s
par.w2 = 0.05; % Strömungsgeschwindigkeit Fluid 2 in m/s
%
par.L = 1; % Länge Wärmeübertrager in m
par.d1 = 0.1; % Durchmesser inneres Rohr in m
par.d2 = 0.2; % Durchmesser äußeres Rohr in m
par.i = 50; % Zahl Volumenelemente
%
%%%%%%%%%%%%%%%%%%%%%%%%%%%%%%%%%%%%%
%%%%%%%%%%%%%%%%%%%%%%%%%%%%%%%%%%%%%
% Solver-Vorgaben:
%
% Vektor mit Startwerten für Temperatur 1:
T1_0(1,1:par.i) = par.T1Start;
% Belegung des äußeren Vektoreintrages mit dem Randwert:
T1_0(1) = par.T1Rand;
%
% Vektor mit Startwerten für Temperatur 2:
T2_0(1,1:par.i) = par.T2Start;
```

```
% Belegung des äußeren Vektoreintrages mit dem Randwert:
T2_0(1) = par.T2Rand;
%
% Zeitvektor mit 101 Elementen (Werte 0 - 100):
t = linspace(0, 100, 101);
%
% Startwerte für Variablenvektor:
v_0 = [T1_0, T2_0];
%
% Startwerte für Zeitableitungen des Variablenvektors:
dv_dt_0 = zeros(1,2*par.i);
%
%%%%%%%%%%%%%%%%%%%%%%%%%%%%%%%%%%%%
%%%%%%%%%%%%%%%%%%%%%%%%%%%%%%%%%%%%
% Solver-Aufruf:
%
[v,dv_dt] =...
daspk(@(v,dv_dt,t) DGL_Waermeuebertrager(t,dv_dt,v,par),...
v_0, dv_dt_0, t);
%
%%%%%%%%%%%%%%%%%%%%%%%%%%%%%%%%%%%%
%%%%%%%%%%%%%%%%%%%%%%%%%%%%%%%%%%%%
% Grafische Darstellung:
%
% Auslesen Temperatur 1 aus v:
T1 = v(:,2:par.i);
% Auslesen Temperatur 2 aus v:
T2 = v(:,par.i+2:2*par.i);
%
% Vektor mit Nummern der Volumenelemente:
num = 2:par.i;
% Vektor mit Ortskoordinaten des Wärmeübertragers:
l = num*par.L/par.i;
%
surf(t,l',T1');
%
%%%%%%%%%%%%%%%%%%%%%%%%%%%%%%%%%%%%
%%%%%%%%%%%%%%%%%%%%%%%%%%%%%%%%%%%%
%
```

Ergebnisse Ausgewählte Ergebnisse aus der Berechnung des Wärmeübertragungsprozesses sind in Abb. 10.11 und 10.12 dargestellt. Abbildung 10.11 zeigt den Temperaturverlauf der beiden Medien über die Wärmeübertragerlänge für einen Zeitpunkt, das heißt nach einer Betrachtungszeit von 100 Sekunden.

Abbildung 10.12 zeigt den Temperaturverlauf der beiden Medien über die gesamte Betrachtungszeit an einem Ort des Wärmeübertragers, also für eine Durchlaufstrecke in Strömungsrichtung von 0,5 m.

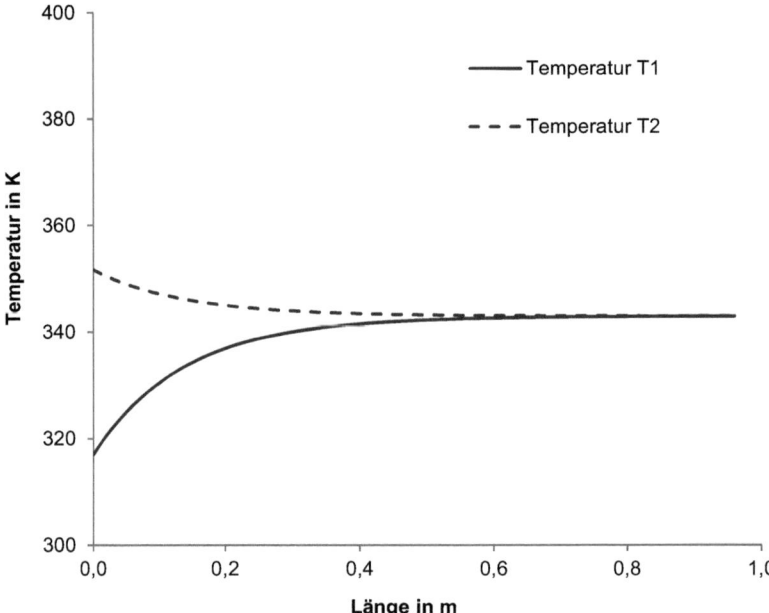

Abb. 10.11 Temperaturverlauf der Medien über die Wärmeübertragerlänge nach einer Betrachtungszeit von 100 Sekunden

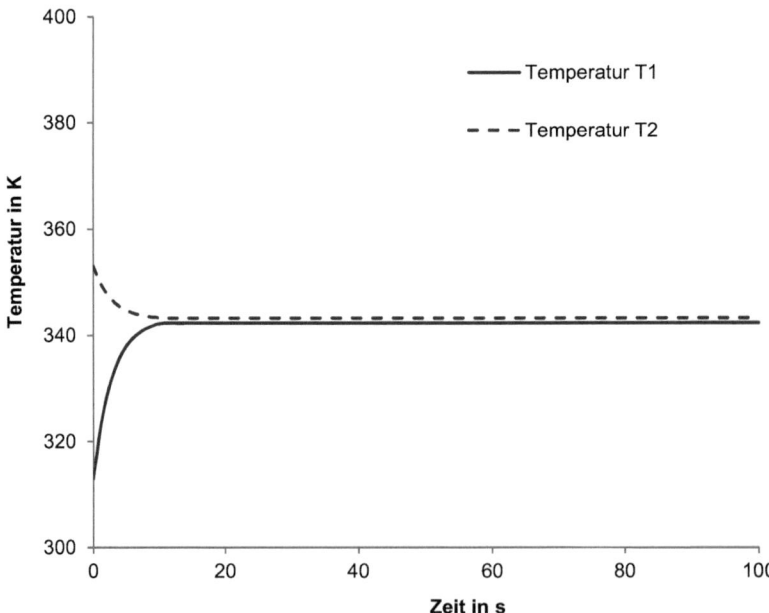

Abb. 10.12 Temperaturverlauf der Medien über die Betrachtungszeit in der Mitte des Wärmeübertragers

10.2.2 Rechenbeispiel: Rührkesselreaktor im Batchbetrieb

Problemstellung In einem zylindrischen Laborreaktor mit einer Höhe von 1,0 m und einem Durchmesser von 0,1 m befindet sich ein Gasgemisch aus Kohlenstoffmonoxid, Kohlenstoffdioxid, Wasserdampf und Sauerstoff. Der Partialdruck von Kohlenstoffmonoxid beträgt zum Startzeitpunkt der Betrachtung 0,03 bar, der Partialdruck von Kohlenstoffdioxid 0,9 bar, der Partialdruck des Wasserdampfes 0,05 bar und der Partialdruck von Sauerstoff 0,02 bar. Die Temperatur im Reaktor ist zum Startpunkt der Betrachtung 25 °C und der Druck 1 bar. Mit Betrachtungsbeginn wird der Reaktor elektrisch durch einen 923 K heißen Ofen beheizt und der Druck mit Hilfe eines Überdruckventils konstant gehalten. Zu berechnen ist der Temperaturverlauf des Gases im Reaktor.

Rechencode Der C++-Code zur Berechnung des Reaktionsverlaufs ist in der nachfolgenden Funktion *DGL_Ruehrkessel_dis* dargestellt:

```
function res = DGL_Ruehrkessel_dis(t,dv_dt,v,par)
%
%%%%%%%%%%%%%%%%%%%%%%%%%%%%%%%%%%%%%%%
%%%%%%%%%%%%%%%%%%%%%%%%%%%%%%%%%%%%%%%
% Variablen in dieser Function definieren:
%
% Variablen:
T1 = v(0*par.i+1); % Temperatur 1
pCO = v(1*par.i+1); % Partialdruck CO
pCO2 = v(2*par.i+1); % Partialdruck CO2
pH2O = v(3*par.i+1); % Partialdruck H2O
pO2 = v(4*par.i+1); % Partialdruck O2
%
% Zeitableitungen der Variablen:
dT1_dt = dv_dt(0*par.i+1); % Temperatur 1
dpCO_dt = dv_dt(1*par.i+1); % Partialdruck CO
dpCO2_dt = dv_dt(2*par.i+1); % Partialdruck CO2
dpH2O_dt = dv_dt(3*par.i+1); % Partialdruck H2O
dpO2_dt = dv_dt(4*par.i+1); % Partialdruck O2
%
%%%%%%%%%%%%%%%%%%%%%%%%%%%%%%%%%%%%%%
%%%%%%%%%%%%%%%%%%%%%%%%%%%%%%%%%%%%%%
% Reaktionsraten berechnen:
%
% Reaktionsrate der Reaktion:
% CO + 1/2 O2 --> CO2 in mol/(cm^3*s):
r = -3.98*10^14.*((pCO)/(par.R.*T1*1000000)).^(1.0)...
    .*((pH2O)/(par.R.*T1*1000000)).^(0.5)...
    .*((pO2)/(par.R.*T1*1000000)).^(0.25)...
    .*exp(-40000./(par.R_engl.*T1));
%
% Reaktionsrate von CO in mol/(m^3*s):
```

```
rCO = (par.eta_I*1*r)*1000000;
%
% Reaktionsrate von CO2 in mol/(m^3*s):
rCO2 = (-par.eta_I*1*r)*1000000;
%
% Reaktionsrate von H2O in mol/(m^3*s):
rH2O = 0;
%
% Reaktionsrate von O2 in mol/(m^3*s):
rO2 = (par.eta_I*1/2*r)*1000000;
%
%%%%%%%%%%%%%%%%%%%%%%%%%%%%%%%%%%%%%
%%%%%%%%%%%%%%%%%%%%%%%%%%%%%%%%%%%%%
% Nebenrechnungen:
%
% Molmasse Gasgemisch im Rührkessel in kg/mol:
M_G =...
(pCO*par.MCO+pCO2*par.MCO2+pH2O*par.MH2O+pO2*par.MO2)/par.p;
%
% Spez. Wärmekapazität Gasgemisch im Rührkessel in J/(mol*K):
cp_G =...
(pCO*par.cpCO+pCO2*par.cpCO2+pH2O*par.cpH2O+pO2*par.cpO2)/par.p;
%
% Dichte des Gasgemisches im Rührkessel in kg/m^3:
rho_G = (par.p*M_G)./(par.R.*T1);
%
U = par.d1*3.14; % Kreisumfang des Rührkessels in m
AW = par.H*U; % Mantelfläche des Rührkessels in m^2
V = par.H*3.14*(par.d1/2)^2; % Volumen des Rührkessels in m^3
%
%%%%%%%%%%%%%%%%%%%%%%%%%%%%%%%%%%%%%
%%%%%%%%%%%%%%%%%%%%%%%%%%%%%%%%%%%%%
% Differentialgleichungen:
%
% Komponentenbilanzen:
respCO = (dpCO_dt) - ((rCO.*T1*par.R)); % CO
respCO2 = (dpCO2_dt) - ((rCO2.*T1*par.R)); % CO2
respH2O = (dpH2O_dt) - ((rH2O.*T1*par.R)); % H2O
respO2 = (dpO2_dt) - ((rO2.*T1*par.R)); % O2
%
% Energiebilanz:
resT1 = (dT1_dt)...
+ ((T1 - par.Tu).*((AW*par.k)./(par.i*rho_G*cp_G*V)))...
+ ((rCO.*V*par.dhf0CO_gasf.*M_G)./(rho_G*cp_G*V))...
+ ((rCO2.*V*par.dhf0CO2_gasf.*M_G)./(rho_G*cp_G*V))...
+ ((rH2O.*V*par.dhf0H2O_gasf.*M_G)./(rho_G*cp_G*V))...
+ ((rO2.*V*par.dhf0O2_gasf.*M_G)./(rho_G*cp_G*V));
%
%%%%%%%%%%%%%%%%%%%%%%%%%%%%%%%%%%%%%
```

```
%%%%%%%%%%%%%%%%%%%%%%%%%%%%%%%%%%%%%
% Definition des Residuumsvektors:
%
res = [resT1;respCO;respCO2;respH2O;respO2];
%
%%%%%%%%%%%%%%%%%%%%%%%%%%%%%%%%%%%%%
%%%%%%%%%%%%%%%%%%%%%%%%%%%%%%%%%%%%%
%
endfunction
```

Funktionsaufruf Die Funktion *DGL_Ruehrkessel_dis* wird durch folgendes C++-Programm aufgerufen:

```
%%%%%%%%%%%%%%%%%%%%%%%%%%%%%%%%%%%%
%%%%%%%%%%%%%%%%%%%%%%%%%%%%%%%%%%%%
% Konstanten:
%
par.Tu = 923.15; % Umgebungstemperatur (elektr. Ofen) in K
par.R = 8.315; % Universelle Gaskonstante in J/(mol*K)
par.R_engl = 1.985; % Universelle Gaskonstante in cal/(mol*K)
%
%%%%%%%%%%%%%%%%%%%%%%%%%%%%%%%%%%%%
%%%%%%%%%%%%%%%%%%%%%%%%%%%%%%%%%%%%
% Stoffdaten:
%
% Molmassen in kg/mol:
par.MCO = 0.0280101; % CO
par.MCO2 = 0.0440095; % CO2
par.MH2O = 0.0180153; % H2O
par.MO2 = 0.0319988; % O2
%
% Standardbildungsenthalpien in J/mol:
par.dhf0CO_gasf = -110529; % CO
par.dhf0CO2_gasf = -393522; % CO2
par.dhf0H2O_gasf = -241827; % H2O
par.dhf0O2_gasf = 0; % O2
%
Spez. Wärmekapazitäten in J/(mol*K):
par.cpCO = 29.14; % CO
par.cpCO2 = 37.11; % CO2
par.cpH2O = 33.58; % H2O
par.cpO2 = 29.36; % O2
%
%%%%%%%%%%%%%%%%%%%%%%%%%%%%%%%%%%%%
%%%%%%%%%%%%%%%%%%%%%%%%%%%%%%%%%%%%
% Parameter:
%
par.T1Start = 298.15; % Startwerte für Temperatur 1
par.pCOStart = 3000; % Startwerte Partialdruck CO in Pa
```

```
par.pCO2Start = 90000; % Startwerte Partialdruck CO2 in Pa
par.pH2OStart = 5000; % Startwerte Partialdruck H2O in Pa
par.pO2Start = 2000; % Startwerte Partialdruck O2 in Pa
%
par.p = 100000; % Druck im Rührkessel in Pa
%
par.eta_I = 0.99;
%
par.H = 1; % Höhe Rührkessel in m
par.d1 = 0.1; % Durchmesser Rührkessel in m
par.k = 0.1; % Wärmedurchgangskoeffizient Wand in W/(m^2*K)
par.i = 1; % Anzahl Volumenelemente
%
%%%%%%%%%%%%%%%%%%%%%%%%%%%%%%%%%%%%%%
%%%%%%%%%%%%%%%%%%%%%%%%%%%%%%%%%%%%%%
% Solver-Vorgaben:
%
% Vektor mit Startwerten für Temperatur 1:
T1_0(1,1:par.i) = par.T1Start;
%
% Vektor mit Startwerten für den Partialdruck CO:
pCO_0(1,1:par.i) = par.pCOStart;
%
% Vektor mit Startwerten für den Partialdruck CO2:
pCO2_0(1,1:par.i) = par.pCO2Start;
%
% Vektor mit Startwerten für den Partialdruck H2O:
pH2O_0(1,1:par.i) = par.pH2OStart;
%
% Vektor mit Startwerten für den Partialdruck O2:
pO2_0(1,1:par.i) = par.pO2Start;
%
% Zeitvektor mit 101 Elementen (Werte 0 - 100):
t = linspace(0, 100, 101);
%
% Startwerte für den Variablenvektor:
v_0 = [T1_0, pCO_0, pCO2_0, pH2O_0, pO2_0];
%
% Startwerte für die Zeitableitungen des Variablenvektors:
dv_dt_0 = zeros(1,5*par.i);
%
%%%%%%%%%%%%%%%%%%%%%%%%%%%%%%%%%%%%%
%%%%%%%%%%%%%%%%%%%%%%%%%%%%%%%%%%%%%
% Solver-Aufruf:
%
[v,dv_dt] =...
daspk(@(v,dv_dt,t) DGL_Ruehrkessel_dis(t,dv_dt,v,par),...
v_0, dv_dt_0, t);
%
```

10.2 Ausgewählte Rechenbeispiele

```
%%%%%%%%%%%%%%%%%%%%%%%%%%%%%%%%%%%%
%%%%%%%%%%%%%%%%%%%%%%%%%%%%%%%%%%%%
% Grafische Darstellung:
%
T1   = v(:,par.i+0);
pCO  = v(:,par.i+1);
pCO2 = v(:,par.i+2);
pH2O = v(:,par.i+3);
pO2  = v(:,par.i+4);
%
plot(t,T1(:,end));
%
%%%%%%%%%%%%%%%%%%%%%%%%%%%%%%%%%%%%
%%%%%%%%%%%%%%%%%%%%%%%%%%%%%%%%%%%%
```

Ergebnisse Als Ergebnisse der Rührkesselberechnung sind in Abb. 10.13 exemplarisch der Verlauf der Temperatur sowie der Stoffmengenanteil von Kohlenstoffmonoxid im Inneren des Reaktors über einen Betrachtungszeitraum von 100 Sekunden dargestellt.

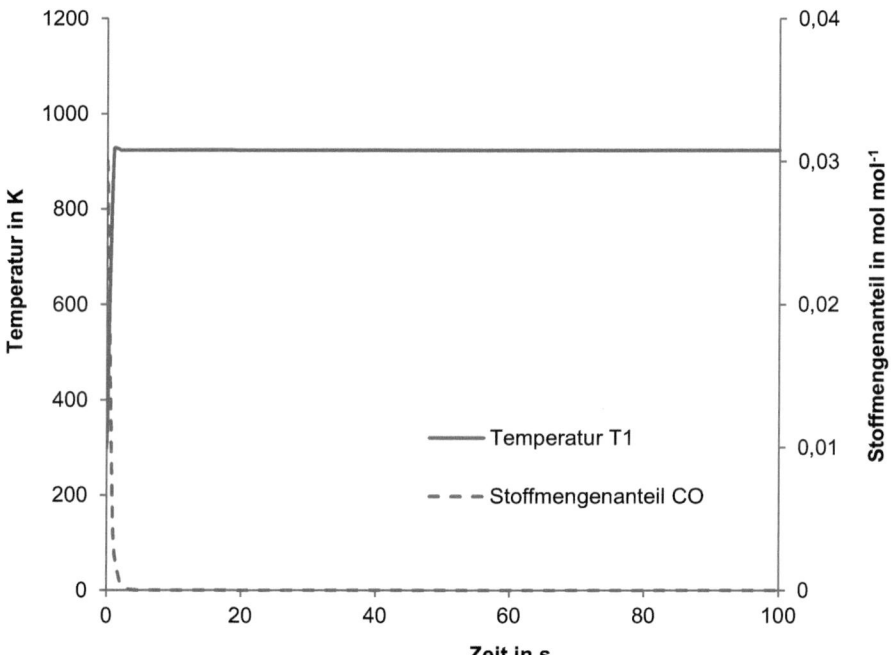

Abb. 10.13 Verlauf der Temperatur sowie des Stoffmengenanteils von Kohlenstoffmonoxid im Reaktor über eine Betrachtungszeit von 100 Sekunden

10.2.3 Rechenbeispiel: Rührkesselreaktor im kontinuierlichen Betrieb

Problemstellung Anknüpfend an das Rechenbeispiel des Rührkesselreaktors im Batchbetrieb soll der betrachtete zylindrische Laborreaktor nun kontinuierlich betrieben werden. Dazu werden dem Reaktor pro Sekunde 0,01 mol Gas zu- sowie abgeführt. Das eintretende Gas setzt sich zu 90 % aus Kohlenstoffdioxid, 3 % aus Kohlenstoffmonoxid, 5 % aus Wasserdampf und 2 % aus Sauerstoff zusammen. Die Temperatur des eintretenden Gases beträgt nach einer elektrischen Vorwärmung 773,15 K und der Druck 1 bar. Das austretende Gas besitzt dieselbe Zusammensetzung wie das Gas im Reaktorinneren. Die Abmessungen sowie die Startwerte, das heißt Druck, Temperatur und Zusammensetzung des Gases im Reaktor zum Startpunkt der Betrachtung, sind identisch wie die des diskontinuierlich betriebenen Reaktors. Ebenfalls wird der Reaktor mit Beginn der Betrachtung elektrisch durch einen 923 K warmen Ofen beheizt und der Druck über ein Überdruckventil konstant gehalten. Zu berechnen ist der Temperaturverlauf im Reaktorinneren über einen Zeitraum von 100 Sekunden.

Rechencode Der Programmcode zur Simulation des kontinuierlich betriebenen Rührkesselreaktors ist in der nachfolgenden Funktion *DGL_Ruehrkessel_kon* dargestellt:

```
function res = DGL_Ruehrkessel_kon(t,dv_dt,v,par)
%
%%%%%%%%%%%%%%%%%%%%%%%%%%%%%%%%%%%%%
%%%%%%%%%%%%%%%%%%%%%%%%%%%%%%%%%%%%%
% Variablen in dieser Function definieren:
%
% Variablen:
T1 = v(0*par.i+1); % Temperatur 1
pCO = v(1*par.i+1); % Partialdruck CO
pCO2 = v(2*par.i+1); % Partialdruck CO2
pH2O = v(3*par.i+1); % Partialdruck H2O
pO2 = v(4*par.i+1); % Partialdrucks O2
%
% Zeitableitungen der Variablen:
dT1_dt = dv_dt(0*par.i+1); % Temperatur 1
dpCO_dt = dv_dt(1*par.i+1); % Partialdruck CO
dpCO2_dt = dv_dt(2*par.i+1); % Partialdruck CO2
dpH2O_dt = dv_dt(3*par.i+1); % Partialdruck H2O
dpO2_dt = dv_dt(4*par.i+1); % Partialdruck O2
%
%%%%%%%%%%%%%%%%%%%%%%%%%%%%%%%%%%%%%
%%%%%%%%%%%%%%%%%%%%%%%%%%%%%%%%%%%%%
% Reaktionsraten berechnen:
%
% Reaktionsrate der Reaktion:
% CO + 1/2 O2 --> CO2 in mol/(cm^3*s)
r = -3.98*10^14.*((pCO)/(par.R.*T1*1000000)).^(1.0)...
```

10.2 Ausgewählte Rechenbeispiele

```
    .*((pH2O)/(par.R.*T1*1000000)).^(0.5)...
    .*((pO2)/(par.R.*T1*1000000)).^(0.25)...
    .*exp(-40000./(par.R_engl.*T1)));
%
% Reaktionsrate von CO in mol/(m^3*s):
rCO = (par.eta_I*1*r)*1000000;
%
% Reaktionsrate von CO2 in mol/(m^3*s):
rCO2 = (-par.eta_I*1*r)*1000000;
%
% Reaktionsrate von H2O in mol/(m^3*s):
rH2O = 0;
%
% Reaktionsrate von O2 in mol/(m^3*s):
rO2 = (par.eta_I*1/2*r)*1000000;
%
%%%%%%%%%%%%%%%%%%%%%%%%%%%%%%%%%%%%
%%%%%%%%%%%%%%%%%%%%%%%%%%%%%%%%%%%%
% Nebenrechnungen:
%
par.nGesamtZulauf = par.nCOZulauf + par.nCO2Zulauf...
    + par.nH2OZulauf + par.nO2Zulauf;
%
pCO_Zulauf = (par.nCOZulauf/par.nGesamtZulauf)*par.p_Zulauf;
pCO2_Zulauf = (par.nCO2Zulauf/par.nGesamtZulauf)*par.p_Zulauf;
pH2O_Zulauf = (par.nH2OZulauf/par.nGesamtZulauf)*par.p_Zulauf;
pO2_Zulauf = (par.nO2Zulauf/par.nGesamtZulauf)*par.p_Zulauf;
%
nCOAuslauf = (pCO/par.p)*par.nGesamtAuslauf;
nCO2Auslauf = (pCO2/par.p)*par.nGesamtAuslauf;
nH2OAuslauf = (pH2O/par.p)*par.nGesamtAuslauf;
nO2Auslauf = (pO2/par.p)*par.nGesamtAuslauf;
%
% Molmasse Gasgemisch im Rührkessel in kg/mol:
M_G =...
(pCO*par.MCO+pCO2*par.MCO2+pH2O*par.MH2O+pO2*par.MO2)/par.p;
%
% Spez. Wärmekapazität Gasgemisch im Rührkessel in J/(mol*K):
cp_G =...
(pCO*par.cpCO+pCO2*par.cpCO2+pH2O*par.cpH2O+pO2*par.cpO2)/par.p;
%
% Spez. Wärmekapazität Gasgemisch im Zulauf in J/(mol*K):
cp_Zulauf =...
(pCO_Zulauf*par.cpCO + pCO2_Zulauf*par.cpCO2...
    + pH2O_Zulauf*par.cpH2O + pO2_Zulauf*par.cpO2)/par.p_Zulauf;
%
% Spez. Wärmekapazität Gasgemisch im Auslauf in J/(mol*K):
cp_Auslauf = cp_G;
%
```

```
% Dichte Gasgemisch im Rührkessel in kg/m^3:
rho_G = (par.p*M_G)./(par.R.*T1);
%
U = par.d1*3.14; % Kreisumfang des Rührkessels in m
AW = par.H*U; % Mantelfläche des Rührkessels in m^2
V = par.H*3.14*(par.d1/2)^2; % Volumen des Rührkessels in m^3
%
%%%%%%%%%%%%%%%%%%%%%%%%%%%%%%%%%%%%%%%
%%%%%%%%%%%%%%%%%%%%%%%%%%%%%%%%%%%%%%%
% Differentialgleichungen:
%
% Komponentenbilanzen:
respCO = (dpCO_dt) - (par.nCOZulauf.*T1*par.R./V)...
+ (nCOAuslauf.*T1*par.R./V) - ((rCO.*T1*par.R)); % CO
%
respCO2 = (dpCO2_dt) - (par.nCO2Zulauf.*T1*par.R./V)...
+ (nCO2Auslauf.*T1*par.R./V) - ((rCO2.*T1*par.R)); % CO2
%
respH2O = (dpH2O_dt) - (par.nH2OZulauf.*T1*par.R./V)...
+ (nH2OAuslauf.*T1*par.R./V) - ((rH2O.*T1*par.R)); % H2O
%
respO2 = (dpO2_dt) - (par.nO2Zulauf.*T1*par.R./V)...
+ (nO2Auslauf.*T1*par.R./V) - ((rO2.*T1*par.R)); % O2
%
% Energiebilanz:
resT1 = (dT1_dt)...
+ ((T1 - par.Tu).*((AW*par.k)./(par.i*rho_G*cp_G*V)))...
%
- ((par.nCOZulauf*cp_Zulauf*par.T_Zulauf)./(rho_G*cp_G*V))...
+ ((nCOAuslauf*cp_Auslauf*T1)./(rho_G*cp_G*V))...
- ((par.nCO2Zulauf*cp_Zulauf*par.T_Zulauf)./(rho_G*cp_G*V))...
+ ((nCO2Auslauf*cp_Auslauf*T1)./(rho_G*cp_G*V))...
- ((par.nH2OZulauf*cp_Zulauf*par.T_Zulauf)./(rho_G*cp_G*V))...
+ ((nH2OAuslauf*cp_Auslauf*T1)./(rho_G*cp_G*V))...
- ((par.nO2Zulauf*cp_Zulauf*par.T_Zulauf)./(rho_G*cp_G*V))...
+ ((nO2Auslauf*cp_Auslauf*T1)./(rho_G*cp_G*V))...
%
+ ((rCO.*V*par.dhf0CO_gasf.*M_G)./(rho_G*cp_G*V))...
+ ((rCO2.*V*par.dhf0CO2_gasf.*M_G)./(rho_G*cp_G*V))...
+ ((rH2O.*V*par.dhf0H2O_gasf.*M_G)./(rho_G*cp_G*V))...
+ ((rO2.*V*par.dhf0O2_gasf.*M_G)./(rho_G*cp_G*V));
%
%%%%%%%%%%%%%%%%%%%%%%%%%%%%%%%%%%%%%%%
%%%%%%%%%%%%%%%%%%%%%%%%%%%%%%%%%%%%%%%
% Definition des Residuumsvektors:
%
res = [resT1;respCO;respCO2;respH2O;respO2];
%
%%%%%%%%%%%%%%%%%%%%%%%%%%%%%%%%%%%%%%%
```

10.2 Ausgewählte Rechenbeispiele

```
%%%%%%%%%%%%%%%%%%%%%%%%%%%%%%%%%%%%%%
%
endfunction
```

Funktionsaufruf Die Funktion *DGL_Ruehrkessel_kon* kann wie folgt aufgerufen werden:

```
%%%%%%%%%%%%%%%%%%%%%%%%%%%%%%%%%%%%%%
%%%%%%%%%%%%%%%%%%%%%%%%%%%%%%%%%%%%%%
% Konstanten:
%
par.Tu = 923.15; % Umgebungstemperatur in K
par.R = 8.315; % Universelle Gaskonstante in J/(mol*K)
par.R_engl = 1.985; % Universelle Gaskonstante in cal/(mol*K)
%
%%%%%%%%%%%%%%%%%%%%%%%%%%%%%%%%%%%%%%
%%%%%%%%%%%%%%%%%%%%%%%%%%%%%%%%%%%%%%
% Stoffdaten:
%
% Molmassen in kg/mol:
par.MCO = 0.0280101; % CO
par.MCO2 = 0.0440095; % CO2
par.MH2O = 0.0180153; % H2O
par.MO2 = 0.0319988; % O2
%
% Standardbildungsenthalpien in J/mol:
par.dhf0CO_gasf = -110529; % CO
par.dhf0CO2_gasf = -393522; % CO2
par.dhf0H2O_gasf = -241827; % H2O
par.dhf0O2_gasf = 0; % O2
%
% Spez. Wärmekapazitäten in J/(mol*K):
par.cpCO = 29.14; % CO
par.cpCO2 = 37.11; % CO2
par.cpH2O = 33.58; % H2O
par.cpO2 = 29.36; % O2
%
%%%%%%%%%%%%%%%%%%%%%%%%%%%%%%%%%%%%%%
%%%%%%%%%%%%%%%%%%%%%%%%%%%%%%%%%%%%%%
% Parameter:
%
par.nCOZulauf = 0.0003; % Stoffmengenstrom CO Zulauf in mol/s
par.nCO2Zulauf = 0.009; % Stoffmengenstrom CO2 Zulauf in mol/s
par.nH2OZulauf = 0.0005; % Stoffmengenstrom H2O Zulauf in mol/s
par.nO2Zulauf = 0.0002; % Stoffmengenstrom O2 Zulauf in mol/s
%
par.nGesamtAuslauf = 0.01; % Stoffmengenstrom Auslauf in mol/s
%
par.p_Zulauf = 100000; % Druck Zulauf in Pa
```

```
par.T_Zulauf = 773.15; % Temperatur Zulauf in K
%
par.T1Start = 298.15; % Startwerte Temperatur 1
par.pCOStart = 3000; % Startwerte Partialdruck CO in Pa
par.pCO2Start = 90000; % Startwerte Partialdruck CO2 in Pa
par.pH2OStart = 5000; % Startwerte Partialdruck H2O in Pa
par.pO2Start = 2000; % Startwerte Partialdruck O2 in Pa
%
par.p = 100000; % Druck im Rührkessel in Pa
%
par.eta_I = 0.99;
%
par.H = 1; % Höhe Rührkessel in m
par.d1 = 0.1; % Durchmesser Rührkessel in m
par.k = 0.1; % Wärmedurchgangskoeffizient Wand in W/(m^2*K)
par.i = 1; % Anzahl Volumenelemente
%
%%%%%%%%%%%%%%%%%%%%%%%%%%%%%%%%%%%%%%%%
%%%%%%%%%%%%%%%%%%%%%%%%%%%%%%%%%%%%%%%%
% Solver-Vorgaben:
%
% Vektor mit Startwerten für Temperatur 1:
T1_0(1,1:par.i) = par.T1Start;
%
% Vektor mit Startwerten für den Partialdruck CO:
pCO_0(1,1:par.i) = par.pCOStart;
%
% Vektor mit Startwerten für den Partialdruck CO2
pCO2_0(1,1:par.i) = par.pCO2Start;
%
% Vektor mit Startwerten für den Partialdruck H2O:
pH2O_0(1,1:par.i) = par.pH2OStart;
%
% Vektor mit Startwerten für den Partialdruck O2:
pO2_0(1,1:par.i) = par.pO2Start;
%
% Zeitvektor mit 101 Elementen (Wert 0 - 100):
t = linspace(0, 100, 101);
%
% Startwerte für den Variablenvektor:
v_0 = [T1_0, pCO_0, pCO2_0, pH2O_0, pO2_0];
%
% Startwerte für die Zeitableitungen des Variablenvektors:
dv_dt_0 = zeros(1,5*par.i);
%
%%%%%%%%%%%%%%%%%%%%%%%%%%%%%%%%%%%%%%%%
%%%%%%%%%%%%%%%%%%%%%%%%%%%%%%%%%%%%%%%%
% Solver-Aufruf:
%
```

10.2 Ausgewählte Rechenbeispiele

```
[v,dv_dt] =...
daspk(@(v,dv_dt,t) DGL_Ruehrkessel_kon(t,dv_dt,v,par),...
v_0, dv_dt_0, t);
%
%%%%%%%%%%%%%%%%%%%%%%%%%%%%%%%%%%%%
%%%%%%%%%%%%%%%%%%%%%%%%%%%%%%%%%%%%
% Grafische Darstellung:
%
T1   = v(:,par.i+0);
pCO  = v(:,par.i+1);
pCO2 = v(:,par.i+2);
pH2O = v(:,par.i+3);
pO2  = v(:,par.i+4);
%
plot(t,pCO2(:,end));
%
%%%%%%%%%%%%%%%%%%%%%%%%%%%%%%%%%%%%
%%%%%%%%%%%%%%%%%%%%%%%%%%%%%%%%%%%%
```

Ergebnisse Ausgewählte Ergebnisse der Rührkesselberechnung sind in Abb. 10.14 dargestellt. Die Abbildung zeigt den Verlauf der Temperatur sowie den Stoffmengenanteil von Kohlenstoffmonoxid im Inneren des Reaktors über einen Betrachtungszeitraum von 100 Sekunden.

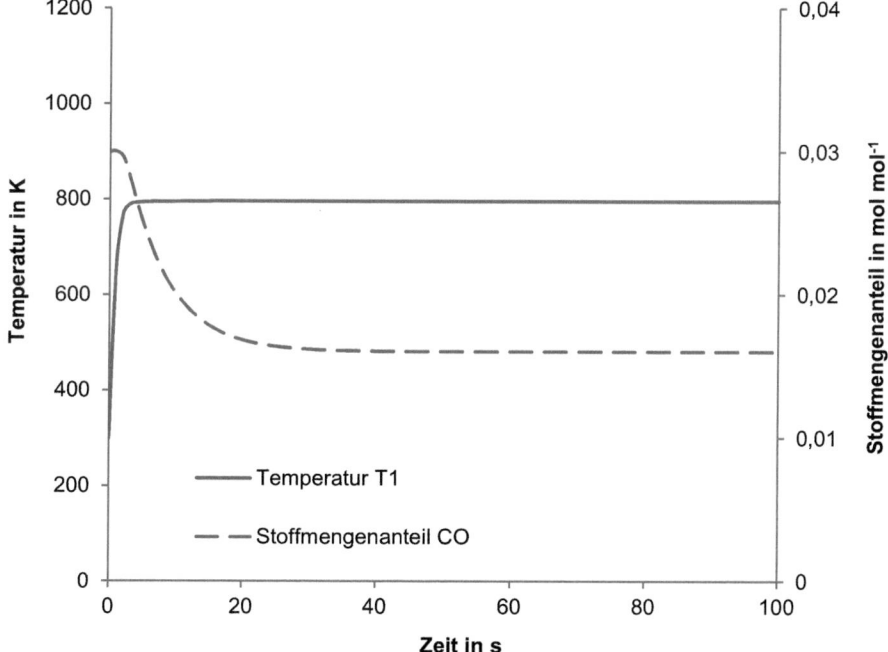

Abb. 10.14 Verlauf der Temperatur sowie des Stoffmengenanteils von Kohlenstoffmonoxid im Reaktor über eine Betrachtungszeit von 100 Sekunden

10.2.4 Rechenbeispiel: Strömungsreaktor

Problemstellung In ein 1,0 m langes Reaktionsrohr mit einem Durchmesser von 0,1 m wird an einem Ende ein auf 500 °C vorgewärmtes Gasgemisch eingebracht. Das Reaktionsrohr wird von außen elektrisch auf 900 °C beheizt. Das Gasgemisch besteht zu jeweils 10 % aus Methan und Sauerstoff und – um einen übermäßigen reaktionsbedingten Temperaturanstieg zu vermeiden – zu jeweils 40 % aus Kohlenstoffdioxid und Wasserdampf. Beim Eintritt in das Reaktionsrohr besitzt das Gasgemisch eine Strömungsgeschwindigkeit von 0,05 m s^{-1}. Der Druck im Rohr beträgt 1,0 bar. Zur Auslegung des Gasnachbehandlung und Regelung der Gasmischstrecke sollen die Temperatur sowie der Sauerstoffgehalt im Reaktionsrohr berechnet werden.

Rechencode Der Programmcode zur Simulation des Strömungsrohres ist in der nachfolgenden Funktion *DGL_Stroemungsrohr* dargestellt:

```
function res = DGL_Stroemungsreaktor(t,dv_dt,v,par)
%
%%%%%%%%%%%%%%%%%%%%%%%%%%%%%%%%%%%%
%%%%%%%%%%%%%%%%%%%%%%%%%%%%%%%%%%%%
% Variablen in dieser Function definieren:
%
% Variablen:
T1 = v(0*par.i+1:1*par.i); % Temperatur 1
pCH4 = v(1*par.i+1:2*par.i); % Partialdruck CH4
pCO2 = v(2*par.i+1:3*par.i); % Partialdruck CO2
pH2O = v(3*par.i+1:4*par.i); % Partialdruck H2O
pO2 = v(4*par.i+1:5*par.i); % Partialdruck O2
w1 = v(5*par.i+1:6*par.i); % Strömungsgeschwindigkeit
%
% Zeitableitungen der Variablen:
dT1_dt = dv_dt(0*par.i+1:1*par.i); % Temperatur 1
dpCH4_dt = dv_dt(1*par.i+1:2*par.i); % Partialdruck CH4
dpCO2_dt = dv_dt(2*par.i+1:3*par.i); % Partialdruck CO2
dpH2O_dt = dv_dt(3*par.i+1:4*par.i); % Partialdruck H2O
dpO2_dt = dv_dt(4*par.i+1:5*par.i); % Partialdruck O2
dw1_dt = dv_dt(5*par.i+1:6*par.i); % Strömungsgeschwindigkeit
%
%%%%%%%%%%%%%%%%%%%%%%%%%%%%%%%%%%%%
%%%%%%%%%%%%%%%%%%%%%%%%%%%%%%%%%%%%
% Randwerte und Startwerte in dieser Function vorgeben:
%
% Randwerte:
T1_Rand = T1(1); % Temperatur 1
pCH4_Rand = pCH4(1); % Partialdruck CH4
pCO2_Rand = pCO2(1); % Partialdruck CO2
pH2O_Rand = pH2O(1); % Partialdruck H2O
pO2_Rand = pO2(1); % Partialdruck O2
w1_Rand = w1(1); % Strömungsgeschwindigkeit
%
```

10.2 Ausgewählte Rechenbeispiele

```
% Startwerte im Rohrinneren (ohne Randbereich):
T1_innen = T1(2:par.i); % Temperatur 1
pCH4_innen = pCH4(2:par.i); % Partialdruck CH4
pCO2_innen = pCO2(2:par.i); % Partialdruck CO2
pH2O_innen = pH2O(2:par.i); % Partialdruck H2O
pO2_innen = pO2(2:par.i); % Partialdruck O2
w1_innen = w1(2:par.i); % Strömungsgeschwindigkeit
%
% Startwerte Zeitableitungen im Rohrinneren (ohne Randbereich):
dT1_dt_innen = dT1_dt(2:par.i); % Temperatur 1
dpCH4_dt_innen = dpCH4_dt(2:par.i); % Partialdruck CH4
dpCO2_dt_innen = dpCO2_dt(2:par.i); % Partialdruck CO2
dpH2O_dt_innen = dpH2O_dt(2:par.i); % Partialdruck H2O
dpO2_dt_innen = dpO2_dt(2:par.i); % Partialdruck O2
dw1_dt_innen = dw1_dt(2:par.i); % Strömungsgeschwindigkeit
%
%%%%%%%%%%%%%%%%%%%%%%%%%%%%%%%%%%%%%
%%%%%%%%%%%%%%%%%%%%%%%%%%%%%%%%%%%%%
% Reaktionsraten berechnen:
%
% Reaktionsrate der Reaktion:
% CH4 + 2 O2 --> CO2 + 2 H2O in mol/(cm^3*s):
r = -1.3*10^8.*((pCH4_innen)...
./(par.R.*T1_innen*1000000)).^(-0.3)...
.*((pO2_innen)./(par.R.*T1_innen*1000000)).^(1.3)...
.*exp(-48400./(par.R_engl.*T1_innen));
%
% Reaktionsrate von CH4 in mol/(m^3*s):
rCH4 = (par.eta_I*1*r)*1000000;
%
% Reaktionsrate von CO2 in mol/(m^3*s):
rCO2 = (-par.eta_I*1*r)*1000000;
%
% Reaktionsrate von H2O in mol/(m^3*s):
rH2O = (-par.eta_I*2*r)*1000000;
%
% Reaktionsrate von O2 in mol/(m^3*s):
rO2 = (par.eta_I*2*r)*1000000;
%
%%%%%%%%%%%%%%%%%%%%%%%%%%%%%%%%%%%%%
%%%%%%%%%%%%%%%%%%%%%%%%%%%%%%%%%%%%%
% Nebenrechnungen:
%
% Molmasse Gasgemisch im Strömungsreaktor in kg/mol:
M_G =...
(pCH4*par.MCH4+pCO2*par.MCO2+pH2O*par.MH2O+pO2*par.MO2)/par.p;
%
% Spez. Wärmekapazität Gasgemisch im Strömungsreaktor in J/(mol*K):
cp_G =...
```

```
(pCH4*par.cpCH4+pCO2*par.cpCO2+pH2O*par.cpH2O+pO2*par.cpO2)/par.p;
%
% Dichte Gasgemisch im Strömungsreaktor in kg/m^3:
rho_G = (par.p*M_G)./(par.R.*T1);
%
U = par.d1*3.14; % Kreisumfang Strömungsreaktor in m
AW = par.L*U; % Mantelfläche Strömungsreaktor in m^2
V = 3.14*par.L*(par.d1/2)^2; % Volumen Reaktor in m^3
%
%%%%%%%%%%%%%%%%%%%%%%%%%%%%%%%%%%%%%
%%%%%%%%%%%%%%%%%%%%%%%%%%%%%%%%%%%%%
% Approximation der Ortsableitungen (Ortsdiskretisierung):
%
d_dx = -diag(ones(par.i-3,1),-3)...
+ 6*diag(ones(par.i-2,1),-2)...
- 18*diag(ones(par.i-1,1),-1) + 10 *diag(ones(par.i,1),0)...
+ 3* diag(ones(par.i-1,1),1);
%
d_dx(1:3,1:5) = [-25 48 -36 16 -3; -3 -10 18 -6 1; 1 -8 0 8 -1];
d_dx(par.i,par.i-4:par.i) = [3 -16 36 -48 25];
rdz = 12 * (par.L - 0)/(par.i-1);
par.d_dx = sparse(d_dx./rdz);
dT1_dx = par.d_dx*T1;
dpCH4_dx = par.d_dx*pCH4;
dpCO2_dx = par.d_dx*pCO2;
dpH2O_dx = par.d_dx*pH2O;
dpO2_dx = par.d_dx*pO2;
dw1_dx = par.d_dx*w1;
%
%%%%%%%%%%%%%%%%%%%%%%%%%%%%%%%%%%%%%
%%%%%%%%%%%%%%%%%%%%%%%%%%%%%%%%%%%%%
% Differentialgleichungen:
%
% Komponentenbilanzen:
respCH4 = (dpCH4_dt_innen)...
- ((pCH4_innen./T1_innen).*dT1_dt_innen)...
+ (pCH4_innen.*dw1_dx(2:par.i))...
+ (w1_innen.*(dpCH4_dx(2:par.i)))...
- (((w1_innen.*pCH4_innen)./T1_innen).*dT1_dx(2:par.i))...
- (rCH4.*T1_innen*par.R);
respCO2 = (dpCO2_dt_innen)...
- ((pCO2_innen./T1_innen).*dT1_dt_innen)...
+ (pCO2_innen.*dw1_dx(2:par.i))...
+ (w1_innen.*(dpCO2_dx(2:par.i)))...
- (((w1_innen.*pCO2_innen)./T1_innen).*dT1_dx(2:par.i))...
- (rCO2.*T1_innen*par.R);
%
```

10.2 Ausgewählte Rechenbeispiele

```
respH2O = (dpH2O_dt_innen)...
- ((pH2O_innen./T1_innen).*dT1_dt_innen)...
+ (pH2O_innen.*dw1_dx(2:par.i))...
+ (w1_innen.*(dpH2O_dx(2:par.i)))...
- (((w1_innen.*pH2O(2:par.i))./T1_innen).*dT1_dx(2:par.i))...
- (rH2O.*T1_innen*par.R);
%
respO2 = (dpO2_dt_innen)...
- ((pO2_innen./T1_innen).*dT1_dt_innen)...
+ (pO2_innen.*dw1_dx(2:par.i))...
+ (w1_innen.*(dpO2_dx(2:par.i)))...
- (((w1_innen.*pO2_innen)./T1_innen).*dT1_dx(2:par.i))...
- (rO2.*T1_innen*par.R);
%
% Analytische Gleichung zur Bestimmung der Geschwindigkeit:
resw1 = w1_innen...
- (par.w1Start + cumsum(dw1_dx(2:par.i).*par.L/par.i));
%
% Energiebilanz:
resT1 = (dT1_dt_innen)...
+ ((T1_innen - par.Tu).*((AW*par.k.*M_G(2:par.i))...
./(rho_G(2:par.i).*cp_G(2:par.i)*V)))...
+ (w1_innen.*dT1_dx(2:par.i))...
+ ((rCH4.*par.dhf0CH4_gasf.*M_G(2:par.i))...
./(par.i*rho_G(2:par.i).*cp_G(2:par.i)))...
+ ((rCO2.*par.dhf0CO2_gasf.*M_G(2:par.i))...
./(par.i*rho_G(2:par.i).*cp_G(2:par.i)))...
+ ((rH2O.*par.dhf0H2O_gasf.*M_G(2:par.i))...
./(par.i*rho_G(2:par.i).*cp_G(2:par.i)))...
+ ((rO2.*par.dhf0O2_gasf.*M_G(2:par.i))...
./(par.i*rho_G(2:par.i).*cp_G(2:par.i)));
%
% Randwertgleichungen:
resT1_Randwerte = T1_Rand - par.T1Rand;
%
respCH4_Randwerte = pCH4_Rand - par.pCH4Rand;
%
respCO2_Randwerte = pCO2_Rand - par.pCO2Rand;
%
respH2O_Randwerte = pH2O_Rand - par.pH2ORand;
%
respO2_Randwerte = pO2_Rand - par.pO2Rand;
%
resw1_Randwerte = w1_Rand - par.w1Rand;
%
%%%%%%%%%%%%%%%%%%%%%%%%%%%%%%%%%%%%
% Definition des Residuumsvektors:
%
res = [resT1_Randwerte;resT1;respCH4_Randwerte;respCH4;...
```

```
respCO2_Randwerte;respCO2;respH2O_Randwerte;respH2O;...
respO2_Randwerte;respO2;resw1_Randwerte;resw1];
%
%%%%%%%%%%%%%%%%%%%%%%%%%%%%%%%%%%%%%%
%%%%%%%%%%%%%%%%%%%%%%%%%%%%%%%%%%%%%%
%
endfunction
```

Funktionsaufruf Ein Aufruf der Funktion *DGL_Stroemungsrohr* kann mit folgendem Programm erfolgen:

```
%%%%%%%%%%%%%%%%%%%%%%%%%%%%%%%%%%%%%%
%%%%%%%%%%%%%%%%%%%%%%%%%%%%%%%%%%%%%%
% Konstanten:
%
par.Tu = 1173.15; % Umgebungstemperatur in K
par.R = 8.315; % Universelle Gaskonstante in J/(mol*K)
par.R_engl = 1.985; % Universelle Gaskonstante in cal/(mol*K)
%
%%%%%%%%%%%%%%%%%%%%%%%%%%%%%%%%%%%%%%
%%%%%%%%%%%%%%%%%%%%%%%%%%%%%%%%%%%%%%
% Stoffdaten:
%
% Molmassen in kg/mol:
par.MCH4 = 0.0160425;   % CH4
par.MCO2 = 0.0440095;   % CO2
par.MH2O = 0.0180153;   % H2O
par.MO2  = 0.0319988;   % O2
%
% Standardbildungsenthalpien in J/mol:
par.dhf0CH4_gasf = -74873;  % CH4
par.dhf0CO2_gasf = -393522; % CO2
par.dhf0H2O_gasf = -241827; % H2O
par.dhf0O2_gasf  = 0;       % O2
%
% Spez. Wärmekapazitäten in J/(mol*K):
par.cpCH4 = 35.31; % CH4
par.cpCO2 = 37.11; % CO2
par.cpH2O = 33.58; % H2O
par.cpO2  = 29.36; % O2
%
%%%%%%%%%%%%%%%%%%%%%%%%%%%%%%%%%%%%%%
%%%%%%%%%%%%%%%%%%%%%%%%%%%%%%%%%%%%%%
% Parameter:
%
par.T1Rand = 773.15; % Randwert Temperatur 1 in K
par.pCH4Rand = 10000; % Randwert Partialdruck CH4 in Pa
par.pCO2Rand = 40000; % Randwert Partialdruck CO2 in Pa
par.pH2ORand = 40000; % Randwert Partialdruck H2O in Pa
par.pO2Rand  = 10000; % Randwert Partialdruck O2 in Pa
```

10.2 Ausgewählte Rechenbeispiele

```
par.w1Rand = 0.05; % Randwert Strömungsgeschwindigkeit in m/s
%
par.T1Start = 1173.15; % Startwerte Temperatur 1 in K
par.pCH4Start = 10000; % Startwerte Partialdruck CH4 in Pa
par.pCO2Start = 40000; % Startwerte Partialdruck CO2 in Pa
par.pH2OStart = 40000; % Startwerte Partialdruck H2O in Pa
par.pO2Start = 10000; % Startwerte Partialdruck O2 in Pa
par.w1Start = 0.05; % Startwerte Strömungsgeschwindigkeit in m/s
%
par.p = 100000; % Druck im Strömungsreaktor in Pa
%
par.eta_I = 0.99;
%
par.L = 1; % Länge Strömungsreaktor in m
par.d1 = 0.1; % Durchmesser Strömungsreaktor in m
par.k = 0.01; % Wärmedurchgangskoeffizient Wand in W/(m^2*K)
par.i = 10; % Anzahl Volumenelemente
%
%%%%%%%%%%%%%%%%%%%%%%%%%%%%%%%%%%%%
%%%%%%%%%%%%%%%%%%%%%%%%%%%%%%%%%%
% Solver-Vorgaben:
%
% Vektor mit Startwerten für Temperatur 1:
T1_0(1,1:par.i) = par.T1Start;
% Belegung des äußeren Vektoreintrages mit dem Randwert:
T1_0(1) = par.T1Rand;
%
% Vektor mit Startwerten für den Partialdruck CH4:
pCH4_0(1,1:par.i) = par.pCH4Start;
% Belegung des äußeren Vektoreintrages mit dem Randwert:
pCH4_0(1) = par.pCH4Rand;
%
% Vektor mit Startwerten für den Partialdruck CO2:
pCO2_0(1,1:par.i) = par.pCO2Start;
% Belegung des äußeren Vektoreintrages mit dem Randwert:
pCO2_0(1) = par.pCO2Rand;
%
% Vektor mit Startwerten für den Partialdruck H2O:
pH2O_0(1,1:par.i) = par.pH2OStart;
% Belegung des äußeren Vektoreintrages mit dem Randwert:
pH2O_0(1) = par.pH2ORand;
%
% Vektor mit Startwerten für den Partialdruck O2:
pO2_0(1,1:par.i) = par.pO2Start;
% Belegung des äußeren Vektoreintrages mit dem Randwert:
pO2_0(1) = par.pO2Rand;
%
% Vektor mit Startwerten für die Strömungsgeschwindigkeit:
w1_0(1,1:par.i) = par.w1Start;
```

```
% Belegung des äußeren Vektoreintrages mit dem Randwert
w1_0(1) = par.w1Rand;
%
% Zeitvektor mit 101 Elementen (Werte 0 - 100):
t = linspace(0, 100, 101);
%
% Startwerte Variablenvektor:
v_0 = [T1_0, pCH4_0, pCO2_0, pH2O_0, pO2_0, w1_0];
%
% Startwerte für die Zeitableitungen des Variablenvektors:
dv_dt_0 = zeros(1,6*par.i);
%
%%%%%%%%%%%%%%%%%%%%%%%%%%%%%%%%%%%%
%%%%%%%%%%%%%%%%%%%%%%%%%%%%%%%%%%%%
% Solver-Aufruf:
%
[v,dv_dt] =...
daspk(@(v,dv_dt,t) DGL_Stroemungsreaktor(t,dv_dt,v,par),...
v_0, dv_dt_0, t);
%
%%%%%%%%%%%%%%%%%%%%%%%%%%%%%%%%%%%%
%%%%%%%%%%%%%%%%%%%%%%%%%%%%%%%%%%%%
% Grafische Darstellung:
%
T1   = v(:,0*par.i+1:1*par.i);
pCH4 = v(:,1*par.i+1:2*par.i);
pCO2 = v(:,2*par.i+1:3*par.i);
pH2O = v(:,3*par.i+1:4*par.i);
pO2  = v(:,4*par.i+1:5*par.i);
w1   = v(:,5*par.i+1:6*par.i);
%
% Vektor mit Nummern der Volumenelemente:
num = 1:par.i;
% Vektor mit Ortskoordinaten des Strömungsreaktors:
l = num*par.L/par.i;
%
surf(t,l',T1');
%
%%%%%%%%%%%%%%%%%%%%%%%%%%%%%%%%%%%%
%%%%%%%%%%%%%%%%%%%%%%%%%%%%%%%%%%%%
%
```

Ergebnisse Die Ergebnisse der Berechnung des Strömungsrohres, das heißt die Temperatur und der Sauerstoffanteil im Reaktor, sind in Abb. 10.15 und 10.16 dargestellt.

Abbildung 10.15 zeigt die Temperatur und den Sauerstoffgehalt 10 cm vor dem Ende des Rohres über einen Betrachtungszeitraum von 100 Sekunden. Abbildung 10.16 zeigt die Temperatur und den Stoffmengenanteil von Sauerstoff nach einer Simulationszeit von 90 Sekunden über die Länge des Strömungsrohres.

10.2 Ausgewählte Rechenbeispiele

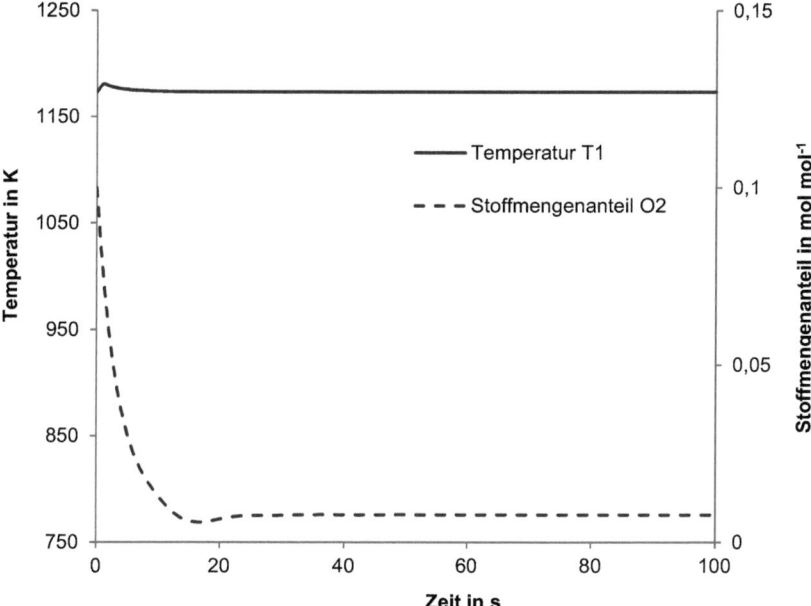

Abb. 10.15 Verlauf der Temperatur sowie des Stoffmengenanteils von Sauerstoff im Reaktor über eine Betrachtungszeit von 100 Sekunden 10 cm vor Ende des Rohres

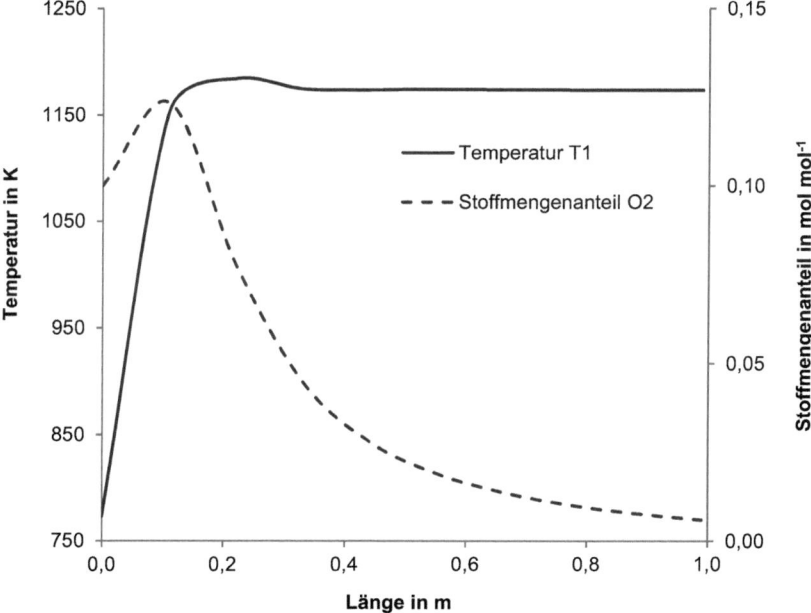

Abb. 10.16 Verlauf der Temperatur sowie des Stoffmengenanteils von Sauerstoff im Reaktor über die Länge des Strömungsrohres nach einer Simulationszeit von 90 Sekunden

Numerik stationärer Bilanzierungsrechnungen 11

Bei Bilanzierungen und Simulationen von Anlagenkomponenten in stationären Betriebszuständen werden die Massen- und Energieströme sowie Zustandsgrößenn und Stoffwerte an den Systemgrenzen der Komponenten berechnet. Der Begriff *stationär* bezieht sich in diesem Zusammenhang auf einen definierten, im Betrachtungszeitraum unveränderlichen Betriebspunkt (z. B. der Nennbetriebspunkt). Zur Berechnung der genannten Größen sind unterschiedliche Arbeitsschritte erforderlich. Zu diesen zählen die Formulierung der Bilanzgleichungen, deren Zusammenführung zu Gleichungssystemen und die Lösung der Gleichungssysteme (Abb. 11.1). Das Vorgehen der Arbeitsschritte wird in den nachfolgenden Abschnitten erläutert.

Formulierung der Bilanzgleichungen Zur stationären Bilanzierung von Anlagenkomponenten werden zunächst die Massen- und Energiebilanzen um die Bilanzräume der Komponenten aufgestellt. Häufig werden zudem – um die Zustandsgrößen und Stoffwerte an den Systemgrenzen der Bilanzräume bestimmen zu können – weitere Berechnungsgleichungen ergänzt (siehe Kap. 10). In der Regel sind dies Zustandsgleichungen (z. B. Isentropengleichungen zur Bestimmung von Drücken) und/oder Stoffwertgleichungen (z. B. Polynomfunktionen zur Bestimmung von Wärmekapazitäten; siehe Kap. 8).

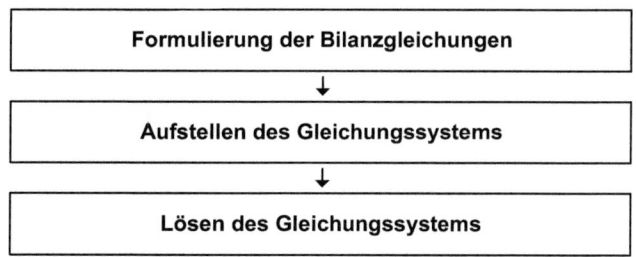

Abb. 11.1 Vorgehen bei stationären Bilanzierungs- und Simulationsrechnungen

Aufstellen des Gleichungssystems Die Erhaltungsgleichungen von Masse und Energie ergeben mit den zusätzlichen Berechnungsgleichungen zur Bestimmung der Stoffwerte und Zustandsgrößen ein Gleichungssystem. Dieses wird vor der rechnergestützten Lösung im Allgemeinen als Matrixgleichung dargestellt. Entsprechend dem Auftreten der Variablen in den Gleichungen ist das System entweder linear oder nichtlinear.

Lösen des Gleichungssystems Zur Lösung des Gleichungssystems kommen – je nach Art des Systems – unterschiedliche Lösungsverfahren zum Einsatz. Relevante Lösungsverfahren für lineare Systeme sind beispielsweise das Gauß- oder das Gauß-Seidel-Verfahren (siehe Abschn. 11.3.1). Zur Lösung nichtlinearer Gleichungssysteme werden meist iterative Ansätze wie das Newton-Verfahren eingesetzt (siehe Abschn. 11.3.2).

11.1 Formulierung der Bilanzgleichungen

Bei der Modellierung von Energieanlagen wird auf die Erhaltungssätze von Masse und Energie zurückgegriffen. Die Sätze der Masse- und Energieerhaltung werden dabei auf definierte Bilanzräume bezogen. Diese umfassen im Allgemeinen die einzelnen verfahrenstechnischen Komponenten (z. B. Kompressoren, Wärmeübertrager) der Anlage.

Für den Bilanzraum einer Komponente gilt entsprechend dem Satz der Masseerhaltung, dass die Summe der U in die Komponente eintretenden Massenströme gleich der Summe der V austretenden Massenströme ist:

$$\sum_{u}^{U} \dot{m}_{u,\text{ein}} = \sum_{v}^{V} \dot{m}_{v,\text{aus}} \tag{11.1}$$

Gemäß dem Energieerhaltungssatz gilt analog, dass die Summe der M in die Komponente eintretenden Energieströme gleich der Summe der N austretenden Energieströme ist:

$$\sum_{m}^{M} \dot{E}_{m,\text{ein}} = \sum_{n}^{N} \dot{E}_{n,\text{aus}} \tag{11.2}$$

Zusätzlich zu den Massen- und Energieströmen am Ein- und Ausgang der Anlagenkomponente werden die Stoff- und Zustandsänderungen in der Komponente abgebildet. Diese werden durch weitere chemische und thermodynamische Gleichungen wie Gleichgewichtsbeziehungen, Stoffwertfunktionen oder Zustandsgleichungen berücksichtigt. Die entsprechenden Stoffkonzentrationen, Stoffwerte und Zustandsgrößen treten neben den Massen- und Energieströmen als zusätzliche Variablen in den Gleichungen auf.

Bei der Formulierung der Gleichungen ist zu beachten, dass die Zustandsänderungen der Medien modellhaft nur in den Komponenten der Anlagen stattfinden. Zustandsänderungen, die an einer realen Anlage nicht in den Anlagenkomponenten auftreten (z. B.

Druckverluste in Rohrleitungen), müssen im Modell daher den Komponenten oder speziellen Hilfskomponenten (z. B. Rohrleitungen) zugeschrieben werden. In Bezug auf die Erhaltungsgleichungen bedeutet dies, dass die Zustandsgrößen eines Medium am Komponentenausgang gleich den Zustandsgrößen des Mediums am Eingang der darauffolgenden Komponente sind. Die Gleichungen der Masse- und der Energieerhaltung einer Komponente sind demzufolge über die Stoffströme mit den entsprechenden Gleichungen anderer Komponenten verknüpft.

11.2 Aufstellen des Gleichungssystems

Um die Gleichungen der Komponentenmodelle computergestützt lösen zu können, werden diese als Gleichungssystem in Matrixschreibweise dargestellt. Dazu werden die in den Gleichungen enthaltenen Variablen zeilenweise in den Variablenvektor **x** geschrieben:

$$\mathbf{x} = \begin{pmatrix} x_1 \\ x_2 \\ \vdots \\ x_n \end{pmatrix} \tag{11.3}$$

Weiterhin müssen die Konstanten einer jeden Gleichung zu einer Zahl zusammengefasst und zeilenweise in den Lösungsvektor **b** geschrieben werden:

$$\mathbf{b} = \begin{pmatrix} b_1 \\ b_2 \\ \vdots \\ b_m \end{pmatrix} \tag{11.4}$$

Schließlich wird die Koeffizientenmatrix A aufgestellt, welche die Koeffizienten der Variablen enthält. Dabei werden in jede Zeile der Matrix die Koeffizienten einer Erhaltungsgleichung geschrieben. Ist eine Variable in einer Erhaltungsgleichung nicht enthalten, so wird an die entsprechende Stelle der Koeffizientenmatrix eine Null eingetragen:

$$A = \begin{pmatrix} a_{1,1} & a_{1,2} & \cdots & a_{1,n} \\ a_{2,1} & a_{2,2} & \cdots & a_{2,n} \\ \vdots & \vdots & & \vdots \\ a_{m,1} & a_{m,2} & \cdots & a_{m,n} \end{pmatrix} \tag{11.5}$$

Auf Basis dieser drei mathematischen Objekte ergibt sich eine Matrixgleichung ($A\mathbf{x} = \mathbf{b}$), welche in ausmultiplizierter Form wieder die zu Grunde liegenden Einzelgleichungen ergibt:

$$A\mathbf{x} = \begin{pmatrix} a_{1,1} & a_{1,2} & \cdots & a_{1,n} \\ a_{2,1} & a_{2,2} & \cdots & a_{2,n} \\ \vdots & \vdots & & \vdots \\ a_{m,1} & a_{m,2} & \cdots & a_{m,n} \end{pmatrix} \begin{pmatrix} x_1 \\ x_2 \\ \vdots \\ x_n \end{pmatrix} = \mathbf{b} = \begin{pmatrix} b_1 \\ b_2 \\ \vdots \\ b_m \end{pmatrix} \quad (11.6)$$

11.3 Lösen des Gleichungssystems

Grundsätzlich treten bei stationären Bilanzierungen lineare und nichtlineare Gleichungssysteme auf. Ausgewählte Verfahren zur Lösung der Gleichungssysteme werden in den folgenden Abschnitten vorgestellt. Dabei ist zu beachten, dass die Lösbarkeit nicht für jedes Gleichungssystem gegeben ist. Da nichtlineare Gleichungssysteme vor der Lösung im Allgemeinen in lineare Systeme zu überführen sind (siehe Abschn. 11.3.2), soll im Folgenden exemplarisch auf die Lösbarkeit linearer Gleichungssysteme eingegangen werden:

Lösbarkeit Lineare Gleichungssysteme sind lösbar, wenn der Rang der Koeffizientenmatrix A gleich dem Rang von $A|\mathbf{b}$, das heißt der um den Lösungsvektor $\mathbf{b}$ erweiterten Koeffizientenmatrix, ist. Der Rang bezeichnet die Anzahl der Zeilen einer Dreiecksmatrix, in denen mindestens ein Eintrag ungleich null ist. Die entsprechenden Dreiecksmatrizen können beispielsweise mit Hilfe des Gauß-Verfahrens (siehe Abschn. 11.3.1.1) erzeugt werden. Bei lösbaren Gleichungssystemen wird zwischen zwei Fällen unterschieden [20, S. 214]:

- Der Rang der Matrizen ist gleich deren Zeilenzahl: Für das Gleichungssystem existiert genau eine Lösung.
- Der Rang der Matrizen ist kleiner als deren Zeilenzahl: Für das Gleichungssystem existieren unendlich viele Lösungen.

Ist das Gleichungssystem nicht lösbar – sind also die Ränge von A und $A|\mathbf{b}$ verschieden – so wird das Gleichungssystem als singulär bezeichnet. Bei quadratischen Koeffizientenmatrizen A kann die Singularität des Gleichungssystems mit Hilfe der Determinante $\det(A)$ überprüft werden: Ist die Determinante ungleich null, so ist das System nicht singulär und es existiert genau eine Lösung für das Gleichungssystem.

11.3.1 Lineare Gleichungssysteme

Lineare Gleichungssysteme entstehen bei rudimentären energetischen und stofflichen Bilanzierungen und treten typischerweise bei Anlagenkomponenten auf, in denen keine Stoff- und Zustandsänderungen stattfinden (z. B. Splitter, Abscheider). Auch stark verein-

11.3 Lösen des Gleichungssystems

fachte Zustandsgleichungen und konstante Stoffwerte können zu linearen Gleichungssystemen führen. Charakteristisch für derartige Gleichungssysteme ist, dass die unbekannten Größen (Variablen) ausschließlich in linearen Gleichungen auftreten.

11.3.1.1 Lösen des Gleichungssystems nach Gauß

Das Gauß-Verfahren ist ein analytisches Verfahren zur Lösung linearer Gleichungssysteme. Beim Gauß-Verfahren wird die Koeffizientenmatrix zunächst in die Form einer oberen Dreiecksmatrix gebracht, so dass – wenn die Matrixgleichung ausmultipliziert wird – die letzte Gleichung des Systems lediglich eine Variable, die vorletzte Gleichung zwei Variablen und die drittletzte Gleichung drei Variablen enthält (und so weiter) [14, S. 68]. Definitionsgemäß hat die obere Dreiecksmatrix folgende Form:

$$\begin{pmatrix} a_{1,1} & a_{1,2} & \cdots & a_{1,n} \\ 0 & a_{2,2} & \cdots & a_{2,n} \\ \vdots & \vdots & & \vdots \\ 0 & 0 & \cdots & a_{m,n} \end{pmatrix} \tag{11.7}$$

Durch die Überführung der Koeffizientenmartirix in eine obere Dreiecksmatrix entsteht ein Gleichungssystem, bei dem eine Gleichung immer eine Variable mehr besitzt als eine andere. Das Gleichungssystem kann daher – angefangen bei der Gleichung mit einer Variablen – Gleichung für Gleichung gelöst werden.

Erzeugen der oberen Dreiecksmatrix Die Umformung einer m-zeiligen Matrixgleichung in ein System, bei dem die Koeffizientenmatrix die Form einer oberen Dreiecksmatrix hat, wird anhand von $m-1$ Eliminationsschritten durchgeführt. Dabei wird in jedem Eliminationsschritt das Vielfache einer Gleichung von den anderen Gleichungen subtrahiert. Die Faktoren, mit denen die Gleichungen multipliziert werden, heißen Pivotelemente $P_{j,i}$. Im ersten Eliminationsschritt wird die erste Zeile der Matrixgleichung mit dem Pivotelement multipliziert und von den folgenden Zeilen subtrahiert – im zweiten Eliminationsschritt die zweite Zeile et cetera. Unter der Voraussetzung, dass $a_{i,i} \neq 0$ ist, lautet die Berechungsvorschrift der Pivotelemente:

$$P_{j,i} = \frac{a_{j,i}}{a_{i,i}} \tag{11.8}$$

Der Algorithmus zur Erzeugung der oberen Dreiecksmatrix nach dem Gauß-Verfahren gestaltet sich für $i = 1, \ldots, (m-1)$ und $j = i + 1$ wie folgt [14, S. 68]:

Für $i = 1, \ldots, (m-1)$
    Falls $a_{i,i} \neq 0$
        Für $j = (i+1), (i+2), \ldots, m$
            Subtrahiere in $(A|\mathbf{b})$ Zeile i mit Faktor $\frac{a_{j,i}}{a_{i,i}}$ von Zeile j

Rückwärtseinsetzen Nach dem Erzeugen der oberen Dreiecksmatrix wird das Gleichungssystem mit den Laufindices $j = (m-1), \ldots, 1$ und $k = (j+1), \ldots, m$ wie folgt gelöst:

$$x_m = \frac{b_m}{a_{m,n}} \tag{11.9}$$

$$x_j = \frac{b_j}{a_{j,j}} - \sum_{k=j+1}^{m} \frac{a_{j,k}}{a_{j,j}} x_k \tag{11.10}$$

11.3.1.2 Rechenbeispiel zum Gauß-Verfahren

Zur Erläuterung des Gauß-Verfahrens soll ein Rechenbeispiel mit vierzeiliger Matrixgleichung dienen:

$$\begin{pmatrix} 2 & -1 & -3 & 3 \\ 4 & 0 & -3 & 1 \\ 6 & 1 & -1 & 6 \\ -2 & -5 & 4 & 1 \end{pmatrix} \mathbf{x} = \begin{pmatrix} 1 \\ -8 \\ -16 \\ -12 \end{pmatrix} \tag{11.11}$$

Um die Koeffizientenmatrix der Matrixgleichung mit Hilfe der Pivotelemente in die Form einer oberen Dreiecksmatrix zu überführen, werden drei Eliminationsschritte durchgeführt:

Eliminationsschritt 1: $i = 1$

$$j = 2 \quad \rightarrow \quad P_{2,1} = +\frac{4}{2} = 2$$

$$j = 3 \quad \rightarrow \quad P_{3,1} = +\frac{6}{2} = 3$$

$$j = 4 \quad \rightarrow \quad P_{4,1} = -\frac{2}{2} = -1$$

$$\begin{pmatrix} 2 & -1 & -3 & 3 & | & 1 \\ 0 & 2 & 3 & -5 & | & -10 \\ 0 & 4 & 8 & -3 & | & -19 \\ 0 & -6 & 1 & 4 & | & -11 \end{pmatrix} \tag{11.12}$$

Eliminationsschritt 2: $i = 2$

$$j = 3 \quad \rightarrow \quad P_{3,2} = +\frac{4}{2} = 2$$

$$j = 4 \quad \rightarrow \quad P_{4,2} = -\frac{6}{2} = -3$$

$$\begin{pmatrix} 2 & -1 & -3 & 3 & | & 1 \\ 0 & 2 & 3 & -5 & | & -10 \\ 0 & 0 & 2 & 7 & | & 1 \\ 0 & 0 & 10 & -11 & | & -41 \end{pmatrix} \tag{11.13}$$

11.3 Lösen des Gleichungssystems

Eliminationsschritt 3: $i = 3$

$$j = 4 \quad \rightarrow \quad P_{4,3} = +\frac{10}{2} = 5$$

$$\begin{pmatrix} 2 & -1 & -3 & 3 & | & 1 \\ 0 & 2 & 3 & -5 & | & -10 \\ 0 & 0 & 2 & 7 & | & 1 \\ 0 & 0 & 0 & -46 & | & -46 \end{pmatrix} \tag{11.14}$$

Nach den Eliminationsschritten kann der Lösungsvektor **x** des Gleichungssystems durch Rückwärtseinsetzen bestimmt werden:

$$\mathbf{x} = \begin{pmatrix} 4\frac{1}{2} \\ 2 \\ -3 \\ 1 \end{pmatrix} \tag{11.15}$$

11.3.1.3 Lösen des Gleichungssystems nach dem Jacobi-Verfahren

Das Jacobi-Verfahren ist ein iteratives Verfahren zur Lösung linearer Gleichungssysteme bei dem – ausgehend von einem Variablenstartvektor $\mathbf{x}^{(0)}$ – die Elemente $x_j^{(k+1)}$ eines verbesserten Variablenvektors $\mathbf{x}^{(k+1)}$ berechnet werden. Dabei wird jedes Element j des verbesserten Variablenvektors separat aus den Werten der Koeffizientenmatrix A, den Werten des Lösungsvektors **b** und den Werten $x_i^{(k)}$ des vorherigen Variablenvektors bestimmt. Es gilt folgende Rechenvorschrift [14, S. 554]:

$$x_j^{(k+1)} = \frac{b_j}{a_{j,j}} - \sum_{i=1; i \neq j}^{m} \frac{a_{j,i}}{a_{j,j}} x_i^k \tag{11.16}$$

11.3.1.4 Rechenbeispiel zum Jacobi-Verfahren

Zur Erläuterung des Jacobi-Verfahrens soll nachfolgende Matrixgleichung dienen. Zu berechnen ist der Variablenvektor **x**:

$$\begin{pmatrix} 10 & -4 & -2 \\ -4 & 10 & -4 \\ -6 & -2 & 12 \end{pmatrix} \mathbf{x} = \begin{pmatrix} 2 \\ 3 \\ 1 \end{pmatrix} \tag{11.17}$$

Als Variablenstartvektor der Iteration wird der Vektor $\mathbf{x}^{(0)}$ verwendet. Die Elemente $x_i^{(0)}$ des Vektors besitzen in diesem Rechenbeispiel den Wert null:

$$\mathbf{x}^{(0)} = \begin{pmatrix} 0 \\ 0 \\ 0 \end{pmatrix} \tag{11.18}$$

Entsprechend Gl. 11.16 werden die Elemente $x_j^{(1)}$ eines verbesserten Variablenstartvektors separat aus den Elementen $x_i^{(0)}$ des Startvektors berechnet:

$$x_1^{(1)} = \frac{b_1}{a_{1,1}} - \left\{ \frac{a_{1,1}}{a_{1,1}} x_1^{(0)} + \frac{a_{1,2}}{a_{1,1}} x_2^{(0)} + \frac{a_{1,3}}{a_{1,1}} x_3^{(0)} \right\} \qquad (11.19)$$

$$x_1^{(1)} = \frac{2}{10} - \left\{ \frac{-10}{10} 0 + \frac{-4}{10} 0 + \frac{-2}{10} 0 \right\} = \frac{2}{10} \qquad (11.20)$$

$$x_2^{(1)} = \frac{b_2}{a_{2,2}} - \left\{ \frac{a_{2,1}}{a_{2,2}} x_1^{(0)} + \frac{a_{2,2}}{a_{2,2}} x_2^{(0)} + \frac{a_{2,3}}{a_{2,2}} x_3^{(0)} \right\} \qquad (11.21)$$

$$x_2^{(1)} = \frac{3}{10} - \left\{ \frac{-4}{10} 0 + \frac{10}{10} 0 + \frac{-4}{10} 0 \right\} = \frac{3}{10} \qquad (11.22)$$

$$x_3^{(1)} = \frac{b_3}{a_{3,3}} - \left\{ \frac{a_{3,1}}{a_{3,3}} x_1^{(0)} + \frac{a_{3,2}}{a_{3,3}} x_2^{(0)} + \frac{a_{3,3}}{a_{3,3}} x_3^{(0)} \right\} \qquad (11.23)$$

$$x_3^{(1)} = \frac{1}{12} - \left\{ \frac{-6}{12} 0 + \frac{-2}{12} 0 + \frac{12}{12} 0 \right\} = \frac{1}{12} \qquad (11.24)$$

Zur weiteren Verbesserung des Variablenvektors **x** werden die beschriebenen Rechenschritte beliebig oft beziehungsweise bis zur Erfüllung eines Abbruchkriteriums wiederholt. Als Abbruchkriterium wird in der Regel eine maximale Zahl an Iterationsschritten definiert.

11.3.1.5 Lösen des Gleichungssystems nach Gauß-Seidel

Das Gauß-Seidel-Verfahren dient der iterativen Lösung linearer Gleichungssysteme. Es basiert auf dem Jacobi-Verfahren, wurde jedoch zur Verbesserung der Konvergenzgeschwindigkeit modifiziert.

Im Unterschied zum Jacobi-Verfahren beruht die Erzeugung des verbesserten Variablenvektors $\mathbf{x}^{(k+1)}$ nicht nur auf den Werten $x_i^{(k)}$ des Variablenvektors des vorangegangenen Iterationsschritts, sondern ebenfalls auf bereits berechneten Werten $x_i^{(k+1)}$ des gesuchten Variablenvektors. Die erreichte Verbesserung in der Variable $x_i^{(k+1)}$ wird demnach direkt in die Erzeugung der Variablen $x_{i+1}^{(k+1)}$ eingebracht. Die Berechnungsvorschrift der Variablen des Gauß-Seidel-Verfahrens lautet [20, S. 216]:

$$x_j^{(k+1)} = \frac{b_j}{a_{j,j}} - \sum_{i=1; i \neq j}^{j-1} \frac{a_{j,i}}{a_{j,j}} x_i^{(k+1)} - \sum_{i=j+1; i \leq m}^{m} \frac{a_{j,i}}{a_{j,j}} x_i^{(k)} \qquad (11.25)$$

11.3.1.6 Rechenbeispiel zum Gauß-Seidel-Verfahren

Zur Verdeutlichung des Gauß-Seidel-Verfahrens wird auf dieselbe Matrixgleichung wie beim Jacobi-Verfahren zurückgegriffen:

$$\begin{pmatrix} 10 & -4 & -2 \\ -4 & 10 & -4 \\ -6 & -2 & 12 \end{pmatrix} \mathbf{x} = \begin{pmatrix} 2 \\ 3 \\ 1 \end{pmatrix} \tag{11.26}$$

Als Variablenstartvektor wird wiederum der Vektor $\mathbf{x}^{(0)}$ verwendet. Seine Elemente $x_i^{(0)}$ sind auch in diesem Rechenbeispiel gleich null:

$$\mathbf{x}^{(0)} = \begin{pmatrix} 0 \\ 0 \\ 0 \end{pmatrix} \tag{11.27}$$

Zur Berechnung der verbesserten Elemente des Variablenvektors wird im Unterschied zum Jacobi-Verfahren die Gl. 11.25 verwendet:

$$x_1^{(1)} = \frac{b_1}{a_{1,1}} - \left\{ \frac{a_{1,2}}{a_{1,1}} x_2^{(0)} + \frac{a_{1,3}}{a_{1,1}} x_3^{(0)} \right\} \tag{11.28}$$

$$x_1^{(1)} = \frac{2}{10} - \left\{ \frac{-4}{10} 0 + \frac{-2}{10} 0 \right\} = \frac{2}{10} \tag{11.29}$$

$$x_2^{(1)} = \frac{b_2}{a_{2,2}} - \left\{ \frac{a_{2,1}}{a_{2,2}} x_1^{(1)} + \frac{a_{2,3}}{a_{2,2}} x_2^{(0)} \right\} \tag{11.30}$$

$$x_2^{(1)} = \frac{3}{10} - \left\{ \frac{-4}{10} \frac{2}{10} + \frac{-4}{10} 0 \right\} = \frac{19}{50} \tag{11.31}$$

$$x_3^{(1)} = \frac{b_3}{a_{3,3}} - \left\{ \frac{a_{3,1}}{a_{3,3}} x_1^{(1)} + \frac{a_{3,2}}{a_{3,3}} x_2^{(1)} \right\} \tag{11.32}$$

$$x_3^{(1)} = \frac{1}{12} - \left\{ \frac{-6}{12} \frac{2}{10} + \frac{-2}{12} \frac{19}{50} \right\} = \frac{37}{150} \tag{11.33}$$

11.3.1.7 Lösen des Gleichungssystems mit dem TDM-Algorithmus

Der TriDiagonalMatrix-Algorithmus (TDM-Algorithmus) bezeichnet ein analytisches Verfahren zur Lösung linearer Gleichungssysteme. Er stellt eine Vereinfachung des Gauß-Verfahrens dar und kann auf Gleichungssysteme angewendet werden, deren Koeffizientenmatrix die Form einer Tridiagonalmatrix besitzt [20, S. 217]. Tridiagonalmatrizen sind quadratische Matrizen, bei denen nur die Einträge auf der Hauptdiagonalen und den beiden ersten Nebendiagonalen von null verschieden sind. Weiterhin muss die Koeffizientenmatrix für die Anwendung des TDM-Algorithmus diagonaldominant sein – also die Einträge der Diagonalen größer/gleich der Summe der verbleibenden Zeileneinträge.

Aufgrund der Tridiagonalität der Koeffizientenmatrix ist eine Variable des Gleichungssystems maximal von zwei anderen Variablen abhängig. Das Gleichungssystem kann daher durch systematische Substitution der Variablen (mit Hilfe der Vielfachen anderer Variablen) gelöst werden. Der Rechenaufwand des TDM-Algorithmus ist entsprechend geringer als der des Gauß-Verfahrens. Die Substitutionsmethodik wird in den nachfolgenden Abschnitten erläutert.

Zur Lösung von Gleichungssystemen nach dem TDM-Algorithmus [20, S. 217] werden zunächst die Koeffizienten c_i berechnet:

$$c_i = \frac{a_{od,i}}{a_{hd,i} - a_{ud,i}\, c_{i-1}} \tag{11.34}$$

Dabei gilt für c_1 eine gesonderte Berechnungsvorschrift:

$$c_1 = \frac{a_{od,1}}{a_{hd,1}} \tag{11.35}$$

Auf Basis der Koeffizienten c_i werden anschließend die Koeffizienten k_i bestimmt:

$$k_i = \frac{b_i - a_{ud,i}\, k_{i-1}}{a_{hd,i} - a_{ud,i}\, c_{i-1}} \tag{11.36}$$

Auch für k_1 wird auf eine gesonderte Berechnungsformel zurückgegriffen:

$$k_1 = \frac{b_1}{a_{hd,1}} \tag{11.37}$$

Die Indices der aufgeführten Berechnungsformeln orientieren sich an der Hauptdiagonalen (Index hd) sowie an der oberen und unteren (Neben-)Diagonalen (Index od bzw. ud) der Koeffizientenmatrix. Zur Erläuterung der Indizierung dient Gl. 11.38:

$$A\mathbf{x} = \begin{pmatrix} a_{hd,1} & a_{od,1} & \cdots & a_{1,n} \\ a_{ud,1} & a_{hd,2} & \cdots & a_{2,n} \\ \vdots & \vdots & & \vdots \\ a_{m,1} & a_{m,2} & \cdots & a_{m,n} \end{pmatrix} \begin{pmatrix} x_1 \\ x_2 \\ \vdots \\ x_n \end{pmatrix} = \mathbf{b} = \begin{pmatrix} b_1 \\ b_2 \\ \vdots \\ b_m \end{pmatrix} \tag{11.38}$$

Mit Hilfe der berechneten Koeffizienten können die Elemente des Vektors $\mathbf{x}$ berechnet werden. Begonnen wird mit dem letzten Wert x_n des Vektors $\mathbf{x}$. Dieser ist definitionsgemäß gleich dem Koeffizienten k_n:

$$x_n = k_n \tag{11.39}$$

11.3 Lösen des Gleichungssystems

Anschließend folgt die Berechnung der übrigen Werte des Vektors **x** für $i = (n-1), \ldots, 1$. In die Berechnung wird neben den Koeffizienten k_i und c_i zudem der zuvor bestimmte Wert x_{i+1} einbezogen:

$$x_i = k_i - c_i\, x_{i+1} \tag{11.40}$$

11.3.1.8 Rechenbeispiel zum TDM-Algorithmus

Als Beispiel für die Anwendung des TDM-Algorithmus wird auf die folgende Matrixgleichung mit tridiagonaler Koeffizientenmatrix zurückgegriffen:

$$\begin{pmatrix} 2 & 1 & 0 & 0 \\ 1 & 2 & 1 & 0 \\ 0 & 1 & 2 & 1 \\ 0 & 0 & 1 & 2 \end{pmatrix} \mathbf{x} = \begin{pmatrix} 4 \\ 8 \\ 12 \\ 11 \end{pmatrix} \tag{11.41}$$

Zur Lösung des Rechenbeispiels werden zunächst die Koeffizienten c_1 und k_1 berechnet. Diese ergeben sich entsprechend Gl. 11.35 und 11.37:

$$c_1 = \frac{a_{od,1}}{a_{hd,1}} = \frac{1}{2} \tag{11.42}$$

$$k_1 = \frac{b_1}{a_{hd,1}} = \frac{4}{2} \tag{11.43}$$

Anschließend werden alle weiteren Koeffizienten c_i und k_i bestimmt. Dazu werden Gl. 11.34 und 11.36 verwendet:

$$c_2 = \frac{a_{od,2}}{a_{hd,2} - a_{ud,2} \cdot c_{2-1}} = \frac{1}{2 - 1 \cdot \frac{1}{2}} = \frac{2}{3} \tag{11.44}$$

$$k_2 = \frac{b_2 - a_{ud,2} \cdot k_{2-1}}{a_{hd,2} - a_{ud,2} \cdot c_{2-1}} = \frac{8 - 1 \cdot 2}{2 - 1 \cdot \frac{1}{2}} = 4 \tag{11.45}$$

$$c_3 = \frac{a_{od,3}}{a_{hd,3} - a_{ud,3} \cdot c_{3-1}} = \frac{1}{2 - 1 \cdot \frac{2}{3}} = \frac{3}{4} \tag{11.46}$$

$$k_3 = \frac{b_3 - a_{ud,3} \cdot k_{3-1}}{a_{hd,3} - a_{ud,3} \cdot c_{3-1}} = \frac{12 - 1 \cdot 4}{2 - 1 \cdot \frac{2}{3}} = 6 \tag{11.47}$$

$$k_4 = \frac{b_4 - a_{ud,4} \cdot k_{4-1}}{a_{hd,4} - a_{ud,4} \cdot c_{4-1}} = \frac{11 - 1 \cdot 6}{2 - 1 \cdot \frac{3}{4}} = 4 \tag{11.48}$$

Die Lösungen der Matrixgleichung, das heißt die Einträge des Vektors **x**, ergeben sich schließlich entsprechend Gl. 11.39 (für x_4) und 11.40 (für x_1 bis x_3):

$$x_4 = k_4 = 4 \tag{11.49}$$

$$x_3 = k_3 - c_3 \cdot x_{3+1} = 6 - \frac{3}{4} \cdot 4 = 3 \tag{11.50}$$

$$x_2 = k_2 - c_2 \cdot x_{2+1} = 4 - \frac{2}{3} \cdot 4 = 2 \tag{11.51}$$

$$x_1 = k_1 - c_1 \cdot x_{1+1} = 2 - \frac{1}{2} \cdot 2 = 1 \tag{11.52}$$

11.3.1.9 Lösen des Gleichungssystems mit der LR-Zerlegung

Die LR-Zerlegung beruht auf dem Gauß-Verfahren und ist ein analytisches Verfahren zur Lösung linearer Gleichungssysteme. Die Erzeugung der rechten oberen Dreiecksmatrix des Gauß-Verfahrens (siehe Abschn. 11.3.1.1) ist im Grunde eine Faktorisierung der Koeffizientenmatrix A in eine linke untere Dreiecksmatrix L (L-Matrix) und eine rechte obere Dreiecksmatrix R (R-Matrix) [14, S. 71]:

$$A = L\,R \tag{11.53}$$

Die Elemente der rechten oberen Dreiecksmatrix berechnen sich wie für das Gauß-Verfahren dargestellt. Die linke untere Dreiecksmatrix besteht hingegen aus den Pivotelementen $P_{j,i}$ zur Erzeugung der rechten oberen Dreiecksmatrix.

Zur Lösung des Gleichungssystems $A\,\mathbf{x} = \mathbf{b}$ wird zunächst das Gleichungssystem

$$L\,\mathbf{y} = \mathbf{b} \tag{11.54}$$

gelöst. Anschließend wird aus dem System

$$R\,\mathbf{x} = \mathbf{y} \tag{11.55}$$

der Vektor **x** bestimmt.

11.3.1.10 Rechenbeispiel zur LR-Zerlegung

Zur Erläuterung soll auf das Rechenbeispiel des Gauß-Verfahrens zurückgegriffen werden. Die Matrixgleichung des Beispiels lautet:

$$\begin{pmatrix} 2 & -1 & -3 & 3 \\ 4 & 0 & -3 & 1 \\ 6 & 1 & -1 & 6 \\ -2 & -5 & 4 & 1 \end{pmatrix} \mathbf{x} = \begin{pmatrix} 1 \\ -8 \\ -16 \\ -12 \end{pmatrix} \tag{11.56}$$

Entsprechend dem Gauß-Verfahren (siehe Abschn. 11.3.1.1) kann die Koeffizientenmatrix mit Hilfe der Pivotelemente in eine rechte obere Dreiecksmatrix überführt werden. Das Ergebnis ist:

$$R = \begin{pmatrix} 2 & -1 & -3 & 3 \\ 0 & 2 & 3 & -5 \\ 0 & 0 & 2 & 7 \\ 0 & 0 & 0 & -46 \end{pmatrix} \qquad (11.57)$$

Die linke untere Dreiecksmatrix ergibt sich – wie eingangs beschrieben – aus den Pivotelementen des Gauß-Verfahrens. Die untere Dreiecksmatrix lautet demnach:

$$L = \begin{pmatrix} 1 & 0 & 0 & 0 \\ 2 & 1 & 0 & 0 \\ 3 & 2 & 1 & 0 \\ -1 & -3 & 5 & 1 \end{pmatrix} \qquad (11.58)$$

Die Lösung von $L\,\mathbf{y} = \mathbf{b}$ kann durch Vorwärtseinsetzen bestimmt werden:

$$\mathbf{y} = \begin{pmatrix} 1 \\ -10 \\ 1 \\ -46 \end{pmatrix} \qquad (11.59)$$

Schließlich kann mit Hilfe des Vektors $\mathbf{y}$ die Gleichung $R\,\mathbf{x} = \mathbf{y}$ durch Rückwärtseinsetzen gelöst und die Lösung $\mathbf{x}$ der ursprünglichen Matrixgleichung (Gl. 11.56) berechnet werden:

$$\mathbf{x} = \begin{pmatrix} 4\tfrac{1}{2} \\ 2 \\ -3 \\ 1 \end{pmatrix} \qquad (11.60)$$

11.3.2 Nichtlineare Gleichungssysteme

Die Modellierung von Anlagenkomponenten führt häufig auf nichtlineare Gleichungssysteme. Diese treten insbesondere dann auf, wenn die Medien in den Komponenten Stoff- und Zustandsänderungen unterliegen oder nichtlineare Stoffwertefunktionen (z. B. Polynome zur Bestimmung von Wärmekapazitäten) eingebunden werden. Ein Gleichungssystem gilt dann als nichtlinear, wenn sich mindestens eine der Variablen in einer Gleichung nichtlinear mit einer anderen Variablen verändert.

11.3.2.1 Lösen des Gleichungssystems nach Newton

Das Newton-Verfahren ist ein iteratives Verfahren zur Lösung linearer und nichtlinearer Gleichungssysteme. Seinen Ursprung hat das Newton-Verfahren in der Nullstellenbestimmung von Funktionen durch das systematische Anlagen von Tangenten. Die Nullstelle einer Tangente im Startpunkt der Iteration bezeichnet den Punkt, an dem die nächste Tangente angelegt wird (et cetera). Auf diese Weise kann sich der Nullstelle der eigentlichen Funktion schrittweise genähert werden [14, S. 182].

Das Newton-Verfahren zur Bestimmung der Nullstelle einer einfachen nichtlinearen Funktion ist in Abb. 11.2 veranschaulicht. Ausgehend vom Startwert der Iteration $x^{(k)}$ kann die nächste Stelle $x^{(k+1)}$, an der die zweite Tangente an die Funktion $f(x)$ angelegt wird, mit Hilfe der Ableitung $f'(x^{(k)})$ der Funktion berechnet werden [14, S. 182]:

$$x^{(k+1)} = x^{(k)} - f(x^{(k)}) \left\{ f'(x^{(k)}) \right\}^{-1} \tag{11.61}$$

Die gezeigte Vorgehensweise zur Nullstellenbestimmung einzelner Funktionen lässt sich auf Gleichungssysteme – wie sie bei energetischen und stofflichen Bilanzierungen energietechnischer Anlagen auftreten – übertragen. F' bezeichnet in diesem Fall die Jacobi-Matrix des Vektors $\mathbf{f}$ [14, S. 191]:

$$\mathbf{x}^{(k+1)} = \mathbf{x}^{(k)} - \left\{ F'(\mathbf{x}^{(k)}) \right\}^{-1} \mathbf{f}(\mathbf{x}^{(k)}) \tag{11.62}$$

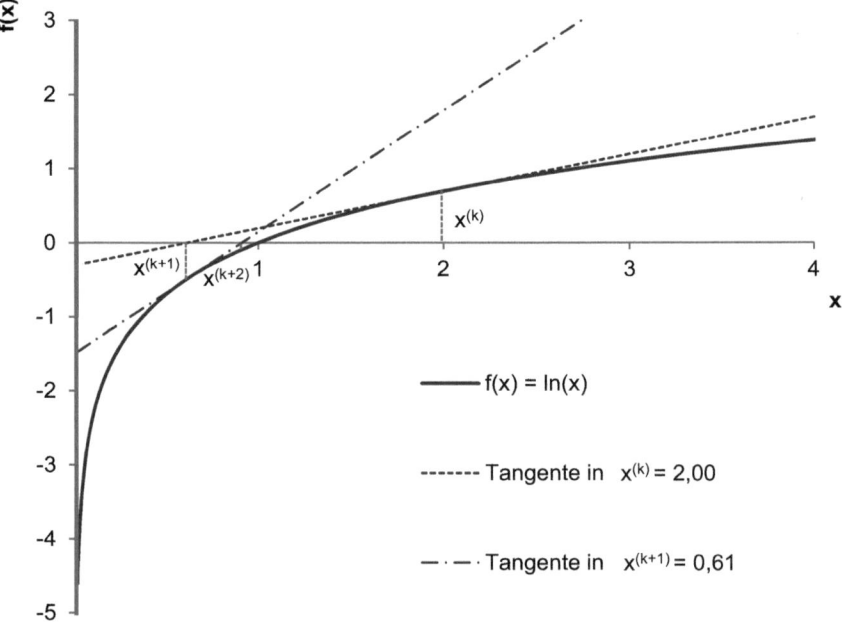

Abb. 11.2 Schematische Darstellung des Newton-Verfahrens

11.3 Lösen des Gleichungssystems

Da sich die Invertierung der Matrix F' als rechenintensiv erweist, wird diese bei der numerischen Anwendung des Newton-Verfahrens vermieden. Der Algorithmus des Newton-Verfahrens ergibt sich ohne Matrix-Invertierung für $k = 0, 1, 2, \ldots$ wie folgt:

Für $k = 0, 1, 2, \ldots$

    Berechne $\mathbf{f}(\mathbf{x}^{(k)})$ und $F'(\mathbf{x}^{(k)})$

    Löse das lineare Gleichungssystem $F'(\mathbf{x}^{(k)})\mathbf{s}^{(k)} = -\mathbf{f}(\mathbf{x}^{(k)})$

    Berechne den verbesserten Lösungsvektor $\mathbf{x}^{(k+1)} = \mathbf{x}^{(k)} + \mathbf{s}^{(k)}$

11.3.2.2 Rechenbeispiel zum Newton-Verfahren

Zur Erläuterung des Newton-Verfahrens sei folgendes nichtlineares Gleichungssystem gegeben. Die Lösung des Systems soll durch zwei Iterationsschritte angenähert werden:

$$\begin{aligned} 1\,x_1 + 2\,x_2 - 3 &= 0 \\ 4\,x_1 + 1\,x_2^2 - 5 &= 0 \end{aligned} \tag{11.63}$$

Die Jacobimatrix F' des Gleichungssystems ist:

$$F' = \begin{pmatrix} 1 & 2 \\ 4 & 2\,x_2 \end{pmatrix} \tag{11.64}$$

Als Startvektor der Iteration soll der Vektor $\mathbf{x}^{(0)}$ verwendet werden:

$$\mathbf{x}^{(0)} = \begin{pmatrix} 0 \\ 0 \end{pmatrix} \tag{11.65}$$

Iterationsschritt 1 Für den ersten Iterationsschritt muss entsprechend dem dargestellten Algorithmus folgendes Gleichungssystem gelöst werden:

$$F'(\mathbf{x}^{(0)})\,\mathbf{s}^{(0)} = -\mathbf{f}(\mathbf{x}^{(0)}) \tag{11.66}$$

Dazu wird zunächst der Vektor $\mathbf{x}^{(0)}$ in die Jacobimatrix F' und den Vektor $\mathbf{f}$ eingesetzt:

$$F'(\mathbf{x}^{(0)}) = \begin{pmatrix} 1 & 2 \\ 4 & 0 \end{pmatrix} \tag{11.67}$$

$$\mathbf{f}(\mathbf{x}^{(0)}) = \begin{pmatrix} -3 \\ -5 \end{pmatrix} \tag{11.68}$$

Die Lösung von Iterationsschritt 1 ist die Newton-Korrektur $\mathbf{s}^{(0)}$, mit deren Hilfe die verbesserte Lösung $\mathbf{x}^{(1)}$ des Gleichungssystem berechnet werden kann:

$$\mathbf{x}^{(1)} = \mathbf{x}^{(0)} + \mathbf{s}^{(0)} = \begin{pmatrix} 0 \\ 0 \end{pmatrix} + \begin{pmatrix} \frac{5}{4} \\ \frac{7}{8} \end{pmatrix} = \begin{pmatrix} \frac{5}{4} \\ \frac{7}{8} \end{pmatrix} \tag{11.69}$$

Iterationsschritt 2 Für den zweiten Iterationsschritt ist folgendes Gleichungssystem zu lösen:

$$F'(\mathbf{x}^{(1)})\,\mathbf{s}^{(1)} = -\mathbf{f}(\mathbf{x}^{(1)}) \tag{11.70}$$

Um den Rechenaufwand zu begrenzen wird – wie eingangs beschrieben – für den zweiten Iterationsschritt dieselbe Jacobimatrix verwendet wie für den ersten Iterationsschritt:

$$F'(\mathbf{x}^{(1)}) \approx F'(\mathbf{x}^{(0)}) = \begin{pmatrix} 1 & 2 \\ 4 & 0 \end{pmatrix} \tag{11.71}$$

Im Gegensatz zu Iterationsschritt 1 wird jedoch der um die Newton-Korrektur verbesserte Lösungsvektor $\mathbf{x}^{(1)}$ in $\mathbf{f}$ eingesetzt. Das Resultat ist folgender Vektor:

$$\mathbf{f}(\mathbf{x}^{(1)}) = \begin{pmatrix} 0 \\ \frac{49}{64} \end{pmatrix} \tag{11.72}$$

Die Newton-Korrektur $\mathbf{s}^{(1)}$ des zweiten Iterationsschrittes ergibt sich aus der Lösung des Gleichungssystems in Gl. 11.70 und wird zur weiteren Verbesserung des Lösungsvektors verwendet:

$$\mathbf{x}^{(2)} = \mathbf{x}^{(1)} + \mathbf{s}^{(1)} = \begin{pmatrix} \frac{5}{4} \\ \frac{7}{8} \end{pmatrix} + \begin{pmatrix} -\frac{49}{256} \\ \frac{49}{512} \end{pmatrix} = \begin{pmatrix} 1\frac{15}{256} \\ \frac{497}{512} \end{pmatrix} \tag{11.73}$$

Es ist anzumerken, dass das Gleichungssystem noch eine zweite Lösung mit den Vektoreinträgen $x_1 = -11$ und $x_2 = 7$ besitzt. Diese ergibt sich bei der Verwendung eines anderen Startvektors.

11.4 Ausgewählte Rechenbeispiele

Bei Bilanzierungs- und Simulationsrechnungen treten im überwiegenden Maße nichtlineare Gleichungssysteme auf. Die rechnergestützte Lösung eines derartigen Gleichungssystems soll im folgenden Programmbeispiel exemplarisch für die Methanisierung kohlenstoffmonoxidreicher Synthesegase erläutert werden. Das Programmbeispiel ist in der Programmiersprache C++ dargestellt. Angewendet wird das Newton-Verfahren.

11.4.1 Rechenbeispiel: Newton-Verfahren

Problemstellung Einem isotherm bei 573 K und isobar bei 27 bar betriebenem Rührkesselreaktor mit Katalysatorschüttung wird als Reaktionsedukt kontinuierlich Gas zugeführt. Im Reaktor reagiert das Gas entsprechend dem chemischen Gleichgewicht der

11.4 Ausgewählte Rechenbeispiele

Wassergas-Shift-Reaktion und CO-Methanisierung. Anschließend werden die gasförmigen Reaktionsprodukte aus dem Reaktor abgezogen. Das zugeführte Gasgemisch besteht aus $0{,}59\,\text{mol}\,\text{s}^{-1}$ Kohlenstoffdioxid, $0{,}65\,\text{mol}\,\text{s}^{-1}$ Kohlenstoffmonoxid, $0{,}003\,\text{mol}\,\text{s}^{-1}$ Wasserdampf, $4{,}34\,\text{mol}\,\text{s}^{-1}$ Wasserstoff, $0{,}75\,\text{mol}\,\text{s}^{-1}$ Methan und $0{,}29\,\text{mol}\,\text{s}^{-1}$ Stickstoff. Unter der Bedingung, dass Stickstoff den Reaktor als inerte Gaskomponente passiert, soll ein Gleichungssystem zur Berechnung der Gleichgewichtszusammensetzung am Reaktoraustritt aufgestellt und mit dem Newton-Verfahren gelöst werden.

Rechencode Der Programmcode zur Umsetzung der Rechnung ist in der nachfolgenden Funktion *Newtonverfahren* dargestellt.

```
function Newtonverfahren
%
%%%%%%%%%%%%%%%%%%%%%%%%%%%%%%%%%%%%%
%%%%%%%%%%%%%%%%%%%%%%%%%%%%%%%%%%%%
% Definition der Laufindices:
%
V = 5; % Anzahl der Variablen
%
%%%%%%%%%%%%%%%%%%%%%%%%%%%%%%%%%%%%
%%%%%%%%%%%%%%%%%%%%%%%%%%%%%%%%%%%%
% Definition der Vektoren und Matrizen:
%
x = zeros(V,1);
y = ones(V,1);
y_rechts = ones(V,1);
y_links = ones(V,1);
%
Y_rechts = zeros(V,V);
Y_links = zeros(V,V);
Y = zeros(V,V);
%
%%%%%%%%%%%%%%%%%%%%%%%%%%%%%%%%%%%
%%%%%%%%%%%%%%%%%%%%%%%%%%%%%%%%%%%
% Definition des Eduktgemisches:
%
pGas_aus = 2700000; % Druck in Pa
TGas_aus = 573; % Temperatur in K
nCO2_ein = 0.59; % Stoffmengenstrom CO2 in mol/s
nCO_ein = 0.65; % Stoffmengenstrom CO in mol/s
nH2O_ein = 0.003; % Stoffmengenstrom H2O in mol/s
nH2_ein = 4.34; % Stoffmengenstrom H2 in mol/s
nCH4_ein = 0.75; % Stoffmengenstrom CH4 in mol/s
nN2_ein = 0.29; % Stoffmengenstrom N2 in mol/s
%
%%%%%%%%%%%%%%%%%%%%%%%%%%%%%%%%%%%
%%%%%%%%%%%%%%%%%%%%%%%%%%%%%%%%%%%
% Berechnung der C-, H- und O-Molströme des Eduktgemisches:
```

```
%
nC_GGW = nCO2_ein+nCO_ein+nCH4_ein;
nH_GGW = 2*nH2O_ein+2*nH2_ein+4*nCH4_ein;
nO_GGW = 2*nCO2_ein+nCO_ein+nH2O_ein;
%
%%%%%%%%%%%%%%%%%%%%%%%%%%%%%%%%%%%%%%
%%%%%%%%%%%%%%%%%%%%%%%%%%%%%%%%%%%%%%
% Berechnung der Gleichgewichtskonstanten:
%
K1 = 10.^((-18.98177) + (-9520.569./TGas_aus)...
 + 10.91012.*log10(TGas_aus)...
 + (-0.319556e-2).*TGas_aus...
 + 0.3631894e-6.*TGas_aus.^2)*(10000000000);
%
K2 = 10.^((-8.000980) + (2456.620./TGas_aus)...
 + 1.984098.*log10(TGas_aus)...
 + (-0.3329441e-3).*TGas_aus...
 + 0.563315e-7.*TGas_aus.^2);
%
%%%%%%%%%%%%%%%%%%%%%%%%%%%%%%%%%%%%%%
%%%%%%%%%%%%%%%%%%%%%%%%%%%%%%%%%%%%%%
% Definition des Gleichungssystems:
%
% Kohlenstoffbilanz:
% y(1) = nGas_aus(1) + nGas_aus(2) + nGas_aus(5) - nC_GGW;
%
% Wasserstoffbilanz:
% y(2) = 2*nGas_aus(3) + 2*nGas_aus(4)+ 4*nGas_aus(5) - nH_GGW;
%
% Sauerstoffbilanz:
% y(3) = 2*nGas_aus(1) + nGas_aus(2) + nGas_aus(3) - nO_GGW;
%
% Gleichgewicht nach Le Chatelier der CO-Methanisierung:
% y(4) = K1*nGas_aus(5)*nGas_aus(3)...
%  *(nGas_aus(1)+nGas_aus(2)+nGas_aus(3)...
%  +nGas_aus(4)+nGas_aus(5)+nN2_aus)^(2)...
%  - nGas_aus(2)*(nGas_aus(4)^(3))*pGas_aus^(2);
%
% Gleichgewicht nach Le Chatelier der Wassergas-Shift-Reaktion:
% y(5) = K2*nGas_aus(2)*nGas_aus(3) - nGas_aus(4)*nGas_aus(1);
%
%%%%%%%%%%%%%%%%%%%%%%%%%%%%%%%%%%%%%%%
%%%%%%%%%%%%%%%%%%%%%%%%%%%%%%%%%%%%%%%
% Definition der Startwerte
% zur Lösung des Gleichungssystems:
%
nGas_aus(1) = 0.11; % Startwert für nCO2_aus
nGas_aus(2) = 0.1; % Startwert für nCO_aus
nGas_aus(3) = 1.61; % Startwert für nH2O_aus
```

11.4 Ausgewählte Rechenbeispiele

```
nGas_aus(4) = 0.49; % Startwert für nH2_aus
nGas_aus(5) = 1.87; % Startwert für nCH4_aus
nN2_aus = nN2_ein;
%
%%%%%%%%%%%%%%%%%%%%%%%%%%%%%%%%%%%%%%
%%%%%%%%%%%%%%%%%%%%%%%%%%%%%%%%%%%%%%
% Berechnung der Jacobi-Matrix
% zur Lösung des Gleichungssystems:
%
for i = 1:15
%
h = 0.0001;
%
%%%%%%%%%%%%%%%%%%%%%%%%%%%%%%%%%%%%%%
%%%%%%%%%%%%%%%%%%%%%%%%%%%%%%%%%%%%%%
% Berechnung der Hilfsmatrix Y_rechts
% zur numerischen Berechnung der Jacobi-Matrix:
%
 a = 1;
%
 for a = 1:V
%
  nGas_aus(a) = nGas_aus(a) + h;
%
  % Kohlenstoffbilanz:
  y_rechts(1) = nGas_aus(1) + nGas_aus(2)...
   + nGas_aus(5) - nC_GGW;
%
  % Wasserstoffbilanz:
  y_rechts(2) = 2*nGas_aus(3) + 2*nGas_aus(4)...
   + 4*nGas_aus(5) - nH_GGW;
%
  % Sauerstoffbilanz:
  y_rechts(3) = 2*nGas_aus(1) + nGas_aus(2)...
   + nGas_aus(3) - nO_GGW;
%
  % Gleichgewicht nach Le Chatelier
  % der CO-Methanisierung:
  y_rechts(4) = K1*nGas_aus(5)*nGas_aus(3)...
   *(nGas_aus(1)+nGas_aus(2)+nGas_aus(3)...
   + nGas_aus(4)+nGas_aus(5)+nN2_aus)^(2)...
   - nGas_aus(2)*(nGas_aus(4)^(3))*pGas_aus^(2);
%
  % Gleichgewicht nach Le Chatelier
  % der Wassergas-Shift-Reaktion:
  y_rechts(5) = K2*nGas_aus(2)*nGas_aus(3)...
   - nGas_aus(4)*nGas_aus(1);
%
  Y_rechts(:,a) = y_rechts;
```

```
%
  nGas_aus(a) = nGas_aus(a) - h;
%
 end
%
%%%%%%%%%%%%%%%%%%%%%%%%%%%%%%%%%%%%%
%%%%%%%%%%%%%%%%%%%%%%%%%%%%%%%%%%%%%
% Berechnung der Hilfsmatrix Y_links
% zur numerischen Berechnung der Jacobi-Matrix:
%
 a = 1;
%
 for a = 1:V
%
  nGas_aus(a) = nGas_aus(a) - h;
%
  % Kohlenstoffbilanz:
  y_links(1) = nGas_aus(1) + nGas_aus(2)...
  + nGas_aus(5) - nC_GGW;
%
  % Wasserstoffbilanz:
  y_links(2) = 2*nGas_aus(3) + 2*nGas_aus(4)...
  + 4*nGas_aus(5) - nH_GGW;
%
  % Sauerstoffbilanz:
  y_links(3) = 2*nGas_aus(1) + nGas_aus(2)...
  + nGas_aus(3) - nO_GGW;
%
  % Gleichgewicht nach Le Chatelier
  % der CO-Methanisierung:
  y_links(4) = K1*nGas_aus(5)*nGas_aus(3)...
  *(nGas_aus(1)+nGas_aus(2)+nGas_aus(3)...
  + nGas_aus(4)+nGas_aus(5)+nN2_aus)^(2)...
  - nGas_aus(2)*(nGas_aus(4)^(3))*pGas_aus^(2);
%
  % Gleichgewicht nach Le Chatelier
  % der Wassergas-Shift-Reaktion:
  y_links(5) = K2*nGas_aus(2)*nGas_aus(3)...
  - nGas_aus(4)*nGas_aus(1);
%
  Y_links(:,a) = y_links;
%
  nGas_aus(a) = nGas_aus(a) + h;
%
 end
%
%%%%%%%%%%%%%%%%%%%%%%%%%%%%%%%%%%%%%
%%%%%%%%%%%%%%%%%%%%%%%%%%%%%%%%%%%%%
% Definition der Jacobi-Matrix Y (numerische Differenzierung):
```

```
Y = (Y_rechts - Y_links)/(2*h);
%
%%%%%%%%%%%%%%%%%%%%%%%%%%%%%%%%%%%%%
%%%%%%%%%%%%%%%%%%%%%%%%%%%%%%%%%%%%%
% Berechnung des neuen x-Vektors im Iterationsschritt i:
%
nGas_aus = nGas_aus - ((inv(Y))*y)';
%
%%%%%%%%%%%%%%%%%%%%%%%%%%%%%%%%%%%%%
%%%%%%%%%%%%%%%%%%%%%%%%%%%%%%%%%%%%%
% Berechnung des neuen y-Vektors im Iterationsschritt i:
%
% Kohlenstoffbilanz:
y(1) = nGas_aus(1) + nGas_aus(2) + nGas_aus(5) - nC_GGW;
%
% Wasserstoffbilanz:
y(2) = 2*nGas_aus(3) + 2*nGas_aus(4)+ 4*nGas_aus(5) - nH_GGW;
%
% Sauerstoffbilanz:
y(3) = 2*nGas_aus(1) + nGas_aus(2) + nGas_aus(3) - nO_GGW;
%
% Gleichgewicht nach Le Chatelier
% der CO-Methanisierung:
y(4) = K1*nGas_aus(5)*nGas_aus(3)...
*(nGas_aus(1)+nGas_aus(2)+nGas_aus(3)...
+ nGas_aus(4)+nGas_aus(5)+nN2_aus)^(2)...
- nGas_aus(2)*(nGas_aus(4)^(3))*pGas_aus^(2);
%
% Gleichgewicht nach Le Chatelier
% der Wassergas-Shift-Reaktion:
y(5) = K2*nGas_aus(2)*nGas_aus(3) - nGas_aus(4)*nGas_aus(1);
%
end
%
%%%%%%%%%%%%%%%%%%%%%%%%%%%%%%%%%%%%%
%%%%%%%%%%%%%%%%%%%%%%%%%%%%%%%%%%%%%
% Ausgabe der Lösung:
%
nCO2_aus = nGas_aus(1)
nCO_aus  = nGas_aus(2)
xH2O_aus = nGas_aus(3)
nH2_aus  = nGas_aus(4)
nCH4_aus = nGas_aus(5)
nN2_aus
%
%%%%%%%%%%%%%%%%%%%%%%%%%%%%%%%%%%%%%
%%%%%%%%%%%%%%%%%%%%%%%%%%%%%%%%%%%%%
%
endfunction
```

Tab. 11.1 Ergebnisse des Rechenbeispiels *Newton-Verfahren*

Variable	Wert	Erläuterung
nGas_aus(1)	0.01925	Stoffmengenstrom CO_2 in mol s^{-1}
nGas_aus(2)	0.00003	Stoffmengenstrom CO in mol s^{-1}
nGas_aus(3)	1.79450	Stoffmengenstrom H_2O in mol s^{-1}
nGas_aus(4)	0.10709	Stoffmengenstrom H_2 in mol s^{-1}
nGas_aus(5)	1.97070	Stoffmengenstrom CH_4 in mol s^{-1}

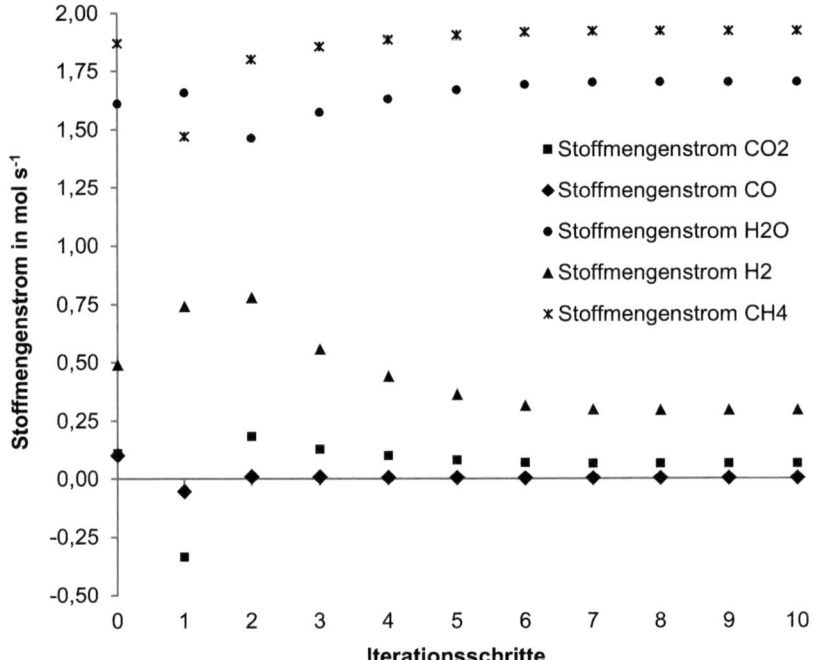

Abb. 11.3 Beispielhafter Iterationsverlauf bei der Anwendung des Newtonverfahrens

Ergebnisse Die Lösung des Gleichungssystems ist der Vektor *nGas_aus*. Dieser enthält die Stoffmengenströme, die nach der Einstellung des Gleichgewichtes der CO-Methanisierung und Wassergas-Shift-Reaktion den Reaktor verlassen (Tab. 11.1).

Der Iterationsverlauf des Newtonverfahrens ist in Abb. 11.3 dargestellt. Im Beispiel ergibt sich bereits nach 3 Iterationsschritten mit $1{,}8718\,\text{mol s}^{-1}$ Methan lediglich ein relativer Fehler von etwa 5 % im Vergleich zum Ergebnis nach 10 Iterationsschritten mit $1{,}9707\,\text{mol s}^{-1}$.

Numerik instationärer Bilanzierungsrechnungen 12

Bei der Bilanzierung von Energieanlagen mit instationären Betriebszuständen wird im Unterschied zu stationären Bilanzierungsrechnungen das zeitabhängige Übertragungsverhalten der Anlagenkomponenten abgebildet. Das Ergebnis der Bilanzierung sind zeitliche Verläufe der Massen- und Energieströme sowie der Zustandsgrößen und Stoffwerte an den Bilanzgrenzen der Komponenten. Bei ortsaufgelösten Modellierungen werden die zeitlichen Verläufe zudem in Abhängigkeit einer oder mehrerer Ortskoordinaten in den Komponenten wiedergegeben. Die mathematische Abbildung des Übertragungsverhaltens sowie die numerische Behandlung der entsprechenden Gleichungssysteme sind in der Regel aufwändiger als bei der Modellierung stationär betriebener Komponenten. Das Vorgehen zur numerischen Behandlung zeit- und ortsaufgelöster Modelle wird nachfolgend erläutert. Grundsätzlich kann dieses durch eine fünfstufige Vorgehensweise beschrieben werden (Abb. 12.1).

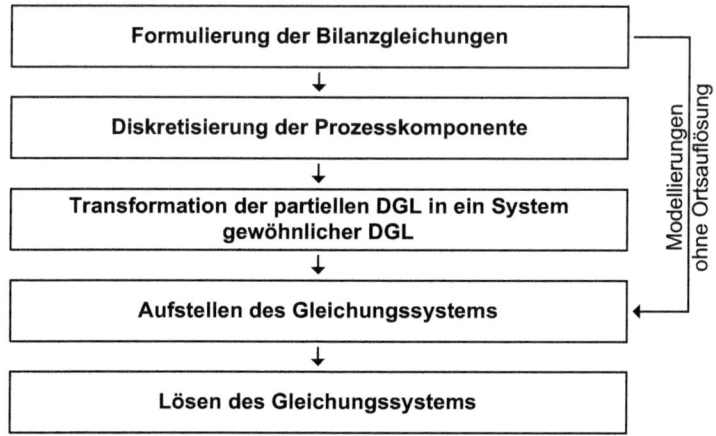

Abb. 12.1 Vorgehen bei instationären Bilanzierungs- und Simulationsrechnungen

Formulierung der Bilanzgleichungen Zur Abbildung des instationären Verhaltens einer Anlagenkomponente werden in der Regel Differentialgleichungen (DGL) verwendet. In diesen können diverse thermodynamische Größen wie Masse, Dichte, Stoffkonzentration, Energie, Enthalpie, Temperatur, Impuls und Strömungsgeschwindigkeit als Bilanzgrößen verwendet werden. Charakteristisch für die Differentialgleichungen ist, dass sie die Änderung der Bilanzgrößen in Abhängig der Zeit beschreiben. Bei ortsunabhängigen Modellierungen ergibt sich ein System aus gewöhnlichen Differentialgleichungen (GDGL oder englisch ODE), die ausschließlich Zeitableitungen enthalten. Bei ortsaufgelösten Modellierungen handelt es sich hingegen um partielle Differentialgleichungen (PDGL oder englisch PDE), in denen zusätzlich Ortsableitungen auftreten.

Der Detaillierungsgrad und die Annahmen, die den Bilanzgleichungen zu Grunde liegen, bestimmen wesentlich die Aussagekraft der Modellbildung. Dem Modellierer obliegt in diesem Zusammenhang die Entscheidungsfreiheit, auf welche Art und Weise physikalische Phänomene (z. B. Strömungsturbulenzen, Wärmeverluste) berücksichtigt werden. Bestimmend für diese Entscheidungen ist stets das Ziel der bilanziellen Untersuchungen.

Diskretisierung der Prozesskomponenten Bei ortsaufgelösten Modellen wird die betrachtete Prozesskomponente nach der Formulierung der partiellen Differentialgleichungen diskretisiert. Dies bedeutet, die Prozesskomponente wird in n kleinere geometrische Elemente zerlegt. Dabei liegt der Diskretisierung die Annahme zu Grunde, dass die Zustandsgrößen innerhalb eines Elementes an jeder Stelle den gleichen Wert besitzen. Die Diskretisierung ist für den nachfolgenden Arbeitsschritt – die Überführung der partiellen in gewöhnliche Differentialgleichungen – von Bedeutung, bei dem die Gleichungen für jedes Diskretisierungselement separat zu formulieren sind.

Transformation der partiellen DGL in ein System gewöhnlicher DGL Zur numerischen Lösung der partiellen Differentialgleichungen ortsaufgelöster Modellierungen müssen diese in ein System aus gewöhnlichen Differentialgleichungen überführt werden. Grundsätzlich können dazu unterschiedliche Methoden verwendet werden. Zu diesen zählen die Finite-Differenzen-Methode (FDM), die Finite-Elemente-Methode (FEM) und die Finite-Volumen-Methode (FVM). Bei der Anwendung dieser Methoden werden die z Bilanzgleichungen für jeden einzelnen Bilanzraum der n Diskretisierungselemente gesondert aufgestellt. Es ergibt sich ein System aus $n \cdot z$ partiellen Differentialgleichungen, in denen sowohl Zeit- als auch Ortsableitungen auftreten. Die Ortsableitungen werden anschließend approximiert, so dass die nun gewöhnlichen Differentialgleichungen des Systems ausschließlich Zeitableitungen enthalten.

Aufstellen des Gleichungssystems Die Transformation der Differentialgleichungen mit Hilfe der Methoden der finiten Differenzen, Elemente und Volumen führt in der Regel direkt auf ein Gleichungssystem. Dieses besteht unter Berücksichtigung von z Bilanzgleichungen und n Diskretisierungselementen aus $n \cdot z$ gewöhnlichen Differentialgleichungen.

Häufig wird das Gleichungssystem durch Zustandsgleichungen und algebraische Gleichungen, welche zur Lösung der Differentialgleichungen erforderliche Randbedingungen enthalten, ergänzt. Zusammen ergibt sich somit ein differential-algebraisches Gleichungssystem aus gewöhnlichen Differentialgleichungen und algebraischen Gleichungen.

Lösen des Gleichungssystems Für die Lösung des Gleichungssystems kommen – je nach Art des Systems – unterschiedliche Lösungsverfahren zum Einsatz. Relevante Verfahren zur Lösung gewöhnlicher Differentialgleichungen und deren Systeme sind unter anderem das Euler- und das Runge-Kutta-Verfahren. Diesen Verfahren ist gemein, dass sie zunächst die Zeitableitungen auflösen (Zeitdiskretisierung) und ein entsprechendes algebraisches Gleichungssystem erzeugen, in dem keine Ableitungen mehr direkt auftreten. Das algebraische Gleichungssystem kann anschließend mit Hilfe der Verfahren zur Lösung stationärer Probleme (z. B. Newton-Verfahren; siehe Abschn. 11.3.2) gelöst werden. Als Ergebnis liegen die Variablenwerte (Bilanzgrößen) der Differentialgleichungen zu diskreten Zeitpunkten und – bei ortsaufgelösten Betrachtungen – ebenfalls diskreten Ortspunkten vor.

12.1 Formulierung der Bilanzgleichungen

Die Modellierung instationär betriebener Anlagenkomponenten erfolgt im Allgemeinen auf der Grundlage von Differentialgleichungen. Diese beschreiben das Verhalten der Bilanzgrößen in Abhängigkeit der Zeit und – bei ortsaufgelösten Rechnungen – ebenfalls in Abhängigkeit einer oder mehrerer Ortskoordinaten. Die Differentialgleichungen basieren grundsätzlich auf den Erhaltungssätzen von Masse, Energie und Impuls. Zur Berücksichtigung der Abhängigkeiten der Bilanzgrößen werden die Erhaltungssätze in differentieller Form mit Zeit- und Ortsableitungen dargestellt. Die Bilanzgrößen (z. B. Masse, Dichte, Stoffkonzentration, Energie, Enthalpie, Temperatur, Impuls und Strömungsgeschwindigkeit) treten in den entsprechenden Ableitungstermen auf. Die differentielle Form der Erhaltungssätze lautet in allgemeiner Darstellung [20, S. 23] (siehe Abschn. 5.1.1):

$$\frac{\partial(\rho\phi)}{\partial\tau} + \left\{\frac{\partial(\rho w_x \phi)}{\partial x} + \frac{\partial(\rho w_y \phi)}{\partial y} + \frac{\partial(\rho w_z \phi)}{\partial z}\right\} \\ - \Gamma_\phi \left\{\frac{\partial^2 \phi}{\partial x^2} + \frac{\partial^2 \phi}{\partial y^2} + \frac{\partial^2 \phi}{\partial z^2}\right\} - S_\phi = 0 \tag{12.1}$$

In Gl. 12.1 kennzeichnet ρ die Dichte, τ die Zeit, w die Strömungsgeschwindigkeit, x, y und z die Ortskoordinaten, Γ den diffusiven Austauschkoeffizienten sowie S_ϕ den Quell- beziehungsweise Senkenterm. Die Größe ϕ bezeichnet eine spezifische Bilanzgröße und hat für die Erhaltungssätze unterschiedliche Bedeutungen. Beim Satz der Energieerhaltung ist ϕ (unter Vernachlässigung der kinetischen und potenziellen Energie) gleich der spezifischen Enthalpie. Bei der Impulserhaltung entspricht ϕ der Geschwindigkeit und für den Massenerhaltungssatz ist ϕ gleich eins [21, S. 4].

In Abhängigkeit der Problemstellung werden die Erhaltungssätze durch Annahmen des Anwenders vereinfacht, ergänzt oder umgeformt. Beispielsweise werden bei der Bilanzierung der Masse Quell- und Senkenterme unter der Annahme vernachlässigt, dass keine Umwandlungsprozesse von Masse in Energie (und umgekehrt) stattfinden [20, S. 25]. Hingegen werden bei Prozessen mit chemischen Umwandlungen zusätzlich Differentialgleichungen für die Stoffkonzentrationen der einzelnen Substanzen im System einbezogen. Nähere Erläuterungen zu den Bilanzgleichungen und deren Formulierung bei der Modellierung von Prozesskomponenten sind in Kap. 5 und 10 aufgeführt.

12.2 Diskretisierung

Für ortsaufgelöste Modellierungen ist nach der Formulierung der Bilanzgleichungen ein weiterer Arbeitsschritt erforderlich: Die betrachtete Anlagenkomponente muss in kleinere geometrische Einheiten zerlegt werden. Bei eindimensionalen Betrachtungen wird die Komponente dazu in diskrete Streckenelemente unterteilt, bei zweidimensionalen Betrachtungen mit einem Gitter aus Flächenelementen überzogen und bei dreidimensionalen Betrachtungen in Volumenelemente eingeteilt.

Während bei Analysen zur Untersuchung des lastflexiblen Anlagenverhaltens im Allgemeinen eindimensionale Diskretisierungen angewendet werden, so kommen bei Untersuchungen des Strömungsverhaltens durch Computational-Fluid-Dynamic-Rechnungen (CFD) in der Regel zwei- oder dreidimensionale Diskretisierungen zum Einsatz (Abb. 12.2). Grundsätzlich gilt: Um so kleiner die geometrischen Einheiten der Diskretisierung sind, um so genauer fallen die erzielten Ergebnisse aus. Allerdings steigt mit abnehmender Größe der geometrischen Elemente deren Anzahl und damit auch der Rechenaufwand der Bilanzierung. Entsprechend werden häufig geometrische Elemente unterschiedlicher Größe eingesetzt: An Stellen, die kritisch erscheinen oder im Mittelpunkt der Untersuchung stehen (z. B. Ventilöffnungen, Randbereiche), wird die Anlagenkomponente mit Hilfe kleiner Elemente diskretisiert. An Stellen, die für die Untersuchung eine untergeordnete Rolle spielen, wird ein gröberes Diskretisierungsgitter verwendet. Bei komplexen Bauteilgeometrien kann die Diskretisierung je nach Detaillierungsgrad sehr aufwändig sein. CFD-Programme setzen daher im Allgemeinen spezielle Unterprogramme, sogenannte Pre-Prozessoren, zur Diskretisierung ein.

In der Literatur (z. B. [21], [20]) wird unter dem Begriff *Diskretisierung* neben der geometrischen Zerlegung der Anlagenkomponente häufig auch die Transformation der Bilanzgleichungen in ein System gewöhnlicher Differentialgleichungen zusammengefasst. Die Methoden zur Transformation der Gleichungen (z. B. die Finite-Differenzen-Methode) werden entsprechend im Allgemeinen als Diskretisierungsmethoden bezeichnet. Zur Verbesserung des Verständlichkeit werden beide Arbeitsschritte in diesem Buch

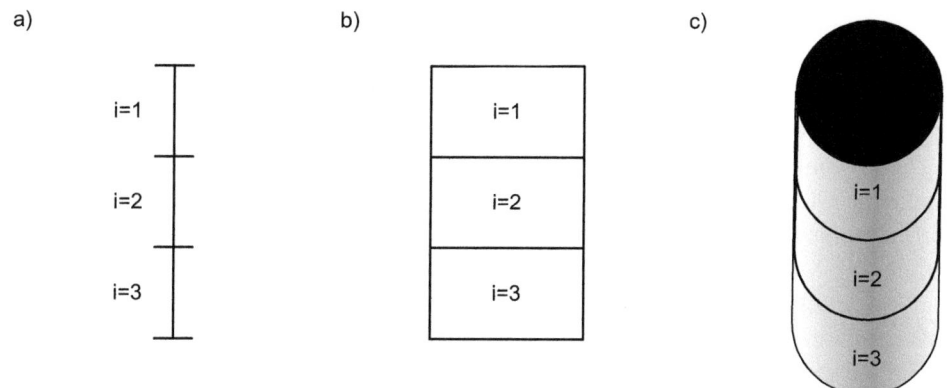

Abb. 12.2 Diskretisierungsarten; a) eindimensional, b) zweidimensional, c) dreidimensional

getrennt voneinander erläutert. Methoden zur Transformation der Differentialgleichungen werden im nachfolgenden Unterkapitel vorgestellt.

12.3 Transformation der partiellen DGL in ein System gewöhnlicher DGL

Bei ortsaufgelösten Modellierungen bildet die Zerlegung der Anlagenkomponente in diskrete geometrische Elemente die Grundlage, um das mathematische Modell aus (partiellen) Differentialgleichungen mit Zeit- und Ortsableitungen anschließend in ein Modell aus gewöhnlichen Differentialgleichungen (ohne Ortsableitungen) zu transformieren. Eine derartige Aufbereitung des Gleichungssystems ermöglicht es, das breite Spektrum an Verfahren zur Lösung gewöhnlicher Differentialgleichungen beziehungsweise deren Systeme zu nutzen (z. B. das Euler-Verfahren; siehe Abschn. 12.5). In der Literatur wird dieses Vorgehen zur Behandlung partieller Differentialgleichungen auch als Linienmethode (englisch Method of Lines [63]) bezeichnet.

Zur Transformation des Differentialgleichungssystems werden – je nach Anwendungsfall – im Wesentlichen drei verschiedene Methoden angewendet: die Finite-Differenzen-Methode, die Finite-Volumen-Methode und die Finite-Elemente-Methode. Eine Beschreibung der drei Methoden ist im Folgenden gegeben.

12.3.1 Finite-Differenzen-Methode

Die Finite-Differenzen-Methode basiert auf der geometrischen Diskretisierung der betrachteten Anlagenkomponente in Strecken-, Flächen- oder Volumenelemente. Die Kanten der Elemente ergeben ein geometrisches Diskretisierungsgitter, welches zur Transformation der partiellen Differentialgleichungen genutzt werden kann.

Die eigentliche Transformation der Gleichungen erfolgt durch eine zweistufige Vorgehensweise. Bei dieser werden die partiellen Differentialgleichungen zunächst für jeden Knoten des Gitters formuliert und anschließend die Ortsableitungen in den Knoten durch Differenzenquotienten approximiert.

Das Ergebnis der Finite-Differenzen-Methode ist ein Differentialgleichungssystem, das je partielle Gleichung für jeden Knoten eine gewöhnliche Differentialgleichung enthält. Im Unterschied zur exakten Lösung der partiellen Differentialgleichung führt die Finite-Differenzen-Methode nicht zu einer stetigen Funktion der Variablenwerte in Abhängigkeit von Zeit und Ort, sondern berechnet die Variablenwerte für eine endliche Anzahl von diskreten Werten der Ortskoordinate in den Knoten des Diskretisierungsgitters.

Die Anwendung der Finiten-Differenzen-Methode wird im Folgenden exemplarisch für eine einzelne partielle Differentialgleichung sowie ein dreidimensionales Diskretisierungsgitter dargestellt. Die Beispielgleichung besteht aus einem Speicher-, Konvektions-, Diffusions- und Quellterm. Dabei ist ρ die Dichte, τ die Zeit, w die Strömungsgeschwindigkeit, x, y und z die Ortskoordinaten, Γ der diffusive Austauschkoeffizient, S_ϕ der Quellterm und ϕ eine spezifische Bilanzgröße (siehe Abschn. 5.1.1):

$$\frac{\partial(\rho\,\phi)}{\partial\tau}$$
$$+\frac{\partial(\rho\,w_x\,\phi)}{\partial x}+\frac{\partial(\rho\,w_y\,\phi)}{\partial y}+\frac{\partial(\rho\,w_z\,\phi)}{\partial z} \qquad (12.2)$$
$$-\Gamma_\phi\frac{\partial^2\phi}{\partial x^2}-\Gamma_\phi\frac{\partial^2\phi}{\partial y^2}-\Gamma_\phi\frac{\partial^2\phi}{\partial z^2}$$
$$-S_\phi=0$$

12.3.1.1 Formulierung separater Bilanzgleichungen für jeden Knoten

Bei der Anwendung der Finite-Differenzen-Methode muss die partielle Differentialgleichung (Bilanzgleichung) für sämtliche Knoten des Diskretisierungsgitters separat formuliert werden. Die Gleichungen der Knoten sind identisch aufgebaut, besitzen jedoch unterschiedliche Indices. Die Indices x_k, y_l und z_m bezeichnen die Lage der Knoten in x-, y- und z-Richtung, wobei die Subindices k, l und m die Nummer des jeweiligen Knotens in x-, y- beziehungsweise z-Richtung anzeigen (siehe Abb. 12.20 in Abschn. 12.7.2). In allgemeiner (indizierter) Schreibweise lauten die Gleichungen wie folgt:

$$\frac{\partial(\rho\,\phi)}{\partial\tau}\Big\|_{x_k,y_l,z_m}$$
$$+\frac{\partial(\rho\,w_x\,\phi)}{\partial x}\Big\|_{x_k,y_l,z_m}+\frac{\partial(\rho\,w_y\,\phi)}{\partial y}\Big\|_{x_k,y_l,z_m}+\frac{\partial(\rho\,w_z\,\phi)}{\partial z}\Big\|_{x_k,y_l,z_m} \qquad (12.3)$$
$$-\Gamma_\phi\frac{\partial^2\phi}{\partial x^2}\Big\|_{x_k,y_l,z_m}-\Gamma_\phi\frac{\partial^2\phi}{\partial y^2}\Big\|_{x_k,y_l,z_m}-\Gamma_\phi\frac{\partial^2\phi}{\partial z^2}\Big\|_{x_k,y_l,z_m}$$
$$-S_\phi=0$$

12.3.1.2 Approximation der Ortsableitungen durch Differenzenquotienten

Nach der Formulierung separater, knotenspezifischer Gleichungen müssen diese in gewöhnliche Differentialgleichungen, in denen lediglich Ableitungen nach der Zeit als Differentialoperator auftreten, überführt werden. Dazu werden die Ortsableitungen durch Differenzenquotienten approximiert. Diese sind für jeden Knoten – und entsprechend für jede knotenspezifische Gleichung – unterschiedlich definiert und setzen sich aus den Variablenwerten der jeweils benachbarten Knoten zusammen [21, S. 42].

Grundsätzlich können zur Approximation der Ortsableitungen Vorwärtsdifferenzenquotienten, Rückwärtsdifferenzenquotienten und Zentraldifferenzenquotienten verwendet werden. In Gl. 12.4 ist exemplarisch die Approximation der Ortsableitungen von Gl. 12.3 dargestellt. Verwendet wurden Rückwärtsdifferenzenquotienten für die Ortsableitungen erster Ordnung (Konvektionsterm) und Zentraldifferenzenquotienten für die Ortsableitungen zweiter Ordnung (Diffusionsterm). Der Approximation liegt die Annahme zu Grunde, dass sowohl die Geschwindigkeiten w_x, w_y und w_z als auch die Dichte ρ konstant sind:

$$\frac{\partial(\rho\phi)}{\partial\tau}\bigg|_{x_k,y_l,z_m}$$

$$+ \rho w_x \frac{\phi(x_k,y_l,z_m) - \phi(x_k - \Delta x, y_l, z_m)}{\Delta x}$$

$$+ \rho w_y \frac{\phi(x_k,y_l,z_m) - \phi(x_k, y_l - \Delta y, z_m)}{\Delta y}$$

$$+ \rho w_z \frac{\phi(x_k,y_l,z_m) - \phi(x_k, y_l, z_m - \Delta z)}{\Delta z}$$

$$- \Gamma_\phi \frac{\phi(x_k - \Delta x, y_l, z_m) - 2\phi(x_k, y_l, z_m) + \phi(x_k + \Delta x, y_l, z_m)}{\Delta x^2}$$

$$- \Gamma_\phi \frac{\phi(x_k, y_l - \Delta y, z_m) - 2\phi(x_k, y_l, z_m) + \phi(x_k, y_l + \Delta y, z_m)}{\Delta y^2}$$

$$- \Gamma_\phi \frac{\phi(x_k, y_l, z_m - \Delta z) - 2\phi(x_k, y_l, z_m) + \phi(x_k, y_l, z_m + \Delta z)}{\Delta z^2}$$

$$- S_\phi = 0 \quad (12.4)$$

Die Approximation der Ortsableitungen wird für Ableitungen erster und zweiter Ordnung auf verschiedene Weise durchgeführt. Ausgewählte Approximationen werden in den folgenden Abschnitten vorgestellt.

Approximation von Ableitungen erster Ordnung Ableitungen erster Ordnung können durch Vorwärtsdifferenzenquotienten, Rückwärtsdifferenzenquotienten und Zentraldifferenzenquotienten approximiert werden. Der Unterschied dieser drei Approximationen ist

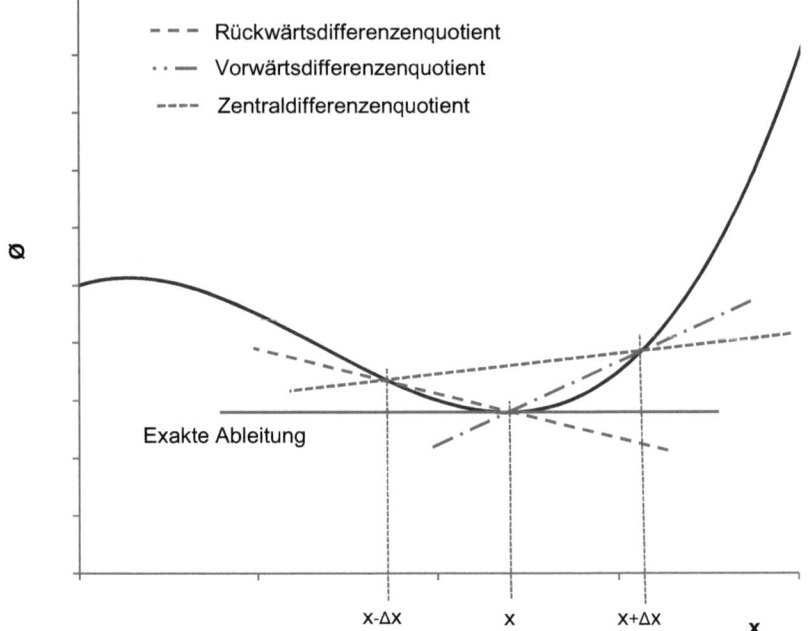

Abb. 12.3 Approximation der Ortsableitung durch die Finite-Differenzen-Methode

schematisch in Abb. 12.3 dargestellt. Herleitung und Fehlerbetrachtung der Differenzenquotienten werden grundsätzlich auf der Basis von Taylorreihenentwicklungen der Ableitungen durchgeführt [20, S. 171].

Vorwärtsdifferenzenquotienten werden mit Hilfe des Streckenabschnittes Δx zwischen zwei Knoten des Diskretisierungsgitters sowie den Werten der Variablen ϕ an den Stellen x und $x + \Delta x$ definiert [20, S. 172]:

$$\frac{\partial \phi}{\partial x} = \frac{\phi(x + \Delta x) - \phi(x)}{\Delta x} \qquad (12.5)$$

Rückwärtsdifferenzenquotienten werden analog zu Vorwärtsdifferenzenquotienten definiert – im Zähler des Bruches steht allerdings die Differenz aus dem Wert der Variablen ϕ an den Stellen x und $x - \Delta x$ [20, S. 172]:

$$\frac{\partial \phi}{\partial x} = \frac{\phi(x) - \phi(x - \Delta x)}{\Delta x} \qquad (12.6)$$

Zentraldifferenzenquotienten beziehen sowohl den Wert der Variablen ϕ an der Stelle $x + \Delta x$ als auch an der Stelle $x - \Delta x$ in die Differenzbildung ein und setzen diese ins Verhältnis zu der Strecke zwischen den beiden Werten, das heißt zu $2\Delta x$ [20, S. 172]:

$$\frac{\partial \phi}{\partial x} = \frac{\phi(x + \Delta x) - \phi(x - \Delta x)}{2\Delta x} \qquad (12.7)$$

Approximation von Ableitungen zweiter Ordnung Für Ableitungen zweiter Ordnung wird nicht auf die Differenzquotienten zur Approximation von Ableitungen erster Ordnung zurückgegriffen, sondern Formeln zweiter Ordnung verwendet. Beispielhaft sei hier auf den Zentraldifferenzenquotienten zweiter Ordnung verwiesen [20, S. 172]. Dieser berücksichtigt die Werte der Variablen ϕ an den Stellen $x + \Delta x$, x und $x - \Delta x$ sowie den Streckenabschnitt Δx:

$$\frac{\partial^2 \phi}{\partial x^2} = \frac{\phi(x + \Delta x) - 2\phi(x) + \phi(x - \Delta x)}{\Delta x^2} \tag{12.8}$$

12.3.2 Finite-Elemente-Methode

Als Grundlage der Finite-Elemente-Methode wird die Anlagenkomponente diskretisiert und entsprechend mit einem Gitter geometrischer Elemente überzogen. Die Elemente können eindimensional (Strecken), zweidimensional (z. B. Dreiecke, Vierecke) oder dreidimensional (z. B. Tetraeder, Hexaeder) sein. Nach der Diskretisierung erfolgt die eigentliche Anwendung der Finite-Differenzen-Methode. Dabei werden die partiellen Differentialgleichungen in ein System gewöhnlicher Differentialgleichungen transformiert.

Die Transformation der Differentialgleichungen basiert auf einer zweistufigen Vorgehensweise. Zunächst ist die Gleichung in eine Form zu überführen, in der ausschließlich Ableitungen erster Ordnung auftreten (*schwache* Form). Anschließend wird die Lösungsfunktion durch eine Summe aus Einzelfunktionen angenähert.

Die Transformation der partiellen Differentialgleichungen führt auf ein Gleichungssystem gewöhnlicher Differentialgleichungen, dessen diskrete Lösungswerte auf den Kanten des Diskretisierungsgitters liegen.

Das Vorgehen der Finite-Elemente-Methode wird in den nachfolgenden Absätzen für eine einzelne partielle Differentialgleichung im dreidimensionalen Raum beschrieben. Die Gleichung umfasst einen Speicherterm, einen Konvektionsterm, einen Diffusionsterm und einen Quellterm:

$$\begin{aligned}&\frac{\partial (\rho \phi)}{\partial \tau} \\&+ \frac{\partial (\rho w_x \phi)}{\partial x} + \frac{\partial (\rho w_y \phi)}{\partial y} + \frac{\partial (\rho w_z \phi)}{\partial z} \\&- \Gamma_\phi \frac{\partial^2 \phi}{\partial x^2} - \Gamma_\phi \frac{\partial^2 \phi}{\partial y^2} - \Gamma_\phi \frac{\partial^2 \phi}{\partial z^2} \\&- S_\phi = 0\end{aligned} \tag{12.9}$$

12.3.2.1 Überführung der DGL in die schwache Form

Zur Anwendung der Finite-Elemente-Methode muss die partielle Differentialgleichung zunächst in eine Form überführt werden, in der ausschließlich Ableitungen erster Ordnung auftreten (*schwache* Form). Dazu wird die Gleichung mit einer Gewichtsfunktion $g(x, y, z)$ multipliziert. Die Gewichtsfunktion besitzt auf den Rändern des Diskretisierungsgebietes den Wert null und im übrigen Definitionsbereich den Wert eins:

$$\frac{\partial(\rho\phi)}{\partial\tau}g$$
$$+\frac{\partial(\rho w_x \phi)}{\partial x}g + \frac{\partial(\rho w_y \phi)}{\partial y}g + \frac{\partial(\rho w_z \phi)}{\partial z}g$$
$$-\Gamma_\phi\frac{\partial^2\phi}{\partial x^2}g - \Gamma_\phi\frac{\partial^2\phi}{\partial y^2}g - \Gamma_\phi\frac{\partial^2\phi}{\partial z^2}g$$
$$-S_\phi g = 0 \tag{12.10}$$

Anschließend wird die Differentialgleichung über das Diskretisierungsgebiet Ω integriert [21, S. 44]:

$$\int_\Omega \frac{\partial(\rho\phi)}{\partial\tau} g\, d\Omega$$
$$+\int_\Omega \frac{\partial(\rho w_x \phi)}{\partial x} g\, d\Omega + \int_\Omega \frac{\partial(\rho w_y \phi)}{\partial y} g\, d\Omega + \int_\Omega \frac{\partial(\rho w_z \phi)}{\partial z} g\, d\Omega$$
$$-\Gamma_\phi \int_\Omega \frac{\partial^2\phi}{\partial x^2} g\, d\Omega - \Gamma_\phi \int_\Omega \frac{\partial^2\phi}{\partial y^2} g\, d\Omega - \Gamma_\phi \int_\Omega \frac{\partial^2\phi}{\partial z^2} g\, d\Omega$$
$$-\int_\Omega S_\phi g\, d\Omega = 0 \tag{12.11}$$

Zur Verbesserung der Übersicht wird die integrierte Gleichung in den nachfolgenden Abschnitten in Vektorschreibweise mit dem Nabla-Operator ∇ und dem Laplace-Operator Δ (siehe Abschn. 5.1.1) dargestellt:

$$\int_\Omega \frac{\partial(\rho\phi)}{\partial\tau} g\, d\Omega$$
$$+\int_\Omega g\, \nabla(\rho w \phi)\, d\Omega - \Gamma_\phi \int_\Omega g\, \Delta\phi\, d\Omega$$
$$-\int_\Omega S_\phi g\, d\Omega = 0 \tag{12.12}$$

12.3 Transformation der partiellen DGL in ein System gewöhnlicher DGL

Das Integral des Diffusionsterms kann durch partielle Integration aufgelöst werden. Es folgt für den Diffusionsterm:

$$\Gamma_\phi \int_\Omega g \, \Delta\phi \, d\Omega$$

$$= \Gamma_\phi \int_\Omega \frac{\partial^2 \phi}{\partial x^2} g \, d\Omega + \Gamma_\phi \int_\Omega \frac{\partial^2 \phi}{\partial y^2} g \, d\Omega + \Gamma_\phi \int_\Omega \frac{\partial^2 \phi}{\partial z^2} g \, d\Omega \quad (12.13)$$

$$= -\Gamma_\phi \int_\Omega \nabla g \, \nabla\phi \, d\Omega + \Gamma_\phi \int_\Omega \nabla \{g \, \nabla\phi\} \, d\Omega$$

Das Resultat der partiellen Integration des Diffusionsterms ist die Summe aus zwei Integraltermen. Der rechte der beiden Integralterme kann durch den Satz von Gauß in ein Streckenintegral entlang des Randes $\partial\Omega$ von Ω überführt werden:

$$\Gamma_\phi \int_\Omega \frac{\partial^2 \phi}{\partial x^2} g \, d\Omega + \Gamma_\phi \int_\Omega \frac{\partial^2 \phi}{\partial y^2} g \, d\Omega + \Gamma_\phi \int_\Omega \frac{\partial^2 \phi}{\partial z^2} g \, d\Omega$$

$$= -\Gamma_\phi \int_\Omega \nabla g \, \nabla\phi \, d\Omega + \Gamma_\phi \int_{\partial\Omega} g \, \nabla_n \phi \, dS \quad (12.14)$$

Da die Gewichtsfunktion auf dem Rand des Integrationsgebietes $\partial\Omega$ definitionsgemäß gleich null ist, verschwindet das Streckenintegral und das Integral des Diffusionsterms wird zu:

$$\Gamma_\phi \int_\Omega \frac{\partial^2 \phi}{\partial x^2} g \, d\Omega + \Gamma_\phi \int_\Omega \frac{\partial^2 \phi}{\partial y^2} g \, d\Omega + \Gamma_\phi \int_\Omega \frac{\partial^2 \phi}{\partial z^2} g \, d\Omega$$

$$= -\Gamma_\phi \int_\Omega \nabla g \, \nabla\phi \, d\Omega \quad (12.15)$$

Der partiell integrierte Diffusionsterm ergibt schließlich zusammen mit den unbehandelten Termen aus Gl. 12.12 die *schwache* Form der Differentialgleichung, in der ausschließlich Ableitungen erster Ordnung auftreten:

$$\int_\Omega \frac{\partial(\rho\phi)}{\partial\tau} g \, d\Omega$$

$$+ \int_\Omega g \, \nabla(\rho\, w\, \phi) \, d\Omega + \Gamma_\phi \int_\Omega \nabla g \, \nabla\phi \, d\Omega \quad (12.16)$$

$$- \int_\Omega S_\phi \, g \, d\Omega = 0$$

12.3.2.2 Approximation der Lösungsfunktion

Um die Bildung der Stammfunktionen der *schwachen* Form der Differentialgleichung (Gl. 12.16) zu erleichtern, werden die Lösungsfunktionen ϕ und g durch die diskreten Hilfsfunktionen ϕ_h und g_h approximiert. Die Hilfsfunktionen setzen sich jeweils aus N geometrisch *einfachen* Funktionen $D_{u,v,w}$ und $D_{j,k,l}$ sowie den diskreten Funktionswerten $\Phi_{u,v,w}$ und $g_{j,k,l}$ zusammen. Die Anzahl der Funktionen $D_{u,v,w}$ und $D_{j,k,l}$ entspricht den geometrischen Elementen der Diskretisierung der Anlagenkomponente. Für den eindimensionalen Betrachtungsfall besitzen die Funktionen $D_{j,k,l}$ und $D_{j,k,l}$ im Allgemeinen die Form von Dreiecken (sogenannte Dach- oder Hutfunktionen) (Abb. 12.4). Bei zwei- oder dreidimensionalen Betrachtungen werden hingegen Funktionen unterschiedlichster Geometrien (z. B. Quader, Tetraeder) eingesetzt.

Die diskreten Hilfsfunktionen ϕ_h und g_h zur Approximation der Funktionen ϕ und g besitzen in den Knoten des Diskretisierungsgitters den Wert eins und sind im dreidimensionalen Raum definiert als:

$$\phi(x, y, z) \approx \phi_h(x, y, z) = \sum_{u,v,w=0}^{N} \phi_{u,v,w} \, D_{u,v,w}(x, y, z) \qquad (12.17)$$

$$g(x, y, z) \approx g_h(x, y, z) = \sum_{j,k,l=0}^{N} g_{j,k,l} \, D_{j,k,l}(x, y, z) \qquad (12.18)$$

Werden die Hilfsfunktionen in die Differentialgleichung eingesetzt, kann diese wie folgt geschrieben werden:

$$\begin{aligned}
& \sum_{j,k,l=0}^{N} g_{j,k,l} \left\{ \sum_{u,v,w=0}^{N} \phi_{u,v,w} \int_{\Omega} \frac{\partial (\rho \, D_{u,v,w}(x,y,z))}{\partial \tau} D_{j,k,l}(x,y,z) \, d\Omega \right\} \\
& + \sum_{j,k,l=0}^{N} g_{j,k,l} \left\{ \sum_{u,v,w=0}^{N} \phi_{u,v,w} \int_{\Omega} D_{j,k,l}(x,y,z) \nabla(\rho \, w \, D_{u,v,w}(x,y,z)) \, d\Omega \right\} \\
& + \sum_{j,k,l=0}^{N} g_{j,k,l} \left\{ \Gamma_\phi \sum_{u,v,w=0}^{N} \phi_{u,v,w} \int_{\Omega} \nabla D_{j,k,l}(x,y,z) \nabla D_{u,v,w}(x,y,z) \, d\Omega \right\} \\
& - \sum_{j,k,l=0}^{N} g_{j,k,l} \int_{\Omega} S_\phi \, D_{j,k,l}(x,y,z) \, d\Omega = 0
\end{aligned} \qquad (12.19)$$

Gleichung 12.19 ist erfüllt, wenn ihre Summanden gleichzeitig den Wert null annehmen. Das bedeutet, die Lösung der Gleichung kann berechnet werden, indem ein Gleichungssystem gelöst wird, deren Gleichungen den einzelnen Summanden von Gl. 12.19

12.3 Transformation der partiellen DGL in ein System gewöhnlicher DGL

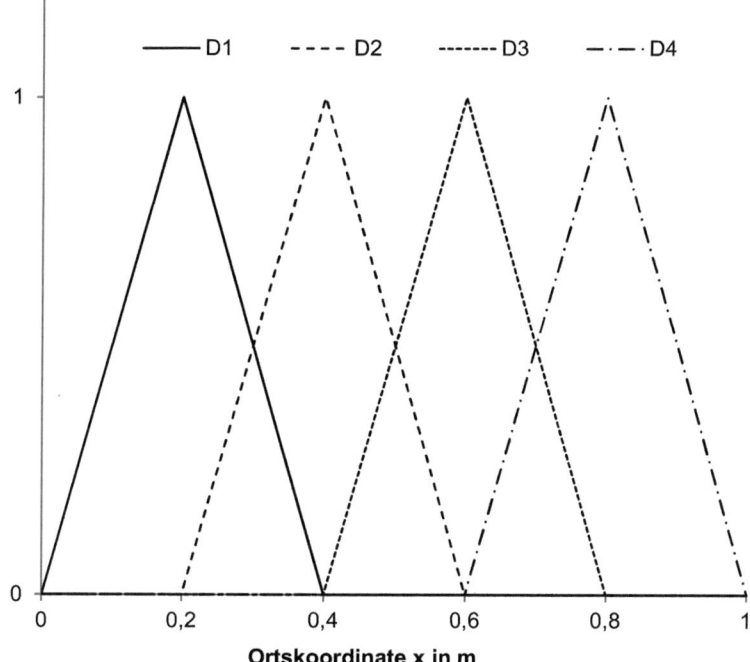

Abb. 12.4 Beispielhafte Darstellung geometrisch einfacher Funktionen zur Bildung einer Hilfsfunktion bei eindimensionaler Betrachtung

entsprechen. Folglich ergibt sich die erste Gleichung des Gleichungssystems mit $j = 1$, $k = 0$ und $l = 0$ als:

$$g_{1,0,0} \left\{ \sum_{u,v,w=0}^{N} \phi_{u,v,w} \int_{\Omega} \frac{\partial (\rho \, D_{u,v,w}(x,y,z))}{\partial \tau} D_{1,0,0}(x,y,z) \, d\Omega \right\}$$

$$+ g_{1,0,0} \left\{ \sum_{u,v,w=0}^{N} \phi_{u,v,w} \int_{\Omega} D_{1,0,0}(x,y,z) \, \nabla(\rho \, w \, D_{u,v,w}(x,y,z)) \, d\Omega \right\}$$

$$+ g_{1,0,0} \left\{ \Gamma_\phi \sum_{u,v,w=0}^{N} \phi_{u,v,w} \int_{\Omega} \nabla D_{1,0,0}(x,y,z) \, \nabla D_{u,v,w}(x,y,z)) \, d\Omega \right\}$$

$$- g_{1,0,0} \int_{\Omega} S_\phi \, D_{1,0,0}(x,y,z) \, d\Omega = 0$$

(12.20)

Mit $j = 1, k = 1$ und $l = 0$ folgt die zweite Gleichung des Gleichungssystems:

$$g_{1,1,0} \left\{ \sum_{u,v,w=0}^{N} \phi_{u,v,w} \int_{\Omega} \frac{\partial(\rho\, D_{u,v,w}(x,y,z))}{\partial \tau} D_{1,1,0}(x,y,z)\, d\Omega \right\}$$

$$+ g_{1,1,0} \left\{ \sum_{u,v,w=0}^{N} \phi_{u,v,w} \int_{\Omega} D_{1,1,0}(x,y,z)\, \nabla(\rho\, w\, D_{u,v,w}(x,y,z))\, d\Omega \right\} \tag{12.21}$$

$$+ g_{1,1,0} \left\{ \Gamma_\phi \sum_{u,v,w=0}^{N} \phi_{u,v,w} \int_{\Omega} \nabla D_{1,1,0}(x,y,z)\, \nabla D_{u,v,w}(x,y,z)\, d\Omega \right\}$$

$$- g_{1,1,0} \int_{\Omega} S_\phi\, D_{1,1,0}(x,y,z)\, d\Omega = 0$$

$$\vdots$$

Alle weiteren Gleichungen des Gleichungssystems entstehen beim Durchlaufen der Indices j, k und l von null bis N. Für drei-, zwei- und eindimensionale Diskretisierungsgitter ergeben sich auf diese Weise Gleichungssysteme unterschiedlichen Umfangs:

- Dreidimensionales (symmetrisches) Gitter: $(N+1)^3$ Gleichungen.
- Zweidimensionales (symmetrisches) Gitter: $(N+1)^2$ Gleichungen.
- Eindimensionales (symmetrisches) Gitter: $(N+1)^1$ Gleichungen.

Da die Gewichtsfunktion $g_{j,k,l}$ für j, k, l gleich null und gleich N – also auf den Rändern des Diskretisierungsgebietes – definitionsgemäß den Wert null besitzt, führen die Gleichungen, bei denen mindestens einer der Indices j, k oder l gleich null oder gleich N ist, zu keiner mathematisch verwertbaren Aussage (null gleich null). Entsprechend ergibt sich für drei-, zwei und eindimensionale Diskretisierungsgitter folgende Anzahl an verwertbaren Gleichungen:

- Dreidimensionales (symmetrisches) Gitter: $(N-1)^3$ verwertbare Gleichungen.
- Zweidimensionales (symmetrisches) Gitter: $(N-1)^2$ verwertbare Gleichungen.
- Eindimensionales (symmetrisches) Gitter: $(N-1)^1$ verwertbare Gleichungen.

Die Lösung des Gleichungssystems entspricht diskreten Werten der gesuchten Lösungsfunktion ϕ aus Gl. 12.9. Zur Bestimmung der Lösung müssen die Integrale der Gleichungen durch die Bildung der Stammfunktionen aufgelöst werden. Da die Integranden $D_{j,k,l}$

12.3 Transformation der partiellen DGL in ein System gewöhnlicher DGL

und $D_{u,v,w}$ für sämtliche Indices gleich aufgebaut sind, kann die Bildung der Stammfunktionen systematisiert werden. Die geometrische Form der Funktionen $D_{j,k,l}$ und $D_{u,v,w}$ (z. B. Dreiecksform) führt in diesem Zusammenhang auf Stammfunktionen, die als Vielfache der Kantenlänge des Diskretisierungsgitters ausgedrückt werden können.

Beispiele für die ein- und zweidimensionale Anwendung der Finite-Elemente-Methode sind in Abschn. 12.7 aufgeführt.

12.3.3 Finite-Volumen-Methode

Die Finite-Volumen-Methode basiert auf der räumlichen Diskretisierung der Anlagenkomponenten in kleine, diskrete Volumina – so genannte Kontrollvolumina. Darauf aufbauend werden die partiellen Differentialgleichungen in ein System gewöhnlicher Differentialgleichungen transformiert.

Das Vorgehen zur Transformation der Gleichungen besteht aus vier Schritten. Zunächst werden die Gleichungen numerisch integriert. Da die Integration für jedes Kontrollvolumen V (indiziert durch i) gesondert durchgeführt wird, ergibt sich für jede partielle Differentialgleichung und jedes Kontrollvolumen eine Integralgleichung. Die Volumenintegrale der Divergenzterme dieser Gleichungen können im nächsten Schritt durch den Satz von Gauß in Oberflächenintegrale überführt werden. Zur numerischen Lösung der Gleichungen werden die Integralterme anschließend mit Hilfe von diskreten Werten auf den Rändern der Kontrollvolumina approximiert und schließlich die Werte auf den Rändern durch Werte in den Zentren der Volumina interpoliert.

Die Lösung des entsprechenden Gleichungssystems führt im Unterschied zu der exakten Lösung der Differentialgleichung auf diskrete Werte der Variablen in den *Zentren* der Volumina.

Wie auch bei der Finite-Differenzen- und Finite-Elemente-Methode wird die Anwendung der Finite-Volumen-Methode nachfolgend durch eine partielle Differentialgleichung mit Speicherterm, Konvektionsterm, Diffusionsterm und Quellterm beschrieben:

$$\frac{\partial(\rho\,\phi)}{\partial\tau} + \frac{\partial(\rho\,w_x\,\phi)}{\partial x} + \frac{\partial(\rho\,w_y\,\phi)}{\partial y} + \frac{\partial(\rho\,w_z\,\phi)}{\partial z} - \Gamma_\phi\frac{\partial^2\phi}{\partial x^2} - \Gamma_\phi\frac{\partial^2\phi}{\partial y^2} - \Gamma_\phi\frac{\partial^2\phi}{\partial z^2} - S_\phi = 0 \quad (12.22)$$

12.3.3.1 Integration der Erhaltungsgleichung

Die integrale Form der Erhaltungsgleichung ergibt sich für jedes Kontrollvolumen i durch die Intergation der Gleichung über dV:

$$\iiint_{V_i} \frac{\partial(\rho\phi)}{\partial\tau} dV$$

$$+ \iiint_{V_i} \frac{\partial(\rho w_x \phi)}{\partial x} dV + \iiint_{V_i} \frac{\partial(\rho w_y \phi)}{\partial y} dV + \iiint_{V_i} \frac{\partial(\rho w_z \phi)}{\partial z} dV$$

$$- \Gamma_\phi \iiint_{V_i} \frac{\partial^2 \phi}{\partial x^2} dV - \Gamma_\phi \iiint_{V_i} \frac{\partial^2 \phi}{\partial y^2} dV - \Gamma_\phi \iiint_{V_i} \frac{\partial^2 \phi}{\partial z^2} dV$$

$$- \iiint_{V_i} S_\phi dV = 0$$

(12.23)

12.3.3.2 Anwendung des Satzes von Gauß

Die Volumenintegrale der Divergenzterme (Konvektionsterm und Diffusionsterm) können durch den Satz von Gauß in Oberflächenintegrale überführt werden. Der Satz von Gauß besagt, dass das Volumenintegral der Divergenz eines Flussvektors (z. B. $\partial(\rho w_x \phi)/\partial x$) gleich dem Oberflächenintegral des Skalarproduktes aus Flussvektor (z. B. $\rho w_x \phi$) und Flächennormalen (**n**) ist [20, S. 175]:

$$\iiint_{V_i} \frac{\partial(\rho\phi)}{\partial\tau} dV$$

$$+ \iiint_{V_i} \frac{\partial(\rho w_x \phi)}{\partial x} dV + \iiint_{V_i} \frac{\partial(\rho w_y \phi)}{\partial y} dV + \iiint_{V_i} \frac{\partial(\rho w_z \phi)}{\partial z} dV$$

$$- \Gamma_\phi \iiint_{V_i} \frac{\partial^2 \phi}{\partial x^2} dV - \Gamma_\phi \iiint_{V_i} \frac{\partial^2 \phi}{\partial y^2} dV - \Gamma_\phi \iiint_{V_i} \frac{\partial^2 \phi}{\partial z^2} dV$$

$$- \iiint_{V_i} S_\phi dV$$

12.3 Transformation der partiellen DGL in ein System gewöhnlicher DGL

$$= \iiint_{V_i} \frac{\partial(\rho\phi)}{\partial\tau} dV \qquad (12.24)$$

$$+ \iint_{A_{yz}} (\rho\, w_x\, \phi)\, \mathbf{n}\, dA_{yz} + \iint_{A_{xz}} (\rho\, w_y\, \phi)\, \mathbf{n}\, dA_{xz} + \iint_{A_{xy}} (\rho\, w_z\, \phi)\, \mathbf{n}\, dA_{xy}$$

$$- \Gamma_\phi \iint_{A_{yz}} \frac{\partial\phi}{\partial x}\, \mathbf{n}\, dA_{yz} - \Gamma_\phi \iint_{A_{xz}} \frac{\partial\phi}{\partial y}\, \mathbf{n}\, dA_{xz} - \Gamma_\phi \iint_{A_{xy}} \frac{\partial\phi}{\partial z}\, \mathbf{n}\, dA_{xy}$$

$$- \iiint_{V_i} S_\phi\, dV$$

Im physikalischen Sinne bezeichnen die aufgeführten Flächenintegrale über den Normalenvektor **n** jeweils den Fluss des Integranden durch das Kontrollvolumen in Richtung des Normalenvektors. Alternativ kann dieser Fluss auch als Differenz der Flächenintegrale zweier gegenüberliegender Seiten (ohne Normalenvektor) dargestellt werden. Für ein kubisches Kontrollvolumen mit sechs quadratischen Oberflächen ergeben sich demzufolge in detaillierter Schreibweise sowohl für den Konvektions- als auch für den Diffusionsterm je sechs Flächenintegrale:

$$\iiint_{V_i} \frac{\partial(\rho\,\phi)}{\partial\tau}\, dV$$

$$+ \int_{y-}^{y+}\int_{z-}^{z+} (\rho\, w_x\, \phi)\|_{x+}\, dy\, dz - \int_{y-}^{y+}\int_{z-}^{z+} (\rho\, w_x\, \phi)\|_{x-}\, dy\, dz$$

$$+ \int_{x-}^{x+}\int_{z-}^{z+} (\rho\, w_y\, \phi)\|_{y+}\, dx\, dz - \int_{x-}^{x+}\int_{z-}^{z+} (\rho\, w_y\, \phi)\|_{y-}\, dx\, dz$$

$$+ \int_{x-}^{x+}\int_{y-}^{y+} (\rho\, w_z\, \phi)\|_{z+}\, dx\, dy - \int_{x-}^{x+}\int_{y-}^{y+} (\rho\, w_z\, \phi)\|_{z-}\, dx\, dy$$

$$-\Gamma_\phi \int\limits_{y-}^{y+}\int\limits_{z-}^{z+} \frac{\partial \phi}{\partial x}\|_{x+}\, dydz + \Gamma_\phi \int\limits_{y-}^{y+}\int\limits_{z-}^{z+} \frac{\partial \phi}{\partial x}\|_{x-}\, dydz \qquad (12.25)$$

$$-\Gamma_\phi \int\limits_{x-}^{x+}\int\limits_{z-}^{z+} \frac{\partial \phi}{\partial y}\|_{y+}\, dxdz + \Gamma_\phi \int\limits_{x-}^{x+}\int\limits_{z-}^{z+} \frac{\partial \phi}{\partial y}\|_{y-}\, dxdz$$

$$-\Gamma_\phi \int\limits_{x-}^{x+}\int\limits_{y-}^{y+} \frac{\partial \phi}{\partial z}\|_{z+}\, dxdy + \Gamma_\phi \int\limits_{x-}^{x+}\int\limits_{y-}^{y+} \frac{\partial \phi}{\partial z}\|_{z-}\, dxdy$$

$$-\iiint\limits_{V_i} S_\phi\, dV = 0$$

Die Integrationsgrenzen $x+$, $x-$, $y+$, $y-$, $z+$ und $z-$ bezeichnen die Lage auf den Rändern der Kontrollvolumina (Abb. 12.5).

Bei zweidimensionalen Problemen berechnet sich der Fluss durch eine Kontrollfläche aus der Summe der Flüsse über die vier Kanten der Kontrollfläche. Es folgt:

$$\iint\limits_{A_i} \frac{\partial (\rho\, \phi)}{\partial \tau}\, dA$$

$$+ \int\limits_{y-}^{y+} (\rho\, w_x\, \phi)\|_{x+}\, dy - \int\limits_{y-}^{y+} (\rho\, w_x\, \phi)\|_{x-}\, dy$$

$$+ \int\limits_{x-}^{x+} (\rho\, w_y\, \phi)\|_{y+}\, dx - \int\limits_{x-}^{x+} (\rho\, w_y\, \phi)\|_{y-}\, dx$$

$$-\Gamma_\phi \int\limits_{y-}^{y+} \frac{\partial \phi}{\partial y}\|_{x+}\, dy + \Gamma_\phi \int\limits_{y-}^{y+} \frac{\partial \phi}{\partial y}\|_{x-}\, dy \qquad (12.26)$$

$$-\Gamma_\phi \int\limits_{x-}^{x+} \frac{\partial \phi}{\partial x}\|_{y+}\, dx + \Gamma_\phi \int\limits_{x-}^{x+} \frac{\partial \phi}{\partial x}\|_{y-}\, dx$$

$$-\iint\limits_{A_i} S_\phi\, dA = 0$$

Abb. 12.5 Zweidimensionales Diskretisierungsgitter mit Integrationsgrenzen um den Punkt P

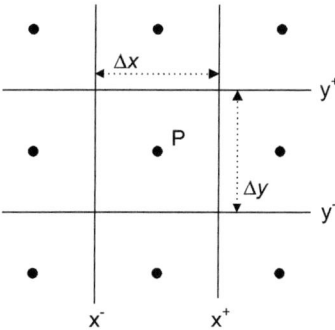

Bei eindimensionalen Problemen entspricht der Fluss durch einer Kontrollstrecke hingegen der Summe der Flüsse über die zwei Randpunkte der Kontrollstrecke. Es gilt:

$$\int_{S_i} \frac{\partial(\rho\phi)}{\partial\tau}\,dx + \left\{(\rho\,w_x\,\phi)\|_{x+} - (\rho\,w_x\,\phi)\|_{x-}\right\}$$
$$- \left\{\Gamma_\phi \frac{\partial\phi}{\partial x}\|_{x+} - \Gamma_\phi \frac{\partial\phi}{\partial x}\|_{x-}\right\} - \int_{S_i} S_\phi\,dx = 0 \tag{12.27}$$

Die eigentliche Approximation erfolgt bei der Finite-Volumen-Methode durch die Annäherung der Integrale. Zusätzlich werden die Variablenwerte auf den Oberflächen der Kontrollvolumina in Abhängigkeit der Werte in den Zentren benachbarter Kontrollvolumina durch Interpolationsformeln ausgedrückt. Es entsteht ein Gleichungssystem mit den Werten in den Kontrollvoluminazentren als Variablen [21, S. 43].

12.3.3.3 Approximation der Integrale
Die Integrale lassen sich mit unterschiedlichen numerischen Methoden approximieren. Dabei wird zwischen der Approximation von Streckenintegralen, Flächenintegralen und Volumenintegralen unterschieden.

Approximation von Streckenintegralen Die Approximation von Streckenintegralen, also von eindimensionalen Integralen, erfolgt in der Regel durch die Mittelpunktsregel.

Bei der Anwendung dieser Regel kann das Integral über den Integranden ϕ nach dx berechnet werden, indem der Mittelwert $\overline{\phi}$ des Integranden im Integrationsbereich mit der Länge Δx des Integrationsbereiches multipliziert wird:

$$\int_x \phi\,dx \approx \overline{\phi}\,\Delta x \tag{12.28}$$

Häufig tritt im Integranden die Ableitung $\partial\phi/\partial x$ auf. In diesem Fall kann der Mittelwert des Integranden mit Hilfe eines Differenzenquotienten ausgedrückt werden. Die

Abb. 12.6 Zweidimensionales Diskretisierungsgitter mit Integrationsgebiet ΔA und dem Mittelwert $\overline{\phi}$ der Bilanzgröße ϕ im Flächenschwerpunkt P

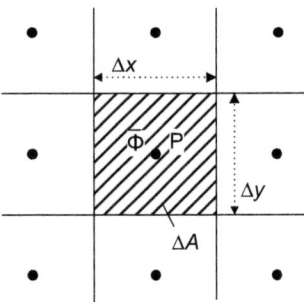

Approximation des Integrals erfolgt anschließend durch die Multiplikation des Differenzenquotienten mit der Länge des Integrationsgebietes:

$$\int_x \frac{\partial \phi}{\partial x} dx \approx \frac{\phi(x + \Delta x) - \phi(x)}{\Delta x} \Delta x \qquad (12.29)$$

Approximation von Flächenintegralen Von Bedeutung zur Approximation von Flächenintegralen sind unter anderem die Mittelpunktsregel, die Trapez-Regel und die Simpson-Regel.

Bei der Approximation von Flächenintegralen mit der Mittelpunktsregel werden die Integrale durch das Produkt aus der betreffenden Fläche ΔA und dem Mittelwert $\overline{\phi}$ des Integranden im Flächenschwerpunkt angenähert (Abb. 12.6) [21, S. 86]:

$$\int_A \phi \, dA \approx \overline{\phi} \, \Delta A \qquad (12.30)$$

Zur Bestimmung des Integranden im Flächenschwerpunkt werden im Allgemeinen Interpolationen verwendet, welche diesen in Abhängigkeit der Werte benachbarter Kontrollvolumina ausdrücken.

Die Trapez-Regel greift zur Näherung des Flächenintegrals – neben dem Flächenstück ΔA selbst – auf zwei Integrationspunkte von ϕ an den Stellen $x + \Delta x/2$ und $x - \Delta x/2$ zurück [21, S. 86]:

$$\int_A \phi \, dA \approx \frac{\Delta A}{2} (\phi(x + \Delta x/2) + \phi(x - \Delta x/2)) \qquad (12.31)$$

Bei Approximationen der Integrale durch die Simpson-Regel werden drei Integrationspunkte von ϕ berücksichtigt [21, S. 87]:

$$\int_A \phi \, dA \approx \frac{\Delta A}{6} (\phi(x + \Delta x/2) + 4\phi(x) + \phi(x - \Delta x/2)) \qquad (12.32)$$

12.3 Transformation der partiellen DGL in ein System gewöhnlicher DGL

Approximation von Volumenintegralen Auch bei der Approximation von Volumenintegralen wird häufig die Mittelpunktsregel angewendet.

Bei dieser Approximation werden die Integrale durch das Produkt aus dem betreffenden Volumen ΔV und dem mittleren Wert $\overline{\phi}$ des Integranden im Volumenschwerpunkt angenähert [21, S. 87]:

$$\int_V \phi \, dV \approx \overline{\phi} \, \Delta V \tag{12.33}$$

12.3.3.4 Approximation der Werte auf den Rändern der Kontrollvolumina

Bei der Finite-Volumen-Methode ist es erforderlich, die Werte auf den Rändern des Diskretisierungsgitters durch Werte in den Zentren der Kontrollvolumina zu approximieren. Dabei wird vorausgesetzt, dass die Werte in den Zentren als Variablen im Gleichungssystem auftreten. Entsprechend müssen – bei ortsveränderlichen Variablen – die Werte eines jeden Gitterrandes gesondert approximiert werden. Dazu stehen unterschiedliche Interpolationsformeln zur Verfügung. Nachfolgend werden exemplarisch drei Interpolationsverfahren vorgestellt – Polynome nullter, erster und zweiter Ordnung.

Polynom 0. Ordnung / Aufwind-Interpolation Grundsätzlich beschreiben Polynome 0. Ordnung den Funktionswert $\phi(x)$ durch einen konstanten Parameter a_0 unabhängig von der Ortskoordinate x:

$$\phi(x) \approx a_0 \tag{12.34}$$

Die Aufwind-Interpolation ist ein Sonderfall für Polynominterpolationen 0. Ordnung. Bei der Aufwind-Interpolation wird zur Interpolation eines Wertes auf dem Rand des Diskretisierungsgitters jeweils der Wert im Mittelpunkt der stromaufwärts gelegenen Zelle verwendet [21, S. 89]. Gemäß dem Vorzeichen der Strömungsgeschwindigkeit w_x entspricht dieser dem Wert im Zellmittelpunkt in positiver oder negativer x-Richtung. Übertragen auf das dargestellte Gitter (Abb. 12.7), bei dem der Rand zwischen den Punkten W und P durch den Index w gekennzeichnet ist, führt dies auf folgende Näherung (Abb. 12.8) [20, S. 181]:

$$\phi_w \approx \phi_W \quad w_x \geq 0 \tag{12.35}$$

$$\phi_w \approx \phi_P \quad w_x \leq 0 \tag{12.36}$$

Die Aufwind-Interpolation ist eine Approximation, die das Auftreten oszillierender Lösungen verhindert [21, S. 89]. Problematisch ist ihr Einsatz in der Regel bei Strömungen, die diagonal zum Diskretisierungsgitter verlaufen. Bei derartigen Strömungen kann der Abbruchfehler zu numerischer Diffusion führen und starke Änderungen der Variablenwerte fälschlicherweise dämpfen [20, S. 190], [21, S. 90].

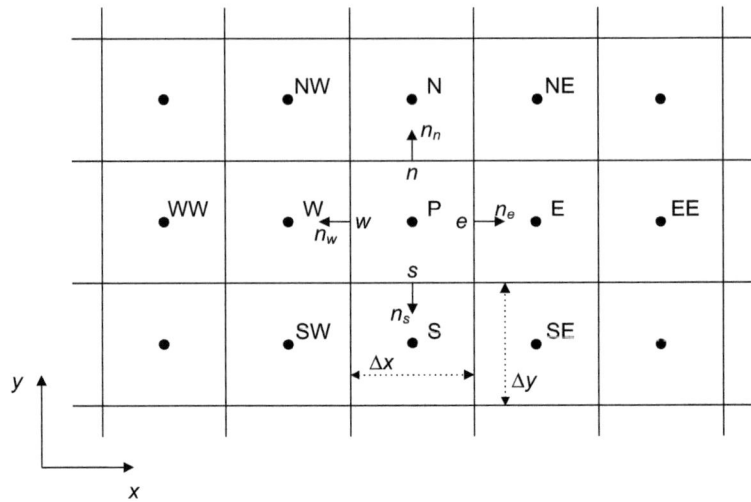

Abb. 12.7 Zweidimensionales Diskretisierungsgitter mit Kompassnotation der Zentren und Ränder der Flächenelemente sowie den Normalenvektoren n

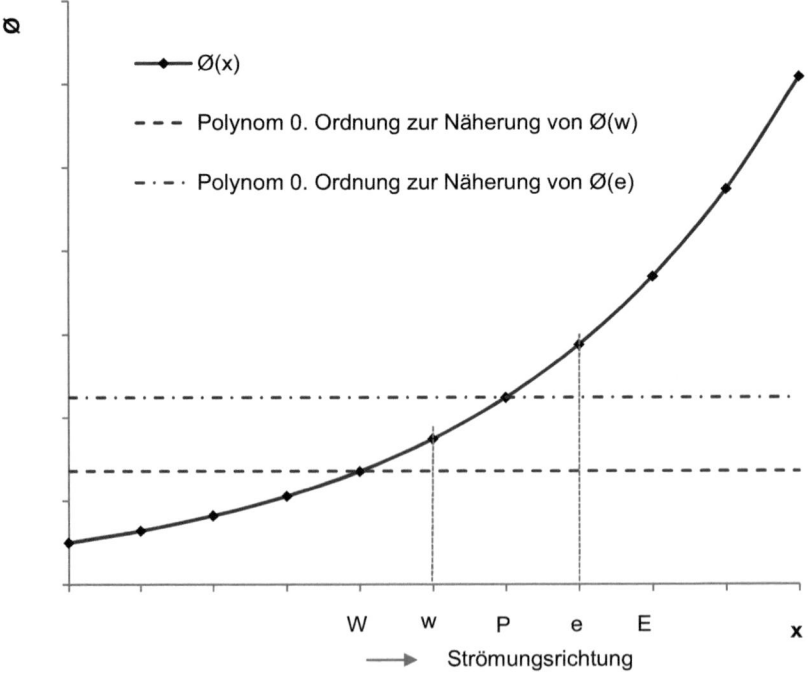

Abb. 12.8 Interpolation der Werte auf den Rändern w und e durch Polynome 0. Ordnung

12.3 Transformation der partiellen DGL in ein System gewöhnlicher DGL

Polynom 1. Ordnung / Lineare Interpolation Polynome 1. Ordnung beschreiben den Funktionswert $\phi(x)$ mit Hilfe der zwei Parameter a_0 und a_1 in Abhängigkeit der Ortskoordinate x in der ersten Potenz:

$$\phi(x) \approx a_0 + a_1 x \tag{12.37}$$

Bei Interpolationen mit Polynomen 1. Ordnung wird – wie auch bei der Interpolation 0. Ordnung – für jeden Gitterrand ein gesondertes Polynom verwendet. Im Unterschied basieren Polynome 1. Ordnung auf der Annahme, dass sich der Funktionswert zwischen zwei benachbarten Zellen linear verändert. Mit Blick auf das skizzierte Gitter (Abb. 12.7) liegt der unbekannte Werte ϕ_w demnach auf einer Geraden zwischen dem Wert der linken Zelle ϕ_W und dem Wert der rechten Zelle ϕ_P (Abb. 12.9) [20, S. 182]. Es gilt folgende Näherung:

$$\phi_w \approx \phi_W + (x_w - x_W) \frac{\phi_P - \phi_W}{x_P - x_W} \tag{12.38}$$

Zu beachten ist, dass lineare Interpolationen zu oszillierenden Lösungen führen können [21, S. 90].

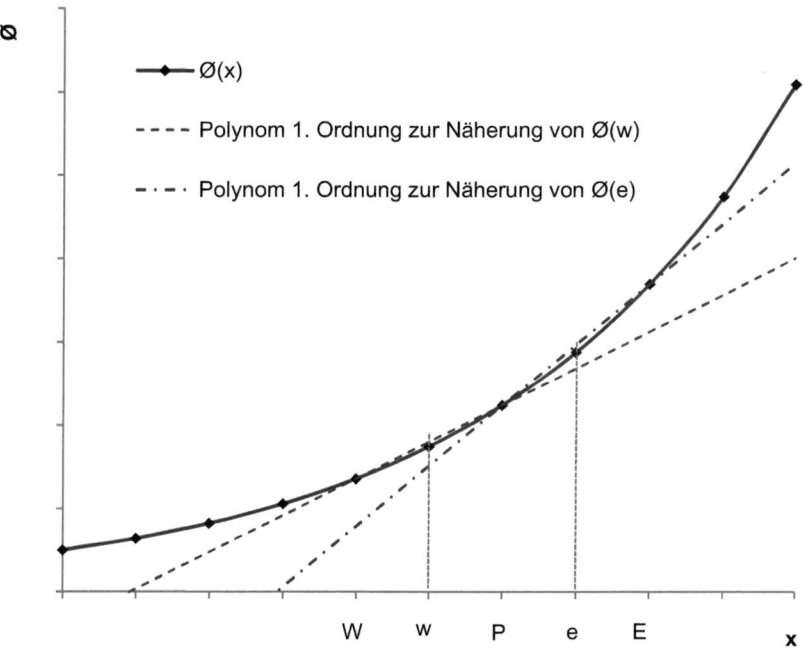

Abb. 12.9 Interpolation der Werte auf den Rändern w und e durch Polynome 1. Ordnung

Polynom 2. Ordnung Eine häufig verwendete Näherungsform für Funktionswerte auf den Rändern des Diskretisierungsgitters sind Interpolationen durch Polynome 2. Ordnung. Diese sind grundsätzlich als eine Funktion mit drei Parametern a_0, a_1 und a_2 definiert:

$$\phi(x) \approx a_0 + a_1 x + a_2 x^2 \tag{12.39}$$

Entsprechend den Näherungen 0. und 1. Ordnung wird auch bei der Näherung durch Polynome 2. Ordnung für jeden Gitterrand ein gesondertes Polynom verwendet. Übertragen auf das in Abb. 12.7 dargestellte Gitter gilt beispielsweise für den Wert auf dem Gitterrand ϕ_w (Abb. 12.10) [20, S. 183]:

$$\phi_w \approx \phi_W + (x_w - x_W) \frac{\phi_P - \phi_W}{x_P - x_W} + \left\{ \frac{\dfrac{\phi_E - \phi_P}{x_E - x_P} - \dfrac{\phi_P - \phi_W}{x_P - x_W}}{x_E - x_W} \right\} (x_w - x_W)(x_w - x_P) \tag{12.40}$$

Die Polynome zur Approximation weiterer Gitterrandwerte werden analog aufgebaut. Dabei ist auch bei Polynomen 2. Ordnung zu beachten, dass diese zu oszillierenden Lösungen führen können [21, S. 90].

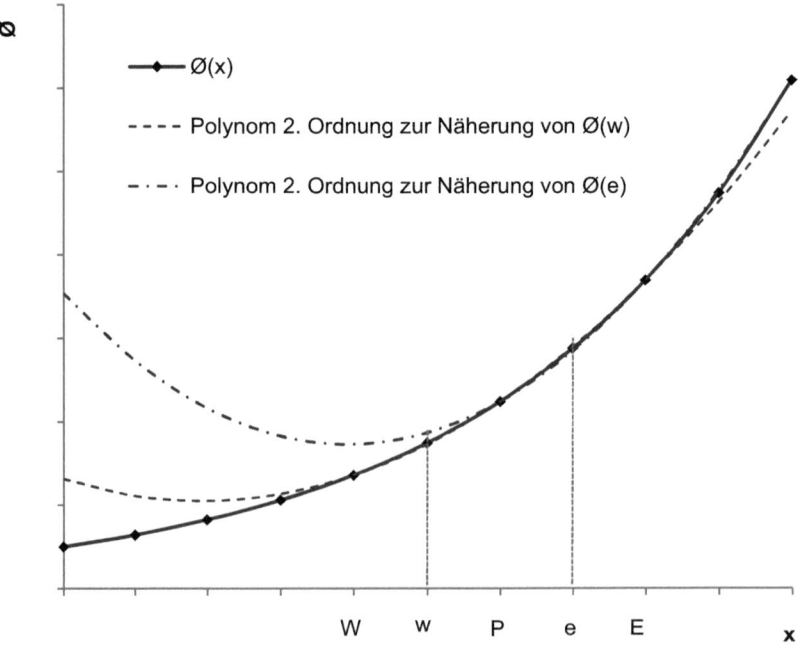

Abb. 12.10 Interpolation der Werte auf den Rändern w und e durch Polynome 2. Ordnung

12.4 Aufstellen des Gleichungssystems

Die Transformation der partiellen Differentialgleichungen führt auf ein System gewöhnlicher Differentialgleichungen, deren Lösung aus diskreten Werten in den Zentren (Finite-Volumen-Methode) oder auf den Rändern (Finite-Differenzen-, Finite-Elemente-Methode) des Diskretisierungsgitters besteht. Mit z Erhaltungsgleichungen und n Diskretisierungselementen setzt sich das Gleichungssystem aus $n \cdot z$ gewöhnlichen Differentialgleichungen zusammen. Als Ableitungen treten in den Differentialgleichungen ausschließlich Zeitableitungen auf.

Um das Differentialgleichungssystem zu lösen, müssen die Gleichungen abschließend in eine einheitliche Form gebracht werden. Im Allgemeinen wird diese durch das Lösungsverfahren beziehungsweise den eingesetzten Löser bestimmt. In diesem Zusammenhang ist es häufig notwendig, die Gleichungen nach null oder dem zeitabhängigen Speicherterm, das heißt nach der Zeitableitung, freizustellen. Die Lösung des Gleichungssystems wird im folgenden Unterkapitel vorgestellt.

12.5 Lösen des Gleichungssystems

Entsprechend dem dargestellten Vorgehen der Bilanzierung instationär betriebener Energieanlagen (Abb. 12.1) wird das vorliegende Gleichungssystem aus gewöhnlichen Differentialgleichungen numerisch gelöst. Im Vordergrund steht die Bestimmung der Zeitableitungen der Differentialgleichungen. Da die exakte Lösung der Gleichungen – also die Bestimmung der Zeitableitungen und Variablen zu jedem Zeitpunkt – in der Regel nicht möglich ist, werden diskrete Lösungswerte der Gleichungen berechnet. Diese beschreiben die Zeitableitungen und Variablen zu definierten Zeitpunkten.

Das Differentialgleichungssystem wird dazu zunächst in ein algebraisches Gleichungssystem transformiert, dessen Lösung das System in genau einem diskreten Zeitpunkt charakterisiert. Die Transformation des Gleichungssystems wird auch als Zeitdiskretisierung bezeichnet. Um den zeitlichen Verlauf der Variablen wiedergeben zu können, müssen entsprechend für eine Vielzahl aufeinanderfolgender, diskreter Zeitpunkte algebraische Gleichungssysteme erzeugt und gelöst werden. Die Lösungswerte eines Zeitschrittes dienen dann als Startwerte zur Lösung des Gleichungssystems des darauffolgenden Zeitschrittes. Für die Zeitdiskretisierung stehen unterschiedliche Verfahren zur Verfügung. Programme zur Durchführung dieser Verfahren werden auch als Löser bezeichnet und in Form von kommerziellen sowie nicht-kommerziellen Softwarepaketen angeboten (z. B. DASSL, ODE3). Die Löser basieren im Allgemeinen auf numerischen Einschritt- (z. B. Euler-Verfahren, Runge-Kutta-Verfahren) oder Mehrschrittverfahren (z. B. PREDIKTOR-Korrektur-Verfahren, Adam-Bashfort-Verfahren). Ausgewählte Verfahren zur numerischen Lösung gewöhnlicher Differentialgleichungen werden im Folgenden vorgestellt.

12.5.1 Explizites Euler-Verfahren

Das explizite Euler-Verfahren – auch Euler-Cauchy-Verfahren oder Vorwärts-Euler-Verfahren genannt – bietet eine Möglichkeit zur numerischen Bestimmung der Lösungsfunktion $y(t)$ einer gewöhnlichen Differentialgleichung bei gegebenem Anfangswert y_0:

$$\begin{aligned} y'(t) &= g(t, y) \\ y(t_0) &= y_0 \end{aligned} \qquad (12.41)$$

Beim expliziten Euler-Verfahren wird die gesuchte Lösungsfunktion $y(t)$ im Gebiet zwischen t_0 und t_n durch eine Kurve aus miteinander verbundenen Punkten angenähert (Abb. 12.11). Die Punkte werden nacheinander bestimmt: Der erste Punkt y_1 wird aus dem gegebenen Anfangswert der Differentialgleichung y_0 und der Funktion $g(t, y)$ berechnet. Der zweite Punkt y_2 ermittelt sich anschließend aus dem berechneten Punkt y_1 und $g(t, y)$. Die Bestimmung weiterer Punkte y_{n+1} erfolgt entsprechend mit Hilfe der Funktion $g(t, y)$ und dem jeweiligen Vorgängerpunkt y_n. Dazu wird das Produkt aus der Schrittweite h und der Differentialgleichung $g(t_n, y_n)$ zum Punkt y_n addiert.

$$y_{n+1} = y_n + h\, g(t_n, y_n) \qquad (12.42)$$

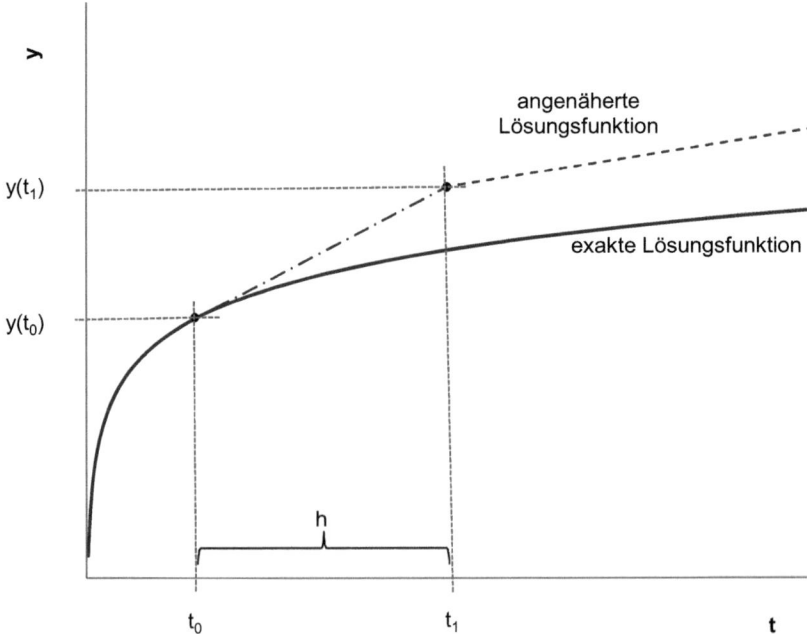

Abb. 12.11 Schematische Darstellung des expliziten Euler-Verfahrens

12.5 Lösen des Gleichungssystems

Die Schrittweite h wird durch das Verhältnis aus dem Gebiet $t_n - t_0$, in dem die Lösungsfunktion angenähert wird, und der Anzahl der diskreten Zeitpunkte n beschrieben:

$$h = \frac{t_n - t_0}{n} \qquad (12.43)$$

12.5.2 Implizites Euler-Verfahren

Das implizite Euler-Verfahren dient, wie auch das explizite Euler-Verfahren, der numerischen Bestimmung der Lösungsfunktion einer gewöhnlichen Differentialgleichung bei gegebenem Anfangswerte y_0:

$$\begin{aligned} y'(t) &= g(t, y) \\ y(t_0) &= y_0 \end{aligned} \qquad (12.44)$$

Im Unterschied zum expliziten Verfahren werden in die Berechnung der gesuchten Punkte y_{n+1}, welche durch die Näherungsfunktion verbunden werden, die Punkte selbst mit einbezogen:

$$y_{n+1} = y_n + h\, g(t_{n+1}, y_{n+1}) \qquad (12.45)$$

Entsprechend können die gesuchten Punkte nicht sukzessive nacheinander bestimmt werden, sondern sind mit Hilfe eines Gleichungssystems zu berechnen. Dieses muss für jeden Punkt gesondert gelöst werden.

12.5.3 Runge-Kutta-Verfahren

Auch das Runge-Kutta-Verfahren eignet sich zur numerischen Lösung von Anfangswertproblemen folgender Form:

$$\begin{aligned} y'(t) &= g(t, y) \\ y(t_0) &= y_0 \end{aligned} \qquad (12.46)$$

Beim Runge-Kutta-Verfahren wird die exakte Lösungsfunktion $y(t)$ ähnlich dem Euler-Verfahren (siehe Abschn. 12.5.1) durch eine Näherungsfunktion approximiert. Im Unterschied zum Euler-Verfahren wird die Steigung zur Berechnung des nächsten Näherungswertes y_{n+1} jedoch nicht durch die Tangente im Wert y_n ausgedrückt, sondern mit Hilfe mehrerer Hilfssteigungen k_i ermittelt (Abb. 12.12). Dazu werden die Hilfssteigungen mit den Gewichtungen b_i multipliziert und aufsummiert. Die allgemeine Form des Runge-Kutta-Verfahrens mit s Hilfssteigungen lautet [14, S. 406 ff]:

$$y_{n+1} = y_n + h \sum_{i=1}^{s} b_i\, k_i(t_n, y_n, h) \qquad (12.47)$$

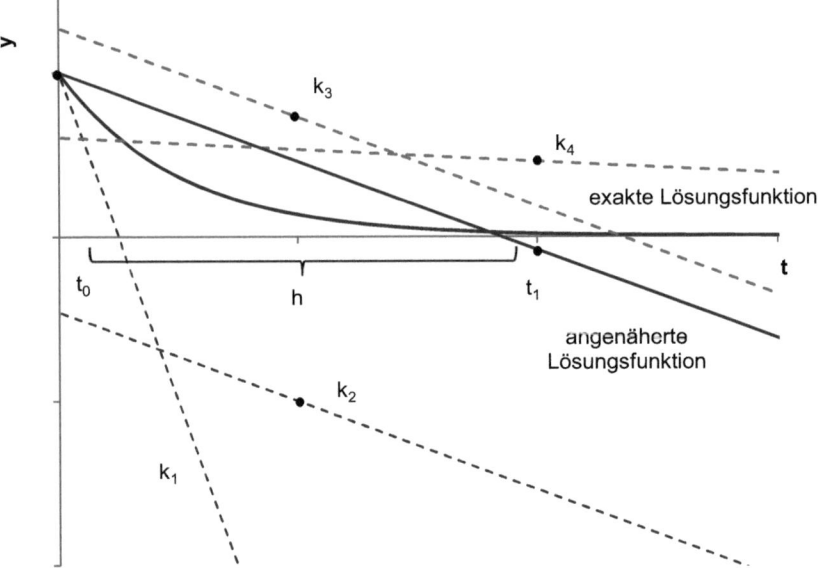

Abb. 12.12 Schematische Darstellung des Runge-Kutta-Verfahrens mit vier Hilfssteigungen

Dabei gilt für k_1:

$$k_1 = g(t_0, y_0) \tag{12.48}$$

Alle weiteren k_i sind definiert als:

$$k_i(t, y) = g(t_n + h\, c_i, y_n + h \sum_{l=1}^{i-1} a_{il}\, k_l(t, y)) \tag{12.49}$$

Die Anzahl der verwendeten Hilfssteigungen charakterisiert die Stufenzahl des Runge-Kutta-Vefahrens. So werden Berechnungsverfahren mit drei Hilfssteigungen als dreistufige Runge-Kutta-Verfahren bezeichnet. Berechnungsverfahren, bei denen vier Hilfssteigungen berücksichtigt werden, sind entsprechend vierstufige Runge-Kutta-Verfahren et cetera. Die für das Verfahren charakteristischen Koeffizienten, das heißt die Gewichte b sowie c und a, können Tabellen – sogenannten Butcher-Tableaus (Tab. 12.1) – entnommen werden [14, S. 413].

Tab. 12.1 Allgemeiner Aufbau eines Butcher-Tableaus

0				
c_2	a_{21}			
c_3	a_{31}	a_{32}		
$\vdots$	$\vdots$	$\vdots$	$\ddots$	
c_s	a_{s1}	a_{s2}	$\ldots$	$a_{s,s-1}$
	b_1	b_2	$\ldots$ b_{s-1}	b_s

12.5 Lösen des Gleichungssystems

Tab. 12.2 Zweistufige Butcher-Tableaus (*links*: Heun; *rechts*: Euler modifiziert)

$$
\begin{array}{c|cc}
0 & & \\
1 & 1 & \\
\hline
 & \frac{1}{2} & \frac{1}{2}
\end{array}
\qquad
\begin{array}{c|cc}
0 & & \\
\frac{1}{2} & \frac{1}{2} & \\
\hline
 & 0 & 1
\end{array}
$$

Tab. 12.3 Dreistufige Butcher-Tableaus (*links*: Heun; *rechts*: Runge-Kutta)

$$
\begin{array}{c|ccc}
0 & & & \\
\frac{1}{3} & \frac{1}{3} & & \\
\frac{2}{3} & 0 & \frac{2}{3} & \\
\hline
 & \frac{1}{4} & 0 & \frac{3}{4}
\end{array}
\qquad
\begin{array}{c|ccc}
0 & & & \\
\frac{1}{2} & \frac{1}{2} & & \\
1 & -1 & 2 & \\
\hline
 & \frac{1}{6} & \frac{2}{3} & \frac{1}{6}
\end{array}
$$

Tab. 12.4 Vierstufige Butcher-Tableaus (*links*: Runge-Kutta; *rechts*: Runge-Kutta modifiziert)

$$
\begin{array}{c|cccc}
0 & & & & \\
\frac{1}{2} & \frac{1}{2} & & & \\
\frac{1}{2} & 0 & \frac{1}{2} & & \\
1 & 0 & 0 & 1 & \\
\hline
 & \frac{1}{6} & \frac{1}{3} & \frac{1}{3} & \frac{1}{3}
\end{array}
\qquad
\begin{array}{c|cccc}
0 & & & & \\
\frac{1}{3} & \frac{1}{3} & & & \\
\frac{2}{3} & -\frac{1}{3} & 1 & & \\
1 & 1 & -1 & 1 & \\
\hline
 & \frac{1}{8} & \frac{3}{8} & \frac{3}{8} & \frac{1}{8}
\end{array}
$$

Beispielsweise können für zweistufige Runge-Kutta-Verfahren die Tableaus des modifizierten Euler-Verfahrens (Tab. 12.2 rechts) sowie nach Heun verwendet werden (Tab. 12.2 links). Butcher-Tableaus für dreistufige Runge-Kutta-Berechnungen sind beispielhaft in Tab. 12.3 dargestellt. Dabei enthält das linke Tableau Koeffizienten nach Heun und das rechte Tableau Koeffizienten nach Runge-Kutta.

Das ursprüngliche Runge-Kutta-Verfahren arbeitet mit vier Hilfssteigungen. Mögliche vierstufige Butcher-Tableaus zeigt Tab. 12.4.

In Tab. 12.5 sind exemplarisch die Formeln zur Berechnung der Hilfssteigungen k_1 bis k_4 für den ersten Rechenschritt – also zur Bestimmung von y_1 dargestellt. Die Formeln basieren auf dem ursprünglichen, vierstufigen Butcher-Tableau nach Runge und Kutta [10, S. 928]. Mit den in Tab. 12.5 dargestellten Hilfssteigungen k_1 bis k_4 kann y_1 bestimmt werden [10, S. 928]:

$$y_1 = y_0 + h \frac{1}{6} (k_1 + 2 k_2 + 2 k_3 + k_4) \qquad (12.50)$$

Alle weiteren Punkte der Näherungsfunktion berechnen sich analog.

Tab. 12.5 Formeln zur Berechnung der Hilfssteigungen beim vierstufigen Runge-Kutta-Verfahren für y_1

$k_i = g(t_n + h\, c_i, y_n + h \sum_{l=1}^{i-1} a_{il}\, k_l(t, y))$	$t_n + h\, c_i$	$y_n + h \sum_{l=1}^{i-1} a_{il}\, k_l(t, y)$
$k_1 = g(t_0, y_0)$	t_0	y_0
$k_2 = g(t_0 + h/2, y_0 + k_1/2)$	$t_0 + h/2$	$y_0 + h\, k_1/2$
$k_3 = g(t_0 + h/2, y_0 + k_2/2)$	$t_0 + h/2$	$y_0 + h\, k_2/2$
$k_4 = g(t_0 + h, y_0 + k_3)$	$t_0 + h$	$y_0 + h\, k_3$

12.5.4 PREDIKTOR-Korrektur-Verfahren

Ein Mehrschrittverfahren zur Lösung gewöhnlicher Differentialgleichungssysteme ist das PREDIKTOR-Korrektur-Verfahren. Dieses eignet sich insbesondere für differential-algebraische Gleichungssysteme.

Der Grundgedanke des PREDIKTOR-Korrektur-Verfahrens besteht in der Bestimmung von Schätzwerten für die Lösungsfunktion der Differentialgleichung, welche für jeden Rechenschritt neu bestimmt werden. Die Schätzwerte werden anschließend zur Korrektur der berechneten Funktionswerte verwendet. Nähere Informationen zu diesem Verfahren sind unter anderem in [20, S. 234] und [10, S. 929] zu finden.

12.6 Numerische Herausforderungen

Bei der Bilanzierung von Energieanlagen mit instationären Betriebszuständen werden die Differentialgleichungssysteme – wie in den vorherigen Abschnitten dargestellt – im Allgemeinen numerisch gelöst. Die Lösungen stellen folglich Näherungen an die exakte (analytische) Lösung der Differentialgleichungssysteme dar. Entsprechend treten je nach Art des physikalischen Problems und des verwendeten numerischen Lösungsverfahrens unterschiedlich starke Abweichungen im Vergleich zur exakten Lösung auf. Auch physikalisch unsinnige Lösungen sind bei der Anwendung numerischer Lösungsverfahren nicht auszuschließen. Gleichzeitig sind die numerischen Methoden – insbesondere bei feinen Diskretisierungsgittern und steifen Differentialgleichungssystemen (siehe Abschn. 12.6.4) – häufig mit erheblichem Rechenaufwand verbunden. Diesen gilt es zu vermeiden.

Die Wahl geeigneter numerischer Verfahren ist daher von besonderer Bedeutung und dient neben der Reduktion des Rechenaufwandes auch der Gewährleistung physikalisch sinnvoller Lösungen. Aus diesem Grund werden in den folgenden Abschnitten ausgewählte numerische Probleme diskutiert und auf Möglichkeiten zur Lösung dieser Probleme hingewiesen.

12.6.1 Konvektions-Diffusions-Probleme

Bei physikalischen Problemstellungen treten häufig sowohl konvektive als auch diffusive Transportvorgänge auf. Überwiegt der konvektive Transportvorgang, so werden die Probleme *konvektions-dominiert* genannt. Überwiegt der diffusive Transportvorgang, so werden die Probleme als *diffusions-dominiert* bezeichnet [14, S. 474]. Überprüft werden kann dies mit der Peclet-Zahl Pe. Bei Peclet-Zahlen größer eins handelt es sich um ein konvektions-dominiertes Problem. Peclet-Zahlen kleiner 1 charakterisieren diffusion-dominierte Probleme. Die Peclet-Zahl berechnet sich aus der charakteristischen Länge des Strömungsprozesses L, der Strömungsgeschwindigkeit w und dem Diffusionskoeffizien-

12.6 Numerische Herausforderungen

ten D:
$$Pe = \frac{L\,w}{D} \tag{12.51}$$

Konvektions-dominierte Probleme ($Pe \gg 1$) sind bei technischen Prozessen die Regel. Bei der numerischen Lösung dieser Probleme können insbesondere bei der Verwendung von Zentraldifferenzen zur Approximation der Ortsableitungen Stabilitätsprobleme auftreten. Eine Beurteilung der Stabilität der numerischen Lösung ist durch die Zellen-Peclet-Zahl Pe^* möglich. Im Unterschied zur herkömmlichen Peclet-Zahl fließt in deren Berechnung nicht die charakteristische Länge, sondern der Abstand Δx zwischen den Gitterpunkten der Diskretisierung ein:

$$Pe^* = \frac{\Delta x\,w}{D} \tag{12.52}$$

Grundsätzlich gilt, dass die Zellen-Peclet-Zahl kleiner zwei sein muss, um stabile Lösungen zu gewährleisten. Bei stark konvektions-dominierten Problemen, kann dies nur durch ein feineres Diskretisierungsgitter, das heißt durch kleinere Δx als bei Zellen-Peclet-Zahlen größer zwei, realisiert werden. Aufgrund der damit verbundenen Erhöhung des Rechenaufwandes werden die Ortsableitungen daher, in der Regel mit alternativen Verfahren approximiert, die eine stabile Lösung des Problems sicherstellen. Eine Alternative zur Approximation der Ableitungen durch Zentraldifferenzenquotienten ist die Approximation mit einseitigen Differenzenquotienten (Vorwärts- oder Rückwärtsdifferenzenquotient). Werden diese entgegen der Strömungsrichtung formuliert, kann im Allgemeinen eine stabile Lösung gewährleistet werden.

12.6.2 Numerische Diffusion

Die numerische Diffusion ist ein Phänomen, das bei der numerischen Lösung von Differentialgleichungssystemen auftreten kann. Im Unterschied zu der exakten Lösung der Differentialgleichung, weist die numerische Lösung einen Fehler diffusiver Ausprägung auf. Dieser Fehler kann auch auftreten, wenn in den Differentialgleichungen kein Diffusionsterm enthalten ist. Die Ursache der numerischen Diffusion liegt in der Approximation unterschiedlicher Terme bei der Transformation der Differentialgleichungen (siehe Abschn. 12.3). Entsprechend kann die numerische Diffusion entweder durch höherwertigere Approximationsmethoden oder aber durch geeignete Kompensationsterme in den Differentialgleichungen unterdrückt beziehungsweise vermieden werden.

12.6.3 Druck-Geschwindigkeits-Kopplung

Bei der Modellierung gasförmiger Strömungen gehen Änderungen des Drucks in der Regel mit Änderungen der Strömungsgeschwindigkeit einher. Diese Wechselwirkung wird durch einen Druckterm in der Impulsbilanz berücksichtigt, führt allerdings bei der konventionellen Lösung der Impulsbilanz zu oszillierenden und physikalisch unplausiblen

Ergebnissen. Insbesondere bei Strömungsprozessen mit einem sprunghaften Anstieg des Volumens (z. B. bei der Verdampfung in Rohrbündeln oder der pyrolytischen Umsetzung fester Brennstoffe) sind der herkömmlichen Lösung der Impulsbilanz Grenzen gesetzt.

Um Änderungen von Druck und Geschwindigkeit miteinander zu verknüpfen, werden daher spezielle numerische Kopplungsverfahren verwendet. Diese Verfahren (z. B. SIMPLE, SIMPLEC, PISO) werden auch als Druck- beziehungsweise Geschwindigkeitskorrekturverfahren bezeichnet. Ihnen ist gemein, dass zunächst ein Druck- oder Geschwindigkeitsfeld geschätzt und anschließend – nach dem Lösen der Geschwindigkeits- beziehungsweise Druckgleichung – korrigiert wird. Eine Übersicht der Verfahren zur Druck-Geschwindigkeits-Kopplung ist beispielsweise in [20, S. 195] gegeben.

12.6.4 Steife Differentialgleichungssysteme

Als steife Differentialgleichungssysteme werden Systeme bezeichnet, bei denen die Beträge der Realteile der Eigenwerte der Differentialgleichungen stark voneinander abweichen. Die Steifigkeit ist daher eine relative Größe, mit der unterschiedliche Differentialgleichungssysteme miteinander verglichen werden können. Als Vergleichsgröße dient der Steifigkeitskoeffizient, welcher als Quotient der Beträge der Realteile der Eigenwerte definiert ist. Im Nenner des Quotienten steht stets der betragskleinere Wert. Umso größer der Steifigkeitskoeffizient ist, umso steifer ist definitionsgemäß das Differentialgleichungssystem.

Steife Differentialgleichungssysteme sind in der Regel mit beträchtlichen Rechenzeiten verbunden. Das Problem liegt dabei in den Geschwindigkeiten, mit der sich die unterschiedlichen Variablen des Differentialgleichungssystems verändern [14, S. 436]. Weichen diese Geschwindigkeiten stark voneinander ab, so ist der Löser des Systems im Allgemeinen gezwungen, die Schrittweite an die Variable mit der höchsten Änderungsrate anzupassen – also kleine Schrittweiten zu wählen. Variablen mit geringen Änderungsraten verändern sich aber bei kleinen Schrittweiten nur geringfügig, wodurch eine gesteigerte Anzahl an Iterationsschritten zur Lösung des Differentialgleichungssystems erforderlich wird.

12.7 Ausgewählte Rechenbeispiele

Wie in den vorherigen Abschnitten erläutert, können Systeme partieller Differentialgleichungen numerisch gelöst werden, indem die Gleichungen zunächst in gewöhnliche Differentialgleichungen überführt und die Zeitableitungen anschließend durch die Anwendung von Lösungsverfahren gewöhnlicher Differentialgleichungen diskretisiert werden. Für die Überführung der Gleichungen in gewöhnliche Differentialgleichungen stehen unterschiedliche Methoden zur Verfügung. Zu diesen zählen die Methode der finiten Differenzen, der finiten Elemente und der finiten Volumen. Die folgenden Rechenbeispiele

12.7 Ausgewählte Rechenbeispiele

dienen der Veranschaulichung dieser drei Methoden sowohl für eindimensionale als auch für zweidimensionale Problemstellungen.

12.7.1 Rechenbeispiel: Wärmeleitung 1D

Problemstellung Ein 1 Meter langes, horizontal aufgehängtes Strömungsrohr aus Keramik wird über die Länge von einem elektrischen Ofen beheizt (Abb. 12.13). Der Wärmestrom, der von dem Ofen auf das Rohr übertragen wird, besitzt eine Dichte von insgesamt $-500\,\text{W}\,\text{m}^{-3}$ und der Keramik kann eine Wärmeleitfähigkeit von $5\,\text{W}\,\text{m}^{-1}\,\text{K}^{-1}$ zugeordnet werden. An den Enden wird das Rohr von Edelstahlflanschen gehalten. Um eine thermische Ausdehnung der Flansche zu verhindern und die Spannungen im Keramikrohr zu reduzieren, sind die Flansche mit Kühlwasserkanälen durchsetzt. Mit diesen wird die Temperatur am Rohranfang auf 50 °C und am Rohrende auf 80 °C geregelt.

Zur Überprüfung der zulässigen Thermospannungen soll die stationäre Temperaturverteilung, die sich nach dem Aufheizvorgang im Rohr einstellt, berechnet werden. Dabei soll eine eindimensionale Diskretisierung der Rohrlänge in fünf gleich große Bereiche berücksichtigt werden.

Die Grundlage der Berechnung bildet die stationäre Wärmeleitungsgleichung. Bei dieser handelt es sich um eine Differentialgleichung zweiter Ordnung. In der Gleichung bezeichnet T die Temperatur, λ die Wärmeleitfähigkeit, x die Ortskoordinate und S den Quellterm. Als Randwerte sind die Temperatur am Rohranfang $T(x = 0)$ und die Temperatur am Rohrende $T(x = 1)$ gegeben:

$$\lambda \frac{\partial^2 T(x)}{\partial x^2} = S \quad S = -500\,\text{W}\,\text{m}^{-3}$$

$$T(x = 0) = 50 \tag{12.53}$$

$$T(x = 1) = 80$$

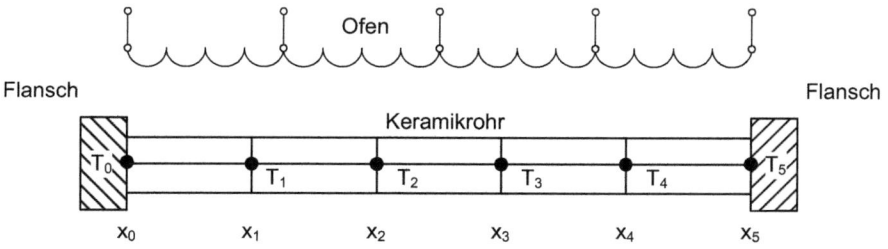

Abb. 12.13 Schematische Darstellung des beheizten Keramikrohres mit den Variablen und Gitterstellen der Finite-Differenzen- und Finite-Elemente-Methode

12.7.1.1 Analytische Methode

Zur Einordnung der numerischen Lösungsverfahren des Wärmeleitungsproblems auf Basis der Methode der finiten Differenzen, Elemente und Volumina soll die Wärmeleitungsgleichung zunächst analytisch (exakt) gelöst werden. Die analytische Lösung der Differentialgleichung kann mit Hilfe eines Polynoms zweiter Ordnung als Ansatzfunktion bestimmt werden:

$$T(x) = a\,x^2 + b\,x + c \tag{12.54}$$

Unter Berücksichtigung des Randwertes an der Stelle $x = 0$ wird zunächst die Konstante c der Ansatzfunktion berechnet:

$$T(x = 0) = c = 50 \tag{12.55}$$

Mit der zweiten Ableitung der Ansatzfunktion nach x kann nachfolgend die Konstante a ermittelt werden:

$$\frac{\partial^2 T(x)}{\partial x^2} = \frac{S}{\lambda} = 2\,a \tag{12.56}$$

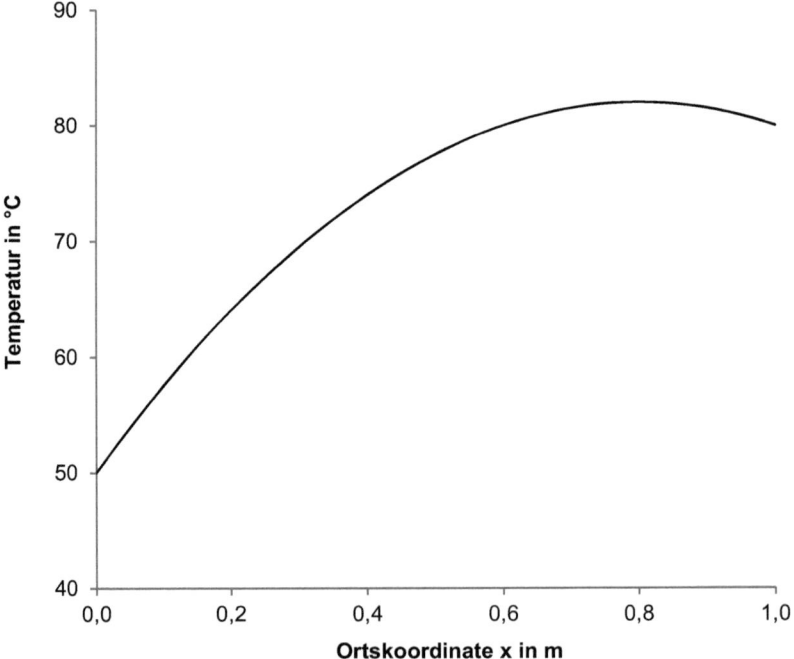

Abb. 12.14 Analytische Lösung des Randwertproblems

12.7 Ausgewählte Rechenbeispiele

Die Konstante b ergibt sich schließlich mit Hilfe des Randwertes an der Stelle $x = 1$ sowie den bereits bestimmten Konstanten a und c:

$$T(x = 1) = a + b + c = 80 = \frac{S}{2\lambda} + b + 50 \tag{12.57}$$

Die exakte Lösungsfunktion des Randwertproblems lautet entsprechend:

$$T(x) = -50\, x^2 + 80\, x + 50 \tag{12.58}$$

Die Lösungsfunktion ist in Abb. 12.14 dargestellt.

12.7.1.2 Finite-Differenzen-Methode

Bei der numerischen Lösung der Wärmeleitungsgleichung wird diese in ein Gleichungssystem transformiert, dessen Lösungswerte eine Näherung der gesuchten Lösungsfunktion darstellen und die Wärmeleitungsgleichung auf den Knoten des Diskretisierungsgitters erfüllen. Eine Möglichkeit zur Transformation der Wärmeleitungsgleichung bietet die Finite-Differenzen-Methode. Die Anwendung der Finite-Differenzen-Methode auf die Wärmeleitungsgleichung des vorliegenden Randwertproblems wird nachfolgend vorgestellt.

Formulierung separater Bilanzgleichungen für jeden Knoten Zur Bestimmung der Näherungslösung wird die Wärmeleitungsgleichung gemäß Abschn. 12.3.1 für jeden Gitterknoten x_k gesondert formuliert. Für $k = 1, \ldots, 4$ ergeben sich damit vier Differentialgleichungen:

$$\lambda \frac{\partial^2 T(x)}{\partial x^2}\bigg\|_{x_k} = S \tag{12.59}$$

Approximation der Ortsableitungen durch Differenzenquotienten Anschließend werden die Ortsableitungen der Temperatur in der Differentialgleichung approximiert. Bei den Ableitungen handelt es sich um Ableitungen zweiter Ordnung, welche mit dem folgenden Differenzenquotienten angenähert werden können:

$$\frac{\partial^2 T(x)}{\partial x^2}\bigg\|_{x_k} \approx \frac{T(x_k - \Delta x) - 2\, T(x_k) + T(x_k + \Delta x)}{\Delta x^2} \tag{12.60}$$

Es wird deutlich, dass zur Approximation der Ortsableitung an der Stelle x_k die Temperaturen an den Stellen $x_k - \Delta x$ und $x_k + \Delta x$ sowie an der Stelle x_k selbst erforderlich sind. Da sich die Temperatur mit der Ortskoordinate verändert, ergeben sich für jedes x_k unterschiedliche Differenzenquotienten. Wird das Rohr in n Elemente zerlegt (Abb. 12.13), ergeben sich demnach n Differenzenquotienten. Diese lassen sich mit Hilfe der Temperaturen T_0 bis T_5 sowie der Länge der Diskretisierungselemente Δx berechnen. Für die vier

Knoten des Diskretisierungsgitters ergeben sich folgende Approximationen der Ortsableitung:

$$\frac{\partial^2 T(x)}{\partial x^2}\bigg\|_{x_1} \approx \frac{T(x_0) - 2\,T(x_1) + T(x_2)}{\Delta x^2} = \frac{T_0 - 2\,T_1 + T_2}{\Delta x^2}$$

$$\frac{\partial^2 T(x)}{\partial x^2}\bigg\|_{x_2} \approx \frac{T(x_1) - 2\,T(x_2) + T(x_3)}{\Delta x^2} = \frac{T_1 - 2\,T_2 + T_3}{\Delta x^2}$$

$$\frac{\partial^2 T(x)}{\partial x^2}\bigg\|_{x_3} \approx \frac{T(x_2) - 2\,T(x_3) + T(x_4)}{\Delta x^2} = \frac{T_2 - 2\,T_3 + T_4}{\Delta x^2} \quad (12.61)$$

$$\frac{\partial^2 T(x)}{\partial x^2}\bigg\|_{x_4} \approx \frac{T(x_3) - 2\,T(x_4) + T(x_5)}{\Delta x^2} = \frac{T_3 - 2\,T_4 + T_5}{\Delta x^2}$$

Auf Basis dieser vier Approximationen kann die Differentialgleichung in ein Gleichungssystem mit vier Gleichungen überführt werden. Unbekannte des Gleichungssystems sind die Temperaturen T_1 bis T_4 auf den Knoten des Diskretisierungsgitters:

$$\lambda \frac{T_0 - 2\,T_1 + T_2}{\Delta x^2} = S$$

$$\lambda \frac{T_1 - 2\,T_2 + T_3}{\Delta x^2} = S$$

$$\lambda \frac{T_2 - 2\,T_3 + T_4}{\Delta x^2} = S \quad (12.62)$$

$$\lambda \frac{T_3 - 2\,T_4 + T_5}{\Delta x^2} = S$$

Werden die bekannten Randwerte T_0 und T_5 auf die rechte und die vier unbekannten Temperaturen T_1, T_2, T_3 und T_4 auf die linke Seite des Gleichungssystems gebracht, ergibt sich folgende Darstellung der vier Gleichungen:

$$\begin{aligned} 2\,T_1 - T_2 &= -S\,\Delta x^2\,\lambda^{-1} + T_0 \\ -T_1 + 2\,T_2 - T_3 &= -S\,\Delta x^2\,\lambda^{-1} \\ -T_2 + 2\,T_3 - T_4 &= -S\,\Delta x^2\,\lambda^{-1} \\ -T_3 + 2\,T_4 &= -S\,\Delta x^2\,\lambda^{-1} + T_5 \end{aligned} \quad (12.63)$$

In Matrixdarstellung, bei der die Unbekannten T_1 bis T_4 zu einem Vektor und die Koeffizienten der Unbekannten zu einer Matrix zusammengefasst werden, lautet das Gleichungssystem:

$$\begin{pmatrix} 2 & -1 & 0 & 0 \\ -1 & 2 & -1 & 0 \\ 0 & -1 & 2 & -1 \\ 0 & 0 & -1 & 2 \end{pmatrix} \begin{pmatrix} T_1 \\ T_2 \\ T_3 \\ T_4 \end{pmatrix} = \begin{pmatrix} -S\,\Delta x^2 \lambda^{-1} + T_0 \\ -S\,\Delta x^2 \lambda^{-1} \\ -S\,\Delta x^2 \lambda^{-1} \\ -S\,\Delta x^2 \lambda^{-1} + T_5 \end{pmatrix} \quad (12.64)$$

Die Lösung des Gleichungssystems kann mit herkömmlichen Verfahren zur Lösung nicht-linearer Systeme (z. B. mit dem Newton-Verfahren; siehe Abschn. 11.3.2) berechnet werden:

$$\begin{pmatrix} T_1 \\ T_2 \\ T_3 \\ T_4 \end{pmatrix} = \begin{pmatrix} T(x=0{,}2) \\ T(x=0{,}4) \\ T(x=0{,}6) \\ T(x=0{,}8) \end{pmatrix} = \begin{pmatrix} 64 \\ 74 \\ 80 \\ 82 \end{pmatrix} \quad (12.65)$$

Das Ergebnis der Berechnung ist in Abb. 12.15 dargestellt.

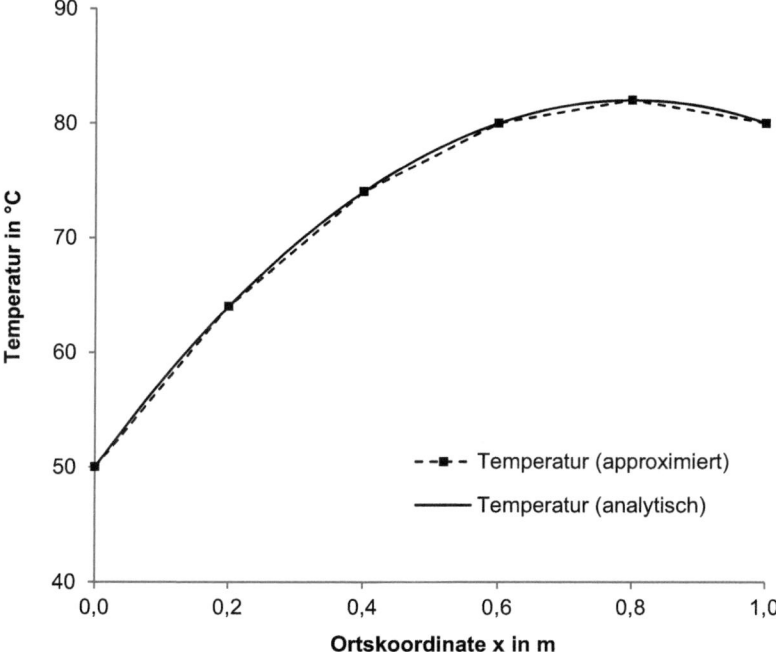

Abb. 12.15 Numerische Lösung des Randwertproblems auf Basis der Finite-Differenzen-Methode im Vergleich zur analytischen Lösung

12.7.1.3 Finite-Elemente-Methode

Alternativ zur Methode der finiten Differenzen kann zur Transformation der Wärmeleitungsgleichung auf die Finite-Elemente-Methode zurückgegriffen werden. Wie bei der Finite-Differenzen-Methode ist das Ergebnis ein Gleichungssystem, dessen Lösung aus einer endlichen Anzahl von Funktionswerten besteht. Diese stellen eine Näherungslösung des Randwertproblems dar.

Überführung der DGL in die schwache Form Bei der Anwendung der Finite-Elemente-Methode auf die Wärmeleitungsgleichung wird die Differentialgleichung zunächst in eine Form gebracht, in der ausschließlich Ableitungen erster Ordnung auftreten. Dazu wird Gl. 12.53 mit der Gewichtsfunktion $g(x)$, welche an den Rändern des Untersuchungsgebietes ($x = 0$ und $x = 1$) den Wert null annimmt, multipliziert:

$$\lambda \frac{\partial^2 T(x)}{\partial x^2} g(x) - S\, g(x) = 0 \tag{12.66}$$

Anschließend wird die Gleichung über das Untersuchungsgebiet integriert. Im vorliegenden Beispiel umfasst das Untersuchungsgebiet das keramische Rohr zwischen den Grenzen null und einem Meter auf der x-Achse:

$$\int_0^1 \lambda \frac{\partial^2 T(x)}{\partial x^2} g(x)\, dx - \int_0^1 S\, g(x)\, dx = 0 \tag{12.67}$$

Der linke Integralterm von Gl. 12.67 kann durch partielle Integration aufgelöst werden. Die Auflösung des Integrals führt auf zwei Terme: Zum einen auf eine Stammfunktion (mit der Gewichtsfunktion $g(x)$ und der ersten Ableitung der Funktion $T(x)$) und zum anderen auf ein Integral, welches die ersten Ableitungen der Funktionen $T(x)$ und $g(x)$ enthält:

$$\int_0^1 \lambda \frac{\partial^2 T(x)}{\partial x^2} g(x)\, dx = \left[\lambda \frac{\partial T(x)}{\partial x} g(x)\right]_0^1 - \int_0^1 \lambda \frac{\partial T(x)}{\partial x} \frac{\partial g(x)}{\partial x}\, dx \tag{12.68}$$

Da die Gewichtsfunktion an den Integrationsgrenzen 0 und 1 definitionsgemäß verschwindet, führt die Berechnung der Stammfunktion auf den Wert null. Der partiell integrierte Term vereinfacht sich damit wie folgt:

$$\int_0^1 \lambda \frac{\partial^2 T(x)}{\partial x^2} g(x)\, dx = -\int_0^1 \lambda \frac{\partial T(x)}{\partial x} \frac{\partial g(x)}{\partial x}\, dx \tag{12.69}$$

12.7 Ausgewählte Rechenbeispiele

Mit Hilfe der Vereinfachung des linken Terms erfüllt Gl. 12.67 nun die eingangs erwähnte Forderung und enthält ausschließlich Ableitungen erster Ordnung (*schwache* Form der Differentialgleichung):

$$-\int_0^1 \lambda \frac{\partial T(x)}{\partial x} \frac{\partial g(x)}{\partial x} dx - \int_0^1 S\, g(x)\, dx = 0 \quad (12.70)$$

Approximation der Lösungsfunktion Die Funktionen $T(x)$ und $g(x)$ werden im nächsten Schritt durch die diskreten Hilfsfunktionen $T_h(x)$ und $g_h(x)$ in den Knoten des Diskretisierungsgitters approximiert. Die Hilfsfunktionen sind definiert als:

$$T_h(x) = \sum_{j=0}^{N} T_j\, D_j(x) \quad (12.71)$$

$$g_h(x) = \sum_{i=0}^{N} g_i\, D_i(x) \quad (12.72)$$

Die Funktionen $D(x)$ werden aufgrund ihrer Form als Dachfunktionen bezeichnet (siehe Abb. 12.16). Sie werden für unterschiedliche Bereiche ϖ der Ortskoordinate x unterschiedlich definiert:

$$D_j(x) = \begin{cases} \frac{x - x_{j-1}}{\Delta x} & x \in \varpi_{j-1} \\ \frac{x_{j+1} - x}{\Delta x} & x \in \varpi_j \\ 0 & \text{sonst} \end{cases} \quad (12.73)$$

$$D_i(x) = \begin{cases} \frac{x - x_{i-1}}{\Delta x} & x \in \varpi_{i-1} \\ \frac{x_{i+1} - x}{\Delta x} & x \in \varpi_i \\ 0 & \text{sonst} \end{cases} \quad (12.74)$$

Die Ableitungen der Dachfunktionen $\partial D(x)/\partial x$ werden ebenfalls für diskrete Bereiche definiert. Sie können als Vielfache der Länge Δx der Diskretisierungselemente geschrieben werden:

$$\frac{\partial D_j(x)}{\partial x} = \begin{cases} \frac{1}{\Delta x} & x \in \varpi_{j-1} \\ -\frac{1}{\Delta x} & x \in \varpi_j \\ 0 & \text{sonst} \end{cases} \quad (12.75)$$

$$\frac{\partial D_i(x)}{\partial x} = \begin{cases} \frac{1}{\Delta x} & x \in \varpi_{i-1} \\ -\frac{1}{\Delta x} & x \in \varpi_i \\ 0 & \text{sonst} \end{cases} \quad (12.76)$$

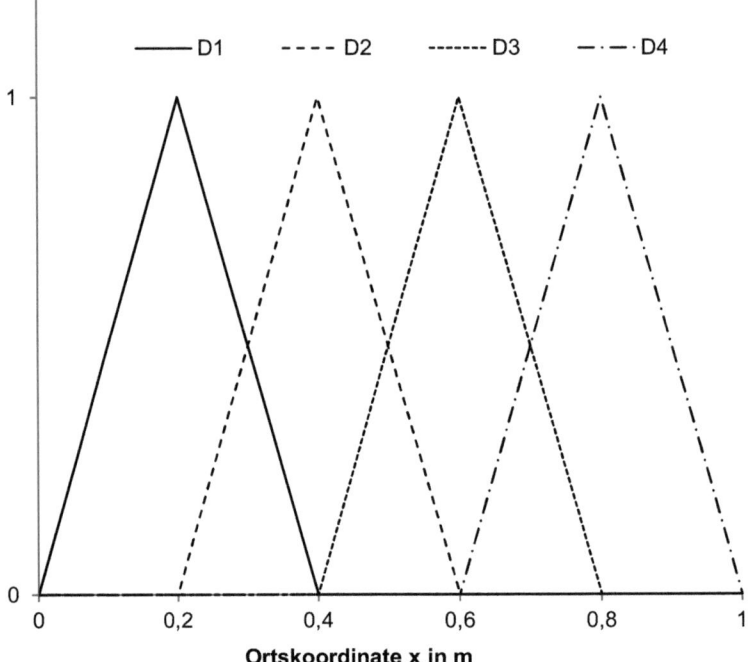

Abb. 12.16 Beispielhafte Darstellung der Dachfunktionen über die Ortskoordinate

Die Bereiche ϖ der Ortskoordinate entsprechen den Bereichen zwischen den Knoten des Diskretisierungsgitters. Wird das wärmeleitende Keramikrohr in N Bereiche zerlegt, ergeben sich mit den Rändern $N+1$ Knotenpunkte. Für das hier betrachtete Beispiel, bei dem das Rohr in $N=5$ Bereiche zerlegt wird, liegen die sechs Knoten $x_0, \ldots, x_5$ vor. Entsprechend sind die Bereiches des Rohres $\varpi_0, \ldots, \varpi_4$ definiert als:

$$\varpi_0 := [x_0, x_1]$$
$$\varpi_1 := [x_1, x_2]$$
$$\varpi_2 := [x_2, x_3] \quad (12.77)$$
$$\varpi_3 := [x_3, x_4]$$
$$\varpi_4 := [x_4, x_5]$$

12.7 Ausgewählte Rechenbeispiele

Mit den diskreten Hilfsfunktionen kann Gl. 12.70 umgeschrieben werden. Die Integrale umfassen nun diskrete Bereiche der Ortskoordinate x:

$$-\lambda \int_0^1 \frac{\partial \left\{ \sum_{j=0}^{5} T_j D_j(x) \right\}}{\partial x} \frac{\partial \left\{ \sum_{i=0}^{5} g_i D_i(x) \right\}}{\partial x} dx - \int_0^1 S \sum_{i=0}^{5} g_i D_i(x) \, dx = 0 \quad (12.78)$$

Die Funktionswerte T_j und g_i können anschließend zusammen mit den Summenzeichen vor die Integrale gezogen werden:

$$-\lambda \sum_{i=0}^{5} g_i \left\{ \sum_{j=0}^{5} T_j \int_0^1 \frac{\partial D_j(x)}{\partial x} \frac{\partial D_i(x)}{\partial x} dx \right\} - S \sum_{i=0}^{5} g_i \int_0^1 D_i(x) \, dx = 0 \quad (12.79)$$

Um auch die vorgegebenen Randwerte in der Gleichung berücksichtigen zu können, werden die Summenformeln zerlegt. Dazu werden sowohl das erste als auch das letzte Element der Summenformel mit dem Laufindex j ausgegliedert.

$$-\lambda \sum_{i=0}^{5} g_i \Bigg\{ T_0 \int_0^1 \frac{\partial D_0(x)}{\partial x} \frac{\partial D_i(x)}{\partial x}$$

$$+ \sum_{j=1}^{4} T_j \int_0^1 \frac{\partial D_j(x)}{\partial x} \frac{\partial D_i(x)}{\partial x} dx + T_5 \int_0^1 \frac{\partial D_5(x)}{\partial x} \frac{\partial D_i(x)}{\partial x} \Bigg\} \quad (12.80)$$

$$- S \sum_{i=0}^{5} g_i \int_0^1 D_i(x) \, dx = 0$$

Die diskreten Werte T_0 und T_5 an den Rändern x_0 und x_5 des Gitters werden nachfolgend mit den Randwerten $T(x=0)$ beziehungsweise $T(x=1)$ belegt:

$$-\lambda \sum_{i=0}^{5} g_i \Bigg\{ T(x=0) \int_0^1 \frac{\partial D_0(x)}{\partial x} \frac{\partial D_i(x)}{\partial x}$$

$$+ \sum_{j=1}^{4} T_j \int_0^1 \frac{\partial D_j(x)}{\partial x} \frac{\partial D_i(x)}{\partial x} dx + T(x=1) \int_0^1 \frac{\partial D_5(x)}{\partial x} \frac{\partial D_i(x)}{\partial x} \Bigg\} \quad (12.81)$$

$$- S \sum_{i=0}^{5} g_i \int_0^1 D_i(x) \, dx = 0$$

Aufgrund der geometrischen Form der Dachfunktionen (Dreiecke) und ihrer Ableitungen (Geraden) können die Integrale in Gl. 12.81 analytisch aufgelöst werden. Da die Dachfunktionen und deren Ableitungen für unterschiedliche Bereiche der x-Achse unterschiedlich definiert sind, ergeben sich für die verschiedenen Bereiche verschiedene Integralauflösungen:

$$\int_0^1 \frac{\partial D_i(x)}{\partial x} \frac{\partial D_j(x)}{\partial x} dx = \begin{cases} \frac{2}{\Delta x} & i = j \\ -\frac{1}{\Delta x} & \|i - j\| = 1 \\ 0 & \text{sonst} \end{cases} \quad (12.82)$$

$$\int_0^1 D_i(x)\, dx = \Delta x \quad (12.83)$$

Unter Berücksichtigung der Integralauflösungen (Gl. 12.82 und 12.83) kann Gl. 12.81 in ein lineares Gleichungssystem überführt werden. Jedem Wert des Laufindex i wird dabei eine Gleichung zugeordnet. Für $i = 0, \ldots, 5$ entstehen demnach fünf Gleichungen. Da die Gewichtsfunktion $g(x)$ an den Stellen $x = 0$ und $x = 1$ (das heißt für g_0 und g_5) als null definiert ist, führen die Gleichungen für $i = 0$ und $i = 5$ zu keiner mathematisch verwertbaren Aussage (null gleich null) – allerdings die Gleichungen für $i = 1, \ldots, 4$.

Für $i = 1$ gilt:

$$-\lambda \left\{ T_0\left(\frac{-1}{\Delta x}\right) + T_1\left(\frac{2}{\Delta x}\right) + T_2\left(\frac{-1}{\Delta x}\right) + T_3 \cdot 0 + T_4 \cdot 0 + T_5 \cdot 0 \right\} - S\,\Delta x = 0$$
$$(12.84)$$

Für $i = 2$ gilt:

$$-\lambda \left\{ T_0 \cdot 0 + T_1\left(\frac{-1}{\Delta x}\right) + T_2\left(\frac{2}{\Delta x}\right) + T_3\left(\frac{-1}{\Delta x}\right) + T_4 \cdot 0 + T_5 \cdot 0 \right\} - S\,\Delta x = 0$$
$$(12.85)$$

Für $i = 3$ gilt:

$$-\lambda \left\{ T_0 \cdot 0 + T_1 \cdot 0 + T_2\left(\frac{-1}{\Delta x}\right) + T_3\left(\frac{2}{\Delta x}\right) + T_4\left(\frac{-1}{\Delta x}\right) + T_5 \cdot 0 \right\} - S\,\Delta x = 0$$
$$(12.86)$$

Und für $i = 4$ gilt:

$$-\lambda \left\{ T_0 \cdot 0 + T_1 \cdot 0 + T_2 \cdot 0 + T_3\left(\frac{-1}{\Delta x}\right) + T_4\left(\frac{2}{\Delta x}\right) + T_5\left(\frac{-1}{\Delta x}\right) \right\} - S\,\Delta x = 0$$
$$(12.87)$$

12.7 Ausgewählte Rechenbeispiele

In Matrixdarstellung lautet das Gleichungssystem dieser vier Gleichungen:

$$\begin{pmatrix} 2 & -1 & 0 & 0 \\ -1 & 2 & -1 & 0 \\ 0 & -1 & 2 & -1 \\ 0 & 0 & -1 & 2 \end{pmatrix} \begin{pmatrix} T_1 \\ T_2 \\ T_3 \\ T_4 \end{pmatrix} = \begin{pmatrix} -S\,\Delta x^2 \lambda^{-1} + T_0 \\ -S\,\Delta x^2 \lambda^{-1} \\ -S\,\Delta x^2 \lambda^{-1} \\ -S\,\Delta x^2 \lambda^{-1} + T_5 \end{pmatrix} \quad (12.88)$$

Die Näherungslösung des Randwertproblems entspricht der Lösung des Gleichungssystems. Dieses kann mit den bereits vorgestellten Verfahren (z. B. nach Newton; siehe Abschn. 11.3.2) gelöst werden. Bei dem vorliegenden Problem entspricht die Lösung der Finite-Elemente-Methode exakt der Lösung der Finite-Differenzen-Methode:

$$\begin{pmatrix} T_1 \\ T_2 \\ T_3 \\ T_4 \end{pmatrix} = \begin{pmatrix} T(x=0{,}2) \\ T(x=0{,}4) \\ T(x=0{,}6) \\ T(x=0{,}8) \end{pmatrix} = \begin{pmatrix} 64 \\ 74 \\ 80 \\ 82 \end{pmatrix} \quad (12.89)$$

Eine Darstellung der berechneten Lösungswerte über die Rohrlänge (x-Koordinate) ist in Abb. 12.17 gegeben.

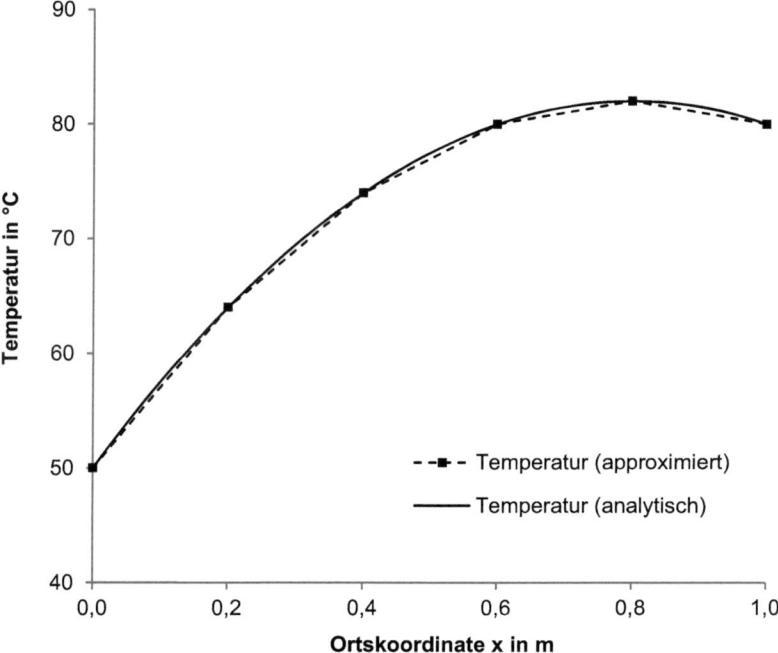

Abb. 12.17 Numerische Lösung des Randwertproblems auf Basis der Finite-Elemente-Methode im Vergleich zur analytischen Lösung

12.7.1.4 Finite-Volumen-Methode

Als dritte Möglichkeit wird im Folgenden die Finite-Volumen-Methode auf die Wärmeleitungsgleichung angewendet. Wie bei der Finite-Differenzen- und Finite-Elemente-Methode führt diese auf ein Gleichungssystem, dessen Lösung eine Näherung an die exakte Lösung des Randwertproblems ist.

Integration der Erhaltungsgleichung Vor der eigentlichen Anwendung der Finite-Volumen-Methode wird das Untersuchungsgebiet (in diesem Fall das keramische Rohr mit einer Länge von einem Meter) in N diskrete Volumina unterteilt. Anschließend erfolgt eine Integration der Differentialgleichung über die diskreten Volumina (Index i). Dadurch ergeben sich ebenso viele Gleichungen wie Kontrollvolumina. Die integrale Form der Wärmeleitungsgleichung für ein Kontrollvolumen V_i lautet:

$$\lambda \int_{V_i} \frac{\partial^2 T(x)}{\partial x^2} \, dV - \int_{V_i} S \, dV = 0 \quad (12.90)$$

Approximation der Integrale Der rechte Integralterm aus Gl. 12.90 kann durch eine geeignete Approximation aufgelöst und für jedes Kontrollvolumen berechnet werden. Im vorliegenden Rechenbeispiels soll zur Approximation des Integralterms die Mittelpunktsregel angewendet werden. Dazu wird das Kontrollvolumen dV mit dem Wert des Integranden im Mittelpunkt des jeweiligen Kontrollvolumens multipliziert. Da der Integrand beim vorliegenden Rechenbeispiel im gesamten Untersuchungsgebiet konstant gleich eins ist, sind die Werte des Integrals sämtlicher Volumina identisch:

$$\int_{V_i} S \, dV \approx S \, dV \quad (12.91)$$

Für eindimensionale Probleme wird aus dem diskreten Volumenelement dV ein diskretes Streckenelement dx:

$$\int_{V_i} S \, dV \approx S \, dV = S \, dx \quad (12.92)$$

Anwendung des Satzes von Gauß Der linke Integralterm aus Gl. 12.90 kann durch den Gauß'schen Integralsatz vereinfacht werden. Dieser bezieht sich auf die Divergenz eines Flussvektors (im vorliegenden Rechenbeispiel die zweite Ableitung der Temperatur) und besagt, dass das Volumenintegral der Divergenz eines Flussvektors gleich dem Oberflächenintegral des Skalarproduktes aus Flussvektor (im vorliegenden Rechenbeispiel die

12.7 Ausgewählte Rechenbeispiele

erste Ableitung der Temperatur) und Flächennormalen ist [20, S. 176]:

$$\lambda \int_{V_i} \frac{\partial^2 T(x)}{\partial x^2} dV = \lambda \int_{A_i} \frac{\partial T(x)}{\partial x} \mathbf{n} \, dA \qquad (12.93)$$

Praktisch beschreiben die Integrale die Differenz zwischen ein- und austretenden Strömen eines Kontrollvolumens über dessen Oberflächen. Der Strom durch eine Oberfläche berechnet sich dabei aus dem Oberflächenintegral der Bilanzgröße (hier $\partial T(x)/\partial x$) über die durchströmte Fläche. Durch die Integration werden also die Ströme an sämtlichen Stellen der Oberfläche summiert.

Allerdings werden im vorliegenden eindimensionalen Rechenbeispiel die Temperaturströme nicht über die Oberflächen eines Kontrollvolumens betrachtet, sondern die Ströme durch eine Kontrollstrecke (Index i). Eine Integration über die Fläche senkrecht zur Strömungsrichtung ist daher nicht erforderlich. Der Strom durch die Strecke wird stattdessen durch die Differenz der Ströme an den Streckenenden beschrieben:

$$\lambda \int_{V_i} \frac{\partial^2 T(x)}{\partial x^2} dV = \lambda \int_{A_i} \frac{\partial T(x)}{\partial x} \mathbf{n} \, dA = \lambda \left\{ \frac{\partial T}{\partial x} \bigg\|_{x_i} - \frac{\partial T}{\partial x} \bigg\|_{x_{i-1}} \right\} \qquad (12.94)$$

Da sich die Temperaturen an den Enden der fünf Kontrollstrecken voneinander unterscheiden, ergeben sich für die Ströme durch die fünf Strecken/Bereiche S_1 bis S_5 verschiedene Integralberechnungen. Der Strom durch eine Strecke wird – wie bereits erläutert – durch die Differenz der Ströme an den Streckenenden berechnet:

$$\lambda \int_{V_1} \frac{\partial^2 T(x)}{\partial x^2} dV = \lambda \left\{ \frac{\partial T}{\partial x} \bigg\|_{x_1} - \frac{\partial T}{\partial x} \bigg\|_{x_0} \right\}$$

$$\lambda \int_{V_2} \frac{\partial^2 T(x)}{\partial x^2} dV = \lambda \left\{ \frac{\partial T}{\partial x} \bigg\|_{x_2} - \frac{\partial T}{\partial x} \bigg\|_{x_1} \right\}$$

$$\lambda \int_{V_3} \frac{\partial^2 T(x)}{\partial x^2} dV = \lambda \left\{ \frac{\partial T}{\partial x} \bigg\|_{x_3} - \frac{\partial T}{\partial x} \bigg\|_{x_2} \right\} \qquad (12.95)$$

$$\lambda \int_{V_4} \frac{\partial^2 T(x)}{\partial x^2} dV = \lambda \left\{ \frac{\partial T}{\partial x} \bigg\|_{x_4} - \frac{\partial T}{\partial x} \bigg\|_{x_3} \right\}$$

$$\lambda \int_{V_5} \frac{\partial^2 T(x)}{\partial x^2} dV = \lambda \left\{ \frac{\partial T}{\partial x} \bigg\|_{x_5} - \frac{\partial T}{\partial x} \bigg\|_{x_4} \right\}$$

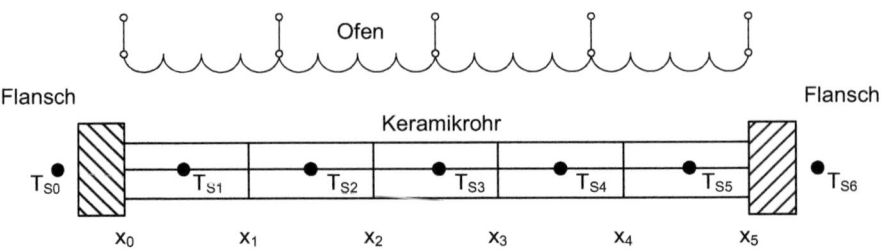

Abb. 12.18 Schematische Darstellung des beheizten Keramikrohres mit den Variablen und Gitterstellen der Finite-Volumen-Methode

Zusammengefasst stellt sich die Wärmeleitungsgleichung durch die beiden Integralauflösungen, das heißt durch die Anwendung der Mittelpunktsregel und die Anwendung des Satzes von Gauß, für die fünf Kontrollstrecken wie folgt dar:

$$\lambda \left\{ \frac{\partial T}{\partial x} \|_{x_1} - \frac{\partial T}{\partial x} \|_{x_0} \right\} - S\, dx = 0$$

$$\lambda \left\{ \frac{\partial T}{\partial x} \|_{x_2} - \frac{\partial T}{\partial x} \|_{x_1} \right\} - S\, dx = 0$$

$$\lambda \left\{ \frac{\partial T}{\partial x} \|_{x_3} - \frac{\partial T}{\partial x} \|_{x_2} \right\} - S\, dx = 0 \qquad (12.96)$$

$$\lambda \left\{ \frac{\partial T}{\partial x} \|_{x_4} - \frac{\partial T}{\partial x} \|_{x_3} \right\} - S\, dx = 0$$

$$\lambda \left\{ \frac{\partial T}{\partial x} \|_{x_5} - \frac{\partial T}{\partial x} \|_{x_4} \right\} - S\, dx = 0$$

Approximation der Werte auf den Rändern der Kontrollvolumina Die dargestellten Gleichungen dienen der Berechnung der Temperaturen in den Streckenmittelpunkten (T_{S_1} bis T_{S_5}). Die Temperaturen in den Mittelpunkten sind allerdings nicht in den Gleichungen enthalten und müssen entsprechend als Variablen aufgenommen werden. Bei der Aufnahme der Variablen in den Streckenmittelpunkten ist zu beachten, dass die Lage der Streckenmittelpunkte S_i auf der x-Achse geometrisch nicht identisch mit der Lage der Knoten des Diskretisierungsgitters (x_i) ist (Abb. 12.18). Die Streckenmittelpunkte sind jeweils um $\Delta x/2$ gegenüber den Werten in den Knoten des Diskretisierungsgitters (x_0 bis x_5) verschoben.

Die Aufnahme der Variablen in den Streckenmittelpunkten erfolgt durch eine Approximation mit Hilfe der Werte in den Knoten des Gitters [20, S. 185]. Dazu wird die Ortsableitung zunächst durch einen Vorwärtsdifferenzquotienten ausgedrückt:

$$\frac{\partial T}{\partial x} \|_{x_i} \approx \frac{T(x_i + \Delta x) - T(x_i)}{\Delta x} \qquad (12.97)$$

12.7 Ausgewählte Rechenbeispiele

Anschließend werden die Werte in den Knoten durch die Aufwind-Interpolation mit Werten in den Streckenmittelpunkten angenähert:

$$\frac{\partial T}{\partial x}\bigg\|_{x_i} \approx \frac{T(x_i + \Delta x) - T(x_i)}{\Delta x} \approx \frac{T_{S_{i+1}} - T_{S_i}}{\Delta x} \quad (12.98)$$

Basierend auf den Approximationen der Knotenwerte ergeben sich die fünf Gleichungen der fünf Kontrollvolumina wie folgt:

$$\lambda \left\{ \frac{\partial T}{\partial x}\bigg\|_{x_1} - \frac{\partial T}{\partial x}\bigg\|_{x_0} \right\} - S\,dx \approx \lambda \left\{ \frac{T_{S_2} - T_{S_1}}{\Delta x} - \frac{T_{S_1} - T_{S_0}}{\Delta x} \right\} - S\,dx$$

$$\lambda \left\{ \frac{\partial T}{\partial x}\bigg\|_{x_2} - \frac{\partial T}{\partial x}\bigg\|_{x_1} \right\} - S\,dx \approx \lambda \left\{ \frac{T_{S_3} - T_{S_2}}{\Delta x} - \frac{T_{S_2} - T_{S_1}}{\Delta x} \right\} - S\,dx$$

$$\lambda \left\{ \frac{\partial T}{\partial x}\bigg\|_{x_3} - \frac{\partial T}{\partial x}\bigg\|_{x_2} \right\} - S\,dx \approx \lambda \left\{ \frac{T_{S_4} - T_{S_3}}{\Delta x} - \frac{T_{S_3} - T_{S_2}}{\Delta x} \right\} - S\,dx \quad (12.99)$$

$$\lambda \left\{ \frac{\partial T}{\partial x}\bigg\|_{x_4} - \frac{\partial T}{\partial x}\bigg\|_{x_3} \right\} - S\,dx \approx \lambda \left\{ \frac{T_{S_5} - T_{S_4}}{\Delta x} - \frac{T_{S_4} - T_{S_3}}{\Delta x} \right\} - S\,dx$$

$$\lambda \left\{ \frac{\partial T}{\partial x}\bigg\|_{x_5} - \frac{\partial T}{\partial x}\bigg\|_{x_4} \right\} - S\,dx \approx \lambda \left\{ \frac{T_{S_6} - T_{S_5}}{\Delta x} - \frac{T_{S_5} - T_{S_4}}{\Delta x} \right\} - S\,dx$$

Nach Multiplikation mit Δx können die Randwerte in der ersten und fünften Gleichung auf die rechte Seite gebracht werden:

$$\begin{aligned} T_{S_2} - 2T_{S_1} &= S\,\Delta x^2\,\lambda^{-1} - T_{S_0} \\ T_{S_3} - 2T_{S_2} + T_{S_1} &= S\,\Delta x^2\,\lambda^{-1} \\ T_{S_4} - 2T_{S_3} + T_{S_2} &= S\,\Delta x^2\,\lambda^{-1} \\ T_{S_5} - 2T_{S_4} + T_{S_3} &= S\,\Delta x^2\,\lambda^{-1} \\ -2T_{S_5} + T_{S_4} &= S\,\Delta x^2\,\lambda^{-1} - T_{S_6} \end{aligned} \quad (12.100)$$

Werden die Temperaturen an den Stellen T_{S_1} bis T_{S_5} weiterhin zu einem Vektor und deren Koeffizienten zu einer Matrix zusammengefasst, ergibt sich aus dem Gleichungssystem folgende Matrixgleichung:

$$\begin{pmatrix} 2 & -1 & 0 & 0 & 0 \\ -1 & 2 & -1 & 0 & 0 \\ 0 & -1 & 2 & -1 & 0 \\ 0 & 0 & -1 & 2 & -1 \\ 0 & 0 & 0 & -1 & 2 \end{pmatrix} \begin{pmatrix} T_{S_1} \\ T_{S_2} \\ T_{S_3} \\ T_{S_4} \\ T_{S_5} \end{pmatrix} = \begin{pmatrix} -S\,\Delta x^2\,\lambda^{-1} + T_{S_0} \\ -S\,\Delta x^2\,\lambda^{-1} \\ -S\,\Delta x^2\,\lambda^{-1} \\ -S\,\Delta x^2\,\lambda^{-1} \\ -S\,\Delta x^2\,\lambda^{-1} + T_{S_6} \end{pmatrix} \quad (12.101)$$

Die Lösung des Gleichungssystems führt zu folgendem Temperaturvektor mit den Temperaturen T_{S_1} bis T_{S_5}:

$$\begin{pmatrix} T_{S_1} \\ T_{S_2} \\ T_{S_3} \\ T_{S_4} \\ T_{S_5} \end{pmatrix} = \begin{pmatrix} T(x=0,1) \\ T(x=0,3) \\ T(x=0,5) \\ T(x=0,7) \\ T(x=0,9) \end{pmatrix} = \begin{pmatrix} 65 \\ 76 \\ 83 \\ 86 \\ 85 \end{pmatrix} \quad (12.102)$$

In Abb. 12.19 ist die Lösung des Randwertproblems bei Anwendung der Finite-Volumen-Methode dargestellt. Obwohl das Gleichungssystem zur Bestimmung der numerischen Lösung in dem betrachteten Beispiel dem Gleichungssystem bei der Finite-Differenzen- und Finite-Elemente-Methode ähnelt, ist die numerische Lösung bei der Anwendung der Finite-Volumen-Methode eine andere. Der Unterschied zwischen den numerischen Lösungen liegt darin begründet, dass bei der Finite-Volumen-Methode die Werte in den Zentren der Diskretisierungsbereiche berechnet werden. Bei der Finite-Differenzen- und Finite-Elemente-Methode werden hingegen die Werte in den Knoten des Diskretisierungsgitters bestimmt. Entsprechend werden bei einer Diskretisierung des Rohres in fünf Bereiche fünf Werte berechnet und durch die beiden Randwerte ergänzt.

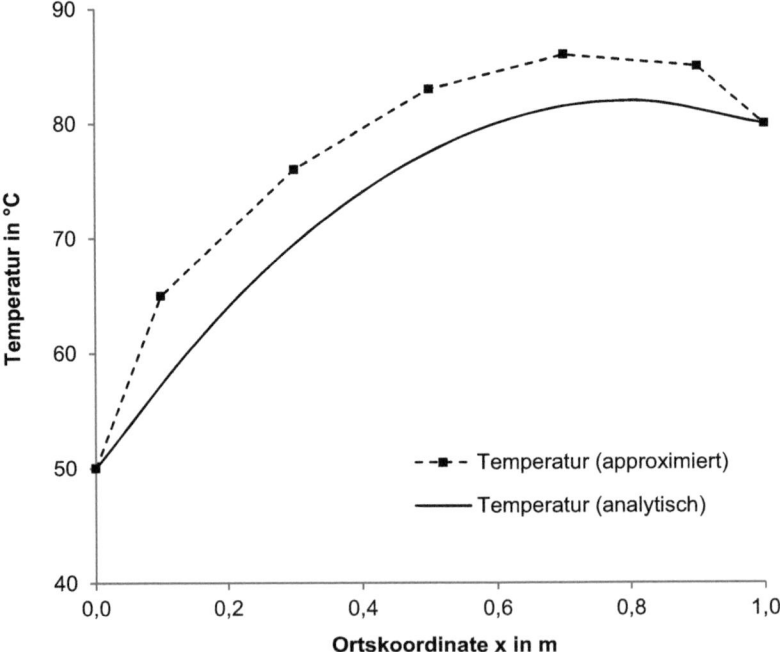

Abb. 12.19 Numerische Lösung des Randwertproblems auf Basis der Finite-Volumen-Methode im Vergleich zur analytischen Lösung

12.7 Ausgewählte Rechenbeispiele

Im Vergleich zur Finite-Differenzen und Finite-Volumen-Methode ergeben sich somit insgesamt sieben Werte, welche die Näherungslösung der Differentialgleichung beschreiben.

Die Abweichung der Näherungslösung zur analytischen Lösung ist mit der Approximation der Werte auf den Streckenenden durch Werte in den Mittelpunkten der Strecken zu begründen. Beim Einsatz alternativer Approximationsmethoden kann die Abweichung zur analytischen Lösung reduziert werden.

12.7.2 Rechenbeispiel: Wärmeleitung 2D

Problemstellung Das Rechenbeispiel der eindimensionalen Wärmeleitung soll nun im zweidimensionalen Raum betrachtet werden. Das zuvor untersuchte (eindimensionale) Keramikrohr wird entsprechend durch eine quadratische (zweidimensionale) Platte mit dem Kantenmaß von einem Meter ersetzt. Die Diskretisierung der Platte entlang der beiden Ortskoordinaten x und y in jeweils fünf Bereiche ergibt das in Abb. 12.20 dargestellte

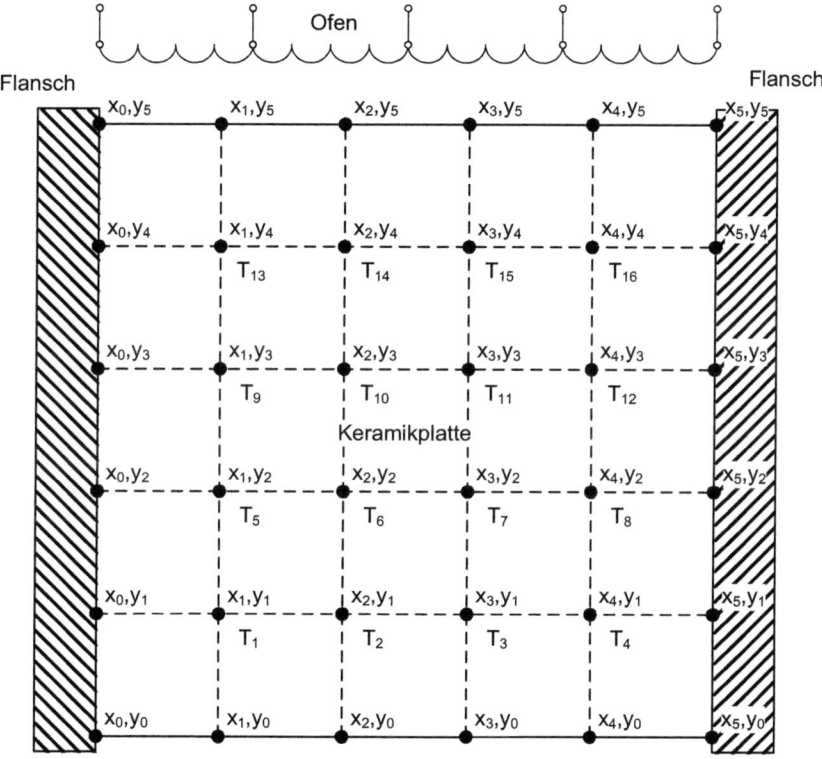

Abb. 12.20 Schematische Darstellung der beheizten Keramikplatte mit Variablen und Gitterstellen der Finite-Differenzen- und Finite-Elemente-Methode

Diskretisierungsgitter. Wie das Keramikrohr soll auch die Platte von wassergekühlten Flanschen gehalten werden. Die Flansche umfassen nun jeweils eine Strecke mit mehreren Koordinatenpunkten. Als Flanschtemperaturen sind – wie auch beim eindimensionalen Beispiel – 50 °C und 80 °C vorgegeben. Die Platte besitzt eine Wärmeleitfähigkeit von $5\,\text{W}\,\text{m}^{-1}\,\text{K}^{-1}$ und der zugeführte Wärmestrom besitzt ebenfalls dieselbe Dichte wie im eindimensionalen Beispiel ($-500\,\text{W}\,\text{m}^{-3}$).

Zur Überprüfung der Thermospannungen, die sich durch die Wärmezufuhr in der Platte einstellen, soll die stationäre Temperaturverteilung in der Platte numerisch berechnet werden. Die Grundlage der Berechnung bildet die stationäre Wärmeleitungsgleichung. Im Vergleich zur eindimensionalen Untersuchung sind im zweidimensionalen Fall zusätzliche Randwerte erforderlich. Mit der Temperatur T, der Wärmeleitfähigkeit λ, den Ortskoordinaten x und y sowie den vier Randbereichen lautet das Randwertproblem:

$$\lambda \frac{\partial^2 T(x,y)}{\partial x^2} + \lambda \frac{\partial^2 T(x,y)}{\partial y^2} = S \quad S = -500\,\text{W}\,\text{m}^{-3}$$

$$T(x=0, y) = 50$$
$$T(x=1, y) = 80 \quad\quad\quad\quad (12.103)$$
$$T(x, y=0) = 25$$
$$T(x, y=1) = 100$$

12.7.2.1 Finite-Differenzen-Methode

In den folgenden Abschnitten wird die Behandlung der zweidimensionalen Wärmeleitungsgleichung mit der Finite-Differenzen-Methode vorgestellt. Diese führt auf ein Gleichungssystem, dessen Lösung – wie beim eindimensionalen Beispiel – aus diskreten Werten der Lösungsfunktion der Wärmeleitungsgleichung besteht.

Formulierung separater Bilanzgleichungen für jeden Knoten Im ersten Arbeitsschritt der Finite-Differenzen-Methode wird die Wärmeleitungsgleichung für jeden der 16 Knoten des Diskretisierungsgitters separat formuliert. Es ergeben sich insgesamt 16 Gleichungen, die durch 16 unterschiedliche Knotenkoordinaten x_k und y_l ($k = 1, \ldots, 4$; $l = 1, \ldots, 4$) gekennzeichnet sind:

$$\lambda \frac{\partial^2 T(x,y)}{\partial x^2}\bigg\|_{x_k,y_l} + \lambda \frac{\partial^2 T(x,y)}{\partial y^2}\bigg\|_{x_k,y_l} = S \quad\quad (12.104)$$

Approximation der Ortsableitungen durch Differenzenquotienten In der Wärmeleitungsgleichung treten zwei Ortsableitungen zweiter Ordnung auf. Diese werden im nächs-

12.7 Ausgewählte Rechenbeispiele

ten Arbeitsschritt durch Differenzenquotienten approximiert:

$$\frac{\partial^2 T(x,y)}{\partial x^2}\bigg\|_{x_k,y_l} + \frac{\partial^2 T(x,y)}{\partial y^2}\bigg\|_{x_k,y_l}$$

$$\approx \frac{T(x_k - \Delta x, y_l) - 2\,T(x_k, y_l) + T(x_k + \Delta x, y_l)}{\Delta x^2} \quad (12.105)$$

$$+ \frac{T(x_k, y_l - \Delta y) - 2\,T(x_k, y_l) + T(x_k, y_l + \Delta y)}{\Delta y^2}$$

Unter der Voraussetzung quadratischer Gitterelemente mit Δx gleich Δy lautet die Approximation der beiden Ortsableitungen zusammengefasst:

$$\frac{\partial^2 T(x,y)}{\partial x^2}\bigg\|_{x_k,y_l} + \frac{\partial^2 T(x,y)}{\partial y^2}\bigg\|_{x_k,y_l}$$

$$\approx \frac{T(x_k-\Delta x, y_l) + T(x_k+\Delta x, y_l) + T(x_k, y_l-\Delta x) + T(x_k, y_l+\Delta x) - 4\,T(x_k, y_l)}{\Delta x^2}$$
$$\quad (12.106)$$

Die Ortsableitungen in den 16 Gleichungen sind für 16 unterschiedliche Stellen des Diskretisierungsgitters definiert. Die Stellen bezeichnen die Knoten des Gitters. Die Approximation der Ortsableitungen ist daher für jede Gleichung – also für jeden Knoten des Gitters – separat durchzuführen. Für die 16 Knoten lauten die Ortsableitungen konkret:

$$\frac{\partial^2 T(x,y)}{\partial x^2}\bigg\|_{x_1,y_1} + \frac{\partial^2 T(x,y)}{\partial y^2}\bigg\|_{x_1,y_1}$$

$$\approx \frac{T(x_0, y_1) + T(x_2, y_1) + T(x_1, y_0) + T(x_1, y_2) - 4\,T(x_1, y_1)}{\Delta x^2} \quad (12.107)$$

$$= \frac{T(x_0, y_1) + T_2 + T(x_1, y_0) + T_5 - 4\,T_1}{\Delta x^2}$$

$$\frac{\partial^2 T(x,y)}{\partial x^2}\bigg\|_{x_2,y_1} + \frac{\partial^2 T(x,y)}{\partial y^2}\bigg\|_{x_2,y_1}$$

$$\approx \frac{T(x_1, y_1) + T(x_3, y_1) + T(x_2, y_0) + T(x_2, y_2) - 4\,T(x_2, y_1)}{\Delta x^2} \quad (12.108)$$

$$= \frac{T_1 + T_3 + T(x_2, y_0) + T_6 - 4\,T_2}{\Delta x^2}$$

$$\frac{\partial^2 T(x,y)}{\partial x^2}\bigg\|_{x_3,y_1} + \frac{\partial^2 T(x,y)}{\partial y^2}\bigg\|_{x_3,y_1}$$

$$\approx \frac{T(x_2,y_1) + T(x_4,y_1) + T(x_3,y_0) + T(x_3,y_2) - 4\,T(x_3,y_1)}{\Delta x^2} \tag{12.109}$$

$$= \frac{T_2 + T_4 + T(x_3,y_0) + T_7 - 4\,T_3}{\Delta x^2}$$

$$\frac{\partial^2 T(x,y)}{\partial x^2}\bigg\|_{x_4,y_1} + \frac{\partial^2 T(x,y)}{\partial y^2}\bigg\|_{x_4,y_1}$$

$$\approx \frac{T(x_3,y_1) + T(x_5,y_1) + T(x_4,y_0) + T(x_4,y_2) - 4\,T(x_4,y_1)}{\Delta x^2} \tag{12.110}$$

$$= \frac{T_3 + T(x_5,y_1) + T(x_4,y_0) + T_8 - 4\,T_4}{\Delta x^2}$$

$$\frac{\partial^2 T(x,y)}{\partial x^2}\bigg\|_{x_1,y_2} + \frac{\partial^2 T(x,y)}{\partial y^2}\bigg\|_{x_1,y_2}$$

$$\approx \frac{T(x_0,y_2) + T(x_2,y_2) + T(x_1,y_1) + T(x_1,y_3) - 4\,T(x_1,y_2)}{\Delta x^2} \tag{12.111}$$

$$= \frac{T(x_0,y_2) + T_6 + T_1 + T_9 - 4\,T_5}{\Delta x^2}$$

$$\frac{\partial^2 T(x,y)}{\partial x^2}\bigg\|_{x_2,y_2} + \frac{\partial^2 T(x,y)}{\partial y^2}\bigg\|_{x_2,y_2}$$

$$\approx \frac{T(x_1,y_2) + T(x_3,y_2) + T(x_2,y_1) + T(x_2,y_3) - 4\,T(x_2,y_2)}{\Delta x^2} \tag{12.112}$$

$$= \frac{T_5 + T_7 + T_2 + T_{10} - 4\,T_6}{\Delta x^2}$$

$$\frac{\partial^2 T(x,y)}{\partial x^2}\bigg\|_{x_3,y_2} + \frac{\partial^2 T(x,y)}{\partial y^2}\bigg\|_{x_3,y_2}$$

$$\approx \frac{T(x_2,y_2) + T(x_4,y_2) + T(x_3,y_1) + T(x_3,y_3) - 4\,T(x_3,y_2)}{\Delta x^2} \tag{12.113}$$

$$= \frac{T_6 + T_8 + T_3 + T_{11} - 4\,T_7}{\Delta x^2}$$

12.7 Ausgewählte Rechenbeispiele

$$\frac{\partial^2 T(x,y)}{\partial x^2}\Big\|_{x_4,y_2} + \frac{\partial^2 T(x,y)}{\partial y^2}\Big\|_{x_4,y_2}$$

$$\approx \frac{T(x_3,y_2) + T(x_5,y_2) + T(x_4,y_1) + T(x_4,y_3) - 4\,T(x_4,y_2)}{\Delta x^2} \quad (12.114)$$

$$= \frac{T_7 + T(x_5,y_2) + T_4 + T_{12} - 4\,T_8}{\Delta x^2}$$

$$\frac{\partial^2 T(x,y)}{\partial x^2}\Big\|_{x_1,y_3} + \frac{\partial^2 T(x,y)}{\partial y^2}\Big\|_{x_1,y_3}$$

$$\approx \frac{T(x_0,y_3) + T(x_2,y_3) + T(x_1,y_2) + T(x_1,y_4) - 4\,T(x_1,y_3)}{\Delta x^2} \quad (12.115)$$

$$= \frac{T(x_0,y_3) + T_{10} + T_5 + T_{13} - 4\,T_9}{\Delta x^2}$$

$$\frac{\partial^2 T(x,y)}{\partial x^2}\Big\|_{x_2,y_3} + \frac{\partial^2 T(x,y)}{\partial y^2}\Big\|_{x_2,y_3}$$

$$\approx \frac{T(x_1,y_3) + T(x_3,y_3) + T(x_2,y_2) + T(x_2,y_4) - 4\,T(x_2,y_3)}{\Delta x^2} \quad (12.116)$$

$$= \frac{T_9 + T_{11} + T_6 + T_{14} - 4\,T_{10}}{\Delta x^2}$$

$$\frac{\partial^2 T(x,y)}{\partial x^2}\Big\|_{x_3,y_3} + \frac{\partial^2 T(x,y)}{\partial y^2}\Big\|_{x_3,y_3}$$

$$\approx \frac{T(x_2,y_3) + T(x_4,y_3) + T(x_3,y_2) + T(x_3,y_4) - 4\,T(x_3,y_3)}{\Delta x^2} \quad (12.117)$$

$$= \frac{T_{10} + T_{12} + T_7 + T_{15} - 4\,T_{11}}{\Delta x^2}$$

$$\frac{\partial^2 T(x,y)}{\partial x^2}\Big\|_{x_4,y_3} + \frac{\partial^2 T(x,y)}{\partial y^2}\Big\|_{x_4,y_3}$$

$$\approx \frac{T(x_3,y_3) + T(x_5,y_3) + T(x_4,y_2) + T(x_4,y_4) - 4\,T(x_4,y_3)}{\Delta x^2} \quad (12.118)$$

$$= \frac{T_{11} + T(x_5,y_3) + T_8 + T_{16} - 4\,T_{12}}{\Delta x^2}$$

$$\frac{\partial^2 T(x,y)}{\partial x^2}\|_{x_1,y_4} + \frac{\partial^2 T(x,y)}{\partial y^2}\|_{x_1,y_4}$$

$$\approx \frac{T(x_0,y_4) + T(x_2,y_4) + T(x_1,y_3) + T(x_1,y_5) - 4\,T(x_1,y_4)}{\Delta x^2} \quad (12.119)$$

$$= \frac{T(x_0,y_4) + T_{14} + T_9 + T(x_1,y_5) - 4\,T_{13}}{\Delta x^2}$$

$$\frac{\partial^2 T(x,y)}{\partial x^2}\|_{x_2,y_4} + \frac{\partial^2 T(x,y)}{\partial y^2}\|_{x_2,y_4}$$

$$\approx \frac{T(x_1,y_4) + T(x_3,y_4) + T(x_2,y_3) + T(x_2,y_5) - 4\,T(x_2,y_4)}{\Delta x^2} \quad (12.120)$$

$$= \frac{T_{13} + T_{15} + T_{10} + T(x_2,y_5) - 4\,T_{14}}{\Delta x^2}$$

$$\frac{\partial^2 T(x,y)}{\partial x^2}\|_{x_3,y_4} + \frac{\partial^2 T(x,y)}{\partial y^2}\|_{x_3,y_4}$$

$$\approx \frac{T(x_2,y_4) + T(x_4,y_4) + T(x_3,y_3) + T(x_3,y_5) - 4\,T(x_3,y_4)}{\Delta x^2} \quad (12.121)$$

$$= \frac{T_{14} + T_{16} + T_{11} + T(x_3,y_5) - 4\,T_{15}}{\Delta x^2}$$

$$\frac{\partial^2 T(x,y)}{\partial x^2}\|_{x_4,y_4} + \frac{\partial^2 T(x,y)}{\partial y^2}\|_{x_4,y_4}$$

$$\approx \frac{T(x_3,y_4) + T(x_5,y_4) + T(x_4,y_3) + T(x_4,y_5) - 4\,T(x_4,y_4)}{\Delta x^2} \quad (12.122)$$

$$= \frac{T_{15} + T(x_5,y_4) + T_{12} + T(x_4,y_5) - 4\,T_{16}}{\Delta x^2}$$

Mit Hilfe dieser Approximationen können 16 Gleichungen zur Berechnung der 16 gesuchten Temperaturen im Inneren des Diskretisierungsbereichs formuliert werden:

$$\frac{4\,T_1 - T_2 - T_5}{\Delta x^2} = -\frac{S}{\lambda} + \frac{T(x_0,y_1)}{\Delta x^2} + \frac{T(x_1,y_0)}{\Delta x^2} \quad (12.123)$$

12.7 Ausgewählte Rechenbeispiele

$$\frac{-T_1 + 4T_2 - T_3 - T_6}{\Delta x^2} = -\frac{S}{\lambda} + \frac{T(x_2, y_0)}{\Delta x^2} \tag{12.124}$$

$$\frac{-T_2 + 4T_3 - T_4 - T_7}{\Delta x^2} = -\frac{S}{\lambda} + \frac{T(x_3, y_0)}{\Delta x^2} \tag{12.125}$$

$$\frac{-T_3 + 4T_4 - T_8}{\Delta x^2} = -\frac{S}{\lambda} + \frac{T(x_5, y_1)}{\Delta x^2} + \frac{T(x_4, y_0)}{\Delta x^2} \tag{12.126}$$

$$\frac{4T_5 - T_6 - T_1 - T_9}{\Delta x^2} = -\frac{S}{\lambda} + \frac{T(x_0, y_2)}{\Delta x^2} \tag{12.127}$$

$$\frac{-T_5 + 4T_6 - T_7 - T_2 - T_{10}}{\Delta x^2} = -\frac{S}{\lambda} \tag{12.128}$$

$$\frac{-T_6 + 4T_7 - T_8 - T_3 - T_{11}}{\Delta x^2} = -\frac{S}{\lambda} \tag{12.129}$$

$$\frac{-T_7 + 4T_8 - T_4 - T_{12}}{\Delta x^2} = -\frac{S}{\lambda} + \frac{T(x_5, y_2)}{\Delta x^2} \tag{12.130}$$

$$\frac{4T_9 - T_{10} - T_5 - T_{13}}{\Delta x^2} = -\frac{S}{\lambda} + \frac{T(x_0, y_3)}{\Delta x^2} \tag{12.131}$$

$$\frac{-T_9 + 4T_{10} - T_{11} - T_6 - T_{14}}{\Delta x^2} = -\frac{S}{\lambda} \tag{12.132}$$

$$\frac{-T_{10} + 4T_{11} - T_{12} - T_7 - T_{15}}{\Delta x^2} = -\frac{S}{\lambda} \tag{12.133}$$

$$\frac{-T_{11} + 4T_{12} - T_8 - T_{16}}{\Delta x^2} = -\frac{S}{\lambda} + \frac{T(x_5, y_3)}{\Delta x^2} \tag{12.134}$$

$$\frac{4T_{13} - T_{14} - T_9}{\Delta x^2} = -\frac{S}{\lambda} + \frac{T(x_1, y_5)}{\Delta x^2} + \frac{T(x_0, y_4)}{\Delta x^2} \tag{12.135}$$

$$\frac{-T_{13} + 4T_{14} - T_{15} - T_{10}}{\Delta x^2} = -\frac{S}{\lambda} + \frac{T(x_2, y_5)}{\Delta x^2} \tag{12.136}$$

$$\frac{-T_{14} + 4T_{15} - T_{16} - T_{11}}{\Delta x^2} = -\frac{S}{\lambda} + \frac{T(x_3, y_5)}{\Delta x^2} \tag{12.137}$$

$$\frac{-T_{15} + 4T_{16} - T_{12}}{\Delta x^2} = -\frac{S}{\lambda} + \frac{T(x_4, y_5)}{\Delta x^2} + \frac{T(x_5, y_4)}{\Delta x^2} \tag{12.138}$$

Werden die Variablen, das heißt die Temperaturen T_1 bis T_{16}, zu einem Variablenvektor **t** und die Koeffizienten vor den Temperaturen zu einer Matrix M zusammengefasst, ergibt sich aus den 16 Gleichungen eine Matrixgleichung der Form $M\mathbf{t} = \mathbf{y}$. Dabei ist die

Koeffizientenmatrix M definiert als:

$$M = \begin{pmatrix} 4 & -1 & 0 & 0 & -1 & 0 & 0 & 0 & 0 & 0 & 0 & 0 & 0 & 0 & 0 & 0 \\ -1 & 4 & -1 & 0 & 0 & -1 & 0 & 0 & 0 & 0 & 0 & 0 & 0 & 0 & 0 & 0 \\ 0 & -1 & 4 & -1 & 0 & 0 & -1 & 0 & 0 & 0 & 0 & 0 & 0 & 0 & 0 & 0 \\ 0 & 0 & -1 & 4 & 0 & 0 & 0 & -1 & 0 & 0 & 0 & 0 & 0 & 0 & 0 & 0 \\ -1 & 0 & 0 & 0 & 4 & -1 & 0 & 0 & -1 & 0 & 0 & 0 & 0 & 0 & 0 & 0 \\ 0 & -1 & 0 & 0 & -1 & 4 & -1 & 0 & 0 & -1 & 0 & 0 & 0 & 0 & 0 & 0 \\ 0 & 0 & -1 & 0 & 0 & -1 & 4 & -1 & 0 & 0 & -1 & 0 & 0 & 0 & 0 & 0 \\ 0 & 0 & 0 & -1 & 0 & 0 & -1 & 4 & 0 & 0 & 0 & -1 & 0 & 0 & 0 & 0 \\ 0 & 0 & 0 & 0 & -1 & 0 & 0 & 0 & 4 & -1 & 0 & 0 & -1 & 0 & 0 & 0 \\ 0 & 0 & 0 & 0 & 0 & -1 & 0 & 0 & -1 & 4 & -1 & 0 & 0 & -1 & 0 & 0 \\ 0 & 0 & 0 & 0 & 0 & 0 & -1 & 0 & 0 & -1 & 4 & -1 & 0 & 0 & -1 & 0 \\ 0 & 0 & 0 & 0 & 0 & 0 & 0 & -1 & 0 & 0 & -1 & 4 & 0 & 0 & 0 & -1 \\ 0 & 0 & 0 & 0 & 0 & 0 & 0 & 0 & -1 & 0 & 0 & 0 & 4 & -1 & 0 & 0 \\ 0 & 0 & 0 & 0 & 0 & 0 & 0 & 0 & 0 & -1 & 0 & 0 & -1 & 4 & -1 & 0 \\ 0 & 0 & 0 & 0 & 0 & 0 & 0 & 0 & 0 & 0 & -1 & 0 & 0 & -1 & 4 & -1 \\ 0 & 0 & 0 & 0 & 0 & 0 & 0 & 0 & 0 & 0 & 0 & -1 & 0 & 0 & -1 & 4 \end{pmatrix}$$

(12.139)

Für den Variablenvektor **t** und den Lösungsvektor **y** der Matrixgleichung gilt:

$$\mathbf{t} = \begin{pmatrix} T_1 \\ T_2 \\ T_3 \\ T_4 \\ T_5 \\ T_6 \\ T_7 \\ T_8 \\ T_9 \\ T_{10} \\ T_{11} \\ T_{12} \\ T_{13} \\ T_{14} \\ T_{15} \\ T_{16} \end{pmatrix} ; \quad \mathbf{y} = \begin{pmatrix} -S\,\Delta x^2\,\lambda^{-1} + T(x_0, y_1) + T(x_1, y_0) \\ -S\,\Delta x^2\,\lambda^{-1} + T(x_2, y_0) \\ -S\,\Delta x^2\,\lambda^{-1} + T(x_3, y_0) \\ -S\,\Delta x^2\,\lambda^{-1} + T(x_5, y_1) + T(x_4, y_0) \\ -S\,\Delta x^2\,\lambda^{-1} + T(x_0, y_2) \\ -S\,\Delta x^2\,\lambda^{-1} \\ -S\,\Delta x^2\,\lambda^{-1} \\ -S\,\Delta x^2\,\lambda^{-1} + T(x_5, y_2) \\ -S\,\Delta x^2\,\lambda^{-1} + T(x_0, y_3) \\ -S\,\Delta x^2\,\lambda^{-1} \\ -S\,\Delta x^2\,\lambda^{-1} \\ -S\,\Delta x^2\,\lambda^{-1} + T(x_5, y_3) \\ -S\,\Delta x^2\,\lambda^{-1} + T(x_1, y_5) + T(x_0, y_4) \\ -S\,\Delta x^2\,\lambda^{-1} + T(x_2, y_5) \\ -S\,\Delta x^2\,\lambda^{-1} + T(x_3, y_5) \\ -S\,\Delta x^2\,\lambda^{-1} + T(x_4, y_5)T(x_5, y_4) \end{pmatrix}$$

(12.140)

Das Ergebnis der Berechnung ist in Abb. 12.21 dargestellt. Die Zuordnung von Farben und Temperaturen entspricht der Skala am rechten Rand der Abbildung. Die Skala deckt einen Bereich zwischen 0 und 100 °C ab. Dunkelrote Bereiche kennzeichnen – je

12.7 Ausgewählte Rechenbeispiele

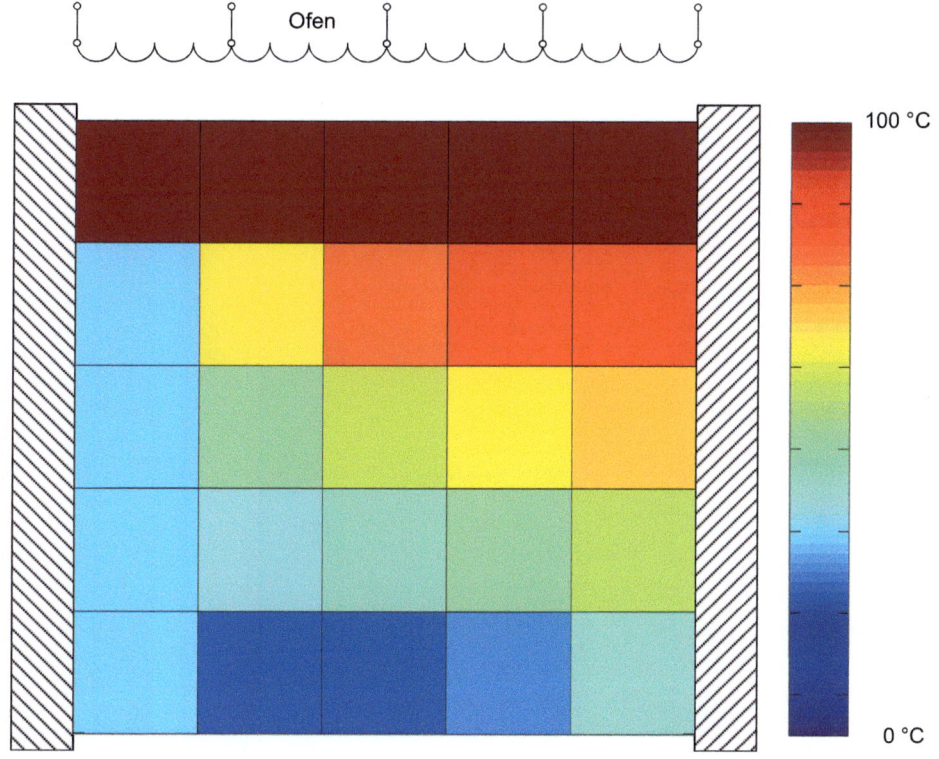

Abb. 12.21 Numerische Lösung des Randwertproblems auf Basis der Finite-Differenzen-Methode mit 16 Gitterknoten

nach Ausprägung – Temperaturen um 100 °C, dunkelblaue Bereiche kennzeichnen Temperaturen um 0 °C. Zu beachten ist, dass die Darstellung auf der Berechnung der 16 Temperaturen T_1 bis T_{16} sowie zusätzlich 20 Randwerten beruht. Diese Werte entsprechen den Knoten des Diskretisierungsgitters. Bei der in Abb. 12.21 dargestellten grafischen Aufbereitung sind die Flächen im Diskretisierungsgitter, also zwischen den Knoten des Gitters, farblich ausgefüllt. Die Farben beziehungsweise Temperaturen in diesen Flächen sind dabei Mittelwerte der Temperaturen der Knoten des Gitters.

Abbildung 12.22 zeigt das Ergebnis der Berechnung bei einem feineren Diskretisierungsgitter mit 1024 Gitterknoten und den dazugehörigen Temperaturen. Derart hoch aufgelöste Diskretisierungen ermöglichen es, die Temperatur an unterschiedlichen Stellen eines Untersuchungsobjektes präzise vorauszuberechnen. Zu beachten ist jedoch, dass eine Steigerung der Diskretisierungselemente ebenfalls mit einer Steigerung des Rechenaufwandes einhergeht.

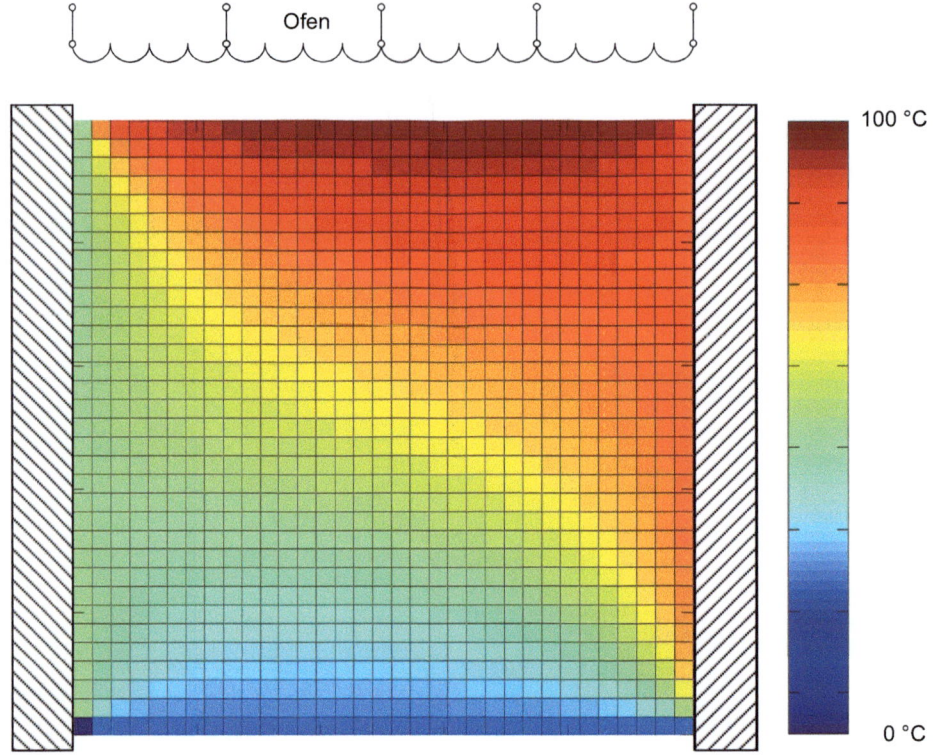

Abb. 12.22 Numerische Lösung des Randwertproblems auf Basis der Finite-Differenzen-Methode mit 1024 Gitterknoten

12.7.2.2 Finite-Elemente-Methode

In den nachfolgenden Abschnitten wird die Anwendung der Finite-Elemente-Methode auf das zweidimensionale Wärmeleitungsproblem vorgestellt. Die Finite-Elemente-Methode führt analog zur Methode der finiten Differenzen auf ein Gleichungssystem und entsprechend eine Menge diskreter Funktionswerte der Lösungsfunktion der Wärmeleitungsgleichung.

Zur Verbesserung der Übersichtlichkeit wird die Summe der beiden Ableitungen zweiter Ordnung in der Wärmeleitungsgleichung mit Hilfe des Laplace-Operators Δ zusammengefasst:

$$\lambda \frac{\partial^2 T(x,y)}{\partial x^2} + \lambda \frac{\partial^2 T(x,y)}{\partial y^2} - S \\ = \lambda \Delta T(x,y) - S = 0 \quad (12.141)$$

Überführung der DGL in die schwache Form Wie bei der eindimensionalen Lösung wird die Wärmeleitungsgleichung bei zweidimensionalen Berechnungen zunächst in eine

12.7 Ausgewählte Rechenbeispiele

schwache Form überführt, in der ausschließlich Ableitungen erster Ordnung auftreten. Dazu wird die Gleichung mit der Gewichtsfunktion $g(x, y)$ multipliziert:

$$\lambda \Delta T(x, y) g(x, y) - S g(x, y) = 0 \tag{12.142}$$

Anschließend erfolgt die Integration der Gleichung über das Untersuchungsgebiet. Im Unterschied zum eindimensionalen Betrachtungsfall handelt es sich dabei um ein zweidimensionales Gebiet Ω:

$$\lambda \int_\Omega g(x, y) \Delta T(x, y) \, d\Omega - \int_\Omega S g(x, y) \, d\Omega = 0 \tag{12.143}$$

Das Integral des diffusiven Terms kann nachfolgend durch partielle Integration aufgelöst werden:

$$\lambda \int_\Omega g(x, y) \Delta T(x, y) \, d\Omega \\
= -\lambda \int_\Omega \nabla g(x, y) \nabla T(x, y) \, d\Omega + \lambda \int_\Omega \nabla \{g(x, y) \nabla T(x, y)\} \, d\Omega \tag{12.144}$$

Der Satz von Gauß ermöglicht nun die Überführung des rechten Terms von Gl. 12.144 in ein Streckenintegral entlang des Randes $\partial\Omega$ von Ω:

$$\lambda \int_\Omega g(x, y) \Delta T(x, y) \, d\Omega \\
= -\lambda \int_\Omega \nabla g(x, y) \nabla T(x, y) \, d\Omega + \lambda \int_{\partial\Omega} g(x, y) \nabla_n T(x, y) \, dS \tag{12.145}$$

Da die Gewichtsfunktion auf dem Rand des Integrationsgebietes $\partial\Omega$ definitionsgemäß gleich null ist, verschwindet das Streckenintegral und das Integral des diffusiven Terms wird zu:

$$\lambda \int_\Omega g(x, y) \Delta T(x, y) \, d\Omega \\
= -\lambda \int_\Omega \nabla g(x, y) \nabla T(x, y) \, d\Omega \tag{12.146}$$

Der partiell integrierte Teil der Differentialgleichung (Gl. 12.146) ergibt schließlich zusammen mit dem unbehandelten Term aus Gl. 12.143 die *schwache* Form der Differentialgleichung, in der ausschließlich Ableitungen erster Ordnung auftreten:

$$-\lambda \int_\Omega \nabla g(x,y)\, \nabla T(x,y)\, d\Omega - \int_\Omega S\, g(x,y)\, d\Omega = 0 \tag{12.147}$$

Approximation der Lösungsfunktion Auch der zweite Arbeitsschritt der Finite-Elemente-Methode, die Approximation der Lösungsfunktion mit Hilfe von Dachfunktionen, erfolgt für zweidimensionale Berechnungen analog zum eindimensionalen Betrachtungsfall: Die Funktionen $T(x,y)$ und $g(x,y)$ werden durch die Hilfsfunktionen $T_h(x,y)$ und $g_h(x,y)$ in den Knoten des Diskretisierungsgitters angenähert. Die Hilfsfunktionen werden mit Hilfe diskreter Funktionswerte ($T_{u,v}$ und $g_{j,k}$) sowie der Dachfunktionen $D_{u,v}$ und $D_{j,k}$ definiert:

$$T_h(x,y) = \sum_{u,v=0}^{5} T_{u,v}\, D_{u,v}(x,y) \tag{12.148}$$

$$g_h(x,y) = \sum_{j,k=0}^{5} g_{j,k}\, D_{j,k}(x,y) \tag{12.149}$$

Im eindimensionalen Raum werden die Dachfunktionen über *eine* Ortsachse aufgetragen. Die Spitzen der Dachfunktionen befinden sich dabei jeweils an denjenigen Stelle, an denen Werte der Lösungsfunktion bestimmt werden sollen. Diese Stellen stimmen bei der Finite-Elemente-Methode mit den Knoten/Kanten des Diskretisierungsgitters überein.

Im zweidimensionalen Raum werden die Dachfunktionen über *zwei* Ortsachsen aufgetragen. Die Spitze der Dachfunktionen befindet sich analog zur eindimensionalen Betrachtung an denjenigen Stellen, an denen die Werte der Lösungsfunktion bestimmt werden sollen – also auf den Knoten des zweidimensionalen Gitters. Da ein Knoten nicht nur von zwei sondern von sechs angrenzenden Knoten umgeben wird, fällt die Formulierung der Dachfunktionen bei zweidimensionalen Betrachtungen entsprechend komplexer aus. Die Dachfunktionen setzen sich daher nicht nur aus einem aufsteigendem und einem absteigendem Teil, sondern aus sechs Teilen (Dreiecken) zusammensetzen (Abb. 12.23).

Die Dachfunktionen D_i werden für unterschiedliche Bereiche ϖ (im zweidimensionalen Fall je Dachfunktion sechs Dreiecke) unterschiedlich definiert:

$$D_i(x,y) = \begin{cases} 1 + m_i + n_i - \frac{x}{\Delta x} - \frac{y}{\Delta x} & x,y \in \varpi_{i,1} \\ 1 + m_i - \frac{y}{\Delta x} & x,y \in \varpi_{i,2} \\ 1 - m_i + \frac{x}{\Delta x} & x,y \in \varpi_{i,3} \\ 1 - m_i - n_i + \frac{x}{\Delta x} + \frac{y}{\Delta x} & x,y \in \varpi_{i,4} \\ 1 - n_i + \frac{y}{\Delta x} & x,y \in \varpi_{i,5} \\ 1 + m_i - \frac{x}{\Delta x} & x,y \in \varpi_{i,6} \end{cases} \tag{12.150}$$

In der Definition bezeichnet m_i die Knotennummer des Zentrums der Dachfunktion i in x-Richtung und n_i die Knotennummer der Dachfunktion i in y-Richtung. Für Knoten

12.7 Ausgewählte Rechenbeispiele

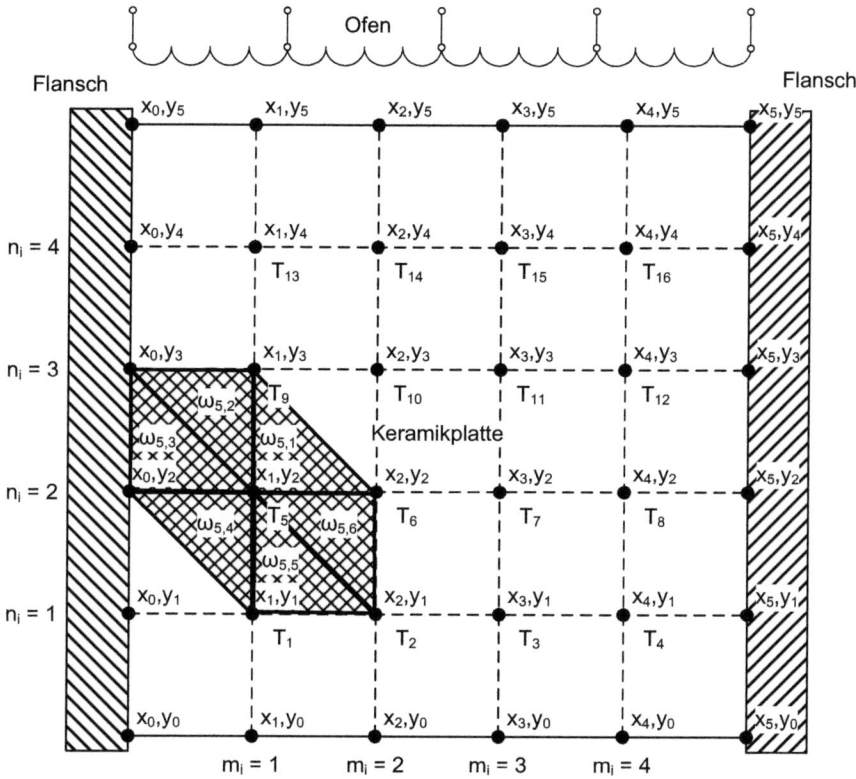

Abb. 12.23 Schematische Darstellung der beheizten Keramikplatte mit Dachfunktion an der Stelle x_1, y_2

$i = 5$ ist m_5 beispielsweise gleich eins und n_5 gleich zwei. Die Ableitungen der Dachfunktionen ergeben sich durch folgende Definition:

$$\nabla D_i(x,y) = \begin{cases} \{-\frac{1}{\Delta x}, -\frac{1}{\Delta x}\}^T & x,y \in \varpi_{i,1} \\ \{0, -\frac{1}{\Delta x}\}^T & x,y \in \varpi_{i,2} \\ \{\frac{1}{\Delta x}, 0\}^T & x,y \in \varpi_{i,3} \\ \{\frac{1}{\Delta x}, \frac{1}{\Delta x}\}^T & x,y \in \varpi_{i,4} \\ \{0, \frac{1}{\Delta x}\}^T & x,y \in \varpi_{i,5} \\ \{-\frac{1}{\Delta x}, 0\}^T & x,y \in \varpi_{i,6} \end{cases} \quad (12.151)$$

Werden die Ableitungen $\nabla g(x, y)$ und $\nabla T(x, y)$ durch die Hilfsfunktionen ersetzt, wird aus Gl. 12.147:

$$-\lambda \sum_{j,k=0}^{5} g_{j,k} \left\{ \sum_{u,v=0}^{5} T_{u,v} \int_{\Omega} \nabla D_{u,v}(x, y) \nabla D_{j,k}(x, y) \, d\Omega \right\}$$

$$-\sum_{j,k=0}^{5} g_{j,k} \int_{\Omega} S \, D_{j,k}(x, y) \, d\Omega = 0$$

(12.152)

Beim Durchlaufen der Indices j und k von null bis fünf ergibt sich eine Gleichung, die aus 36 Summanden mit jeweils unterschiedlichen Kombinationen von j und k besteht. Dabei bleiben die Summenformel mit den Indices u und v in den einzelnen Summanden bestehen.

Die aus den 36 Summanden bestehende Gleichung ist genau dann gleich null, wenn jeder der Summanden gleich null ist. Zur Lösung der Gleichung können entsprechend die Summanden für sich gleich null gesetzt und das sich ergebene Gleichungssystem aus 36 Gleichungen gelöst werden. Da die Gewichtsfunktion an den Rändern des Definitionsbereiches (also für die 20 diskreten Werte der Gewichtsfunktion $g_{0,0}, \ldots, g_{0,5}, g_{5,0}, \ldots, g_{5,5}, g_{1,0}, \ldots, g_{4,0}$ und $g_{1,5}, \ldots, g_{4,5}$) definitionsgemäß gleich null ist, reduziert sich die Anzahl der aussagefähigen Gleichungen auf 16 (mit den diskreten Werten der Gewichtsfunktion $g_{1,1}, \ldots, g_{4,1}, g_{1,2}, \ldots, g_{4,2}, g_{1,3}, \ldots, g_{4,3}$ und $g_{1,4}, \ldots, g_{4,4}$). Als Lösung des Gleichungssystems ergeben sich die sechzehn Temperaturen auf den Knoten des Diskretisierungsgitters (T_1 bis T_{16}). Die Lösung der Gleichungen ist allerdings nur möglich, wenn die Summenformeln mit den Laufindices u und v zuvor aufgelöst und die Integrale in den Gleichungen berechnet werden.

Die Auflösung der Summenformeln und die Berechnung der Integrale wird nachfolgend beispielhaft für die Gleichung mit $g_{1,2}$ – also für die bereits in Abb. 12.23 dargestellte Dachfunktion über dem Diskretisierungsknoten 5 an der Stelle x_1, y_2 – gezeigt:

$$-\lambda g_{1,2} \left\{ \sum_{u,v=0}^{5} T_{u,v} \int_{\Omega} \nabla D_{u,v}(x, y) \nabla D_{1,2}(x, y) \, d\Omega \right\}$$

$$-g_{1,2} \int_{\Omega} S \, D_{1,2}(x, y) \, d\Omega = 0$$

(12.153)

Die Gewichtsfunktion g besitzt auf den Rändern des Untersuchungsgebietes den Wert null und im Untersuchungsgebiet den Wert eins. Damit vereinfacht sich die Beispielgleichung:

$$-\lambda \sum_{u,v=0}^{5} T_{u,v} \int_{\Omega} \nabla D_{u,v}(x, y) \nabla D_{1,2}(x, y) \, d\Omega - \int_{\Omega} S \, D_{1,2}(x, y) \, d\Omega = 0 \quad (12.154)$$

12.7 Ausgewählte Rechenbeispiele

Werden die Indices $j = 1$ und $k = 2$ durch die entsprechende Knotennummer des Diskretisierungsgitters ($i = 5$) ersetzt, wird aus der Gleichung:

$$-\lambda \sum_{u,v=0}^{5} T_{u,v} \int_{\Omega} \nabla D_{u,v}(x,y) \nabla D_5(x,y) \, d\Omega - \int_{\Omega} S\, D_5(x,y) \, d\Omega = 0 \quad (12.155)$$

Zur Auflösung der Summenformeln werden nun die Indices u und v von null bis fünf durchlaufen:

$$-\lambda T_{0,0} \int_{\Omega} \nabla D_{0,0}(x,y) \nabla D_5(x,y) \, d\Omega - \lambda T_{0,1} \int_{\Omega} \nabla D_{0,1}(x,y) \nabla D_5(x,y) \, d\Omega$$

$$-\lambda T_{0,2} \int_{\Omega} \nabla D_{0,2}(x,y) \nabla D_5(x,y) \, d\Omega - \lambda T_{0,3} \int_{\Omega} \nabla D_{0,3}(x,y) \nabla D_5(x,y) \, d\Omega$$

$$-\lambda T_{0,4} \int_{\Omega} \nabla D_{0,4}(x,y) \nabla D_5(x,y) \, d\Omega - \lambda T_{0,5} \int_{\Omega} \nabla D_{0,5}(x,y) \nabla D_5(x,y) \, d\Omega$$

$$-\lambda T_{1,0} \int_{\Omega} \nabla D_{1,0}(x,y) \nabla D_5(x,y) \, d\Omega - \lambda T_{1,1} \int_{\Omega} \nabla D_{1,1}(x,y) \nabla D_5(x,y) \, d\Omega$$

$$\vdots$$

$$-\lambda T_{4,4} \int_{\Omega} \nabla D_{4,4}(x,y) \nabla D_5(x,y) \, d\Omega - \lambda T_{4,5} \int_{\Omega} \nabla D_{4,5}(x,y) \nabla D_5(x,y) \, d\Omega$$

$$-\lambda T_{5,0} \int_{\Omega} \nabla D_{5,0}(x,y) \nabla D_5(x,y) \, d\Omega - \lambda T_{5,1} \int_{\Omega} \nabla D_{5,1}(x,y) \nabla D_5(x,y) \, d\Omega$$

$$-\lambda T_{5,2} \int_{\Omega} \nabla D_{5,2}(x,y) \nabla D_5(x,y) \, d\Omega - \lambda T_{5,3} \int_{\Omega} \nabla D_{5,3}(x,y) \nabla D_5(x,y) \, d\Omega$$

$$-\lambda T_{5,4} \int_{\Omega} \nabla D_{5,4}(x,y) \nabla D_5(x,y) \, d\Omega - \lambda T_{5,5} \int_{\Omega} \nabla D_{5,5}(x,y) \nabla D_5(x,y) \, d\Omega$$

$$-\int_{\Omega} S\, D_5(x,y) \, d\Omega = 0 \quad (12.156)$$

Schließlich können die Integrale der Ableitungen der Dachfunktionen aufgelöst werden. Wie auch im eindimensionalen Fall muss die Lage der Dachfunktionen zueinander berücksichtigt werden: Das Ergebnis eines Integrals ist nur dann von null verschieden, wenn die beiden Dachfunktionen, deren Ableitungen im Integral stehen, direkt benachbart beziehungsweise deckungsgleich sind.

Zunächst wird die Auflösung eines Integrals bei zwei sich vollkommen überdeckenden Dachfunktionen D_5 dargestellt. Dabei erfolgt vor der eigentlichen Integration die Berechnung des Vektorproduktes, indem die Zeilen der Vektoren miteinander multipliziert und anschließend addiert werden. Die Berechnung der Stammfunktion des Integrals über eine Dreiecksfläche ϖ folgt durch die Integration über eine sich aus zwei Dreiecken zusammensetzenden Quadratfläche mit der Kantenlänge Δx. Die Hälfte des Integrals über die Quadratfläche ergibt entsprechend das Integral über eine Dreiecksfläche. Da die beiden Dachfunktionen des Produktes im Integranden sich vollkommen – das heißt in jedem der sechs Bereiche $\varpi_{5,1}$ bis $\varpi_{5,6}$ – überlagern, kann das Integral auch als Summe von sechs Integralen über die Bereiche $\varpi_{5,1}$ bis $\varpi_{5,6}$ ausgedrückt werden:

$$\int_\Omega \nabla D_5 \nabla D_5 \, d\Omega$$

$$= \int_{\varpi_{5,1}} \nabla D_5 \nabla D_5 \, dx dy + \int_{\varpi_{5,2}} \nabla D_5 \nabla D_5 \, dx dy + \int_{\varpi_{5,3}} \nabla D_5 \nabla D_5 \, dx dy$$

$$+ \int_{\varpi_{5,4}} \nabla D_5 \nabla D_5 \, dx dy + \int_{\varpi_{5,5}} \nabla D_5 \nabla D_5 \, dx dy + \int_{\varpi_{5,6}} \nabla D_5 \nabla D_5 \, dx dy$$

$$= \int_{\varpi_{5,1}} \nabla D_5\|_{\varpi_{5,1}} \nabla D_5\|_{\varpi_{5,1}} \, dx dy + \int_{\varpi_{5,2}} \nabla D_5\|_{\varpi_{5,2}} \nabla D_5\|_{\varpi_{5,2}} \, dx dy$$

$$+ \int_{\varpi_{5,3}} \nabla D_5\|_{\varpi_{5,3}} \nabla D_5\|_{\varpi_{5,3}} \, dx dy + \int_{\varpi_{5,4}} \nabla D_5\|_{\varpi_{5,4}} \nabla D_5\|_{\varpi_{5,4}} \, dx dy$$

$$+ \int_{\varpi_{5,5}} \nabla D_5\|_{\varpi_{5,5}} \nabla D_5\|_{\varpi_{5,5}} \, dx dy + \int_{\varpi_{5,6}} \nabla D_5\|_{\varpi_{5,6}} \nabla D_5\|_{\varpi_{5,6}} \, dx dy$$

$$= 2 \int_{\varpi_{5,1}} \left\{-\frac{1}{\Delta x}, -\frac{1}{\Delta x}\right\}^T \left\{-\frac{1}{\Delta x}, -\frac{1}{\Delta x}\right\}^T dx dy$$

$$+ 2 \int_{\varpi_{5,2}} \left\{0, -\frac{1}{\Delta x}\right\}^T \left\{0, -\frac{1}{\Delta x}\right\}^T dx dy$$

$$+ 2 \int_{\varpi_{5,3}} \left\{\frac{1}{\Delta x}, 0\right\}^T \left\{\frac{1}{\Delta x}, 0\right\}^T dx dy$$

12.7 Ausgewählte Rechenbeispiele

$$= 2 \left\{ \int\limits_{\varpi_{5,1}} \frac{2}{\Delta x^2} dx dy + \int\limits_{\varpi_{5,2}} \frac{1}{\Delta x^2} dx dy + \int\limits_{\varpi_{5,3}} \frac{1}{\Delta x^2} dx dy \right\}$$

$$= 2 \left\{ \frac{2}{\Delta x^2} \frac{\Delta x^2}{2} + \frac{1}{\Delta x^2} \frac{\Delta x^2}{2} + \frac{1}{\Delta x^2} \frac{\Delta x^2}{2} \right\} = 4 \qquad (12.157)$$

Es folgt die Auflösung der Integrale, deren Integrand sich aus der Dachfunktion D_5 und den jeweils benachbarten Dachfunktionen D_9, D_6, D_1 und D_{x_0,y_2} zusammensetzt.

Die Dachfunktion um Knoten fünf wird in den Bereichen $\varpi_{5,1}$ und $\varpi_{5,2}$ von der Dachfunktion um Knoten neun überlagert. In diesen beiden Bereichen ist das Produkt der Ableitungen der zwei Dachfunktionen D_5 und D_9 von null verschieden und muss entsprechend bei der Auflösung des Integrals berücksichtigt werden. Das Integral kann als Summe der Integrale über die Bereiche $\varpi_{5,1}$ und $\varpi_{5,2}$ geschrieben werden:

$$\int\limits_{\Omega} \nabla D_5 \nabla D_9 \, d\Omega$$

$$= \int\limits_{\varpi_{5,1}} \nabla D_5 \nabla D_9 \, dx dy + \int\limits_{\varpi_{5,2}} \nabla D_5 \nabla D_9 \, dx dy$$

$$= \int\limits_{\varpi_{5,1}} \nabla D_5\|_{\varpi_{5,1}} \nabla D_9\|_{\varpi_{9,5}} \, dx dy + \int\limits_{\varpi_{5,2}} \nabla D_5\|_{\varpi_{5,2}} \nabla D_9\|_{\varpi_{9,4}} \, dx dy$$

$$= \int\limits_{\varpi_{5,1}} \left\{ -\frac{1}{\Delta x}, -\frac{1}{\Delta x} \right\}^T \left\{ 0, \frac{1}{\Delta x} \right\}^T dx dy \qquad (12.158)$$

$$+ \int\limits_{\varpi_{5,2}} \left\{ 0, -\frac{1}{\Delta x} \right\}^T \left\{ \frac{1}{\Delta x}, \frac{1}{\Delta x} \right\}^T dx dy$$

$$= \int\limits_{\varpi_{5,1}} -\frac{1}{\Delta x^2} dx dy + \int\limits_{\varpi_{5,2}} -\frac{1}{\Delta x^2} dx dy$$

$$= -\frac{1}{\Delta x^2} \frac{\Delta x^2}{2} - \frac{1}{\Delta x^2} \frac{\Delta x^2}{2} = -1$$

Von der Dachfunktion um Knoten sechs wird die Dachfunktion um Knoten fünf in den Bereichen $\varpi_{5,1}$ und $\varpi_{5,6}$ überlagert. Das Integral kann entsprechend als Summe der

Integrale über Bereich $\varpi_{5,1}$ und $\varpi_{5,6}$ formuliert werden:

$$\int_\Omega \nabla D_5 \nabla D_6 \, d\Omega$$

$$= \int_{\varpi_{5,1}} \nabla D_5 \nabla D_6 \, dxdy + \int_{\varpi_{5,6}} \nabla D_5 \nabla D_6 \, dxdy$$

$$= \int_{\varpi_{5,1}} \nabla D_5\|_{\varpi_{5,1}} \nabla D_6\|_{\varpi_{6,3}} \, dxdy + \int_{\varpi_{5,6}} \nabla D_5\|_{\varpi_{5,6}} \nabla D_6\|_{\varpi_{6,4}} \, dxdy$$

$$= \int_{\varpi_{5,1}} \left\{-\frac{1}{\Delta x}, -\frac{1}{\Delta x}\right\}^T \left\{\frac{1}{\Delta x}, 0\right\}^T \, dxdy \qquad (12.159)$$

$$+ \int_{\varpi_{5,2}} \left\{-\frac{1}{\Delta x}, 0\right\}^T \left\{\frac{1}{\Delta x}, \frac{1}{\Delta x}\right\}^T \, dxdy$$

$$= \int_{\varpi_{5,1}} -\frac{1}{\Delta x^2} \, dxdy + \int_{\varpi_{5,2}} -\frac{1}{\Delta x^2} \, dxdy$$

$$= -\frac{1}{\Delta x^2}\frac{\Delta x^2}{2} - \frac{1}{\Delta x^2}\frac{\Delta x^2}{2} = -1$$

Die Dachfunktion um Knoten eins überlagert die Dachfunktion um Knoten fünf in den Bereichen $\varpi_{5,4}$ und $\varpi_{5,5}$. Das aufzulösende Integral kann demnach aus den Integralen über die Bereiche $\varpi_{5,4}$ und $\varpi_{5,5}$ zusammengesetzt werden:

$$\int_\Omega \nabla D_5 \nabla D_1 \, d\Omega$$

$$= \int_{\varpi_{5,4}} \nabla D_5 \nabla D_1 \, dxdy + \int_{\varpi_{5,5}} \nabla D_5 \nabla D_1 \, dxdy$$

$$= \int_{\varpi_{5,4}} \nabla D_5\|_{\varpi_{5,4}} \nabla D_1\|_{\varpi_{1,3}} \, dxdy + \int_{\varpi_{5,5}} \nabla D_5\|_{\varpi_{5,5}} \nabla D_1\|_{\varpi_{1,4}} \, dxdy$$

$$= \int_{\varpi_{5,4}} \left\{\frac{1}{\Delta x}, \frac{1}{\Delta x}\right\}^T \left\{0, -\frac{1}{\Delta x}\right\}^T \, dxdy$$

$$+ \int_{\varpi_{5,5}} \left\{0, \frac{1}{\Delta x}\right\}^T \left\{-\frac{1}{\Delta x}, -\frac{1}{\Delta x}\right\}^T \, dxdy$$

12.7 Ausgewählte Rechenbeispiele

$$= \int\limits_{\varpi_{5,4}} -\frac{1}{\Delta x^2}\,dxdy + \int\limits_{\varpi_{5,5}} -\frac{1}{\Delta x^2}\,dxdy$$

$$= -\frac{1}{\Delta x^2}\frac{\Delta x^2}{2} - \frac{1}{\Delta x^2}\frac{\Delta x^2}{2} = -1 \tag{12.160}$$

Schließlich wird das Integral der Ableitungen von Dachfunktion D_5 und D_{x_0,y_2} betrachtet. Die Dachfunktionen überlagern sich in den Bereichen $\varpi_{5,3}$ und $\varpi_{5,4}$. Das Integral kann somit als Summe der Integrale über beide Bereiche geschrieben werden:

$$\int\limits_{\Omega} \nabla D_5\, \nabla D_{x_0,y_2}\, d\Omega$$

$$= \int\limits_{\varpi_{5,3}} \nabla D_5\, \nabla D_{x_0,y_2}\, dxdy + \int\limits_{\varpi_{5,4}} \nabla D_5\, \nabla D_{x_0,y_2}\, dxdy$$

$$= \int\limits_{\varpi_{5,3}} \nabla D_5\|_{\varpi_{5,3}}\, \nabla D_{x_0,y_2}\|_{\varpi_{x_0 y_2,1}}\, dxdy + \int\limits_{\varpi_{5,4}} \nabla D_5\|_{\varpi_{5,4}}\, \nabla D_{x_0,y_2}\|_{\varpi_{x_0 y_2,6}}\, dxdy$$

$$= \int\limits_{\varpi_{5,3}} \left\{\frac{1}{\Delta x}, 0\right\}^T \left\{-\frac{1}{\Delta x}, -\frac{1}{\Delta x}\right\}^T dxdy$$

$$+ \int\limits_{\varpi_{5,4}} \left\{\frac{1}{\Delta x}, \frac{1}{\Delta x}\right\}^T \left\{-\frac{1}{\Delta x}, 0\right\}^T dxdy$$

$$= \int\limits_{\varpi_{5,3}} -\frac{1}{\Delta x^2}\,dxdy + \int\limits_{\varpi_{5,4}} -\frac{1}{\Delta x^2}\,dxdy$$

$$= -\frac{1}{\Delta x^2}\frac{\Delta x^2}{2} - \frac{1}{\Delta x^2}\frac{\Delta x^2}{2} = -1 \tag{12.161}$$

Die Berechnung von Integralen, die neben der Dachfunktion D_5 nicht direkt benachbarte Dachfunktionen enthalten, wird nachfolgend exemplarisch für die Dachfunktion D_{x_0,y_3} erläutert. Dabei wird die Dachfunktion um den Knoten fünf in den Bereichen $\varpi_{5,2}$ und $\varpi_{5,3}$ von der Dachfunktion um den Knoten an der Stelle x_0, y_3 überlagert. Das Integral kann entsprechend als Summe der Integrale über die Bereiche $\varpi_{5,2}$ und $\varpi_{5,3}$ ausgedrückt werden:

$$\int_\Omega \nabla D_5 \nabla D_{x_0,y_3} \, d\Omega$$

$$= \int_{\varpi_{5,2}} \nabla D_5 \nabla D_{x_0,y_3} \, dx\, dy + \int_{\varpi_{5,3}} \nabla D_5 \nabla D_{x_0,y_3} \, dx\, dy$$

$$= \int_{\varpi_{5,2}} \nabla D_5 \|_{\varpi_{5,2}} \nabla D_{x_0,y_3} \|_{\varpi_{x_0 y_3,6}} \, dx\, dy + \int_{\varpi_{5,3}} \nabla D_5 \|_{\varpi_{5,3}} \nabla D_{x_0,y_3} \|_{\varpi_{x_0 y_3,5}} \, dx\, dy$$

$$= \int_{\varpi_{5,2}} \left\{0, -\frac{1}{\Delta x}\right\}^T \left\{-\frac{1}{\Delta x}, 0\right\}^T dx\, dy$$

$$+ \int_{\varpi_{5,3}} \left\{\frac{1}{\Delta x}, 0\right\}^T \left\{0, \frac{1}{\Delta x}\right\}^T dx\, dy = 0$$

(12.162)

Durch die Auflösung sämtlicher Integrale ergibt sich die Koeffizientenmatrix M des Gleichungssystems zur Berechnung des Temperaturvektors **t** mit den Temperaturen T_1 bis T_{16}:

$$M = \begin{pmatrix} 4 & -1 & 0 & 0 & -1 & 0 & 0 & 0 & 0 & 0 & 0 & 0 & 0 & 0 & 0 & 0 \\ -1 & 4 & -1 & 0 & 0 & -1 & 0 & 0 & 0 & 0 & 0 & 0 & 0 & 0 & 0 & 0 \\ 0 & -1 & 4 & -1 & 0 & 0 & -1 & 0 & 0 & 0 & 0 & 0 & 0 & 0 & 0 & 0 \\ 0 & 0 & -1 & 4 & 0 & 0 & 0 & -1 & 0 & 0 & 0 & 0 & 0 & 0 & 0 & 0 \\ -1 & 0 & 0 & 0 & 4 & -1 & 0 & 0 & -1 & 0 & 0 & 0 & 0 & 0 & 0 & 0 \\ 0 & -1 & 0 & 0 & -1 & 4 & -1 & 0 & 0 & -1 & 0 & 0 & 0 & 0 & 0 & 0 \\ 0 & 0 & -1 & 0 & 0 & -1 & 4 & -1 & 0 & 0 & -1 & 0 & 0 & 0 & 0 & 0 \\ 0 & 0 & 0 & -1 & 0 & 0 & -1 & 4 & 0 & 0 & 0 & -1 & 0 & 0 & 0 & 0 \\ 0 & 0 & 0 & 0 & -1 & 0 & 0 & 0 & 4 & -1 & 0 & 0 & -1 & 0 & 0 & 0 \\ 0 & 0 & 0 & 0 & 0 & -1 & 0 & 0 & -1 & 4 & -1 & 0 & 0 & -1 & 0 & 0 \\ 0 & 0 & 0 & 0 & 0 & 0 & -1 & 0 & 0 & -1 & 4 & -1 & 0 & 0 & -1 & 0 \\ 0 & 0 & 0 & 0 & 0 & 0 & 0 & -1 & 0 & 0 & -1 & 4 & 0 & 0 & 0 & -1 \\ 0 & 0 & 0 & 0 & 0 & 0 & 0 & 0 & -1 & 0 & 0 & 0 & 4 & -1 & 0 & 0 \\ 0 & 0 & 0 & 0 & 0 & 0 & 0 & 0 & 0 & -1 & 0 & 0 & -1 & 4 & -1 & 0 \\ 0 & 0 & 0 & 0 & 0 & 0 & 0 & 0 & 0 & 0 & -1 & 0 & 0 & -1 & 4 & -1 \\ 0 & 0 & 0 & 0 & 0 & 0 & 0 & 0 & 0 & 0 & 0 & -1 & 0 & 0 & -1 & 4 \end{pmatrix}$$

(12.163)

Die hier mit Hilfe der Finite-Elemente-Methode hergeleitete Koeffizientenmatrix M gleicht der Koeffizientenmatrix, die mit Hilfe der Finite-Differenzen-Methode berechnet wurde. Auf der Hauptdiagonalen enthält die dünnbesetzte Matrix den Eintrag 4 und auf unterschiedlichen Nebendiagonalen den Eintrag -1.

12.7 Ausgewählte Rechenbeispiele

Der Variablenvektor **t** des Gleichungssystems ist analog zur Methode der Finiten-Differenzen definiert. Auch der Vektor **y**, der die rechte Seite des Gleichungssystems durch den Quellterm S, die Wärmeleitfähigkeit λ, die Gitterbreite Δx sowie die Randwerte charakterisiert, ist identisch zu der Methode der Finiten-Differenzen:

$$\mathbf{t} = \begin{pmatrix} T_1 \\ T_2 \\ T_3 \\ T_4 \\ T_5 \\ T_6 \\ T_7 \\ T_8 \\ T_9 \\ T_{10} \\ T_{11} \\ T_{12} \\ T_{13} \\ T_{14} \\ T_{15} \\ T_{16} \end{pmatrix} ; \quad \mathbf{y} = \begin{pmatrix} -S\,\Delta x^2\,\lambda^{-1} + T(x_0, y_1) + T(x_1, y_0) \\ -S\,\Delta x^2\,\lambda^{-1} + T(x_2, y_0) \\ -S\,\Delta x^2\,\lambda^{-1} + T(x_3, y_0) \\ -S\,\Delta x^2\,\lambda^{-1} + T(x_5, y_1) + T(x_4, y_0) \\ -S\,\Delta x^2\,\lambda^{-1} + T(x_0, y_2) \\ -S\,\Delta x^2\,\lambda^{-1} \\ -S\,\Delta x^2\,\lambda^{-1} \\ -S\,\Delta x^2\,\lambda^{-1} + T(x_5, y_2) \\ -S\,\Delta x^2\,\lambda^{-1} + T(x_0, y_3) \\ -S\,\Delta x^2\,\lambda^{-1} \\ -S\,\Delta x^2\,\lambda^{-1} \\ -S\,\Delta x^2\,\lambda^{-1} + T(x_5, y_3) \\ -S\,\Delta x^2\,\lambda^{-1} + T(x_1, y_5) + T(x_0, y_4) \\ -S\,\Delta x^2\,\lambda^{-1} + T(x_2, y_5) \\ -S\,\Delta x^2\,\lambda^{-1} + T(x_3, y_5) \\ -S\,\Delta x^2\,\lambda^{-1} + T(x_4, y_5) T(x_5, y_4) \end{pmatrix} \quad (12.164)$$

Als Lösung des Gleichungssystems $M\mathbf{t} = \mathbf{y}$ liegen dieselben Temperaturen vor wie bei der Lösung mit der Finite-Differenzen-Methode:

$$\mathbf{t} = \begin{pmatrix} T_1 \\ T_2 \\ T_3 \\ T_4 \\ T_5 \\ T_6 \\ T_7 \\ T_8 \\ T_9 \\ T_{10} \\ T_{11} \\ T_{12} \\ T_{13} \\ T_{14} \\ T_{15} \\ T_{16} \end{pmatrix} = \begin{pmatrix} 42{,}5 \\ 42{,}3 \\ 45{,}7 \\ 54{,}7 \\ 52{,}5 \\ 56{,}1 \\ 60{,}9 \\ 68{,}2 \\ 61{,}5 \\ 68{,}6 \\ 73{,}4 \\ 77{,}2 \\ 74{,}8 \\ 83{,}6 \\ 87{,}0 \\ 87{,}0 \end{pmatrix} \quad (12.165)$$

12.7.2.3 Finite-Volumen-Methode

Alternativ zur Methode der finiten Differenzen und finiten Elemente kann die zweidimensionale Wärmeleitungsgleichung mit der Methode der finiten Volumen transformiert werden. Im Unterschied zu den beiden erstgenannten Verfahren führt die Finite-Volumen-Methode auf ein Gleichungssystem, dessen Lösungswerte nicht die Temperaturen in den Knoten des Diskretisierungsgitters, sondern die Temperaturen in den Mittelpunkten der Flächenelemente bezeichnen. Wird das Untersuchungsgebiet sowohl in x- als auch in y-Richtung in fünf gleich große Gebiete unterteilt, ergeben sich in Summe 25 Temperaturen als Unbekannte (Abb. 12.24).

Integration der Erhaltungsgleichung Den Ausgangspunkt der Finite-Volumen-Methode stellt – wie auch bei der Behandlung eindimensionaler Probleme – die integrale Form der Differentialgleichung dar. Die Integrale umfassen die einzelnen Kontrollvolumina V_i,

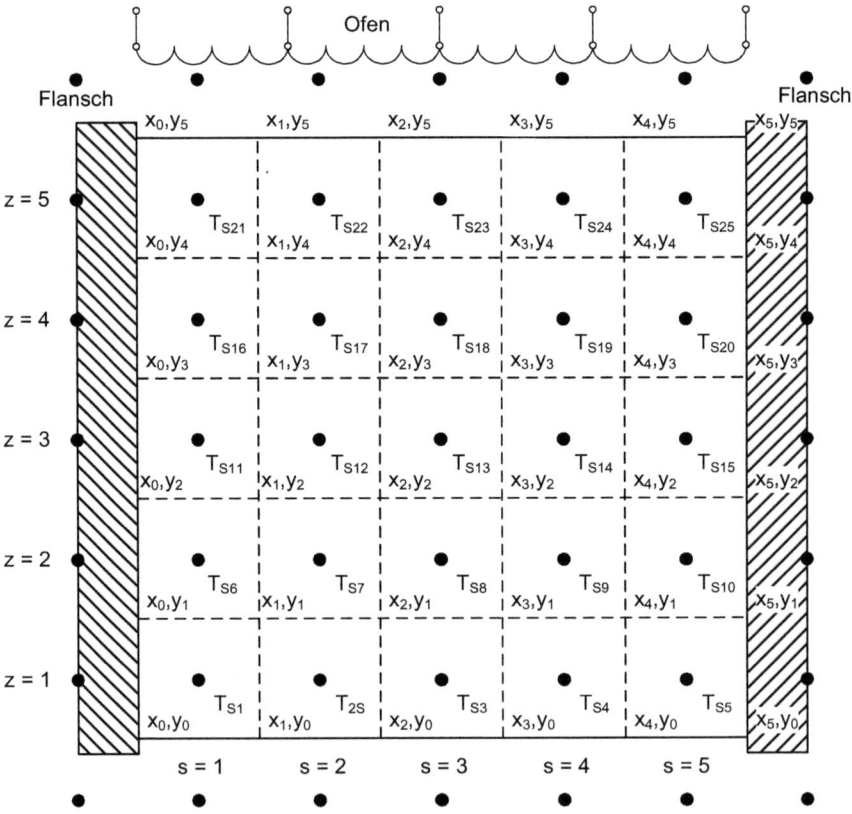

Abb. 12.24 Schematische Darstellung der beheizten Keramikplatte mit Variablen und Gitterstellen der Finite-Volumen-Methode

12.7 Ausgewählte Rechenbeispiele

in die das Untersuchungsgebiet (hier die Keramikplatte) diskretisiert wird:

$$\lambda \int_{V_i} \frac{\partial^2 T(x,y)}{\partial x^2} dV + \lambda \int_{V_i} \frac{\partial^2 T(x,y)}{\partial y^2} dV - \int_{V_i} S\, dV = 0 \qquad (12.166)$$

Bei zweidimensionalen Betrachtungen werden die Volumenelemente zu Flächenelementen. Der Index i eines jeden Flächenelementes kann mit Hilfe der Zeilenzahl z und der Spaltenzahl s, in der sich das Flächenelement befindet, ausgedrückt werden. Die Nummerierung der Zeilen und Spalten beginnt am linken unteren Ende der Keramikplatte:

$$\lambda \int_{V_{5z-5+s}} \frac{\partial^2 T(x,y)}{\partial x^2} dV + \lambda \int_{V_{5z-5+s}} \frac{\partial^2 T(x,y)}{\partial y^2} dV - \int_{V_{5z-5+s}} S\, dV = 0 \qquad (12.167)$$

Anwendung des Satzes von Gauß Die Integrale der Ableitungsterme werden mit Hilfe des Gauß'schen Integralsatzes vereinfacht. Nach Gauß kann das Volumenintegral der Divergenz eines Flussvektors durch ein Oberflächenintegral des Skalarproduktes von Flussvektor und Flächennormalen ersetzt werden [20, S. 176]. Für die Ableitung in x-Richtung ergibt sich so:

$$\lambda \int_{V_{5z-5+s}} \frac{\partial^2 T(x,y)}{\partial x^2} dV = \lambda \int_{A_{5z-5+s}} \frac{\partial T(x,y)}{\partial x} \mathbf{n}\, dA \qquad (12.168)$$

Für die Ableitung in y-Richtung folgt analog:

$$\lambda \int_{V_{5z-5+s}} \frac{\partial^2 T(x,y)}{\partial y^2} dV = \lambda \int_{A_{5z-5+s}} \frac{\partial T(x,y)}{\partial y} \mathbf{n}\, dA \qquad (12.169)$$

Bei zweidimensionalen Untersuchungen vereinfachen sich die Integrale: Anstatt des Flusses durch ein Kontrollvolumen wird der Fluss durch eine Kontrollfläche betrachtet. Dieser setzt sich aus der Summe der Flüsse über die vier Kanten der Kontrollfläche zusammen. Die Oberflächenintegrale werden damit zu Streckenintegralen und die Volumenelemente dV zu einer Fläche mit den Abmaßen $dx\,dy$. Der durchschnittliche Fluss im Mittelpunkt eines einzelnen Flächenelementes lautet demnach in x-Richtung:

$$\lambda \int_{V_{5z-5+s}} \frac{\partial^2 T(x,y)}{\partial x^2} dV = \lambda \int_{A_{5z-5+s}} \frac{\partial T(x,y)}{\partial x} \mathbf{n}\, dA$$

$$= \lambda \int_{y_{z-1}}^{y_z} \left\{ \frac{\partial T}{\partial y}\Big\|_{x_s} - \frac{\partial T}{\partial y}\Big\|_{x_{s-1}} \right\} dy \qquad (12.170)$$

Für den Fluss in y-Richtung ergibt sich analog:

$$\lambda \int\limits_{V_{5z-5+s}} \frac{\partial^2 T(x,y)}{\partial y^2} dV = \lambda \int\limits_{A_{5z-5+s}} \frac{\partial T(x,y)}{\partial y} \mathbf{n}\, dA$$

$$= \lambda \int\limits_{x_{s-1}}^{x_s} \left\{ \frac{\partial T}{\partial x}\Big\|_{y_z} - \frac{\partial T}{\partial x}\Big\|_{y_{z-1}} \right\} dx \quad (12.171)$$

Nach der Anwendung des Satzes von Gauß lautet die zweidimensionale Wärmeleitungsgleichung:

$$\lambda \int\limits_{x_{s-1}}^{x_s} \left\{ \frac{\partial T}{\partial x}\Big\|_{y_z} - \frac{\partial T}{\partial x}\Big\|_{y_{z-1}} \right\} dx$$

$$+ \lambda \int\limits_{y_{z-1}}^{y_z} \left\{ \frac{\partial T}{\partial y}\Big\|_{x_s} - \frac{\partial T}{\partial y}\Big\|_{x_{s-1}} \right\} dy \quad (12.172)$$

$$- \int\limits_{V_{5z-5+s}} S\, dV = 0$$

Für die 25 Flächen des Diskretisierungsgebietes ergeben sich somit 25 Gleichungen:

$$\lambda \int\limits_{x_0}^{x_1} \left\{ \frac{\partial T}{\partial x}\Big\|_{y_1} - \frac{\partial T}{\partial x}\Big\|_{y_0} \right\} dx + \lambda \int\limits_{y_0}^{y_1} \left\{ \frac{\partial T}{\partial y}\Big\|_{x_1} - \frac{\partial T}{\partial y}\Big\|_{x_0} \right\} dy - \int\limits_{V_1} S\, dV = 0 \quad (12.173)$$

$$\lambda \int\limits_{x_1}^{x_2} \left\{ \frac{\partial T}{\partial x}\Big\|_{y_1} - \frac{\partial T}{\partial x}\Big\|_{y_0} \right\} dx + \lambda \int\limits_{y_0}^{y_1} \left\{ \frac{\partial T}{\partial y}\Big\|_{x_2} - \frac{\partial T}{\partial y}\Big\|_{x_1} \right\} dy - \int\limits_{V_2} S\, dV = 0 \quad (12.174)$$

$$\lambda \int\limits_{x_2}^{x_3} \left\{ \frac{\partial T}{\partial x}\Big\|_{y_1} - \frac{\partial T}{\partial x}\Big\|_{y_0} \right\} dx + \lambda \int\limits_{y_0}^{y_1} \left\{ \frac{\partial T}{\partial y}\Big\|_{x_3} - \frac{\partial T}{\partial y}\Big\|_{x_2} \right\} dy - \int\limits_{V_3} S\, dV = 0 \quad (12.175)$$

$$\lambda \int\limits_{x_3}^{x_4} \left\{ \frac{\partial T}{\partial x}\Big\|_{y_1} - \frac{\partial T}{\partial x}\Big\|_{y_0} \right\} dx + \lambda \int\limits_{y_0}^{y_1} \left\{ \frac{\partial T}{\partial y}\Big\|_{x_4} - \frac{\partial T}{\partial y}\Big\|_{x_3} \right\} dy - \int\limits_{V_4} S\, dV = 0 \quad (12.176)$$

$$\lambda \int\limits_{x_4}^{x_5} \left\{ \frac{\partial T}{\partial x}\Big\|_{y_1} - \frac{\partial T}{\partial x}\Big\|_{y_0} \right\} dx + \lambda \int\limits_{y_0}^{y_1} \left\{ \frac{\partial T}{\partial y}\Big\|_{x_5} - \frac{\partial T}{\partial y}\Big\|_{x_4} \right\} dy - \int\limits_{V_5} S\, dV = 0 \quad (12.177)$$

$$\lambda \int\limits_{x_0}^{x_1} \left\{ \frac{\partial T}{\partial x}\Big\|_{y_2} - \frac{\partial T}{\partial x}\Big\|_{y_1} \right\} dx + \lambda \int\limits_{y_1}^{y_2} \left\{ \frac{\partial T}{\partial y}\Big\|_{x_1} - \frac{\partial T}{\partial y}\Big\|_{x_0} \right\} dy - \int\limits_{V_6} S\, dV = 0 \quad (12.178)$$

12.7 Ausgewählte Rechenbeispiele

$$\lambda \int_{x_1}^{x_2} \left\{ \frac{\partial T}{\partial x} \|_{y_2} - \frac{\partial T}{\partial x} \|_{y_1} \right\} dx + \lambda \int_{y_1}^{y_2} \left\{ \frac{\partial T}{\partial y} \|_{x_2} - \frac{\partial T}{\partial y} \|_{x_1} \right\} dy - \int_{V_7} S \, dV = 0 \quad (12.179)$$

$$\lambda \int_{x_2}^{x_3} \left\{ \frac{\partial T}{\partial x} \|_{y_2} - \frac{\partial T}{\partial x} \|_{y_1} \right\} dx + \lambda \int_{y_1}^{y_2} \left\{ \frac{\partial T}{\partial y} \|_{x_3} - \frac{\partial T}{\partial y} \|_{x_2} \right\} dy - \int_{V_8} S \, dV = 0 \quad (12.180)$$

$$\lambda \int_{x_3}^{x_4} \left\{ \frac{\partial T}{\partial x} \|_{y_2} - \frac{\partial T}{\partial x} \|_{y_1} \right\} dx + \lambda \int_{y_1}^{y_2} \left\{ \frac{\partial T}{\partial y} \|_{x_4} - \frac{\partial T}{\partial y} \|_{x_3} \right\} dy - \int_{V_9} S \, dV = 0 \quad (12.181)$$

$$\lambda \int_{x_4}^{x_5} \left\{ \frac{\partial T}{\partial x} \|_{y_2} - \frac{\partial T}{\partial x} \|_{y_1} \right\} dx + \lambda \int_{y_1}^{y_2} \left\{ \frac{\partial T}{\partial y} \|_{x_5} - \frac{\partial T}{\partial y} \|_{x_4} \right\} dy - \int_{V_{10}} S \, dV = 0 \quad (12.182)$$

$$\lambda \int_{x_0}^{x_1} \left\{ \frac{\partial T}{\partial x} \|_{y_3} - \frac{\partial T}{\partial x} \|_{y_2} \right\} dx + \lambda \int_{y_2}^{y_3} \left\{ \frac{\partial T}{\partial y} \|_{x_1} - \frac{\partial T}{\partial y} \|_{x_0} \right\} dy - \int_{V_{11}} S \, dV = 0 \quad (12.183)$$

$$\lambda \int_{x_1}^{x_2} \left\{ \frac{\partial T}{\partial x} \|_{y_3} - \frac{\partial T}{\partial x} \|_{y_2} \right\} dx + \lambda \int_{y_2}^{y_3} \left\{ \frac{\partial T}{\partial y} \|_{x_2} - \frac{\partial T}{\partial y} \|_{x_1} \right\} dy - \int_{V_{12}} S \, dV = 0 \quad (12.184)$$

$$\lambda \int_{x_2}^{x_3} \left\{ \frac{\partial T}{\partial x} \|_{y_3} - \frac{\partial T}{\partial x} \|_{y_2} \right\} dx + \lambda \int_{y_2}^{y_3} \left\{ \frac{\partial T}{\partial y} \|_{x_3} - \frac{\partial T}{\partial y} \|_{x_2} \right\} dy - \int_{V_{13}} S \, dV = 0 \quad (12.185)$$

$$\lambda \int_{x_3}^{x_4} \left\{ \frac{\partial T}{\partial x} \|_{y_3} - \frac{\partial T}{\partial x} \|_{y_2} \right\} dx + \lambda \int_{y_2}^{y_3} \left\{ \frac{\partial T}{\partial y} \|_{x_4} - \frac{\partial T}{\partial y} \|_{x_3} \right\} dy - \int_{V_{14}} S \, dV = 0 \quad (12.186)$$

$$\lambda \int_{x_4}^{x_5} \left\{ \frac{\partial T}{\partial x} \|_{y_3} - \frac{\partial T}{\partial x} \|_{y_2} \right\} dx + \lambda \int_{y_2}^{y_3} \left\{ \frac{\partial T}{\partial y} \|_{x_5} - \frac{\partial T}{\partial y} \|_{x_4} \right\} dy - \int_{V_{15}} S \, dV = 0 \quad (12.187)$$

$$\lambda \int_{x_0}^{x_1} \left\{ \frac{\partial T}{\partial x} \|_{y_4} - \frac{\partial T}{\partial x} \|_{y_3} \right\} dx + \lambda \int_{y_3}^{y_4} \left\{ \frac{\partial T}{\partial y} \|_{x_1} - \frac{\partial T}{\partial y} \|_{x_0} \right\} dy - \int_{V_{16}} S \, dV = 0 \quad (12.188)$$

$$\lambda \int_{x_1}^{x_2} \left\{ \frac{\partial T}{\partial x} \|_{y_4} - \frac{\partial T}{\partial x} \|_{y_3} \right\} dx + \lambda \int_{y_3}^{y_4} \left\{ \frac{\partial T}{\partial y} \|_{x_2} - \frac{\partial T}{\partial y} \|_{x_1} \right\} dy - \int_{V_{17}} S \, dV = 0 \quad (12.189)$$

$$\lambda \int_{x_2}^{x_3} \left\{ \frac{\partial T}{\partial x} \|_{y_4} - \frac{\partial T}{\partial x} \|_{y_3} \right\} dx + \lambda \int_{y_3}^{y_4} \left\{ \frac{\partial T}{\partial y} \|_{x_3} - \frac{\partial T}{\partial y} \|_{x_2} \right\} dy - \int_{V_{18}} S \, dV = 0 \quad (12.190)$$

$$\lambda \int_{x_3}^{x_4} \left\{ \frac{\partial T}{\partial x} \|_{y_4} - \frac{\partial T}{\partial x} \|_{y_3} \right\} dx + \lambda \int_{y_3}^{y_4} \left\{ \frac{\partial T}{\partial y} \|_{x_4} - \frac{\partial T}{\partial y} \|_{x_3} \right\} dy - \int_{V_{19}} S \, dV = 0 \quad (12.191)$$

$$\lambda \int_{x_4}^{x_5} \left\{ \frac{\partial T}{\partial x}\|_{y_4} - \frac{\partial T}{\partial x}\|_{y_3} \right\} dx + \lambda \int_{y_3}^{y_4} \left\{ \frac{\partial T}{\partial y}\|_{x_5} - \frac{\partial T}{\partial y}\|_{x_4} \right\} dy - \int_{V_{20}} S\, dV = 0 \quad (12.192)$$

$$\lambda \int_{x_0}^{x_1} \left\{ \frac{\partial T}{\partial x}\|_{y_5} - \frac{\partial T}{\partial x}\|_{y_4} \right\} dx + \lambda \int_{y_4}^{y_5} \left\{ \frac{\partial T}{\partial y}\|_{x_1} - \frac{\partial T}{\partial y}\|_{x_0} \right\} dy - \int_{V_{21}} S\, dV = 0 \quad (12.193)$$

$$\lambda \int_{x_1}^{x_2} \left\{ \frac{\partial T}{\partial x}\|_{y_5} - \frac{\partial T}{\partial x}\|_{y_4} \right\} dx + \lambda \int_{y_4}^{y_5} \left\{ \frac{\partial T}{\partial y}\|_{x_2} - \frac{\partial T}{\partial y}\|_{x_1} \right\} dy - \int_{V_{22}} S\, dV = 0 \quad (12.194)$$

$$\lambda \int_{x_2}^{x_3} \left\{ \frac{\partial T}{\partial x}\|_{y_5} - \frac{\partial T}{\partial x}\|_{y_4} \right\} dx + \lambda \int_{y_4}^{y_5} \left\{ \frac{\partial T}{\partial y}\|_{x_3} - \frac{\partial T}{\partial y}\|_{x_2} \right\} dy - \int_{V_{23}} S\, dV = 0 \quad (12.195)$$

$$\lambda \int_{x_3}^{x_4} \left\{ \frac{\partial T}{\partial x}\|_{y_5} - \frac{\partial T}{\partial x}\|_{y_4} \right\} dx + \lambda \int_{y_4}^{y_5} \left\{ \frac{\partial T}{\partial y}\|_{x_4} - \frac{\partial T}{\partial y}\|_{x_3} \right\} dy - \int_{V_{24}} S\, dV = 0 \quad (12.196)$$

$$\lambda \int_{x_4}^{x_5} \left\{ \frac{\partial T}{\partial x}\|_{y_5} - \frac{\partial T}{\partial x}\|_{y_4} \right\} dx + \lambda \int_{y_4}^{y_5} \left\{ \frac{\partial T}{\partial y}\|_{x_5} - \frac{\partial T}{\partial y}\|_{x_4} \right\} dy - \int_{V_{25}} S\, dV = 0 \quad (12.197)$$

Approximation der Integrale Vor der Lösung des Gleichungssystems müssen die Integrale der Gleichungen aufgelöst werden. Dazu wird zunächst das Integral über den Senken- beziehungsweise Quellterm S durch die Mittelpunktsregel approximiert. Dabei wird das Kontrollvolumen dV mit dem Wert des Integranden im Mittelpunkt des jeweiligen Kontrollvolumens multipliziert. Für Quell- und Senkenterme, die über das Untersuchungsgebiet konstant sind, ergeben sich identische Integrale für sämtliche Kontrollvolumina:

$$\int_{V_{5z-5+s}} S\, dV \approx S\, dV = S\, dx\, dy \quad (12.198)$$

Neben dem Quell- und Senkenterm wird zudem der Diffusionsterm durch die Mittelpunktsregel approximiert. Dazu ist zunächst die Ableitung im Mittelpunkt der Integrationsstrecke durch einen Differenzenquotienten anzunähern. Anschließend wird der Wert im Mittelpunkt, das heißt die approximierte Ableitung, mit der Länge der Integrationsstrecke multipliziert. Bei der Berechnung des Flusses durch das Flächenelement zwischen den Knoten $x_0, y_0, x_1, y_0, x_1, y_1$ und x_0, y_1 muss beispielsweise das Streckenintegral zwischen den Knotenpunkten x_1, y_0 und x_1, y_1 des Diskretisierungsgitters berechnet werden.

12.7 Ausgewählte Rechenbeispiele

Die Approximation dieses Integrals lautet:

$$\int_{y_0}^{y_1} \frac{\partial T}{\partial x}\|_{x_1} dy \approx \int_{y_0}^{y_1} \frac{T(x_1, y_0 + \Delta x) - T(x_1, y_0)}{\Delta x}$$

$$= \int_{y_0}^{y_1} \frac{T(x_1, y_1) - T(x_1, y_0)}{\Delta x} \approx \frac{T(x_1, y_1) - T(x_1, y_0)}{\Delta x} \Delta x$$

(12.199)

Durch die Approximation der Integrale wird aus der Wärmeleitungsgleichung:

$$\lambda \frac{T(x_s, y_z) - T(x_{s-1}, y_z)}{\Delta x} \Delta x - \lambda \frac{T(x_s, y_{z-1}) - T(x_{s-1}, y_{z-1})}{\Delta x} \Delta x$$

$$+ \lambda \frac{T(x_s, y_z) - T(x_s, y_{z-1})}{\Delta x} \Delta x - \lambda \frac{T(x_{s-1}, y_z) - T(x_{s-1}, y_{z-1})}{\Delta x} \Delta x$$

(12.200)

$$- S\, dx dy = 0$$

Approximation der Werte auf den Rändern der Kontrollvolumina Bisher sind die gesuchten Größen der Finite-Volumen-Methode, also die 25 Temperaturen in den Zentren der Kontrollvolumina, nicht als Variablen in den Gleichungen enthalten. Eine Aufnahme dieser Temperaturen in die Gleichungen erfolgt daher, indem die Werte auf den Kanten des Diskretisierungsgitters durch die Werte in den Zentren approximiert werden. Exemplarisch soll hier eine Interpolation nullter Ordnung (Aufwind-Interpolation) auf die Wärmeleitungsgleichung angewendet werden. Das heißt, die Werte auf den Kanten des Gitters werden durch die entsprechenden benachbarten Werte in den Zentren des Gitters approximiert. Diese Werte sind um $\Delta x/2$ zu den Werten auf den Kanten des Gitters versetzt. Aus der Gl. 12.200 wird:

$$\lambda \frac{T(x_s - \frac{\Delta x}{2}, y_z - \frac{\Delta x}{2}) - T(x_{s-1} - \frac{\Delta x}{2}, y_z - \frac{\Delta x}{2})}{\Delta x} \Delta x$$

$$- \lambda \frac{T(x_s - \frac{\Delta x}{2}, y_{z-1} - \frac{\Delta x}{2}) - T(x_{s-1} - \frac{\Delta x}{2}, y_{z-1} - \frac{\Delta x}{2})}{\Delta x} \Delta x$$

$$+ \lambda \frac{T(x_s - \frac{\Delta x}{2}, y_z - \frac{\Delta x}{2}) - T(x_s - \frac{\Delta x}{2}, y_{z-1} - \frac{\Delta x}{2})}{\Delta x} \Delta x$$

(12.201)

$$- \lambda \frac{T(x_{s-1} - \frac{\Delta x}{2}, y_z - \frac{\Delta x}{2}) - T(x_{s-1} - \frac{\Delta x}{2}, y_{z-1} - \frac{\Delta x}{2})}{\Delta x} \Delta x$$

$$- S\, dx dy = 0$$

Mit diesen Approximation können die 25 Gleichungen schließlich wie folgt dargestellt werden:

$$\lambda \Delta x \frac{T_{S_6} - T_{S_1}}{\Delta x} - \lambda \Delta x \frac{T_{S_1} - T\left(x_0 + \frac{\Delta x}{2}, y_0 - \frac{\Delta x}{2}\right)}{\Delta x}$$
$$+ \lambda \Delta x \frac{T_{S_2} - T_{S_1}}{\Delta x} - \lambda \Delta x \frac{T_{S_1} - T\left(x_0 - \frac{\Delta x}{2}, y_0 + \frac{\Delta x}{2}\right)}{\Delta x} \qquad (12.202)$$
$$= S\, dx\, dy$$

$$\lambda \Delta x \frac{T_{S_7} - T_{S_2}}{\Delta x} - \lambda \Delta x \frac{T_{S_2} - T\left(x_1 + \frac{\Delta x}{2}, y_0 - \frac{\Delta x}{2}\right)}{\Delta x}$$
$$+ \lambda \Delta x \frac{T_{S_3} - T_{S_2}}{\Delta x} - \lambda \Delta x \frac{T_{S_2} - T_{S_1}}{\Delta x} \qquad (12.203)$$
$$= S\, dx\, dy$$

$$\lambda \Delta x \frac{T_{S_8} - T_{S_3}}{\Delta x} - \lambda \Delta x \frac{T_{S_3} - T\left(x_2 + \frac{\Delta x}{2}, y_0 - \frac{\Delta x}{2}\right)}{\Delta x}$$
$$+ \lambda \Delta x \frac{T_{S_4} - T_{S_3}}{\Delta x} - \lambda \Delta x \frac{T_{S_3} - T_{S_2}}{\Delta x} \qquad (12.204)$$
$$= S\, dx\, dy$$

$$\lambda \Delta x \frac{T_{S_9} - T_{S_4}}{\Delta x} - \lambda \Delta x \frac{T_{S_4} - T\left(x_3 + \frac{\Delta x}{2}, y_0 - \frac{\Delta x}{2}\right)}{\Delta x}$$
$$+ \lambda \Delta x \frac{T_{S_5} - T_{S_4}}{\Delta x} - \lambda \Delta x \frac{T_{S_4} - T_{S_3}}{\Delta x} \qquad (12.205)$$
$$= S\, dx\, dy$$

$$\lambda \Delta x \frac{T_{S_{10}} - T_{S_5}}{\Delta x} - \lambda \Delta x \frac{T_{S_5} - T\left(x_4 + \frac{\Delta x}{2}, y_0 - \frac{\Delta x}{2}\right)}{\Delta x}$$
$$+ \lambda \Delta x \frac{T\left(x_5 + \frac{\Delta x}{2}, y_0 + \frac{\Delta x}{2}\right) - T_{S_5}}{\Delta x} - \lambda \Delta x \frac{T_{S_5} - T_{S_4}}{\Delta x} \qquad (12.206)$$
$$= S\, dx\, dy$$

12.7 Ausgewählte Rechenbeispiele

$$\lambda \Delta x \frac{T_{S_{11}} - T_{S_6}}{\Delta x} - \lambda \Delta x \frac{T_{S_6} - T_{S_1}}{\Delta x}$$

$$+ \lambda \Delta x \frac{T_{S_7} - T_{S_6}}{\Delta x} - \lambda \Delta x \frac{T_{S_6} - T\left(x_0 - \frac{\Delta x}{2}, y_1 + \frac{\Delta x}{2}\right)}{\Delta x} \quad (12.207)$$

$$= S\, dx dy$$

$$\lambda \Delta x \frac{T_{S_{12}} - T_{S_7}}{\Delta x} - \lambda \Delta x \frac{T_{S_7} - T_{S_2}}{\Delta x}$$

$$+ \lambda \Delta x \frac{T_{S_8} - T_{S_7}}{\Delta x} - \lambda \Delta x \frac{T_{S_7} - T_{S_6}}{\Delta x} \quad (12.208)$$

$$= S\, dx dy$$

$$\lambda \Delta x \frac{T_{S_{13}} - T_{S_8}}{\Delta x} - \lambda \Delta x \frac{T_{S_8} - T_{S_3}}{\Delta x}$$

$$+ \lambda \Delta x \frac{T_{S_9} - T_{S_8}}{\Delta x} - \lambda \Delta x \frac{T_{S_8} - T_{S_7}}{\Delta x} \quad (12.209)$$

$$= S\, dx dy$$

$$\lambda \Delta x \frac{T_{S_{14}} - T_{S_9}}{\Delta x} - \lambda \Delta x \frac{T_{S_9} - T_{S_4}}{\Delta x}$$

$$+ \lambda \Delta x \frac{T_{S_{10}} - T_{S_9}}{\Delta x} - \lambda \Delta x \frac{T_{S_9} - T_{S_8}}{\Delta x} \quad (12.210)$$

$$= S\, dx dy$$

$$\lambda \Delta x \frac{T_{S_{15}} - T_{S_{10}}}{\Delta x} - \lambda \Delta x \frac{T_{S_{10}} - T_{S_5}}{\Delta x}$$

$$+ \lambda \Delta x \frac{T\left(x_5 + \frac{\Delta x}{2}, y_1 + \frac{\Delta x}{2}\right) - T_{S_{10}}}{\Delta x} - \lambda \Delta x \frac{T_{S_{10}} - T_{S_9}}{\Delta x} \quad (12.211)$$

$$= S\, dx dy$$

$$\lambda \Delta x \frac{T_{S_{16}} - T_{S_{11}}}{\Delta x} - \lambda \Delta x \frac{T_{S_{11}} - T_{S_6}}{\Delta x}$$

$$+ \lambda \Delta x \frac{T_{S_{12}} - T_{S_{11}}}{\Delta x} - \lambda \Delta x \frac{T_{S_{11}} - T\left(x_0 - \frac{\Delta x}{2}, y_2 + \frac{\Delta x}{2}\right)}{\Delta x} \quad (12.212)$$

$$= S\, dx dy$$

$$\lambda \, \Delta x \, \frac{T_{S_{17}} - T_{S_{12}}}{\Delta x} - \lambda \, \Delta x \, \frac{T_{S_{12}} - T_{S_7}}{\Delta x}$$

$$+ \lambda \, \Delta x \, \frac{T_{S_{13}} - T_{S_{12}}}{\Delta x} - \lambda \, \Delta x \, \frac{T_{S_{12}} - T_{S_{11}}}{\Delta x} \quad (12.213)$$

$$= S \, dx dy$$

$$\lambda \, \Delta x \, \frac{T_{S_{18}} - T_{S_{13}}}{\Delta x} - \lambda \, \Delta x \, \frac{T_{S_{13}} - T_{S_8}}{\Delta x}$$

$$+ \lambda \, \Delta x \, \frac{T_{S_{14}} - T_{S_{13}}}{\Delta x} - \lambda \, \Delta x \, \frac{T_{S_{13}} - T_{S_{12}}}{\Delta x} \quad (12.214)$$

$$= S \, dx dy$$

$$\lambda \, \Delta x \, \frac{T_{S_{19}} - T_{S_{14}}}{\Delta x} - \lambda \, \Delta x \, \frac{T_{S_{14}} - T_{S_9}}{\Delta x}$$

$$+ \lambda \, \Delta x \, \frac{T_{S_{15}} - T_{S_{14}}}{\Delta x} - \lambda \, \Delta x \, \frac{T_{S_{14}} - T_{S_{13}}}{\Delta x} \quad (12.215)$$

$$= S \, dx dy$$

$$\lambda \, \Delta x \, \frac{T_{S_{20}} - T_{S_{15}}}{\Delta x} - \lambda \, \Delta x \, \frac{T_{S_{15}} - T_{S_{10}}}{\Delta x}$$

$$+ \lambda \, \Delta x \, \frac{T\left(x_5 + \frac{\Delta x}{2}, y_2 + \frac{\Delta x}{2}\right) - T_{S_{15}}}{\Delta x} - \lambda \, \Delta x \, \frac{T_{S_{15}} - T_{S_{14}}}{\Delta x} \quad (12.216)$$

$$= S \, dx dy$$

$$\lambda \, \Delta x \, \frac{T_{S_{21}} - T_{S_{16}}}{\Delta x} - \lambda \, \Delta x \, \frac{T_{S_{16}} - T_{S_{11}}}{\Delta x}$$

$$+ \lambda \, \Delta x \, \frac{T_{S_{17}} - T_{S_{16}}}{\Delta x} - \lambda \, \Delta x \, \frac{T_{S_{16}} - T\left(x_0 - \frac{\Delta x}{2}, y_3 + \frac{\Delta x}{2}\right)}{\Delta x} \quad (12.217)$$

$$= S \, dx dy$$

$$\lambda \, \Delta x \, \frac{T_{S_{22}} - T_{S_{17}}}{\Delta x} - \lambda \, \Delta x \, \frac{T_{S_{17}} - T_{S_{12}}}{\Delta x}$$

$$+ \lambda \, \Delta x \, \frac{T_{S_{18}} - T_{S_{17}}}{\Delta x} - \lambda \, \Delta x \, \frac{T_{S_{17}} - T_{S_{16}}}{\Delta x} \quad (12.218)$$

$$= S \, dx dy$$

12.7 Ausgewählte Rechenbeispiele

$$\lambda \, \Delta x \, \frac{T_{S_{23}} - T_{S_{18}}}{\Delta x} - \lambda \, \Delta x \, \frac{T_{S_{18}} - T_{S_{13}}}{\Delta x}$$

$$+ \lambda \, \Delta x \, \frac{T_{S_{19}} - T_{S_{18}}}{\Delta x} - \lambda \, \Delta x \, \frac{T_{S_{18}} - T_{S_{17}}}{\Delta x} \quad (12.219)$$

$$= S \, dx \, dy$$

$$\lambda \, \Delta x \, \frac{T_{S_{24}} - T_{S_{19}}}{\Delta x} - \lambda \, \Delta x \, \frac{T_{S_{19}} - T_{S_{14}}}{\Delta x}$$

$$+ \lambda \, \Delta x \, \frac{T_{S_{20}} - T_{S_{19}}}{\Delta x} - \lambda \, \Delta x \, \frac{T_{S_{19}} - T_{S_{18}}}{\Delta x} \quad (12.220)$$

$$= S \, dx \, dy$$

$$\lambda \, \Delta x \, \frac{T_{S_{25}} - T_{S_{20}}}{\Delta x} - \lambda \, \Delta x \, \frac{T_{S_{20}} - T_{S_{15}}}{\Delta x}$$

$$+ \lambda \, \Delta x \, \frac{T\left(x_5 + \frac{\Delta x}{2}, y_3 + \frac{\Delta x}{2}\right) - T_{S_{20}}}{\Delta x} - \lambda \, \Delta x \, \frac{T_{S_{20}} - T_{S_{19}}}{\Delta x} \quad (12.221)$$

$$= S \, dx \, dy$$

$$\lambda \, \Delta x \, \frac{T\left(x_0 + \frac{\Delta x}{2}, y_5 + \frac{\Delta x}{2}\right) - T_{S_{21}}}{\Delta x} - \lambda \, \Delta x \, \frac{T_{S_{21}} - T_{S_{16}}}{\Delta x}$$

$$+ \lambda \, \Delta x \, \frac{T_{S_{22}} - T_{S_{21}}}{\Delta x} - \lambda \, \Delta x \, \frac{T_{S_{21}} - T\left(x_0 - \frac{\Delta x}{2}, y_4 + \frac{\Delta x}{2}\right)}{\Delta x} \quad (12.222)$$

$$= S \, dx \, dy$$

$$\lambda \, \Delta x \, \frac{T\left(x_1 + \frac{\Delta x}{2}, y_5 + \frac{\Delta x}{2}\right) - T_{S_{22}}}{\Delta x} - \lambda \, \Delta x \, \frac{T_{S_{22}} - T_{S_{17}}}{\Delta x}$$

$$+ \lambda \, \Delta x \, \frac{T_{S_{23}} - T_{S_{22}}}{\Delta x} - \lambda \, \Delta x \, \frac{T_{S_{22}} - T_{S_{21}}}{\Delta x} \quad (12.223)$$

$$= S \, dx \, dy$$

$$\lambda \, \Delta x \, \frac{T\left(x_2 + \frac{\Delta x}{2}, y_5 + \frac{\Delta x}{2}\right) - T_{S_{23}}}{\Delta x} - \lambda \, \Delta x \, \frac{T_{S_{23}} - T_{S_{18}}}{\Delta x}$$

$$+ \lambda \, \Delta x \, \frac{T_{S_{24}} - T_{S_{23}}}{\Delta x} - \lambda \, \Delta x \, \frac{T_{S_{23}} - T_{S_{22}}}{\Delta x} \qquad (12.224)$$

$$= S \, dx dy$$

$$\lambda \, \Delta x \, \frac{T\left(x_3 + \frac{\Delta x}{2}, y_5 + \frac{\Delta x}{2}\right) - T_{S_{24}}}{\Delta x} - \lambda \, \Delta x \, \frac{T_{S_{24}} - T_{S_{19}}}{\Delta x}$$

$$+ \lambda \, \Delta x \, \frac{T_{S_{25}} - T_{S_{24}}}{\Delta x} - \lambda \, \Delta x \, \frac{T_{S_{24}} - T_{S_{23}}}{\Delta x} \qquad (12.225)$$

$$= S \, dx dy$$

$$\lambda \, \Delta x \, \frac{T\left(x_4 + \frac{\Delta x}{2}, y_5 + \frac{\Delta x}{2}\right) - T_{S_{25}}}{\Delta x} - \lambda \, \Delta x \, \frac{T_{S_{25}} - T_{S_{20}}}{\Delta x}$$

$$+ \lambda \, \Delta x \, \frac{T\left(x_5 + \frac{\Delta x}{2}, y_4 + \frac{\Delta x}{2}\right) - T_{S_{25}}}{\Delta x} - \lambda \, \Delta x \, \frac{T_{S_{25}} - T_{S_{24}}}{\Delta x} \qquad (12.226)$$

$$= S \, dx dy$$

Mit Hilfe dieser 25 Gleichungen können die 25 Temperaturen in den Mittelpunkten der Flächenelemente berechnet werden. Das Gleichungssystem zur Berechnung dieser Temperaturen hat die Form $M \, \mathbf{t} = \mathbf{y}$. Sowohl die Koeffizientenmatrix M und der Variablenvektor $\mathbf{t}$ als auch der Vektor $\mathbf{y}$ ähneln denen der Finite-Differenzen- und Finite-Elemente-Methode. Da allerdings die Werte in den Mittelpunkten der Flächenelemente bestimmt werden, besitzen die Matrix und die Vektoren 25 anstatt 16 Zeilen.

12.7 Ausgewählte Rechenbeispiele

Die Matrix M ist entsprechend eine 25×25 Matrix und lautet für das dargestellte Problem:

$$M = \begin{pmatrix} 4 & -1 & 0 & 0 & 0 & -1 & 0 & 0 & \ldots & 0 & 0 & 0 & 0 & 0 & 0 & 0 & 0 \\ -1 & 4 & -1 & 0 & 0 & 0 & -1 & 0 & \ldots & 0 & 0 & 0 & 0 & 0 & 0 & 0 & 0 \\ 0 & -1 & 4 & -1 & 0 & 0 & 0 & -1 & \ldots & 0 & 0 & 0 & 0 & 0 & 0 & 0 & 0 \\ 0 & 0 & -1 & 4 & -1 & 0 & 0 & 0 & \ldots & 0 & 0 & 0 & 0 & 0 & 0 & 0 & 0 \\ 0 & 0 & 0 & -1 & 4 & 0 & 0 & 0 & \ldots & 0 & 0 & 0 & 0 & 0 & 0 & 0 & 0 \\ -1 & 0 & 0 & 0 & 0 & 4 & -1 & 0 & \ldots & 0 & 0 & 0 & 0 & 0 & 0 & 0 & 0 \\ 0 & -1 & 0 & 0 & 0 & -1 & 4 & -1 & \ldots & 0 & 0 & 0 & 0 & 0 & 0 & 0 & 0 \\ 0 & 0 & -1 & 0 & 0 & 0 & -1 & 4 & \ldots & 0 & 0 & 0 & 0 & 0 & 0 & 0 & 0 \\ 0 & 0 & 0 & -1 & 0 & 0 & 0 & -1 & \ldots & 0 & 0 & 0 & 0 & 0 & 0 & 0 & 0 \\ 0 & 0 & 0 & 0 & -1 & 0 & 0 & 0 & \ldots & 0 & 0 & 0 & 0 & 0 & 0 & 0 & 0 \\ 0 & 0 & 0 & 0 & 0 & -1 & 0 & 0 & \ldots & 0 & 0 & 0 & 0 & 0 & 0 & 0 & 0 \\ 0 & 0 & 0 & 0 & 0 & 0 & -1 & 0 & \ldots & 0 & 0 & 0 & 0 & 0 & 0 & 0 & 0 \\ 0 & 0 & 0 & 0 & 0 & 0 & 0 & -1 & \ldots & -1 & 0 & 0 & 0 & 0 & 0 & 0 & 0 \\ 0 & 0 & 0 & 0 & 0 & 0 & 0 & 0 & \ldots & 0 & -1 & 0 & 0 & 0 & 0 & 0 & 0 \\ 0 & 0 & 0 & 0 & 0 & 0 & 0 & 0 & \ldots & 0 & 0 & -1 & 0 & 0 & 0 & 0 & 0 \\ 0 & 0 & 0 & 0 & 0 & 0 & 0 & 0 & \ldots & 0 & 0 & 0 & -1 & 0 & 0 & 0 & 0 \\ 0 & 0 & 0 & 0 & 0 & 0 & 0 & 0 & \ldots & -1 & 0 & 0 & 0 & -1 & 0 & 0 & 0 \\ 0 & 0 & 0 & 0 & 0 & 0 & 0 & 0 & \ldots & 4 & -1 & 0 & 0 & 0 & -1 & 0 & 0 \\ 0 & 0 & 0 & 0 & 0 & 0 & 0 & 0 & \ldots & -1 & 4 & -1 & 0 & 0 & 0 & -1 & 0 \\ 0 & 0 & 0 & 0 & 0 & 0 & 0 & 0 & \ldots & 0 & -1 & 4 & 0 & 0 & 0 & 0 & -1 \\ 0 & 0 & 0 & 0 & 0 & 0 & 0 & 0 & \ldots & 0 & 0 & 0 & 4 & -1 & 0 & 0 & 0 \\ 0 & 0 & 0 & 0 & 0 & 0 & 0 & 0 & \ldots & 0 & 0 & 0 & -1 & 4 & -1 & 0 & 0 \\ 0 & 0 & 0 & 0 & 0 & 0 & 0 & 0 & \ldots & -1 & 0 & 0 & 0 & -1 & 4 & -1 & 0 \\ 0 & 0 & 0 & 0 & 0 & 0 & 0 & 0 & \ldots & 0 & -1 & 0 & 0 & 0 & -1 & 4 & -1 \\ 0 & 0 & 0 & 0 & 0 & 0 & 0 & 0 & \ldots & 0 & 0 & -1 & 0 & 0 & 0 & -1 & 4 \end{pmatrix}$$
(12.227)

Weiterhin sind der Variablenvektor **t** und der Lösungsvektor **y** der Finite-Volumen-Methode für das vorliegende Randwertproblem definiert als:

$$\mathbf{t} = \begin{pmatrix} T_{S_1} \\ T_{S_2} \\ T_{S_3} \\ T_{S_4} \\ T_{S_5} \\ T_{S_6} \\ T_{S_7} \\ T_{S_8} \\ T_{S_9} \\ T_{S_{10}} \\ T_{S_{11}} \\ T_{S_{12}} \\ T_{S_{13}} \\ T_{S_{14}} \\ T_{S_{15}} \\ T_{S_{16}} \\ T_{S_{17}} \\ T_{S_{18}} \\ T_{S_{19}} \\ T_{S_{20}} \\ T_{S_{21}} \\ T_{S_{22}} \\ T_{S_{23}} \\ T_{S_{24}} \\ T_{S_{25}} \end{pmatrix} ; \quad \mathbf{y} = \begin{pmatrix} -S\,\Delta x^2 \lambda^{-1} + T\left(x_0 + \frac{\Delta x}{2}, y_0 - \frac{\Delta x}{2}\right) + T\left(x_0 - \frac{\Delta x}{2}, y_0 + \frac{\Delta x}{2}\right) \\ -S\,\Delta x^2 \lambda^{-1} + T\left(x_1 + \frac{\Delta x}{2}, y_0 - \frac{\Delta x}{2}\right) \\ -S\,\Delta x^2 \lambda^{-1} + T\left(x_2 + \frac{\Delta x}{2}, y_0 - \frac{\Delta x}{2}\right) \\ -S\,\Delta x^2 \lambda^{-1} + T\left(x_3 + \frac{\Delta x}{2}, y_0 - \frac{\Delta x}{2}\right) \\ -S\,\Delta x^2 \lambda^{-1} + T\left(x_4 + \frac{\Delta x}{2}, y_0 - \frac{\Delta x}{2}\right) + T\left(x_5 + \frac{\Delta x}{2}, y_0 + \frac{\Delta x}{2}\right) \\ -S\,\Delta x^2 \lambda^{-1} + T\left(x_0 - \frac{\Delta x}{2}, y_1 + \frac{\Delta x}{2}\right) \\ -S\,\Delta x^2 \lambda^{-1} \\ -S\,\Delta x^2 \lambda^{-1} \\ -S\,\Delta x^2 \lambda^{-1} \\ -S\,\Delta x^2 \lambda^{-1} + T\left(x_5 + \frac{\Delta x}{2}, y_1 + \frac{\Delta x}{2}\right) \\ -S\,\Delta x^2 \lambda^{-1} + T\left(x_0 - \frac{\Delta x}{2}, y_2 + \frac{\Delta x}{2}\right) \\ -S\,\Delta x^2 \lambda^{-1} \\ -S\,\Delta x^2 \lambda^{-1} \\ -S\,\Delta x^2 \lambda^{-1} \\ -S\,\Delta x^2 \lambda^{-1} + T\left(x_5 + \frac{\Delta x}{2}, y_2 + \frac{\Delta x}{2}\right) \\ -S\,\Delta x^2 \lambda^{-1} + T\left(x_0 - \frac{\Delta x}{2}, y_3 + \frac{\Delta x}{2}\right) \\ -S\,\Delta x^2 \lambda^{-1} \\ -S\,\Delta x^2 \lambda^{-1} \\ -S\,\Delta x^2 \lambda^{-1} \\ -S\,\Delta x^2 \lambda^{-1} + T\left(x_5 + \frac{\Delta x}{2}, y_3 + \frac{\Delta x}{2}\right) \\ -S\,\Delta x^2 \lambda^{-1} + T\left(x_0 + \frac{\Delta x}{2}, y_5 + \frac{\Delta x}{2}\right) + T\left(x_0 - \frac{\Delta x}{2}, y_4 + \frac{\Delta x}{2}\right) \\ -S\,\Delta x^2 \lambda^{-1} + T\left(x_1 + \frac{\Delta x}{2}, y_5 + \frac{\Delta x}{2}\right) \\ -S\,\Delta x^2 \lambda^{-1} + T\left(x_2 + \frac{\Delta x}{2}, y_5 + \frac{\Delta x}{2}\right) \\ -S\,\Delta x^2 \lambda^{-1} + T\left(x_3 + \frac{\Delta x}{2}, y_5 + \frac{\Delta x}{2}\right) \\ -S\,\Delta x^2 \lambda^{-1} + T\left(x_4 + \frac{\Delta x}{2}, y_5 + \frac{\Delta x}{2}\right) + T\left(x_5 + \frac{\Delta x}{2}, y_4 + \frac{\Delta x}{2}\right) \end{pmatrix}$$

(12.228)

Die Lösung des Gleichungssystems führt zum Lösungsvektor **t**, in dessen Zeilen die 25 Temperaturen der Zentren des Diskretisierungsgitters stehen:

$$\mathbf{t} = \begin{pmatrix} T_{S_1} \\ T_{S_2} \\ T_{S_3} \\ T_{S_4} \\ T_{S_5} \\ T_{S_6} \\ T_{S_7} \\ T_{S_8} \\ T_{S_9} \\ T_{S_{10}} \\ T_{S_{11}} \\ T_{S_{12}} \\ T_{S_{13}} \\ T_{S_{14}} \\ T_{S_{15}} \\ T_{S_{16}} \\ T_{S_{17}} \\ T_{S_{18}} \\ T_{S_{19}} \\ T_{S_{20}} \\ T_{S_{21}} \\ T_{S_{22}} \\ T_{S_{23}} \\ T_{S_{24}} \\ T_{S_{25}} \end{pmatrix} = \begin{pmatrix} 51{,}413 \\ 47{,}031 \\ 47{,}402 \\ 50{,}270 \\ 57{,}836 \\ 56{,}990 \\ 60{,}310 \\ 63{,}307 \\ 66{,}843 \\ 72{,}075 \\ 62{,}238 \\ 69{,}913 \\ 74{,}672 \\ 77{,}719 \\ 79{,}619 \\ 68{,}047 \\ 78{,}434 \\ 83{,}749 \\ 85{,}742 \\ 84{,}684 \\ 77{,}518 \\ 88{,}025 \\ 92{,}147 \\ 92{,}816 \\ 89{,}375 \end{pmatrix} \tag{12.229}$$

12.7.3 Rechenbeispiel: Konvektions-Diffusions-Problem 1D

Problemstellung Als Untersuchungsbeispiel dient ein 1 m langes, horizontal befestigtes Rohr, in welches am linken Ende durch einen Kompressor Stickstoff eingebracht wird (Abb. 12.25). Der Kompressor erzeugt am Eingang des Rohres, also an der Stelle x_0, eine Stickstoffkonzentration von $40{,}34 \, \text{mol} \, \text{m}^{-3}$, welche mit einer definierten Geschwindigkeit in axialer Richtung von $w_x = 0{,}1 \, \text{m} \, \text{s}^{-1}$ in das Rohr eintritt. Nach der Durchströmung des Rohres tritt der Stickstoff am rechten Ende wieder aus. Zum Zeitpunkt $t = 0$ befindet sich das Rohr im Vakuum, die Konzentration beträgt also idealerweise $0 \, \text{mol} \, \text{m}^{-3}$. Um die Rechnung zu vereinfachen, wird angenommen, dass die Strömungsgeschwindigkeit über die Rohrlänge konstant ist und keine Verwirbelungsprozesse stattfinden. Der Diffusionskoeffizient D beträgt $3{,}8 \cdot 10^{-6} \, \text{m}^2 \, \text{s}^{-1}$.

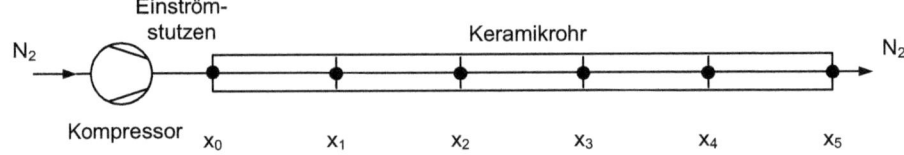

Abb. 12.25 Schematische Darstellung des durchströmten Rohres mit Variablen und Gitterstellen der Finite-Differenzen-Methode

Um Aussagen über die Konzentrationsverteilung im Rohr treffen zu können, soll die instationäre Komponentenbilanz des Stickstoffs (siehe Abschn. 5.1.5) numerisch gelöst werden. Das Rohr soll dazu in fünf gleich große Bereiche diskretisiert werden. Als Bilanzgröße dient die Stickstoffkonzentration c_i. Diese wird sowohl durch einen konvektiven als auch durch einen diffusiven Stofftransportterm beeinflusst. Maßgeblich für den konvektiven Stofftransport ist die Strömungsgeschwindigkeit w_x (in x-Richtung) und für den diffusiven Stofftransport der Diffusionskoeffizient D:

$$\frac{\partial c(x)}{\partial t} + \left\{\frac{\partial\,(c(x)\,w_x)}{\partial x}\right\} - \left\{D\frac{\partial^2 c(x)}{\partial x^2}\right\} = 0$$

$$c(x_0) = 40{,}34 \tag{12.230}$$

$$c^0(x_1,\ldots,x_5) = 0 \quad \text{(Startwerte)}$$

12.7.3.1 Finite-Differenzen-Methode

Zur Lösung der partiellen Differentialgleichung kann diese mit Hilfe der Finite-Differenzen-Methode in ein System gewöhnlicher Differentialgleichungen transformiert werden. Dazu wird die Differentialgleichung (Bilanzgleichung) zunächst für jeden Knoten des Diskretisierungsgitters separat formuliert und anschließend die Ortsableitungen durch Differenzenquotienten approximiert.

Formulierung separater Bilanzgleichungen für jeden Knoten Zur Anwendung der Finite-Differenzen-Methode wird die Differentialgleichung für jeden Knoten k an den Stellen x_k gesondert formuliert. Es ergeben sich ebenso viele Gleichungen wie Diskretisierungsknoten (ohne Randbereiche). Diese haben folgende Form:

$$\frac{\partial c(x)}{\partial t}\bigg\|_{x_k} + \left\{\frac{\partial\,(c(x)\,w_x)}{\partial x}\right\}\bigg\|_{x_k} - \left\{D\frac{\partial^2 c(x)}{\partial x^2}\right\}\bigg\|_{x_k} = 0 \tag{12.231}$$

Approximation der Ortsableitungen durch Differenzenquotienten Anschließend werden die Ortsableitungen in den Differentialgleichungen durch Differenzenquotienten ersetzt. Unter der Verwendung von Rückwärtsdifferenzenquotienten ist die Approximati-

12.7 Ausgewählte Rechenbeispiele

on der Ableitungen erster Ordnung für jede Stelle x_k wie folgt definiert:

$$\frac{\partial c(x)}{\partial x}\bigg\|_{x_k} \approx \frac{c(x_k) - c(x_k - \Delta x)}{\Delta x} \quad (12.232)$$

Da die Konzentration an den Stellen x_k jeweils unterschiedliche Werte besitzen, ergibt sich für jede Stelle (und jeden Knoten) ein spezifischer Differenzenquotient. Konkret lauten die Rückwärtsdifferenzenquotienten für die Stellen x_1 bis x_4:

$$\frac{\partial c(x)}{\partial x}\bigg\|_{x_1} \approx \frac{c(x_1) - c(x_0)}{\Delta x} = \frac{c_1 - c_0}{\Delta x}$$

$$\frac{\partial c(x)}{\partial x}\bigg\|_{x_2} \approx \frac{c(x_2) - c(x_1)}{\Delta x} = \frac{c_2 - c_1}{\Delta x}$$

$$\frac{\partial c(x)}{\partial x}\bigg\|_{x_3} \approx \frac{c(x_3) - c(x_2)}{\Delta x} = \frac{c_3 - c_2}{\Delta x} \quad (12.233)$$

$$\frac{\partial c(x)}{\partial x}\bigg\|_{x_4} \approx \frac{c(x_4) - c(x_3)}{\Delta x} = \frac{c_4 - c_3}{\Delta x}$$

Die in der Differentialgleichung auftretende Ableitung zweiter Ordnung wird an jeder Stelle x_k durch den nachfolgenden Differenzenquotienten approximiert:

$$\frac{\partial^2 c(x)}{\partial x^2}\bigg\|_{x_k} \approx \frac{c(x_k - \Delta x) - 2c(x_k) + c(x_k + \Delta x)}{\Delta x^2} \quad (12.234)$$

Für die Stellen x_1 bis x_4 lautet die Approximation der Ableitungen zweiter Ordnung:

$$\frac{\partial^2 c(x)}{\partial x^2}\bigg\|_{x_1} \approx \frac{c(x_0) - 2c(x_1) + c(x_2)}{\Delta x^2} = \frac{c_0 - 2c_1 + c_2}{\Delta x^2}$$

$$\frac{\partial^2 c(x)}{\partial x^2}\bigg\|_{x_2} \approx \frac{c(x_1) - 2c(x_2) + c(x_3)}{\Delta x^2} = \frac{c_1 - 2c_2 + c_3}{\Delta x^2}$$

$$\frac{\partial^2 c(x)}{\partial x^2}\bigg\|_{x_3} \approx \frac{c(x_2) - 2c(x_3) + c(x_4)}{\Delta x^2} = \frac{c_2 - 2c_3 + c_4}{\Delta x^2} \quad (12.235)$$

$$\frac{\partial^2 c(x)}{\partial x^2}\bigg\|_{x_4} \approx \frac{c(x_3) - 2c(x_4) + c(x_5)}{\Delta x^2} = \frac{c_3 - 2c_4 + c_5}{\Delta x^2}$$

Mit Hilfe der Approximationen der Ableitungen kann die partielle Differentialgleichung in ein System aus vier gewöhnlichen Differentialgleichungen mit den Konzentrationen c_1 bis c_4 als Variablen überführt werden:

$$\frac{\partial c_1}{\partial t} + w_x \frac{c_1 - c_0}{\Delta x} - D \frac{c_0 - 2c_1 + c_2}{\Delta x^2} = 0$$

$$\frac{\partial c_2}{\partial t} + w_x \frac{c_2 - c_1}{\Delta x} - D \frac{c_1 - 2c_2 + c_3}{\Delta x^2} = 0$$

$$\frac{\partial c_3}{\partial t} + w_x \frac{c_3 - c_2}{\Delta x} - D \frac{c_2 - 2c_3 + c_4}{\Delta x^2} = 0 \quad (12.236)$$

$$\frac{\partial c_4}{\partial t} + w_x \frac{c_4 - c_3}{\Delta x} - D \frac{c_3 - 2c_4 + c_5}{\Delta x^2} = 0$$

In Matrixschreibweise ergibt sich aus dem Differentialgleichungssystem eine Gleichung, welche die Koeffizientenmatrizen $K1$ und $K2$, die Randwertvektoren **R1** und **R2**, die Strömungsgeschwindigkeit w_x, den Diffusionskoeffizienten D sowie den Vektor c mit den Konzentrationen c_1 bis c_4 an den Kanten des Diskretisierungsgitters enthält:

$$\dot{\mathbf{c}} + \frac{w_x}{\Delta x} \{K1\,\mathbf{c} + \mathbf{R1}\} + \frac{D}{\Delta x^2} \{K2\,\mathbf{c} + \mathbf{R2}\} = 0 \quad (12.237)$$

Die Koeffizientenmatrix $K1$ ist definiert als:

$$K1 = \begin{pmatrix} 1 & 0 & 0 & 0 \\ -1 & 1 & 0 & 0 \\ 0 & -1 & 1 & 0 \\ 0 & 0 & -1 & 1 \end{pmatrix} \quad (12.238)$$

Für die Koeffizientenmatrix $K2$ gilt:

$$K2 = \begin{pmatrix} 2 & -1 & 0 & 0 \\ -1 & 2 & -1 & 0 \\ 0 & -1 & 2 & -1 \\ 0 & 0 & -1 & 2 \end{pmatrix} \quad (12.239)$$

Die Definition des Randwertvektors **R1** lautet:

$$\mathbf{R1} = \begin{pmatrix} -c(x_0) \\ 0 \\ 0 \\ 0 \end{pmatrix} = \begin{pmatrix} -40{,}34 \\ 0 \\ 0 \\ 0 \end{pmatrix} \quad (12.240)$$

12.7 Ausgewählte Rechenbeispiele

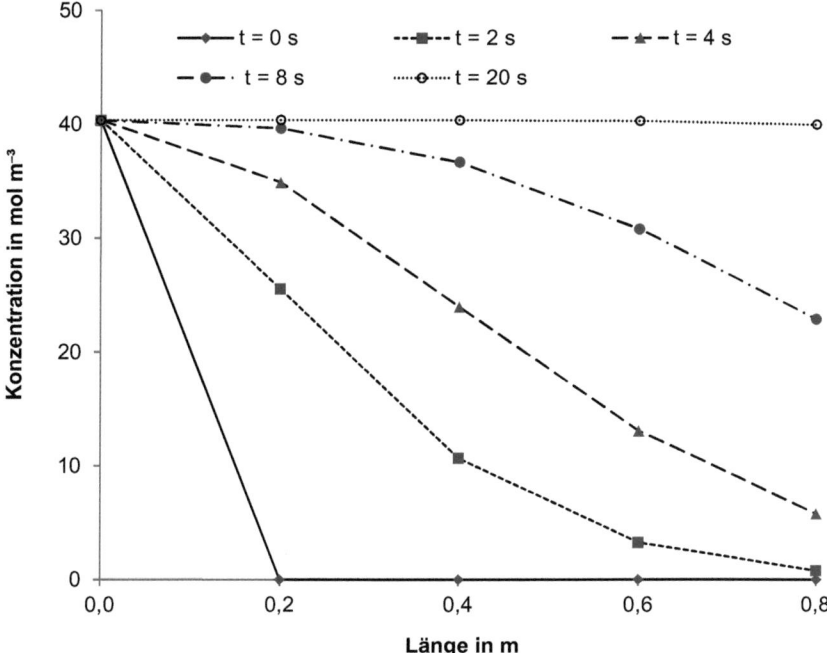

Abb. 12.26 Lösung des eindimensionalen Konvektions-Diffusions-Problems

Und der Randwertvektor **R2** ist definiert als:

$$\mathbf{R2} = \begin{pmatrix} -c(x_0) \\ 0 \\ 0 \\ -c(x_5) \end{pmatrix} = \begin{pmatrix} -40{,}34 \\ 0 \\ 0 \\ 0 \end{pmatrix} \quad (12.241)$$

In dem Differentialgleichungssystem treten nur noch die Ableitungen der Konzentrationen nach der Zeit t auf. Das System besteht daher aus gewöhnlichen Differentialgleichungen. Derartige Differentialgleichungssysteme können mit einer Vielzahl unterschiedlicher Verfahren wie dem Euler-Verfahren (siehe Abschn. 12.5) gelöst werden. Die Lösung des Systems ist in Abb. 12.26 dargestellt.

12.7.4 Rechenbeispiel: Konvektions-Diffusions-Problem 2D

Problemstellung Das in Abschn. 12.7.3 dargestellte eindimensionale Konvektions-Diffusions-Problem einer Stickstoffströmung wird nun zweidimensional in Richtung der Ortskoordinaten x und y betrachtet. Durchströmt wird in diesem Beispiel kein Rohr, sondern ein Behälter mit quadratischem Querschnitt und einer Kantenlänge von 1 m. Zur Anwendung der Finite-Differenzen-Methode wird der Behälter in Richtung beider

Koordinatenachsen jeweils in fünf gleich große Bereiche diskretisiert (Abb. 12.27). Die Strömungsgeschwindigkeit des am linken Rohrende eintretenden Stickstoffs beträgt – wie beim eindimensionalen Rechenbeispiel – in x-Richtung $0,1\,\mathrm{m\,s^{-1}}$ und in y-Richtung $0\,\mathrm{m\,s^{-1}}$. Der Diffusionskoeffizient D beträgt $3,8 \cdot 10^{-6}\,\mathrm{m^2\,s^{-1}}$. Turbulenzen werden auch im zweidimensionalen Fall nicht berücksichtigt. Eine Ausbreitung des Stickstoffs in y-Richtung erfolgt demnach ausschließlich durch den diffusiven Stofftransport.

Zu berechnen ist die Konzentration im Rohr an insgesamt 16 Knoten. Als Basis der Berechnung dient – wie auch im eindimensionalen Beispiel – die Komponentenbilanz des Stickstoffs mit Konvektions- und Diffusionsterm:

$$\frac{\partial c(x,y)}{\partial t} + \left\{ \frac{\partial (c(x,y)\,w_x)}{\partial x} + \frac{\partial (c(x,y)\,w_y)}{\partial y} \right\} - D \left\{ \frac{\partial^2 c(x,y)}{\partial x^2} + \frac{\partial^2 c(x,y)}{\partial y^2} \right\} = 0$$

$$c(x_0, y_0) = 0$$
$$c(x_0, y_1) = 0$$
$$c(x_0, y_2) = 40{,}34$$
$$c(x_0, y_3) = 40{,}34$$
$$c(x_0, y_4) = 0$$

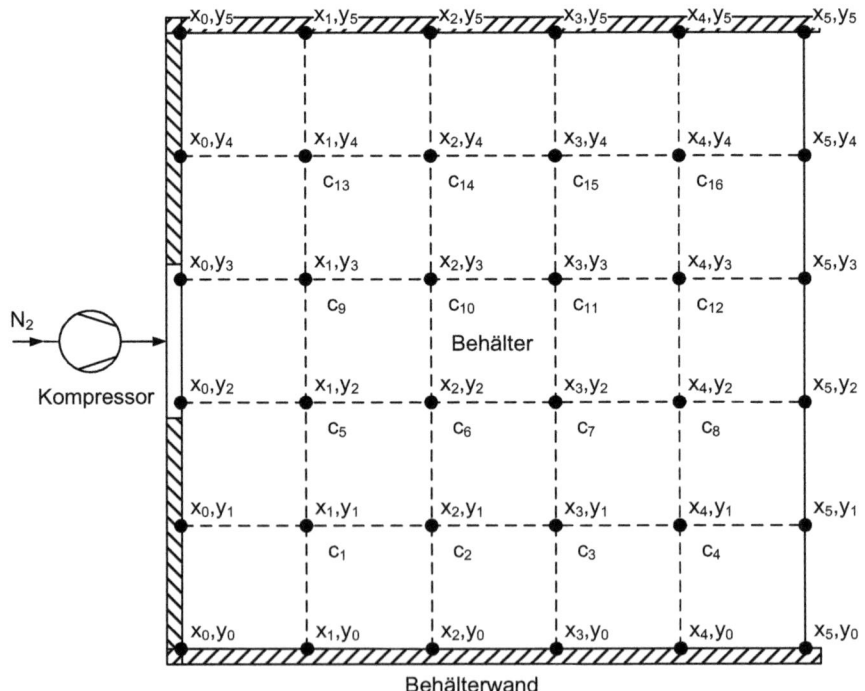

Abb. 12.27 Schematische Darstellung des durchströmten Behälters mit Variablen und Gitterstellen der Finite-Differenzen-Methode

12.7 Ausgewählte Rechenbeispiele

$$c(x_0, y_5) = 0$$
$$c^0(x_1, \ldots, x_5; y_0, \ldots, y_5) = 0 \quad \text{(Startwerte)} \quad (12.242)$$

Da die Strömungsgeschwindigkeit in y-Richtung gleich null ist, entfällt der entsprechende Konvektionsterm und die Komponentenbilanz lautet:

$$\frac{\partial c(x,y)}{\partial t} + \left\{ \frac{\partial (c(x,y) w_x)}{\partial x} \right\} + D \left\{ \frac{\partial^2 c(x,y)}{\partial x^2} + \frac{\partial^2 c(x,y)}{\partial y^2} \right\} = 0 \quad (12.243)$$

12.7.4.1 Finite-Differenzen-Methode

Die Anwendung der Finiten-Differenzen-Methode wird auch im zweidimensionalen Betrachtungsfall mit Hilfe von zwei Arbeitsschritten durchgeführt – die Formulierung der Bilanzgleichung für jeden Knoten des Diskretisierungsgitters und die Approximation der Ortsableitungen durch Differenzenquotienten.

Formulierung separater Bilanzgleichungen für jeden Knoten Zunächst wird die Differentialgleichung (Bilanzgleichung) für jeden der 16 Knoten des Diskretisierungsgitters formuliert. Die Knoten des Gitters werden dabei durch x_k und y_l präzisiert. Die Indices k und l durchlaufen gemäß den Knotenkoordinaten des Diskretisierungsgitters die Werte null bis fünf:

$$\frac{\partial c(x,y)}{\partial t} \bigg\|_{x_k, y_l} + \left\{ \frac{\partial (c(x,y) w_x)}{\partial x} \right\} \bigg\|_{x_k, y_l}$$
$$+ D \left\{ \frac{\partial^2 c(x,y)}{\partial x^2} \bigg\|_{x_k, y_l} + \frac{\partial^2 c(x,y)}{\partial y^2} \bigg\|_{x_k, y_l} \right\} = 0 \quad (12.244)$$

Approximation der Ortsableitungen durch Differenzenquotienten Zur weiteren Bearbeitung der Differentialgleichungen werden anschließend die Ortsableitungen durch Differenzenquotienten approximiert. Um eine stabile Lösung zu gewährleisten, werden die Ableitungen erster Ordnung durch Rückwärtsdifferenzenquotienten entgegen der Strömungsrichtung angenähert:

$$\frac{\partial c(x,y))}{\partial x} \bigg\|_{x_k, y_l} \approx \frac{c(x_k, y_l) - c(x_k - \Delta x, y_l)}{\Delta x} \quad (12.245)$$

Für die 16 Knoten des Diskretisierungsgitters lauten die Approximationen der ersten Ableitungen entsprechend:

$$\frac{\partial c(x,y)}{\partial x} \bigg\|_{x_1, y_1} \approx \frac{c(x_1, y_1) - c(x_0, y_1)}{\Delta x} = \frac{c_1 - c(x_0, y_1)}{\Delta x} \quad (12.246)$$

$$\frac{\partial c(x,y)}{\partial x} \bigg\|_{x_2, y_1} \approx \frac{c(x_2, y_1) - c(x_1, y_1)}{\Delta x} = \frac{c_2 - c_1}{\Delta x} \quad (12.247)$$

⋮

$$\frac{\partial c(x,y)}{\partial x}\bigg\|_{x_3,y_4} \approx \frac{c(x_3,y_4) - c(x_2,y_4)}{\Delta x} = \frac{c_{15} - c_{14}}{\Delta x} \quad (12.248)$$

$$\frac{\partial c(x,y)}{\partial x}\bigg\|_{x_4,y_4} \approx \frac{c(x_4,y_4) - c(x_3,y_4)}{\Delta x} = \frac{c_{16} - c_{15}}{\Delta x} \quad (12.249)$$

Die Approximationen der Ableitungen zweiter Ordnung ergeben sich analog zu den Approximationen der Ableitungen der zweidimensionalen Wärmeleitungsgleichung aus Abschn. 12.7.2. Als Variablen werden jedoch nicht die Temperaturen, sondern die Konzentrationen c_i verwendet:

$$\frac{\partial^2 c(x,y)}{\partial x^2}\bigg\|_{x_1,y_1} + \frac{\partial^2 c(x,y)}{\partial y^2}\bigg\|_{x_1,y_1}$$

$$\approx \frac{c(x_0,y_1) + c(x_2,y_1) + c(x_1,y_0) + c(x_1,y_2) - 4c(x_1,y_1)}{\Delta x^2} \quad (12.250)$$

$$= \frac{c(x_0,y_1) + c_2 + c(x_1,y_0) + c_5 - 4c_1}{\Delta x^2}$$

$$\frac{\partial^2 c(x,y)}{\partial x^2}\bigg\|_{x_2,y_1} + \frac{\partial^2 c(x,y)}{\partial y^2}\bigg\|_{x_2,y_1}$$

$$\approx \frac{c(x_1,y_1) + c(x_3,y_1) + c(x_2,y_0) + c(x_2,y_2) - 4c(x_2,y_1)}{\Delta x^2} \quad (12.251)$$

$$= \frac{c_1 + c_3 + c(x_2,y_0) + c_6 - 4c_2}{\Delta x^2}$$

$$\frac{\partial^2 c(x,y)}{\partial x^2}\bigg\|_{x_3,y_1} + \frac{\partial^2 c(x,y)}{\partial y^2}\bigg\|_{x_3,y_1}$$

$$\approx \frac{c(x_2,y_1) + c(x_4,y_1) + c(x_3,y_0) + c(x_3,y_2) - 4c(x_3,y_1)}{\Delta x^2} \quad (12.252)$$

$$= \frac{c_2 + c_4 + c(x_3,y_0) + c_7 - 4c_3}{\Delta x^2}$$

$$\frac{\partial^2 c(x,y)}{\partial x^2}\bigg\|_{x_4,y_1} + \frac{\partial^2 c(x,y)}{\partial y^2}\bigg\|_{x_4,y_1}$$

$$\approx \frac{c(x_3,y_1) + c(x_5,y_1) + c(x_4,y_0) + c(x_4,y_2) - 4c(x_4,y_1)}{\Delta x^2} \quad (12.253)$$

$$= \frac{c_3 + c(x_5,y_1) + c(x_4,y_0) + c_8 - 4c_4}{\Delta x^2}$$

$$\frac{\partial^2 c(x,y)}{\partial x^2}\|_{x_1,y_2} + \frac{\partial^2 c(x,y)}{\partial y^2}\|_{x_1,y_2}$$

$$\approx \frac{c(x_0,y_2) + c(x_2,y_2) + c(x_1,y_1) + c(x_1,y_3) - 4c(x_1,y_2)}{\Delta x^2} \quad (12.254)$$

$$= \frac{c(x_0,y_2) + c_6 + c_1 + c_9 - 4c_5}{\Delta x^2}$$

$$\frac{\partial^2 c(x,y)}{\partial x^2}\|_{x_2,y_2} + \frac{\partial^2 c(x,y)}{\partial y^2}\|_{x_2,y_2}$$

$$\approx \frac{c(x_1,y_2) + c(x_3,y_2) + c(x_2,y_1) + c(x_2,y_3) - 4c(x_2,y_2)}{\Delta x^2} \quad (12.255)$$

$$= \frac{c_5 + c_7 + c_2 + c_{10} - 4c_6}{\Delta x^2}$$

$$\frac{\partial^2 c(x,y)}{\partial x^2}\|_{x_3,y_2} + \frac{\partial^2 c(x,y)}{\partial y^2}\|_{x_3,y_2}$$

$$\approx \frac{c(x_2,y_2) + c(x_4,y_2) + c(x_3,y_1) + c(x_3,y_3) - 4c(x_3,y_2)}{\Delta x^2} \quad (12.256)$$

$$= \frac{c_6 + c_8 + c_3 + c_{11} - 4c_7}{\Delta x^2}$$

$$\frac{\partial^2 c(x,y)}{\partial x^2}\|_{x_4,y_2} + \frac{\partial^2 c(x,y)}{\partial y^2}\|_{x_4,y_2}$$

$$\approx \frac{c(x_3,y_2) + c(x_5,y_2) + c(x_4,y_1) + c(x_4,y_3) - 4c(x_4,y_2)}{\Delta x^2} \quad (12.257)$$

$$= \frac{c_7 + c(x_5,y_2) + c_4 + c_{12} - 4c_8}{\Delta x^2}$$

$$\frac{\partial^2 c(x,y)}{\partial x^2}\|_{x_1,y_3} + \frac{\partial^2 c(x,y)}{\partial y^2}\|_{x_1,y_3}$$

$$\approx \frac{c(x_0,y_3) + c(x_2,y_3) + c(x_1,y_2) + c(x_1,y_4) - 4c(x_1,y_3)}{\Delta x^2} \quad (12.258)$$

$$= \frac{c(x_0,y_3) + c_{10} + c_5 + c_{13} - 4c_9}{\Delta x^2}$$

$$\frac{\partial^2 c(x,y)}{\partial x^2}\|_{x_2,y_3} + \frac{\partial^2 c(x,y)}{\partial y^2}\|_{x_2,y_3}$$

$$\approx \frac{c(x_1,y_3) + c(x_3,y_3) + c(x_2,y_2) + c(x_2,y_4) - 4c(x_2,y_3)}{\Delta x^2} \qquad (12.259)$$

$$= \frac{c_9 + c_{11} + c_6 + c_{14} - 4c_{10}}{\Delta x^2}$$

$$\frac{\partial^2 c(x,y)}{\partial x^2}\|_{x_3,y_3} + \frac{\partial^2 c(x,y)}{\partial y^2}\|_{x_3,y_3}$$

$$\approx \frac{c(x_2,y_3) + c(x_4,y_3) + c(x_3,y_2) + c(x_3,y_4) - 4c(x_3,y_3)}{\Delta x^2} \qquad (12.260)$$

$$= \frac{c_{10} + c_{12} + c_7 + c_{15} - 4c_{11}}{\Delta x^2}$$

$$\frac{\partial^2 c(x,y)}{\partial x^2}\|_{x_4,y_3} + \frac{\partial^2 c(x,y)}{\partial y^2}\|_{x_4,y_3}$$

$$\approx \frac{c(x_3,y_3) + c(x_5,y_3) + c(x_4,y_2) + c(x_4,y_4) - 4c(x_4,y_3)}{\Delta x^2} \qquad (12.261)$$

$$= \frac{c_{11} + c(x_5,y_3) + c_8 + c_{16} - 4c_{12}}{\Delta x^2}$$

$$\frac{\partial^2 c(x,y)}{\partial x^2}\|_{x_1,y_4} + \frac{\partial^2 c(x,y)}{\partial y^2}\|_{x_1,y_4}$$

$$\approx \frac{c(x_0,y_4) + c(x_2,y_4) + c(x_1,y_3) + c(x_1,y_5) - 4c(x_1,y_4)}{\Delta x^2} \qquad (12.262)$$

$$= \frac{c(x_0,y_4) + c_{14} + c_9 + c(x_1,y_5) - 4c_{13}}{\Delta x^2}$$

$$\frac{\partial^2 c(x,y)}{\partial x^2}\|_{x_2,y_4} + \frac{\partial^2 c(x,y)}{\partial y^2}\|_{x_2,y_4}$$

$$\approx \frac{c(x_1,y_4) + c(x_3,y_4) + c(x_2,y_3) + c(x_2,y_5) - 4c(x_2,y_4)}{\Delta x^2} \qquad (12.263)$$

$$= \frac{c_{13} + c_{15} + c_{10} + c(x_2,y_5) - 4c_{14}}{\Delta x^2}$$

12.7 Ausgewählte Rechenbeispiele

$$\frac{\partial^2 c(x,y)}{\partial x^2}\Big\|_{x_3,y_4} + \frac{\partial^2 c(x,y)}{\partial y^2}\Big\|_{x_3,y_4}$$

$$\approx \frac{c(x_2,y_4) + c(x_4,y_4) + c(x_3,y_3) + c(x_3,y_5) - 4c(x_3,y_4)}{\Delta x^2} \quad (12.264)$$

$$= \frac{c_{14} + c_{16} + c_{11} + c(x_3,y_5) - 4c_{15}}{\Delta x^2}$$

$$\frac{\partial^2 c(x,y)}{\partial x^2}\Big\|_{x_4,y_4} + \frac{\partial^2 c(x,y)}{\partial y^2}\Big\|_{x_4,y_4}$$

$$\approx \frac{c(x_3,y_4) + c(x_5,y_4) + c(x_4,y_3) + c(x_4,y_5) - 4c(x_4,y_4)}{\Delta x^2} \quad (12.265)$$

$$= \frac{c_{15} + c(x_5,y_4) + c_{12} + c(x_4,y_5) - 4c_{16}}{\Delta x^2}$$

Werden die aufgeführten Approximationen in Gl. 12.244 eingesetzt, ergibt sich folgendes Gleichungssystem aus 16 gewöhnlichen Differentialgleichungen:

$$\frac{\partial c_1}{\partial t} + \frac{w_x}{\Delta x}\{c_1 - c(x_0,y_1)\}$$
$$+ \frac{D}{\Delta x^2}\{c(x_0,y_1) + c_2 + c(x_1,y_0) + c_5 - 4c_1\} = 0 \quad (12.266)$$

$$\vdots$$

$$\frac{\partial c_{16}}{\partial t} + \frac{w_x}{\Delta x}\{c_{16} - c_{15}\}$$
$$+ \frac{D}{\Delta x^2}\{c_{15} + c(x_5,y_4) + c_{12} + c(x_4,y_5) - 4c_{16}\} = 0 \quad (12.267)$$

Das Gleichungssystem kann als Matrixgleichung formuliert werden. Die Matrixgleichung enthält die Koeffizientenmatrizen $K1$ und $K2$, die Randwertvektoren $\mathbf{R1}$ und $\mathbf{R2}$, die Strömungsgeschwindigkeit w_x, den Gitterabstand Δx, den Diffusionskoeffizienten D sowie den Variablenvektor $\mathbf{c}$, in dessen Zeilen die Konzentrationen c_1 bis c_{16} der Knoten des Diskretisierungsgitters stehen:

$$\dot{\mathbf{c}} + \frac{w_x}{\Delta x}\{K1\,\mathbf{c} + \mathbf{R1}\} + \frac{D}{\Delta x^2}\{K2\,\mathbf{c} + \mathbf{R2}\} = 0 \quad (12.268)$$

Die Koeffizientenmatrix $K1$ geht aus der Anwendung der Finite-Differenzen-Methode auf den Konvektionsterm hervor. Sie hat folgende Form:

$$K1 = \begin{pmatrix} 1 & 0 & 0 & 0 & 0 & 0 & 0 & 0 & 0 & 0 & 0 & 0 & 0 & 0 & 0 & 0 \\ -1 & 1 & 0 & 0 & 0 & 0 & 0 & 0 & 0 & 0 & 0 & 0 & 0 & 0 & 0 & 0 \\ 0 & -1 & 1 & 0 & 0 & 0 & 0 & 0 & 0 & 0 & 0 & 0 & 0 & 0 & 0 & 0 \\ 0 & 0 & -1 & 1 & 0 & 0 & 0 & 0 & 0 & 0 & 0 & 0 & 0 & 0 & 0 & 0 \\ 0 & 0 & 0 & 0 & 1 & 0 & 0 & 0 & 0 & 0 & 0 & 0 & 0 & 0 & 0 & 0 \\ 0 & 0 & 0 & 0 & -1 & 1 & 0 & 0 & 0 & 0 & 0 & 0 & 0 & 0 & 0 & 0 \\ 0 & 0 & 0 & 0 & 0 & -1 & 1 & 0 & 0 & 0 & 0 & 0 & 0 & 0 & 0 & 0 \\ 0 & 0 & 0 & 0 & 0 & 0 & -1 & 1 & 0 & 0 & 0 & 0 & 0 & 0 & 0 & 0 \\ 0 & 0 & 0 & 0 & 0 & 0 & 0 & 0 & 1 & 0 & 0 & 0 & 0 & 0 & 0 & 0 \\ 0 & 0 & 0 & 0 & 0 & 0 & 0 & 0 & -1 & 1 & 0 & 0 & 0 & 0 & 0 & 0 \\ 0 & 0 & 0 & 0 & 0 & 0 & 0 & 0 & 0 & -1 & 1 & 0 & 0 & 0 & 0 & 0 \\ 0 & 0 & 0 & 0 & 0 & 0 & 0 & 0 & 0 & 0 & -1 & 1 & 0 & 0 & 0 & 0 \\ 0 & 0 & 0 & 0 & 0 & 0 & 0 & 0 & 0 & 0 & 0 & 0 & 1 & 0 & 0 & 0 \\ 0 & 0 & 0 & 0 & 0 & 0 & 0 & 0 & 0 & 0 & 0 & 0 & -1 & 1 & 0 & 0 \\ 0 & 0 & 0 & 0 & 0 & 0 & 0 & 0 & 0 & 0 & 0 & 0 & 0 & -1 & 1 & 0 \\ 0 & 0 & 0 & 0 & 0 & 0 & 0 & 0 & 0 & 0 & 0 & 0 & 0 & 0 & -1 & 1 \end{pmatrix}$$
(12.269)

Die Koeffizientenmatrix $K2$ basiert auf der Anwendung der Finite-Differenzen-Methode auf den Diffusionsterm. Sie lautet wie folgt:

$$K2 = \begin{pmatrix} 4 & -1 & 0 & 0 & -1 & 0 & 0 & 0 & 0 & 0 & 0 & 0 & 0 & 0 & 0 & 0 \\ -1 & 4 & -1 & 0 & 0 & -1 & 0 & 0 & 0 & 0 & 0 & 0 & 0 & 0 & 0 & 0 \\ 0 & -1 & 4 & -1 & 0 & 0 & -1 & 0 & 0 & 0 & 0 & 0 & 0 & 0 & 0 & 0 \\ 0 & 0 & -1 & 4 & 0 & 0 & 0 & -1 & 0 & 0 & 0 & 0 & 0 & 0 & 0 & 0 \\ -1 & 0 & 0 & 0 & 4 & -1 & 0 & 0 & -1 & 0 & 0 & 0 & 0 & 0 & 0 & 0 \\ 0 & -1 & 0 & 0 & -1 & 4 & -1 & 0 & 0 & -1 & 0 & 0 & 0 & 0 & 0 & 0 \\ 0 & 0 & -1 & 0 & 0 & -1 & 4 & -1 & 0 & 0 & -1 & 0 & 0 & 0 & 0 & 0 \\ 0 & 0 & 0 & -1 & 0 & 0 & -1 & 4 & 0 & 0 & 0 & -1 & 0 & 0 & 0 & 0 \\ 0 & 0 & 0 & 0 & -1 & 0 & 0 & 0 & 4 & -1 & 0 & 0 & -1 & 0 & 0 & 0 \\ 0 & 0 & 0 & 0 & 0 & -1 & 0 & 0 & -1 & 4 & -1 & 0 & 0 & -1 & 0 & 0 \\ 0 & 0 & 0 & 0 & 0 & 0 & -1 & 0 & 0 & -1 & 4 & -1 & 0 & 0 & -1 & 0 \\ 0 & 0 & 0 & 0 & 0 & 0 & 0 & -1 & 0 & 0 & -1 & 4 & 0 & 0 & 0 & -1 \\ 0 & 0 & 0 & 0 & 0 & 0 & 0 & 0 & -1 & 0 & 0 & 0 & 4 & -1 & 0 & 0 \\ 0 & 0 & 0 & 0 & 0 & 0 & 0 & 0 & 0 & -1 & 0 & 0 & -1 & 4 & -1 & 0 \\ 0 & 0 & 0 & 0 & 0 & 0 & 0 & 0 & 0 & 0 & -1 & 0 & 0 & -1 & 4 & -1 \\ 0 & 0 & 0 & 0 & 0 & 0 & 0 & 0 & 0 & 0 & 0 & -1 & 0 & 0 & -1 & 4 \end{pmatrix}$$
(12.270)

12.7 Ausgewählte Rechenbeispiele

Der Lösungsvektor **c** sowie die Randwertvektoren **R1** und **R2** sind wie folgt definiert. Der Randwertvektor **R2** ist aufgrund der Diskretisierung in x- und y-Richtung dichter besetzt als **R1**:

$$\mathbf{c} = \begin{pmatrix} c_1 \\ c_2 \\ c_3 \\ c_4 \\ c_5 \\ c_6 \\ c_7 \\ c_8 \\ c_9 \\ c_{10} \\ c_{11} \\ c_{12} \\ c_{13} \\ c_{14} \\ c_{15} \\ c_{16} \end{pmatrix} ; \quad \mathbf{R1} = \begin{pmatrix} -c(x_0, y_1) \\ 0 \\ 0 \\ 0 \\ -c(x_0, y_2) \\ 0 \\ 0 \\ 0 \\ -c(x_0, y_3) \\ 0 \\ 0 \\ 0 \\ -c(x_0, y_4) \\ 0 \\ 0 \\ 0 \end{pmatrix} ; \quad \mathbf{R2} = \begin{pmatrix} -c(x_0, y_1) - c(x_1, y_0) \\ -c(x_2, y_0) \\ -c(x_3, y_0) \\ -c(x_5, y_1) - c(x_4, y_0) \\ -c(x_0, y_2) \\ 0 \\ 0 \\ -c(x_5, y_2) \\ -c(x_0, y_3) \\ 0 \\ 0 \\ -c(x_5, y_3) \\ -c(x_0, y_4) - c(x_1, y_5) \\ -c(x_2, y_5) \\ -c(x_3, y_5) \\ -c(x_5, y_4) - c(x_4, y_5) \end{pmatrix} \quad (12.271)$$

Die beschriebene Matrixgleichung repräsentiert ein System gewöhnlicher Differentialgleichungen, in denen ausschließlich die Ableitungen der Konzentrationen nach der Zeit auftreten. Das Differentialgleichungssystem kann entsprechend mit Verfahren zur Lösung gewöhnlicher Differentialgleichungssysteme wie das Euler- oder Runge-Kutta-Verfahren gelöst werden. Die Lösung enthält je Zeitschritt die 16 Konzentrationen an den Knoten des Diskretisierungsgitters. Bei einer Rechnung über einen Zeitraum von 10 Sekunden und sekündlichen Berechnungsintervallen enthält die Lösung demnach 16 Konzentrationswerte an 11 Zeitpunkten (inklusive den Startwerten zum Zeitpunkt $t = 0$ s). Exemplarisch sei hier der Lösungsvektor nach 5 Sekunden aufgeführt:

$$\mathbf{c}^{(5)} = \begin{pmatrix} c_1^{(5)} \\ c_2^{(5)} \\ c_3^{(5)} \\ c_4^{(5)} \\ c_5^{(5)} \\ c_6^{(5)} \\ c_7^{(5)} \\ c_8^{(5)} \\ c_9^{(5)} \\ c_{10}^{(5)} \\ c_{11}^{(5)} \\ c_{12}^{(5)} \\ c_{13}^{(5)} \\ c_{14}^{(5)} \\ c_{15}^{(5)} \\ c_{16}^{(5)} \end{pmatrix} = \begin{pmatrix} 0{,}00546 \\ 0{,}00699 \\ 0{,}00557 \\ 0{,}00333 \\ 37{,}02284 \\ 28{,}74409 \\ 18{,}39885 \\ 9{,}77777 \\ 37{,}02284 \\ 28{,}74409 \\ 18{,}39885 \\ 9{,}77777 \\ 0{,}00546 \\ 0{,}00699 \\ 0{,}00557 \\ 0{,}00333 \end{pmatrix} \quad (12.272)$$

Nach 10 Sekunden lautet der Lösungsvektor der 16 Konzentrationswerte hingegen:

$$\mathbf{c}^{(10)} = \begin{pmatrix} c_1^{(10)} \\ c_2^{(10)} \\ c_3^{(10)} \\ c_4^{(10)} \\ c_5^{(10)} \\ c_6^{(10)} \\ c_7^{(10)} \\ c_8^{(10)} \\ c_9^{(10)} \\ c_{10}^{(10)} \\ c_{11}^{(10)} \\ c_{12}^{(10)} \\ c_{13}^{(10)} \\ c_{14}^{(10)} \\ c_{15}^{(10)} \\ c_{16}^{(10)} \end{pmatrix} = \begin{pmatrix} 0{,}00735 \\ 0{,}01341 \\ 0{,}01688 \\ 0{,}01713 \\ 40{,}06045 \\ 38{,}69488 \\ 35{,}29385 \\ 29{,}62877 \\ 40{,}06045 \\ 38{,}69488 \\ 35{,}29385 \\ 29{,}62877 \\ 0{,}00735 \\ 0{,}01341 \\ 0{,}01688 \\ 0{,}01713 \end{pmatrix} \quad (12.273)$$

Anhand der Lösungsvektoren ist zu erkennen, dass die konvektive Ausbreitung der Strömung ein Vielfaches schneller abläuft als die diffusive Ausbreitung. Entsprechend geht die Strömung – da Turbulenzen unberücksichtigt bleiben – strahlförmig in x-Richtung durch den Behälter hindurch. Der diffusive Stofftransport in y-Richtung findet bei der Betrachtung kleiner Zeiträume/Verweilzeiten im Sekundenbereich nur begrenzt statt.

Anhang – Stoffdaten

Tab. 1 Strukturgruppenbeiträge zur Bestimmung der Diffusionsvolumina mit der Fuller-Gleichung [76, Da 28]

Element	Δ_{v_i}
Aromatischer Ring	−18,30
Brom Br	21,90
Chlor Cl	21,00
Fluor F	14,70
Heterocyclischer Ring	−18,30
Jod I	29,80
Kohlenstoff C	15,90
Sauerstoff O	6,11
Schwefel S	22,90
Stickstoff N	4,54
Wasserstoff H	2,31

Molekül	Δ_{v_i}
Ammoniak NH_3	20,70
Chlor Cl_2	38,40
Helium He	2,67
Kohlenstoffdioxid CO_2	26,00
Kohlenstoffmonoxid CO	18,00
Luft	19,70
Sauerstoff O_2	16,30
Schwefeldioxid SO_2	41,80
Stickstoff N_2	18,50
Wasser H_2O	13,10
Wasserstoff H_2	6,12

Tab. 2 Kritische Daten [76, Dca 2]

Stoff	Kritische Temperatur in K	Kritischer Druck in bar	Kritische Dichte in kg m^{-3}	Azentrischer Faktor
Ameisensäure CH_2O_2	588,0	58,1	368	0,316
Ammoniak NH_3	405,6	112,8	235	0,250
Benzol C_6H_6	562,0	49,0	305	0,210
Butan C_4H_{10}	425,1	38,0	228	0,200
Butanol $C_4H_{10}O$	563,0	44,2	270	0,591
Chlorwasserstoff HCl	324,6	83,1	450	0,131
Cyanwasserstoff HCN	456,6	53,9	194	0,410
Dimethylether C_2H_6O	400,1	52,4	271	0,188
Dodekan $C_{12}H_{26}$	658,0	18,2	238	0,576
Essigsäure $C_2H_4O_2$	592,0	57,9	334	0,463
Ethan C_2H_6	305,4	48,7	207	0,099
Ethanol C_2H_6O	514,0	61,5	276	0,645
Ethen C_2H_4	282,4	50,4	214	0,086
Furfural $C_5H_4O_2$	670,2	56,6	381	0,368
Glycerin C_3H_8O	850,5	75,0	349	0,512
Isopropanol C_3H_8O	508,3	47,6	273	0,663
Kohlenstoffdioxid CO_2	304,3	73,8	468	0,224
Kohlenstoffmonoxid CO	132,9	35,0	297	0,048
Kohlenstoffoxisulfid COS	378,8	63,5	445	0,097
Methan CH_4	190,6	46,0	163	0,012
Methanol CH_4O	512,5	80,8	274	0,565
Naphthalin $C_{10}H_8$	748,5	40,5	315	0,304
Propan C_3H_8	369,9	42,5	220	0,152
Propanol C_3H_8O	536,8	51,8	274	0,621
Propen C_3H_6	364,9	46,1	221	0,142
Sauerstoff O_2	154,6	50,4	436	0,023
Schwefelwasserstoff H_2S	373,6	89,6	346	0,095
Schwefeldioxid SO_2	430,8	78,8	525	0,245
Stickstoff N_2	126,3	34,0	314	0,036
Stickstoffdioxid NO_2	431,1	101,3	558	0,851
Tiophen C_4H_4S	579,4	56,9	384	0,197
Toluol C_7H_8	591,8	41,1	292	0,264
Wasser H_2O	647,1	220,6	322	0,345
Wasserstoff H_2	33,1	13,1	31	−0,216

Tab. 3 Relative van der Waal'sche Oberflächen und Volumina [5, S. 677], [29]

Stoff	r_i in cm³ mol⁻¹	q_i in cm³ mol⁻¹
Ameisensäure CH_2O_2	1,5280	1,532
Ammoniak NH_3	0,8510	0,7780
Benzol C_6H_6	3,1878	2,400
Butanol $C_4H_{10}O$	3,4543	3,052
Chlorwasserstoff HCl	1,0560	1,256
Cyanwasserstoff HCN	1,2000	1,190
Dimethylether C_2H_6O	1,1450	1,0880
Essigsäure $C_2H_4O_2$	2,2024	2,072
Ethan C_2H_6	1,8022	1,696
Ethanol C_2H_6O	2,1055	1,972
Ethen C_2H_4	1,3564	1,3098
Furfural $C_5H_4O_2$	3,1680	2,484
Isopropanol C_3H_8O	2,7791	2,508
Kohlenstoffdioxid CO_2	1,3000	0,9820
Kohlenstoffmonoxid CO	0,7110	0,8280
Kohlenstoffoxisulfid COS	1,6785	1,3160
Methan CH_4	1,1292	1,1240
Methanol CH_4O	1,4311	1,432
Naphthalin $C_{10}H_8$	0,5313	0,400
Propanol C_3H_8O	2,7799	2,512
Sauerstoff O_2	0,7330	0,849
Schwefelwasserstoff H_2S	1,2350	1,2020
Schwefeldioxid SO_2	1,3430	1,1640
Stickstoff N_2	0,8560	0,930
Stickstoffdioxid NO_2	0,9800	0,888
Tiophen C_4H_4S	2,8569	2,1400
Toluol C_7H_8	3,9228	2,968
Wasser H_2O	0,9200	1,400
Wasserstoff H_2	0,4160	0,571

Tab. 4 NASA-Parameter zur Berechnung der spezifischen Wärmekapazität ausgewählter gasförmiger Stoffe Teil 1 [47]

Stoff	a_1	a_2	a_3
Gültigkeitsbereich	a_4	a_5	a_6
	a_7		
Ameisensäure CH_2O_2	$-2{,}906279097 \cdot 10^4$	$7{,}658378880 \cdot 10^2$	$-3{,}328414130 \cdot 10^0$
200–1000 K	$2{,}817542991 \cdot 10^{-2}$	$-2{,}370050804 \cdot 10^{-5}$	$1{,}166063663 \cdot 10^{-8}$
	$-2{,}791373170 \cdot 10^{-12}$		
Ammoniak NH_3	$-7{,}681226150 \cdot 10^4$	$1{,}270951578 \cdot 10^3$	$-3{,}893229130 \cdot 10^0$
200–1000 K	$2{,}145988418 \cdot 10^{-2}$	$-2{,}183766703 \cdot 10^{-5}$	$1{,}317385706 \cdot 10^{-8}$
	$-3{,}332322060 \cdot 10^{-12}$		
Benzol C_6H_6	$-1{,}677340902 \cdot 10^5$	$4{,}404500040 \cdot 10^3$	$-3{,}717377910 \cdot 10^1$
200–1000 K	$1{,}640509559 \cdot 10^{-1}$	$-2{,}020812374 \cdot 10^{-4}$	$1{,}307915264 \cdot 10^{-7}$
	$-3{,}444284100 \cdot 10^{-11}$		
Butan C_4H_{10}	$-3{,}175872540 \cdot 10^5$	$6{,}176331820 \cdot 10^3$	$-3{,}891562120 \cdot 10^1$
200–1000 K	$1{,}584654284 \cdot 10^{-1}$	$-1{,}860050159 \cdot 10^{-4}$	$1{,}199676349 \cdot 10^{-7}$
	$-3{,}201670550 \cdot 10^{-11}$		
Chlorwasserstoff HCl	$2{,}062588287 \cdot 10^4$	$-3{,}093368855 \cdot 10^2$	$5{,}275418850 \cdot 10^0$
200–1000 K	$-4{,}828874220 \cdot 10^{-3}$	$6{,}195794600 \cdot 10^{-6}$	$-3{,}040023782 \cdot 10^{-9}$
	$4{,}916790030 \cdot 10^{-13}$		
Cyanwasserstoff HCN	$9{,}098286930 \cdot 10^4$	$-1{,}238657512 \cdot 10^3$	$8{,}721307870 \cdot 10^0$
200–1000 K	$-6{,}528242940 \cdot 10^{-3}$	$8{,}872700830 \cdot 10^{-6}$	$-4{,}808886670 \cdot 10^{-9}$
	$9{,}317898500 \cdot 10^{-13}$		
Dimethylether C_2H_6O	$-2{,}693103242 \cdot 10^5$	$4{,}300709710 \cdot 10^3$	$-2{,}152788028 \cdot 10^1$
200–1000 K	$8{,}131833390 \cdot 10^{-2}$	$-8{,}295671320 \cdot 10^{-5}$	$4{,}801911510 \cdot 10^{-8}$
	$-1{,}188699808 \cdot 10^{-11}$		
Essigsäure $C_2H_4O_2$	$-3{,}219191980 \cdot 10^4$	$1{,}196329795 \cdot 10^3$	$-8{,}705824020 \cdot 10^0$
200–1000 K	$5{,}696257590 \cdot 10^{-2}$	$-5{,}757887160 \cdot 10^{-5}$	$3{,}352115220 \cdot 10^{-8}$
	$-8{,}614438230 \cdot 10^{-12}$		
Ethan C_2H_6	$-1{,}862044161 \cdot 10^5$	$3{,}406191860 \cdot 10^3$	$-1{,}951705092 \cdot 10^1$
200–1000 K	$7{,}565835590 \cdot 10^{-2}$	$-8{,}204173220 \cdot 10^{-5}$	$5{,}061135800 \cdot 10^{-8}$
	$-1{,}319281992 \cdot 10^{-11}$		
Ethanol C_2H_6O	$-2{,}342791392 \cdot 10^5$	$4{,}479180550 \cdot 10^3$	$-2{,}744817302 \cdot 10^1$
200–1000 K	$1{,}088679162 \cdot 10^{-1}$	$-1{,}305309334 \cdot 10^{-4}$	$8{,}437346400 \cdot 10^{-8}$
	$-2{,}234559017 \cdot 10^{-11}$		

Tab. 5 NASA-Parameter zur Berechnung der spezifischen Wärmekapazität ausgewählter gasförmiger Stoffe Teil 2 [47]

Stoff	a_1	a_2	a_3
Gültigkeitsbereich	a_4	a_5	a_6
	a_7		
Ethen C_2H_4	$-1{,}163605836 \cdot 10^5$	$2{,}554851510 \cdot 10^3$	$-1{,}609746428 \cdot 10^1$
200–1000 K	$6{,}625779320 \cdot 10^{-2}$	$-7{,}885081860 \cdot 10^{-5}$	$5{,}125224820 \cdot 10^{-8}$
	$-1{,}370340031 \cdot 10^{-11}$		
Isopropanol C_3H_8O	$-3{,}386510240 \cdot 10^5$	$6{,}106048000 \cdot 10^3$	$-3{,}791418040 \cdot 10^1$
200–1000 K	$1{,}530494531 \cdot 10^{-1}$	$-1{,}864354461 \cdot 10^{-4}$	$1{,}213257738 \cdot 10^{-7}$
	$-3{,}220433490 \cdot 10^{-11}$		
Kohlenstoffdioxid CO_2	$4{,}943650540 \cdot 10^4$	$-6{,}264116010 \cdot 10^2$	$5{,}301725240 \cdot 10^0$
200–1000 K	$2{,}503813816 \cdot 10^{-3}$	$-2{,}127308728 \cdot 10^{-7}$	$-7{,}689988780 \cdot 10^{-10}$
	$2{,}849677801 \cdot 10^{-13}$		
Kohlenstoffmonoxid CO	$1{,}489045326 \cdot 10^4$	$-2{,}922285939 \cdot 10^2$	$5{,}724527170 \cdot 10^0$
200–1000 K	$-8{,}176235030 \cdot 10^{-3}$	$1{,}456903469 \cdot 10^{-5}$	$-1{,}087746302 \cdot 10^{-8}$
	$3{,}027941827 \cdot 10^{-12}$		
Kohlenstoffoxisulfid COS	$8{,}547876430 \cdot 10^4$	$-1{,}319464821 \cdot 10^3$	$9{,}735257240 \cdot 10^0$
200–1000 K	$-6{,}870830960 \cdot 10^{-3}$	$1{,}082331416 \cdot 10^{-5}$	$-7{,}705597340 \cdot 10^{-9}$
	$2{,}078570344 \cdot 10^{-12}$		
Methan CH_4	$-1{,}766850998 \cdot 10^5$	$2{,}786181020 \cdot 10^3$	$-1{,}202577850 \cdot 10^1$
200–1000 K	$3{,}917619290 \cdot 10^{-2}$	$-3{,}619054430 \cdot 10^{-5}$	$2{,}026853043 \cdot 10^{-8}$
	$-4{,}976705490 \cdot 10^{-12}$		
Methanol CH_4O	$-2{,}416642886 \cdot 10^5$	$4{,}032147190 \cdot 10^3$	$-2{,}046415436 \cdot 10^1$
200–1000 K	$6{,}903698070 \cdot 10^{-2}$	$-7{,}598932690 \cdot 10^{-5}$	$4{,}598208360 \cdot 10^{-8}$
	$-1{,}158706744 \cdot 10^{-11}$		
Naphthalin $C_{10}H_8$	$-2{,}602845316 \cdot 10^5$	$6{,}237409570 \cdot 10^3$	$-5{,}226095040 \cdot 10^1$
200–1000 K	$2{,}397692776 \cdot 10^{-1}$	$-2{,}912244803 \cdot 10^{-4}$	$1{,}854944401 \cdot 10^{-7}$
	$-4{,}816619270 \cdot 10^{-11}$		
Propan C_3H_8	$-2{,}433144337 \cdot 10^5$	$4{,}656270810 \cdot 10^3$	$-2{,}939466091 \cdot 10^1$
200–1000 K	$1{,}188952745 \cdot 10^{-1}$	$-1{,}376308269 \cdot 10^{-4}$	$8{,}814823910 \cdot 10^{-8}$
	$-2{,}342987994 \cdot 10^{-11}$		
Propanol C_3H_8O	$-2{,}616973337 \cdot 10^5$	$5{,}192376660 \cdot 10^3$	$-3{,}296481160 \cdot 10^1$
200–1000 K	$1{,}354568128 \cdot 10^{-1}$	$-1{,}593156164 \cdot 10^{-4}$	$1{,}019498160 \cdot 10^{-7}$
	$-2{,}688552974 \cdot 10^{-11}$		

Tab. 6 NASA-Parameter zur Berechnung der spezifischen Wärmekapazität ausgewählter gasförmiger Stoffe Teil 3 [47]

Stoff	a_1	a_2	a_3
Gültigkeitsbereich	a_4	a_5	a_6
	a_7		
Propen C_3H_6	$-1{,}912462174 \cdot 10^5$	$3{,}542074240 \cdot 10^3$	$-2{,}114878626 \cdot 10^1$
200–1000 K	$8{,}901484790 \cdot 10^{-2}$	$-1{,}001429154 \cdot 10^{-4}$	$6{,}267959390 \cdot 10^{-8}$
	$-1{,}637870781 \cdot 10^{-11}$		
Sauerstoff O_2	$-3{,}425563420 \cdot 10^4$	$4{,}847000970 \cdot 10^2$	$1{,}119010961 \cdot 10^0$
200–1000 K	$4{,}293889240 \cdot 10^{-3}$	$-6{,}836300520 \cdot 10^{-7}$	$-2{,}023372700 \cdot 10^{-9}$
	$1{,}039040018 \cdot 10^{-12}$		
Schwefelwasserstoff H_2S	$9{,}543808810 \cdot 10^3$	$-6{,}875175080 \cdot 10^1$	$4{,}054921960 \cdot 10^0$
200–1000 K	$-3{,}014557336 \cdot 10^{-4}$	$3{,}768497750 \cdot 10^{-6}$	$-2{,}239358925 \cdot 10^{-9}$
	$3{,}086859108 \cdot 10^{-13}$		
Schwefeldioxid SO_2	$-5{,}310842140 \cdot 10^4$	$9{,}090311670 \cdot 10^2$	$-2{,}356891244 \cdot 10^0$
200–1000 K	$2{,}204449885 \cdot 10^{-2}$	$-2{,}510781471 \cdot 10^{-5}$	$1{,}446300484 \cdot 10^{-8}$
	$-3{,}369070940 \cdot 10^{-12}$		
Stickstoff N_2	$2{,}210371497 \cdot 10^4$	$-3{,}818461820 \cdot 10^2$	$6{,}082738360 \cdot 10^0$
200–1000 K	$-8{,}530914410 \cdot 10^{-3}$	$1{,}384646189 \cdot 10^{-5}$	$-9{,}625793620 \cdot 10^{-9}$
	$2{,}519705809 \cdot 10^{-12}$		
Stickstoffdioxid NO_2	$-5{,}642038780 \cdot 10^4$	$9{,}633085720 \cdot 10^2$	$-2{,}434510974 \cdot 10^0$
200–1000 K	$1{,}927760886 \cdot 10^{-2}$	$-1{,}874559328 \cdot 10^{-5}$	$9{,}145497730 \cdot 10^{-9}$
	$-1{,}777647635 \cdot 10^{-12}$		
Toluol C_7H_8	$-2{,}877962220 \cdot 10^5$	$6{,}133941520 \cdot 10^3$	$-4{,}574706760 \cdot 10^1$
200–1000 K	$1{,}936895724 \cdot 10^{-1}$	$-2{,}304305304 \cdot 10^{-4}$	$1{,}459301178 \cdot 10^{-7}$
	$-3{,}790796100 \cdot 10^{-11}$		
Wasser H_2O	$-3{,}947960830 \cdot 10^4$	$5{,}755731020 \cdot 10^2$	$9{,}317826530 \cdot 10^{-1}$
200–1000 K	$7{,}222712860 \cdot 10^{-3}$	$-7{,}342557370 \cdot 10^{-6}$	$4{,}955043490 \cdot 10^{-9}$
	$-1{,}336933246 \cdot 10^{-12}$		
Wasserstoff H_2	$4{,}078323210 \cdot 10^4$	$-8{,}009186040 \cdot 10^2$	$8{,}214702010 \cdot 10^0$
200–1000 K	$-1{,}269714457 \cdot 10^{-2}$	$1{,}753605076 \cdot 10^{-5}$	$-1{,}202860270 \cdot 10^{-8}$
	$3{,}368093490 \cdot 10^{-12}$		

Tab. 7 NASA-Parameter zur Berechnung der spezifischen Wärmekapazität ausgewählter flüssiger Stoffe [47]

Stoff	a_1	a_2	a_3
Gültigkeitsbereich	a_4	a_5	a_6
	a_7		
Benzol C_6H_6	$-2{,}291003940 \cdot 10^6$	$3{,}692058160 \cdot 10^4$	$-1{,}820019971 \cdot 10^2$
279–500 K	$2{,}634137216 \cdot 10^{-1}$	$9{,}742585920 \cdot 10^{-4}$	$-3{,}307909150 \cdot 10^{-6}$
	$2{,}888191394 \cdot 10^{-9}$		
Ethanol C_2H_6O	$4{,}501115940 \cdot 10^5$	$-1{,}020828990 \cdot 10^4$	$1{,}014266780 \cdot 10^2$
159–390 K	$-3{,}874672610 \cdot 10^{-1}$	$7{,}121392610 \cdot 10^{-4}$	$-1{,}857071450 \cdot 10^{-7}$
	$-2{,}037622570 \cdot 10^{-10}$		
Methanol CH_4O	$-1{,}302004763 \cdot 10^6$	$3{,}166984180 \cdot 10^4$	$-3{,}031242152 \cdot 10^2$
176–390 K	$1{,}602231130 \cdot 10^0$	$-4{,}594507340 \cdot 10^{-3}$	$6{,}990178310 \cdot 10^{-6}$
	$-4{,}207388950 \cdot 10^{-9}$		
Toluol C_7H_8	$-3{,}713549510 \cdot 10^6$	$7{,}772529030 \cdot 10^4$	$-6{,}312269860 \cdot 10^2$
179–500 K	$2{,}724391982 \cdot 10^0$	$-6{,}103535080 \cdot 10^{-3}$	$7{,}022421900 \cdot 10^{-6}$
	$-3{,}113715680 \cdot 10^{-9}$		
Wasser H_2O	–	–	$1{,}074386825 \cdot 10^1$
273–6000 K	–	–	–
	–		

Tab. 8 Shomate-Parameter zur Berechnung der spezifischen Wärmekapazität ausgewählter gasförmiger Stoffe

Stoff	A	B	C	D	E
Ammoniak NH_3	19,99563	49,77119	−15,37599	1,921168	0,189174
298–1400 K					
Chlorwasserstoff HCl	32,12392	−13,45805	19,86852	−6,853936	−0,049672
298–1200 K					
Cyanwasserstoff HCN	32,69373	22,59205	−4,369142	−0,407697	−0,282399
298–1200 K					
Ethen C_2H_4	−6,387880	184,4019	−112,9718	28,49593	0,315540
298–1200 K					
Kohlenstoffmonoxid CO	25,56759	6,096130	4,054656	−2,671301	0,131021
298–1300 K					
Kohlenstoffdioxid CO_2	24,99735	55,18696	−33,69137	7,948387	−0,136638
298–1200 K					
Kohlenstoffoxisulfid COS	34,53892	43,05378	−26,61773	6,338844	−0,327515
298–1200 K					
Methan CH_4	−0,703029	108,4773	−42,52157	5,862788	0,678565
298–1300 K					
Sauerstoff O_2	31,32234	−20,23531	57,86644	−36,50624	−0,007374
298–700 K					
Schwefeldioxid SO_2	21,43049	74,35094	−57,75217	16,35534	0,086731
298–1200 K					
Schwefelwasserstoff H_2S	26,88412	18,67809	3,434203	−3,378702	0,135882
298–1400 K					
Stickstoff N_2	28,98641	1,853978	−9,647459	16,63537	0,000117
100–500 K					
Stickstoffdioxid NO_2	16,10857	75,89525	−54,38740	14,30777	0,239423
298–1200 K					
Wasser H_2O	30,09200	6,832514	6,793435	−2,534480	0,082139
500–1700 K					
Wasserstoff H_2	33,066178	−11,363417	11,432816	−2,772874	−0,158558
298–1000 K					

Tab. 9 Parameter zur Bestimmung der dynamischen Viskosität von Gasen in μPa s [76, Dca 31 ff.]

Stoff	A	B	C	D	E
Ameisensäure CH_2O_2	$-0,11464 \cdot 10^5$	$0,37037 \cdot 10^7$	$-0,06416 \cdot 10^{10}$	–	–
Ammoniak NH_3	$-0,07883 \cdot 10^5$	$0,36749 \cdot 10^7$	$-0,00451 \cdot 10^{10}$	–	–
Benzol C_6H_6	$0,00177 \cdot 10^5$	$0,25542 \cdot 10^7$	$-0,00711 \cdot 10^{10}$	–	–
Butan C_4H_{10}	$0,02688 \cdot 10^5$	$0,25130 \cdot 10^7$	$-0,02326 \cdot 10^{10}$	–	–
Butanol $C_4H_{10}O$	$-0,11787 \cdot 10^5$	$0,28940 \cdot 10^7$	$-0,05708 \cdot 10^{10}$	–	–
Chlorwasserstoff HCl	$-0,12146 \cdot 10^5$	$0,56696 \cdot 10^7$	$-0,12126 \cdot 10^{10}$	–	–
Cyanwasserstoff HCN	$-0,06954 \cdot 10^5$	$0,08177 \cdot 10^7$	$0,09107 \cdot 10^{10}$	–	–
Dimethylether C_2H_6O	$-0,10763 \cdot 10^5$	$0,37311 \cdot 10^7$	$-0,09094 \cdot 10^{10}$	–	–
Dodekan $C_{12}H_{26}$	$-0,11853 \cdot 10^5$	$0,18014 \cdot 10^7$	$-0,00876 \cdot 10^{10}$	–	–
Essigsäure $C_2H_4O_2$	$-0,02958 \cdot 10^5$	$0,29595 \cdot 10^7$	$0,00377 \cdot 10^{10}$	–	–
Ethan C_2H_6	$-0,04537 \cdot 10^5$	$0,35537 \cdot 10^7$	$-0,09658 \cdot 10^{10}$	–	–
Ethanol C_2H_6O	$-0,00217 \cdot 10^5$	$0,31412 \cdot 10^7$	$-0,05000 \cdot 10^{10}$	–	–
Ethen C_2H_4	$-0,06216 \cdot 10^5$	$0,39695 \cdot 10^7$	$-0,12059 \cdot 10^{10}$	–	–
Furfural $C_5H_4O_2$	$-0,05317 \cdot 10^5$	$0,29341 \cdot 10^7$	$-0,02009 \cdot 10^{10}$	–	–
Glycerin C_3H_8O	$-0,00146 \cdot 10^5$	$0,22666 \cdot 10^7$	$0,00328 \cdot 10^{10}$	–	–
Isopropanol C_3H_8O	$-0,11534 \cdot 10^5$	$0,31142 \cdot 10^7$	$-0,05033 \cdot 10^{10}$	–	–
Kohlenstoffdioxid CO_2	$-0,18024 \cdot 10^5$	$0,65989 \cdot 10^7$	$-0,37108 \cdot 10^{10}$	$0,01586 \cdot 10^{12}$	$-0,00300 \cdot 10^{15}$
Kohlenstoffmonoxid CO	$0,01384 \cdot 10^5$	$0,74306 \cdot 10^7$	$-0,62996 \cdot 10^{10}$	$0,03948 \cdot 10^{12}$	$-0,01032 \cdot 10^{15}$
Kohlenstoffoxisulfid COS	$-0,10565 \cdot 10^5$	$0,49410 \cdot 10^7$	$-0,09608 \cdot 10^{10}$	–	–
Methan CH_4	$-0,07759 \cdot 10^5$	$0,50484 \cdot 10^7$	$-0,43101 \cdot 10^{10}$	$0,03118 \cdot 10^{12}$	$-0,00981 \cdot 10^{15}$
Methanol CH_4O	$-0,15159 \cdot 10^5$	$0,39270 \cdot 10^7$	$-0,06541 \cdot 10^{10}$	–	–
Naphthalin $C_{10}H_8$	$-0,10205 \cdot 10^5$	$0,24744 \cdot 10^7$	$-0,04743 \cdot 10^{10}$	–	–
Propan C_3H_8	$0,07353 \cdot 10^5$	$0,20874 \cdot 10^7$	$0,24208 \cdot 10^{10}$	$-0,0391 \cdot 10^{12}$	$0,01784 \cdot 10^{15}$
Propanol C_3H_8O	$-0,14675 \cdot 10^5$	$0,32078 \cdot 10^7$	$-0,05720 \cdot 10^{10}$	–	–
Propen C_3H_6	$-0,08571 \cdot 10^5$	$0,34209 \cdot 10^7$	$-0,08730 \cdot 10^{10}$	–	–
Sauerstoff O_2	$-0,10257 \cdot 10^5$	$0,92625 \cdot 10^7$	$-0,80657 \cdot 10^{10}$	$0,05113 \cdot 10^{12}$	$-0,01295 \cdot 10^{15}$
Schwefelwasserstoff H_2S	$0,54442 \cdot 10^5$	$0,10851 \cdot 10^7$	$0,44565 \cdot 10^{10}$	–	–
Schwefeldioxid SO_2	$-0,13559 \cdot 10^5$	$0,51230 \cdot 10^7$	$-0,11626 \cdot 10^{10}$	–	–
Stickstoff N_2	$-0,01020 \cdot 10^5$	$0,74785 \cdot 10^7$	$-0,59037 \cdot 10^{10}$	$0,03230 \cdot 10^{12}$	$-0,00673 \cdot 10^{15}$
Stickstoffdioxid NO_2	$-2,28505 \cdot 10^5$	$1,75834 \cdot 10^7$	$-2,29768 \cdot 10^{10}$	$0,17134 \cdot 10^{12}$	$-0,04920 \cdot 10^{15}$
Tiophen C_4H_4S	$-0,21336 \cdot 10^5$	$0,35715 \cdot 10^7$	$-0,04267 \cdot 10^{10}$	–	–
Toluol C_7H_8	$-0,07109 \cdot 10^5$	$0,27885 \cdot 10^7$	$-0,07300 \cdot 10^{10}$	–	–
Wasser H_2O	$-0,10718 \cdot 10^5$	$0,35248 \cdot 10^7$	$0,03575 \cdot 10^{10}$	–	–
Wasserstoff H_2	$0,18024 \cdot 10^5$	$0,27174 \cdot 10^7$	$-0,13395 \cdot 10^{10}$	$0,00585 \cdot 10^{12}$	$-0,00104 \cdot 10^{15}$

Tab. 10 Parameter zur Bestimmung der dynamischen Viskosität von Flüssigkeiten in mPa s [76, Dca 27 ff.]

Stoff	A	B	C	D	E
Ameisensäure CH_2O_2	−13,883	2147,78	−0,002436	$0,010968 \cdot 10^3$	–
Ammoniak NH_3	−16,042	1161,53	0,015613	$-0,006786 \cdot 10^3$	$-0,031577 \cdot 10^6$
Benzol C_6H_6	−10,215	971,22	−0,000921	$-0,002105 \cdot 10^3$	–
Butan C_4H_{10}	−12,796	776,67	0,008714	$-0,008145 \cdot 10^3$	$-0,016382 \cdot 10^6$
Butanol $C_4H_{10}O$	−21,253	3151,88	0,017991	$0,004334 \cdot 10^3$	$-0,039312 \cdot 10^6$
Chlorwasserstoff HCl	−10,331	126,21	0,015834	$-0,047952 \cdot 10^3$	–
Cyanwasserstoff HCN	−11,367	822,95	–	–	–
Dimethylether C_2H_6O	−10,619	448,92	–	–	–
Dodekan $C_{12}H_{26}$	−12,301	1643,80	0,000353	$0,001318 \cdot 10^3$	–
Essigsäure $C_2H_4O_2$	−11,227	1320,61	–	–	–
Ethan C_2H_6	−13,480	492,40	0,020640	$-0,049794 \cdot 10^3$	–
Ethanol C_2H_6O	−10,332	1314,50	−0,002174	$-0,002971 \cdot 10^3$	–
Ethen C_2H_4	−9,8502	291,21	−0,001935	$-0,008691 \cdot 10^3$	–
Furfural $C_5H_4O_2$	−20,567	2954,62	0,008454	$0,028833 \cdot 10^3$	$-0,032997 \cdot 10^6$
Glycerin C_3H_8O	−45,588	10.874,27	0,013337	$0,076942 \cdot 10^3$	$-0,067177 \cdot 10^6$
Isopropanol C_3H_8O	−14,026	2435,39	−0,000637	$-0,001555 \cdot 10^3$	–
Kohlenstoffdioxid CO_2	−13,004	366,54	0,031678	$-0,082354 \cdot 10^3$	–
Kohlenstoffmonoxid CO	−10,923	177,87	0,003590	$-0,031679 \cdot 10^3$	–
Kohlenstoffoxisulfid COS	−10,425	537,03	–	–	–
Methan CH_4	−17,979	547,20	0,045839	$-0,044361 \cdot 10^3$	$-0,395813 \cdot 10^6$
Methanol CH_4O	−13,729	1521,81	0,003363	$0,001037 \cdot 10^3$	–
Naphthalin $C_{10}H_8$	−11,778	1531,83	0,001231	$0,000022 \cdot 10^3$	–
Propan C_3H_8	−14,319	701,17	0,021835	$-0,042696 \cdot 10^3$	–
Propanol C_3H_8O	−18,579	2781,15	0,004711	$0,043778 \cdot 10^3$	$-0,086272 \cdot 10^6$
Propen C_3H_6	−10,601	517,20	−0,001903	$0,001767 \cdot 10^3$	–
Sauerstoff O_2	−10,211	165,88	0,000040	$-0,021462 \cdot 10^3$	–
Schwefelwasserstoff H_2S	−11,682	792,19	–	–	–
Schwefeldioxid SO_2	−7,389	98,40	0,010945	$-0,070631 \cdot 10^3$	$0,069308 \cdot 10^6$
Stickstoff N_2	−12,577	148,76	0,074978	$-0,849776 \cdot 10^3$	$2,537883 \cdot 10^6$
Stickstoffdioxid NO_2	−19,574	1713,40	0,018523	$0,050667 \cdot 10^3$	$-0,151777 \cdot 10^6$
Tiophen C_4H_4S	−11,007	1080,96	–	–	–
Toluol C_7H_8	−26,713	2929,57	0,032983	$0,022576 \cdot 10^3$	$-0,092676 \cdot 10^6$
Wasser H_2O	−22,968	3275,89	0,017637	$0,000693 \cdot 10^3$	$-0,012933 \cdot 10^6$

Tab. 11 Parameter zur Bestimmung der Wärmeleitfähigkeit von Gasen in $W\,m^{-1}\,K^{-1}$ [76, Dca 39 ff.]

Stoff	A	B	C	D	E
Ameisensäure CH_2O_2	$-9{,}34 \cdot 10^3$	$0{,}073 \cdot 10^3$	$0{,}013480 \cdot 10^6$	–	–
Ammoniak NH_3	$-6{,}693 \cdot 10^3$	$0{,}092 \cdot 10^3$	$0{,}047670 \cdot 10^6$	–	–
Benzol C_6H_6	$-7{,}34 \cdot 10^3$	$0{,}042 \cdot 10^3$	$0{,}061410 \cdot 10^6$	–	–
Butan C_4H_{10}	$-9{,}95 \cdot 10^3$	$0{,}061 \cdot 10^3$	$0{,}088710 \cdot 10^6$	–	–
Butanol $C_4H_{10}O$	$20{,}93 \cdot 10^3$	$-0{,}063 \cdot 10^3$	$0{,}178900 \cdot 10^6$	–	–
Chlorwasserstoff HCl	$1{,}23 \cdot 10^3$	$0{,}045 \cdot 10^3$	$0{,}000370 \cdot 10^6$	–	–
Cyanwasserstoff HCN	$-12{,}12 \cdot 10^3$	$0{,}080 \cdot 10^3$	$-0{,}000500 \cdot 10^6$	–	–
Dimethylether C_2H_6O	$-0{,}25 \cdot 10^3$	$-0{,}009 \cdot 10^3$	$0{,}263410 \cdot 10^6$	$-0{,}171130 \cdot 10^9$	$0{,}038110 \cdot 10^{12}$
Dodekan $C_{12}H_{26}$	$-7{,}22 \cdot 10^3$	$0{,}027 \cdot 10^3$	$0{,}073790 \cdot 10^6$	–	–
Essigsäure $C_2H_4O_2$	$2{,}60 \cdot 10^3$	$-0{,}008 \cdot 10^3$	$0{,}116860 \cdot 10^6$	–	–
Ethan C_2H_6	$-0{,}91 \cdot 10^3$	$0{,}009 \cdot 10^3$	$0{,}267380 \cdot 10^6$	$-0{,}165560 \cdot 10^9$	$0{,}048330 \cdot 10^{12}$
Ethanol C_2H_6O	$-2{,}69 \cdot 10^3$	$0{,}027 \cdot 10^3$	$0{,}109600 \cdot 10^6$	–	–
Ethen C_2H_4	$3{,}25 \cdot 10^3$	$-0{,}010 \cdot 10^3$	$0{,}271040 \cdot 10^6$	$-0{,}156820 \cdot 10^9$	$0{,}050860 \cdot 10^{12}$
Furfural $C_5H_4O_2$	$-9{,}59 \cdot 10^3$	$0{,}064 \cdot 10^3$	$0{,}017620 \cdot 10^6$	–	–
Glycerin C_3H_8O	$-9{,}16 \cdot 10^3$	$0{,}059 \cdot 10^3$	$0{,}020260 \cdot 10^6$	–	–
Isopropanol C_3H_8O	$1{,}45 \cdot 10^3$	$0{,}011 \cdot 10^3$	$0{,}124550 \cdot 10^6$	–	–
Kohlenstoffdioxid CO_2	$-3{,}882 \cdot 10^3$	$0{,}053 \cdot 10^3$	$0{,}071460 \cdot 10^6$	$-0{,}070310 \cdot 10^9$	$0{,}018090 \cdot 10^{12}$
Kohlenstoffmonoxid CO	$-0{,}78 \cdot 10^3$	$0{,}103 \cdot 10^3$	$-0{,}067590 \cdot 10^6$	$0{,}039450 \cdot 10^9$	$-0{,}009470 \cdot 10^{12}$
Kohlenstoffoxisulfid COS	$-4{,}09 \cdot 10^3$	$0{,}062 \cdot 10^3$	$-0{,}004270 \cdot 10^6$	–	–
Methan CH_4	$8{,}15 \cdot 10^3$	$0{,}008 \cdot 10^3$	$0{,}351530 \cdot 10^6$	$-0{,}338650 \cdot 10^9$	$0{,}140920 \cdot 10^{12}$
Methanol CH_4O	$2{,}36 \cdot 10^3$	$0{,}005 \cdot 10^3$	$0{,}131510 \cdot 10^6$	–	–
Naphthalin $C_{10}H_8$	$-9{,}55 \cdot 10^3$	$0{,}053 \cdot 10^3$	$0{,}023490 \cdot 10^6$	–	–
Propan C_3H_8	$-6{,}66 \cdot 10^3$	$0{,}053 \cdot 10^3$	$0{,}101810 \cdot 10^6$	–	–
Propanol C_3H_8O	$-3{,}17 \cdot 10^3$	$0{,}028 \cdot 10^3$	$0{,}102720 \cdot 10^6$	–	–
Propen C_3H_6	$-7{,}79 \cdot 10^3$	$0{,}064 \cdot 10^3$	$0{,}073320 \cdot 10^6$	–	–
Sauerstoff O_2	$-1{,}29 \cdot 10^3$	$0{,}107 \cdot 10^3$	$-0{,}052630 \cdot 10^6$	$0{,}025680 \cdot 10^9$	$-0{,}005040 \cdot 10^{12}$
Schwefelwasserstoff H_2S	$-37{,}79 \cdot 10^3$	$0{,}366 \cdot 10^3$	$-0{,}980220 \cdot 10^6$	$1{,}341110 \cdot 10^9$	$-0{,}662840 \cdot 10^{12}$
Schwefeldioxid SO_2	$0{,}36 \cdot 10^3$	$0{,}013 \cdot 10^3$	$0{,}069520 \cdot 10^6$	$-0{,}032070 \cdot 10^9$	$-0{,}008300 \cdot 10^{12}$
Stickstoff N_2	$-0{,}13 \cdot 10^3$	$0{,}101 \cdot 10^3$	$-0{,}060650 \cdot 10^6$	$0{,}033610 \cdot 10^9$	$-0{,}007100 \cdot 10^{12}$
Stickstoffdioxid NO_2	$66{,}09 \cdot 10^3$	$-0{,}479 \cdot 10^3$	$1{,}011240 \cdot 10^6$	–	–
Tiophen C_4H_4S	$-8{,}01 \cdot 10^3$	$0{,}057 \cdot 10^3$	$0{,}023220 \cdot 10^6$	–	–
Toluol C_7H_8	$-9{,}26 \cdot 10^3$	$0{,}051 \cdot 10^3$	$0{,}059090 \cdot 10^6$	–	–
Wasser H_2O	$0{,}46 \cdot 10^3$	$0{,}046 \cdot 10^3$	$0{,}051150 \cdot 10^6$	–	–
Wasserstoff H_2	$0{,}65 \cdot 10^3$	$0{,}767 \cdot 10^3$	$-0{,}687050 \cdot 10^6$	$0{,}506510 \cdot 10^9$	$-0{,}138540 \cdot 10^{12}$

Tab. 12 Parameter zur Bestimmung der Wärmeleitfähigkeit von Flüssigkeiten in $W\,m^{-1}\,K^{-1}$ [76, Dca 35 ff.]

Stoff	A	B	C	D	E
Ameisensäure CH_2O_2	0,2971	$-0,00743 \cdot 10^2$	$-0,00030 \cdot 10^4$	$-0,00196 \cdot 10^7$	$0,00347 \cdot 10^{10}$
Ammoniak NH_3	1,2161	$-0,29656 \cdot 10^2$	$0,03314 \cdot 10^4$	$-0,07350 \cdot 10^7$	$0,06009 \cdot 10^{10}$
Benzol C_6H_6	0,2318	$-0,03081 \cdot 10^2$	$0,00151 \cdot 10^4$	$-0,00546 \cdot 10^7$	$0,00564 \cdot 10^{10}$
Butan C_4H_{10}	0,2699	$-0,06508 \cdot 10^2$	$0,00136 \cdot 10^4$	$0,00992 \cdot 10^7$	$-0,00933 \cdot 10^{10}$
Butanol $C_4H_{10}O$	0,2139	$-0,02011 \cdot 10^2$	$-0,00044 \cdot 10^4$	$0,00178 \cdot 10^7$	$-0,00215 \cdot 10^{10}$
Chlorwasserstoff HCl	0,6690	$-0,09277 \cdot 10^2$	$-0,02690 \cdot 10^4$	$-0,01103 \cdot 10^7$	$0,06800 \cdot 10^{10}$
Cyanwasserstoff HCN	0,4031	$-0,04529 \cdot 10^2$	$-0,00361 \cdot 10^4$	$-0,01167 \cdot 10^7$	$0,02592 \cdot 10^{10}$
Dimethylether C_2H_6O	0,3129	$-0,05870 \cdot 10^2$	$0,00170 \cdot 10^4$	$-0,00532 \cdot 10^7$	$0,00607 \cdot 10^{10}$
Dodekan $C_{12}H_{26}$	0,1994	$-0,01715 \cdot 10^2$	$-0,00259 \cdot 10^4$	$0,00480 \cdot 10^7$	$-0,00330 \cdot 10^{10}$
Essigsäure $C_2H_4O_2$	0,1726	$0,01538 \cdot 10^2$	$-0,00818 \cdot 10^4$	$0,00287 \cdot 10^7$	$0,00746 \cdot 10^{10}$
Ethan C_2H_6	0,3505	$-0,09878 \cdot 10^2$	$-0,00627 \cdot 10^4$	$0,04136 \cdot 10^7$	$-0,04929 \cdot 10^{10}$
Ethanol C_2H_6O	0,2481	$-0,02806 \cdot 10^2$	$0,00065 \cdot 10^4$	$-0,00086 \cdot 10^7$	$0,00015 \cdot 10^{10}$
Ethen C_2H_4	0,4145	$-0,14789 \cdot 10^2$	$0,00393 \cdot 10^4$	$0,03157 \cdot 10^7$	$-0,03936 \cdot 10^{10}$
Furfural $C_5H_4O_2$	0,1911	$0,00303 \cdot 10^2$	$-0,00101 \cdot 10^4$	$-0,01267 \cdot 10^7$	$0,01783 \cdot 10^{10}$
Glycerin C_3H_8O	0,2562	$0,01190 \cdot 10^2$	$0,00023 \cdot 10^4$	$-0,00105 \cdot 10^7$	$0,00102 \cdot 10^{10}$
Isopropanol C_3H_8O	0,2028	$-0,02238 \cdot 10^2$	$-0,00031 \cdot 10^4$	$0,00083 \cdot 10^7$	$-0,00069 \cdot 10^{10}$
Kohlenstoffdioxid CO_2	0,3881	$-0,06561 \cdot 10^2$	$-0,01769 \cdot 10^4$	$0,00700 \cdot 10^7$	$0,03031 \cdot 10^{10}$
Kohlenstoffmonoxid CO	0,2845	$-0,17440 \cdot 10^2$	$-0,00543 \cdot 10^4$	$-0,02657 \cdot 10^7$	$-0,02637 \cdot 10^{10}$
Kohlenstoffoxisulfid COS	0,2620	$-0,05256 \cdot 10^2$	$0,00567 \cdot 10^4$	$-0,02701 \cdot 10^7$	$0,04524 \cdot 10^{10}$
Methan CH_4	0,4011	$-0,19773 \cdot 10^2$	$-0,01440 \cdot 10^4$	$-0,22814 \cdot 10^7$	$-0,38138 \cdot 10^{10}$
Methanol CH_4O	0,2803	$-0,02234 \cdot 10^2$	$-0,00359 \cdot 10^4$	$0,00975 \cdot 10^7$	$-0,00974 \cdot 10^{10}$
Naphthalin $C_{10}H_8$	0,1684	$-0,00779 \cdot 10^2$	$-0,00075 \cdot 10^4$	$0,00110 \cdot 10^7$	$-0,00059 \cdot 10^{10}$
Propan C_3H_8	0,2661	$-0,06336 \cdot 10^2$	$0,00057 \cdot 10^4$	$0,00655 \cdot 10^7$	$-0,00701 \cdot 10^{10}$
Propanol C_3H_8O	0,2219	$-0,02331 \cdot 10^2$	$0,00067 \cdot 10^4$	$-0,00097 \cdot 10^7$	$0,00039 \cdot 10^{10}$
Propen C_3H_6	0,2229	$-0,04006 \cdot 10^2$	$-0,00097 \cdot 10^4$	$0,00325 \cdot 10^7$	$-0,00390 \cdot 10^{10}$
Sauerstoff O_2	0,2716	$-0,12812 \cdot 10^2$	$-0,01371 \cdot 10^4$	$0,08022 \cdot 10^7$	$-0,16812 \cdot 10^{10}$
Schwefelwasserstoff H_2S	0,4588	$-0,08190 \cdot 10^2$	$-0,01903 \cdot 10^4$	$0,04211 \cdot 10^7$	$-0,03272 \cdot 10^{10}$
Schwefeldioxid SO_2	0,3833	$-0,06393 \cdot 10^2$	$0,00065 \cdot 10^4$	$-0,00130 \cdot 10^7$	$0,00096 \cdot 10^{10}$
Stickstoff N_2	0,2621	$-0,15793 \cdot 10^2$	$-0,00737 \cdot 10^4$	$-0,01546 \cdot 10^7$	$0,23198 \cdot 10^{10}$
Stickstoffdioxid NO_2	0,3147	$-0,05645 \cdot 10^2$	$-0,00064 \cdot 10^4$	$0,00262 \cdot 10^7$	$-0,00698 \cdot 10^{10}$
Tiophen C_4H_4S	0,2031	$-0,01367 \cdot 10^2$	$-0,00462 \cdot 10^4$	$0,01347 \cdot 10^7$	$-0,01388 \cdot 10^{10}$
Toluol C_7H_8	0,2038	$-0,02353 \cdot 10^2$	$-0,00019 \cdot 10^4$	$0,00010 \cdot 10^7$	$0,00013 \cdot 10^{10}$
Wasser H_2O	$-0,3623$	$0,50659 \cdot 10^2$	$-0,05805 \cdot 10^4$	$-0,01527 \cdot 10^7$	$0,01847 \cdot 10^{10}$

Tab. 13 Konstanten zur Bestimmung des Dampfdrucks mit der Antoine-Gleichung in kPa [5, S. 677 ff.]

Stoff	A	B	C
Ameisensäure CH_2O_2	6,50280	1563,28	247,060
Benzol C_6H_6	6,00477	1196,76	219,161
Essigsäure $C_2H_4O_2$	6,68450	1644,05	233,524
Ethan C_2H_6	5,94967	663,48	256,893
Ethanol C_2H_6O	7,23710	1592,86	226,184
Butanol $C_4H_{10}O$	6,96290	1558,19	196,881
Isopropanol C_3H_8O	8,00319	2010,33	252,636
Methanol CH_4O	7,20587	1582,27	239,726
Propanol C_3H_8O	6,86906	1437,69	198,463
Toluol C_7H_8	6,07577	1342,31	219,187
Wasser H_2O	7,19621	1730,63	233,426

Tab. 14 Parameter zur Bestimmung des Dampfdrucks mit der Wagner-Gleichung [76, Dca 11 ff.]

Stoff	A	B	C	D
Ameisensäure CH_2O_2	−7,48959	0,91352	−0,90820	−1,94905
Ammoniak NH_3	−6,95697	0,65477	−1,37769	−3,65958
Benzol C_6H_6	−7,06740	1,53261	−2,98626	−2,46327
Butan C_4H_{10}	−6,95570	1,31408	−2,28094	−2,25568
Butanol $C_4H_{10}O$	−7,93450	0,38519	−9,61938	13,21409
Chlorwasserstoff HCl	−6,76739	1,40204	−0,76502	−5,63999
Cyanwasserstoff HCN	−9,20560	3,47317	−3,05059	0,94032
Dimethylether C_2H_6O	−6,68388	0,93506	−2,39685	−0,39798
Dodekan $C_{12}H_{26}$	−8,65940	1,17168	−4,82909	−7,11070
Essigsäure $C_2H_4O_2$	−9,29353	3,41943	−5,32894	7,86482
Ethan C_2H_6	−6,36926	1,02821	−1,00517	−3,83113
Ethanol C_2H_6O	−8,27053	−0,45245	−3,53002	−0,4729
Ethen C_2H_4	−6,27497	0,99291	−1,11990	−2,59795
Furfural $C_5H_4O_2$	−7,18496	0,03680	−1,94975	−2,45861
Glycerin C_3H_8O	−6,68061	−1,55586	−6,59905	1,46448
Isopropanol C_3H_8O	−8,19740	−0,03900	−8,17482	7,97810
Kohlenstoffdioxid CO_2	−6,75511	0,59411	−0,89537	−23,92935
Kohlenstoffmonoxid CO	−5,96948	0,71585	−0,46729	−4,52252
Kohlenstoffoxisulfid COS	−6,36492	1,04036	−1,03636	−3,89494
Methan CH_4	−6,04112	1,28338	−1,06025	−0,50416
Methanol CH_4O	−8,54582	0,67266	−2,54743	−2,71874
Naphthalin $C_{10}H_8$	−7,83452	2,27465	−4,51761	−0,02871
Propan C_3H_8	−6,71791	1,33932	−2,23017	−1,24990
Propanol C_3H_8O	−8,11864	0,07298	−7,13081	3,30592
Propen C_3H_6	−6,56165	1,11595	−2,00984	−1,34750
Sauerstoff O_2	−6,02323	1,13215	−0,98309	−1,25050
Schwefelwasserstoff H_2S	−6,17268	0,71264	−0,97407	−3,83071
Schwefeldioxid SO_2	−6,64060	0,41804	−3,16670	2,39226
Stickstoff N_2	−6,01458	0,94908	−0,75304	−2,44901
Stickstoffdioxid NO_2	−11,35996	2,48892	0,72325	−6,10871
Tiophen C_4H_4S	−7,17048	1,85135	−2,96148	−3,48133
Toluol C_7H_8	−7,26310	1,36845	−3,02969	−1,61058
Wasser H_2O	−7,71374	1,31467	−2,51444	−1,72542
Wasserstoff H_2	−4,91242	1,05302	1,13357	−0,72276

Tab. 15 Parameter zur Bestimmung der Verdampfungsenthalpie mit der Watson-Gleichung in $J\,g^{-1}$ [76, Dca 15 ff.]

Stoff	A	B	C	D	E
Ameisensäure CH_2O_2	406.444	0,67644	−1,875596	0,086194	1,236423
Ammoniak NH_3	1.831.443	0,31060	0,010543	−0,044260	0,114641
Benzol C_6H_6	579.706	0,38703	0,000779	0,007184	−0,004987
Butan C_4H_{10}	609.663	0,67789	−0,372044	−0,120024	0,217982
Butanol $C_4H_{10}O$	911.195	0,18866	0,245461	0,053889	−0,023263
Chlorwasserstoff HCl	604.374	0,33932	0,004080	0,010112	−0,007845
Cyanwasserstoff HCN	1.256.839	0,27729	−0,171423	0,167043	−0,064344
Dimethylether C_2H_6O	651.848	0,36388	−0,022493	0,008830	0,001648
Dodekan $C_{12}H_{26}$	454.111	0,40583	0,007014	−0,011959	0,006279
Essigsäure $C_2H_4O_2$	568.125	1,58985	−2,298287	−0,170150	1,150902
Ethan C_2H_6	688.646	0,47493	−0,167909	−0,122001	0,192221
Ethanol C_2H_6O	1.232.785	0,32297	0,037345	−0,042848	0,018252
Ethen C_2H_4	678.539	0,37521	−0,001563	0,000871	0,000305
Furfural $C_5H_4O_2$	624.523	0,34977	−0,003735	0,004154	−0,001626
Glycerin C_3H_8O	1.158.773	0,38960	−0,007487	0,248791	−0,158430
Isopropanol C_3H_8O	1.049.309	0,39121	0,000103	0,002312	−0,001663
Kohlenstoffdioxid CO_2	490.787	0,27738	−0,072408	−0,020640	0,185801
Kohlenstoffmonoxid CO	298.127	0,35823	−0,030177	−0,036176	0,090451
Kohlenstoffoxisulfid COS	427.087	0,35673	0,007070	0,004372	−0,005912
Methan CH_4	623.922	0,18414	−0,003865	0,125568	0,024304
Methanol CH_4O	1.576.201	0,34200	−0,014804	0,014121	−0,005072
Naphthalin $C_{10}H_8$	555.659	0,48301	−0,035330	0,026479	−0,008279
Propan C_3H_8	651.962	0,66232	−0,414988	−0,022047	0,173666
Propanol C_3H_8O	1.054.137	0,36274	−0,015133	0,017431	−0,007503
Propen C_3H_6	674.979	0,77734	−0,795455	0,423330	0,002187
Sauerstoff O_2	276.926	0,33952	−0,072163	−0,079300	0,173246
Schwefelwasserstoff H_2S	755.091	0,38114	−0,008460	−0,001870	0,003614
Schwefeldioxid SO_2	575.483	0,40841	−0,005400	−0,010150	0,008115
Stickstoff N_2	268.716	0,36429	−0,097256	−0,061470	0,159143
Stickstoffdioxid NO_2	1.281.203	0,38000	0	0	0
Tiophen C_4H_4S	543.597	0,38079	0,001261	0,014571	−0,009846
Toluol C_7H_8	537.698	0,38070	−0,005295	0,001255	0,001038
Wasser H_2O	2.872.019	0,28184	−0,109110	0,147096	0,044874

Tab. 16 Reaktionsraten ausgewählter Gasphasenreaktionen

Reaktion	Reaktionsrate r	Quelle
$CH_4 + 1/2\,O_2 \rightarrow CO + 2\,H_2$	$-4{,}4 \cdot 10^{14} e^{\frac{-30.000}{1{,}985 \cdot T}} \left(\frac{c_{CH_4}}{10^3}\right)^{0{,}5} \left(\frac{c_{O_2}}{10^3}\right)^{1{,}25}$	[32]
$H_2 + 1/2\,O_2 \rightarrow H_2O$	$-6{,}8 \cdot 10^{18} \frac{1}{T} e^{\frac{-40.000}{1{,}985 \cdot T}} \left(\frac{c_{H_2}}{10^3}\right)^{0{,}25} \left(\frac{c_{O_2}}{10^3}\right)^{1{,}5}$	[32]
$CO + H_2O \rightarrow CO_2 + H_2$	$-2{,}75 \cdot 10^{12} e^{\frac{-20.000}{1{,}985 \cdot T}} \left(\frac{c_{CO}}{10^3}\right)^{1{,}0} \left(\frac{c_{H_2O}}{10^3}\right)^{1{,}0}$	[32]
$CH_4 + H_2O \rightarrow CO + 3\,H_2$	$-3{,}0 \cdot 10^{11} e^{\frac{-30.000}{1{,}985 \cdot T}} \left(\frac{c_{CH_4}}{10^3}\right)^{1{,}0} \left(\frac{c_{H_2O}}{10^3}\right)^{1{,}0}$	[32]

Reaktionsrate r in mol m^{-3} s^{-1}; Temperatur T in K; Stoffkonzentration c in mol m^{-3}

Tab. 17 Reaktionsraten ausgewählter Koksreaktionen

Reaktion	Reaktionsrate r	Quelle
$C + H_2O \rightarrow CO + H_2$	$-1{,}4 \cdot 10^{08} e^{\frac{-179.500}{8{,}315 \cdot T}} m_C \left(\frac{y_{H_2O}}{M_C}\right)^{1{,}0}$	[23]
$C + CO_2 \rightarrow 2\,CO$	$-3{,}4 \cdot 10^{07} e^{\frac{-179.500}{8{,}315 \cdot T}} m_C \left(\frac{y_{CO_2}}{M_C}\right)^{1{,}0}$	[23]
$C + O_2 \rightarrow CO_2$	$-9{,}35 \cdot 10^{04} e^{\frac{-82.800}{8{,}315 \cdot T}} m_C \left(\frac{y_{O_2}}{M_C}\right)^{1{,}0}$	[23]

Reaktionsrate r in mol s^{-1}; Temperatur T in K; Masse m in kg; Stoffmengenanteil y in mol mol^{-1}; Molmasse M in kg mol^{-1}

Tab. 18 Gleichgewichtskonstanten ausgewählter Reaktionen

Reaktion	Gleichgewichtskonstante K_p	Quelle
$CO + H_2O \rightleftharpoons CO_2 + H_2$	$e^{\left(\frac{4400}{T} - 4{,}063\right)}$	[19, S. 62]
$CH_4 + H_2O \rightleftharpoons CO + 3\,H_2$	$1{,}026676 \cdot 10^{10} e^{\left(\frac{-26.830}{T} + 30{,}114\right)} \frac{1}{(8315\,T)^2}$	[19, S. 62]
$C + CO_2 \rightleftharpoons 2\,CO$	$10^{\left(2{,}220419 + \frac{-8709{,}775}{T} + 2{,}4951\,\log(T) - 0{,}6399432 \cdot 10^{-03}\,T + 0{,}5280003 \cdot 10^{-07}\,T^2\right)}$	[27]

Gleichgewichtskonstante K_p Wassergas-Shift-Reaktion in –; Gleichgewichtskonstante K_p Methanisierung in mol^2 m^{-6}; Gleichgewichtskonstante K_p Boudouard-Reaktion in bar; Temperatur T in K

Literatur

1. ABRAMS, D.; PRAUSNITZ, J.: Statistical thermodynamics of liquid mixtures: A new expression for the excess Gibbs energy of partly or completely miscible systems. In: *AIChE Journal* 21 (1975), S. 116–128

2. AHRENDTS, J.: Die Exergie chemisch reaktionsfähiger Systeme. In: *VDI-Forschungsheft 579*. Düsseldorf: VDI-Verlag GmbH, 1977

3. BAEHR, H.: Energie, Exergie, Anergie. In: *Energie und Exergie – Die Anwendung des Exergiebegriffs in der Energietechnik*. Düsseldorf: VDI-Verlag GmbH, 1965

4. BAEHR, H.: *Thermodynamik*. 11. Aufl. Berlin, Heidelberg, New York: Springer Verlag, 2009 (ISBN: 3-540-14014-x)

5. BAERNS, M. (Hrsg.); BEHR, A. (Hrsg.); BREHM, A. (Hrsg.); GMEHLING, J. (Hrsg.); HOFMANN, H. (Hrsg.); ONKEN, U. (Hrsg.); RENKEN, A. (Hrsg.): *Technische Chemie*. 1. Nachdruck. Weinheim: WILEY-VCH Verlag GmbH & Co. KGaA, 2006 (ISBN-13: 978-3-527-31000-5)

6. BEITZ, W.; GROTE, K.-H.: *Dubbel – Taschenbuch für den Maschinenbau*. 20. Aufl. Berlin, Heidelberg, New York: Springer Verlag, 2001 (ISBN: 3-540-67777-1)

7. BOIE, W.: Beiträge zum feuerungstechnischen Rechnen. In: *Wissenschaftliche Zeitschrift der Technischen Hochschule Dresden* 2 (1952/53), S. 688–718

8. BOYCE, M.: *Gas Turbine Engineering Handbook*. 4. Aufl. Amsterdam: Butterworth-Heinemann / Elsevier, 2012 (ISBN: 978-0-12-383842-1)

9. BRANDT, F.: *Brennstoffe und Verbrennungsrechnung*. 2. Aufl. Essen: Vulkan-Verlag, 1991 (ISBN: 3-8027-2523-9)

10. BRONSTEIN, I.; SEMENDJAJEW, K.; MUSIOL, G.; MÜHLIG, H.: *Taschenbuch der Mathematik*. 5. Aufl. Thun, Frankfurt: Verlag Harri Deutsch, 2001 (ISBN: 3-8171-2005-2)

11. CERBE, G.; HOFFMANN, H.-J.: *Einführung in die Thermodynamik – Von den Grundlagen zur technischen Anwendung*. 13. Aufl. München, Wien: Carl Hanser Verlag, 2002 (ISBN: 3-446-22079-8)

12. CZICHOS, H., HENNECKE, M. (Hrsg.): *Das Ingenieurwissen*. 33. Aufl. Berlin, Heidelberg, New York: Springer Verlag, 2008 (ISBN: 978-3-540-71851-2)

13. DAHMEN, N.; DINJUS, E.: Synthetische Chemieprodukte und Kraftstoffe aus Biomasse. In: *Chemie Ingenieur Technik* 82 (2010), S. 1147–1152

14. DAHMEN, W.; REUSKEN, A.: *Numerik für Ingenieure und Naturwissenschaftler*. 1. Aufl. Berlin, Heidelberg: Springer Verlag, 2008 (ISBN: 978-3-540-76492-2)

15. DIEDERICHSEN, C.: *Referenzumgebungen zur Berechnung der chemischen Exergie*, TU Hannover, Dissertation, 1990

16. DIN – DEUTSCHES INSTITUT FÜR NORMUNG E. V. (Hrsg.): *Berechnung von Brennwert, Heizwert, Dichte, relativer Dichte und Wobbeindex von Gasen und Gasgemischen, DIN 51857*. Berlin: Beuth Verlag GmbH, 1997

17. EFFENBERGER, H.: *Dampferzeugung*. 1. Aufl. Berlin, Heidelberg: Springer Verlag, 2000 (ISBN: 3-540-64175-0)

18. ELEY, D.; RIDEAL, E.: The Catalysis of the Parahydrogen Conversion by Tungsten. In: *Proceedings of the Royal Society London A* 178 (1941), S. 429–451

19. ELNASHAIE, S.; ELSHISHINI, S.: *Modelling, Simulation and Optimization of Industrial Fixed Bed Catalytic Reactors*. 1. Aufl. Yverdon, Langhorne: Gordon and Breach Science Publishers, 1993 (ISBN: 2-88124-883-7)

20. EPPLE, B. (Hrsg.); LEITHNER, R. (Hrsg.); LINZER, W. (Hrsg.); WALTER, H. (Hrsg.): *Simulation von Kraftwerken und wärmetechnischen Anlagen*. 1. Aufl. Wien: Springer Verlag, 2009 (ISBN: 978-3-211-29695-0)

21. FERZIGER, J. (Hrsg.); PERIC, M. (Hrsg.): *Numerische Strömungsmechanik*. 1. Aufl. Berlin, Heidelberg: Springer Verlag, 2008 (ISBN: 978-540-67586-0)

22. FISCHER, K.; GMEHLING, J.: Further development, status and results of the PSRK method for the prediction of vapor-liquid equilibria and gas solubilities. In: *Fluid Phase Equilibria* 121 (1996), S. 185–206

23. FLETCHER, D.; HAYNES, B.; CHRISTO, F.; JOSEPH, S.: A CFD based combustion model of an entrained flow biomass gasifier. In: *Applied Mathematical Modelling* 24 (2000), S. 165–182

24. FREDENSLUND, A.; JONES, R.; PRAUSNITZ, J.: Group-contribution estimation of activity coefficients in nonideal liquid mixtures. In: *AIChE Journal* 21 (1975), S. 1086–1099

25. GE JENBACHER GMBH & CO OHG: *Datenblatt zur Motorenserie J616 GS – E61*. Persönliche Information, 2010

26. HIGMAN, C.; VAN DER BURGT, M.: *Gasification*. 1. Aufl. Burlington: Gulf Professional Publishing, 2003 (ISBN: 0-7506-7707-4)

27. HILLER, H.; REIMERT, R.; MARSCHNER, F.; ET AL.: Gas production. In: *Ullmann's Encyclopedia of Industrial Chemistry*. Wiley-VCH Verlag GmbH & Co. KGaA, 2006

28. HOLDERBAUM, T.; GMEHLING, J.: PSRK: A Group Contribution Equation of State Based on UNIFAC. In: *Fluid Phase Equilibria* 70 (1991), S. 251–265

29. HORSTMANN, S.; JABLONIEC, A.; KRAFCZYK, J.; FISCHER, K.; GMEHLING, J.: PSRK group contribution equation of state: comprehensive revision and extension IV, including critical constants and α-function parameters for 1000 components. In: *Fluid Phase Equilibria* 227 (2005), S. 157–164. – Appendix B. Supplementary data

30. HOUGEN, O.; WATSON, K.: *Chemical Process Principles – Part 3: Kinetics and Catalysis*. New York: John Wiley and Sons, 1947 (ISBN: 978-9995179335)

31. JAKOBSEN, H.: *Chemical Reactor Modeling*. 2. Aufl. Heidelberg, New York, Dordrecht, London: Springer Verlag, 2014 (ISBN: 978-3-319-05091-1)

32. JONES, W.; LINDSTEDT, R.: Global Reaction Schemes for Hydrocarbon Combustion. In: *Combustion and Flame* 73 (1988), S. 233–249

33. KALTSCHMITT, M. (Hrsg.); HARTMANN, H. (Hrsg.); HOFBAUER, H. (Hrsg.): *Energie aus Biomasse – Grundlagen, Techniken und Verfahren*. 2. Aufl. Berlin, Heidelberg, New York: Springer Verlag, 2009 (ISBN: 978-3-540-85094-6)

34. KARL, J.: *Dezentrale Energiesysteme – Neue Technologien im liberalisierten Energiemarkt*. 2. Aufl. München: Oldenbourg Wissenschaftsverlag GmbH, 2006 (ISBN: 3-486-57722-0)

35. KARL, S.; MAYINGER, F.: *Thermodynamik – 2 Mehrstoffsysteme*. 14. Aufl. Berlin, Heidelberg, New York: Springer Verlag, 1999 (ISBN: 3-540-64481-4)

36. KÖBE, A.: *Neue kubische Zustandsgleichungen für reine Fluide*, TU Hannover, Dissertation, 1997

37. KNOEF, H. (Hrsg.): *Handbook biomass gasification*. 1. Aufl. Enschede: BTG biomass technology group BV, 2005 (ISBN: 90-810068-1-9)

38. KOLB, G.: *Fuel processing for fuel cells*. 1. Aufl. Weinheim: Wiley-VCH Verlag GmbH & Co. KGaA, 2008 (ISBN: 978-3-527-31581-9)

39. KOLLMANN, F.: *Technologie des Holzes und der Holzwerkstoffe*. 2. Aufl. Berlin, Heidelberg, New York: Springer Verlag, 1982 (ISBN: 3-540-11778-4)

40. KOPYSCINSKI, J.: *Production of synthetic natural gas in a fluidized bed reactor*, ETH Zürich, Dissertation, 2010

41. KOROBOV, D.: *Untersuchung der Wirkungsgradpotentiale von IGCC-Kraftwerksprozessen*, TU Bergakademie Freiberg, Dissertation, 2003

42. LÜDECKE, C.; LÜDECKE, D.: *Thermodynamik – Physikalisch-chemische Grundlagen der thermischen Verfahrenstechnik*. 1. Aufl. Berlin, Heidelberg, New York: Springer Verlag, 2000 (ISBN: 3-540-66805-5)

43. LECHNER, C. (Hrsg.); SEUME, J. (Hrsg.): *Stationäre Gasturbinen*. 2. Aufl. Berlin, Heidelberg: Springer Verlag, 2010 (ISBN: 978-3-540-92787-7)

44. LEWIS, G.; RANDALL, M.; REDLICH, O. (Hrsg.): *Thermodynamik und die freie Energie chemischer Substanzen*. Wien: Springer Verlag, 1927

45. LUCAS, K.: *Thermodynamik – Die Grundgesetze der Energie- und Stoffumwandlungen*. 4. Aufl. Berlin, Heidelberg, New York: Springer Verlag, 2004 (ISBN: 3-540-14014-x)

46. MAXWELL, J.: On the Dynamical Evidence of the Molecular Constitution of Bodies. In: *Nature* 11 (1875), S. 357–359

47. MCBRIDE, B.; ZEHE, M.; GORDON, S.: NASA Glenn Coefficients for Calculating Thermodynamic Properties of Individual Species / NASA. 2002 (NASA/TP-2002-211556). – Bericht

48. MEARS, E.: Tests for Transport Limitations in Experimental Catalytic Reactors. In: *Industrial & Engineering Chemistry Process Design and Development* 10 (1971), S. 541–547

49. MENNY, K.: *Strömungsmaschinen – Hydraulische und thermische Kraft- und Arbeitsmaschinen*. 5. Aufl. Wiesbaden: B.G. Teubner Verlag / GWV Fachverlage GmbH, 2006 (ISBN 10: 3-519-46317-2)

50. MERRICK, D.: Mathematical models of the thermal decomposition of coal – 2. Specific heats and heats of reaction. In: *Fuel* 62 (1983), S. 540–546

51. MOLBURG, J.; DOCTOR, R.: Hydrogen from Steam-Methane Reforming with CO_2 Capture. Pittsburgh: 20th Annual International Pittsburgh Coal Conference, 2003

52. MORTIMER, C.; MÜLLER, U.: *Chemie – Das Basiswissen der Chemie*. 8. Aufl. Stuttgart: Thieme Verlag, 2003 (ISBN: 3-13-484308-0)

53. OBERNBERGER, I.; THEK, G.: Herstellung und energetische Nutzung von Pellets – Produktionsprozess, Eigenschaften, Feuerungstechnik, Ökologie und Wirtschaftlichkeit. In: *Schriftenreihe „Thermische Biomassenutzung"*. 1. Aufl. Graz: Medienfabrik Graz GmbH, 2009 (ISBN: 978-3-9501980-5-8)

54. OGRISECK, K.: *Untersuchung von IGCC-Kraftwerkskonzepten mit Polygeneration und CO_2-Abtrennung*, TU Bergakademie Freiberg, Dissertation, 2006

55. PERRY, R.H. AND GREEN, D.W. (Hrsg.): *Perry's Chemical Engineers' Handbook*. 7. Aufl. New York: Mcgraw-Hill Professional, 1997 (ISBN: 978-0070498419)

56. PLANCK, M.: Vorlesungen über Thermodynamik / Universität Leipzig. Leipzig, 1897 (1. Aufl.). – Vorlesung

57. POLING, B.; PRAUSNITZ, J.; O'CONNELL, J.: *The Properties of Gases and Liquids*. 5. Aufl. New York: McGraw-Hill, 2001

58. PRÖLL, T.: *Potenziale der Wirbelschichtdampfvergasung fester Biomasse – Modellierung und Simulation auf Basis der Betriebserfahrungen am Biomassekraftwerk Güssing*, TU Wien, Dissertation, 2004

59. RANT, Z.: Die Exergieverhältnisse bei der Verbrennung. In: *Energie und Exergie – Die Anwendung des Exergiebegriffs in der Energietechnik*. Düsseldorf: VDI-Verlag GmbH, 1965

60. RÜCKER, A.: *Exergetische Methoden in der Prozeßsynthese*, TU Hamburg Harburg, Dissertation, 2000

61. REDLICH, O.; KWONG, J.: On the Thermodynamics of Solutions. V. An Equation of State. Fugacities of Gaseous Solutions. In: *Chemical Reviews* 44 (1949), S. 233–244

62. RÖNSCH, S.; SCHNEIDER, J.; GRASEMANN, E.: Versuchs- und simulationsgestützte Untersuchungen zur SNG-Produktion aus Biomassestäuben. In: *DGMK Tagungsbericht 2014 – Beiträge zur DGMK-Fachbereichstagung Konversion von Biomassen*, DGMK e.V., 2014

63. SCHIESSER, W.: *The Numerical Method of Lines: Integration of Partial Differential Equations*. 1. Aufl. San Diego: Academic Press, 1991 (ISBN: 978-0126241303)

64. SCHMALFELD, J. (Hrsg.): *Die Veredelung und Umwandlungs von Kohle – Technologien und Projekte 1970 bis 2000 in Deutschland*. 1. Aufl. Hamburg: DGMK e.V., 2008 (ISBN: 978-3-936418-88-0)

65. SOAVE, G.: Equilibrium constants from a modified Redlich-Kwong equation of state. In: *Chemical Engineering Science* 27 (1972), S. 1197–1203

66. SOLAR TURBINES: *Data sheets „TAURUS 60"*. Internetquelle. http://mysolar.cat.com/cda/files/126882/7/ds60cs.pdf?mode. Version: März 2010

67. SPLIETHOFF, H.: *Power Generation from Solid Fuels*. 1. Aufl. Berlin, Heidelberg: Springer-Verlag, 2010 (ISBN: 978-3-642-02855-7)

68. SZARGUT, J.; MORRIS, D.; STEWARD, F.: *Exergy analysis of thermal, chemical and metallurgical processes*. 1. Aufl. Berlin: Springer Verlag, 1988 (ISBN: 3-540-18864-9)

69. SZARGUT, J.; VALERO, A.; STANEK, W.; VALERO, A.: Towards an international legal reference environment. Trondheim: ECOS 2005 – 18th International Conference on Efficiency, Cost, Optimization, Simulation and Environmental Impact of Energy Systems, 2005

70. TOOMEY, R.; JOHNSTONE, H.: Gaseous Fluidization of Solid Particles. In: *Chemical Engineering Progress* 48 (1952), S. 220–226

71. UHLENBRUCK, S.: *Zur Unterstützung evolutionärer Algorithmen bei der Kostenoptimierung thermodynamischer Prozesse durch exergoökonomische Prinzipien*, RWTH Aachen, Dissertation, 2002

72. U.S. SECRETARY OF COMMERCE: *NIST Chemistry WebBook – NIST Standard Reference Database Number 69*. Internetquelle. http://webbook.nist.gov/chemistry/. Version: Dezember 2010

73. VAN DER WAALS, J.: *Over de Continuiteit van den Gas- en Vloeistoftoestand*, Universität Leiden, Dissertation, 1873

74. VAN LOO, S. (Hrsg.); KOPPEJAN, J. (Hrsg.): *Biomass Combustion & Co-firing*. 1. Aufl. London, Washington DC: Earthscan, 2010 (ISBN: 978-1-84971-104-3)

75. VDI – VEREIN DEUTSCHER INGENIEURE E. V. (Hrsg.): *Energiekenngrößen – Grundlagen – Begriffe Methodik, VDI 4661*. Berlin: Beuth Verlag GmbH, 2003

76. VDI – VEREIN DEUTSCHER INGENIEURE E. V. (Hrsg.): *VDI-Wärmeatlas*. 10. Aufl. Berlin, Heidelberg, New York: Springer Verlag, 2006 (ISBN: 978-3-540-25504-8)

77. WAGNER, W.; KRETZSCHMAR, H.-J.: *International steam tables – Properties of water and steam based on the industrial formulation IAPWS-IF97*. 2. Aufl. Berlin, Heidelberg: Springer Verlag, 1998 (ISBN: 978-3-540-21419-9)

78. WERTHER, J.: Mathematische Modellierung von Wirbelschichten. In: *Chemie Ingenieur Technik* 56 (1984), S. 187–196

79. ZAHORANSKY, R.: *Energietechnik – Systeme zur Energiewandlung*. 4. Aufl. Wiesbaden: Vieweg + Teubner; GWV Fachverlage GmbH, 2009 (ISBN: 978-3-8348-0488-4)

Sachverzeichnis

A
Abkühlung, 190
Ableitung
    erste Ordnung, 335
    partiell, 249
    zweite Ordnung, 337
Abrams, 120
Abscheider, 195
Abscheiderate, 196
Adsorptionsterm, 108
Ähnlichkeitstheorie, 63
Aktivierungsenergie, 101
Aktivitätskoeffizient, 118, 120, 121, 123
Aktivitätsmodell, 118, 119
Anergie, 56, 82
Ansatzfunktion, 362
Anteil
    kombinatorisch, 120, 121
    Rest-, 120, 121
Antoine-Gleichung, 153
Arbeit, 57
    Pump-, 181
    Verschiebe-, 40
    Volumenänderungs-, 38, 43
Arrhenius-Ansatz, 101
ASCEND, 29
Aspen Dynamics, 29
Aspen Plus, 28
Aufwind-Interpolation, 349, 375, 403
Ausspeisefunktion, 243, 245
Austauschkoeffizient, 69
Autotherme Reformierung, 22
Azentrischer Faktor, 52, 53

B
Bernoulli, 35
Bilanzgleichung, 66, 70
Bilanzgröße, 67
Bilanzierung, 65
Blasenphase, 272
Boie, 156
Boudouard-Reaktion, 174
Brennkammer, 6, 176, 204, 275
Brennwert, 57
Butcher-Tableau, 356

C
C, 26
C++, 26
Carnot, 56
Chatelier, 90
Chemcad, 28
Chemiereaktor
    adiabat, 199, 254
    ideal, 254
    isotherm, 197, 228, 254
    polytrop, 254
Clausius, 41
Clausius-Clapeyron-Gleichung, 152
CO-Methanisierung, 100
Compiler, 27

D
Dachfunktion, 340, 367, 388
Dampfdruck, 153
Dampferzeuger, 6, 187
Dampfkraftprozess, 7–10, 17
Dampfphase, 112
Dampfreformierung, 19
Dampfturbine, 223
Dehydratisierung, 99
Destillat, 209

Destillationskolonne, 208
Determinante, 310
Dichtephase, 272
Dieselmotor, 18
Differential, 72, 73
    total, 45
Differentialgleichung
    gewöhnlich, 330
    partiell, 330
    schwache Form, 338, 367
Differenzenquotient, 363, 379
    rückwärts, 336, 412, 417
    vorwärts, 336
    zentral, 336
Diffusionskoeffizient, 150
    Flüssigkeiten, 151
    Gase, 150
Diffusionsterm, 69
Diffusionsvolumen, 150
DIPPR-Gleichung, 154
Diskretisierung, 330, 332
Dispersion, 260, 266
Dissipation, 39, 41
Divergenz, 68
Druck, 33
Druckmessung, 34
Druckwechseladsorption, 20, 21, 23
Dymola, 29

E
EBSILON, 28
Elementbilanz, 174, 198, 200
Eley, 108
Energie, 56
    chemisch, 57
    dissipativ, 39, 41
    elektrisch, 57
    freie, 45
    Gibbs-, 44, 45, 92, 109, 165
    innere, 38, 54, 159, 161, 164
    kinetisch, 57
    potenziell, 56
    thermisch, 57
Energieanlage, 5
Energiebilanz, 66, 72, 170, 242
Energieerhaltung, 66
Energieflussdiagramm, 85
Energiequalität, 82
Energieverbrauch, 81

Enthalpie, 39, 54, 158, 160, 161, 164
Enthalpiebilanz, 72
Entnahmeturbine, 10
Entropie, 41, 55, 92, 161, 162, 164
Entropiebilanz, 41
Entspannungsleistung, 185
Erbar, 145
Erdbeschleunigung, 56
Euler-Verfahren, 331
    explizit, 354
    implizit, 355
    rückwärts, 355
    vorwärts, 354
Exergie, 56, 82
    chemisch, 84
    Mischungs-, 83
    stofflich, 83
    thermomechanisch, 83

F
Feed, 208
Festbettreaktor, 199, 264
    heterogen, 264
    pseudo-homogen, 264
Finite-Differenzen-Methode, 330, 333, 363, 378, 412
Finite-Elemente-Methode, 330, 337, 366, 386
Finite-Volumen-Methode, 330, 343, 372, 398
Flächenintegral, 348
Flashtrommel, 206, 235
Fließschemasimulationsprogramm, 25, 28
Flugstromvergaser, 24
Flussdiagramm, 85
Flüssigphase, 116
Fortran, 26
Fourier, 60
Fraktionelle Destillation, 208
Fredenslund, 121
Fugazität, 111, 207
Fugazitätsgleichgewicht, 208
Fugazitätskoeffizient, 111, 130, 207
Fuller, 150
Fundamentalgleichung
    Gibb'sche, 45, 55

G
Gasblockheizkraftwerk, 12, 16, 17
Gaskonditionierung, 14
Gasmotor, 13, 17, 201

Sachverzeichnis

Gasreinigung, 11
Gasturbine, 12, 15–17, 204
Gasturbinenkraftwerk, 16
Gauß-Seidel-Verfahren, 314
Gauß-Verfahren, 311
Gebläse, 182
Gegendruckturbine, 7
Gemisch, 114
Gemischbilder, 201
Gemischenthalpie, 203
Gemischkühler, 201
Gewichtsfunktion, 338, 366, 387
Gibbs, 44, 55, 92
Gleichgewicht
    chemisch, 44
    mechanisch, 34
    stofflich, 44
    thermisch, 36
    thermodynamisch, 171
Gleichgewichtskonstante, 174, 199
Gleichungssystem
    linear, 310
    Lösbarkeit, 310
    nichtlinear, 319
    singulär, 310
    steif, 360
gPROMS, 29
Gruppenbeitragsmethode
    Fuller, 150
    Orrick und Erbar, 145
Gruppenparameter, 122
GuD-Kraftwerk, 16, 17

H

Harnstoffsynthese, 99
Hauptdiagonale, 396
Hauptsatz
    erster, 56
    nullter, 37
    zweiter, 42
Heaviside-Funktion, 277
Heizwert, 155
    Feststoffe, 156
    Gase, 155
Henry, 116
Henrykoeffizient, 118
Hilfsfunktion, 390
Hinshelwood, 107
Hoffmann-Florin-Gleichung, 154
Hougen, 108
Hutfunktion, 340
Hydrierkatalysator, 19, 23

I

IAPWS, 164
Ideale Feststoffe, 161
Ideale Flüssigkeiten, 160
Ideale Gase, 157
Ideales Gasgesetz, 53, 157
IGCC-Kraftwerk, 12
Impulsbilanz, 67, 75, 253, 263
Impulserhaltung, 67
Integration
    partielle, 366, 387
Interpolation, 349
IPSE Pro, 28
Irreversibilität, 41
Isentropengleichung, 47, 183
Isolator, 147

J

Jacobi-Verfahren, 313
Jones, 121
Joule, 56

K

Kenngröße, 81
Kettenregel, 79, 251
Kinetik, 106
    intrinsisch, 96
    Makro, 96
    Mikro-, 96
Koeffizientenmatrix, 309, 384, 396, 408
Kohäsionsdruck, 49, 51, 116
Kohlenstoffmonoxidschlupf, 177
Kolonnenboden, 209
Kolonnenkopf, 209
Komponentenbilanz, 78
Komponentenmodell, 26
Kompressor, 182, 221
Kondensation, 190
Kondensator, 190, 225
Kondensatsammler, 8–10
Kontrollstrecke, 373
Kontrollvolumen, 67, 343, 372, 398
Konvektion, 61
Konvektionsterm, 68
Konzentrationsgradient, 265

Kovolumen, 49, 51, 52
Kraft, 58
Kraft-Wärme-Kopplung, 5
Kwong, 51, 114, 163

L
Langmuir, 107
Laplace-Operator, 69, 386
Lastkurve, 203
Lastwechsel, 6, 11, 15, 19, 20, 22, 241
Leistung, 58
Lewis, 111
Linearansatz, 141
Linienmethode, 333
Löser, 248
Lösungsfunktion, 354
Lösungsmethodik
    gleichungsorientiert, 26
    sequentiell, 26
Lösungsvektor, 309, 384, 410
LR-Zerlegung, 318
Lucas, 144
Luftbedarf, 178
Luftverdichter, 204
Luftverhältnis, 178
Luftzerlegungsanlage, 21, 23

M
Manometer, 34
Maschinencode, 27
Massenbilanz, 66, 71, 170, 242
Massenerhaltung, 66
Massenkräfte, 75
Massenwirkungsgesetz, 90, 174, 198, 201
MATLAB, 29
Matrix
    diagonaldominant, 316
    Dreiecks-, 311
    dünnbesetzt, 396
    Jacobi-, 320
    linke untere Dreiecksmatrix, 318
    Rang, 310
    rechte obere Dreiecksmatrix, 318
    Tridiagonal-, 315
Matrixschreibweise, 309
Maxwell-Kriterium, 50, 163
Mayer, 56
MEA, 20
Methanisierung, 228, 322

Methanisierungsreaktion, 198
Method of Lines, 333
Mischungsregel, 114, 115
Mittelpunktsregel, 347, 372, 402
Mixer, 194
Modellierung
    instationär, 241
    stationär, 169
Monoethanolamin, 20

N
Nabla-Operator, 68
NASA-Polynom, 138, 141, 142
Nebendiagonale, 396
Newton, 61
Newton-Korrektur, 321
Newton'sches Axiom
    zweites, 67, 75
Newton'sches Fluid, 75, 147
Newton-Verfahren, 320
Niederdruckteil, 8
Normalsiedetemperatur, 149
Numerische Diffusion, 359
Nußelt-Zahl, 61
Nutzungsgrad, 82

O
Oberfläche
    van der Waal'sche, 120, 121
Oberflächenintegral, 344
Oberflächenkraft, 75
Octave, 29
Ölblockheizkraftwerk, 24
Ölturbine, 23
Ölturbinenkraftwerk, 23
Ölvergasungsanlage, 24
Organic-Rankine-Cycle, 16
Orrick, 145
Ottomotor, 18, 201
Oxidationskatalysator, 18

P
Partielle Oxidation, 20
PASCAL, 26
Peclet-Zahl, 358
Peng, 52
Perpetuum mobile, 41
Pfropfenströmung, 260
Phase, 206

Sachverzeichnis

Phasengleichgewicht, 109, 206, 210, 235
Phasentrennung, 206
PISO, 360
Pivotelement, 311
Polynom
    0. Ordnung, 349
    1. Ordnung, 351
    2. Ordnung, 352
Polynomansatz, 142, 145, 147, 148
Potenzansatz
    Lucas, 144
    Sato-Riedel, 148
    Sutherland, 143
Potenzial
    chemisch, 44, 109
Potenzterm, 101
Poynting-Faktor, 118
Präexponentieller Faktor, 101
Prandtl-Zahl, 61
Prausnitz, 120, 121
Predictive-Redlich-Kwong-Soave-Gleichung, 115
PREDIKTOR-Korrektur-Verfahren, 358
Pre-Prozessor, 332
Prinzip des kleinsten Zwanges, 90
Prosim, 28
Pumpe, 180
Pumpleistung, 181
Pyrolyse, 11, 276

Q
Quellterm, 69

R
Randbedingung, 243
    Dirichlet, 248
Randwertproblem, 363
Rant, 56
Raoult, 116
Reaktion
    Einzel-, 98, 101
    Elementar-, 97, 98
    Folge-, 99
    Global-, 98
    Hin-, 98
    Ketten-, 99
    Parallel-, 99
    Rück-, 98
    Wassergas-Shift-, 100

Reaktionsgeschwindigkeit, 101, 104, 105
Reaktionsgeschwindigkeitskonstante, 101
Reaktionsgleichgewicht, 89
    Gibbs, 92
    Le Chatelier, 90
Reaktionskinetik, 96
Reaktionsmechanismus, 97
Reaktionsnetzwerk, 98
Reaktionsordnung, 102
    erste, 103
    nullte, 102
    zweite, 103
Reaktionsrate, 78, 106
Reaktionsrechnung, 89
Reaktionsumsatz, 89
Reaktionszeit, 100
Reaktor
    adiabat, 199, 254
    ideal, 254
    isotherm, 197, 228, 254
    polytrop, 254
Reales Fluid, 111, 163
Realgasfaktor, 114
Rectisolwäsche, 19
Redlich, 51, 114, 163
Referenzumgebung, 85
Reformat, 179
Reformer, 18, 179
Reformierungsanlage, 18
Reformierungsreaktor, 19, 21, 23
Rektifikation, 209
Relative Feuchte, 170
Reynoldszahl, 61
Rideal, 108
Riedel, 148
Robinson, 52
Rohrbündelreaktor, 19
Rückführung, 26
Rührkessel, 254
    batchweise, 255, 287
    kontinuierlich, 257, 292
Runge-Kutta-Verfahren, 331, 355

S
Sankey-Diagramm, 85
Sato, 148
Satz von Gauß, 339, 344, 372, 387, 399
Sauerstoffbedarf, 178
Schrittweite, 355

Senkenterm, 69
Shomate-Gleichung, 138, 140, 142
Siedepunkt, 208
SI-Einheit, 33
SIMPLE, 360
SIMPLEC, 360
Simpson-Regel, 348
Simulink, 29
Soave, 51, 114, 163
Solver, 248
Speicher, 241
    Flüssigkeits-, 242
    Gas-, 243
Speicherterm, 68
Speisewasservorwärmung, 8
Splitter, 192
Stammfunktion, 366
Standardbildungsenthalpie, 84
Standardreaktionsenthalpie, 84
Startbedingung, 243
Startwert, 26
Stoffdaten, 27
Stofftrennung, 235
Strahlung, 61
Strömungsreaktor, 254, 260, 298
Strukturgruppe, 121
Sumpf, 209
Sutherland, 143
Syntheseanlage, 14
Synthesegas, 14
Synthesereaktor, 14, 24
System, 31
    adiabat, 32
    diatherm, 32
    geschlossen, 31
    heterogen, 32
    homogen, 32
    offen, 32
Systemgrenze, 31

T
TDMA, 315
Teer, 13
Teerreformer, 179
Temperatur, 36
    mittlere, 41, 43
Temperaturgradient, 265
Temperaturkorrektur, 175
Thermometer, 36

Torrefizierung, 11
Trapez-Regel, 348
TriDiagonalMatrix-Algorithmus, 315
Trockner, 169, 212
Turbine, 184, 204, 223
Turbinenleistung, 185
Turbolader, 201

U
UNIFAC-Modell, 121, 123
UNIQUAC-Modell, 120
Unitoperation, 26
UNIX, 27
Unterkühlung, 187, 190

V
van der Waals, 49
Variablenvektor, 309, 383, 384, 397, 408, 410
Venturi-Düse, 35, 38
Verbrennung, 176
Verbrennungskraftwerk, 5, 15
Verbrennungsreaktor, 275
Verbrennungsrechnung, 177
Verdampfung, 187
Verdampfungsenthalpie, 151
Verdichtungsleistung, 183
Verdichtungsverhältnis, 205
Verdunstung, 169
Vergaser, 275
Vergasung, 172
Vergasungsanlage, 11
Vergasungsmittel, 172
Vergasungsreaktor, 11, 24, 173, 275
Verteilungskoeffizient, 193
Viskosität, 142
    dynamisch, 142
    Feststoffe, 146
    Flüssigkeiten, 144, 147
    Gase, 142, 146
    kinematisch, 146
    reduziert, 144
Visual Basic, 26
Volumen, 37
    van der Waal'sches, 120, 121
Volumenelement, 67
Volumenintegral, 349
Volumenkräfte, 75
Volumenstrom, 37
Vorwärmung, 187

W

Wagner-Gleichung, 154
Wärme, 58
Wärmedurchgang, 59
Wärmedurchgangskoeffizient, 60
Wärmekapazität, 137
    Feststoffe, 141
    Flüssigkeiten, 140
    Gase, 138
    isobar, 41, 138
    isochor, 39, 138
Wärmeleitfähigkeit, 61, 147
    Feststoffe, 149
    Flüssigkeiten, 147
Wärmeleitung, 60
Wärmeleitungsgleichung, 361, 378
Wärmestrom, 58, 186
Wärmeübergang, 62
Wärmeübergangskoeffizient, 61, 62
Wärmeübertrager, 186, 225, 245, 281
Wärmeübertragung, 59
Wasser, 164
Wasserdampf, 164
Wassergas-Shift-Reaktion, 174, 198
Wassergas-Shift-Reaktor, 14, 19, 21, 23
Wasserstoff, 19, 20, 22
Watson, 108
Watson-Gleichung, 151
Wechselwirkungsparameter, 115, 121
    binär, 123
Wirbelschicht
    Dreiphasenmodell, 272
    Zweiphasenmodell, 272
Wirbelschichtreaktor, 197, 271
Wirkungsgrad, 81
    elektrisch, 203
    energetisch, 82
    exergetisch, 82
    isentrop, 183, 185, 205
    mechanisch, 183, 185, 205
    thermisch, 189, 191, 203
Wolkenphase, 272

Z

Zapfdampf, 8–10
Zündstrahl, 18, 24
Zustandsänderung, 46
    isenthalp, 47
    isentrop, 47
    isobar, 46
    isochor, 47
    isotherm, 46
Zustandsgleichung, 48, 163
    kalorisch, 54
    kubisch, 49
    thermisch, 49
Zustandsgröße, 32, 157
    extensiv, 33
    intensiv, 33
    kalorisch, 33, 158, 160, 161, 164, 166
    molar, 33
    spezifisch, 33
    thermisch, 33, 157, 160–162, 165
Zwischenüberhitzung, 9

If you have any concerns about our products,
you can contact us on
ProductSafety@springernature.com

In case Publisher is established outside the EU,
the EU authorized representative is:
**Springer Nature Customer Service Center GmbH
Europaplatz 3, 69115 Heidelberg, Germany**

Printed by Libri Plureos GmbH
in Hamburg, Germany